Joachim Vester

Simulation elektronischer Schaltungen mit MICRO-CAP

www.viewegteubner.de

Joachim Vester

Simulation elektronischer Schaltungen mit MICRO-CAP

Eine Einführung für Studierende
und Ingenieure/-innen in der Praxis

Mit 123 Abbildungen, 18 Tabellen und 120 Übungen

STUDIUM

**VIEWEG+
TEUBNER**

Bibliografische Information der Deutschen Nationalbibliothek
Die Deutsche Nationalbibliothek verzeichnet diese Publikation in der
Deutschen Nationalbibliografie; detaillierte bibliografische Daten sind im Internet über
<http://dnb.d-nb.de> abrufbar.

Höchste inhaltliche und technische Qualität unserer Produkte ist unser Ziel. Bei der Produktion und
Auslieferung unserer Bücher wollen wir die Umwelt schonen: Dieses Buch ist auf säurefreiem und
chlorfrei gebleichtem Papier gedruckt. Die Einschweißfolie besteht aus Polyäthylen und damit aus
organischen Grundstoffen, die weder bei der Herstellung noch bei der Verbrennung Schadstoffe
freisetzen.

1. Auflage 2010

Alle Rechte vorbehalten
© Vieweg+Teubner | GWV Fachverlage GmbH, Wiesbaden 2010

Lektorat: Reinhard Dapper | Walburga Himmel

Vieweg+Teubner ist Teil der Fachverlagsgruppe Springer Science+Business Media.
www.viewegteubner.de

Umschlaggestaltung: KünkelLopka Medienentwicklung, Heidelberg
Technische Redaktion: FROMM MediaDesign, Selters/Ts.

Gedruckt auf säurefreiem und chlorfrei gebleichtem Papier.

ISBN 978-3-8348-0402-0

Vorwort

Diejenigen, die glauben an der Praxis ohne Wissenschaft Gefallen zu finden, sind wie Schiffer, die ohne Kompass und Steuer fahren. Sie wissen nie, wohin die Fahrt geht. Immer muss die Praxis auf guter Theorie beruhen.
(sinngemäß nach Leonardo da Vinci)

Dieses Buch ist für Studierende, Ingenieure/-innen und weitere Interessierte geschrieben, die sich die Simulation elektronischer Schaltungen mit dem SPICE-basierenden Simulationsprogramm MICRO-CAP der kalifornischen Firma Spectrum Software <www.spectrum-soft.com> als Werkzeug erarbeiten möchten. Ein Motiv hierfür kann sein, dass sie vor einem zeitaufwendigen Aufbau einer Schaltung die erhofften/erwarteten Eigenschaften durch Simulation bestätigten möchten. Ein anderes Motiv kann sein, dass sie bestimmte Bauelemente- oder Schaltungseigenschaften durch Simulation besser verstehen möchten.

Dieses Buch richtet sich auch an Leser/-innen, die sich ohne weitere Anleitung in MICRO-CAP eingearbeitet haben und nun die Vorteile einer strukturierten Einführung nutzen möchten. Aus den vielfältigen Einstellungs,- Bedienungs-, Berechnungs-, Gestaltungs- und Formatierungsmöglichkeiten werden die nach Meinung des Autors häufig verwendeten erklärt, damit Sie mit angemessenem Zeitaufwand diese Werkzeuge anwenden und sich selbst weitere erarbeiten können.

Mit diesem Buch möchte der Autor mit Ihnen zusammen zwei Ziele erreichen: Als deutschsprachige Einführung soll dieses Buch Ihre Einarbeitung in MICRO-CAP leiten und begleiten und dadurch erleichtern. Hierbei wird Wert auf die wichtigen und zentralen Aspekte beim Umgang mit einem Simulationsprogramm für elektronische Schaltungen gelegt.

Als zweites Ziel wird gemäß obigem Zitat das theoretische Hintergrundwissen hinsichtlich der besprochenen Themen kurz umrissen. Die bisherige Lehrerfahrung des Autors zeigt, dass seltener Bedienungsfehler der Grund für „merkwürdige", „unglaubwürdige" oder „frustierende" Simulationsergebnisse sind als zu geringes theoretisches Verständnis. Auch beim Erarbeiten neuer Themengebiete aus dem Bereich Elektronik können Simulationen mit MICRO-CAP das eigene Denken und Verstehen unterstützen, aber nicht ersetzen.

MICRO-CAP hat schon in der kostenlosen Demoversion einen beträchtlichen Funktionsumfang und wird seit 1988 von der Firma Spectrum Software kontinuierlich weiterentwickelt. Im deutschsprachigen Raum wird MICRO-CAP von der Firma gsh-Systemelectronic GmbH aus München <www.gsh-system.com> vertrieben.

Für dieses Buch wurde für MICRO-CAP die zur Zeit der Erstellung verfügbare Version MICRO-CAP 9.0.6.1 benutzt. Die Demoversion und die zwei Handbücher sowie weitere zu diesem Buch gehördende Dateien können und dürfen Sie sich legal von der im Buch genannten Homepage herunterladen. Ergänzend zu diesem Buch ist geplant, in loser Folge auf dieser Homepage weitere Mustersimulationen und Textergänzungen auch zu Nachfolgeversionen von MICRO-CAP 9 zur Verfügung zu stellen.

Lemgo im September 2009   *Joachim Vester*

Inhaltsverzeichnis

1 Lesetipps und wichtige Hinweise zu diesem Buch

Der Umgang mit Büchern ist oftmals vom Glaubenssatz „Bücher muss man ordentlich behandeln" geprägt. Der Grund hierfür ist vielleicht der Kaufpreis oder der Respekt vor Geschriebenem. Lehrbücher erfüllen nach Meinung des Autors ihren Sinn und Zweck, Wissen und Erkenntnis zu vermitteln, nur dann, wenn Sie, die Leserinnen und Leser, mit so einem Buch arbeiten. Das bedeutet, dass Sie, falls das Buch Ihr Eigentum ist, vieles tun dürfen und auch tun sollten, um sich das gewünschte und dargebotene Wissen *effizient* zu erschließen:

Sie dürfen und sollen in dieses Buch schreiben: In einigen Übungsaufgaben sind Ergebnisse einzutragen. Wichtig sind *Ihre* Randbemerkungen und textlichen Ergänzungen. Markieren Sie farbig und/oder durch Unterstreichen die *für Sie* wichtigen Aussagen, Hinweise oder Stichwörter des Sachwortregisters. Gestalten Sie sich mit Klebezetteln *Ihr* individuelles Register. Kopieren Sie sich die Seiten heraus, die *für Sie* hilfreich sind.

Die Datei MC-BUCH_ERGAENZUNGEN.PDF enthält ergänzende tabellarische Informationen im DIN-A4-Format. Drucken Sie sich die Seiten aus, die *für Sie* hilfreich sind. Die WWW-Adresse zum Download dieser und anderer zu diesem Buch gehörenden Dateien finden Sie im Abschn. 1.2.

„Reading without a pencil ist daydreaming." Diese dem Physiker Richard P. Feynman zugeschriebene Aussage trifft für das Lesen dieses Buches zu. Daher sind Papier und Bleistift ergänzende Lesewerkzeuge für Notizen und Berechnungen. Lesen Sie detailreiche Absätze oder Abschnitte mit einem „Lineal", d. h. Satz für Satz, um Aussagen und Details zu erfassen, denn oftmals entscheidet bei einem Computerprogramm wie MC (MICRO-CAP) ein Detail über das Ergebnis.

„Learning by doing" ist der gewählte didaktische Ansatz. Daher sollten Sie mit dem Buch und einem PC/Notebook mit installiertem Progamm parallel arbeiten. Auch wenn von allen Simulationsübungen fertige Dateien als Lösungen verfügbar sind, sollten Sie diese erst dann verwenden, wenn Sie keine Hoffnung mehr haben, mit vertretbarem Zeitaufwand eigenständig das Ziel der Simulationsübung zu erreichen.

Der Autor hat sich entschieden, zugunsten einer leichteren Lesbarkeit im Folgenden teilweise auf eine geschlechtsspezifische Unterscheidung bei Anreden und Bezeichnungen zu verzichten. Die Leserinnen sind hiermit ausdrücklich ebenfalls „angesprochen", auch wenn nur die männliche Form einer Anrede oder Bezeichnung geschrieben steht.

Trotz sorgfältiger Prüfung aller Angaben und Aussagen kann keine Haftung übernommen werden. Für Hinweise auf Fehler, Verbesserungsvorschläge wie fehlende Begriffe im Sachwortverzeichnis und Kommentare zum Buch sind Ihnen der Autor (joachim.vester@hs-owl.de) und der Verlag (reinhard.dapper@viewegteubner.de) dankbar.

1.1 Schreibweisen, Typografie und Symbole

In diesem Buch werden viele Begriffe im amerikanischen Original verwendet und nicht zwangsübersetzt, sodass Sie je nach Vorkenntnis Ihren englischsprachigen passiven Fachwortschatz (lesen und verstehen, was gemeint ist) erweitern. Der Autor nimmt dabei in Kauf, dass sich sprachlich ein gewisses Maß an „Denglisch" ergibt.

Als *Modell-Symbole* für Modell-Elemente in MC (vergleichbar mit Schaltsymbolen für Bauelemente) werden bewusst die beibehalten, die nach der Installation von MC als Defaulteinstellung (Standardeinstellung) verwendet werden. Dies sind die in den USA gebräuchlichen wie z. B. die Zickzacklinie als Schaltsymbol eines Widerstandes. Dies spart die Zeit für das Einrichten anderer Modell-Symbol-Bibliotheken und trainiert Ihre Flexibilität, da sich professionelle Programme wie MC häufig an amerikanischen Gepflogenheiten orientieren.

Das Symbol ⓘ kennzeichnet einen Absatz/Textblock, der besonders wichtige Informationen, Warnungen oder Tipps enthält. Das Symbol ✍ kennzeichnet einen Absatz/Textblock, der eine in diesem Buch verwendete Schreibweise erläutert.

✍ Der Ausdruck **Ü *k-i*** kennzeichnet den Anfang einer Übungsaufgabe, wobei *k* das Kapitel und *i* eine laufende Nummer ist. Mit ❏ Ü *k-i* wird das Ende gekennzeichnet.

✍ Häufigster *Literaturhinweis* ist mit [MC-REF] das *Reference Manual* von MC9 und gelegentlich mit [MC-USE] der *User's Guide* von MC9 für Details, die den Rahmen dieses Buches sprengen würden. MC9 ist die Abk. für MICRO-CAP in der Programmversion 9. Mit [MC-ERG] wird auf Inhalte der Datei MC-BUCH_ERGAENZUNGEN.PDF hingewiesen (siehe Abschn. 1.2).

✍ *Spezielle Abkürzungen* werden an der Stelle, an der sie zum ersten Mal vorkommen, definiert und dann im weiteren Text verwendet. Die Zeichen, aus denen die Abk. (Abkürzung) besteht, werden wenn möglich in der Definition unterstrichen, da sich die Abk. leichter einprägt, wenn Sie den sprachlichen Ursprung kennen. Eine Liste der Abkürzungen finden Sie in [MC-ERG].

✍ *Kursiv* wird etwas geschrieben, wenn es hervorgehoben werden soll, **fett**, wenn es besonders und ***kursiv und fett***, wenn es am stärksten hervorgehoben werden soll.

✍ *Kursiv* werden die *Namen von Fenstern* geschrieben.

✍ *Kursiv* mit tiefstehendem Index werden *Formelzeichen* für Größen geschrieben, denen ein reeller Zahlenwert zugewiesen werden kann wie z. B. U_{eH} = 5 V oder f_{g3T} = 5 kHz.

✍ *Kursiv und unterstrichen* werden *Formelzeichen für komplexwertige Größen* geschrieben wie z. B. für die komplexe Amplitude $\underline{\hat{u}}_3$ = 5 V$\angle$53,16° = (3 + j·4) V.

✍ *Kursiv* werden spezielle *amerikanische Begriffe* aus [MC-REF] oder [MC-USE] geschrieben, sodass Sie bei Bedarf unter diesen Begriffen in [MC-REF] bzw. [MC-USE] weitere Details nachlesen können.

✍ GROSSGESCHRIEBEN werden PROGRAMMNAMEN und DATEINAMEN.

✍ Das Zeichen Asterisk (Sternchen, *) wird als Wildcard bei Dateinamen/Dateitypen verwendet wie z. B. in *.PDF oder *.*NO.

✍ Als *Dezimal-Trennzeichen* wird im laufenden Text des Buches das in Deutsch übliche Komma geschrieben. ***Bei Zahleneingaben in MC muss als Dezimal-Trennzeichen ein Punkt (.) verwendet werden wie z. B. in der Aussage: „Der Wert von I_S = 4,75 nA ist in der Form „IS=4.75n" einzugeben". Zu Beginn Ihrer Arbeit mit MC ist dies noch ungewohnt und damit häufigste Fehlerursache. Sie werden sich an den Punkt (.) als Dezimal-Trennzeichen schnell gewöhnen.***

✍ In An-/Abführungszeichen „ " werden *einzugebende Texte, Zeichenketten* und *Zahlen* gesetzt. Bei spezieller Syntax wird wie in [MC-REF] mittels eckiger Klammern differenziert in „Muss-Eingabewert [Wahl-Eingabewert1 [Wahl-Eingabewert2 [usw.]]]".

✍ In An-/Abführungszeichen „ " werden auch die *Namen von Textseiten, Schaltplanseiten, Zitiertes, Betontes, Doppeldeutiges* oder mit einem Schmunzeln zu Lesendes gesetzt. Die Bedeutung ergibt sich aus dem Zusammenhang.

✍ **<Fett>** und in spitzen Klammern werden Tasten beschrieben wie z. B. **<Strg>**, **<B>**, **<Leerzeichentaste>**. **<LM>** steht für l̲inke M̲austaste, **<RM>** für r̲echte M̲austaste.

✍ **SF Name** bedeutet eine S̲chaltf̲läche, die mittels der Maus „betätigt" werden kann. *Name* kann hierbei der lesbare Schriftzug auf der Schaltfläche sein. Besteht die Schaltfläche aus einem grafischen Symbol, ist *Name* eine eindeutige Bezeichnung, die auch als *QuickInfo* am Mauszeiger angezeigt wird. In [MC-REF] wird eine Schaltfläche *button* genannt.

✍ **CB ⊙ Erklärung/Name** bedeutet eine C̲heck B̲ox, die aus mehreren Alternativen *ausgewählt* wird. **Erklärung/Name** ist hierbei der Schriftzug, der an der *Check Box* steht. **CB ○ Erklärung/Name** bedeutet, dass diese Alternative nicht ausgewählt ist.

✍ **CB ☑ Erklärung/Name** bedeutet, dass die *Check Box aktiviert* ist. **CB ☐ Erklärung/Name** bedeutet, dass die *Check Box deaktiviert* ist.

Weitere Schreibweisen bzgl. des Arbeitens mit Maus, Tastatur, Menüs und Fenstern sind in Abschn. 1.3 beschrieben. Auch wenn Sie im Umgang mit Programmen unter WINDOWS vertraut sind, empfiehlt der Autor, diesen Abschnitt zumindest diagonal zu lesen.

1.2 Downloads, Ordner, Pfade, Voreinstellungen, Überblick

Folgende Dateien sind für die Arbeit mit diesem Buch sinnvoll bzw. werden benötigt und sollten jetzt von der Homepage **<www.hs-owl.de/fb5/labor/hd>** heruntergeladen werden [§]:

- MC-BUCH.ZIP (1 MB)   enthält alle zum Buch gehörenden Dateien
- MC-BUCH_ERGAENZUNGEN.PDF [1]   enthält Ergänzungen zum Buch [MC-ERG]
- MC-DEMO_9061.ZIP [2] (8,5 MB)   enthält die Demoversion MC 9.0.6.1
- RM.PDF (6,4 MB)   enthält das *Reference Manual* [MC-REF]
- UG.PDF (4,3 MB)   enthält den *User's Guide* [MC-USE]

[§] Der Download ist kostenlos und legal. Für Programm und Handbücher liegt dem Autor die Erlaubnis der Firma Spectrum Software vor.

[1] Diese Datei ist auch in MC-BUCH.ZIP enthalten.

[2] Sie können natürlich auch die Vollversion oder eine aktuellere Version verwenden, die Sie von einer der im Vorwort genannten Homepages bekommen. Der Autor geht davon aus, dass die allermeisten der in diesem Buch behandelten Funktionen auch in Nachfolgeversionen von MC9, genau wie beschrieben oder um weitere Funktionalität ergänzt, implementiert sein werden.

MC9 benötigt in der Demoversion ca. 30 MB Speicherplatz, in der Vollversion ca. 80 MB. Die Demoversion simuliert bis maximal 50 beliebige Modell-Elemente (R, C, L, D, BJT, OP und weitere oder *Subcircuits*). Weitere Begrenzungen sind in [MC-ERG] aufgeführt.

1.2.1 Installation des Programms

Vor der Installation müssen Sie die Datei MC-DEMO_9061.ZIP mit einem geeigneten Programm wie z. B. WINZIP in einen beliebigen Ordner extrahieren (entpacken). Starten Sie von den entpackten Dateien die Datei SETUP.EXE. Wählen Sie in dem sich öffnenden Dialogfenster *Choose Destination Location* einen zu Ihrer WINDOWS-Installation passenden Zielordner oder bestätigen Sie mit der **SF Next >** die Defaulteinstellung für MC 9.0.6.1:
C:\Program Files\Spectrum Software\MC9DEMO.

Im sich öffnenden Dialogfenster *User Information* müssen Sie in die Eingabefelder *Name* und *Company* eine Eingabe machen. Diese stehen als sogenannte $-Variablen $NAME und $COMPANY für Textausgaben zur Verfügung und können nachträglich geändert werden. Nach Bestätigen mit der **SF Next >** wird MC installiert.

✍ Im Folgenden wird als Programmordner ..\MC9DEMO verwendet. Falls Sie mit der Vollversion arbeiten, lautet dieser ..\MC9.

Öffnen Sie mit dem WINDOWS-EXPLORER den Programmordner ..\MC9DEMO. In diesem sind die Programmdateien von MC und zwei Unterordner. Im Unterordner ..\MC9DEMO\DATA finden Sie eine Vielzahl von Mustersimulationen vom Dateityp *.CIR *(circuit)*, die mit MC mitgeliefert werden. 14 davon werden für Demos benötigt, daher sollten Sie diese Dateien unverändert lassen und nur, falls erforderlich, mit einer Kopie arbeiten. Im Unterordner ..\MC9DEMO\LIBRARY sind Bibliothekdateien (meistens vom Dateityp *.LIB, *library*) und *Macros* (Dateityp *.MAC, *macro*) abgelegt.

In der Vollversion sind zusätzlich im Unterordner ..\MC9\DOCUMENTS einige Dokumente, u. a. als Datei RM.PDF das *Reference Manual* [MC-REF] und als Datei UG.PDF der *User's Guide* [MC-USE] abgelegt. Im Unterordner ..\MC9\KEY DIAGNOSTICS befinden sich Daten und Programme für die Lizenzverwaltung der Vollversion.

ⓘ Falls Sie mit der Demoversion arbeiten: Damit Sie [MC-REF] und [MC-USE] auch aus der Hilfe von MC heraus aufrufen können, erstellen Sie sich einen Unterordner ..\MC9DEMO\DOCUMENTS. Speichern Sie die beiden Dateien RM.PDF (6,4 MB) und UG.PDF (4,3 MB) *mit genau diesem Namen* in diesen Unterordner.

Damit ist die Programminstallation von MC abgeschlossen.

1.2.2 Einrichten einer Ordnerstruktur für eigene MC-Dateien

Damit Sie bei Ihrer Arbeit mit MC und mit diesem Buch eine klare Trennung zwischen den Simulations- und Bibliothekdateien der MC-Installation und *Ihren eigenen* MC-Dateien haben, schlägt Ihnen der Autor die in Bild 1-1 gezeigte Ordnerstruktur vor. Diese sollte sinnvollerweise in dem Ordner sein, in dem Sie auch Ihre anderen eigenen Dateien abspeichern und von dem Sie deshalb in Abständen Sicherungskopien erstellen. Für die folgenden Erläuterungen wird angenommen, dass dies der Ordner C:\...\Eigene Dateien ist.

Erstellen Sie mit dem WINDOWS-EXPLORER für *alle Ihre eigenen* MC-Dateien einen Ordner, vorgeschlagen wird C:\...\Eigene Dateien\EIGENE MC-DATEIEN.

Entpacken Sie die Datei MC-BUCH.ZIP, die alle zu diesem Buch gehörenden Dateien enthält, mit einem geeigneten Programm in diesen Ordner ..\EIGENE MC-DATEIEN. Achten Sie darauf, dass die **CB ☑ Pfadangaben verwenden** (oder eine vergleichbare) des Entpackungsprogramms aktiviert ist, damit die vorgeschlagene und im Folgenden vorausgesetzte Ordnerstruktur mit erstellt wird. Falls die Dateinamen wie im Buch in Großbuchstaben übernommen werden sollen, ist ggf. in Ihrem Entpackungsprogramm in der Konfiguration die **CB ☑ Dateinamen in Großbuchstaben zulassen** zu aktivieren.

Die vorgeschlagene und in Bild 1-1 gezeigt Ordnerstruktur besteht analog zu der der MC-Installation aus den drei Ordnern: MC-CIRS (vergleichbar mit DATA), MC-DOCS (vergleichbar mit DOCUMENTS) und MC-LIBS (vergleichbar mit LIBRARY).

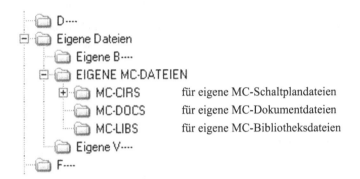

Bild 1-1
Vorgeschlagene Ordner-struktur für *alle Ihre eigenen* MC-Dateien

für eigene MC-Schaltplandateien
für eigene MC-Dokumentdateien
für eigene MC-Bibliotheksdateien

Im Unterordner ..\MC-LIBS werden die meisten Dateien vom Dateityp *.LIB sein, schauen Sie einmal nach. Im jetzigen Zustand finden Sie dort Dateien, die für das Kap. 11 benötigt werden. Im Unterordner ..\MC-DOCS finden Sie die zuvor schon erwähnte Datei MC-BUCH_ERGAENZUNGEN.PDF [MC-ERG].

Im Unterordner ..\MC-CIRS sind 14 Dateien vom Dateityp *.CIR. Dies sind Kopien von den Mustersimulationen aus dem MC-Ordner ..\DATA, die MC für Demos benötigt. Diese sollten nicht gelöscht oder verändert werden. Da diese Dateien meistens den Schaltplan einer zu simulierenden Schaltung *(circuit)* beinhalten, werden sie im Folgenden **Schaltplandateien** genannt.

Des Weiteren finden Sie in ..\MC-CIRS nach Kapiteln dieses Buches benannte Ordner, in denen die in einem Kapitel behandelten Schaltplandateien abgelegt sind. Der leere Ordner 0_Eigene_MC-CIRS ist reserviert für weitere Unterordner und Schaltplandateien, die Sie selbst erstellen wie z. B. Arbeitskopien mitgelieferter Dateien.

ⓘ   Nach den Erfahrungen des Autors sammelt sich schnell eine Vielzahl von Schaltplandateien mit Simulationen an: Dateien, mit denen Sie nur mal etwas ausprobiert haben, ausgearbeitete Simulationen zu bestimmten Fragestellungen und Simulationen, die zur Dokumentation längerfristig und wiederauffindbar gespeichert werden sollen/müssen. Daher zwei Tipps:

    1. Investieren Sie etwas Zeit, sich sinnvolle und „sprechende" Dateinamen auszudenken.

    2. Wenn Sie Erfahrungen mit MC gemacht haben: Investieren Sie etwas Zeit, sich eine für Ihre Situation geeignete Ordnerstruktur für Ihre Schaltplandateien auszudenken.

Damit ist die Einrichtung der Ordnerstruktur für Ihre eigenen MC-Dateien abgeschlossen.

1.2.3 Einrichten einer Voreinstellung von Pfaden und Aufräumen

Starten Sie MC. Das Fenster *Tip of the Day* können Sie deaktivieren. Tipps, die sich auf Themen des Buches beziehen, sind eingearbeitet. Alle 32 Tipps können Sie auch noch später aus der MC-Hilfe heraus aufrufen und nach für Sie interessanten Tipps durchsuchen.

Über die **Menüfolge File → Paths...** öffnet sich das Dialogfenster *Path*. Unter dem Namen „MC9" ist eine Standard-Pfadsammlung vorhanden. Fügen Sie in der Rubrik *Preferred Paths* mit der **SF Add...** und dem Namen „Meine Pfade" eine weitere bevorzugte Pfadsammlung hinzu, deren Pfade im Folgenden eingestellt werden.

> *Markieren und löschen* Sie im Eingabefeld *Data* den vorhandenen Eintrag. Suchen Sie mit der **SF Browse** den Ordner C:\...\EIGENE MC-DATEIEN\MC-CIRS. Dies ist in der Pfadsammlung „Meine Pfade" der Defaultpfad für Schaltplan- und Ausgabedateien.

> *Ergänzen* Sie den Eintrag im Eingabefeld *Model library and include files*, indem Sie mit der **SF Browse** den Ordner C:\...\EIGENE MC-DATEIEN\MC-LIBS suchen. Im Eingabefeld stehen dann durch ein Semikolon (;) getrennt die *zwei Pfade*: „C:\...\EIGENE MC-DATEIEN\MC-LIBS ; C:\...\MC9DEMO\LIBRARY". Somit kann MC weiterhin auf die mit dem Progamm mitgelieferten und auf die von Ihnen erstellten Bibliothekdateien zugreifen.

Die Eingabefelder *Picture* (für Bilddateien) und *Document* (für Dokumentdateien, vor allem für RM.PDF und UG.PDF) sollten Sie unverändert lassen.

Mit der **SF Update** wird die *Update*-Möglichkeit die Pfadsammlung mit dem Namen „Meine Pfade" aufgerufen und mit der **SF OK** bestätigt. Mit der gewählten **CB ⊙ Use Defined Path** werden diese Pfade angewendet. Schließen Sie das Dialogfenster *Path* mit der **SF OK**.

Damit ist die Einrichtung Ihrer persönlichen Pfadsammlung abgeschlossen.

ⓘ MC erzeugt bei jeder Simulation verschiedene Arbeits-, Ergebnis- und *Backup*-Dateien, die von zweitrangiger Bedeutung sind und in den allermeisten Fällen nicht mehr benötigt werden. Damit Ihre Ordner nicht bereits nach wenigen Simulationen aufgrund dieser Dateien dermaßen überquellen, dass Sie völlig den Überblick verlieren, sollten Sie gelegentlich bis oft *für jede Pfadsammlung, mit der Sie gearbeitet haben,* über die **Menüfolge File → Cleanup...** das Dialogfenster *Clean Up* aufrufen. In der linken Liste dieses Fensters sind alle diese erzeugten und zweitrangigen Dateitypen aufgeführt, die MC für diese Pfadsammlung gefunden hat. Mit der **SF Select All** werden alle Dateien dieser Dateitypen ausgewählt. Mit der **SF Delete** werden diese gelöscht, was kein Verlust ist, da sie jederzeit wieder neu erzeugt werden können bzw. von MC erzeugt werden. Daher:

ⓘ *Räumen Sie öfter Ihren MC-Dateienbestand mit Cleanup... auf!*
Bis zum Ende von Abschn. 3.6.4 werden Sie ab und zu daran erinnert.

ⓘ Eine Liste aller Dateitypen, die MC erzeugt bzw. verarbeiten kann, finden Sie mit einer kurzen Erklärung in [MC-ERG].

1.2.4 Prüfen und Ändern weiterer Voreinstellungen *(Preferences)*

P Öffnen Sie mit der **SF Preferences** das Dialogfenster *Preferences* (alternativ <Strg> + <⇧> + <P> oder über die **Menüfolge Options → Preferences...**). Wie der Name sagt, können Sie hier viele benutzerspezifische „bevorzugte" Einstellungen vornehmen. Eine Liste mit einer knapp kommentierten Auswahl finden Sie in [MC-ERG]. An dieser Stelle werden nur die Abweichungen von den Defaulteinstellungen angegeben, die der Autor für die Arbeit mit diesem Buch für sinnvoll hält und die im Folgenden vorausgesetzt werden. Falls Sie die Begründungen/Auswirkungen an dieser Stelle des Buches noch nicht nachvollziehen können, ist das völlig normal, da Sie erst in Kap. 2, 3 und 10 die dazugehörenden Erfahrungen machen werden.

Öffnen Sie die Rubrik **Options → General**.

Deaktivieren Sie die **CB ☐ Show Full Paths**, sodass in Titelleiste und an anderen Stellen nur der Dateiname gezeigt wird und nicht zusätzlich noch die i. Allg. sehr lange Pfadangabe.

Deaktivieren Sie die **CB ☐ Sort Model Parameter**, sodass die Parameter eines Modell-Typs nicht mehr automatisch alphabetisch sortiert werden.

Aktivieren Sie die **CB ☑ Use Bitmaps In Menus**, sodass in den Menüs auch grafische Schaltflächen angezeigt werden, wenn für einen Menüpunkt eine Schaltfläche verfügbar ist. Dies erleichtert das Lernen der Schaltflächen.

Öffnen Sie die Rubrik **Options → Analysis**.

Deaktivieren Sie die **CB ☐ Dynamic Auto Run**, sodass ein Simulationslauf nicht mehr automatisch startet, wenn Sie die zu simulierende Schaltung geändert haben.

Öffnen Sie die nächste Rubrik **Options → Circuit**.

Deaktivieren Sie die **CB ☐ Text Increment**, sodass Sie Knotennamen einfach kopieren können, ohne dass diese durch eine angehängte Zahl „hochgezählt" werden.

Aktivieren Sie die **CB ☑ Copy/Paste Model Information**, sodass lokal gespeicherte .MODEL- und .DEFINE-Statements mit kopiert werden, wenn Sie ein Modell-Element in eine andere Schaltplandatei kopieren.

Deaktivieren Sie die **CB ☐ Automatically Add Opamp Power Supplies**! Spannungsversorgung von OPs ist in der Praxis und in der Simulation nach Meinung des Autors ein zu wichtiger Bereich, als dass Sie dieses einem Automatismus überlassen sollten.

Öffnen Sie die Rubrik **Format**. Klicken Sie auf eine der **SF Format....**. Als Defaulteinstellung ist die **CB ⊙ Engineering** mit 3 Digits ausgewählt. Das bedeutet, dass Zahlen mit den in der Technik üblichen *Vorsätzen* µ, milli, kilo usw. und 3 Nachkommastellen angezeigt werden. Sie bestehen somit je nach Wert aus 4 bis 6 Ziffern und sind damit recht lang. Reduzieren Sie die Zahl der Nachkommastellen auf 2 Digits. Je nach Wert werden Zahlen jetzt mit 3 bis 5 Ziffern angezeigt, was in den meisten Fällen völlig ausreichend ist. Bestätigen Sie mit der **SF OK**. Ändern Sie die restlichen vier Formate entsprechend.

Öffnen Sie die Rubrik **Auto Save**. Entscheiden Sie selbst, ob Sie eine der angebotenen Möglichkeiten aktivieren wollen. Der Autor arbeitet bisher ohne automatisierte Dateispeicherung.

Damit sind die vorgeschlagenen Änderungen im Dialogfenster *Preferences* abgeschlossen. Falls Sie noch neugierig sind, können Sie sich die restlichen Rubriken anschauen, um einen Eindruck von weiteren Einstellmöglichkeiten zu bekommen. Bestätigen Sie abschließend alle Änderungen und schließen Sie das Dialogfenster *Preferences* mit der **SF OK**.

Öffnen Sie über die **Menüfolge Options → Default Properties For New Circuits...** (**<ALT> + <F10>**) das Dialogfenster *Default Properties For New Circuits*. Wählen Sie aus der immensen Fülle von Einstellmöglichkeiten die Registerkarte *Analysis Plots* aus. Falls eine andere Registerkarte geöffnet ist: Wählen die Registerkarte *Scales and Formats* aus. Ändern in beiden Rubriken *X* und *Y* die Formate für *Scale* und *Value* in *2 Digit Engineering*. Ändern Sie den Eintrag in den Eingabefeldern *Auto/Static Grids* von 5 in 10. Dies ergibt 10 Gitternetzlinien anstelle von 5. Die Bedeutung einiger anderer Eingaben werden Sie in Kap. 4 kennenlernen. Schließen Sie das Dialogfenster mit der **SF OK**. Alle Einstellungen lassen sich für einen bestehenden Schaltplan nachträglich über das Dialogfenster *Properties* (**<F10>**) ändern.

Damit sind die vorgeschlagenen Änderungen von Voreinstellungen abgeschlossen.

1.2.5 Überblick über wichtige Dateitypen

Über die **SF New** (alternativ <Strg> + <N> oder **Menüfolge File → New...**) öffnet sich das in Bild 1-2 gezeigte Dialogfenster *New* und führt alle Dateitypen auf, die Sie mit MC neu erstellen bzw. bearbeiten können.

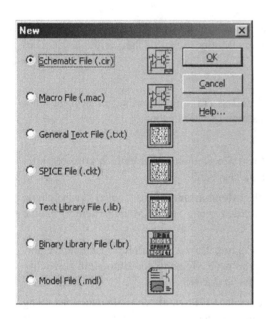

Bild 1-2
Das Dialogfenster *New* mit den Datei-typen, die Sie mit MC neu erstellen bzw. bearbeiten können. Die Pikto-gramme geben einen schematischen Hinweis auf die Inhalte.

ⓘ Falls Sie die nachfolgenden Erläuterungen zu den in Bild 1-2 aufgeführten Dateitypen noch nicht vollständig verstehen, ist das kein Wunder, da bereits Begriffe verwendet werden, die erst in den folgenden Kapiteln/Abschnitten behandelt werden. Haben Sie Geduld. Wenn Sie die angegebenen Stellen durchgearbeitet haben, sind Ihnen die jetzt noch unbekannten Begriffe vertrauter und die folgenden Absätze beinhalten dann nur noch wenig neue Informationen für Sie.

Der mit der **CB** ⊙ **Schematic File (.cir)** ausgewählte Dateityp wird in diesem Buch zwar nur mit der wörtlichen Übersetzung **Schaltplandatei** bezeichnet, beinhaltet aber neben einem Verbindungsplan auch Modellbeschreibungen und Anweisungen für Simulationsläufe. Diese Informationen sind als ASCII-Text gespeichert. Vorteilhaft ist die grafische Eingabe des Ver-bindungsplans mit dem *Schematic Editor* von MC. Schaltplandateien (*.CIR) werden die meistverwendeten Dateien bei Ihrer Arbeit mit MC sein und im Ordner ..\MC-CIRS bzw. ..\DATA gespeichert. Schaltplandateien werden ab Abschn. 2.3 behandelt.

Der mit der **CB** ○ **Macro File (.mac)** nicht ausgewählte Dateityp ist *eine mit MC erzeugte Schaltplandatei*, die als **Macro** definiert wird. Sie wird im Ordner ..\MC-LIBS (bzw. ..\LIBRARY) gespeichert. Diese Schaltplandatei beinhaltet meistens eine Ersatzschaltung, die aufgrund der Definition als *Macro* in anderen *Simulationen mit MC* als Modell-Element para-metriert und verwendet werden kann. Das *Macro* SCR.MAC beinhaltet z. B. eine Ersatzschal-tung für einen Thyristor (*silicon controlled rectifier*), das *Macro* 555.MAC eine für das be-kannte Timer-IC mit dem kommerziellen Bauelement-Namen 555. Eine knapp kommentierte Liste der bereits mit MC mitgelieferten 55 *Macros* finden Sie in [MC-ERG]. Als „Macro",

„Makro" oder „Makromodell" wird auch verallgemeinernd eine Ersatzschaltung aus SPICE-Modell-Typen bezeichnet, die ein neues „Modell" ergibt. Im Gegensatz dazu wird in diesem Buch der Begriff *Macro* in dieser Schreibweise ausschließlich nur für diese mit MC erzeugten Schaltplandateien vom Dateityp *.MAC verwendet.

Die mit der **CB ○ General Text File (.txt)** und der **CB ○ Spice File (.ckt)** nicht ausgewählten Dateitypen lassen erkennen, dass MC einen mit *Text Editor* bezeichneten Texteditor beinhaltet. Mit diesem kann eine allgemeine Textdatei (Dateityp *.TXT) oder eine **SPICE-Netzliste** (Dateityp *.CKT) erstellt werden.

Der mit der **CB ○ Text Library File (.lib)** nicht ausgewählte Dateityp erstellt eine **SPICE-Bibliothekdatei**, die mit dem *Text Editor* bearbeitet werden kann und den Dateityp *.LIB bekommt. Dies ist neben dem Dateityp *.CIR der zweitwichtigste Dateityp für Ihre Arbeit mit MC. Diese Dateien werden im Ordner ..\MC-LIBS bzw. ..\LIBRARY gespeichert. SPICE-Bibliothekdateien werden im Kap. 11 behandelt.

Der mit der **CB ○ Binary Library File (.lbr)** nicht ausgewählte Dateityp erstellt eine MC-Bibliothekdatei, die Modellbeschreibungen aus .MODEL-Statements als Binärdaten enthält und daher nur mit dem *Model Editor* von MC les- und bearbeitbar sind. Dies ist am Dateityp *.LBR *(library binary)* erkennbar.

Außer dem Hinweis, dass sich im *Model Editor* der Dateityp *.LBR einfach mit der **SF Convert to SPICE Library** in den Dateityp *.LIB umwandeln lässt, wird dies nicht weiter behandelt.

Der mit der **CB ○ Model File (.mdl)** nicht ausgewählte Dateityp *.MDL erstellt eine Binärdatei, die das **MC-Programm MODEL** bearbeitet. Das MC-Programm MODEL kann aus Datenblatt-Wertepaaren Parameterwerte extrahieren und ist nur in der Vollversion verfügbar. Es darf nicht mit dem *Model Editor* verwechselt werden. Die Bedienung des MC-Programms MODEL wird in diesem Buch nicht behandelt. Die „Extraktion von Parameterwerten" wird in Kap. 3 behandelt.

1.3 WINDOWS-Bedienungselemente für MICRO-CAP

Die Arbeit mit einem Programm wie MC erfordert die Kommunikation mit dem Programm. Der Ausgabekanal ist die optische Darstellung auf einem Bildschirm. Zur Eingabe werden zwei Kanäle benutzt: Ein optisches Zeigegerät wie die Maus und die Tastatur. Die folgenden Erläuterungen geben eine konzentrierte Beschreibung und Definition wichtiger Begriffe.

1.3.1 Die Maus und ihre Bedienung

Für MC reicht eine Standard-Maus mit einer *linken Maustaste* (<LM>) und einer *rechten Maustaste* (<RM>) aus. Die folgenden Ausführungen sind aus Sicht eines Rechtshänders, dessen Maustasten entsprechend belegt sind, beschrieben. Falls Sie Linkshänder sind und Ihre Maustasten anders belegt haben, gilt: Mit links und rechts ist hier die Funktionalität der jeweiligen Maustaste gemeint, nicht die geometrische Lage.

Mit der Maus wird ein *Mauszeiger* auf dem Bildschirm bewegt und positioniert. Dieser kann je nach Modus unterschiedlich aussehen. In den wenigen Fällen, in denen die *rechte Maustaste* benutzt wird, wird mit <RM> immer darauf hingewiesen. In den vielen Fällen, in denen die *linke Maustaste* benutzt wird, ist **nichts angegeben oder die Angabe <LM>**.

✍ 1. „… **klicken** Sie auf das Objekt X …" oder „… das Objekt X **anklicken** …" bedeutet, dass Sie <LM> *kurz drücken und gleich wieder loslassen,* während der Mauszeiger auf das genannte Objekt zeigt. In [MC-REF] wird dies mit *to click* bezeichnet.

2. „… **doppelklicken** Sie auf das Objekt X …" bedeutet, dass Sie <LM> *zwei Mal in schneller Folge kurz drücken und gleich wieder loslassen,* während der Mauszeiger auf das genannte Objekt zeigt. In [MC-REF] wird dies mit *to double-click* bezeichnet.

3. „… **ziehen** Sie das Objekt X nach …" bedeutet, dass Sie <LM> *gedrückt halten während Sie die Maus und damit das Objekt X an eine andere Position ziehen.* In [MC-REF] wird dies mit *to drag* bezeichnet.

4. „… **zeigen** Sie auf das Objekt X …" bedeutet, dass Sie die *Maus* **(ohne Tastenaktion)** *so verschieben, dass der Mauszeiger auf das Objekt X zeigt.* In [MC-REF] wird dies mit *to point* bezeichnet.

1.3.2 Die Tastatur und ihre Bedienung

Alternativ zur Maus können Sie MC auch mit der Tastatur bedienen. Von MC werden hierbei die Funktionstasten <F1> bis <F12> und Tasten bzw. Tastenkombinationen wie z. B. <Strg> + <C> verwendet. Da dies durchaus die schnellere Alternative ist, werden diese Tasten bzw. Tastenkombinationen in [MC-REF] als *Accelerator Keys* (dt. „Beschleunigungs-Tasten") bezeichnet, eine alternative Bezeichnung ist *Shortcut* oder *Hotkey*.

✍ Wenn eine Taste betätigt werden soll, ist die Tastenbezeichnung in spitzen Klammern und fett gesetzt. Eine Tastenkombination wie <Strg> + <C> bedeutet, dass <Strg> gehalten werden soll während <C> gedrückt wird. Es werden deutsche Tastenbezeichnungen im Buch verwendet. In [MC-ERG] finden Sie eine Vergleichsliste zu amerikanischen Tastenbezeichnungen, wie sie in [MC-REF] und [MC-USE] verwendet werden.

ⓘ Für häufig durchgeführte Aktionen sparen Tasten/Tastenkombinationen Zeit und es lohnt sich, diese zu lernen. Daher empfiehlt der Autor, diese anzuwenden und damit zu lernen. Folgende Hilfen bekommen Sie:

1. Ist für einen *Menüpunkt* eine Taste/Tastenkombination verfügbar, steht sie im Menü.

2. Ist für eine *Schaltfläche* eine Taste/Tastenkombination verfügbar, wird sie in dem Feld *QuickInfo* am Mauszeiger angezeigt.

3. Im Text dieses Buches gibt der Autor *für häufig durchgeführte Aktionen* die Taste bzw. Tastenkombination an. In [MC-ERG] finden Sie in knapp kommentierten Tabellen *alle in [MC-REF] aufgeführten Tasten/Tastenkombinationen.* Drucken Sie sich diese aus und markieren Sie die Tasten/Tastenkombination, die Sie hilfreich finden.

1.3.3 Die Fenster und ihre Bedienung

MC ist ein WINDOWS-Programm. Der Autor setzt voraus, dass Sie mit der Handhabung von Programmen unter WINDOWS vertraut sind. Trotzdem an dieser Stelle eine kurze und konzentrierte Darstellung der für MC benötigten Elemente von WINDOWS.

Die meisten Aktionen von MC laufen in rechteckigen Regionen des Bildschirms ab, die *Fenster* genannt werden. Es können mehrere Fenster, die auch einander überlappen, am Bildschirm gezeigt werden, aber nur ein Fenster ist aktiv. Drei Fensterarten werden in WINDOWS unterschieden und kommen in MC vor:

1. Anwendungsfenster (z. B. Schaltplan-Eingabefenster oder Ausgabefenster
2. Dokumentfenster (z. B. Schaltplanseite, Textseite)
3. Dialogfenster (z. B. Eingabefenster für Parameterwerte)

Bild 1-3 zeigt das Anwendungsfenster von MC, anhand dessen die für MC wichtigen Elemente erklärt werden.

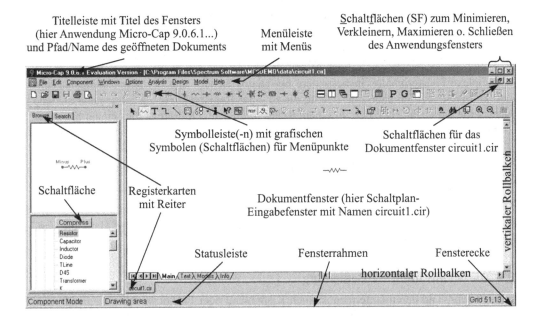

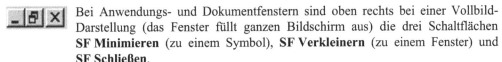

Bild 1-3 Anwendungsfenster von MICRO-CAP mit WINDOWS-Elementen

✎ *Jedes Fenster* hat einen **Titel,** der in der **Titelleiste** angezeigt wird. In diesem Buch wird der *Titel* eines Fenster stets genannt und *kursiv* geschrieben.

Bei Anwendungs- und Dokumentfenstern sind oben rechts bei einer Vollbild-Darstellung (das Fenster füllt ganzen Bildschirm aus) die drei Schaltflächen **SF Minimieren** (zu einem Symbol), **SF Verkleinern** (zu einem Fenster) und **SF Schließen.**

Die **SF Maximieren** (zu einem Vollbild) ersetzt die **SF Verkleinern** bei einer Fenster-Darstellung.

Anwendungsfenster wie das Schaltplan-Eingabefenster oder Ausgabefenster einer Analyse sind dadurch charakteristisch, dass sich unter der Titelleiste eine **Menüleiste** mit Menüs befindet. **Menüs** enthalten die wesentlichen Befehle und Optionen für die Bedienung von MC. Unter der Menüleiste befinden sich **Symbolleisten (Werkzeugleisten),** bei denen in Form von grafischen Symbolen Menüpunkte repräsentiert werden.

✎ Diese grafischen Symbole werden in diesem Buch als <u>Schalt</u>flächen, abgekürzt **SF Name,** und in [MC-REF] als *buttons* bezeichnet. Jeder Schaltfläche ist ein *Name* zugeordnet. Wenn der Mauszeiger auf eine Schaltfläche zeigt, erscheint im Feld *QuickInfo* am Mauszeiger dieser Begriff und, wenn verfügbar, die Taste/Tastenkombination. Sollen/können Sie einen Menüpunkt durch eine Schaltfläche auswählen/aktivieren, so wird in diesem Buch das Symbol gezeigt, der Name der Schaltfläche (Begriff aus *QuickInfo*) und in Klammern die Taste/Tastenkombination. Folgendes Beispiel verdeutlicht dieses:

X Mit der **SF Schließen (<Alt> + <F4>)** können Sie ein Fenster schließen. Handelt es sich um ein Anwendungsfenster, wird zudem die Anwendung beendet.

Es gibt auch **Schaltflächen mit einem Klartext-Inhalt** wie z. B. die **SF Compress** in Bild 1-3. Durch den Klartext-Inhalt ist die Wirkung dieser Schaltflächen meistens selbsterklärend. In diesem Buch wird begrifflich nicht zwischen „Befehlsschaltfläche" *(command button)* und „grafischer Schaltfläche" *(icon)* unterschieden.

Um komplexe Fensterinhalte, insbesondere bei Dialogfenstern und bei Anwendungsfenstern zu strukturieren, werden sinnvolle Inhalte oft zu einer **Registerkarte** zusammengefasst. Jede Registerkarte hat einen Titel, der auf einem Reiter *(tab)* steht. Optisch ist dies einem Karteikasten mit mehreren Karteikarten nachempfunden. Schauen Sie sich hierzu die zwei Beispiele in Bild 1-3 an.

In der **Statusleiste** werden je nach Fenster und Modus verschiedene Informationen angezeigt.

Mit den **Rollbalken** *(scrollbars)* können Sie den am Bildschirm sichtbaren Ausschnitt eines Fensters bei größeren Dokumenten verschieben.

Fensterrahmen und **Fensterecken** sind Elemente, mit denen Sie mittels der Maus die Fenstergröße verändern können.

1.3.4 Die Menüs und ihre Bedienung

Menüs *(menus)* und deren Untermenüs, auch Klappmenü oder Pull-down-Menü genannt, enthalten als Menüpunkte *(items)* die wesentlichen Befehle und Optionen für die Bedienung von MC. Einige Menüpunkte wirken sich sofort aus, andere Menüpunkte steuern/beeinflussen nachfolgende Aktionen.

Menübedienung mit der *Maus* (gebräuchlich):

Um ein Menü auszuwählen, zeigen Sie mit dem Mauszeiger auf den Namen des Menüs in der Menüleiste und klicken Sie mit **<LM>** auf den Menünamen. Das Menü wird geöffnet und die weitere Auswahl gezeigt. Zeigen Sie mit dem Mauszeiger auf den gewünschten Menüpunkt. Durch Klicken wählen Sie diesen aus.

Sie können alternativ auf den Menünamen zeigen, **<LM>** gedrückt halten, den Mauszeiger auf den gewünschten Menüpunkt ziehen und diesen durch Loslassen auswählen.

Falls Sie keinen Menüpunkt auswählen möchten, schließen Sie das Menü und die aufgeklappten Untermenüs, indem Sie außerhalb des Menüs mit **<LM>** klicken.

Alternative Menübedienung mit der *Tastatur*:

Wenn im Menünamen ein Buchstabe <u>unterstrichen</u> ist: Drücken Sie **<Alt>** und halten Sie diese Taste gedrückt. Drücken Sie nacheinander den jeweils **<u>unterstrichenen Buchstaben></u>** der gewünschten Menüpunkte. Das Loslassen von **<Alt>** beendet diese Möglichkeit, sich durch die Menüs zu „tasten".

Alternativ dazu: Drücken Sie <**Alt**>. Mit <**←**>, <**→**> gehen Sie in der Menüleiste bis zum gewünschten Menü. Mit <**Enter**> wählen Sie das Menü aus. Mit <**↑**>, <**↓**> gehen Sie zum gewünschten Menüpunkt. Mit <**Enter**> wählen Sie diesen aus.

Das Menü schließen Sie mit <**Esc**>.

In den Menüs von MC wie z. B. in Bild 1-4 gelten folgende Konventionen:

Menüpunkt		dieser Menüpunkt ist nicht verfügbar
✓ Menüpunkt		dieser Menüpunkt ist aktiv
Menüpunkt	ALT+Z	<Alt> + <Z> ist Tastenkombination für Menüpunkt
Menüpunkt…		es folgt ein *Dialogfenster* für Eingaben
Menüpunkt ▶		es folgt ein *Untermenü* mit weiterer Auswahl.

✎ Die Abfolge von Menüs, Untermenüs und Menüpunkten wird in diesem Buch mit „Menüfolge" bezeichnet, durch einen Pfeil symbolisiert und fett gedruckt.
Beispiel: „… über die **Menüfolge Help** → **Statistics… ALT+Z** wird eine …" .

1.4 Musterschaltungen, Demos, Übungen und weitere Hilfen

Als Einstieg und Hilfe zu vielen Themen werden mit MC *Simulationen von Musterschaltungen* mitgeliefert, die in MC als *Sample Circuits* bezeichnet werden. Diese Dateien sind im Ordner ..\MC9DEMO\DATA gespeichert ***und sollten nicht verändert werden!*** Eine nach Themen geordnete Liste der MC-Musterschaltungen ist über die **Menüfolge Help** → **Sample Circuits** ▶ aufrufbar (siehe Bild 1-4). Hierzu ist es vorteilhaft, wenn die Pfadsammlung „MC9" ausgewählt sein, damit MC direkt auf den Unterordner ..\DATA zugreift.

Zur Demonstration vieler Themen werden mit MC zusätzlich *Demos* mitgeliefert. Bild 1-4 zeigt die **Menüfolge Help** → **Demos** ▶ und die Auswahl. In diesem Buch wird an geeigneter Stelle auf eine das jeweilige Thema sinnvoll ergänzende Demo hingewiesen.

ⓘ Die Demos greifen auf MC-Musterschaltungen zu. Die Dateien dieser MC-Musterschaltungen sind für die Demos, auf die im Buch hingewiesen wird, *als Kopie* im Ordner C:\…\EIGENE MC-DATEIEN\MC-CIRS enthalten, sodass MC auch bei der eingestellten Pfadsammlung „Meine Pfade" (siehe Abschn. 1.2.3) darauf zugreifen kann.

ⓘ Die *General Demo…* ist nur eine Abfolge aller Demos und dauert ca. 85 min! Da diese Informationsfülle kaum verarbeitbar ist, können Sie sich die *General Demo…* sparen.

Die Demos laufen selbstständig ab. Es werden ab und zu Textfenster eingeblendet. Falls Sie mehr Zeit haben möchten, um ein Textfenster zu lesen: *Sofort nach Erscheinen* des Textfensters auf dem Bildschirm <**Pause**> drücken und die Demo hält an. Erneutes Drücken von <**Pause**> setzt die Demo fort. Drücken der <**Leerzeichentaste**> überspringt die Verzögerungschleife für ein Textfenster. <**Esc**> bricht eine Demo ab.

Weitere *Mustersimulationen*, die für dieses Buch erarbeitet wurden, sind mit einem Dateinamen M_*k*-*m*_TITEL.CIR in MC-BUCH.ZIP gespeichert. *k* ist hierbei das zugehörige Kapitel, *m* ist eine Nr. innerhalb des Kapitels, TITEL bezeichnet stichwortartig das Thema. Die Lösungen von *Simulations*-Übungen aus diesem Buch sind mit dem Dateinamen UE_*k*-*i*_TITEL.CIR in MC-BUCH.ZIP gespeichert. *k*-*i* ist die zugehörige Übungsaufgabennummer. Diese Dateien sollten bereits im Ordner ..\EIGENE MC-DATEIEN\MC-CIRS entpackt sein (Abschn. 1.2.2).

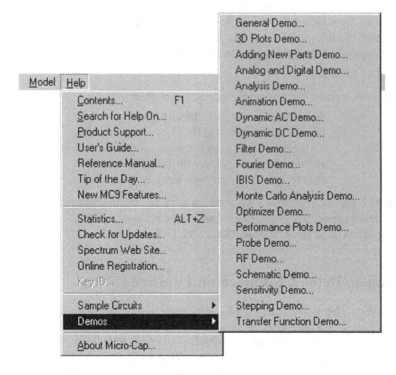

Bild 1-4
Untermenüs des
Menüs **Help** und
verfügbare Demos
unter der **Menüfolge**
Help → Demos ▶

ⓘ Bevor Sie mit einer dieser Dateien arbeiten (und zu keinem anderen Zweck sind sie gedacht), sollten Sie sich eine Arbeitskopie mit einem abgeänderten Namen wie z. B. Z_UE_*k-i*_TITEL.CIR speichern. So haben Sie das Original und können damit bei den Übungen wieder starten, wenn etwas mal nicht so gelingt wie erwartet (und das ist normal bei Übungen, sonst bräuchten Sie nicht zu üben). Alle Dateien mit dem Namen Z_....CIR befinden sich bei alphabetischer Sortierung nach Dateinamen (falls Ihr WINDOWS-EXPLORER so konfiguriert ist) am Ende eines Ordners und können bequem markiert und gelöscht werden. Dies ist dann ähnlich komfortabel, wie wenn Sie mittels *Cleanup...* die von MC erzeugten Dateien „aufräumen".

ⓘ Aufgrund der vielfältigen Einstellmöglichkeiten, die MC für das optische Erscheinungsbild von Schaltplandateien und grafischen Ausgaben ermöglicht, können die Darstellungen an Ihrem Bildschirm von den Bildern in diesem Buch abweichen. Lassen Sie sich dadurch nicht irritieren, der Inhalt ist wichtiger als die Verpackung.

Wenn Sie Abschn. 1.2.1 beachtet haben, können Sie auch in der Demoversion über die **Menüfolge Help → Reference Manual...** die Datei RM.PDF [MC-REF] und über die **Menüfolge Help → User's Guide...** die Datei UG.PDF [MC-USE] aufrufen. Über die **Menüfolge Help → Tip of the Day...** gelangen Sie zu 32 Tipps. Tipps, die sich auf Themen des Buches beziehen, sind eingearbeitet.

Weitere Hilfen bietet die Firma Spectrum Software auf ihrer im Vorwort genannten Homepage. Hier gibt es *Newsletters* und die Rubrik *FAQ (frequently asked questions)*. Ausgesprochen gute Erfahrungen hat der Autor mit dem *Support per E-Mail* gemacht. Die Anfragen wurden sehr kompetent und sehr schnell beantwortet. Einige Anfragen und Anmerkungen des Autors werden zu Produktveränderungen führen.

1.5 Simulation elektronischer Schaltungen – Worum geht es?

Die folgenden Ausführungen sind keine allgemeingültige Einführung in das Thema „Simulation elektronischer Schaltungen", sondern vereinfacht und zugeschnitten für die Arbeit mit dem SPICE-Simulationsprogramm MICRO-CAP. *Hierbei wird Wert darauf gelegt, den Unterschied zwischen realer Schaltung und deren Modell bzw. realem und simuliertem Verhalten deutlich zu machen. Entsprechend werden auch die jeweiligen Begriffe unterschieden.* In den folgenden Absätzen werden daher **einige Begriffe aus der elektronischen Praxis** in der Weise genauer beschrieben, wie sie in diesem Buch verwendet werden.

In diesem Buch geht es um die Simulation von elektrischem und thermischem Verhalten einer **realen elektronischen Schaltung**. Diese besteht i. Allg. aus **Bauelementen** (Buchsen, Relais, Batterien, Widerstände, Kondensatoren, Transistoren, Analog-/Digital-ICs usw.). Der Begriff „Bauteil" wird in diesem Buch nicht verwendet.

Die Bauelemente werden für ein sinnvolles Schaltungsverhalten geeignet kombiniert und durch **Leitungen** und Lötstellen miteinander verdrahtet. Die schematische Darstellung dieser Verdrahtung wird in diesem Buch **Verdrahtungsplan** genannt. Auch der Begriff Stromlaufplan ist dafür zutreffend. Der häufig verwendete Begriff „Schaltplan" wird in diesem Buch mit einer erweiterten Bedeutung verwendet, die in Abschn. 2.1 erläutert wird.

Die Bauelemente werden im Verdrahtungsplan durch genormte **Bauelement-Symbole**, die Leitungen durch **Linien** schematisch dargestellt.

Damit jedes einzelne Bauelement *eindeutig* benennbar ist, bekommt es einen für den Verdrahtungsplan *einmaligen* **Bauelement-Bezeichner**, der aus einer Buchstaben-Nummern-Kombination besteht, z. B. X1 für eine Stiftleiste, BU3 für eine BNC-Buchse, R4 für einen Widerstand, D2 für eine Diode, Q8 für einen Transistor.

Die wesentlichen **elektrischen Eigenschaften der Bauelemente** werden ebenfalls im Verdrahtungsplan angegeben. *Einfache Bauelemente* haben **Bauelement-Werte**, die ihre *wesentliche* Eigenschaft „bewerten". Der Widerstandswert 2 kΩ z. B. sagt aus, dass bei diesem Bauelement eine anliegende Spannung von 10 V einen Strom von 5 mA bzw. ein hindurchfließender Strom von 1 mA eine Spannung von 2 V bewirkt.

ⓘ An dieser Stelle eine Bemerkung zum Bauelement Widerstand: Die wesentliche Eigenschaft eines Widerstandes wird gelegentlich damit beschrieben, dass er den Strom „begrenzt". Das Wort „begrenzen" führt bei Lernenden oft zu einer falschen Vorstellung und sollte daher nach der Lehrerfahrung des Autors nicht verwendet werden. Ein Widerstand an einer Stromquelle hat z. B. keinen Einfluss auf den Strom und „begrenzt" ihn schon gar nicht. Daher wurde im vorhergehenden Absatz bewusst und alternativ die Eigenschaft eines Widerstandes als Ursache-Wirkungs-Kette sprachlich ausgedrückt.

Bei *Bauelementen mit komplexeren Eigenschaften* wie z. B. Dioden werden diese in Form von **Kennlinien und Kennwerten** in einem **Hersteller-Datenblatt** *(data sheet)* beschrieben. Derartige Bauelemente werden mit einem mehr oder weniger informativen **kommerziellen Bauelement-Namen,** wie z. B. 1N4001, 555, 74HC14, LM317 oder OP27, bezeichnet.

Das Entwickeln/Dimensionieren einer elektronischen Schaltung ist der Prozess, für ein gewünschtes Schaltungsverhalten *geeignete kommerzielle Bauelemente auszusuchen* bzw. *Bauelement-Werte zu berechnen* und alle Bauelemente geeignet miteinander zu verdrahten. Bei der Berechnung wendet der/die Entwickelnde eher stark vereinfachende theoretisch-mathematische Beschreibungen im Kopf oder auf einigen Blatt Papier an. Daher muss eine dimensionierte Schaltung immer aufgebaut werden, um durch Messungen zu verifizieren, inwieweit sich das gewünschte Schaltungsverhalten tatsächlich einstellt. Waren die Vernachlässigungen zulässig? Treten *parasitäre Effekte* durch Eigenschaften auf, die nicht betrachtet wurden oder die der/die Entwickelnde bis zu diesem Zeitpunkt noch nicht kannte? Des Weiteren müssen auch Aussagen getroffen werden, wie sich *Exemplarstreuungen (Toleranzen) von Bauelement-Eigenschaften* (Serienfertigung, Reproduzierbarkeit) und *Temperaturänderungen* auf das Schaltungsverhalten auswirken.

Die Simulation mit einem Simulationsprogramm ist ein Hilfsmittel, die meistens stark vereinfachte theoretisch-mathematische Beschreibung im Kopf oder auf einigen Blatt Papier durch eine erheblich aufwendigere und damit meistens auch realitätsnähere mathematische Beschreibung zu ergänzen.

In den folgenden Absätzen werden zunächst **einige Begriffe in Bezug auf die Simulation** in der Weise zusammenfassend beschrieben, wie sie in diesem Buch verwendet werden. Lassen Sie sich durch die Vielzahl nicht entmutigen: In Kap. 3 werden insbesondere die Begriffe „Modell-…" am Beispiel einer Diode konkretisiert.

Ein **Modell** ist eine *vereinfachende Beschreibung bzw. Nachbildung* eines komplexen Gegenstandes oder Sachverhaltes. Die Modellbeschreibung oder Nachbildung besteht z. B. aus:

- einer oder mehreren mathematischen Formeln wie z. B. $u_R = R \cdot i_R$
- einer schematischen Darstellung der *funktionalen* Elemente
- einem physikalischen Aufbau mit einem ähnlichen Verhalten
- einem Programm wie MC, das nummerische Berechnungen durchführt.

Die Aussage Albert Einsteins „Man sollte alles so einfach wie möglich sehen – aber auch nicht einfacher" ist auch auf ein Modell anzuwenden. Die Kunst dabei ist herauszufinden, wie stark man vereinfachen darf und wie groß die verbleibende Komplexität eines Modells, die **Modelltiefe** sein muss, damit die Effekte, die man mit dem Modell untersuchen möchte, *noch hinreichend realitätsnah* nachgebildet werden.

Für das Verhalten von elektronischen Bauelementen gibt es entsprechende mathematische Modellbeschreibungen, die in diesem Buch als (SPICE-)**Modell-Typ** bezeichnet werden. Die Gleichungen enthalten (Modell-)**Parameter** mit **Parameterwerten**. Die Gesamtheit der Parameterwerte wird als **Parameterwertesatz** unter einem **Modell-Namen** zusammengefasst.

ⓘ Häufig wird in Bibliotheken als Modell-Name nur der kommerzielle Bauelement-Name des modellierten Bauelements genommen. Wie noch gezeigt wird, ist es transparenter und damit vorteilhafter, eine abgewandelte Version zu verwenden wie z. B. 1N4001-UE (Abschn. 3.6) oder OP27-ES1 (Abschn. 11.3), da es zu *einem* Bauelement mit *einem* kommerziellen Bauelement-Namen *mehrere* unterschiedliche Modellbeschreibungen geben kann.

Dies kann der Praktiker nachvollziehen, wenn er daran denkt, dass es von einem Bauelement wie dem Operationsverstärker OP27 oftmals mehrere Versionen mit unterschiedlichen Temperaturbereichen und spezifizierten Eigenschaften gibt, sodass nur über zum Teil kryptisch anmutende Hersteller-Codes eine eindeutige Identifizierung gelingt.

Für eine bequeme grafische Eingabe, wie dies mit MC möglich ist, bekommt ein Modell-Typ ein **Modell-Symbol** zugeordnet, welches häufig identisch zu dem passenden Bauelement-Symbol des Verdrahtungsplans ist. Die Gesamtheit dieser Informationen wird in Analogie zum Begriff Bauelement in diesem Buch **Modell-Element** genannt.

Damit jedes einzelne Modell-Element *eindeutig* benennbar ist, bekommt es einen für die Simulation *einmaligen* **Modell-Bezeichner**, der wie beim Verdrahtungsplan aus einer Buchstaben-Nummern-Kombination besteht, z. B. R4 für einen Widerstand, D2 für eine Diode, Q8 für einen Transistor.

ⓘ Ist Ihnen aufgefallen, dass die Bauelement-Bezeichner X1 für die Stiftleiste und BU3 für die BNC-Buchse hier nicht auftauchen? Dieses unscheinbare Detail ist ein erster Hinweis, dass in einer Simulation nicht jedes reale Bauelement simuliert wird und es damit einen Unterschied gibt.

✍ In Simulationsprogrammen wie MC und in Programmen für die Erstellung eines PCB-Layout (*printed circuit board*, Leiterplatte) werden die Bezeichner i. Allg. groß geschrieben (R4, D2, Q8 usw.). Beim Berechnen von Schaltungen werden in der Elektronik Bezeichner auch als Formelgrößen verwendet, denen ein Zahlenwert zugewiesen wird wie z. B. R_4 = 1,2 kΩ. Andere Bezeichner bekommen einen Namen zugewiesen. Im Fall eines realen Bauelements ist es meist der kommerzielle Bauelement-Name, z. B. D_2 = 1N4001. Im Fall eines Modell-Elements ist es der Modell-Name, z. B. D_2 = 1N4001-UE. Daher werden in diesem Buch auch Bezeichner *kursiv* mit tiefstehendem Index geschrieben.

So wie bei einer realen Schaltung die Bauelemente gemäß des Verdrahtungsplans miteinander verdrahtet werden, müssen die Formeln der Modell-Elemente miteinander zu einem Gleichungssystem verknüpft werden.

Wenn Sie ab dem Abschn. 2.3 **Modell-Symbole platzieren und durch Verbindungen grafisch miteinander verknüpfen**, erstellen Sie, ohne dass Sie es merken, ein mehr oder weniger komplexes, kaum noch auf Papier niederzuschreibendes nichtlineares Gleichungssystem. Auf dieses Gleichungssystem wenden SPICE-basierende Simulationsprogramme wie MC das *Knotenpotenzialverfahren* an. Die schematische Darstellung auf dem Bildschirm Ihres PCs ist also ein **Verbindungsplan**, der nicht die reale Verdrahtung von realen Bauelementen beschreibt, sondern die mathematische Verbindung (Verknüpfung) der den Modell-Elementen zugrunde liegenen Formeln zu einem Gleichungssystem.

Die **Verbindungen sind Knoten, die von MC durchnummeriert werden**. Das Knoten-Potenzialverfahren benötigt einen **Bezugsknoten** *(Ground)*, der das **Potenzial 0 V** hat und immer die **Nr. 0** bekommt. Ein Verbindungsplan kann mit Worten beschrieben werden:

„... Zwischen Knoten Nr. 1 und Knoten Nr. 2 ist das Modell-Element mit dem Modell-Bezeichner R_1. R_1 ist das Modell-Element *Resistor* mit dem Parameterwert $2 \cdot 10^3$. Zwischen Knoten Nr. 2 und Knoten Nr. 0 ist das Modell-Element mit dem Modell-Bezeichner D_2. D_2 liegt die mathematische Beschreibung des Modell-Typs D *(Diode)* zugrunde. Die Parameterwerte sind unter dem Modell-Namen 1N4001-UE zusammengefasst und abgelegt. Der Parameterwertesatz von 1N4001-UE beinhaltet die Parameterwerte: I_S = 1 nA, N = 1,69, B_V = 50 V, R_S = 42,6 mΩ . ...“

Die Beschreibung eines Verbindungsplans in dieser Textform heißt (SPICE-)**Netzliste** und könnte, auf die Informationen reduziert und in einer *.CKT-Datei gespeichert, so aussehen:

```
...
R1   1   2    2E3
D2   2   0    1N4001-UE
.MODEL 1N4001-UE D (IS=1E-9 N=1.69 BV=50 RS=0.0426)
...
```

Früher mussten zu simulierende Schaltungen auf diese Weise „zu Fuß" eingegeben werden. Bei MC können Sie eine Netzliste komfortabel grafisch als Verbindungsplan mit dem *Schematic Editor* eingeben. Man kann sich die Netzliste ausgeben lassen und natürlich auch Netzlisten direkt in MC eingeben und diese simulieren (siehe Abschn. 1.2.5). Für Letzteres wird auf die sehr praktischen Befehlsausdrücke .SPICE und .ENDSPICE, die in [MC-REF] erläutert werden, hingewiesen. Weitere Befehlsausdrücke finden Sie tabellarisch in [MC-ERG].

ⓘ   Auf eine weitere und konsequente sprachlich-begriffliche Trennung zwischen elektronischer Realität und deren Simulation wird verzichtet, da auf die Realität bezogene Begriffe auch in MC verwendet werden, z. B. *wire* für Verbindung, *schematic* für Verbindungsplan, *component* oder *device* für Modell-Element usw. Es ist wichtig, dass Sie sich darüber im Klaren sind, dass Begriffe und Beschreibungen aus der elektronischen Realität im Zusammenhang mit Simulationen i. Allg. eine andere Bedeutung haben.

Die Anforderung an die Simulation besteht darin, das reale Verhalten ausreichend genau wiederzugeben. Wenn dies gelingt, bekommen Sie durch Simulation auf einfache Weise mehr Erkenntnisse über ein Schaltungsverhalten und können Auswirkungen von Schaltungsänderungen mit wenig Aufwand vorhersagen und beurteilen

Damit MC diese Anforderung erfüllen kann, soll Ihnen das vorliegende Buch Hinweise und Erläuterung bieten, sowohl im praktischen Umgang mit dem Programm als auch bzgl. des Hintergrundwissens.

1.6 Ein Blick in die Geschichte

Dieser Abschnitt soll Ihnen nur als Orientierung einen Überblick über die Geschichte von SPICE und SPICE-basierenden Simulationsprogrammen geben und erhebt nicht den Anspruch auf Vollständigkeit.

Nach Entwicklung einiger Computerprogramme wie TAP *(Transistor Analysis Program)* aus den 50er Jahren, ECAP 1 *(Electronic Circuit Analysis Program)* und PREDICT wurde Ende der 60er Jahre an der *University of California at Berkeley* (UC Berkeley) von Professor Ron Rohrer ein Studentenprojekt mit ca. 10 Studierenden (u. a. Laurence Nagel) durchgeführt. Das Ergebnis der verschiedenen Arbeiten ergab das Programm CANCER *(Computer Analysis of Nonlinear Circuits Excluding Radiation)*. Der Zusatz macht deutlich, dass Abstrahlungen nicht berücksichtigt wurden.

1973 wurde von Laurence Nagel als Weiterentwicklung von CANCER das erste Programm mit dem Namen SPICE vorgestellt: SPICE 1 *(Simulation Program with Integrated Circuit Emphasis)*. Wie der Name sagt, wurde dieses Programm mit Betonung (*emphasis*, dt. Betonung, Schwerpunkt) auf die Simulation integrierter Schaltungen entwickelt.

1975 wurde das Programm SPICE 2 veröffentlicht.

1983 wurde von der CAD/IC-Arbeitsgruppe der UC Berkeley die letzte in der Programmiersprache FORTRAN programmierte und verbesserte Version SPICE 2G6 herausgegeben. Da die Quellcodes der SPICE-Berechnungsalgorithmen und SPICE-Modelle frei verfügbar waren und sind, nutzten und nutzen viele kommerzielle Simulationsprogramme sowohl die Berechnungsalgorithmen wie auch die Modelle.

1985 folgte das Programm SPICE 3, das in der Programmiersprache C programmiert wurde. Die aktuelle Version von 2006 ist SPICE 3F5. *„The SPICE 3 version is based directly on*

SPICE 2G6. While SPICE 3 is being developed to include new features, it continues to support those capabilities and models which remain in extensive use in the SPICE 2 program." heißt es auf der SPICE-Homepage <http://bwrc.eecs.berkeley.edu/Classes/IcBook/SPICE>. SPICE 3 ist also gegenüber der Version von SPICE 2G6 um neue Funktionalitäten erweitert und in der Programmiersprache C geschrieben. Die Quellcodes der originalen Berkeley-Programme sind auf der genannten Homepage frei erhältlich.

Moderne Versionen von SPICE-basierenden Simulationsprogrammen wie MICRO-CAP arbeiten mit einer grafischen Eingabe, aus der diese Programme eine Netzliste generieren. Wenn Bezug auf SPICE genommen wird, ist im Einzelfall zu prüfen, auf welche SPICE-Version Bezug genommen wird. Wenn nicht anders genannt, ist dies in den meisten Fällen die Version SPICE 2G6.

Diese Original-SPICE-Versionen werden von UC Berkeley nicht wie kommerzielle Software unterstützt. Daher gibt es viele kommerzielle Programme, die auf SPICE aufbauen.

Eines dieser kommerziellen Programme ist PSPICE, das als erstes SPICE-basierendes Simulationsprogramm auf einem PC lauffähig war. Dieses Programm hat eine wechselvolle Historie und ist jetzt ein Produkt der Firma Cadence. Bei dem Programm HSPICE steht „H" für die Gründer der Firma MetaSoftware Shawn Hailey und Kim Hailey. Dieses Programm ist jetzt ein Produkt der Firma Synopsis. Das sehr ähnlich bezeichnete Programm HPSPICE war bis 1985 ein Produkt der Firma Hewlett Packard. ICAP ist ein SPICE-basierendes Simulationsprogramm der Firma Intusoft.

Aus dem Jahr 1982 stammt die Bezeichnung MICRO-CAP und ist die Abkürzung von *Microcomputer Circuit Analysis Program*, da zu dieser Zeit für einen PC auch der Begriff „Microcomputer" verwendet wurde. 1984 kam MICRO-CAP II mit der Version 1.0 auf den Markt. Es folgten 1985 Version 2.0, 1986 Version 3.0 und 1987 Version 4.0.

1988 gab es mit MICRO-CAP III die erste Version, die mit Maus und Fenstern arbeitete und damit deutlich einfacher zu bedienen war. Der Simulator war nicht 100-%-SPICE-kompatibel, aber sehr eng an SPICE 2G6 der UC Berkeley angelehnt. Die Programmiersprache war in C geändert worden. Weitere Verbesserungen und Erweiterungen der SPICE 2G6-Modell-Typen wurden implementiert, wie Modell-Typen für nichtlineare magnetische Kerne, GaAs-FETs und nichtlineare Quellen. Diese Version war die erste, die der Autor kennenlernte.

1992 wurde mit MICRO-CAP IV eine Version eingeführt, die SPICE 2G6-Textdateien direkt lesen und verarbeiten konnte. Der Simulatorkern/Algorithmus war der von SPICE 2G6 mit Verbesserungen, die von SPICE 3 abgeleitet wurden und weiteren Eigenentwicklungen der Firma Spectrum Software.

1995 gab es mit MICRO-CAP V die erste WINDOWS-Version. Sie beinhaltete alle Eigenschaften von MC IV und zusätzlich einen 5-Zustand-ereignisgesteuerten digitalen Logiksimulator, der kompatibel zu dem von PSPICE war. 1997 wurde MICRO-CAP V in der Version 2.0 für den Markt freigegeben. Diese Version beinhaltete alle BSIM-Modell-Typen *(Berkeley Short-Channel IGFET Model)* für MOSFETs.

1999 folgte MICRO-CAP 6, 2001 MICRO-CAP 7, 2004 MICRO-CAP 8 und 2007 MICRO-CAP 9. Dem Autor ist bekannt, dass 2010 die Version MICRO-CAP 10 freigegeben wird. Da er erwartet, dass praktisch alle Inhalte dieses Buches auch für diese Version gelten werden, wurde mit der Fertigstellung dieses Buches nicht gewartet.

2 Berechnung und Simulation einer passiven Schaltung: Beispiel 10:1-Teilertastkopf

2.1 Realität und Modellbildung durch eine Ersatzschaltung

Die elektronische Realität, anhand derer die grundlegenden Bedienungsschritte für eine Simulation mit MC erläutert werden, ist ein 10:1-Teilertastkopf, wie er für Oszilloskope verwendet wird. Dieses Beispiel wurde gewählt, weil es aus der Praxis stammt, eine mathematische Beschreibung noch übersichtlich ist und diese Anordnung ein allgemein bekanntes Verhalten bei den Zeitverläufen Gleichspannung/-strom, Sinusspannung/-strom und Rechteckspannung hat. Bild 2-1 zeigt einen 10:1-Teilertastkopf und ein Analog-Oszilloskop.

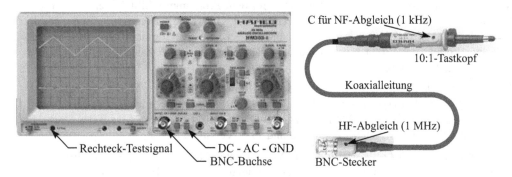

Bild 2-1 Analog-Oszilloskop und 10:1-Teilertastkopf

Ein 10:1-Teilertastkopf wird eingesetzt, um entweder größere Spannungen mit dem Oszilloskop messen zu können oder um den Eingangswiderstand der Messanordnung bei niedrigen Frequenzen von 1 MΩ auf 10 MΩ zu erhöhen. Im Tastkopf ist dazu ein Widerstand mit dem Wert $R_2 = 9$ MΩ eingebaut, der zusammen mit dem Eingangswiderstand des Oszilloskops einen ohmschen Spannungsteiler bildet. *Der Wert* dieses Eingangswiderstandes ist mit 1 MΩ konstant. Er wird aber aus einer kunstvollen und aufwendigen Kaskade mehrerer belasteter Spannungsteiler gebildet, die je nach eingestellter *y*-Ablenkung (V/div) kombiniert werden. Die Koaxialleitung und der Eingang des Oszilloskops (BNC-Buchse) wirken kapazitiv, sodass parallel zum Eingangswiderstand mit dem *parasitären (unerwünschten) Effekt* einer kapazitiven Wirkung zu rechnen ist. Zur Erinnerung: Die hier nicht gezeigte schematische Darstellung der verdrahteten realen Bauelemente der Anordnung aus Bild 2-1 wird in diesem Buch als **Verdrahtungsplan** bezeichnet. Dies ist die Konstruktionszeichnung und das wichtigste Dokument einer elektronischen Schaltung.

Mit einer **Ersatzschaltung als Modell** *(equivalent circuit)* werden die realen Verhältnisse *vereinfacht* und für die gewünschten Zwecke hoffentlich hinreichend realitätsnah nachbildet. Die *Elemente dieser Ersatzschaltung* sind idealisierende Modelle der realen Bauelemente. Drei elementare Modell-Elemente heißen „ohmscher Widerstand", „idealer Kondensator" und

„ideale Spule". Diese werden auch als **Grund-Zweipole**, Grund-Eintore oder ideale Eintor-Elemente bezeichnet und bilden die einfachsten Modelle für die Bauelemente Widerstand *(resistor)*, Kondensator *(capacitor)* und Spule *(inductor)*.

Das reale Bauelement R_2 wird durch einen ohmschen Widerstand nachgebildet. Die erwartete kapazitive Wirkung der Koaxialleitung und des Oszilloskops werden durch einen idealen Kondensator mit der Kapazität $C_1 = 22{,}2$ pF vereinfachend berücksichtigt. Die Eingangs-Spannungsteilerkaskade des Oszilloskops wird als ohmscher Widerstand mit $R_1 = 1$ MΩ zusammenfassend modelliert. Die zu messende Spannung wird als Spannungsquelle $u_E(t)$ idealisierend dargestellt. Eine weitere Vereinfachung besteht darin, dass als parasitärer Effekt die induktive Wirkung der Leitungen ebenso vernachlässigt wird wie Leitungs-, Übergangs- und Isolationswiderstände und alle weiteren denkbaren wie z. B. der Einfluss der Eigenerwärmung.

Eine *schematische Darstellung* der mit diesen Überlegungen und Idealisierungen gebildeten elektrischen Ersatzschaltung ist in Bild 2-2 gezeigt. Diese wird auch *Ersatzschaltbild* genannt. In diesem Buch wird dafür ausschließlich der Begriff *Ersatzschaltung* verwendet.

Es wird zudem idealisierend angenommen, dass die restliche Elektronik des Oszilloskops die Spannung $u_A(t)$ weitestgehend proportional, d. h. ohne nennenswerte Verfälschung auf dem Bildschirm anzeigt.

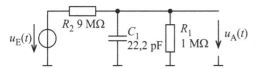

Bild 2-2
Ersatzschaltung eines unvollständigen[1] 10:1-Teilertastkopfs

[1] Unvollständig deshalb, weil der parallel zu R_2 vorhandene Abgleichkondensator aus didaktischen Gründen noch nicht berücksichtigt wurde. Falls Ihnen das nichts sagt, bekommen Sie mit diesem Beispiel zusätzlich zu den die Simulation betreffenden Informationen eine für die Praxis wertvolle Erkenntnis über das Messen mit einem 10:1-Teilertastkopf.

Viele Symbole der Ersatzschaltung stimmen mit denen von Verdrahtungsplänen überein. Sie kennzeichnen in einer Ersatzschaltung aber keine realen Bauelemente, sondern *nur idealisierte Modelle von Bauelementen*. Das zweipolige Symbol der Spannungsquelle z. B. wäre als Modell des realen Bauelements „Batterie" vorstellbar, wobei dann sinnvollerweise das Batterie-Symbol hätte gewählt werden sollen.

ⓘ **Eine schematische Darstellung wie Bild 2-2, die in ihrem Erscheinungsbild ähnlich wie ein Verdrahtungsplan aussieht,** *aber nur dafür erstellt wurde, das Verhalten der zugrunde liegenden elektronischen Realität zu untersuchen, ist immer als Ersatzschaltung* **aufzufassen. Es dürfen nicht mehr Informationen hineininterpretiert werden, als wirklich enthalten sind.**

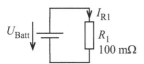

Folgendes Beispiel soll dieses verdeutlichen: Als Modell für die reale Schaltung einer 9-V-Blockbatterie mit einem angeschlossenen Drahtwiderstand $R_1 = 100$ mΩ ist die nebenstehende Ersatzschaltung gebildet worden. Es ist naheliegend, $U_{Batt} = 9$ V anzunehmen. Wie groß ist der Strom I_{R1}?

Falls Sie Hemmungen haben, den richtigen Wert hinzuschreiben oder an Ihrer Berechnungsweise zweifeln, weil Sie denken, dass das falsch sein muss, da doch die Spannung einer

9-V-Blockbatterie bei so einem Strom „zusammenbrechen" müsste, haben Sie mehr Informationen in die Ersatzschaltung hineininterpretiert, als vorhanden sind. Die symbolhaft dargestellte Gleichspannungsquelle ist keine Batterie, sondern nur ein Modell dafür und das Berechnungsergebnis anhand dieses Modells ist richtig!

Falls Sie für eine 9-V-Blockbatterie den Wert von 90 A zu Recht als realitätsfern bewerten, so liegt das daran, dass die Modelltiefe für diesen Fall nicht ausreicht, weil zu stark vereinfacht wurde. Die Realitätsnähe kann gesteigert werden, indem z. B. ein „Innenwiderstand" als ergänzendes Modell-Element hinzugenommen wird. Aber auch dieses erweiterte Modell hat Bereiche, wo die Ergebnisse als realitätsfern bewertet würden.

ⓘ • Verdrahtungsplan (schematische Darstellung der Verdrahtung realer Bauelemente)
   • Verbindungsplan (schematische Darstellung der Verknüpfung von Modell-Elementen)
   • Ersatzschaltung (schematische Darstellung einer Ersatzschaltung)
   sehen in ihrem Erscheinungsbild sehr ähnlich aus, beinhalten aber unterschiedliche Informationen. In der Hoffnung, dass Sie sich der Unterschiede stets bewusst sind, wird im Folgenden der Begriff **Schaltplan** sowohl für den Verdrahtungsplan einer realen Schaltung als auch für den Verbindungsplan einer Simulation in MC und für eine Ersatzschaltung verwendet.

Folgende Fragen sollen diese Betrachtungen abschließen:
In Bild 2-3 sehen Sie in drei Bildausschnitten das Symbol eines bekannten Zweipols.

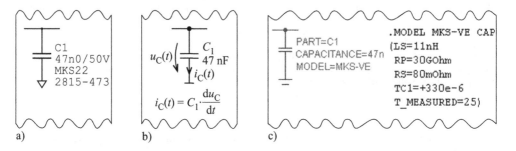

a)   b)   c)

Bild 2-3 Bildausschnitte aus drei verschiedenen Darstellungen, die in der Elektronik vorkommen

Welcher Bildausschnitt stammt aus dem Verdrahtungsplan einer realen Schaltung?
Welcher Bildausschnitt stammt aus dem Verbindungsplan einer Simulation mit MC?
Welcher Bildausschnitt stammt aus der Ersatzschaltung eines Lehrbuchs?
Welche *unterschiedlichen* Informationen sind dem Symbol in dem jeweiligen Bildausschnitt zugeordnet? Die in Bild 2-3c gezeigten Informationen werden in Abschn. 9.1.4 erklärt.

2.2 Theoretische Erkenntnisse als Sinn und Zweck eines Modells

Die Bedeutung des Adjektivs „theoretisch" wird gelegentlich als Gegenteil des Adjektivs „praktisch" empfunden. Das Gegenteil von „praktisch" ist aber „unpraktisch". Das Adjektiv „theoretisch" kennzeichnet vielmehr etwas Ergänzendes zu „praktisch" und muss daher gemäß des Zitats im Vorwort entsprechend mit behandelt werden, damit die Reise in die Welt der Simulation mit MC nicht zu einer Fahrt ohne Kompass und Steuer wird.

Da dieses Buch kein Lehrbuch über Grundgebiete der Elektrotechnik ist, erfolgt nur ein kurzer Abriss der mathematisch-theoretischen Grundlagen. Sie können damit Ihren Kenntnisstand überprüfen. Falls Sie einen Bachelor- oder Diplom-Studiengang Elektrotechnik, Elektronik oder ähnlich studieren oder abgeschlossen haben, sollten Sie die angegebenen Formeln herleiten und die in den Übungen enthaltenen Berechnungsaufgaben lösen können. Wenn Sie damit Schwierigkeiten haben, sollten Sie Ihre Kenntnisse mit geeigneter Literatur wie z. B. [FHN1] und [FHN2] oder [NERR] auffrischen. Einige Lösungen sind direkt in der Aufgabe angegeben, die anderen Lösungen finden Sie in [MC-ERG].

ⓘ Ein Simulationsprogramm wie MC kann Ihnen umfangreiche nummerische Berechnungen abnehmen, die Berechnungsgrundlagen und die Bewertung und Interpretation der Ergebnisse liegt immer noch in bei Ihnen und erfordert Ihre Fachkompetenz.

Zurück zum Beispiel des 10:1-Teilertastkopfs und der in Bild 2-2 gezeigten Ersatzschaltung. *Im Folgenden wird der Begriffsteil „Ersatz…" weggelassen.* Um die Übertragungsqualität und damit die Verfälschung dieser Schaltung zu beurteilen, kann man ein paar markante Zeitverläufe als $u_E(t)$ mit dieser Anordnung messen und wird die bekannten Zeitverläufe als $u_A(t)$ auf dem Bildschirm des Oszilloskops sichtbar erwarten. Als Wechselspannungen werden gerne Sinusspannungen und Rechteckspannungen genommen. Sinusspannungen ergeben eine Aussage bei einer einzelnen Frequenz. Rechteckspannungen lassen sich leicht erzeugen und beinhalten „viele Frequenzen" wie eine spektrale Zerlegung mittels *Fourier-Analyse* zeigt.

2.2.1 Übertragungseigenschaften bei Sinusspannungen und Gleichspannungen

Das Verhalten bei Sinusspannungen und -strömen kann kompakt mit Hilfe der **komplexen Wechselstromrechnung** berechnet werden, die MC auch bei der AC-Analyse anwendet *(alternating current)*. Zur Berechnung des **komplexen Widerstandes** $\underline{Z}$ gelten für die **Grund-Zweipole idealer Kondensator (Index C)** und **ideale Spule (Index L)** die Formeln:

$$\underline{Z}_C = \frac{\hat{\underline{u}}_C}{\hat{\underline{i}}_C} = \frac{1}{\mathrm{j}\omega C} \tag{2.1}$$

und

$$\underline{Z}_L = \frac{\hat{\underline{u}}_L}{\hat{\underline{i}}_L} = \mathrm{j}\omega L \tag{2.2}$$

Die beschreibenden **Parameter** sind die **Kapazität** C *(capacitance)* und die **Induktivität** L *(inductance)*. Wenn betont werden soll, dass diesen Größen ein Zahlenwert zugewiesen werden kann, werden sie auch Kapazitätswert C bzw. Induktivitätswert L genannt.

Die Größen $\hat{\underline{u}}$ bzw. $\hat{\underline{i}}$ sind die *komplexen* **Amplituden** von Sinusspannung bzw. Sinusstrom. *Komplexe Amplituden* beinhalten nur zwei der drei Informationen einer Sinusschwingung (hier am Beispiel der Spannung erläutert):

    1. die Größe der Spannung in Form der **Amplitude** (Betrag) $|\hat{\underline{u}}| = \hat{u}$

    2. die Phasenlage in Form des **Nullphasenwinkels** φ_u.

In der **Darstellung mit Polarkoordinaten (P-Form)** findet man die zwei Schreibweisen:

$$\underline{\hat{u}} = \hat{u} \cdot e^{j \cdot \varphi_u} = \hat{u} \angle \varphi_u$$

✍ Die *Versorschreibweise* $\hat{u} \angle \varphi_u$ hat den Vorteil, dass sie in eine Zeile mit normalem Schriftgrad geschrieben werden kann. Die *Exponentialschreibweise* hat den Vorteil, dass der Zusammenhang zur eulerschen Gleichung sichtbar ist. Die eulersche Gleichung lautet:

$$e^{j \cdot \varphi_u} = \cos(\varphi_u) + j \cdot \sin(\varphi_u)$$

Mit der eulerschen Gleichung kann die komplexe Zahl in die **Darstellung mit rechtwinkligen Koordinaten (R-Form)** umgerechnet werden:

$$\underline{\hat{u}} = \hat{u} \cdot e^{j \cdot \varphi_u} = \hat{u} \cdot \cos(\varphi_u) + j \cdot \hat{u} \cdot \sin(\varphi_u) = \operatorname{Re}\{\underline{\hat{u}}\} + j \cdot \operatorname{Im}\{\underline{\hat{u}}\}$$

wobei $\operatorname{Re}\{\underline{\hat{u}}\}$ als **Realteil** und $\operatorname{Im}\{\underline{\hat{u}}\}$ als **Imaginärteil der komplexen Spannung** $\underline{\hat{u}}$ bezeichnet werden.

ⓘ Realteil $\operatorname{Re}\{\underline{\hat{u}}\}$ und Imaginärteil $\operatorname{Im}\{\underline{\hat{u}}\}$ *sind reelle Größen*. Erst die Multiplikation mit der imaginären Einheit $j = \sqrt{-1}$ ergibt die *imaginäre* Größe $j \cdot \operatorname{Im}\{\underline{\hat{u}}\}$.

Die **Periodendauer** T bzw. **Frequenz** $f = 1/T$ bzw. **Kreisfrequenz** $\omega = 2\pi/T$ als dritte Information ist in einer komplexen Amplitude nicht mehr enthalten. Da bei der komplexen Wechselstromrechnung in der gesamten Schaltung nur Sinusschwingungen mit derselben Frequenz betrachtet werden, ist es nicht nötig, diese in den komplexen Größen mitzuführen, sondern nur bei einer Rechnung anzugeben.

Amplituden wie $\hat{u}$ haben einen direkten Bezug zur Darstellung auf dem Bildschirm eines Oszilloskops und werden wegen dieses Vorteils in diesem Buch ausschließlich anstelle von Effektivwerten verwendet.

Ein idealer Kondensator wirkt bei Gleichstrom *(DC, direct current)* wie ein Widerstand mit dem „Wert" $\infty\,\Omega$, da $\omega = 2 \cdot \pi \cdot f = 0$ ist. Es ergibt sich für den Gleichstrom durch den idealen Kondensator der Wert $i_C \equiv 0$. *Der Zustand, dass ein Strom $i \equiv 0$ ist, wird* **Leerlauf** *genannt.*

Das Zeichen „$\equiv$" bedeutet „identisch" und ist strenger als „$=$" und soll in diesem vorhergehenden Zusammenhang „bei allen Spannungen" bedeuten.

Eine ideale Spule wirkt bei Gleichstrom wie ein Widerstand mit dem Wert $0\,\Omega$ und erzwingt daher für den Gleichspannungsabfall an der idealen Spule den Wert $u_L \equiv 0$. *Der Zustand, dass ein Spannungsabfall $u \equiv 0$ ist, wird* **Kurzschluss** *genannt.*

Mittels der komplexen Wechselstromrechnung kann für die Schaltung aus Bild 2-2 $\underline{\hat{u}}_A = f(\underline{\hat{u}}_E)$ berechnet werden. Aus dem Ergebnis ergibt sich als kompakte mathematische Beschreibung des Übertragungsverhaltens der **komplexe Frequenzgang** $\underline{T}(\omega) = \underline{\hat{u}}_A / \underline{\hat{u}}_E$:

$$\underline{T} = \frac{\underline{\hat{u}}_A}{\underline{\hat{u}}_E} = \frac{R_1}{R_1 + R_2} \cdot \frac{1}{1 + j\omega \cdot C_1 \cdot \dfrac{R_1 \cdot R_2}{R_1 + R_2}} = T_0 \cdot \frac{1}{1 + j\dfrac{f}{f_{g3T}}} \tag{2.3}$$

Der Faktor T_0 ist die Verstärkung bei niedrigen Frequenzen $(f \to 0)$, f_{g3T} die 3-dB-Grenzfrequenz. Aus dem komplexen Frequenzgang werden der **Amplitudengang** $|\underline{T}| = \hat{u}_A / \hat{u}_E$ und der **Phasengang** $\varphi_T = \varphi_{uA} - \varphi_{uE}$ ermittelt:

$$|\underline{T}| = \frac{\hat{u}_A}{\hat{u}_E} = \frac{R_1}{R_1 + R_2} \cdot \frac{1}{\sqrt{1 + \left(\omega \cdot C_1 \cdot \frac{R_1 \cdot R_2}{R_1 + R_2}\right)^2}} = T_0 \cdot \frac{1}{\sqrt{1 + \left(\frac{f}{f_{g3T}}\right)^2}} \qquad (2.4)$$

$$\varphi_T = \varphi_{uA} - \varphi_{uE} = -\arctan\left(\omega \cdot C_1 \cdot \frac{R_1 \cdot R_2}{R_1 + R_2}\right) \qquad (2.5)$$

Grafisch werden Amplitudengang und Phasengang im **Bode-Diagramm** dargestellt. Hierbei wird die Frequenzachse logarithmiert und anstelle von $|\underline{T}|$ dessen **logarithmisches Maß** a_T mit dem Zusatz dB für Dezibel aufgetragen. a_T wird berechnet mit

$$a_T = 20 \text{ dB} \cdot \lg(|\underline{T}|) \qquad (2.6)$$

Mit $f = 0$ ist auch der spezielle Fall von Gleichspannungen bereits berechnet. Es ergibt sich für $f = 0$ die Verstärkung T_0 zu

$$|\underline{T}(f = 0)| = T_0 = \frac{R_1}{R_1 + R_2} = \frac{1}{10} = 0,1$$

was die Aufgabe dieses Spannungsteilers ist und dem Tastkopf seinen Namen gibt. Das entsprechende logarithmische Maß beträgt $a_{T0} = -20$ dB. Die **3-dB-Grenzfrequenz** f_{g3T} dieses Tiefpassverhaltens ergibt sich aus Gl. (2.3) oder Gl. (2.4) zu

$$f_{g3T} = \frac{1}{2\pi \cdot C_1 \cdot \frac{R_1 \cdot R_2}{R_1 + R_2}} = \frac{1}{2\pi \cdot 22,2\text{pF} \cdot \frac{1\text{M}\Omega \cdot 9\text{M}\Omega}{1\text{M}\Omega + 9\text{M}\Omega}} = 7,97\text{kHz}$$

2.2.2 Übertragungseigenschaften bei Rechteckspannungen

Zur Berechnung von $u_A(t)$ bei nicht-sinusförmigem Verlauf von $u_E(t)$ muss zunächst die DGL (Differenzialgleichung) für $u_A(t)$ aufgestellt werden. Als **DGL** gelten für den **idealen Kondensator (Index C) und die ideale Spule (Index L):**

$$i_C = C \cdot \frac{du_C}{dt} \qquad (2.7)$$

und

$$u_L = L \cdot \frac{di_L}{dt} \qquad (2.8)$$

Aus Gl. (2.7) folgt, dass *bei einem idealen Kondensator die Spannung stetig verlaufen muss*, da sich ansonsten bei einer Spannungsänderung du_C im „Zeitraum" $dt \to 0$ ein unendlich großer Strom i_C ergeben würde. Analog dazu folgt aus Gl. (2.8), dass *bei einer idealen Spule der Strom stetig verlaufen muss*, da sich ansonsten bei einer Stromänderung di_L im „Zeitraum" $dt \to 0$ eine unendlich große Spannung u_L ergeben würde. Diese **Stetigkeitsbedingungen** können als *Spannungsstetigkeit eines idealen Kondensators* und *Stromstetigkeit einer idealen Spule* bezeichnet werden.

Als DGL ergibt sich für die Schaltung aus Bild 2-2 eine lineare DGL 1. Ordnung mit konstanten Koeffizienten:

$$C_1 \cdot \frac{R_1 \cdot R_2}{R_1 + R_2} \cdot \frac{du_A}{dt} + u_A = \frac{R_1}{R_1 + R_2} \cdot u_E(t)$$

Bei einer DGL diesen Typs ergibt sich bei sprunghaftem Spannungsverlauf von $u_E(t)$ für $u_A(t)$ als Sprungantwort eine Exponentialfunktion mit der Struktur:

$$u_A(t) = U_{A\infty} - (U_{A\infty} - U_{A0}) \cdot e^{-\frac{t}{\tau}} \quad \text{(nur gültig für } t \geq 0+, \text{ siehe Text)} \tag{2.9}$$

U_{A0} ist der Spannungswert u_A zum Zeitpunkt $t = 0+$. Dies ist der Zeitpunkt unmittelbar nachdem der Sprung erfolgt ist und ab dem Gl. (2.9) gilt. Dies wird symbolisch durch den Wert „0+" ausgedrückt. Der Wert U_{A0} ergibt sich aus dem Zustand der Schaltung zum Zeitpunkt unmittelbar bevor der Sprung erfolgt ($t = 0-$) *und* den Stetigkeitsbedingungen für die idealen Kondensatoren und idealen Spulen.

$U_{A\infty}$ ist der Spannungswert, der sich nach sehr langer Zeit einstellt oder einstellen würde. $U_{A\infty}$ ergibt sich aus einer Gleichstromrechnung für den Schaltungszustand bei $t \rightarrow \infty$. Hierbei wirken alle idealen Kondensatoren wie Leerläufe und alle idealen Spulen wie Kurzschlüsse, was die zu berechnende Ersatzschaltung für diesen Fall vereinfacht.

Der Parameter τ in Gl. (2.9) wird als **Zeitkonstante** bezeichnet. Wie sich τ aus den Werten für C, R und ggf. L berechnet, ergibt sich aus der DGL. In diesem Fall ist es

$$\tau = C_1 \cdot \frac{R_1 \cdot R_2}{R_1 + R_2} = 22{,}2\text{pF} \cdot \frac{1\text{M}\Omega \cdot 9\text{M}\Omega}{1\text{M}\Omega + 9\text{M}\Omega} = 20\mu\text{s} .$$

Die Gl. (2.9) ist auch für andere physikalische Größen wie Strom, Temperatur, Geschwindigkeit etc. anwendbar, *wenn die Voraussetzungen für die DGL (linear, 1. Ordnung, konstante Koeffizienten) und für die Anregung (sprungförmige Änderung) gegeben sind.*

ⓘ   In der deutschen und englischen Fachsprache wird zwischen der *Eigenschaft* (Kapazität = *capacitance*, Induktivität = *inductance*) und dem *Element*, das diese Eigenschaft hat, (Kondensator = *capacitor*, Spule = *inductor*) unterschieden. Beim Widerstand wird in der deutschen Sprache nicht unterschieden, in der englischen Sprache gibt es die Begriffe *resistance* und *resistor*. In Beschreibungen von Ersatzschaltungen ist häufig und so auch im Folgenden in diesem Buch mit dem Begriff Kapazität bzw. Induktivität erweiternd nicht nur die Eigenschaft, sondern auch ein Modell-Element mit dieser Eigenschaft gemeint.

2.2.3 Ergebnisse, Sinn der Berechnungen und Übungen

Es hat sich gezeigt, dass wichtige Verhaltensweisen der Schaltung anhand der Ersatzschaltung mit Papier und Bleistift und vertretbarem Aufwand *(paper-and-pencil method)* berechenbar sind. Daher ist eine Simulation überflüssig. Nach Meinung des Autors ersetzt ein Simulationsprogramm wie MC nicht die eigene Methodenkompetenz, solche Schaltungen „zu Fuß" selbst berechnen zu können.

Da Sie bei diesen Ergebnissen sicher sind, dass sie richtig sind, haben Sie eine *Erwartungshaltung an die Ergebnisse einer Simulation.* Nach den Erfahrungen des Autors ist es für Erstanwendende sehr wichtig, bei Ihren ersten Simulationen schon das Ergebnis zu kennen. Dies muss nicht unbedingt so exakt wie in diesem Fall sein, sollte aber zumindest qualitativ und von den Zahlenwerten her einigermaßen passen. Es ist ein guter Test für Sie selber, wenn Sie das erwartete Simulationsergebnis auf einem Blatt Papier mit Zahlenwerten und/oder skizzierten Diagrammen festhalten. Hierzu folgen für Sie als Anregung einige Übungsaufgaben.

Für den Fall von Gleichspannungen/-strömen könnte das wie z. B. in Bild 2-4 ein Schaltplan mit erwarteten Strom-/Spannungswerten sein. Die Gesamtheit dieser Werte wird oft auch als Arbeitspunkt einer Schaltung bezeichnet.

Ü 2-1 DC-Werte

Tragen Sie für $U_E = 10$ V in den vorbereiteten Schaltplan sämtliche Strom- und Spannungswerte ein.   ❑ Ü 2-1

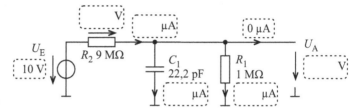

Bild 2-4 Strom- und Spannungswerte bei DC

Falls Gleichspannungen/-ströme verschiedene Werte annehmen können, kann das erwartete Ergebnis wie in Bild 2-5 mit einer oder mehreren DC-Kennlinien wie z. B. $U_A = f(U_E)$ beschrieben werden.

Ü 2-2 DC-Kennlinie

Skizzieren Sie für die Schaltung aus Bild 2-4 die DC-Kennlinie $U_A = f(U_E)$ für -10 V $\leq U_E \leq +10$ V.   ❑ Ü 2-2

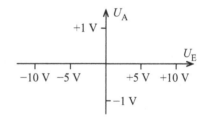

Bild 2-5 DC-Kennlinie

Für den Fall von Sinusspannungen/-strömen wird das Schaltungsverhalten häufig durch ein *Bode-Diagramm* beschrieben. Das Bode-Diagramm besteht genauer aus den zwei Diagrammen Amplitudengang und Phasengang, deren Koordinaten in Bild 2-6 und 2-7 gezeigt sind.

Ü 2-3 Amplitudengang

Skizzieren Sie den Amplitudengang des Bode-Diagramms für $0{,}001 \leq f/f_{g3T} \leq 1000$ falls Sie den Verlauf bereits kennen. Falls Sie den Verlauf nicht kennen, berechnen Sie mit Gl. (2.4) Werte für $|T|$ und daraus mit Gl. (2.6) das logarithmische Maß a_T.   ❑ Ü 2-3

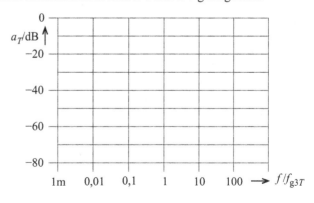

Bild 2-6 Amplitudengang

Ü 2-4 Phasengang

Skizzieren Sie den Phasengang
des Bode-Diagramms für
$0{,}001 \leq f/f_{g3T} \leq 1000$ falls Sie
den Verlauf bereits kennen. Falls
Sie den Verlauf nicht kennen
berechnen Sie mit Gl. (2.5) Werte für φ_T.   ❑ Ü 2-4

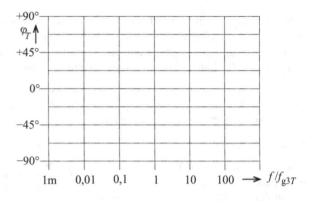

Bild 2-7 Phasengang

Für zeitliche Verläufe bieten sich Liniendiagramme an, welche die dargestellte Größe als Funktion der Zeit zeigen. In Bild 2-8, 2-9 und 2-10 werden z. B. $u_E = f(t)$ und $u_A = f(t)$ darge-stellt. Dies ist sehr ähnlich zu der Darstellung auf dem Bildschirm eines Oszilloskops.

Ü 2-5 Sinusspannung

$u_E(t)$ ist eine Sinusspannung
($\hat{u}_E = 10$ V, $f = 7{,}97$ kHz).
„Zufällig" ist f genau die
3-dB-Grenzfrequenz f_{g3T} der
Schaltung.

Skizzieren Sie in Bild 2-8
phasenrichtig den zeitlichen
Verlauf $u_A(t)$ und geben Sie
den Wert der Amplitude $\hat{u}_A$
an.

Machen Sie sich den Zu-
sammenhang der Informa-
tionen aus Bild 2-6, 2-7 mit
denen in Bild 2-8 klar.

                        ❑ Ü 2-5

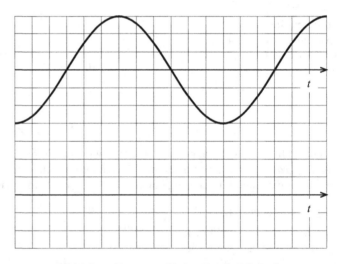

Bild 2-8 $u_A(t)$ wenn $u_E(t)$ sinusförmig mit $f = f_{g3T}$

Ü 2-6 Sprungantwort

$u_E(t)$ sei ein rechteckförmiger Spannungsverlauf. Die Werte für $u_E(t)$ sind
$u_E(t = 0-) = U_{EL} = -4$ V und
$u_E(t = 0+) = U_{EH} = +6$ V.
Diese Werte sind bewusst ungewohnt gewählt, damit Sie prüfen können, ob Sie den Inhalt von Abschn. 2.2.2 anwenden können.

Skizzieren Sie in Bild 2-9 den zeitlichen Verlauf von $u_A(t)$. Der Wert für $t \leq 0-$ ist bereits eingezeichnet.

❏ Ü 2-6

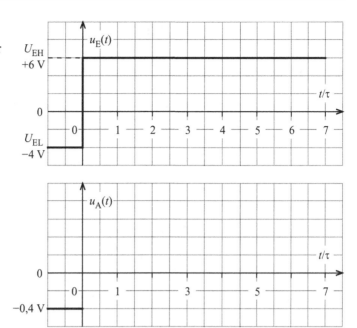

Bild 2-9 Sprungantwort von U_{EL} nach U_{EH}

Ü 2-7 Sprungantwort

$u_E(t)$ sei ein rechteckförmiger Spannungsverlauf. Die Werte für $u_E(t)$ sind
$u_E(t = 0-) = U_{EH} = +6$ V und
$u_E(t = 0) = U_{EL} = -4$ V. Diese Werte sind bewusst ungewohnt gewählt, damit Sie prüfen können, ob Sie den Inhalt von Abschn. 2.2.2 anwenden können.

Skizzieren Sie in Bild 2-10 den zeitlichen Verlauf von $u_A(t)$. Der Wert für $t \leq 0-$ ist bereits eingezeichnet.

❏ Ü 2-7

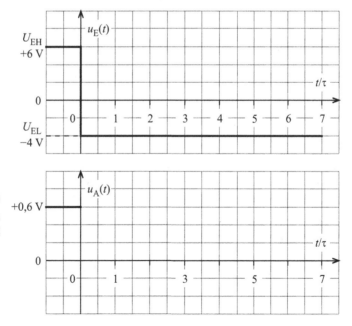

Bild 2-10 Sprungantwort von U_{EH} nach U_{EL}

Sie sollten Ihren Kenntnisstand mit diesen Übungsaufgaben testen und feststellen, dass Sie die Diagramme und Werte selbst ermitteln konnten oder zumindest die in [MC-ERG] angegebenen Lösungen nachvollziehen können.

2.3 Eingabe eines Schaltplans

Starten Sie MC. Es erscheint als Bedienoberfläche das in Bild 2-11 gezeigte Anwendungsfenster von MC mit dem Schaltplan-Editor *(Schematic Editor)* für die Schaltplan-Eingabe. Anhand dieses Fensters wurden in Abschn. 1.3.3 WINDOWS-typische Fensterelemente erläutert. Kurze Erläuterungen zur Arbeit mit WINDOWS, Fenstern, Schaltflächen und Menüs sind konzentriert in Kap. 1 enthalten und werden als bekannt vorausgesetzt.

Titelleiste MICRO-CAP   Menüleiste mit Menüs des Schaltplan-Editors

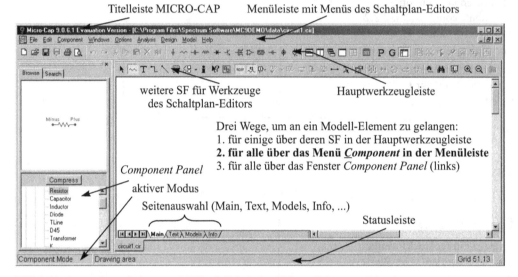

Bild 2-11 Anwendungsfenster von MC9 mit Schaltplan-Editor *(Schematic Editor)*

Damit Sie einen kompakten Eindruck bekommen, wie eine Schaltplan-Eingabe abläuft, können Sie, bevor Sie weiterlesen, mit der **Menüfolge Help → Demos ▶ → Schematic Demo…** starten und sich die ca. 9-minütige Demo anschauen, die ohne MC-Musterschaltung läuft.

Um einen Schaltplan grafisch einzugeben, werden *Modell-Elemente* und *Verbindungen* benötigt. Auch eine *Texteingabemöglichkeit* ist hilfreich. Für jede dieser Aufgaben ist ein Modus über eine Schaltfläche (SF) zu aktivieren. Die am häufigsten benötigten Modi zeigt Bild 2-12.

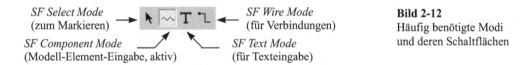

SF Select Mode
(zum Markieren)

SF Component Mode
(Modell-Element-Eingabe, aktiv)

SF Wire Mode
(für Verbindungen)

SF Text Mode
(für Texteingabe)

Bild 2-12
Häufig benötigte Modi
und deren Schaltflächen

Damit das Schaltplan-Eingabefenster übersichtlicher und größer wird, schließen Sie mit der **SF Panel (<Strg> + <Alt> + <X>)** das Dialogfenster *Component Panel*. Mit dieser Schaltfläche kann die Anzeige wieder aktiviert werden. Die Modell-Elemente für den Schaltplan (in MC *Components* genannt) werden in diesem Buch ausschließlich über die **Schaltflächen-Auswahl in der Hauptwerkzeugleiste** *(Main tool bar)* oder das **Menü Component** gewählt.

Als Modus ist der *Component Mode* (Modell-Elemente-Eingabe-Modus) aktiv, was an der aktivierten **SF Component Mode** zu erkennen ist. Die Schaltfläche darf nicht mit der *SF Resistor* (siehe Schritt 1) verwechselt werden.

ⓘ Der Unterschied zwischen „Bauelement" (realer Gegenstand) und „Modell-Element" (näherungsweise mathematische Beschreibung des elektrisch/thermischen Verhaltens des realen Gegenstandes) wurde in Abschn. 1.5 erläutert.

„Bauelemente" werden miteinander verdrahtet, „Modell-Elemente" miteinander verknüpft. In diesem Buch wird mit den Begriffen „Leitung" (für Leiterbahn, Draht und Ähnliches) und „Verbindung" (grafische Darstellung der Verknüpfung von Modell-Elementen) versucht, den Unterschied zwischen „Bauelement" und „Modell-Element" sprachlich deutlich zu halten.

Es ist wichtig, dass Sie sich trotz des ähnlichen Erscheinungsbildes und des in diesem Buch umfassender verwendeten Begriffs „Schaltplan" der Unterschiede zwischen Verdrahtungsplan, Verbindungsplan und Ersatzschaltung bewusst sind. Erwarten Sie zudem nicht, dass eine noch so gute Simulation der Wirklichkeit entspricht, so wie eine Messung auch nicht der Wirklichkeit entspricht. Salopp formuliert: Der Wetterbericht hat die falsche Temperatur durch Simulation vorausgesagt und die gemessene Temperatur wird aufgrund der Messunsicherheit auch nicht die wahre sein.

Damit Sie bereits einen Eindruck bekommen, wie der Schaltplan nach der Eingabe (Schritt 1 bis Schritt 8) aussehen sollte, ist er in Bild 2-13 bereits gezeigt.

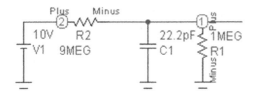

Bild 2-13
Schaltplan nach Eingabe der Modell-Elemente und der Verbindungen mit angezeigten Knotennummern

Schritt 1:

Holen Sie sich einen „Widerstand" (genauer müsste es heißen: „das Modell-Element eines realen Gegenstandes, der als ‚Bauelement Widerstand' zu kaufen ist") in den Schaltplan. Klicken Sie hierzu mit **<LM>** (linker Maustaste) auf die **SF Resistor** der Hauptwerkzeugleiste (zeigt die Zickzacklinie als **Modell-Symbol** des Modell-Elements). Der Mauszeiger verwandelt sich in das Modell-Symbol. Sie können das Modell-Symbol durch nochmaliges Klicken irgendwo im Schaltplan platzieren.

Es öffnet sich das **Attributfenster** *Resistor*. Attributfenster sind der zentrale Zugang zu den Modellbeschreibungen. Der prinzipielle Aufbau wird in Abschn. 2.6 anhand des Modell-Elements *Sine Source* erläutert. Sie sehen anhand des Attributs PART, dass MC diesem ersten Widerstands-Modell-Element automatisch den **Modell-Bezeichner** „R1" gegeben hat.

Der reale Widerstand R_1 hat den Wert $R_1 = 1\,M\Omega$. Da das Attribut RESISTANCE bereits ausgewählt ist, können Sie in das Eingabefeld *Value* diesem den Wert 10^{+6} mit der Syntax „1MEG" eingeben (kein Leerzeichen zwischen Zahl und Vorsatz!). Schließen Sie das Attributfenster über die **SF OK**.

✍ *MC macht bei Eingaben generell keinen Unterschied zwischen GROSS- und klein-buchstaben. Sie können für alle Eingaben daher genausogut kleingeschriebene Buchstaben verwenden. Im Buch werden meistens Großbuchstaben verwendet.*

ⓘ Da MC GROSS- und kleinbuchstaben nicht unterscheidet, bedeutet der Buchstabe „M" oder „m" hinter einer Zahl stets den Vorsatz Milli = 10^{-3}! *Für den Vorsatz Mega = 10^{+6} ist das Kürzel „MEG" („meg") zu verwenden!* Für den Vorsatz Mikro = 10^{-6} ist der lateinische Buchstabe „u" zu verwenden, da MC keine griechische Buchstaben wie „μ" oder „Ω" kennt. Nebenstehend alle Vorsätze, die MC kennt und wie sie im Buch verwendet werden. *Kein Leerzeichen zwischen Zahl und Vorsatz!*

T, t	(Tera…)	$= 10^{+12}$
G, g	(Giga…)	$= 10^{+9}$
MEG (Mega…)		$\mathbf{= 10^{+6}}$
K, k	(Kilo…)	$= 10^{+3}$
M, m	(Milli…)	$= 10^{-3}$
U, u	(Mikro…)	$= 10^{-6}$
N, n	(Nano…)	$= 10^{-9}$
P, p	(Pico…)	$= 10^{-12}$
F, f	(Femto…)	$= 10^{-15}$

ⓘ *Ausnahme in Ausgabefenstern:* Um bei Skalen von Diagrammen Platz zu sparen, bedeutet ein von MC angezeigtes „m" = Milli und ein angezeigtes „M" = Mega!

ⓘ *Dezimal-Trennzeichen ist in MC ein Punkt (.)*
Varianten für die Eingabe eines Kapazitätswertes mit C_1 = 2,7 μF sind:
        „2.7u"   „2.7U"   „2u7"   „2U7"   „2.7e-6"   „2.7E-6"   oder   „2.7uF".
Im letzten Fall wird „2.7u" von MC als $2{,}7 \cdot 10^{-6}$ interpretiert und das „F" nur angezeigt, aber nicht interpretiert. Daher kann man eine Einheit mit angeben und anzeigen lassen. Dies ist insoweit hilfreich, da eine Einheit die Bedeutung einer Zahl verdeutlicht. **Seien Sie sich aber darüber im Klaren, dass MC und Ihr PC nur mit Zahlen rechnet. Eine Dimensionskontrolle wie beim Rechnen mit Papier und Bleistift erfolgt nicht.**

Die meisten der in der Elektrotechnik/Elektronik verwendeten Einheiten können ohne Gefahr und ohne Leerzeichen hinter Zahl/Vorsatz eingegeben werden. MC ignoriert diese Eingabe, da es diese Zeichen als Vorsatz nicht kennt (V, A, W, Ohm, H, s, Hz, ...).

Seltene Fehlermöglichkeit: Die Kapazität C_1 soll den Wert C_1 = 5 F = 5000 mF haben und Sie geben „5F" ein. Dies interpretiert MC als $5 \cdot 10^{-15}$ und damit wird das Simulationsergebnis völlig unerwartet. Mit der Eingabe „5000mF" erkennt MC den richtigen Wert.

Erläuterungen, eine Tabelle der Vorsätze und Beispiele finden Sie auch in [MC-ERG].

ⓘ *Ein Komma (,) ist in MC ein Trennzeichen zwischen mehreren Eingabewerten!*
Sind in einem Eingabefeld mehrere Zahlenwerte einzugeben, wie z. B. Max-Wert = 5,3 und Min-Wert = 1,2, so sind sie durch ein Komma zu trennen und die Eingabe muss in der Syntax „5.3,1.2" erfolgen.

Wenn Sie für den obigen Kapazitätswert aus Versehen „2,7u" eingeben, gibt es beim Start einer Simulation eine Fehlermeldung „*Already have a ... value*", da MC die erste Zahl „2" als Kapazitätswert 2 F für C_1 interpretiert und mit der zweiten Zahl $7 \cdot 10^{-6}$ nichts anfangen kann.

Schritt 2:

Platzieren Sie einen weiteren Widerstand durch Klicken mit <LM>. Dieser bekommt von MC automatisch den Modell-Bezeichner R_2. Geben Sie R_2 den Wert „9MEG".

⌖ Im Schaltplan-Eingabefenster wie auch in anderen Fenstern gibt es verschiedene Modi für unterschiedliche „Tätigkeiten". Ist die **SF Select Mode** (<Strg> + <E>) aktiv, ist MC im Auswahl-Modus. Durch Anklicken können Objekte *markiert und damit ausgewählt werden werden.*

ⓘ Liegen zwei Objekte dicht beieinander, kann es vorkommen, dass mit Anklicken leider nur das nicht gewünschte Objekt markiert wird. Probieren Sie, ob Sie mit Ziehen der Maus (bei gedrückter **<LM>**) und dem dadurch aufgespannten Rahmen das gewünschte Objekt „treffen". Wenn das auch nicht geht, hilft „Platz schaffen", indem Sie Objekte verschieben.

✂ Mit den **SF Cut (<Strg> + <X>)** können Sie ein *markiertes Objekt **ausschneiden** und im Zwischenspeicher (clipboard) **ablegen**.*

📑 Mit der **SF Copy (<Strg> + <C>)** können Sie ein *markiertes Objekt in den Zwischenspeicher **kopieren**.*

📋 Mit der **SF Paste (<Strg> + <V>)** können Sie das *im Zwischenspeicher befindliche Objekt in das aktuelle Fenster **einfügen**. Wenn Sie zuvor den Mauszeiger irgendwo platzieren und mit <LM> klicken, wird es an dieser Stelle eingefügt.*

✕ Mit der **SF Clear (<Entf>)** wird das *markierte Objekt **nur entfernt** und nicht im Zwischenspeicher abgelegt.*

ⓘ Mit der **<Leerzeichentaste>** können Sie zwischen aktivem Modus und dem *Select Mode* hin- und herwechseln. Dies ist hilfreich, da oft etwas im *Select Mode* ausgewählt werden muss, um es dann in einem anderen Modus zu bearbeiten.

Zeigen Sie im *Select Mode* mit dem Mauszeiger auf das Modell-Symbol von R_1. Drücken Sie **<LM>** und halten Sie **<LM>** gedrückt. Durch Klicken mit **<RM>** (rechte Maustaste) *dreht sich das Modell-Symbol und die Position der Beschriftung relativ zum Symbol ändert sich.* Eine Drehung des Widerstands-Modell-Symbols um 180° ist nicht egal, obwohl es optisch scheinbar keinen Unterschied macht. Jede Spannung und jeder Strom brauchen eine Bezugsrichtung, die in der Elektrotechnik durch die wichtigen Strom-/Spannungsbezugspfeile angegeben werden. Der Begriff „Zählpfeil" wird in diesem Buch nicht verwendet, da mit einem Bezugspfeil nichts gezählt wird.

Öffnen Sie durch Doppelklick mit **<LM>** auf das Modell-Symbol das Attributfenster für R_1. Aktivieren Sie in der Rubrik *Display* die **CB ☑ Pin Names** (CB = *Check Box* = Kontrollkästchen). Die Anschlüsse *(pins)* des Widerstand-Modell-Symbols werden mit den Namen „Plus" und „Minus" bezeichnet. Drehen Sie das Modell-Symbol so, wie in Bild 2-13 gezeigt. Platzieren Sie R_2 entsprechend.

ⓘ Die Pin-Namen „Plus" und „Minus" geben die Bezugspfeilrichtung in der Weise an, dass **die Bezugspfeile von Strom und Spannung von „Plus" nach „Minus" zeigen.** *Dieses Verbraucher-Bezugspfeilsystem wird in MC auch an Quellen verwendet.* Als Simulationsergebnisse können Sie sich berechnete Spannungen und Ströme von Modell-Elementen ausgeben lassen: „V(R1)" ergibt Spannung an und „I(R1)" Strom durch R_1.

Schritt 3:

⊣⊢ Holen Sie sich den ersten Kondensator mit der **SF Capacitor** in den Schaltplan. Es öffnet sich das Attributfenster *Capacitor*. MC gibt diesem Modell-Element automatisch den Modell-Bezeichner C_1. Geben Sie C_1 den Wert 22,2 pF indem Sie „22.2pF" eingeben. MC interpretiert das „p" hinter der Zahl als „10^{-12}". Der zweite Buchstabe „F" wird ignoriert, macht aber die Zahl leichter als Kapazitätswert erkennbar. Um den Schaltplan übersichtlich zu halten, soll bei C_1 die Anzeige der Pin-Namen „Plus" und „Minus" deaktiviert bleiben.

Schritt 4:

Holen Sie als letztes Modell-Element eine *Gleichspannungsquelle* mit der **SF Battery** aus der Symbolleiste. Es öffnet sich das Attributfenster *Battery*. MC gibt diesem Modell-Element automatisch den Modell-Bezeichner V_1 (Attribut PART). Das Attribut VALUE beinhaltet den Gleichspannungswert. Geben Sie in dem Eingabefeld *Value* dafür „10V" ein. Aktivieren Sie die rechts nebem dem Eingabefeld liegende **CB ☑ Show,** damit die Bezeichnung „10V" auch im Schaltplan gezeigt wird.

Schritt 5:

Aktivieren Sie mit der **SF Node Numbers** (Quadrat mit der $\boxed{1}$), dass die Knotennummern angezeigt werden. Um den grafisch eingegebenen Schaltplan zu „verstehen", nummeriert MC alle Knoten *(nodes)* mit einer laufenden Nummer durch. Ändert sich die Knotenanzahl z. B. aufgrund einer Verbindung, wird die Nummerierung sofort aktualisiert.

ⓘ *Die Anzeige der Knotennummern ist eine sichere Kontrolle, dass auf dem Bildschirm optisch scheinbar verbundene Modell-Symbole von MC auch als verbunden erkannt wurden. Prüfen Sie, ob jeder Knoten nur eine Nummer hat. Wenn nicht, müssen Sie die Verbindung der Symbole (siehe folgende Schritte 6 und 7) prüfen und herstellen.*

Schritt 6:

Holen Sie sich mit der **SF Ground** das Modell-Element *Ground* in den Schaltplan und platzieren Sie dessen Modell-Symbol passend an allen anderen Modell-Symbolen. Diese Knoten werden dadurch mit dem Knoten *Ground* verbunden, dessen Nummer 0 nicht angezeigt wird und der per Definition das Potenzial $\varphi_0 = 0$ V hat. Dieser Knoten ist der *Bezugsknoten* für das Knotenpotenzialverfahren. Beobachten Sie, wie MC die Knotennummern aktualisiert.

ⓘ Vermeiden Sie umständliche und verwinkelte *Ground*-Verbindungslinien. Mehrere *Ground*-Symbole sind übersichtlicher und flexibler, wenn Sie den Schaltplan ändern.

Schritt 7:

Wechseln Sie mit der **SF Wire (<Strg> + <W>)** in den Verbindungs-Modus (*Wire Mode*, siehe Bild 2-11). Ziehen Sie mit der Maus in diesem Modus rechtwinklige Verbindungslinien und verbinden Sie damit die Modell-Symbole wie in Bild 2-13. Beobachten Sie, wie die Knotennummern von MC aktualisiert werden.

ⓘ *Wenn sich die Anschlüsse der Symbole wie z. B. von V_1 und R_2 direkt, d. h. ohne zusätzlich gezeichnete Verbindungslinie, berühren, werden sie auch verbunden.* Dies spart Verbindungslinien, die ansonsten beim Verschieben von Symbolen als Verbindungslinien-Fragmente übrig bleiben und einzeln gelöscht werden müssen. Hierfür müssen Sie sich Ihren eigenen Stil erarbeiten und zwischen kompakterer oder übersichtlicherer Platzierung der Modell-Elemente balancieren. Am Ende von Abschn. 2.5 gibt es sechs der sieben Tipps für die Gestaltung übersichtlicher und informativer Schaltpläne.

Ihr eingegebener Schaltplan sollte nun gleich oder ähnlich wie Bild 2-13 aussehen.

Schritt 8:

Öffnen Sie mit der **Menüfolge File → Save As...** das Dialogfenster *Save As*, mit dem Sie die Schaltplandatei als Dateityp *.CIR *(circuit)* unter einem „sprechenden" Dateinamen wie z. B. „TASTKOPF.CIR" abspeichern. In der vorgeschlagenen Ordnerstruktur aus Abschn. 1.2.2 ist für Ihre Dateien der Ordner ..\MC-CIRS\0_Eigene_MC-CIRS reserviert.

Mit diesem Schritt ist die Eingabe und Speicherung des Schaltplans abgeschlossen.

ⓘ *Wenn sich die Zahl Ihrer simulierten Schaltungen häuft, was nach Erfahrung des Autors sehr schnell geht, lohnt sich die Mühe, wenn Sie sich Ihr eigenes „sprechendes" Dateinamen-System überlegen und anwenden.* Bei inhaltsarmen Dateinamen wie CIRCUIT1.CIR, SCHALTUNG2.CIR, VESTER3.CIR oder TEST4.CIR werden Sie bald den Überblick verlieren. Falls Sie mit den Mustersimulationen von MC oder mit den in MC-BUCH.ZIP zur Verfügung gestellten Dateien arbeiten, sollten Sie sich eine Arbeitskopie mit einem abgeänderten Namen, z. B. mit einem vorangestellten „Z_" wie Z_UE_*k-i*_TITEL.CIR, speichern. Diese Dateien lassen sich leicht als Ihre Arbeitsdateien erkennen, da sie im WINDOWS-EXPLORER bei der üblichen Sortierung nach Dateinamen untereinander aufgeführt werden.

ⓘ Wie bei anderen Programmen auch, sollten Sie öfter Ihre aktuelle Datei zwischenspeichern. Falls es mal zu einem Programmabsturz kommt, starten Sie MC erneut. Nach den Erfahrungen des Autors läuft MC sehr stabil.

🖫 Mit der **SF Save (<Strg> + <S>)** *speichern und überschreiben* Sie die Schaltplandatei mit dem vorhandenen Dateinamen.

Um die in Form des Verbindungsplans grafisch eingegebene Schaltung berechenbar zu machen, bildet MC daraus eine SPICE-Netzliste. Dann wird, vereinfacht ausgedrückt, aus den „Formeln" der zwischen den einzelnen Knoten erkannten Modell-Elemente einer Gleichungssystem in Matrixform nach den Regeln des Knotenpotenzialverfahrens aufgestellt. Hiermit werden als elementare Ergebnisse alle Knotenpotenziale und aus diesen Stromwerte und andere Größen berechnet.

ⓘ *In einem Verbindungsplan muss ein Knoten Ground sein.* Sein Potenzial ist auf 0 V (Bezugspotenzial) festgelegt. Dieser Knoten hat immer die Nummer 0, die daher nicht angezeigt wird. In vielen Fällen wird der Knoten *Ground* vergleichbar mit der „Masse" der der Simulation zugrunde liegenden Schaltung sein. Erscheint beim Start einer Analyse die Fehlermeldung *„The circuit is missing a ground.",* hat MC keine Verbindung mit dem *Ground*-Symbol erkannt.

ⓘ *MC hat eine Verbindung nur dann erkannt, wenn nur eine Knotennummer pro Knoten/Verbindung angezeigt wird. Der optische Kontakt von Verbindungslinien auf dem Bildschirm ist nicht maßgeblich.* Bereits bei der Eingabe oder wenn ein Simulationslauf völlig unglaubwürdige Ergebnisse bringt, sollten Sie sich mit der **SF Node Numbers** die Knotennummern anzeigen lassen und damit die Verbindungen kontrollieren.

ⓘ *In einem Verbindungsplan müssen alle Knoten einen Gleichstrompfad nach Ground (resistive path to ground) haben.* Bei entsprechender Fehlermeldung einfach einen hochohmigen Widerstand mit einem Wert von 1 MΩ bis 1 TΩ zwischen betroffenem Knoten und *Ground* platzieren. Bei „normalen" Schaltungen wird dieser Fehler nicht auftreten.

ⓘ *In einem Verbindungsplan darf keine Masche sein, deren Gleichstromwiderstand gleich Null ist.* Bei entsprechender Fehlermeldung *„Inductor/voltage source loop found"* einfach einen für die Masche niederohmigen Widerstand von 1 μΩ bis 1 Ω in Reihe zur Induktivität/Spannungsquelle schalten. Bei „normalen" Schaltungen wird dieser Fehler nicht auftreten.

2.4 Gleichstrom-Analyse und Ausgabe im Schaltplan (Dynamic-DC-Analyse)

Damit Sie einen kompakten Eindruck davon bekommen, was bei einer Dynamic-DC-Analyse passiert, können Sie jetzt mit der **Menüfolge Help → Demos ▸ → Dynamic DC Demo...** starten und sich die ca. 4-minütige Demo anschauen (MC-Musterschaltung MIXED4.CIR).

Die folgenden Beschreibungen beziehen sich auf die im Abschn. 2.3 eingegebene Schaltung. Falls Sie Ihre Eingabe als Datei gespeichert und geschlossen haben, können Sie sie mit der **SF Open** wieder öffnen. Ansonsten öffnen Sie die im Ordner ..\MC-CIRS\MC-BUCH_Kap_2 unter M_2-13_10ZU1-TEILER_DYDC.CIR gespeicherte Musterschaltung. Dieser Ordner enthält auch die anderen Dateien zu diesem Kapitel.

Gehen Sie in das **Menü Analysis**. Wählen Sie dort **Dynamic DC... ALT+4** aus. In dem sich öffnenden Dialogfenster *Dynamic DC Limits* können ein prozentualer Änderungsschritt für „Schleifer" von Potenziometer und die globale Temperaturvariable T_{EMP} eingestellt werden. Letztere wird in Kap. 7 behandelt. Eine deaktivierte **CB ☐ Place Text** unterdrückt die Anzeige des Temperaturwertes. Bestätigen Sie die Defaultwerte, indem Sie auf die **SF OK** klicken.

Als Ergebnis der Dynamic-DC-Analyse wird neben jeder Knotennummer (falls *SF Show Node Numbers* aktiv ist) oder allein (falls *SF Show Node Numbers* deaktiviert ist) eine Zahl angezeigt. Diese Zahl gibt als Ergebnis der Dynamic-DC-Analyse den Wert des Knotenpotenzials an, oder – mit anderen Worten – die Spannung des Knotens gegenüber *Ground*. Die Anzeige der Potenziale kann durch Deaktivieren der **SF Node Voltages** (kleines Quadrat mit der 13) ausgeblendet werden. Der Zusatz *Dynamic...* bedeutet, dass die Simulationsergebnisse auch nach Schaltungsänderungen sofort, d. h. dynamisch berechnet und angezeigt werden.

Aktivieren Sie durch Klicken mit <LM> die **SF Currents**. Es erscheinen *Strompfeile* mit Zahlenwerten, die *den Betrag* der Ströme in jedem Zweig angeben.

ⓘ **Über *Bezugspfeile* für Ströme und Spannungen haben Sie gelernt, dass Sie diese *vor einer Berechnung* in Ihrer Richtung zwar willkürlich festlegen können, dann aber auf keinen Fall mehr ändern dürfen, um z. B. aus einem negativen Zahlenwertergebnis nachträglich noch ein positives zu machen.**

Handelt es sich um den einfachen Fall von Gleichspannungen und Gleichströmen *und* hat man eine Information/Vermutung über die Vorzeichen der Zahlenwerte, wird die Richtung der Bezugspfeile meistens so gewählt, dass sich positive Zahlenwerte ergeben. Ergänzend wird daraus oft eine Aussage über eine technische Stromrichtung bzw. eine Bewegungsrichtung von Elektronen abgeleitet. Bei Berechnungen in Wechselstromkreisen führt dies dann zur Verwirrung, da Bezugspfeile nur Vorzeichenkonventionen für Berechnungen sind.

Die während der Dynamic-DC-Analyse angezeigten *Strompfeile* sind keine Bezugspfeile im obigen Sinne. Ändert sich in MC das Vorzeichen des berechneten Stromwertes, wird dies nicht in Form eines geänderten Vorzeichens beim Zahlwert ausgedrückt, sondern der Zahlenwert bleibt positiv und MC dreht den Strompfeil um.

 Aktivieren Sie die **SF Powers**. An der Batterie V_1 erscheint ein Feld mit der Angabe „pg=10u". Dies bedeutet: *power generated* = 10 μW (abgegebene Leistung). An R_2 ist die Angabe „pd=9u" zu sehen und bedeutet: *power dissipated* = 9 μW (in Wärme umgewandelte elektrische Leistung).

ON
⊥⊢ Die **SF Conditions** aktiviert bei Modell-Elementen für Dioden, Transistoren und Ähnliche die Anzeige eines der vier „Zustände" sperrend (OFF), leitend (ON), aktiv (LIN) oder heiß (HOT). Diese Information können Sie nur dann sinnvoll verwenden, wenn Sie sich absolut sicher sind, ob die Schwellenwerte der elektrischen Größen, anhand derer der angezeigte Zustand abgeleitet wurde, zutreffen. Der Autor empfiehlt, selber aus den berechneten Strom- und Spannungswerten auf den jeweiligen Zustand zu schließen.

ⓘ Vergleichen Sie die Simulationsergebnisse mit Ü 2-1. Falls bei diesem einfachen Beispiel ein Detail nicht so ist, wie Sie es erwarten, sollten Sie die Ursache klären.

ⓘ Bei der Dynamic-DC-Analyse und der im folgenden Abschnitt beschriebenen DC-Analyse bildet MC vor der Berechnung eine Ersatzschaltung. Hierbei werden alle idealen Kondensatoren (Kapazitäten) durch Leerläufe und alle idealen Spulen (Induktivitäten) durch Kurzschlüsse ersetzt. Für alle Quellen wird ein Gleichspannungs-/Gleichstromwert genommen, den Sie in Kap. 8 oder [MC-ERG] nachlesen können. Die Hauptanwendung der Dynamic-AC-Analyse besteht darin, bei analogen Schaltungen den **Arbeitspunkt** *(Operating Point)* zu simulieren.

Bei der Dynamic-DC-Analyse bekommen Sie auf einen Blick die simulierten Werte aller Spannungen, Ströme und Leistungen, vorausgesetzt Sie haben den Schaltplan nicht zu eng gezeichnet und können alle Angaben noch erkennen. Ein Vergleich mit gemessenen oder geschätzten Werten gibt eine erste Einschätzung über die Glaubwürdigkeit der Simulationsergebnisse oder wie passend Ihre Erwartungshaltung ist.

Das Dynamische an dieser Analyseart besteht darin, dass MC bei Schaltungsänderungen unmittelbar alle Knotenpotenziale und Zweigströme neu berechnet und anzeigt. Die Dynamic-DC-Analyse können Sie wie später die Dynamic-AC-Analyse mit der Tastenkombination <⇧> + <F3> beenden.

ⓘ Falls Sie noch ein Detail verkraften können und an einem kleinen Experiment interessiert sind: Starten Sie ggf. die Dynamic-DC-Anbalyse erneut und lassen Sie sich Ströme und Knotenpotenziale anzeigen. Verschieben Sie die Batterie V_1 an eine Stelle, an der beide Anschlüsse des Modell-Symbols „in der Luft" hängen, die Batterie also keine Verbindung zu einem anderen Modell-Element oder *Ground* hat. Sie werden feststellen, dass MC für die Anschlüsse die Potenziale +5 V und –5 V berechnet und einen Strom zu 5 pA. Dies ist kein nachgebildeter „Selbstentladestrom" der Batterie.

Für die richtige Erklärung brauchen Sie folgende, zuvor bereits gegebene Information: *„In einem Verbindungsplan müssen alle Knoten einen Gleichstrompfad nach Ground (resistive path to ground) haben"*, ansonsten erfolgt eine Fehlermeldung. Die Fehlermeldung ist ausgeblieben! Dies hat folgenden Grund: In dem Dialogfenster *Preferences* (Abschn. 1.2.4) ist unter *Options* →*Analysis* die **CB □ Add DC Path to Ground** deaktiviert, schauen Sie einmal nach. Während einer Dynamic-DC-Analyse und auch einer Dynamic-AC-Analyse wird diese Option trotzdem temporär aktiviert, da es bei diesen Analysearten leicht vorkommt, dass Sie ein Modell-Element so platzieren, dass Knoten entstehen, die keinen Gleichstrompfad zum Knoten *Ground* haben, wie hier V_1. Die temporär aktivierte Option bewirkt, dass MC nicht sichtbare Widerstände mit dem Wert des GS-Parameters R_{NODE_GND} zwischen jedem Knoten und *Ground* hinzufügt, sodass es keinen Grund für die Fehlermeldung mehr gibt. Der Defaultwert beträgt $R_{NODE\_GND} = 1\ T\Omega$ und kann im Dialogfenster *Global Settings* eingestellt werden. Dies soll als Hinweis an dieser Stelle genügen. Informationen zu weiteren GS-Parametern erhalten Sie am Ende von Abschn. 3.6.3.

2.5 Gleichstrom-Analyse und Ausgabe als Kurve (DC-Analyse)

Die ca. 8-minütige *Analysis Demo…* demonstriert zusammenfassend TR-Analyse, AC-Analyse und DC-Analyse. Da die 8 Minuten dem Autor erst als Wiederholung und Ergänzung sinnvoll erscheinen, wird am Ende der entsprechenden Abschnitte noch einmal darauf hingewiesen.

Um Gleichstrom-*Kennlinien* von Modell-Elementen für Dioden, Transistoren und ähnliche oder DC-Übertragungskennlinien von Schaltungen simulieren zu können, muss der DC-Wert einer oder mehrerer Quellen verändert werden. Dies ist mit der DC-Analyse möglich. Es soll die zugegebenermaßen langweilige Übertragungskennlinie des 10:1-Teilertastkopfs für Gleichspannung simuliert werden.

Öffnen Sie die Datei mit dem von Ihnen eingegebenen Schaltplan (Bild 2-13). Mit zwei Knoten ist dieser noch sehr übersichtlich. Um sich auch bei komplexeren Schaltplänen zurechtzufinden, kann man in MC Knoten einen assoziativen, „sprechenden" Knotennamen geben.

T Wechseln Sie durch Anklicken der **SF Text Mode** (siehe auch Bild 2-11) in den Eingabemodus für ein Textfeld. Der Mauszeiger bekommt ein angehängtes **T** *(Text Mode)*. Klicken Sie an eine beliebige Stelle im Schaltplan. Es öffnet sich das Dialogfenster *Grid Text*. Geben Sie in dem großen Eingabefeld der Registerkarte *Text* den Buchstaben „E" oder „e" als sprechendes Kürzel für „Eingang" ein. Schließen Sie das Dialogfenster mit der **SF OK**.

Wechseln Sie durch Drücken der **<Leerzeichentaste>** vom *Text Mode* in den *Select Mode*. Ziehen Sie mit der Maus das Textfeld mit seinem Inhalt „E" in die Nähe und oberhalb der Verbindungslinie, die V_1 und R_2 verbindet, und platzieren Sie es dort. Ein roter Punkt an der *linken unteren Ecke des Textfeldes* zeigt Ihnen, dass MC diesem Knoten den Namen E gegeben hat. Wiederholen Sie den Vorgang und geben Sie der Verbindung, die den Knoten zwischen R_2, C_1 und R_1 bildet, ebenfalls einen geeigneten Namen wie z. B. A für Ausgang.

ⓘ Der Verankerungspunkt eines Textfeldes mit einer Verbindungslinie ist in der linken unteren Ecke des Textfeldes. Falls der Text des Textfeldes bei Knotennamen schlecht oder nicht lesbar ist, zeichnen Sie mit einer Verbindungslinie einen kleinen Abzweig, an dem Sie das Textfeld mit dem Knotennamen platzieren. Ein roter Punkt signalisiert Ihnen, dass MC die Verbindung „Knoten" und „Knotennamen im Textfeld" erkannt hat.

ⓘ Im Schaltplan wird Text in Form des grafischen Objekts *Textfeld* dargestellt. Dies wird in [MC-REF] *Grid Text* genannt. Mit den Registerkarten im Dialogfenster *Grid Text* kann Text eingegeben und begrenzt formatiert werden. Wenn Sie längere Textzeilen schreiben, bewirkt ein **<Enter>** im Eingabefeld der Registerkarte *Text* einen Zeilenumbruch.

Gehen Sie in das **Menü Analysis**. Wählen Sie dort **DC… ALT+3** aus. Das sich öffnende Dialogfenster *DC Analysis Limits* ist im Bild 2-14 gezeigt. Anhand dieses Dialogfensters werden Standardeingaben, die auch bei anderen Analysearten vorkommen, erklärt.

Im unteren tabellenartigen Teil des Fensters werden Eigenschaften für die gewünschten auszugebenden *Kurven* eingestellt. Eine Zeile entspricht einer Kurve $y = f(x)$. Mit der **SF Add** wird die Zeile, in der sich die blinkende Schreibmarke befindet, kopiert und damit hinzugefügt. Mit der **SF Delete** wird die Zeile, in der sich die blinkende Schreibmarke befindet, gelöscht. Zeilen mit leeren Feldern werden ignoriert oder eine Fehlermeldung weist auf eine fehlende Eingabe hin.

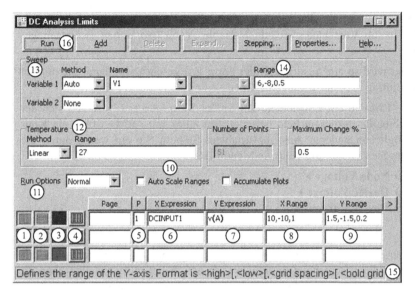

Bild 2-14
Dialogfenster *DC Analysis Limits* mit geänderten Werten

(1) Mit den Schaltflächen in der ganz links angeordneten Spalte (1) wird für jede *Kurve* eingestellt, ob ihre *x*-Achse linear oder logarithmisch skaliert sein soll.

(2) Mit den Schaltflächen in der Spalte (2) wird für jede *Kurve* eingestellt, ob ihre *y*-Achse linear oder logarithmisch skaliert sein soll.

(3) Mit den Schaltflächen in der Spalte (3) wird für jede *Kurve* die Farbe eingestellt.

(4) Mit den Schaltflächen in der Spalte (4) wird für jede *Kurve* eingestellt, ob ihre Werte in einer Datei des Dateityps *.*NO *(Numeric Output file)* gespeichert werden sollen: SF in Grün = *Numeric Output* ist aktiv, SF in Schwarz = *Numeric Output* is deaktiviert.

Falls *Numeric Output* aktiv ist, kann in dem Eingabefeld *Number of Points* die Anzahl der Wertepaare eingegeben werden, die in die Datei geschrieben werden sollen. Weiteres dazu wird in Abschn. 5.1.1 erläutert.

(5) In die Eingabefelder der Spalte *P* (5) ist jeweils eine Zahl einzutragen, wenn eine *Kurve* angezeigt werden soll. Die Zahl ist die Nummer des *Diagramms*, in dem diese *Kurve* gezeichnet werden soll. Ein Diagramm wird in [MC-REF] *Plot Group* genannt, daher *P*. Steht bei mehreren *Kurven* dieselbe Zahl, so werden diese *Kurven* in demselben *Diagramm* gezeichnet und somit „gruppiert".

Sollen Ströme und Spannungen gezeigt werden, empfiehlt sich aufgrund der unterschiedlichen Zahlenwerte eine Gruppierung in z. B. *P* = 1 für alle darzustellenden Spannungen und *P* = 2 für alle darzustellenden Ströme. Ist ein Eingabefeld der Spalte *P* leer, wird die jeweilige *Kurve* nicht gezeigt. Die Beispiele in den folgenden Abschnitten werden den Unterschied von *Kurven* und *Diagrammen* verdeutlichen. In Kap. 4 werden weitere Details erläutert.

(6) In die Eingabefelder der Spalte *X Expression* (6) ist jeweils die *x*-Variable der Kurve einzutragen. Defaultwert bei der DC-Analyse ist die Variable „DCINPUT1". Hinter „DCINPUT1" verbirgt sich die mit dem Eintrag bei (13) als *Variable 1* festgelegte erste unabhängige Größe, hier der Spannungswert der Gleichspannungsquelle.

(7)   In die Eingabefelder der Spalte *Y Expression* (7) ist die jeweilige *y*-Variable der Kurve einzutragen. MC hat als Vorschlag gleich die Variable „V(A)" *(voltage of node A)* einge- tragen.

✍   Im laufenden Text wird so ein Ausdruck in der Form $V_{(A)}$ geschrieben, damit Sie optisch den Bezug zum Eintrag in dem Eingabefeld haben.

Klicken Sie mit **<LM>** in ein Eingabefeld der Spalte *Y Expression* (7), sodass sich der blinkende Schreibmarke in diesem Feld befindet. Ein Klick mit **<RM>** öffnet ein Kon- textmenü mit möglichen anderen Ausgabevariablen. Stöbern Sie ein wenig durch die Auswahl. Schauen Sie sich auf alle Fälle die Menüfolgen

Variables ▶ → Node Voltage ▶
Variables ▶ → Device Voltage ▶
Variables ▶ → Device Current ▶
Functions ▶
Operators ▶

an, damit Sie einen Eindruck bekommen, welche Vielfalt an Simulationsergebnissen und weiteren mathematischen Berechnungsmöglichkeiten MC bietet und darstellen kann. In [MC-ERG] finden Sie die meisten davon in Tabellen aufgeführt und knapp erläutert.

(8)   In die Eingabefelder der Spalte *X Range* (8) ist die jeweilige Skalierung der *x*-Achse einzutragen. Mit dem Eintrag „*Auto*" wird die Skala automatisch an die berechneten Wer- te angepasst. Dies ist dann sinnvoll, wenn man noch keine Vorstellung von der Größen- ordnung hat oder keine Lust hat, darüber nachzudenken. Im vorliegenden Fall soll die *x*-Achse den Bereich von –10 V bis +10 V zeigen. Außerdem soll ein Gitternetz mit ei- nem Abstand von 1 V angezeigt werden. Dies wird durch den Eintrag „10,–10,1" einge- stellt gemäß der Syntax „max-Wert[,min-Wert [,Gitternetzabstand]]". *Achten Sie darauf: Dezimal-Trennzeichen ist in MC der Punkt (.) und ein Komma (wie hier) ist in MC nur ein Trennzeichen verschiedener Werte und nicht wie im Deutschen das Dezimal- Trennzeichen!*

ⓘ   Es ist verständlich, dass die bequeme Einstellung „*Auto*" (oder noch bequemer „*AutoAl- ways*") als Standard beliebt ist. Bei etlichen Simulationen ist sie aber auch unpraktisch. Die Ergebnisse mehrerer Simulationsläufe können damit nur mühsam verglichen werden, da die Achsenskalierung vom Betrachtenden immer neu geistig erfasst werden muss. Da- her wird empfohlen: Sobald die Größenordnung festlegt, sollten Sie die Achsen fest ska- lieren bzw. skaliert lassen.

ⓘ   Ist der Mauszeiger in einem Eingabefeld (hier Eingabefeld *X Range*), wird am unteren Fensterrand (15) als Hilfe von MC die Syntax der Eingabe erklärt (hier mit „<high>[,low[,grid spacing[,bold grid spacing]]]"). Diese Hilfe ist oft sehr effektiv. *An diesem Syntax-Beispiel erkennen Sie auch, dass ein Komma (,) in MC als Werte- Trennzeichen verwendet wird.*

(9)   In die Eingabefelder der Spalte *Y Range* (9) wird die jeweilige Skalierung der *y*-Achse eingetragen. In vorliegenden Fall soll die *y*-Achse den Bereich von –1,5 V bis +1,5 V zeigen. Außerdem soll ein Gitternetz mit einem Abstand von 0,2 V gezeigt werden. Dies wird durch die Eingabe „1.5,–1.5,0.2" eingestellt mit *Dezimal-Trennzeichen (.) und Werte-Trennzeichnen (,).*

(10) Die **CB ☐ Auto Scale Ranges** sollte aus zuvor erläuterten Gründen deaktiviert bleiben.

(11) Die Auswahl im Listenfeld _Run Options_ (11) umfasst „_Normal_", „_Save_" oder „_Retrieve_" und bleibt auf „_Normal_". In Abschn. 5.3 wird diese Auswahl näher erläutert.

(12) Die Angaben in der Rubrik (12) _Temperature_ bleiben auf den Defaultwerten. Analysen mit der Temperatur als Variable werden in Kap. 7 erläutert.

(13) In der Rubrik _Sweep_ (13) werden die maximal zwei Variablen parametriert, die sich verändern sollen/können. Im vorliegenden Fall ist es nur eine Variable, sodass der Eintrag bei _Variable 2_ „_None_" richtig ist. Für _Variable 1_ soll die Veränderungsmethode „_Auto_" bleiben. Im Listenfeld _Name_ haben Sie eine Auswahl und wählen „V1". Damit ist das Modell-Element mit dem Modell-Bezeichner V_1 (die Batterie) ausgewählt. Da diese nur das eine Attribut Spannung hat, das variiert werden kann, ist das rechts danebenstehende Eingabefeld deaktiviert.

Falls die Veränderungsmethode „_Auto_" ausgewählt wurde, gibt der Prozentwert im Eingabefeld _Maximum change %_ die maximale relative Änderung der y-Variablen der ersten Kurve an. Die Schrittweite von _Variable 1_ wird entsprechend automatisch gesteuert. Damit kann man optisch geglättete Kurven erreichen.

(14) Im Eingabefeld _Range_ (14) wird mit der Syntax: „Endwert[,Anfangswert[,max. Schrittweite]]" eingetragen, in welchem Bereich sich das Attribut „Spannung" von V_1 verändern soll. Da sich die Spannung von −8 V Anfangswert bis +6 V Endwert mit der maximalen Schrittweite von 0,5 V verändern soll, ändern Sie den Eintrag in „6,−8,0.5"

(15) Wenn Sie in einem Dialogfenster zu einem Eingabefeld eine Hilfe brauchen, zeigen Sie mit dem Mauszeiger auf das Eingabefeld, zu dem Sie etwas wissen möchten und schauen Sie auf die Hilfezeile am unteren Rand des Dialogfensters.

(16) Der Simulationslauf wird durch Klicken der **SF Run** gestartet. Damit sind die Einstellungen des Dialogfensters _DC Analysis Limits_ auch gespeichert. Das Ergebnis wird im Ausgabefenster, das in Bild 2-15 gezeigt ist, grafisch angezeigt und sollte so skaliert sein, wie Sie es vorgegeben haben. Menüs und Schaltflächen des Ausgabefensters werden in Kap. 4 behandelt.

(i) Schauen Sie sich Ihr Simulationsergebnis genau an und vergleichen Sie es mit Bild 2-15 und dem Ergebnis aus Ü 2-2. Stellen Sie sicher, dass Sie jedes Detail des Simulationsergebnisses verstehen. Falls bei diesem einfachen Beispiel ein Detail nicht so ist, wie Sie es erwarten, sollten Sie die Ursache klären.

Falls Sie nach einem Simulationslauf Eingaben in dem Dialogfenster … _Analysis Limits_ ändern/korrigieren wollen: Mit der **SF Limits (<F9>)** kommen Sie aus dem Ausgabefenster zurück in das zur Analyseart passende Dialogfenster … _Analysis Limits_.

Falls ein x- oder y-Gitternetz nicht angezeigt wird: Aktivieren Sie die Anzeige mit der Schaltfläche **SF Vertical Axis Grids** bzw. **SF Horizontal Axis Grids** bzw. **SF Minor Log Grids**.

Mit der **SF Data Points** können Sie sich die Wertepaare anzeigen lassen, _die MC konkret berechnet hat._ Die rechts daneben liegende _SF Tokens_ sieht leider zum Verwechseln ähnlich. Hiermit wird nur die Anzeige kleiner Grafikelemente aktiviert, um gleichfarbige Kurven z. B. bei einem Schwarz-Weiß-Papierausdruck unterscheidbar zu machen.

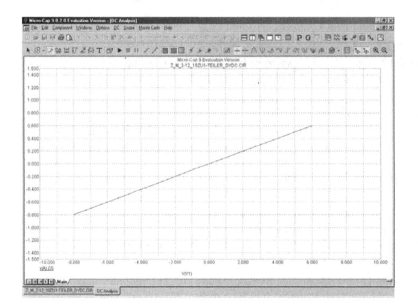

Bild 2-15
Ausgabefenster
der *DC-Analyse*

Falls eine Kurve „eckig" aussieht, liegt es meistens daran, dass zuwenig Datenpunkte berechnet wurden. Gehen Sie mit **<F9>** oder dem **Menü DC** wieder in das Dialogfenster *DC Analysis Limits*. Ändern Sie in dem Eingabefeld *Maximum Change %* den Defaultwert „5" auf „0.5". Starten Sie erneut einen Simulationslauf. Es werden nun deutlich mehr Datenpunkte berechnet und angezeigt. Mit **<F3>** beenden Sie die DC-Analyse und kommen wieder in das Schaltplan-Eingabefenster.

ⓘ Bei der DC-Analyse und Dynamic-DC-Analyse bildet MC vor der Berechnung eine Ersatzschaltung, bei der **alle Kapazitäten durch *Leerläufe*** (gleichbedeutend mit $i_C \equiv 0$ A) und **alle Induktivitäten durch *Kurzschlüsse*** (gleichbedeutend mit $u_L \equiv 0$ V) ersetzt werden. **Alle Quellen werden auf einen Gleichspannungs-/Gleichstromwert gesetzt, den Sie in Kap. 8 oder [MC-ERG] nachlesen können**.

ⓘ An dieser Stelle bereits ein Hinweis für die AC- und TR-Analyse: Wenn bei diesen Analysearten ein **Arbeitspunkt** *(operating point)* berechnet wird, so entspricht dies einer DC-Analyse, wobei für **alle Quellen spezielle Werte** genommen werden. *Die Werte können und sollten Sie in Kap. 8 oder [MC-ERG] nachlesen, da sie durchaus unterschiedlich sind gegenüber den Werten während einer DC-Analyse oder Dynamic-DC-Analyse.* Die Transienten-Analyse, kurz TR-Analyse *(transient analysis)* ist eine Analyse im Zeitbereich.

ⓘ DC-Analyse und Dynamic-DC-Analyse sind die nummerisch anspruchsvollsten Analysearten, sodass es hierbei am ehesten zu **nummerischen Konvergenzproblemen** kommen kann. Mit Konvergenzproblem ist gemeint, dass der zugrunde liegende Berechnungsalgorithmus keine Lösung innerhalb eines vorgegebenen Toleranzrahmens findet. Dies liegt, sehr vereinfacht ausgedrückt, daran, dass diese Analysearten nicht von den konvergenzverbessernden Effekten von Kapazitäten und Induktivitäten profitieren. Falls insbesondere bei einer DC-Analyse oder einer Arbeitspunktberechnung keine Konvergenz erreicht wird, wird eine entsprechende Fehlermeldung ausgegeben. Verändern Sie den Startwert oder die Schrittweite, um das Problem zu lösen. Weitere Hinweise und Problemlösungs-vorschläge finden Sie in der **Konvergenz-Checkliste von [MC-ERG]**.

Die Rechenergebnisse einer DC-Analyse entsprechen von der Aussage her den Messergebnis-sen an einer realen Schaltung, die bei Gleichspannungen/Gleichströmen z. B. mit einem Digi-talmultimeter gemessen würden. Diese Musterschaltung ist in der Datei M_2-13_10ZU1-TEILER_DYDC.CIR enthalten.

ⓘ Als Knotennamen sind einzelne Zeichen und Zeichenketten aus Buchstaben, Ziffern und den Symbolen + − * / $ % _ erlaubt, aber keine Leerzeichen! Auch die in früheren Versionen von MC nicht zulässigen reservierten Buchstaben/Zeichenketten: E, F, GMIN, J, PI, S, T, TEMP und VT sind jetzt erlaubt. Hilfreich ist es, „sprechende" Knotennamen zu wählen wie „E" oder „IN" für Eingang.

ⓘ **Sechs Tipps für übersichtliche und informative Schaltpläne:**

1. Vermeiden Sie unnötige Verbindungslinien zu *Ground*, indem Sie für die Verbindung zu *Ground* direkt das *Ground*-Symbol an ein Modell-Symbol anschließen. Sie haben dann weniger Verbindungslinien-Fragmente nach dem Verändern von Schaltplänen.

2. Platzieren Sie Modell-Symbole so, dass Sie mit wenig abgewinkelten Verbindungsli-nien auskommen und vermeiden Sie damit Knicke. Auch hiermit bekommen Sie we-niger Verbindungslinien-Fragmente nach dem Verändern von Schaltplänen.

3. „*Text connects*" heißt nach Meinung des Autors der Beste der 32 *Tips of the Day*: Werden zeichnerisch getrennte Knoten mit demselben Knotennamen bezeichnet, sind sie damit elektrisch verbunden. Dies ist eine elegante Methode, um bei umfangreiche-ren Schaltplänen Verbindungslinien einzusparen und den Schaltplan dadurch über-sichtlicher zu gestalten.

   Weiterer Vorteil: Die Variable „V(Knotenname)" ergibt das Potenzial dieses Knotens.

4. Das Modell-Element *Tie* (dt. Verbinder, Schnürband) wirkt ähnlich wie „*Text con-nects*". *Ties* mit demselben Modell-Bezeichner wie z. B. „T1" oder „A_2" verbinden die Knoten miteinander, an denen sie angeschlossen sind. Sie erreichen dieses Modell-Element über die **Menüfolge Component → Analog Primitives ▶ → Connec-tors ▶ → Tie.**

   Achtung: *Der Tie-Modell-Bezeichner ist nicht der Knotenname*, eine Eingabe „V(T1)" führt daher zu einer Fehlermeldung. Probieren Sie *Ties* an einem einfachen Beispiel aus und lassen Sie sich nicht von dem Modell-Symbol ⊥ irritieren, das wie ein Masse-symbol aussieht.

5. Lassen Sie sich bei *Battery* und anderen Modell-Elementen zusätzlich zum *Modell-Bezeichner* auch *wichtige Attribute*, *Parameterwerte* oder *Modell-Namen* anzeigen, indem Sie die **CB ☑ Show** aktivieren. Dies gilt auch für die *Pin Names* von Modell-Elementen, deren Spannungen und Ströme Sie sich später ggf. anzeigen lassen wollen.

6. Mit der **SF Grid** können Gitterpunkte eingeblendet werden. Hilfreich für eine gleichmäßige Platzierung von Modell-Symbolen ist die Variante *Grid Bold 6*, da 6 Gitterpunkte der Standardabstand für viele Modell-Symbole in MC ist. Bei *Grid Bold 6* wird jeder 6. Gitterpunkt fett *(bold)* dargestellt.

2.6 Wechselstrom-Analyse und Ausgabe als Kurve (AC-Analyse)

Für viele Schaltungen ist das Verhalten bei einer oder mehreren Frequenzen einer Sinus-schwingung oder einem Frequenzband ein wichtiges Merkmal. In der Elektrotech-nik/Elektronik wird dies sehr oft mit der **komplexen Wechselstromrechnung (Sinusanalyse)** berechnet, die MC bei der AC-Analyse ebenfalls anwendet. Bei einer oder mehreren Sinus-quellen werden die **komplexen Amplituden aller Knotenpotenziale** berechnet. Diese sind identisch mit den Spannungen der Knoten gegenüber *Ground*. Dies entspricht weitgehend der Berechnung $\underline{\hat{u}}_A = \underline{T} \cdot \underline{\hat{u}}_E$, die der Gl. (2.3) zugrunde liegt. *Da die Simulationsergebnisse als komplexwertige Zahlen berechnet werden, müssen Sie mit diesen Zahlen umgehen können, ansonsten können Sie die Ergebnisse nicht vollständig interpretieren.* Als Zeitfunktion liegt der komplexen Wechselstromrechnung die **Sinusschwingung** zugrunde. Über die Mathematik der *Fourier-Analyse* lassen sich andere *periodische* Zeitfunktionen durch eine Summe von Sinusschwingungen ausdrücken. Diese Summe wird als *Fourierreihe* bezeichnet.

Die komplexe Wechselstromrechnung gilt nur bei folgenden Voraussetzungen:

1. *Alle Ströme und Spannungen sind Sinusschwingungen.*
2. *Alle Ströme und Spannungen haben dieselbe Frequenz.*
3. *Alle Amplituden und Nullphasenwinkel verändern ihren Wert nicht mehr, d. h.*
   $\hat{u}, \hat{\imath} = const.$ *und* $\varphi_u, \varphi_i = const.$ *Dies ist der eingeschwungene Zustand.*

Aus der 1. und 2. Bedingung folgt, dass die Ersatzschaltung, anhand derer die Berechnungen durchgeführt werden, **nur lineare Elemente** enthalten darf, da nichtlineare Elemente die Kur-venform verzerren und Oberschwingungen erzeugen. *Die komplexe Wechselstromrechnung ist daher nur auf lineare Ersatzschaltungen oder linearisierte Ersatzschaltungen sinnvoll anwendbar.*

Da beim Beispiel der Schaltung des 10:1-Teilertastkopfs der Schaltplan nur lineare Modell-Elemente enthält, ist eine Linearisierung nicht nötig. Im Folgenden sind daher für diesen einfacheren Fall die vier Schritte, die immer bei einer AC-/Dynamic-AC-Analyse ablaufen, zusammengefasst.

Im daran anschließenden Einschub <u>*Kleinsignal-Bedingung*</u> *werden die vier Schritte für den Fall beschrieben, dass ein Schaltplan auch nichtlineare Modell-Elemente enthält.*

ⓘ Beim Start eines Simulationslaufes im Rahmen einer AC-/Dynamic-AC-Analyse läuft bei einem *Schaltplan mit ausschließlich linearen Modell-Elementen* eine Sequenz mit fol-genden vier vereinfacht beschriebenen Schritten ab:

1. *Arbeitspunkt berechnen*
   Dieser Schritt führt zu Ergebnissen, die keine Auswirkungen haben.

2. *Kennwerte für lineare Ersatzmodelle der nichtlinearen Modell-Elemente berechnen*
   Dieser Schritt führt zu Ergebnissen, die keine Auswirkungen haben, da nur lineare Modell-Elemente vorhanden sind.

3. *Ersatzschaltung für komplexe Wechselstromrechnung bilden*
   Aus dem eingegebenen Schaltplan bildet MC nun eine Ersatzschaltung für die kom-plexe Wechselstromrechnung. Diese ist bereits linear, da nur lineare Modell-Elemente vorhanden sind.

   • Alle linearen Modell-Elemente bleiben in Position und Wert erhalten.
   • Alle Gleichspannungsquellen werden durch Kurzschlüsse ersetzt.

- Alle Gleichstromquellen werden durch Leerläufe ersetzt.
- Alle anderen Quellen werden durch Sinusquellen ersetzt. Die Werte für
  Amplitude und Nullphasenwinkel finden Sie in Kap. 8 oder in [MC-ERG].

4. *Komplexe Wechselstromrechnung für die Frequenz f*
   Im Rahmen der AC-Analyse nimmt MC als ersten aktuellen Wert der Frequenz f (Variable F) den Wert von F_{MIN}. Für diesen Wert wendet MC die komplexe Wechselstromrechnung auf die im 3. Schritt erzeugte Ersatzschaltung an. Das Ergebnis sind die **komplexen Amplituden aller Spannungen und Ströme, die als komplexe Zahlen zur Verfügung stehen** und ausgegeben werden können.

   Die Variable F wird um den Wert der Frequenzschrittweite erhöht und der 4. Schritt wird für diesen Wert erneut durchgeführt. Dies geschieht solange, bis der Wert von F_{MAX} erreicht/überschritten wird.

ⓘ Die berechneten Ergebnisse sind proportional zu den Werten der Quellen, da sie mit einer linearen Ersatzschaltung berechnet wurden. Wenn daraus der Kennwert eines Übertragungs*verhältnisses* wie z. B. ein komplexer Frequenzgang $\underline{T}(\omega) = \underline{\hat{u}}_A / \underline{\hat{u}}_E$ berechnet wird, ist es ohne Auswirkung, ob $\underline{\hat{u}}_E = 1\ V\angle 0°$ oder $\underline{\hat{u}}_E = 325\ V\angle 0°$ beträgt, da der sich ergebende Wert für $\underline{\hat{u}}_A$ aufgrund der Linearität proportional dazu ist. Der Wert $\underline{\hat{u}}_E = 1\ V\angle 0°$ ist hilfreich, da die Ergebnisse für $\underline{\hat{u}}_A = |\underline{\hat{u}}_A|\angle\varphi_{uA}$ in diesem Fall zahlenmäßig identisch mit denen von $\underline{T}(\omega) = \underline{\hat{u}}_A/\underline{\hat{u}}_E = |\underline{T}|\angle\varphi_T$ sind.

Falls Einzelheiten oder Einschränkungen bzgl. der AC-Analyse von Schaltplänen mit nichtlinearen Modell-Elementen (Dioden, Transistoren und Ähnliche) im Augenblick für Sie nicht wichtig sind, können Sie den folgenden Einschub Kleinsignal-Bedingung überspringen und an der mit „❏ *Kleinsignal-Bedingung*" markierten Stelle weiterlesen. *In diesem Fall sollten Sie diesen Einschub nachholen, wenn Sie die AC-Analyse auf Schaltpläne mit nichtlinearen Modell-Elementen anwenden wollen. Im Abschn. 3.7.4 (Diodenverhalten bei einer AC-Analyse) werden die Ausführungen des Einschubs Kleinsignal-Bedingung am praktischen Beispiel konkretisiert.*

ⓘ **Einschub *Kleinsignal-Bedingung*:**
   Beim Start eines Simulationslaufes im Rahmen einer AC-/Dynamic-AC-Analyse läuft bei einem *Schaltplan, der auch nichtlineare Modell-Elemente enthält* die zuvor beschriebene Sequenz vereinfacht beschrieben wie folgt ab:

   1. *Arbeitspunkt berechnen*
      Zur Arbeitspunktberechnung führt MC eine DC-Analyse durch. Dazu wird der Schaltplan dahin gehend verändert, dass alle Kapazitäten durch Leerläufe und alle Induktivitäten durch Kurzschlüsse ersetzt werden. Dies geschieht auch für die Ersatzschaltungen der Modell-Elemente. Alle Quellen bekommen für die Arbeitspunktberechnung bestimmte Werte, die Sie in Kap. 8 oder [MC-ERG] finden. MC berechnet anhand dieser modifizierten Ersatzschaltung die Gleichspannungen und -ströme aller Modell-Elemente. Die Gesamtheit dieser Werte wird **Arbeitspunkt** *(Operating Point* oder *Bias)* genannt.

   2. *Kennwerte der linearen Ersatzmodelle der nichtlinearen Modell-Elemente berechnen*
      Für **nichtlineare Modell-Elemente** wie die für Dioden, BJTs, JFETs, MOSFETs usw. berechnet MC *Kennwerte der linearen Ersatzmodelle* aus den partiellen Ableitungen im Arbeitspunkt. Kennwerte sind z. B. Leitwerte, Kapazitätswerte, Übertragungswerte gesteuerter Quellen usw. Bildlich beschrieben werden hierdurch die Kennlinienkrüm-

mungen als „im Arbeitspunkt begradigt" idealisiert. Dieser Vorgang wird **Linearisierung** genannt. Aufgrund dieser Methode und weil diese Kennwerte nur für sehr kleine Aussteuerungen brauchbare Näherungen für die nichtlinearen Kennlininen sind, werden sie mit dem Adjektiv „differenziell" besonders gekennzeichnet. *Diese Kennwerte sind während der komplexen Wechselstromrechnung konstant.* Auf die Möglichkeit, über das Attribut FREQ bei einigen Modell-Elementen diese Kennwerte noch frequenzabhängig zu gestalten, wird außer mit diesem Hinweis nicht weiter eingegangen.

Für **lineare Modell-Elemente** wie die für Widerstand, Kondensator oder Spule ändert sich nichts, da linearer Wert und linearisierter Ersatzwert identisch sind.

Wichtiger Hinweis: Wenn bei den *Modell-Elementen für Widerstand, Kondensator oder Spule* der Wert vom Gleichspannungs-/Gleichstromwert abhängt, sind diese Modell-Elemente nichtlinear. Beispiele sind die Simulation eines VDR in Ü 9-1, einer spannungsabhängigen Kapazität in Ü 9-5 und die Simulation nichtlinearer Spulen mit ferromagnetischem Kern in Abschn. 9.2. *Im Fall einer AC-Analyse muss man wissen, dass MC bei diesen Modell-Elementen nicht den aus einer Ableitung gewonnenen differenziellen Kennwert, sondern den Absolutwert im Arbeitspunkt verwendet.*

3. *Ersatzschaltung für komplexe Wechselstromrechnung bilden*
   Aus dem eingegebenen Schaltplan bildet MC nun eine lineare Ersatzschaltung für die komplexe Wechselstromrechnung:
   - Alle linearen Modell-Elemente bleiben in Position und Wert erhalten.
   - Alle nichtlinearen Modell-Elemente für Widerstand, Kondensator oder Spule bekommen den Absolutwert im Arbeitspunkt.
   - Alle anderen nichtlinearen Modell-Elemente werden durch ihr lineares Ersatzmodell mit den im 2. Schritt bestimmen differenziellen Kennwerten ersetzt.
   - Alle Gleichspannungsquellen werden durch Kurzschlüsse ersetzt.
   - Alle Gleichstromquellen werden durch Leerläufe ersetzt.
   - Alle anderen Quellen werden durch Sinusquellen ersetzt. Die Werte für Amplitude und Nullphasenwinkel finden Sie in Kap. 8 oder in [MC-ERG].

4. *Komplexe Wechselstromrechnung für die Frequenz f*
   Im Rahmen der AC-Analyse nimmt MC als ersten aktuellen Wert der Frequenz f (Variable F) den Wert von F_{MIN}. Für diesen Wert wendet MC die komplexe Wechselstromrechnung auf die im 3. Schritt erzeugte *lineare* Ersatzschaltung an. Das Ergebnis sind die ***komplexen Amplituden aller Spannungen und Ströme, die als komplexe Zahlen zur Verfügung stehen*** und ausgegeben werden können.

   Die Variable F wird um den Wert der Frequenzschrittweite erhöht und der 4. Schritt wird für diesen Wert erneut durchgeführt. Dies geschieht solange, bis der Wert von F_{MAX} erreicht/überschritten wird.

ⓘ Die berechneten Ergebnisse haben nur dann eine Aussagekraft und sollten nur dann interpretiert werden, wenn die **Kleinsignal-Bedingung** hinreichend erfüllt ist. Kleinsignal-Bedingung bedeutet, dass die auftretenden Amplituden von Strömen und Spannungen so klein gegenüber den „Kennlinienkrümmungen" sind, dass die im 2. Schritt erfolgte Linearisierung nur einen geringen bis vernachlässigbaren Fehler verursacht.

Tipp: Sind Sie sich dessen aufgrund Ihrer Erfahrung nicht sicher, können und sollten Sie in MC mit einer TR-Analyse überprüfen, ob bei einer sinusförmigen Anregung mit den in der realen Schaltung vorkommenden Amplituden z. B. Ausgangsspannung oder -strom sichtbar verzerrt werden.

Falls Ströme und Spannungen sinusförmig aussehen, führt die durch die Linearisierung erfolgte „Begradigung" der Kennlinien nicht zu einer sichtbaren Auswirkung. *Die Kleinsignal-Bedingung kann in diesen Fällen i. Allg. als erfüllt betrachtet werden.*

Falls Ströme und Spannungen sichtbar von der Sinusform abweichen und damit verzerrt sind, haben Sie einen Hinweis auf ein nichtlineares Verhalten der Schaltung und zumindest ein qualitatives Maß. Dies bedeutet, dass die Ergebnisse der komplexen Wechselstromrechnung unter der falschen Voraussetzung berechnet wurden. Sie sollten mit Vorsicht bzw. überhaupt nicht interpretiert werden, da *die Kleinsignal-Bedingung als nicht erfüllt betrachtet werden muss.*

Wenn Sie dieses qualitative Maß durch ein quantitatives ergänzen wollen, ist die **Verzerrungs-Analyse *(Distortion Analysis)*** von MC passend. Diese Analyseart führt eine spektrale Analyse durch. Hierzu werden aus dem Zeitverlauf einer Größe mittels einer **FFT (*Fast Fourier Transform*)** und ergänzenden FFT-Funktionen verschiedene spektrale Kennwerte berechnet.

Sie können auch direkt für einen simulierten Zeitverlauf eine Fourier-Analyse von MC durchführen lassen. Hierzu müssen Sie nach einem Simulationslauf im Ausgabefenster einer TR-Analyse über die Menüfolge **Transient → FFT Windows ▶ → Add FFT Window...** das Dialogfenster *Properties for FFT*: Öffnen. Für weitere Einzelheiten muss auf [MC-REF] verwiesen werden. Falls Sie einen Eindruck von den FFT-Funktionen bekommen möchten, können Sie mit der Menüfolge **Help → Demos ▶ → Fourier Demo...** starten und sich die ca. 5-minütige Demo anschauen (MC-Musterschaltung FFT1.CIR).

ⓘ *Die Ausführungen in diesem Einschub Kleinsignal-Bedingung sollten deutlich gemacht haben, dass es immer noch Ihrer Fachkompetenz obliegt, die Berechnungsergebnisse von MC in geeigneter Weise zu interpretieren.*

Es braucht nicht erwähnt zu werden, dass die Einschränkungen der AC-Analyse bei nichtlinearen Simulationen nicht an MC liegen, sondern an dem Prinzip der komplexen Wechselstromrechnung. Daher gelten die Ausführungen für alle anderen Simulationsprogramme, welche die komplexe Wechselstromrechnung verwenden, ebenso.

❏ Einschub *Kleinsignal-Bedingung*

Ein wichtiges und häufig vorkommendes Ziel von komplexen Wechselstromrechnungen besteht darin, herauszubekommen, wie sich Schaltungen bei verschiedenen Frequenzen verhalten bzw. sie für ein bestimmtes Verhalten auszulegen. Der komplexe Frequenzgang $\underline{T} = f(\omega)$ ist eine kompakte mathematische Beschreibung, die zwei Informationen beinhaltet. In manchen Fällen ist die „Aufspaltung" dieser zwei Informationen in „Realteil von $\underline{T}$" (Re$\{\underline{T}\}$) und „Imaginärteil von $\underline{T}$" (Im$\{\underline{T}\}$) sinnvoll, da diese in diesen Fällen gut zu interpretieren sind. Oft ist die Aufspaltung in $|\underline{T}|$ und φ_T sinnvoller, da $|\underline{T}|$ direkt dem Verhältnis der Amplituden und φ_T der Phasenwinkeldifferenz zwischen Aus- und Eingangsgröße entspricht. Grafisch werden Amplitudengang und Phasengang im Bode-Diagramm dargestellt.

Ebenso kann eine komplexwertige Spannung $\underline{u}$ oder eine andere Größe in der R-Form mit Real- und Imaginärteil oder in der P-Form mit Betrag und Winkel angegeben werden. Es ist im Einzelfall zu entscheiden, welche Form leichter zu interpretieren ist.

Anhand des Schaltplans von Bild 2-13 werden die nächsten Schritte erläutert. Geben Sie daher den Schaltplan neu ein oder arbeiten Sie mit der vorhergegangenen Simulation weiter oder kopieren Sie den Schaltplan aus der Musterdatei M_2-13_10ZU1-TEILER_DYDC.CIR. Zur Simulation eines komplexen Frequenzgangs muss in der Schaltung mindestens eine *zeitabhängige* Quelle vorhanden sein. Nur mit den Modell-Elementen *Battery* (ideale Gleichspannungsquelle) bzw. *ISource* (ideale Gleichstromquelle) erfolgt die Fehlermeldung: „*The AC signal magnitudes of all sources in this circuit are zero.*"

Markieren Sie daher das Modell-Element V_1, indem Sie mit **<LM>** auf das Modell-Symbol klicken.

 Mit der **SF Cut (<Strg> + <X>)** wird das *markierte Objekt ausgeschnitten **und** im Zwischenspeicher abgelegt. Aus diesem heraus kann es mit <Strg> + <V> wieder eingefügt werden (cut and paste).*

 Mit der **SF Clear (<Entf>)** wird das *markierte Objekt entfernt, **ohne** dass es im Zwischenspeicher abgelegt wird. Es ist damit endgültig gelöscht.*

Holen Sie sich als Sinus-Spannungsquelle über die **Menüfolge Component → Analog Primitives ▶ → Waveform Sources ▶ → Sine Source** das Modell-Element *Sine Source* in den Schaltplan. An dem Mauszeiger erscheint das Modell-Symbol, das Sie an geeigneter Stelle platzieren. Es öffnet sich das in Bild 2-16 gezeigte **Attributfenster *Sine Source***.

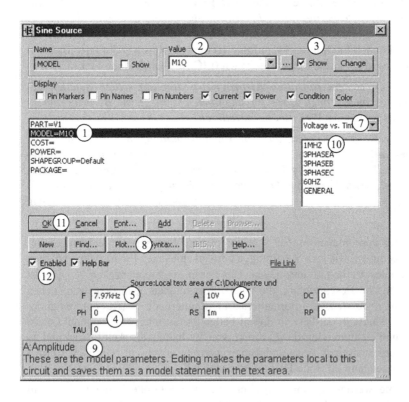

Bild 2-16
Attributfenster für das Modell-Element *Sine Source* (Sinus-Spannungsquelle)

(1) Geben Sie für das Attribut MODEL (1) im Eingabefeld *Value* (2) als **Modell-Namen** „M1Q" (meine 1. Quelle) ein.

(3) Aktivieren Sie wie zuvor bereits empfohlen die rechts neben dem Eingabefeld *Value* liegende **CB** ☑ **Show** (3), damit der Modell-Name im Schaltplan auch angezeigt wird.

(4) Mit der Eingabe des Modell-Namens werden im unteren Teil des Dialogfensters die Eingabefelder für **Parameterwerte** (4) freigeschaltet.

(5) Parametrieren Sie die Quelle, indem Sie im Eingabefeld für den **Parameter** *F (frequency)* „7.97kHz" (5) und im Eingabefeld für den **Parameter** *A (amplitude)* „10V" (6) eingeben. Da die Einheiten-Angaben „V" und „Hz" von MC ignoriert werden, reicht auch die Eingabe „7.97k" bzw. „10". Für die anderen Parameter sollen die angezeigten **Defaultwerte** beibehalten werden.

(7) Im Listenfeld (7) ist nur die charakteristische Kennlinie „Voltage vs. Time" verfügbar.

(8) Wenn Sie auf die **SF Plot...** (8) klicken, wird diese Kennlinie simuliert. Sie können damit unaufwendig kontrollieren, ob das Ergebnis so ist, wie Sie es erwarten.

(9) Sehr hilfreich: Wenn Sie mit dem Mauszeiger auf ein Eingabefeld zeigen, erscheint am unteren Fensterrand eine Erklärung des jeweiligen Parameters oder Attributs.

(10) In diesem Fenster sind die Modell-Namen aufgelistet, die in Bibliothekdateien für dieses Modell-Element gespeichert sind.

Tipp: Sie sehen, dass als Modell-Name wie z. B. „1MHz" alphanummerischen Zeichenketten verwendet wurden, die wie technische Zahlenangaben aussehen. Diese können leicht als Parameterwert fehlinterpretiert werden. Um Missverständnissen vorzubeugen, empfiehlt Ihnen der Autor, als Modell-Namen andere „sprechende" alphanummerische Zeichenketten wie „Test" oder „M1Q" zu wählen. Der Modell-Name „MKS-VE" aus Bild 2-3 beinhaltet z. B. die Informationen: metallisierter Kunststoff-Folienkondensator, Dielektrikum Polystyrol, Personenkürzel.

(11) Schließen Sie das Fenster mit der **SF OK**. Die CB ☑ Enabled (12) wird später erklärt. Weitere Einzelheiten zum Modell-Element *Sine Source* finden Sie in Abschn. 8.2.2.

ⓘ **Parameterwerte** legen zahlenmäßig die Eigenschaften eines Modell-Elements fest. Da Sie die Parameterwerte der Sinus-Spannungsquelle geändert haben, werden diese lokal in der Schaltplandatei in Form eines .MODEL-Statements auf der Textseite „Models" gespeichert. Wechseln Sie von der Schaltplanseite „Main" auf die Textseite „Models" (siehe auch Bild 2-11: Seitenauswahl). Markieren Sie die Zeichenkette „.MODEL M1Q SIN (A=10V F=7.97kHz)". Mit **<Strg>** + **<B>** wird die Zeichenkette auf die Schaltplanseite „Main" in ein Textfeld verschoben. Verschieben bedeutet *cut and paste* und nicht *copy*. Nur Kopieren führt zur Fehlermeldung *„Duplicate Definition"*. Diese Verschiebung hat den Vorteil, dass Sie jetzt Schaltplan und Parameterwerte auf einen Blick sehen. MC ist es egal, auf welcher Seite das .MODEL-Statement mit *Modell-Namen* M1Q, *Modell-Typ* SIN und *Parameterwertesatz* (A=10V F=7.97kHz) steht.

✎ Typografischer Hinweis: Die Schriftart des .MODEL-Statements kann in Ihrer MC-Installation abweichen. Der Autor verwendet für Modell-Beschreibungen die *Monospace*-Schriftart Courier New. Bei dieser Schriftart haben alle Zeichen dieselbe Breite und verleihen der Zeichenkette eine gewisse Strenge. Zudem kann man mit dieser Schriftart einfache Grafiken erstellen.

Ziehen Sie mit **<LM>** (ziehen = Mauszeiger zeigt auf Objekt, <LM> drücken und festhalten, mit Maus das Objekt verschieben, <LM> loslassen) das Modell-Symbol der Sinus-Spannungs-quelle so in den Schaltplan, dass es den Platz des gelöschten Batteriesymbols einnimmt. Über-prüfen Sie durch Anzeige der Knotennummern, dass MC die Verbindung erkannt hat: Es darf nur die Knotennummern 1 und 2 geben. In Bild 2-17 ist der Schaltplan dargestellt mit Sinus-Spannungsquelle, Knotennamen für Eingang und Ausgang und .MODEL-Statement.

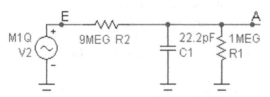

Bild 2-17
Schaltplan mit Sinus-Spannungsquelle und Knotennamen „E" und „A"

Gehen Sie in das **Menü Analysis**. Wählen Sie dort **AC... ALT+2** aus. Das sich öffnende Dialogfenster *AC Analysis Limits* ist mit bereits geänderten Werten in Bild 2-18 gezeigt.

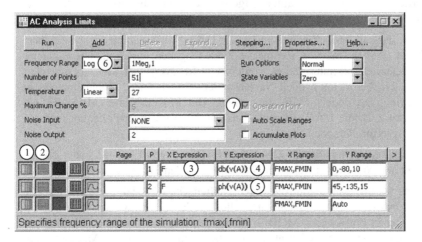

Bild 2-18
Dialogfenster *AC Analysis Limits* mit geänderten Werten

Die Default-Einstellungen von MC sind die für ein Bode-Diagramm:

(1) Die Schaltflächen in Spalte (1) zeigen, dass die *x*-Achsen logarithmisch skaliert sind.

(2) Die Schaltflächen in Spalte (2) zeigen, dass die *y*-Achsen linear skaliert sind.

(3) Als *x*-Variable ist für beide Kurven die Frequenz (Variable *F*) eingestellt.

(4) Als *y*-Variable *(Y Expression)* hat MC eine Kurve „DB(V(A))" voreingestellt (MC unter-scheidet nicht zwischen GROSS- und kleinbuchstaben). Der Eintrag „DB(V(A))" bedeu-tet, dass die *y*-Werte dieser Kurve durch MC mit der Gleichung

$$y = 20\text{dB} \cdot \lg\left(\frac{\left|\underline{V}_{(\text{A})}\right|}{1\text{V}}\right) \tag{2.10}$$

aus den *komplexen Spannungswerten* $\underline{V}_{(A)}$ berechnet und somit als logarithmisches Maß in *Dezibel* (dB) angegeben werden. Gemäß Eintrag im Eingabefeld in Spalte *P* soll diese Kurve in Diagramm 1 dargestellt werden.

Der Ausdruck $\lg(x) = \log_{10}(x)$ ist der Logarithmus zur Basis 10. Auf vielen Taschenrechnern und in [MC-REF] wird dafür das Kürzel LOG verwendet. Der Ausdruck $\ln(x) = \log_e(x)$ ist der Logarithmus mit der eulerschen Zahl e ≈ 2,7183 als Basis. Auf Taschenrechnern und in [MC-REF] dafür das Kürzel LN verwendet.

ⓘ Während einer AC-Analyse hat das Modell-Element *Sine Source* eine fest eingestellte komplexe Amplitude von $\hat{\underline{u}}_Q = 1\,V\angle 0°$. Die Amplitudenangabe „A=10V" ist nur bei der TR-Analyse wirksam. Bei den in Abschn. 8.2.4 beschriebenen Universalquellen kann die komplexe Amplitude für eine AC-Analyse parametriert werden. Da mit der AC-Analyse i. Allg. frequenzabhängige Übertragungs-*Verhältnisse* bestimmt werden, ist der absolute Wert der Eingangsgröße dafür egal. Ist dieser $1\,V\angle 0°$, ist der Zahlenwert einer berechneten Ausgangsspannung oder eines berechneten Ausgangsstroms identisch mit dem Übertragungsverhältnis $\underline{T}$. Sind mehrere Eingangsquellen vorhanden, kann die getrennte und unterschiedliche Einstellung der komplexen Amplituden sinnvoll sein. Dies ist nur mit den in Abschn. 8.2.4 beschriebenen Universalquellen möglich.

Gemäß Gl. (2.10) ist y somit das logarithmische Maß auch von $|\underline{T}|$ und die Kurve mit *Y Expression* „DB(V(A))" entspricht dem logarithmischen Maß a_T in Dezibel und ergibt den Amplitudengang.

Stellen Sie als Skalierung der y-Achse durch entsprechende Eingabe gemäß der Syntax „max-Wert,min-Wert,Gitternetzabstand" den Bereich von 0 dB bis –80 dB mit einem Gitternetzabstand von 10 dB ein. Wählen Sie als Skalierung der x-Achse durch Klicken mit **<RM>** in das Eingabefeld aus dem sich öffnenden Kontextmenü den Bereich „FMAX,FMIN" aus.

(5) Als *Y Expression* hat MC für eine zweite Kurve „PH(V(A))" voreingestellt. Dies bedeutet, dass als y-Werte der Nullphasenwinkel der komplexen Spannung $\underline{V}_{(A)}$ in der Einheit Grad gezeigt wird. Da die Sinus-Spannungsquelle am Eingang den Nullphasenwinkel 0° hat, ist y gleichbedeutend mit φ_T und die Kurve „PH(V(A))" ist der Phasengang des komplexen Frequenzgangs $\underline{T}$. Gemäß Eintrag im Eingabefeld in Spalte *P* wird diese Kurve in Diagramm 2 dargestellt. Die x-Achse soll ebenfalls für den Bereich „FMAX,FMIN" skaliert werden. Skalieren Sie die y-Achse durch entsprechende Eingabe im Bereich von +45° bis –135° mit einem Gitternetzabstand von 15°.

Die mögliche Kurve in der Zeile unterhalb von $P = 2$ in Bild 2-18 wird von MC ignoriert, da das Eingabefeld in der Spalte *P* leer ist.

(6) Stellen Sie den zu simulierenden Frequenzbereich *(Frequency Range)* auf den Bereich von $F_{MIN} = 1\,Hz$ bis $F_{MAX} = 1\,MHz$ ein (Syntax: „FMAX,FMIN"). Ändern Sie die Methode der Frequenzschrittweitenberechnung von „*Auto*" in „*Log*" *(logarithmic)*. Jetzt ist das Eingabefeld *Number of Points* freigeschaltet. Der Eintrag „51" besagt, dass der zu simulierende Frequenzbereich in 50 logarithmisch sich ändernde Frequenzschritte geteilt wird. Dies ergibt bei der logarithmischen Skalierung der x-Achse einen optisch gleichmäßigen Abstand der x-Werte.

ⓘ Falls Sie sowohl bei der Frequenzschrittweitenberechnung als auch bei der Skalierung der Frequenzachse (normalerweise die x-Achse) die Methode „*Auto*" wählen, kann es zu groben Frequenzschrittweiten kommen, da sich der Anfangswert der Frequenzschrittweite an der Frequenzachsenskalierung orientiert, diese aber erst nach dem Simulationslauf anhand der Werte sinnvoll festgelegt wird.

In [MC-REF] wird für diesen Fall vorgeschlagen, mit einem ersten Simulationslauf und doppelter Einstellung *„Auto"* die Skalierung der Frequenzachse von MC feststellen zu lassen und im einem zweiten Simulationslauf mit skalierter Frequenzachse, die Frequenzschrittweitenberechnung optimierter laufen zu lassen.

Der Autor empfiehlt aus diesem und einem weiteren Grund, anstelle der Defaulteinstellung *„Auto"* generell bei der Frequenzschrittweitenberechnung eine andere, wie z. B. *„Log"* zu verwenden. Der Wert für *Number of Points* wird der simulierten Schaltung angepasst entsprechend hoch gesetzt, z. B. von 51 auf 501 oder mehr.

(7) Zur Erinnung: Im Rahmen der AC-Analyse führt MC vor der eigentlichen komplexen Wechselstromrechnung von Ihnen unbemerkt eine DC-Analyse durch und berechnet damit den Arbeitspunkt. Die nichtlinearen Modellgleichungen werden in diesem Arbeitspunkt linearisiert und mit diesen Steigungswerten eine lineare Ersatzschaltung gebildet. Auf diese wird die komplexe Wechselstromrechnung angewendet. ***Die aktiv dargestellte CB ☑ Operating Point erinnert daran und dass die komplexwertigen Ergebnisse nur sinnvoll interpretiert werden können, wenn bei nichtlinearen Schaltungen die Kleinsignal-Bedingung als „hinreichend erfüllt" betrachtet werden kann.***

Starten Sie den Simulationslauf mit der **SF Run**. Schauen Sie sich das in Bild 2-19 dargestellte Simulationsergebnis genau an. Vergleichen Sie das Ergebnis mit Ü 2-3 und Ü 2-4 und berücksichtigen Sie dabei die unterschiedlichen Skalierungen der *x*-Achsen! Stellen Sie sicher, dass Sie jedes Detail des Simulationsergebnisses verstehen. Falls bei diesem Beispiel ein Detail nicht so ist wie Sie es erwarten, sollten Sie die Ursache klären.

✍ Typografischer Hinweis: **In *Ausgabefenstern* wie in Bild 2-19 wird von MC, um Platz zu sparen, ausnahmsweise für den Vorsatz Mega = 10^{+6} „M" (Groß-M) und für den Vorsatz Milli = 10^{-3} „m" (klein-m) geschrieben.**
Bei Eingaben gilt immer: für Mega = 10^{+6} das Kürzel „MEG" verwenden.

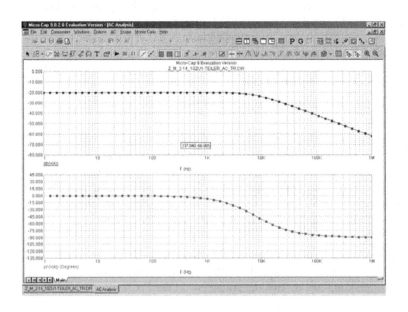

Bild 2-19
Ausgabefenster der AC-Analyse mit dem Ergebnis des Simulationslaufs

Mit der **SF Data Points** (nicht verwechseln mit der rechts daneben liegenden *SF Tokens*) können Sie sich die 51 Datenpunkte, die MC berechnet hat, anzeigen lassen.

Falls eine Kurve „eckig" und nicht „glatt" aussieht, liegt es meistens daran, dass zuwenig Datenpunkte berechnet wurden. Gehen Sie mit <F9> oder dem **Menü <u>A</u>C** wieder in das Dialogfenster *AC Analysis Limits*. Ändern Sie im Feld *Number of Points* den Wert „51" in „501". Starten Sie erneut einen Simulationslauf. Es werden nun mit 501 deutlich mehr Datenpunkte berechnet und angezeigt.

Probieren Sie alle drei Arten der (Frequenz-)Schrittweitenberechnung, B „*Linear*", „*Log*" und „*List*" aus mit *Number of Points* = 51. Bei „*List*" geben Sie *durch Kommas getrennt* die Frequenzen als Liste vor, z. B.: „2meg,7.97k,0.1k,1,20m".

ⓘ Da Sie praktischerweise als Skalierung der *x*-Achsen „FMAX,FMIN" eingegeben haben, werden im letzten Beispiel die *x*-Achsen gleich passend für den Bereich 20 mHz bis 2 MHz skaliert.

Mit <F3> wird die AC-Analyse beendet und Sie gelangen wieder in das Schaltplan-Eingabefenster.

Folgende Hinweise sollen Sie vor Überraschungen, Fehlern und unnötigem Zeitaufwand bei der Ausgabe und richtigen Interpretation der komplexwertigen Ergebnisse bewahren:

ⓘ In [MC-ERG] finden Sie außer den Funktionen DB( ) und PH( ) eine Liste mit den meisten Operatoren und Funktionen, die MC bietet. In Ü 9-3 und der Musterdatei M_9-1_RES_KOMPLEX.CIR werden weitere Details zu komplexen Zahlen in MC behandelt.

ⓘ Der zu Gl. (2.10) scheinbar gleich aussehende Eintrag „20*LOG(V(A))" berechnet ein anderes Ergebnis als die Funktion DB( ), **da Winkel-, Logarithmus- und weitere Funktionen in MC mit komplexen Zahlen als Argumenten arbeiten.** Wenn Sie die Berechnung des logarithmischen Maßes selbst und richtig eingeben wollen, müssen Sie „LOG(MAG(V(A)))" eingeben. Die Funktion „MAG(V(A))" berechnet den Betrag der komplexen Spannung und somit $|\underline{V}_{(A)}|$.

Beschränkt man sich auf reelle Zahlen, kann ein Logarithmus von einer negativen Zahl nicht gebildet werden kann. Bei „ln(−10)" werden die allermeisten Taschenrechner im Standard-Modus „Error" anzeigen. MC hat auch einen „Taschenrechner". Mit der **SF Calculator** oder über die **Menüfolge <u>W</u>indows → Calculator...** wird das Dialogfenster *Calculator* eingeblendet. Ändern Sie zunächst das Anzeigeformat sinnvoll in z. B. ⊙**Engineering** und **3 Digits**. Geben Sie in den Eingabebereich „ln(-10)" ein und starten Sie die Berechnung mit der **SF Calculate**. Anstatt „Error" wird „2.303+3.142*j" als Ergebnis angezeigt und das ist richtig, da die Zahl −10 als komplexe Zahl $\underline{k} = −10 = 10∠180°$ von der ln-Funktion verarbeitet wird. Wenden Sie auf eine komplexe Zahl $\underline{k}$ (am einfachsten ist die P-Form) die ln-Funktion an, erhalten Sie $\ln(\underline{k}) = \ln(|\underline{k}|) + j·\varphi_k = \ln(10) + j·\pi \approx 2{,}303 + j·3{,}142$. Wenn Ihr Taschenrechner über einen Komplex-Modus verfügt und Sie diesen aktivieren, berechnet er das gleiche Ergebnis.

ⓘ Falls Sie eine komplexwertige Größe wie z. B. $\underline{V}_{(A)}$ mittels der Eingabe „V(A)" ausgeben, sollten Sie, wissen, was MC anzeigt. $\underline{V}_{(A)}$ kann dargestellt werden als:

$$\underline{V}_{(A)} = |\underline{V}_{(A)}|∠\varphi_{VA} = |\underline{V}_{(A)}| · e^{j·\varphi_{VA}} = \text{Re}\{\underline{V}_{(A)}\} + j·\text{Im}\{\underline{V}_{(A)}\}$$

Im Fall, dass	(Beispiel)	ergibt die Eingabe „V(A)"	(Beispiel)
$\mathrm{Im}\{\underline{V}_{(A)}\} = 0$ und $\varphi_{VA} = 0°$	$(+5\ \mathrm{V} + \mathrm{j}\cdot0\ \mathrm{V})$	$\mathrm{Re}\{\underline{V}_{(A)}\}$	$(+5\ \mathrm{V})$
$\mathrm{Im}\{\underline{V}_{(A)}\} = 0$ und $\varphi_{VA} = 180°$	$(-5\ \mathrm{V} + \mathrm{j}\cdot0\ \mathrm{V})$	$\mathrm{Re}\{\underline{V}_{(A)}\}$!	$(-5\ \mathrm{V})$!
$\mathrm{Im}\{\underline{V}_{(A)}\} \neq 0$	$(+4\ \mathrm{V} + \mathrm{j}\cdot3\ \mathrm{V})$	$\|\underline{V}_{(A)}\|$	$(5\ \mathrm{V})$
$\mathrm{Im}\{\underline{V}_{(A)}\} \neq 0$	$(-4\ \mathrm{V} + \mathrm{j}\cdot3\ \mathrm{V})$	$\|\underline{V}_{(A)}\|$	$(5\ \mathrm{V})$

ⓘ **Nur Amplituden mit dem Wert 0?** Falls MC im Rahmen einer AC-Analyse nur Amplituden mit dem Wert 0 berechnet, kann es daran liegen, dass die Sinusquellen, durch die alle Quellen (Ausnahme *Battery* und *ISource*) ersetzt werden (3. Schritt der zuvor beschriebenen Sequenz), für die AC-Analyse den Wert 0 haben. Dies kann Ihnen bei den Modell-Typen *Sine Source* und *Pulse Source* nicht passieren, weshalb diese hier verwendet und empfohlen werden. Es kann dagegen passieren, wenn Sie die in Abschn. 8.2.4 beschriebenen Universalquellen verwenden. Daher finden Sie in Kap. 8 oder [MC-ERG] für alle Quellen die Werte für Amplitude und Nullphasenwinkel, die MC während der komplexen Wechselstromrechnung verwendet.

Tipp: *Wenn Sie sich nicht sicher sind, klären Sie mit Kap. 8 oder [MC-ERG], welche komplexe Amplituden die Quellen während der komplexen Wechselstromrechnung innerhalb der AC-Analyse annehmen.*

ⓘ **Amplitudengang komplett flach?** Falls Sie schmalbandige Filterschaltungen (Schwingkreise hoher Güte, Bandpässe, Bandsperren bzw. *Notch*-Filter (dt. Kerbfilter) oder Ähnliche) mit der AC-Analyse simulieren und die Amplitudengänge überraschend flach sind, kann es daran liegen, dass die Frequenzschrittweite zu grob war und die Variable F keinen Wert innerhalb des interessanten Frequenzbereichs angenommen hat. Dies passiert besonders leicht, wenn Sie als Methode der Frequenzschrittweitenberechnung „*Auto*" verwenden. Damit haben Sie einen zweiten Grund, die Frequenzschrittweitenberechnung z. B. durch den Eintrag „Log" und einem der Schaltung angemessen großem Wert für *Number of Points* wie z. B. 501 vorzugeben.

Tipp: *Ändern Sie die Methode der Frequenzschrittweitenberechnung immer von „Auto" z. B. in „Log" und vergrößeren Sie deutlich den Defaultwert für „Number of Points", z. B. auf 501 oder mehr.*

ⓘ **Völlig unerwarte Ergebnisse bei nichtlinearen Schaltungen?** Falls die AC-Analyse bei nichtlinearen Schaltungen völlig unerwartete Ergebnisse liefert, kann es daran liegen, dass die *Werte des Arbeitspunktes nicht die gewünschten/erwarteten* sind. Das folgende Beispiel erwartet Sie dazu in diesem Buch:

In Abschn. 10.2.1 wird einleitend zum Thema OP (Operationsverstärker) eine Schaltung mit fünf BJTs (*bipolar junction transistor*) behandelt, die dem prinzipiellen Aufbau eines OPs entspricht. Im Rahmen der Ü 10-15 wird der komplexe Frequenzgang der Verstärkung sinnvollerweise mit einer AC Analyse simuliert, um das Thema Frequenzgang-Korrektur und Kennwerte wie Transitfrequenz und Phasenreserve zu behandeln. *Es ergeben sich bei der AC-Analyse allerdings nur dann sinnvolle Werte, wenn sich der Arbeitspunkt im sogenannten linearen Bereich des OPs befindet (alle BJTs im aktiven Zustand).* Aufgrund der Realitätsnähe dieser Simulation muss dazu in der Simulation eine Offsetspannungskompensation gemacht werden, der bewusst von Ihnen mit einer Dynamic-DC-Analyse durchgeführt und kontrolliert wird. Daher liefert die anschließende AC-Analyse auch sinnvolle Ergebnisse.

Wird dieses ignoriert oder vergessen, kann der Arbeitspunkt in einem Bereich liegen, in dem der OP übersteuert ist. Die BJTs sind dann sowohl in der Realität als auch in der Simulation entweder sperrend oder leitend/gesättigt, ein Zustand, in dem eine AC-Analyse ziemlich sinnlos ist und Ergebnisse liefert, für deren Interpretation sich kaum jemand die Zeit nehmen würde und die für praxisrelevante Fragestellungen keine brauchbaren Antworten liefert.

Leider kann Ihnen MC die Unterscheidung zwischen sinnreichen oder -armen Simulationen (noch) nicht abnehmen, sondern berechnet auch für diese Situation die komplexwertigen, aber unbrauchbaren Ergebnisse.

Tipp: *Wenn Sie sich nicht sicher sind, klären Sie mit Kap. 8 oder [MC-ERG] ab, welche Gleichspannungs-/Gleichstromwerte die Quellen während der Arbeitspunktberechnung innerhalb der AC-Analyse annehmen. Prüfen Sie ggf. mit einer Dynamic-DC-Analyse, ob dieser Zustand auch der gewünschte/beabsichtige Arbeitspunkt ist.*

Achtung: *Die Werte einiger Quellen können zwischen Dynamic-DC Analyse und Arbeitspunktberechnung innerhalb der AC-Analyse unterschiedlich sein. Sie müssen daher für die Dynamic-DC-Analyse die Wert so ändern, wie sie für die Arbeitspunktberechnung gelten. Alle Werte finden Sie in Kap. 8 oder [MC-ERG].*

Die Ergebnisse einer AC-Analyse werden im **Frequenzbereich** berechnet. Sie entsprechen von der Aussage her am ehesten den Messergebnissen, die an einer realen Schaltung bei Anregung mit Sinusgrößen mit einem *Gain-Phase-Meter* oder einem *Vector-Network-Analyzer* oder indirekt mit einem Oszilloskop gemessen würden. Enthält die Schaltung nichtlineare Bauelemente, ist bei der Messung die *Kleinsignal-Bedingung* einzuhalten. Der Arbeitspunkt, bei dem die Messungen gemacht wurden, ist ebenfalls messtechnisch festzuhalten, damit diese Werte auch in der Simulation nachgebildet werden können. Diese Simulation ist in der Musterdatei M_2-16_10ZU1-TEILER_AC_TR.CIR enthalten.

2.7 Transienten-Analyse und Ausgabe als Kurve (TR-Analyse)

Die Transienten-Analyse, kurz TR-Analyse *(transient analysis)*, ist die Analyseart, in der Gleichspannungen/Gleichströme ebenso berechnet werden wie Sinusspannungen/Sinusströme *und alle anderen periodischen und nichtperiodischen Zeitverläufe. Ebenso werden die Nichtlinearitäten der Modellgleichungen berücksichtigt. Die TR-Analyse liefert damit die uneingeschränktesten Simulationsergebnisse.*

MC bildet ohne weitergehende Ersatzschaltungen oder Vereinfachungen aus dem eingegebenen Schaltplan und den damit verknüpften Modell-Elementen ein nichtlineares Differenzialgleichungssystem. Dieses wird mittels geeigneter Integrationsverfahren nummerisch gelöst. In MC sind zwei Verfahren implementiert: *Trapezoidal* wird in [MC-REF] das Verfahren genannt, das defaultmäßig verwendet wird. Alternativ kann das mit *Gear* bezeichnete Verfahren gewählt werden. Dieses ist ein BDF-Verfahren *(backward differentiation formulas)* und basiert auf Arbeiten, die Charles William Gear 1971 veröffentlicht hat.

Die elementarsten DGL der Elektrotechnik wurden mit Gl. (2.7) und (2.8) bereits genannt, die analytische Lösung für eine lineare DGL 1. Ordnung bei sprungförmiger Anregung haben Sie mit Gl. (2.9) kennengelernt. *Die Simulationsergebnisse einer TR-Analyse sind reelle Zahlen, die im Zeitbereich berechnet werden. Daher müssen Sie nicht mit komplexen Zahlen umgehen können, um die Ergebnisse interpretieren zu können.*

Die Aussage, dass die Ergebnisse einer TR-Analyse den Messergebnissen, die mit einem Oszilloskop gemessen würden, entsprechen, ist nicht ganz richtig. Genauer formuliert entsprechen die Simulationsergebnisse der *einmaligen Messung mit einem Speicher-Oszilloskop* (*„transient"* bedeutet dt. „zeitlich vorübergehend"). Ist das Speicheroszilloskop entsprechend eingestellt und getriggert, kann damit der *einmalige Einschwingvorgang* gemessen, gespeichert und auf dem Oszilloskop-Bildschirm dargestellt werden. Und genau diesen berechnet auch eine TR-Analyse. Meistens zeigt ein „normales" Oszilloskop nur den eingeschwungenen Zustand einer Schaltung mit einer periodischen Quelle. Hierbei sorgt die Triggerung dafür, dass auf dem Oszilloskop-Bildschirm ein stehendes Bild entsteht. *Bei der Interpretation der Simulationsergebnisse einer TR-Analyse müssen Sie sich bewusst sein, dass diese prinzipiell immer einen Einschwingvorgang wiedergeben.* Wenn das Simulationsergebnis so aussieht, als *ob ein eingeschwungener Zustand erreicht wurde, so liegt das nur daran, das der Unterschied so gering geworden ist, dass Sie ihn nicht mehr wahrnehmen. Dieser Zeitbereich des Simulationsergebnisses ist in den allermeisten Fällen dann auch als „eingeschwungener Zustand" interpretierbar und der „Restfehler" vernachlässigbar.*

ⓘ   Simulieren Sie immer einen ausreichend langen Zeitbereich, sodass Sie erkennen können, ob die Simulationsergebnisse noch einen Einschwingvorgang darstellen, oder ob sie bereits als „eingeschwungener Zustand" *von Ihnen* bewertet werden.

   Es braucht nicht erwähnt zu werden, dass diese Einschränkung der TR-Analyse nicht an dem Programm MC liegt, sondern an dem Prinzip der Analyse im Zeitbereich. Daher gelten die Ausführungen für alle anderen Simulationsprogramme ebenso, die nach diesem Prinzip arbeiten.

ⓘ   In der Praxis kann die **Simulation eines Einschwingvorgangs** durchaus sehr hilfreich und informativ sein. Es gibt immer wieder den Fall, dass eine elektronische Schaltung nach allen Regeln der Kunst entworfen und dimensioniert wurde. Hierbei werden oft nur Berechnungen im eingeschwungenen/*eingeschalteten* Zustand angewendet. Auf dem Labortisch funktioniert die Schaltung wie gewünscht, nur z. B. beim Einschalten der Spannungsversorgung häufen sich merkwürdigerweise die Ausfälle in Form von defekten ICs oder Transistoren.

   Wenn man nicht aufgrund theoretischer Überlegungen auf die Ursache schließen kann, muss man wohl oder übel die Schaltung reparieren, ggf. eine Anzahl von Speicher-Oszilloskopen zusammensuchen, entsprechend die Trigger einstellen, entschlossen einschalten und hoffen, dass die Triggereinstellung so war, dass einer der Kanäle einen Spannungs- oder Stromverlauf erfasst hat, der Ihnen einen Hinweis auf den Fehler gibt. Falls nicht, geht es zurück in die erste Zeile dieses Absatzes.

   In diesem Fall ist die Simulation des Einschwing-/Einschaltvorgangs mit der TR-Analyse interessant, die Ihnen einen Hinweise auf Spannungsüberhöhungen oder unerwartet hohe Spitzenströme geben kann, von denen Sie vorher nichts ahnten.

Anhand der Schaltung von Bild 2-17 (neu eingeben oder aus vorhergegangener Simulation übernehmen) werden die nächsten Schritte erläutert. Als zeitabhängige Quelle ist in dem Schaltplan bereits die Sinus-Spannungsquelle, die für eine Amplitude von 10 V und eine Frequenz von 7,97 kHz parametriert wurde, sodass die TR-Analyse gleich über die **Menüfolge Analysis → Transient... ALT+1** ausgewählt werden kann. Das Dialogfenster *Transient Analysis Limits* mit bereits geänderten Werten ist in Bild 2-20 gezeigt. Bereits bekannt ist die Tabelle im unteren Fensterteil mit den Einstellungen für die einzelnen Kurven.

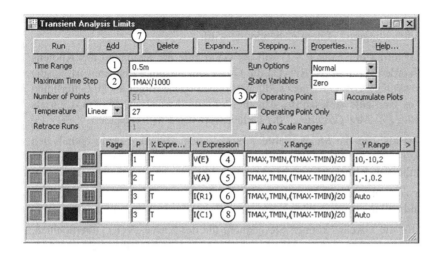

Bild 2-20
Dialogfenster
*Transient
Analysis Limits*
mit geänderten
Werten

(1) Im Eingabefeld (1) ist der zu simulierende Zeitbereich mit der Syntax „TMAX[,TMIN]" so einzugeben, dass der Zeitbereich von $T_{MIN} = 0$ bis $T_{MAX} = 0,5$ ms simuliert wird. Bei $f = 7,97$ kHz ($T = 1/f \approx 125$ µs) werden damit ca. 4 ganze Perioden simuliert, die als ausreichend lange angesehen werden, um einen „eingeschwungenen Zustand" zu erreichen. In den meisten Fällen wird eine TR-Analyse ab $T_{MIN} = 0$ beginnen. Da dies der Defaultwert von T_{MIN} ist, reicht es, nur T_{MAX} einzugeben.

(2) Als Defaultwert steht in dem Eingabefeld *Maximum Time Step* (maximale Zeitschrittweite) der Eintrag „0". Diesen Defaultwert interpretiert MC dahin gehend, dass als maximale Schrittweite der grobe Wert ($T_{MAX} - T_{MIN}$)/50 genommen wird. Probieren Sie eine Simulation mit dieser maximalen Schrittweite aus. Die Kurven des Simulationsergebnisses sehen „eckig" aus. Lassen Sie sich die berechneten Datenpunkte anzeigen und Sie erkennen die Ursache. Mit **<F9>** oder dem **Menü Transient** gelangen Sie aus dem Ausgabefenster wieder in das Dialogfenster *Transient Analysis Limits* und können hier *Maximum Time Step* zu „0.5u" oder „TMAX/1000" einstellen.

ⓘ Empfehlung: Nehmen Sie für „normale" Schaltungen als Wert 1/1000 des simulierten Zeitbereiches ($T_{MAX}/1000$ bei $T_{MIN} = 0$). Sie erhalten dann optisch glatte Kurven, ohne dass eine nennenswerte Rechenzeit benötigt wird.

(3) Als Defaulteinstellung ist die **CB ☑ Operating Point** aktiviert. Das bewirkt, dass *vor der eigentlichen TR-Analyse* eine DC-Analyse vorgeschaltet ist, von der Sie nichts mitbekommen. In dieser DC-Analyse werden als Arbeitspunkt die Gleichspannungen an allen Kapazitäten U_{CxA} und die Gleichströme durch alle Induktivitäten I_{LyA} berechnet. U_{CxA} bzw. I_{LyA} werden Zustandsgrößen *(state variables)* genannt, da sie den Energieinhalt von C bzw. L beschreiben. Die Werte U_{CxA} bzw. I_{LyA} werden als *Startwerte* für die Zustandsgrößen der zu simulierenden Schaltung in der nachfolgenden TR-Analyse genommen. Diese Startwerte werden auch Anfangsbedingung *(initial condition)* genannt. Als *Initial Condition* können auch Werte voreingestellt werden.

Ist die Berechnung des Arbeitspunktes deaktiviert, werden zu Beginn der TR-Analyse alle Energiespeicher als energielos (= „ungeladen", Kapazitäten mit $U_{CxA} = 0$ V, Induktivitäten mit $I_{LyA} = 0$ A) angenommen. Die bei Kapazitäten/Kondensatoren oft verwendeten

Begriffe „laden" und „entladen" sind auch auf Induktivitäten/Spulen anwendbar, wenn anstelle von „Ladungsträgern" „Energie" betrachtet wird.

(4) In Diagramm 1 (Eintrag in Spalte $P = 1$) soll als y-Variable die Spannung des Knotens „E" dargestellt werden: Eintrag „V(E)". Da die Größe der Spannung bekannt ist, ist die y-Achse passend skaliert. Das Gitternetz sollte mehr als 5 und weniger als 30 Gitterlinien haben, dann ist es eine gute Ablesehilfe. Aus diesem Grund wurde in Abschn. 1.2.4 als „*Default Properties For New Circuits...*" der Defaultwert von 5 in 10 geändert.

ⓘ Als x-Variable ist als Zeit die MC-Variable T eingetragen. Die Skalierung enthält den Eintrag „TMAX,TMIN,(TMAX-TMIN)/20". Mit diesem Eintrag passt sich die Skalierung an den simulierten Zeitbereich an und es werden 20 Gitternetzlinien angezeigt.

(5) Aufgrund der erwarteten Spannungswerte ist die y-Achse für die Kurve „V(A)" entsprechend skaliert und soll in einem zweiten Diagramm ($P = 2$) dargestellt werden.

ⓘ Als Skalierung für die x-Achse können Sie bequem die der Kurve „V(E)" übernehmen, indem Sie mit <RM> in dem gewünschten Eingabefeld klicken. Es öffnet sich eine Auswahlliste mit allen bereits verwendeten Skalierungen.

(6) Es soll auch der Strom durch R_1 dargestellt werden. Dafür wird ein drittes Diagramm aktiviert mit dem Eintrag „3" in der Spalte P. Mit <RM> im Eingabefeld *Y Expression* öffnet sich über **Variables ▸ → Device Currents** eine Auswahl, aus der Sie „I(R1)" wählen können. Kontrollieren Sie, dass der Widerstand R_1 mit seinen Anschlüssen „Plus" und „Minus" auch so gedreht ist, wie Sie sich die Richtung des Strombezugspfeils vorstellen.

Da Sie über die Größenordnung von $I_{(R1)}$ nicht nachgedacht haben, gönnen Sie sich den Eintrag „*Auto*" für die Skalierung der y-Achse.

(7) Mit einem Klick auf die **SF Add** wird als neue Zeile für eine weitere Kurve die Zeile, in der sich die blinkende Schreibmarke befindet, kopiert. Mit der **SF Delete** wird die Zeile derjenigen Kurve, in der sich die blinkende Schreibmarke befindet, gelöscht.

(8) Die blinkende Schreibmarke soll in einem Eingabefeld der Zeile für „I(R1)" sein. Kopieren Sie mit der **SF Add** diese Zeile und ändern Sie den Eintrag *Y Expression* in „I(C1)". Kontrollieren Sie im Schaltplan anhand der Anschlüsse wie bei R_1, ob die Strom-Bezugspfeilrichtung von C_1 so ist, wie Sie es möchten.

Starten Sie den Simulationslauf mit der **SF Run**. Schauen Sie sich das Simulationsergebnis genau an und vergleichen Sie das in Bild 2-21 dargestellte Ergebnis mit Ü 2-5.

Sie erkennen, dass der Zeitverlauf für $0 \leq t <$ ca. 140 µs anders ist als in Bild 2-8 von Ihnen vorhergesagt. Dies ist der *Einschwingvorgang*, der davon abhängt, wie groß die Zustandsgrößen U_{CxA} und I_{LyA} zum Zeitpunkt $t = 0$ waren. Die Berechnungen mit den Gln. (2.4), (2.5) und (2.6) und die Ergebnisse von Ü 2-3, Ü 2-4 und Ü 2-5 gelten nur für den *eingeschwungenen Zustand*. Vom eingeschwungenen Zustand würde man optisch beim Ergebnis in Bild 2-21 für $t >$ ca. 150 µs ausgehen.

Da mit f = 7,97 kHz die Schaltung mit ihrer 3-dB-Grenzfrequenz angeregt wird, ist es richtig, dass die Amplitude der Spannung $u_A(t)$ um ca. 3 dB (exakt $1/\sqrt{2}$) und zusätzlich aufgrund der 10:1-Teilung um weitere 20 dB kleiner ist als die Amplitude der Spannung $u_E(t)$. Bei $\hat{u}_E = 10$ V ergibt sich demnach $\hat{u}_A = \hat{u}_E \cdot 1/10 \cdot 1/\sqrt{2} = 0{,}707$ V. Die Gesamtdämpfung um 23 dB ist auch aus dem Amplitudengang in Bild 2-6 bzw. 2-19 abzulesen. Aus dem Phasengang in Bild 2-7 bzw. 2-19 ergibt sich übereinstimmend mit der Simulation ein Phasenwinkel von −45°.

Die Ströme sind natürlich ebenfalls richtig simuliert. Der Strom $I_{(R1)}$ ist in Phase mit der Spannung $V_{(A)}$, $I_{(C1)}$ um 90° voreilend.

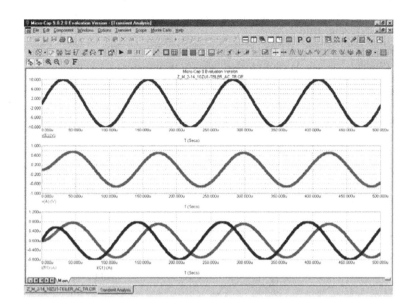

Bild 2-21
Ausgabefenster der
TR-Analyse mit
dem Ergebnis des
Simulationslaufs

Ü 2-8 Amplitudenberechnung

Berechnen Sie mit Hilfe der Gl. (2.1) die Amplitude $\hat{\imath}_{C1}$, vergleichen Sie mit dem Simulationsergebnis und prüfen Sie damit Ihr Grundlagenwissen.   ❑ Ü 2-8

Mit <F3> kommen Sie aus dem Analysemodus wieder in das Schaltplan-Eingabefenster. Die Musterdatei M_2-14_10ZU1-TEILER_AC_TR.CIR enthält diese Simulation.

Abschließend soll das Verhalten der Schaltung bei einer rechteckförmigen Eingangsspannung simuliert werden. Markieren Sie im *Select Mode* die Sinus-Spannungsquelle und verschieben Sie diese an eine freie Stelle, um sie dort zu „parken".

ⓘ **Parken eines zeitweise nichtbenötigten Modell-Elements:** Jedes Modell-Element muss einen Gleichstrompfad nach *Ground* haben, sonst gibt es beim Analysestart die Fehlermeldung „*Nodes ... have no DC path to ground.*" Verbinden Sie daher einen Anschluss der „geparkten" Sinus-Spannungsquelle mit *Ground*. Falls Sie Kapazitäten oder Stromquellen auf diese Weise „parken", müssen Sie beide Anschlüsse auf *Ground* legen.

Alternativ dazu: Gehen Sie mit dem Mauszeiger auf das Modellsymbol der Sinus-Spannungsquelle und öffnen Sie mit <DKL> das Attributfenster *Sine Source*. Deaktivieren Sie die unten links befindliche **CB** ❑ **Enabled** (in Bild 2-16 mit (12) gekennzeichnet). Damit ignoriert MC dieses Modell-Element bei der Erstellung der Netzliste.

Holen Sie eine Puls-Spannungsquelle über die **Menüfolge** C̲omponent → **Analog Primitives** ▶ → **Waveform Sources** ▶ → **Pulse Source**. An dem Mauszeiger erscheint das Modell-Symbol des Modell-Elements *Pulse Source*, das Sie entsprechend im Schaltplan platzieren. Es öffnet sich das Attributfenster *Pulse Source*. Es hat den gleichen Aufbau wie das in Bild 2-16 gezeigte Attributfenster *Sine Source*. Geben Sie der Quelle für das Attribut MODEL im Eingabefeld *Value* den Modell-Namen „SQR" *(square)*. Aktivieren Sie wie zuvor bereits empfohlen die rechts nebem den Eingabefeld *Value* liegende **CB ☑ Show**, damit der Modell-Name „SQR" auch angezeigt wird. Im unteren Teil des Fensters sind jetzt die Eingabefelder für die Parameterwerte dieses Modell-Elements freigeschaltet. Die Bedeutung der Parameter P_1 bis P_5 *(time points)* und V_{ONE} und V_{ZERO} zeigt Bild 2-22.

Wenn Sie mit dem Mauszeiger in ein Eingabefeld zeigen, werden in der Hilfe am unteren Rand des Attributfensters (Statusleiste des Attributfensters) die Zeitparameter erklärt mit:

P_1: *Time Delay to leading edge*   (dt. Zeitverzögerung bis zur „führenden" Ecke, Flanke)
P_2: *Time Delay to one level*   (dt. Zeitverzögerung bis zum Wert V_{ONE})
P_3: *Time Delay to trailing edge*   (dt. Zeitverzögerung bis zur „schleppenden" Ecke, Flanke)
P_4: *Time Delay to zero level*   (dt. Zeitverzögerung bis zum Wert V_{ZERO})
P_5: *Repetition period.*   (dt. Wiederhol-Zeitdauer, Periodendauer).

Hierbei muss die Vorschrift $0 \le P_1 \le P_2 \le P_3 \le P_4 \le P_5$ eingehalten werden, da diese Zeitpunkte jeweils von $t = 0$ ausgehen. Man gewöhnt sich schnell daran. Geben Sie die in Bild 2-22 angegebenen Werte für alle Parameter der *Pulse Source* ein. Prüfen Sie mit der **SF Plot...** den Zeitverlauf. Wenn der wie erwartet ist, schließen Sie das Attributfenster mit der **SF OK**. Weitere Einzelheiten zum Modell-Element *Pulse Source* finden Sie im Abschn. 8.2.3.

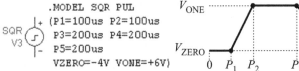
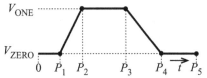

Bild 2-22
Bedeutung der
Parameter beim
Modell-Element
Pulse Source und
Beispiel

Wählen Sie über **Menü Analysis → Transient... ALT+1** die TR-Analyse aus. Es öffnet sich das Dialogfenster *Transient Analysis Limits*. Da Sie bereits einige Dialogfenster dieser Art eingestellt haben, üben Sie das Gelernte, indem Sie die Einstellungen für folgende Vorgaben selbst vernehmen:

Zu simulierender Zeitbereich: $T_{MIN} = 0$ bis $T_{MAX} = 0,5$ ms. Maximale Schrittweite: 0,5 μs.

x-Achse	y-Achse	Diagramm	Kurve	x-Skala	y-Skala
linear	linear	1	$y = u_E(t)$	von T_{MIN} bis T_{MAX}	-10 V bis $+10$ V
linear	linear	2	$y = u_A(t)$	von T_{MIN} bis T_{MAX}	-1 V bis $+1$ V
linear	linear	3	$y = i_{R1}(t)$	von T_{MIN} bis T_{MAX}	Bereich unbekannt
linear	linear	4	$y = i_{C1}(t)$	von T_{MIN} bis T_{MAX}	Bereich unbekannt

Starten Sie den Simulationslauf mit der **SF Run**. Schauen Sie sich das Simulationsergebnis genau an und vergleichen Sie das Ergebnis mit Ü 2-6 und Ü 2-7.

Gehen Sie mit **<F9>** oder dem **Menü Transient** wieder in das Dialogfenster *Transient Analysis Limits*. Deaktivieren Sie die **CB ☐ Operating Point** (in Bild 2-20 mit (3) gekennzeichnet). Blenden Sie auch Diagramm 3 mit den Strömen aus, indem Sie einfach die Zahl „3" aus der Spalte *P* entfernen. Starten Sie erneut einen Simulationslauf mit der **SF Run**. Aufgrund der fehlenden Berechnung des Arbeitspunktes startet die Simulation jetzt mit der Anfangsbedingung $U_{C1A} = 0$ V.

Mit **<F3>** beenden Sie die TR-Analyse und kommen wieder in das Schaltplan-Eingabefenster.

Falls Sie die Themen TR-, AC- und DC-Analyse wiederholen und ergänzen möchten, ist es jetzt sinnvoll, dass Sie aus der Menüleiste **Help** → **Demos** ▶ → **Analysis Demo...** starten und sich die ca. 8-minütige Demo anschauen (MC-Musterschaltung GILBERT.CIR).

2.8 Wechselstrom-Analyse und Ausgabe im Schaltplan (Dynamic-AC-Analyse)

Die Dynamic-AC-Analyse läuft in gleicher Weise wie die AC-Analyse ab und ist damit auch eine komplexe Wechselstromrechnung, *deren Ergebnisse bei nichtlinearen Schaltungen nur dann sinnvoll sind, wenn die Kleinsignal-Bedingung eingehalten ist.* Der Unterschied besteht darin, dass die Simulationsergebnisse für eine vorgegebene Frequenz als komplexwertige Zahlen im Schaltplan angezeigt werden. Damit Sie einen kompakten Eindruck bekommen, was bei einer Dynamic-AC-Analyse passiert, können Sie, bevor Sie weiterlesen, aus der Menüleiste **Help** → **Demos** ▶ → **Dynamic AC Demo...** starten und sich die ca. 5-minütige Demo anschauen (MC-Musterschaltung UA741.CIR).

Auch mit der *Pulse Source* aus dem vorhergegangenen Abschnitt kann eine AC- oder Dynamic-AC-Analyse durchgeführt werden. Für die einer komplexen Wechselstromrechnung immer vorgeschaltete Arbeitspunktberechnung nimmt MC als Quellenspannung den Wert des Parameters V_{ZERO}. Für die komplexe Wechselstromrechnung wird das Modell-Element *Pulse Source* ebenso wie das Modell-Element *Sine Source* durch eine Sinus-Spannungsquelle mit einer fest eingestellten komplexen Amplitude von $\hat{u}_Q = 1\,\text{V}\angle 0°$ ersetzt.

Damit Sie einen bestimmten Effekt erleben, werden anhand der Schaltung aus Bild 2-16 die nächsten Schritte erläutert. Ersetzen Sie daher *Pulse Source* durch die „geparkte" *Sine Source* (ggf. **CB** ☑ **Enabled** im Attributfenster wieder aktivieren).

Wählen Sie im **Menü Analysis** den Menüpunkt **Dynamic AC... ALT+5** aus. In dem sich öffnenden Dialogfenster *Dynamic AC Limits* können Sie in das Eingabefeld *Frequency List* einen oder mehrere Frequenzwerte, für die eine komplexe Wechselstromrechnung durchgeführt werden soll, eingeben. Geben Sie die für die Schaltung markante Frequenz 7,97 kHz in der Form „7.97k" ein.

Als Ergebnis der komplexen Wechselstromrechnung im Rahmen der Dynamic-AC-Analsyse werden für die eingegebene Frequenz alle Potenziale und Ströme als komplexwertige Zahlen $\underline{k}$ berechnet. Die zwei Werte/Informationen dieser komplexwertigen Ergebnisse können in **R-Form** *(rechtwinklige Koordinaten)* mit

$$\text{Realteil} = a = \text{Re}\{\underline{k}\} \quad \text{und} \quad \text{Imaginärteil} = b = \text{Im}\{\underline{k}\}$$

ausgegeben werden oder alternativ in **P-Form** *(Polarkoordinaten)* mit

$$\text{Betrag} = |\underline{k}| = k \quad \text{und} \quad \text{Winkel} = \varphi_k$$

Bei der Angabe von Strömen und Spannungen ist die P-Form gut interpretierbar, da der Betrag *(magnitude)* die Amplitude angibt und der Winkel den Nullphasenwinkel *(phase)*. Bei der Angabe von komplexen Widerständen, Leitwerten oder Leistungen ist die R-Form gut interpretierbar, da Realteil *(real part)* und Imaginärteil *(imaginary part)* als Wirk- und Blind-Widerstand, -Leitwert oder -Leistung interpretiert werden können.

Wählen Sie als Ausgabeformat die P-Form mit der Auswahl: ⊙ **Magnitude in dB** und ⊙ **Phase in Degrees**. Mit der Auswahl *Magnitude in dB* wird für die Ausgabe auf eine komplexwertige Größe die Gl. (2.11)

$$y = 20 \text{ dB} \cdot \lg(|\underline{k}|) \tag{2.11}$$

angewendet und der Zahlenwert y ist das logarithmische Maß des Betrags von $\underline{k}$ in Dezibel. Gl. (2.11) entspricht damit Gl. (2.10), nur auf eine beliebige komplexe Zahl $\underline{k}$ verallgemeinert und ist genau die Berechnung, die auch mit der Funktion DB( ) ausgeführt wird.

Mit **SF Start** oder **SF OK** wird die Analyse gestartet. Als Ergebnis können wie bei der Dynamic-DC-Analyse die in diesem Fall komplexwertigen Ergebnisse von Knotenpotenzialen, Strömen und Leistungen angezeigt werden. In Bild 2-23 sind die Ergebnisse für die Knotenpotenziale und Ströme gezeigt. Um die Anzeigen optisch von denen einer Dynamic-DC-Analyse zu unterscheiden, sind die Zahlenfelder bei der Dynamic-AC-Analyse mit einem Hintergrund gefüllt. Zur weiteren Unterscheidung haben die Zahlenfelder der komplexwertigen Knotenpotenziale einen abgerundeten, die der komplexwertigen Ströme einen eckigen Rahmen.

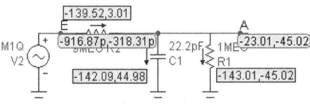

Bild 2-23
Ergebnis der Dynamic-AC-Analyse

`.MODEL M1Q SIN (A=10V F=7.97kHz)`

Auffällig sind die Werte des Potenzials „E". Bei einer Amplitude von 10 V ($A = 10$V) müssten gemäß Gl. (2.11) exakt „+20.00 dB, 0.00°" angezeigt werden. Eine Ursache wurde bereits zuvor genannt: Die komplexe Amplitude des Modell-Elements *Sine Source* ist für die komplexe Wechselstromrechnung im Rahmen der AC-Analyse fest auf den Wert $\hat{u}_Q = 1$ V$\angle 0°$ eingestellt. Dies ist für viele nichtlineare Schaltungen nicht „klein". An dieser Stelle sei noch einmal daran erinnert, dass vor der komplexen Wechselstromrechnung mittels einer DC-Analyse der Arbeitspunkt berechnet wird und alle nichtlinearen Modellgleichungen linearisiert werden. Auf die damit gebildete lineare Ersatzschaltung wird die komplexe Wechselstromrechnung angewendet. Wenn mit dieser Analyseart Übertragungs*verhältnisse* berechnet werden, ist der konkrete Wert der komplexen Amplitude egal.

Mit dieser Begründung wären gemäß Gl. (2.11) exakt „0.00 dB, 0.00°" zu erwarten. Die zweite Ursache ist die, dass beim Modell-Element *Sine Source* als einzigem Modell einer Spannungsquelle ein in Serie geschalteter nicht sichtbarer Innenwiderstand vorhanden ist und diesem Modell-Element damit eine Ersatzschaltung aus einer Spannungsquelle und einem Widerstand zugrunde liegt.

Doppelklicken Sie mit <LM> auf das Modell-Symbol der Sinus-Spannunsquelle. Es öffnet sich das Attributfenster *Sine Source*. Der Parameter R_S *(series resistance, source resistance)* beschreibt den Wert dieses Serien-Innenwiderstandes. Ändern Sie den Wert von R_S vom Defaultwert 1 mΩ in 0 Ω. Der Parameter R_S und sein Wert werden dadurch im .MODEL-Statement von „M1Q" sichtbar eingetragen. Weitere Details zum Modell-Element *Sine Source* werden in Abschn. 8.2.2 behandelt.

Im Schaltplan-Eingabefenster werden sofort die neu berechneten Werte angezeigt, daher die Bezeichnung *Dynamic-…-Analyse*. Die Werte beim Knoten „E" für *Magnitude in dB, Phase in Degrees* entsprechen mit „0, 0" genau den Erwartungen.

ⓘ Wie bei der Dynamic-DC-Analyse wird auch bei der Dynamic-AC-Analyse immer von jedem Knoten ein Widerstand mit dem Wert des GS-Parameters $R_{\text{NODE\_GND}}$ (Defaultwert 1 TΩ) von MC hinzugefügt. Damit hat auch beim Verändern des Schaltplans jeder Knoten immer einen Gleichstrompfad zum Knoten *Ground*. Die geschieht auch, wenn im Dialogfenster *Preferences* unter *Options → Analysis* die **CB** □ **Add DC Path to Ground** deaktiviert ist. Mit dieser *Check Box* können Sie diese Option für die DC-, AC- und TR-Analyse ebenfalls aktivieren. Im Dialogfenster *Global Settings* wird der Wert für $R_{\text{NODE\_GND}}$ eingestellt.

Für das Potenzial am Knoten „A" wird angezeigt: „–23.01,–45.02". Aus der Umkehrung von Gl. (2.11) und angewendet auf eine Spannung oder ein Potenzial ergibt sich:

$$\left| \underline{V}_{(A)} \right| = 1V \cdot 10^{\dfrac{y \text{ in dB}}{20\text{dB}}} \tag{2.12}$$

Damit berechnet sich die Amplitude $\hat{u}_A = |\underline{V}_{(A)}|$ zu 70,71 mV.

Der Betrag des komplexen Frequenzgangs für die Frequenz f = 7,97 kHz ergibt sich zu $|\underline{T}| = \hat{u}_A / \hat{u}_E$ = 70,71 mV / 1 V = 0,07071 bzw. –23,01 dB. Der Phasenwinkel des komplexen Frequenzgangs beträgt $\varphi_T = \varphi_A - \varphi_E$ = –45,02° – 0° = –45,02°. Der Wert –45,00° wird deswegen nicht exakt berechnet, weil die Frequenz f = 7,97 kHz nicht exakt die 3-dB-Grenzfrequenz der Schaltung ist.

Dadurch, dass die Modell-Elemente *Sine Source* bzw. *Pulse Source* während der komplexen Wechselstromrechnung die Amplitude 1 V und den Nullphasenwinkel 0° haben, entsprechen die Werte bei den Knotenpotenzialen in dem Format *Magnitude in dB, Phase in Degrees* (P-Form) den Werten des komplexen Frequenzgangs bei der eingestellten Frequenz.

Für den Strom durch C_1 hat MC die Werte „–142.09 dB,+44.98°" berechnet. Die Umrechnung in die Stromamplitude erfolgt analog zu Gl. (2.12) mit

$$\left| \underline{I}_{(C1)} \right| = 1A \cdot 10^{\dfrac{y \text{ in dB}}{20\text{dB}}} \tag{2.13}$$

und ergibt $\hat{i}_{C1} = |\underline{I}_{(C1)}|$ = 78,61 nA.

Öffnen Sie mit **<F9>** das Dialogfenster *Dynamic AC Limits* und wählen Sie als Ausgabeformat ⊙ **Magnitude** und ⊙ **Phase in Radians**. Es werden jetzt die mit Gl. (2.12) und Gl. (2.13) berechneten Amplitudenwerte auch von MC angezeigt. Die geringen Abweichungen sind die Folge von Zahlenrundung.

Die Umrechnung von der Winkeleinheit Grad (°) in Radiant (rad) erfolgt mit

$$\varphi \text{ in rad} = (\varphi \text{ in } °) \cdot \frac{\pi \text{ rad}}{180°} \tag{2.14}$$

Kontrollieren Sie damit die in MC berechneten Ergebnisse.

Vergleichen Sie Amplituden und Phasenwinkel mit den Ergebnissen der TR-Analyse (Sinus-Spannungsquelle mit 10 V Amplitude, f = 7,97 kHz) und Ü 2-8. Wenn Sie die TR-Analyse mit einer Sinus-Spannungsquelle mit der Amplitude 1 V ausführen, so erhalten Sie die gleichen Ergebnisse wie aus der Dynamic-AC-Analyse bzw. der AC-Analyse bei $f = 7,97$ kHz.

Betrag und Winkel sind die Werte einer komplexen Zahl in P-Form. Diese können mittels der *eulerschen Formel*

$$|\underline{k}| \cdot e^{j\varphi_k} = |\underline{k}| \cdot (\cos\varphi_k + j \cdot \sin\varphi_k) = |\underline{k}| \cdot \cos\varphi_k + j \cdot |\underline{k}| \cdot \sin\varphi_k = a + j \cdot b \qquad (2.15)$$

in die Werte der R-Form ($a = \mathrm{Re}\{\underline{k}\}$ und $b = \mathrm{Im}\{\underline{k}\}$) umgerechnet werden.

Öffnen Sie mit <F9> das Dialogfenster *Dynamic AC Limits* und wählen Sie als Ausgabeformat ⊙ **Real Part** und ⊙ **Imaginary Part**. Für das Potenzial am Knoten „A" wird angezeigt: „49.97m,–50m". Die Kontrolle mit Gl. (2.15) ergibt

$$\mathrm{Re}\{V_{(A)}\} = 70,71 \text{ mV} \cdot \cos(-45,02°) = 49,98 \text{ mV}$$
$$\mathrm{Im}\{V_{(A)}\} = 70,71 \text{ mV} \cdot \sin(-45,02°) = 50,02 \text{ mV}$$

und zeigt damit, bis auf Rundungsfehler, die gleichen Ergebnisse wie MC.

Die Dynamic-AC-Analyse können Sie wie die Dynamic-DC-Analyse mit <⇧> + <F3> beenden.

Im Gegensatz zur AC-Analyse mit der Ausgabe von Kurven werden bei der Dynamic-AC-Analyse nur Werte bei einer oder einigen wenigen festen Frequenzen berechnet, die als Zahlenwertepaare im Schaltplan gezeigt werden. Möchte man Frequenz-*Abhängigkeiten* simulieren, wird man die AC-Analyse wohl der Dynamic-AC-Analyse vorziehen. Die Musterdatei M_2-21_10ZU1-TEILER_DYAC.CIR enthält diese Simulation.

ⓘ *Cleanup:* Wie in Abschn. 1.2.3 erwähnt, erzeugt MC bei jeder Simulation verschiedene Arbeits-, Ergebnis- und *Backup*-Dateien, die von zweitrangiger Bedeutung sind und in den allermeisten Fällen nicht mehr benötigt werden. Daher sollten Sie jetzt über die **Menüfolge File → Cleanup...** das Dialogfenster *Clean Up* für die gerade aktive Pfadsammlung aufrufen, mit der **SF Select All** alle Dateien der angebotenen Dateitypen auswählen und mit der **SF Delete** löschen. Falls Sie auch unter einer anderen Pfadsammlung gearbeitet haben, wechseln Sie auf diese (**Menüfolge File → Paths...**) und lassen Sie *Cleanup* auch damit diese Dateien aufspüren, sodass Sie sie einfach löschen können.

2.9 Weitere Übungen zu Kapitel 2

Mit den folgenden Übungen können Sie wesentliche Teile der vorangegangenen Abschnitte wiederholen. Dies gibt Ihnen die Sicherheit, die wesentlichen Punkte gelernt zu haben und eigenständig umsetzen zu können. Bei Schwierigkeiten sollten Sie den entsprechende Abschnitt noch einmal nacharbeiten.

Ü 2-9 Abgeglichener 10:1-Teilertastkopf (UE_2-9_10ZU1-TEILER.CIR)

In der Praxis wäre ein Tastkopf in der bisher behandelten Form nur sehr eingeschränkt brauchbar, da mit ihm nur Sinusspannungen von deutlich unter 8 kHz hinreichend genau gemessen werden könnten. Spannungen mit höherfrequenten Anteilen wie z. B. in einem Rechteck würden unakzeptabel verfälscht. Daher wurde die Schaltung in Bild 2-2 als „unvollständig" bezeichnet. Ursache ist die Kapazität C_1. Der Trick, mit dem das Problem gelöst wird, besteht darin, dem ohmschen Spannungsteiler bestehend aus R_1, R_2 einen kapazitiven Spannungsteiler parallel zu schalten. Mit anderen Worten: Die vorhandene Kapazität C_1 wird mit einer Kapazität C_2 (parallel zu R_2) zu einem kapazitiven Spannungsteiler wie in Bild 2-24 gezeigt zu ergänzt.

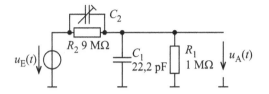

Bild 2-24
Ersatzschaltung eines vollständigen, abgleichbaren 10:1-Teilertastkopfs

Als komplexer Frequenzgang $\underline{T}(\omega)$ ergibt sich für diese Schaltung:

$$\underline{T} = \frac{\hat{\underline{u}}_A}{\hat{\underline{u}}_E} = \frac{R_1}{R_1 + R_2} \cdot \frac{1 + j\omega C_2 \cdot R_2}{1 + j\omega(C_1 + C_2) \cdot \dfrac{R_1 \cdot R_2}{R_1 + R_2}}$$

Dieser komplexe Frequenzgang wird dann *frequenzunabhängig*, wenn beide $j\omega$-Terme gleich groß sind und sich dadurch der rechte Bruch zu 1 kürzt. Aus dieser Idee folgt

$$C_2 \cdot R_2 = \left(C_1 + C_2\right) \cdot \frac{R_1 \cdot R_2}{R_1 + R_2}$$

Hieraus ergibt sich für C_2 die Dimensionierungsformel zu:

$$C_2 = C_1 \cdot \frac{R_1}{R_2}$$

Mit den Werten eingesetzt ergibt sich für C_2 der gerundete Wert 2,467 pF.

a) Ergänzen Sie in MC den Schaltplan um C_2 mit dem Wert 2,467 pF. Skizzieren Sie auf einem Blatt Papier Ihre Erwartungshaltung für den Amplitudengang und den Phasengang. Führen Sie mit MC eine AC-Analyse im Frequenzbereich von 1 Hz bis 100 MHz durch und vergleichen Sie. Klären Sie die Unstimmigkeiten zwischen Ihrer Erwartung und dem Simulationsergebnis.

b) Skizzieren Sie Ihre Erwartungshaltung für $u_A(t)$, wenn sich die Eingangsspannung wie in Ü 2-6 und Ü 2-7 rechteckförmig ändert. Führen Sie mit MC eine TR-Analyse durch und vergleichen Sie. Klären Sie die Unstimmigkeiten zwischen Ihrer Erwartung und dem Simulationsergebnis.

c) Ändern Sie gegenüber b) den Wert von C_2 in $C_2 = 3,5$ pF (bzw. $C_2 = 1,5$ pF). Was als $u_A(t)$ simuliert wird, ist das typische Bild auf einem Oszilloskop bei nicht abgeglichenem 10:1-Teilertastkopf.

In einem realen Tastkopf, wie z. B. bei dem in Bild 2-1 gezeigten, ist als C_2 ein mit einem Kunststoff-Schraubendreher einstellbarer Trimm-Kondensator eingebaut. Der Tastkopf ist mit einer Rechteckspannungsquelle zu verbinden, die bei den meisten Oszilloskopen für diesen Zweck eingebaut ist. Bei dieser „Messschaltung für Abgleich eines 10:1-Teilertastkopfs" ist der Trimm-Kondensator so zu verstellen, dass auf dem Oszilloskop-Bildschirm die beste Annäherung an einen Rechteck zu sehen ist. Typische Frequenz des Rechtecks ist 1 kHz. Dies ist der NF-Abgleich. 10:1-Teilertastköpfe für hohe Bandbreiten haben weitere Resonanz- und

Entzerrungsschaltungen aus R, C und L, die z. B. im BNC-Stecker eingebaut sind. Diese werden oft bei 1 MHz so abgeglichen, dass eine möglichst hohe Flankensteilheit ohne Überschwinger auf dem Oszilloskop-Bildschirm zu sehen ist. Nach diesen Prozeduren ist der 10:1-Teilertastkopf *für diesen Oszilloskop-Eingang* abgeglichen. Damit sind 3-dB-Übertragungsbandbreiten von einigen 100 MHz zu erreichen.   ❑ Ü 2-9

Ü 2-10 Hochpass zur AC-Kopplung beim Oszilloskop (UE_2-10_HOCHPASS.CIR)

In der Praxis kommen Messaufgaben vor, bei denen eine kleine Wechselspannung und eine große Gleichspannung überlagert sind, z. B. wenn eine Versorgungsgleichspannung von +15 V mit einer kleinen Störspannung „gestört" ist. Um die kleine Störspannung zu messen, muss der große Gleichspannungsanteil entfernt werden. Diese Aufgabe übernimmt ein Hochpass. Mit der Schalterstellung „AC" wird der 1-MΩ-Eingangswiderstand R_1 eines Oszilloskops mit einem Kondensator $C_3 = 100$ nF, wie in Bild 2-25 gezeigt, zu einem Hochpass ergänzt. Die beiden Umschalter entsprechen den Bedienelementen des Oszilloskops (siehe Bild 2-1) und sollen nicht simuliert werden, da nur die gezeigte Schalterstellung interessant ist und die Schaltung nur dafür simuliert werden soll.

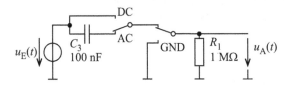

Bild 2-25
Hochpass zur AC-Kopplung der
Eingangsspannung beim Oszilloskop

a) Geben Sie in der Schaltung wie in Ü 2-1 alle Spannungen und Ströme für den Fall an, dass $u_E(t)$ eine Gleichspannung mit dem Wert $U_E = 10$ V ist. Wie müsste eine DC-Übertragungskennlinie analog zu Ü 2-2 aussehen?

b) Geben Sie die Schaltung in MC ein und starten Sie eine Dynamic-DC-Analyse. Vergleichen Sie die Ergebnisse mit Ihren Erwartungen und klären Sie Unstimmigkeiten.

c) Berechnen Sie den komplexen Frequenzgang $\underline{T} = \hat{u}_A / \hat{u}_E$ des Hochpasses.

d) Berechnen Sie aus $\underline{T}$ den Amplitudengang $|\underline{T}|$. Geben Sie die Formel an, mit der Sie aus $|\underline{T}|$ das logarithmische Maß a_T berechnen können.

e) Skizzieren Sie den Amplitudengang analog zu Ü 2-3.

f) Berechnen Sie aus $\underline{T}$ den Phasengang φ_T.

g) Skizzieren Sie den Phasengang analog zu Ü 2-4.

h) Berechnen Sie die 3-dB-Grenzfrequenz f_{g3T} des Hochpasses.

i) Führen Sie mit MC eine AC-Analyse durch. Hierzu muss dass Modell-Element *Battery* durch Sinus- oder Puls-Spannungsquelle ersetzt werden. Vergleichen Sie die simulierten Ergebnisse mit Ihren Erwartungen und klären Sie Unstimmigkeiten.

j) $u_E(t)$ sei eine Sinusspannung $\hat{u}_E = 10$ V und $f = 1,592$ Hz. Dies ist gerundet die 3-dB-Grenzfrequenz f_{g3T} des Hochpasses. Skizzieren Sie phasenrichtig den zeitlichen Verlauf $u_A(t)$ und geben Sie analog zu Ü 2-5 den Wert der Amplitude $\hat{u}_A$ an.

k) Führen Sie mit MC eine TR-Analyse durch. Vergleichen Sie die simulierten Ergebnisse mit Ihren Erwartungen und klären Sie Unstimmigkeiten.

l) $u_E(t)$ sei eine Rechteckspannung mit U_{EH} = +6 V, U_{EL} = –4 V, Periodendauer T = 20 ms, Tastgrad 0,5. Der Gleichspannungsanteil (arithmetische Mittelwert) beträgt +1 V. Führen Sie mit MC eine TR-Analyse über 10 Perioden durch und prüfen Sie, wie der arithmetische Mittelwert von der Spannung an R_1 langsam gegen 0 strebt. Wie sieht die Spannung an C_3 aus? Wird der Rechteckverlauf ohne Verfälschung übertragen?   ❑ Ü 2-10

Ü 2-11 Frequenzweiche für Lautsprecherbox (UE_2-11_FREQUENZWEICHE.CIR)

Einem kommerziellen Bausatz für eine „3-Wege-Universal-Frequenzweiche" liegt der Verdrahtungsplan wie in Bild 2-26 gezeigt bei. Als technische Daten werden genannt: „Für Impedanz 8 Ω, Trennfrequenzen f_{t1} = 900 Hz, f_{t2} = 5,5 kHz, Flankensteilheit 12 dB/Oktave" (Hinweis: 12 dB/Oktave ist gleichbedeutend mit 40 dB/Dekade).

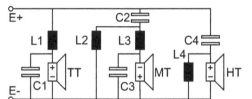

L1 = 2,0mH 0,24Ω
L2 = 1,3mH 0,61Ω
L3 = 0,33mH 0,50Ω
L4 = 0,33mH 0,88Ω
C1 = 15µF Elko
C2 = 22µF Elko
C3 = 3,3µF Elko
C4 = 2,7µF Elko

Bild 2-26
Verdrahtungsplan
einer kommerziellen
„3-Wege-Universal-
Frequenzweiche"

a) Simulieren Sie Amplituden- und Phasengänge für Tief-, Mittel- und Hochtöner im Bereich von 20 Hz bis 20 kHz. Die Spulen seien ideal (R_{Lx} = 0 Ω). Nehmen Sie dabei *vereinfachend* die Lautsprecher als ohmsche Widerstände mit 8 Ω an. Was passiert bei den angegebenen „Trennfrequenzen"? Wie können Sie den Kennwert „Flankensteilheit" ablesen/kontrollieren?

b) Ergänzen Sie die Induktivitäten um die angegebenen Widerstandswerte der Spulen-Wicklungen, indem Sie im Schaltplan der Simulation in Serie zu den Modell-Elementen für die Induktivitäten einen Widerstand schalten. Führen Sie die gleiche Simulation wie in a) durch und vergleichen Sie.   ❑ Ü 2-11

3 Modelle als zentrale Elemente einer Simulation: Beispiel Diode 1N4001

3.1 Einfache Modelle für das Verhalten einer realen Diode

„Ein Modell ist ein Abbild der realen Welt, das für wesentlich erachtete Eigenschaften betrachtet und als nebensächlich erachtete Aspekte weg lässt oder vernachlässigt. Das Modell ist ein Mittel zur Beschreibung der erfahrenen Realität, zur Bildung von Begriffen der Wirklichkeit und dient als Grundlage für Voraussagen über künftiges Verhalten des erfassten Erfahrungsbereichs."
(sinngemäß aus Brockhaus – Die Enzyklopädie. 20. Aufl., Mannheim: Brockhaus, 1999)

Wie schon mehrfach betont, ist es bei nummerischen Simulationen wichtig, sich klar darüber zu sein, dass die Rechenergebnisse nur vereinfachte Abbilder der Wirklichkeit sind. Sie basieren auf Modellen, welche die Wirklichkeit nur vereinfacht wiedergeben. Die elektronische Wirklichkeit wird durch Messwerte wie z. B. von Strom und Spannung erfasst, denen wiederum eine Messunsicherheit anhaftet. Da dieses Buch ein Buch über die Simulation elektronischer Schaltungen mit MC ist und kein Buch über Messtechnik, wird dieser Aspekt vernachlässigt. Mess- und Kennwerte, wie sie selbst gemessen oder in Datenblättern von Bauelementen angegeben werden, werden als „wahr" betrachtet in dem Sinne, dass eine Simulation umso realitätsnäher bzw. genauer ist, je näher sie diese Werte als Abbild der Wirklichkeit berechnet und wiedergibt. Hierbei ist immer ein Kompromiss zu schließen zwischen dem Wunsch nach möglichst hoher Realitätsnähe und dem Aufwand für Modelle und Berechnungsverfahren.

Der Unterschied zwischen Modell und Wirklichkeit wird an manchen Stellen in diesem Buch durch entsprechende Begriffe sprachlich betont. Mit dem Begriff **Bauelement** *(device)* werden reale Gegenstände bezeichnet, die, mit **Leitungen** verdrahtet, reale elektronische *Schaltungen* ergeben. Als **Modell-Element** werden Objekte bezeichnet, die, durch **Verbindungen** miteinander verknüpft, ein *Gleichungssystem* ergeben, mit dem das Verhalten einer realen Schaltung gemäß obiger Definition eingeschränkt vorhersagbar ist.

Eine Diode ist ein gutes Beispiel, diese Thematik zu behandeln, da sie als zweipoliges Bauelement elektrisch noch sehr übersichtlich ist, mit ihren nichtlinearen, dynamischen und thermischen Eigenschaften aber schon einiges an Modellbildungsaufwand möglich bzw. erforderlich macht. Zudem lassen sich an diesem Beispiel einige Begriffe klarer definieren als es an den bisher verwendeten Modell-Elementen für Widerstand und Kondensator möglich war. Im Folgenden wird als Bauelement von der bekannten Silizium-Halbleiter-Diode mit dem **kommerziellen Bauelement-Namen** „1N4001" ausgegangen.

Eine wesentliche und gewünschte Eigenschaft einer Diode ist deren als bekannt vorausgesetzte nichtlineare Strom-Spannungs-Charakteristik $i_F = f(u_F)$. Bild 3-1 zeigt das Bauelement-Symbol einer Diode mit den Bezeichnungen der beiden Anschlüsse und Strom- und Spannungsbezugspfeil u_F und i_F *(forward)*. Ebenfalls dargestellt sind mit zunehmender *Modelltiefe* vier in der Praxis verwendete, *abschnittsweise lineare* Modellierungen der nichtlinearen Strom-Spannungs-Charakteristik.

Die Charakteristik gemäß Bild 3-1a wird in diesem Buch als *ideale Diode* bezeichnet und modelliert nur die beiden Ideal-Zustände *sperrend* ($i_F = 0$ wenn $u_F < 0$) und *leitend* ($u_F = 0$ wenn $i_F > 0$). Dieses Modell wird wegen seiner Einfachheit gerne bei der Analyse noch unbekannter Schaltungen verwendet.

Die Charakteristik gemäß Bild 3-1b modelliert zusätzlich einen konstanten Spannungsabfall im leitenden Zustand. Dieser wird durch den Parameter U_{FSi} beschrieben, der auch *Schleusenspannung* genannt wird. Si steht für das Halbleitermaterial <u>Si</u>lizium. Als Parameterwert für U_{FSi} wird oft ein Wert von 0,6 V bis 0,7 V näherungsweise angenommen. Auch dieses Modell wird wegen seiner Einfachheit bei brauchbarer Realitätsnähe oft verwendet.

Die Charakteristik gemäß Bild 3-1c modelliert einen zum Strom proportionalen Spannungsabfall im leitenden Zustand, der durch den Parameter R_{dF} beschrieben wird. Dieses Modell wird selten verwendet.

Die Charakteristik gemäß Bild 3-1d kombiniert die Modellierungen gemäß Bild 3-1b und Bild 3-1c und modelliert einen konstanten und einen zur Stromänderung proportionalen Spannungsabfall im leitenden Zustand. Hierfür sind bereits zwei Parameter und deren Werte nötig: U_{FSi} und R_{dF}. Dieses Modell eignet sich gut zur genäherten Berechnung der Verlustleistung von Dioden, Thyristoren und anderen Bauelementen mit ähnlicher Strom-Spannungs-Charakteristik.

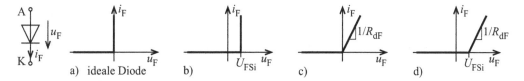

Bild 3-1 Bauelement-Symbol einer Diode und vier abschnittsweise lineare Modellierungen der Strom-Spannungs-Charakteristik mit zunehmender Modelltiefe

Eine weitere Steigerung mit linearen Ansätzen könnte die Modellierung eines konstanten oder von der Spannung abhängigen Sperrstroms $i_F < 0$ sein. Da der Aufwand die gesteigerte Realitätsnähe nicht rechtfertigt, wird dieses in der Praxis nur selten gemacht.

Zudem können solche abschnittsweisen und damit nichtkontinuierlichen mathematischen Beschreibungen zu Konvergenzproblemen führen, da für den „Knickpunkt" kein Wert der Ableitung di_F/du_F angegeben werden kann. Eine Berechnung ergibt links- und rechtsseitig des „Knickpunktes" unterschiedliche Werte. In [MC-ERG] finden Sie einige Erläuterungen zum Thema Konvergenz, die Sie zu Rate ziehen können, wenn MC Konvergenzprobleme meldet.

Als geschlossene, kontinuierliche, aber nichtlineare mathematische Beschreibung für das Strom-Spannungs-Verhalten eines pn-Übergangs eignet sich gut die als Shockley-Gleichung bekannte Gl. (3.1):

$$i_F = I_S \cdot (e^{\frac{u_{pn}}{N \cdot U_T}} - 1) \quad \text{(Shockley-Gleichung)} \qquad (3.1)$$

Um spätere Verwirrung zu vermeiden, wird die Spannung am pn-Übergang in Gl. (3.1) mit u_{pn} bezeichnet.

ⓘ Die mit Gl. (3.1) idealisierend beschriebene Strom-Spannungs-Charakteristik eines pn-Übergangs wird in vielen Modell-Ersatzschaltungen von Halbleiter-Bauelementen wie ein Grund-Zweipol angewendet. Daher wird in der Literatur gelegentlich auch das Modell einer Diode, deren Verhalten mit Gl. (3.1) und nicht gemäß Bild 3-1a beschrieben wird, als *ideale Diode* bezeichnet.

Die zwei Parameter der Shockley-Gleichung sind

I_S $\underline{S}$ättigungsstrom, theoretischer $\underline{S}$perrstrom *(saturation current)*
N Emissionskoeffizient *(emission coefficient)*

Für viele Silizium-Dioden ergeben sich für N Werte im Bereich von ca. $1 < N < 2$.

Die als **Temperaturspannung** bezeichnete Größe U_T berechnet sich zu

$$U_T = \frac{k}{q} \cdot T_J \qquad (3.2)$$

mit den Konstanten $k \approx 1{,}381 \cdot 10^{-23}$ VAs/K Boltzmann-Konstante
$q \approx 1{,}602 \cdot 10^{-19}$ As   Elementarladung

Hierbei ist die Variable T_J die *Sperrschichttemperatur- (junction temperature)* der Diode in *Kelvin* und darf nicht mit der *Umgebungstemperatur- T_A (ambient temperature)* der Diode verwechselt werden. Der Grund dafür ist, dass zur *Fremderwärmung* der Diode durch die Umgebung die *Eigenerwärmung* der Diode durch die Verlustleistung p_D *(dissipation power)* hinzukommt. Weitere Einzelheiten zum Thema Temperaturen werden in Kap. 7 behandelt. An dieser Stelle wird die Eigenerwärmung vernachlässigt. Für eine Sperrschichttemperatur von z. B. +25 °C ergibt sich $T_J = 298$ K und daraus $U_T = 25{,}7$ mV. Aus +27 °C ergibt sich der gerade Zahlenwert $T_J = 300$ K und daraus $U_T = 25{,}9$ mV.

Für die Beschreibung der Gleichstrom-Kennlinie $i_F = f(u_{pn})$ einer Diode mit der Shockley-Gleichung sind somit drei Werte nötig: I_S, N und T_J.

Ü 3-1 Kennlinienberechnung für ein Diodenmodell

Für die Modellierung der u-i-Kennlinie einer Diode mit Gl. (3.1) seien die Parameterwerte $I_S = 1$ nA, $N = 1{,}5$ und $T_J = 298$ K bekannt. Berechnen Sie mit Hilfe der Gln. (3.2) und (3.1) die Werte für $x = e^{\frac{u_{pn}}{N \cdot U_T}}$ und i_F und tragen Sie diese in die nebenstehende Tabelle ein.

❑ Ü 3-1

u_{pn}	x	i_F
–10 V		
–1 V		
–0,2 V		
0 V		
+0,2 V		
+0,4 V		
+0,6 V		
+0,7 V		
+1 V		

Aus den Ergebnissen für $u_{pn} < 0$ wird deutlich, warum für den Parameter I_S auch der Begriff „theoretischer Sperrstrom" sinnvoll ist. „Theoretisch" deshalb, weil der praktische Sperrstrom betragsmäßig deutlich größer ist. Aus dem Ergebnis für $u_{pn} = 0$ wird deutlich, dass die „–1" in Gl. (3.1) „nur" dafür sorgt, dass bei $u_{pn} = 0$ exakt $i_F = 0$ herauskommt und mit Gl. (3.1) wenigstens ein theoretischer Sperrstromwert berechnet wird. Für $u_{pn} > +0{,}2$ V wird an dem Wert für

x deutlich, dass die „–1" vernachlässigbar ist. Die Werte für +0,2 V bis +0,7 V sind realistisch. Das Ergebnis für u_{pn} = +1 V beurteilen Sie zu Recht als realitätsfern, da dieser Wert doch sehr außerhalb praktischer Erfahrungen liegt. Hier könnte das Modell verbessert werden.

In Bild 3-2 ist schematisch der Aufbau einer normalen Gleichrichterdiode dargestellt. Auf einem stark n-dotierten Silizium-Träger (n$^+$-Substrat) wird epitaktisch eine schwächer dotierte n$^-$-Schicht aufgebracht. In diese wird eine stark dotierte p$^+$-Zone eindotiert. Die Shockley-Gleichung beschreibt recht gut die Strom-Spannungs-Charakteristik des pn-Übergangs p$^+$-Zone - n$^-$-Epischicht. Der Strom muss zusätzlich vom Anschlussdraht der Anode durch die „halbleitende" p$^+$-Zone bis zum eigentlichen p$^+$-n$^-$-Übergang und dann durch die n$^-$-Epischicht und das n$^+$-Substrat zum Anschlussdraht der Kathode. Diese „Wege" werden Halbleiter-Bahnen genannt und sind parasitäre Widerstände, die in dem Modell zusammenfassend durch einen in Serie geschalteten Widerstand berücksichtigt werden können. Dieser *Ersatzwiderstand* wird **Bahnwiderstand** R_S genannt. Die mit diesen Überlegungen gebildete **Ersatzschaltung** ist ebenfalls in Bild 3-2 gezeigt. Die an den äußeren Anschlüssen messbare Spannung u_F besteht aus dem Spannungsabfall direkt am p$^+$-n$^-$-Übergang (daher mit u_{pn} bezeichnet) plus dem Spannungsabfall am Bahnwiderstand u_{RS}. R_S führt in dem Modell dazu, dass sich bei u_F = +1 V ein realitätsnäherer Wert für i_F ergibt. Mit R_S hat diese Modellbeschreibung jetzt drei Parameter.

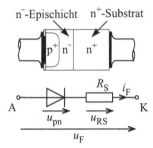

Bild 3-2
Schematischer Aufbau einer Diode und Ersatzschaltung des Modells „Shockley-Gleichung plus Bahnwiderstand"

3.2 Parameterwert-Extraktion und -Verifikation am Beispiel der Diode 1N4001

Die Bestimmung der Parameterwerte nennt man Parameter(-wert)-Extraktion. Grundlage sind Messwerte des Verhaltens, entweder aus eigenen Messungen oder aus Datenblättern der Hersteller. Nach Recherchen des Autors ist es ohne große Mühe möglich, im Internet von mindestens 30 Herstellern Datenblätter einer Silizium-Diode mit dem kommerziellen Bauelement-Namen „1N4001" zu bekommen. Die Angaben in den Datenblättern unterscheiden sich zum Teil bezüglich Durchlasskennlinie, Sperrstrom und anderer Angaben. Daher kann sich eine Diode, die der eine Hersteller unter dem kommerziellen Namen „1N4001" verkauft, statistisch anders verhalten, als die eines anderen Herstellers. In den wichtigen Grenzdaten (max. DC-Sperrspannung 50 V, max. DC-Durchlassstrom 1 A) sind die Angaben i. Allg. übereinstimmend.

Am Ergebnis von Ü 3-1 ist einzusehen, dass die Shockley-Gleichung für $u_{pn} > +0,2$ V vereinfacht werden kann zu:

$$i_F = I_S \cdot e^{\dfrac{u_{pn}}{N \cdot U_T}} \quad \text{(für } u_{pn} > +0,2 \text{ V)} \tag{3.3}$$

Bild 3-3 zeigt die typische Durchlasskennlinie, die ein Hersteller X im Datenblatt „seiner 1N4001" in halblogarithmischer Darstellung angibt. Diese Diode wird im Folgenden mit 1N4001-X bezeichnet.

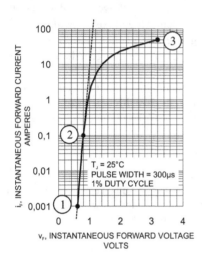

Bild 3-3

Typische Durchlasskennlinie der 1N4001-X aus dem Datenblatt „1N4001" eines Herstellers X. *Die Sperrschichttemperatur bei der Messung beträgt $T_J = +25°C$.* Zusätzlich eingetragen sind die Wertepaar-Markierungen 1, 2 und 3 und der gestrichelte Verlauf der Shockley-Gleichung gemäß Gl.(3.3).

Halblogarithmisch wie in Bild 3-3 dargestellt ergibt Gl. (3.3) grafisch eine Gerade. Dies ist zwischen den u_F-i_F-Wertepaaren WP1: 0,6 V @ 1 mA und WP2: 0,8 V @ 100 mA gut zu erkennen.

✎ Das typografische Schriftzeichen Alef (@), auch *at*-Zeichen oder Klammeraffe genannt, wird in Datenblättern und so auch in diesem Buch verwendet, um „Messbedingungen" *(test conditions)* für einen Wert anzugeben. Gesprochen werden kann es z. B. in der Form „u_F beträgt 0,6 V *bei* 1 mA".

Bei größeren Strömen macht sich der Einfluss des Bahnwiderstandes R_S stärker in der Weise bemerkbar, dass der äußere Spannungsabfall u_F größer ist als der mit der Shockley-Gleichung (gestrichelte Gerade) berechnete. Am deutlichsten ist dies zu sehen bei WP3: 3,2 V @ 50 A.

Ü 3-2 Parameter-Extraktion von N, I_S und R_S für die Diode 1N4001-X

a) Die Kennlinie in Bild 3-3 gilt für $T_J = +25$ °C. Berechnen Sie mit Gl. (3.2) den Wert der Temperaturspannung U_T (Achtung: In Gl. (3.2) T_J in Kelvin einsetzen!).

b) Für $i_F < 0,1$ A sei der Spannungsabfall am Bahnwiderstand R_S vernachlässigbar klein, sodass die an den Anschlüssen gemessene Spannung $u_F \approx u_{pn}$ entspricht. Für $u_{pn} > +0,2$ V kann die Näherung der Shockley-Gleichung gemäß Gl. (3.3) verwendet werden. Berechnen Sie mit Gl. (3.3) aus WP1 und WP2 die Werte für die Parameter N und I_S.

c) Berechnen Sie durch Umstellen der Gl. (3.3) den Spannungsabfall am pn-Übergang u_{pn} für i_F = 50 A. Dieser Wert muss gleich dem Wert sein, den die gestrichelte Gerade in Bild 3-3 für i_F = 50 A ergibt. Der angegebene Spannungsabfall beträgt jedoch 3,2 V. Die Differenz ist die Spannung, die nach der Ersatzschaltung am Bahnwiderstand R_S abfällt und mit u_{RS} bezeichnet wurde. Berechnen Sie den Wert des Parameters $R_S = u_{RS} / i_F$.   ❑ Ü 3-2

Nachdem für das Dioden-Modell „Shockley-Gleichung plus Bahnwiderstand" die Werte der Parameter extrahiert wurden, sollen das Modell und die Parameterwerte geprüft werden. Dieser Vorgang heißt Parameter(-wert)-Verifikation.

Ü 3-3 Parameter-Verifikation

Berechnen Sie für die Werte von i_F die angegebenen Spannungen. Tragen Sie die Werte für u_F in Bild 3-3 ein. Vergleichen Sie diese berechneten Werte mit denen aus der Kennlinie. Es sollte herauskommen, dass das Modell mit diesen Parameterwerten die Kennlinie in *diesem Strom-Spannungs-Bereich* auffällig gut wiedergibt.   ❑ **Ü 3-3**

i_F	u_{pn}	u_{RS}	$u_F = u_{pn} + u_{RS}$
10 mA			
1 A			
10 A			
20 A			
30 A			
50 A			

Das Modell könnte noch durch einen Parallelwiderstand erweitert werden, der bei einer bestimmten Sperrspannung dafür sorgt, dass das Modell einen realitätsnäheren als den theoretischen Sperrstrom ergibt usw. Die Zahl der Parameter und damit die Zahl der Parameterwerte, die man für die Modellbeschreibung braucht, steigt. Entsprechend aufwendig wird die Extraktion der Parameterwerte.

ⓘ Den folgenden Kapiteln, insbesondere dem Kap. 11 vorgreifend, sei hier bereits aufgeführt, dass es fünf Wege gibt, um an die Parameterwerte bzw. Modellbeschreibungen für ein (SPICE-)Modell eines kommerziellen Bauelements zu kommen:

1. Die *Vollversion von MC9* stellt in zahlreichen Bibliothekdateien Parameterwerte/Modellbeschreibungen für mehr als 20 000 Modell-Elemente bereit. Die Bibliothekdateien der Demoversion sind nur eine kleine Auswahl daraus.

2. Auch die Inhalte von *Bibliothekdateien anderer SPICE-basierender Simulationsprogramme* wie z. B. PSPICE können verwendet werden.

3. Viele *Hersteller von Bauelementen* unterstützen eine Simulation, indem sie von vielen ihrer Bauelemente für die SPICE-Modell-Elemente Parameterwertesätze zur Verfügung stellen. Ist ein SPICE-Modell-Element zur Modellierung allein nicht ausreichend, wird ein eigenes Modell in Form einer Ersatzschaltung aus SPICE-Modell-Elementen einschließlich Parameterwertesätzen angeboten. Dies wird als (SPICE)-*Subcircuit* bezeichnet. Eine scheinbare Einschränkung auf PSPICE sollte Sie nicht davon abhalten, diese Modellbeschreibung auch in MC zu verwenden, da sie letztlich auf SPICE-Modell-Elementen basiert.

4. Aufgrund der Verbreitung von SPICE und SPICE-basierenden Simulationsprogammen wie MC oder PSPICE, führt eine *freie Suche im Internet* i. Allg. zu mehr und durchaus unterschiedlichen (!) Ergebnissen als benötigt.

5. Zu guter Letzt: Um *Parameterwerte selbst zu extrahieren*, ist in der Vollversion von MC das MC-Programm MODEL freigeschaltet. In MODEL kann man Werte/Wertepaare aus Kennlinien eines Datenblatts eingeben. MODEL berechnet (extrahiert) daraus Parameterwerte. Für weitere Informationen zum MC-Programm MODEL muss auf [MC-REF] verwiesen werden.

3.3 Definition und Erklärung wichtiger Begriffe

ⓘ Lassen Sie sich von der folgenden Begriffsvielfalt nicht erschrecken. Wenn Sie mit MC arbeiten, werden Sie die Bedeutung der meisten Begriffe intuitiv gleich richtig verstehen und danach handeln.

Bei MC oder anderen Programmen zur Simulation elektronischer Schaltungen wird das elektrische und thermische Verhalten von Bauelementen wie Batterien, Widerständen, Kondensatoren, Dioden u. a. durch mehr oder weniger komplexe Modelle beschrieben.

Diese Begriffe sollen Ihnen helfen, die Struktur der Modelle in MC zu be-„greifen". Falls Simulationsergebnisse nicht so ausfallen wie erwartet, liegt es oft an den Modellen und deren Parametrierung. Wenn Sie die Struktur eines Modells durchschauen, können Sie das Problem erkennen und nach Lösungen suchen.

Für das *Bauelement* Batterie wie z. B. eine 9-V-Blockbatterie ist es für die meisten Schaltungen ausreichend realitätsnah, die 9 V Gleichspannung als eingeprägt und damit belastungsunabhängig anzusehen. In der Simulation zeigt das Modell-Element *Gleichspannungsquelle* (in MC *Battery* genannt) dieses *idealisierte* Verhalten. Als Kenngröße für die einzuprägende Spannung nimmt man den **Bauelement-Wert**, den der Hersteller auf das Bauelement aufgedruckt hat. Dieser Wert wird als Attribut VALUE direkt im Attributfenster *Battery* eingegeben. Die „Polung" der Spannung (Richtung des Bezugspfeils) ergibt sich aus dem Modell-Symbol. Dieses einfache Modell-Element haben Sie bereits in Kap. 2 verwendet.

Für die *Bauelemente* Widerstand, Kondensator und Spule ist es für die meisten Simulationen ausreichend realitätsnah, ihr Verhalten durch die *Grund-Zweipole* ohmscher Widerstand, idealer Kondensator/Kapazität und ideale Spule/Induktivität zu idealisieren, sodass jeweils **eine einzige mathematische Formel als Modellbeschreibung** (ohmsches Gesetz bzw. Gl. 2.1, 2.7 bzw. Gl. 2.2, 2.8) verwendet wird, um das reale Strom-Spannungs-Verhalten genähert zu beschreiben. Diese Formeln haben nur eine Kenngröße: „R" bzw. „C" bzw. „L". Als Wert dieser Kenngrößen nimmt man den **Bauelement-Wert**, den der Hersteller für das konkrete Bauelement angibt. Dieser Kennwert wird direkt für das jeweilige Modell-Element als Attribut im Attributfenster eingegeben. Diese Modell-Elemente haben Sie bereits in Kap. 2 mehrfach verwendet. In Bild 3-4 wird es für R_1 verwendet. Das Attribut RESISTANCE hat hier den Wert 10^{+6} $\Omega = 1$ MΩ.

ⓘ In [MC-REF] und in diesem Buch werden Eigenschaften eines Modell-Elements wie in diesem Fall RESISTANCE, die normalerweise als Parameter bezeichnet würden, als **Attribut** bezeichnet, wenn sie in der **Attribut-Auswahlliste** des **Attributfensters** stehen. Dieses öffnet sich, wenn Sie ein Modell-Element neu eingeben bzw. mit <DKL> auf das Modell-Symbol klicken.

Zwei weitere wichtige Attribute haben Sie bereits kennengelernt:
Das *Attribut PART* beinhaltet die Information *Modell-Bezeichner*. Das *Attribut MODEL*

beinhaltet die Information *Modell-Name*, wenn ein komplexeres Modell-Element über einen **Modell-Typ** (.MODEL-Statement) beschrieben wird.

Bei Bauelementen mit komplexeren Verhaltensweisen wie Dioden, Transistoren, OPs u. a. ist eine Modellbeschreibung i. Allg. auch komplexer und besteht oft aus einer **Ersatzschaltung** *(equivalent circuit)* bestehend aus den Grund-Zweipolen und gesteuerten Quellen mit linearem oder nichtlinearem Verhalten. Diese Verhaltensweisen werden mathematisch durch Formeln geeignet beschrieben. Ersatzschaltung plus die dazugehörigen beschreibenden Formeln werden in diesem Buch als **Modell-Typ** *(model type, model definition, device model, analog/digital device)* bezeichnet. In Bild 3-4 wird der Modell-Typ D *(diode)* für D_1 verwendet und in Abschn. 3.4 näher erklärt.

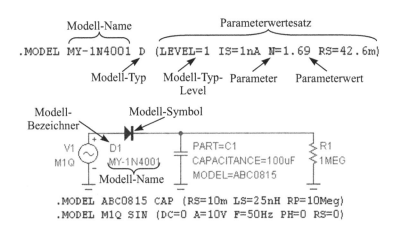

Modell-Name Parameterwertesatz

.MODEL MY-1N4001 D (LEVEL=1 IS=1nA N=1.69 RS=42.6m)

Modell-Typ Modell-Typ- Parameter Parameterwert
Level

Modell-
Bezeichner Modell-Symbol

V1 D1 PART=C1 R1
M1Q MY-1N4001 CAPACITANCE=100uF 1MEG
Modell-Name MODEL=ABC0815

.MODEL ABC0815 CAP (RS=10m LS=25nH RP=10Meg)
.MODEL M1Q SIN (DC=0 A=10V F=50Hz PH=0 RS=0)

Bild 3-4
Beispiel zur Erläuterung wichtiger Begriffe eines Modell-Elementes

Modell-Name
Modell-Bezeichner
Modell-Symbol
Modell-Typ
Modell-Typ-Level
Parameter
Parameterwert
Parameterwertesatz

„Innerhalb" eines Modell-Typs zur Simulation eines bestimmten Bauelements (wie hier einer Diode) können verschiedene **Modell-Typ-Level** implementiert sein. Diese werden durch den Parameter L_{EVEL} unterschieden.

✍ SPICE-Parameter werden i. Allg. als Zeichenkette mit GROSSBUCHSTABEN geschrieben und so wurde es in MC und [MC-REF] übernommen. In diesem Buch wird die Schreibweise GROSSBUCHSTABE$_{tiefstehender Index}$ verwendet, sodass der SPICE-Parameter NBVL als N_{BVL} geschrieben wird. Dies führt bei einigen Parametern/Variablen wie „LEVEL", „DC" (Gleichanteil), „PH" (Nullphasenwinkel) oder „TEMP" (globale Temperaturvariable) zu einem zunächst ungewohnten Erscheinungsbild: L_{EVEL}, D_C, P_H, T_{EMP}.

Die Formeln enthalten **Parameter**. Zum Rechnen braucht MC die **Parameterwerte**. Die Gesamtheit aller Parameterwerte soll **Parameterwertesatz** *(parameter set)* genannt werden. *Modell-Typ plus Parameterwertesatz* ergeben ein bestimmtes Verhalten. Diese Kombination bekommt daher einen **Modell-Namen** *(model, model name, part name)* der meistens identisch ist mit dem *kommerziellen Bauelement-Namen* des/der Hersteller. Dadurch wird der Unterschied zwischen Bauelement und Modell-Element leider verwischt. In Bild 3-4 wird daher als Modell-Name für diesen Parameterwertesatz des Modell-Typs D die Bezeichnung „MY-1N4001" verwendet, da diese Parameterwerte in Ü 3-2 selbst extrahiert wurden.

Ein Ausdruck mit vorausgehendem Punkt in der Art .XYZ wird in MC wie in SPICE als Befehlsausdruck *(command statement)* interpretiert. In MC kann ein Befehlsausdruck im grafischen Schaltplan-Eingabefenster als Textfeld *(grid text)* eingetragen werden (nur ein Befehlsausdruck je Textfeld). Mit einem .MODEL-Statement werden z. B. Modell-Name, Modell-Typ und Parameterwertesatz miteinander verknüpft. In Bild 3-4 ist dies für V_1, D_1 und C_1 zu sehen. Eine kommentierte Liste aller Befehlsausdrücke finden Sie in [MC-ERG].

MC verfügt auch über komplexere Modelle für die *Bauelemente* Widerstand, Kondensator und Spule. Beim Kondensator kann damit z. B. nicht nur das gewünschte kapazitive Verhalten durch eine Kapazität C modelliert werden, sondern auch der Verlustfaktor durch einen Ersatz-Serienwiderstand R_S, das induktive Verhalten bei hohen Frequenzen durch eine Ersatz-Serieninduktivität L_S und der Leckstrom durch einen Parallelwiderstand R_P. Diese Modellierung ist im Modell-Typ CAP *(capacitor)* implementiert. In Bild 3-4 wird der Modell-Typ CAP für C_1 verwendet und in Abschn. 9.1.4 näher erklärt. Zusätzlich ist in Bild 3-4 für C_1 die Anzeige der Attribut-*Bezeichnungen* PART=, CAPACITANCE= und MODEL= aktiviert, damit Sie sehen, welchem Attribut was zugeordnet wird. Die Anzeige der Attribut-*Bezeichnungen* ist i. Allg. deaktiviert, da sie viel Platz einnehmen.

In MC sind auch Modell-Elemente vorhanden, die als reale Bauelemente nicht existieren. Als Beispiel sei die bereits in Kap. 2 verwendete Sinus-Spannungsquelle *Sine Source* genannt. Die Ersatzschaltung ist eine Reihenschaltung aus einer idealen Spannungsquelle, welche die *Leerlaufspannung* $u_Q(t)$ einprägt, und einem Serienwiderstand R_S. Die Leerlaufspannung $u_Q(t)$ ergibt sich aus den Parametern D_C, A, F und P_H zu:

$$u_Q(t) = D_C + A \cdot \sin(2 \cdot \pi \cdot F \cdot t + P_H) \qquad \text{für } T_{AU} = 0 \text{ und } R_P = 0$$

Hierbei ist t die MC-Variable für die Zeit *(time)* in der TR-Analyse. Die Bedeutung der Parameter D_C, A, F und P_H ergibt sich aus der Formel. Mit zwei weiteren Parametern (T_{AU} als Zeitkonstante τ und R_P als *repetition period of exponential*, in der Formel je zu 0 angenommen) könnte zudem die Amplitude A exponentiell abklingend modelliert werden. Weitere Details zum Modell-Element *Sine Source* finden Sie im Abschn. 8.2.2. Die Sinus-Spannungsquelle kann als Modell z. B. für den Ausgang eines realen Transformators oder eines Funktionsgenerators genommen werden. In Bild 3-4 wird das Modell-Element *Sine Source* für V_1 verwendet.

Auch *Ground* ist ein in MC vorhandenes Modell-Element, das als Bauelement nicht existiert. Die mathematische Beschreibung dieses Modell-Elements besteht darin, dass das Potenzial zu 0 V festgelegt ist. In diesem Sinne ist der Begriff *Component* in MC, [MC-REF] und [MC-USE] allgemeiner zu verstehen als der Begriff Bauelement für einen realen Gegenstand.

Für den Schaltplan *(schematic)* (= Verbindungsplan der Modell-Elemente in MC) hat jedes Modell-Element ein grafisches **Modell-Symbol** *(shape)*. Zur eindeutigen Identifizierung bekommt jedes Modell-Element mit Ausnahme von *Ground* eine individuelle Kennzeichnung, die in diesem Buch **Modell-Bezeichner** *(reference designator, part name)* genannt wird. Der Modell-Bezeichner besteht aus einem oder mehreren für das Modell typischen Buchstaben. Die Defaulteinstellung in MC ist: R = Widerstand, C = Kondensator, L = Spule, Q = BJT, M = MOSFET, J = JFET, V = Spannungsquelle, I = Stromquelle, Switch = Schalter u. a. Die Buchstabenkette wird mit einer laufenden Nummer ergänzt und es ergeben sich z. B. V1, R2, C5, Q9, Switch3 usw. Der Modell-Bezeichner ist der Wert des Attributs PART.

Bei komplexeren Modellen ist der **Modell-Name** die Verbindung zwischen Modell-Symbol/Modell-Bezeichner und verwendetem Modell-Typ/Parameterwertesatz. In den Beispielen in Bild 3-4 sind dies für die Modell-Elemente V_1: „M1Q", für D_1: „MY-1N4001" und für C_1: „ABC0815".

3.4 Dioden-Modelle in MC9: Keine Angst vor Parametern

Das Modell-Element *Diode* verwendet den Modell-Typ D. Dieser beinhaltet in MC9 vier verschiedene Modelle. Das jeweilige Modell wird über den Parameter L_{EVEL} ausgewählt:

- $L_{EVEL} = 1$ Dioden-Modell aus SPICE2, ergänzt um R_L (Modell-Typ D-L1)
- $L_{EVEL} = 2$ Standard-PSPICE-Modell (Modell-Typ D-L2)
- $L_{EVEL} = 4$ Modell JUNCAP
- $L_{EVEL} = 200$ Modell JUNCAP2

Die Modell-Typ-Level JUNCAP und JUNCAP2 sind Modelle, die das Verhalten von pn-Übergängen in MOSFETs beschreiben. Sie werden daher ausschließlich in Zusammenhang mit Modellen für MOSFETs benötigt. Die folgenden Ausführungen gelten daher nur für die beiden erstgenannten Modell-Typ-Level, die abkürzend mit Modell-Typ D-L1 bzw. Modell-Typ D-L2 bezeichnet werden.

Der Parameterwert $L_{EVEL} = 1$ aktiviert das mit einem Parallelwiderstand R_L ergänzte SPICE2G-Modell. Die diesem Modell zugrunde liegende Ersatzschaltung ist in Bild 3-5 gezeigt.

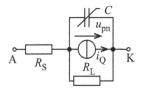

Bild 3-5
Ersatzschaltung für das Diodenmodell des Modell-Typs D-L1 in MC. Bei Modell-Typ D-L2 fehlt R_L.

Der Widerstand R_S *(parasitic series resistance)*, der die Widerstände der Halbleiter-Bahnen und der Anschlussdrähte zusammenfassend modelliert, wurde bereits behandelt. Der Widerstand R_L *(leakage resistance)* ergibt einen realitätsnäheren Sperrstrom. Zudem verbessert er die nummerischen Konvergenzeigenschaften des Modells. Die spannungsgesteuerte Stromquelle $i_Q = f(u_{pn})$ modelliert die DC-Kennlinie. Ein pn-Übergang hat auch eine kapazitive Wirkung, die nur bei einer Kapazitätsdiode sinnvoll ausgenutzt wird. Bei allen anderen Dioden verschlechtert diese Wirkung das Schaltverhalten, da insbesondere der Übergang vom leitenden in den sperrenden Zustand dadurch mehr Zeit benötigt. Dies wird durch die nichtlineare spannungsabhängige Kapazität C modelliert. Der Modell-Typ D-L1 hat 20 Parameter.

Der Parameterwert $L_{EVEL} = 2$ aktiviert das Standard-PSPICE-Modell. Bei der Ersatzschaltung fehlt R_L. Dafür ist die mathematische Beschreibung aufwendiger und hat 26 Parameter.

Damit Sie einen Eindruck von der Mathematik gewinnen, die bereits hinter diesem Modell für eine Diode steckt, seien für den Modell-Typ D-L2 die Formeln, mit denen MC rechnet, in Anlehnung an [MC-REF] wiedergegeben.

ⓘ Für die weitere Arbeit mit diesem Buch ist es nicht erforderlich zu wissen, welche genaue Bedeutung die Parameter haben, welche Effekte mit dem Formeln beschrieben werden und warum gerade diese mathematischen Zusammenhänge z. B. das Verhalten eines pn-Übergangs gut beschreiben. Einige „sprechende" Parameter werden bei den jeweiligen Modellen erklärt und behandelt. Mit „sprechend" ist gemeint, dass die Bedeutung des Parameters und die Eigenschaft, die damit beschrieben wird, i. Allg. bekannt ist. Ein Beispiel hierfür ist der Parameter B_V für die Durchbruchspannung des Dioden-Modells, bei Z-Dioden als Z-Spannung bekannt. Weitere Beispiele sind B_F für Stromverstärkung im

BJT-Modell oder V_{off} für die Offsetspannung im OP-Modell. Falls Sie aus Interesse oder Notwendigkeit detaillierter in das Innenleben der Modelle einsteigen wollen oder müssen, wird als Literatur auf [REI2] und eingeschränkt auf Halbleiter-Bauelemente auf [TIET12] verwiesen. [MC-REF] enthält nur knappe Beschreibungen, Ersatzschaltungen, Modell-Gleichungen und ggf. Hinweise auf Besonderheiten.

✍   In den Gleichungen in [MC-REF] wird für die Sperrschichttemperatur leider nur der Formelbuchstabe T verwendet. Um präziser auszudrücken, um welche Temperatur es sich handelt, sollte jeder Formelbuchstabe für eine Temperatur einen Index haben. Daher wird die **Sperrschichttemperatur- (allgemeiner: Innentemperatur eines Bauelements oder Modell-Elements)** in diesem Buch mit T_J bezeichnet.

ⓘ   Da das Temperaturverhalten von Modellen ausführlich in Abschn. 7.4 und 7.5 behandelt wird, erfolgt hier nur der Hinweis, dass MC in den folgenden Gleichungen für T_J den Wert verwendet, der als **globale Temperaturvariable T_{EMP}** vor einem Simulationslauf eingestellt ist. *Alternativ kann für jedes Modell-Element ein spezieller Innentemperaturwert für einen Simulationslauf eingestellt werden. Nähere Einzelheiten werden in Abschn. 7.4 und 7.5 erläutert.*

Die Gleichungen für die spannungsgesteuerte Stromquelle $i_Q = f(u_{\text{pn}})$ des Modell-Typs D-L2 lauten:

$$i_Q = i_{\text{fwd}} - i_{\text{rev}}$$

$$i_{\text{fwd}} = K_{\text{inj}} \cdot i_{\text{nrm}} + K_{\text{gen}} \cdot i_{\text{rec}}$$

$$K_{\text{inj}} = \sqrt{\frac{I_{\text{KF}}}{I_{\text{KF}} + I_{\text{nrm}}}} \quad \text{für } I_{\text{KF}} > 0 \quad \text{bzw.} \quad K_{\text{inj}} = 1 \quad \text{für } I_{\text{KF}} = 0$$

$$i_{\text{nrm}} = I_S(T_J) \cdot (e^{\frac{u_{\text{pn}}}{N \cdot V_T(T_J)}} - 1) \tag{3.4}$$

$$K_{\text{gen}} = \left(\left(1 - \frac{u_{\text{pn}}}{V_J(T_J)}\right)^2 + 0{,}005 \right)^{\frac{M}{2}}$$

$$i_{\text{rec}} = I_{\text{SR}}(T_J) \cdot (e^{\frac{u_{\text{pn}}}{N_R \cdot V_T(T_J)}} - 1)$$

$$i_{\text{rev}} = I_{\text{BV}} \cdot e^{-\frac{u_{\text{pn}} + B_V(T_J)}{N_{\text{BV}} \cdot V_T(T_J)}} + I_{\text{BVL}} \cdot e^{-\frac{u_{\text{pn}} + B_V(T_J)}{N_{\text{BVL}} \cdot V_T(T_J)}}$$

Die Gleichungen für die spannungsabhängige Kapazität C lauten:

$$C = C_T + C_J \tag{3.5}$$

$$C_T = T_T \cdot G_d \quad \text{mit } G_d \text{ als differenziellem Leitwert im Arbeitspunkt}$$

$$C_J = C_{\text{JO}}(T_J) \cdot \left(1 - \frac{u_{\text{pn}}}{V_J(T_J)}\right)^{-M} \quad \text{für } u_{\text{pn}} \leq F_C \cdot V_J(T_J)$$

$$C_J = C_{JO}(T_J) \cdot \frac{\left(1 - F_C \cdot (1 + M) + M \cdot \dfrac{u_{pn}}{V_J(T_J)}\right)}{(1 - F_C)^{(1+M)}} \quad \text{für } u_{pn} > F_C \cdot V_J(T_J)$$

Eine der neun Gleichungen, die Temperaturabhängigkeiten beschreiben, lautet:

$$V_T(T_J) = \frac{k}{q} \cdot T_J \tag{3.6}$$

mit $k \approx 1{,}381 \cdot 10^{-23}$ VAs/K und $q \approx 1{,}602 \cdot 10^{-19}$ As und T_J in Kelvin.

Acht weitere Gleichungen beschreiben die Temperaturabhängigkeit der Größen:

$I_S(T_J) = ...$	$I_{SR}(T_J) = ...$	$I_{KF}(T_J) = ...$	$B_V(T_J) = ...$
$R_S(T_J) = ...$	$V_J(T_J) = ...$	$E_G(T_J) = ...$	$C_{JO}(T_J) = ...$

wobei $I_S(T_J) = ...$ in Abschn. 7.4.2 genauer betrachtet wird.

Drei weitere Gleichungen beschreiben Rauschgrößen. Auf die Modellierung von Rauscheigenschaften in den Modell-Elementen wird im Rahmen dieses Buches nicht eingegangen. Für diese Thematik wird auf [MC-REF], [TIET12], [REI2] und andere Literatur verwiesen.

Die Modell-Gleichungen bauen auf der Shockley-Gleichung auf, wie anhand von Gl. (3.4) zu erkennen ist. Sie finden als bekannten Parameter den Emissionskoeffizienten N wieder. Auch die Gl. (3.6) für die Temperaturspannung ist Ihnen bereits vertraut. Der Parameter I_S wird Ihnen in der Gleichung $I_S(T_J) = ...$ in Abschn. 7.4.2 wieder begegnen.

Es ist einleuchtend, dass diese mathematische Komplexität mit Papier und Bleistift kaum noch handhabbar ist. *Hier liegt der Nutzen des Simulationsprogramms, das diese Komplexität handhabbar macht.* Ihre Fachkompetenz wird dadurch nicht ersetzt und der Umgang und die Schaltungsanalyse mit den einfachen Modellen aus Abschn. 3.1 und 3.2 müssen nach Meinung des Autors auch zukünftig gelernt und „gekonnt" werden.

Damit MC mit dem Modell-Typ D rechnen kann, muss es die Werte für die Parameter kennen. In Tabelle 3.1 sind alle 20 Parameter des Modell-Typs D-L1 bzw. 26 Parameter des Modell-Typs D-L2 aufgelistet. Für jeden Parameter gibt es einen Defaultwert, der verwendet wird, falls kein abweichender Parameterwert festgelegt wurde. Diese sind identisch mit denen in SP2 (SPICE 2G) und PSP (PSPICE) und in Tabelle 3.1 mit aufgeführt.

ⓘ Mit dem **Parameter L_{EVEL}** wird innerhalb eines Modell-Typs zwischen verschiedenen Modell-Typ-Level unterschieden. Dies können unterschiedlich ausgeprägte Modelltiefen sein (wie die Bezeichnung Level vermuten lässt), aber auch völlig unterschiedliche Ersatzschaltungen. Beim Modell-Typ D gibt es in MC9 vier verschiedene Level, beim Modell-Typ NMOS (Modelle für einen n-Kanal-MOSFET) gibt es 25 (!) verschiedene Level.

ⓘ Ist beim Modell-Typ D der Parameter L_{EVEL} nicht explizit festgelegt (Defaultwert = 1) und einer der Parameter aus D-L2 ist im Parameterwertesatz aufgeführt, nimmt MC entgegen des Defaultwertes den Modell-Typ D-L2!

ⓘ **Defaultwerte** mit dem Wert 0 z. B. für R_S, R_L oder T_T bewirken in den meisten Fällen, dass der damit verbundene Effekt bzw. die damit verbundene Eigenschaft nicht modelliert wird, da die beschreibende Formel durch den Wert 0 nummerisch „ausgeschaltet" wurde. Defaultwerte $\neq 0$ z. B. I_S, N, E_G oder X_{TI} sind so gewählt, dass sie brauchbare Ersatzwerte sind, die wenigstens ein einigermaßen „typisches" Verhalten eines Modells bewirken.

Typisch heißt in diesem Fall das Verhalten einer „0815-Silizium-Diode". Insbesondere E_G und X_{TI} sind materialabhängige Parameter, die das Temperaturverhalten des Modell-Typs D mit bestimmen. Wenn Sie mit den Defaultwerten wie in Abschn. 3.7.2 die Kennlinie einer LED nachbilden, wird das realitätsnah gehen. Wenn Sie dieses Modell für Temperatursimulationen verwenden, werden Sie realitätsferne Simulationsergebnisse bekommen. LEDs bestehen nicht aus Silizium und daher bedarf es für Temperatursimulationen auch spezieller Parameterwerte für E_G und X_{TI}.

Tabelle 3.1 Parameterlisten der Modell-Typen D-L1 (SPICE2G-Modell plus R_L) und D-L2 (Standard-PSICE-Modell) mit Defaultwerten (Dflt.) und Einheiten (E.)

Nr. Parameter in MC	Parameterbezeichnung	D-L1	D-L2	Dflt.	E.
0 LEVEL, L_{EVEL}	*Model level*	-	-	1 [1]	-
1 IS, I_S	*Saturation current*	x	x	10 p	A
2 N, N	*Emission coefficient*	x	x	1	-
3 ISR, I_{SR}	*Recombination current parameter*	-	x	0	A
4 NR, N_R	*Emission Coefficient for I_{SR}*	-	x	2	-
5 IKF, I_{KF}	*High injection knee current*	-	x	0	A
6 BV, B_V	*Reverse breakdown knee voltage*	x	x	0 [2]	V
7 IBV, I_{BV}	*Reverse breakdown knee current*	x	x	0.1 n	A
8 NBV, N_{BV}	*Reverse breakdown ideality*	-	x	1	-
9 IBVL, I_{BVL}	*Low-level reverse breakdown current*	-	x	0	A
10 NBVL, N_{BVL}	*Low-level reverse breakdown ideality*	-	x	1	-
11 RS, R_S	*Parasitic series resistance*	x	x	0	Ω
12 RL, R_L	*Leakage resistance*	x	-	0 [2]	Ω
13 TT, T_T	*Transit time*	x	x	0	s
14 CJO, C_{JO}	*Zero-bias junction capacitance*	x	x	0	F
15 VJ, V_J	*Build-in potential*	x	x	1	V
16 M, M	*Grading coefficient*	x	x	0.5	-
17 FC, F_C	*Forward-bias depletion coefficient*	x	x	0.5	-
18 EG, E_G	*Energy gap voltage*	x	x	1.11	V
19 XTI, X_{TI}	*Temperature exponent for $I_S(T_J)$*	x	x	3	-
20 TIKF, T_{IKF}	*I_{KF} temperature coefficient (linear)*	-	x	0	1/°C
21 TBV1, T_{BV1}	*B_V temperature coefficient (linear)*	x	x	0	1/°C
22 TBV2, T_{BV2}	*B_V temperature coefficient (quadratic)*	x	x	0	1/°C²
23 TRS1, T_{RS1}	*R_S temperature coefficient (linear)*	x	x	0	1/°C
24 TRS2, T_{RS2}	*R_S temperature coefficient (quadratic)*	x	x	0	1/°C²
25 KF, K_F	*Flicker noise coefficient*	x	x	0	-
26 AF, A_F	*Flicker noise exponent*	x	x	1	-
27 T_MEASURED	*Parameter measurement temperature*	x	x	TNOM	°C

Mit einer der drei T_x-Größen T_{ABS}, T_{REL_GLOBAL}, T_{REL_LOCAL} kann die Innentemperatur (hier Sperrschichttemperatur) T_J für einen Simulationslauf eingestellt/angepasst werden.

[1] Ist der Parameter L_{EVEL} nicht explizit festgelegt (Defaultwert 1) und einer der Parameter aus D-L2 ist im Parameterwertesatz aufgeführt, nimmt MC entgegen des Defaultwertes den Modell-Typ D-L2!

[2] Der Defaultwert „0" wird von MC als „∞" interpretiert.

ⓘ Die Parameterwert-Extraktion wie in Ü 3-2 exemplarisch durchgeführt erfolgt anhand von Messwerten, die *bei einer bestimmten Innentemperatur eines Bauelements* gemessen wurden. In der Bildbeschriftung von Bild 3-3 wurde dies durch Kursivschrift betont. Dieser „Messtemperatur-Wert" ist als **Parameter T_{MEASURED}** *in allen Parameterwertesätzen einstellbar*, deren Modell-Gleichungen Temperaturabhängigkeiten beinhalten. Der Defaultwert von T_{MEASURED} ist T_{NOM}. Der Wert des GS-Parameters T_{NOM} wird im Dialogfenster *Global Settings* eingestellt. Sein Defaultwert beträgt +27 °C.

Obwohl viele Parameterwerte aus Kennlinien extrahiert werden, die wie in Bild 3-3 bei $T_J = +25$ °C gemessen wurden, wird dies in nur in wenigen Fällen korrekt im Parameterwertesatz durch „T_MEASURED=25" angegeben. Der Fehler ist bei den meisten Modellen vernachlässigbar klein. Weitere Einzelheiten dazu werden in Abschn. 7.4 erläutert.

✍ Der Innentemperatur, die als Messtemperatur einer Parameterwert-Extraktion zugrunde liegt und als Parameter T_{MEASURED} Bestandteil vieler Parameterwertesätze ist, wird in diesem Buch mit T_{JM} bezeichnet.

Falls Sie sich etwas mehr verdeutlichen wollen, wie weitere Parameter in die Berechnung einfließen, sei Ihnen die folgende Übung vorgeschlagen:

Ü 3-4 Modellgleichungen

Markieren Sie farbig in geeigneter Weise, an welchen Stellen in den Gleichungen des Modell-Typs D-L2 die Parameter Nr. 1 bis 10 und Nr. 13 bis 17 vorkommen. Parameter Nr. 11 ist in der Ersatzschaltung in Bild 3-4 zu sehen. Die Parameter Nr. 18 bis 27 sind in den acht nichtaufgeführten Gleichungen für die Temperaturabhängigkeiten und den drei nichtaufgeführten Gleichungen für Rauschgrößen enthalten.   ❑ Ü 3-4

Falls Sie die Rechenergebnisse eines Modells gegenüber dem beobachteten Verhalten als zu realitätsfern bewerten, liegt die interessante und spannende Aufgabe vor Ihnen, einen besser passenden Parameterwertesatz zu finden oder zu „erfinden", die Modelltiefe zu steigern, indem Sie ein vorhandenes Modell verfeinern oder gar ein neues Modell zu erfinden. Dies erfordert neben entsprechender Fachkompetenz und Erfahrung i. Allg. auch einige bis viel Zeit und es muss zwischen Aufwand und Nutzen einer gesteigerten Realitätsnähe abgewogen werden.

3.5 Kleiner Rundgang durch Bibliotheken

In MC sind neben dem in Abschn. 3.4 beschriebenen Modell-Typen D-L1/L2 für eine Diode und CAP für einen Kondensator viele weitere Modell-Typen für Transistoren, OPs, Magnetkerne, Leitungen usw. programmiert. Um mit diesen programmierten Modell-Typen ein reales Bauelement realitätsnah zu beschreiben, müssen die Parameterwerte bekannt sein. Diese Werte sind zusammen mit der Modelltiefe ausschlaggebend dafür, wie gut die mit dem Modell berechneten Eigenschaften mit gemessenen übereinstimmen. Die von MC mitgelieferten Parameterwertesätze sind wie bei anderen Simulationsprogrammen auch innerhalb von Bibliothekdateien unter einem jeweiligen **Modell-Namen** gespeichert.

ⓘ Für die folgenden Ü 3-5 bis Ü 3-9 ist es bequemer, wenn Sie über die **Menüfolge File →**
   Paths... das Dialogfenster *Path* aufrufen, als bevorzugte Pfadsammlung „MC9" auswäh-
   len und mit der **SF OK** bestätigen, da sich alle benötigten Dateien in dem Ordner
   ..\MC9DEMO\LIBRARY des MC-Programmordners befinden.

Ü 3-5 Bibliothekdatei vom Dateityp *.LIB

In Bibliothekdateien vom Dateityp *.LIB *(library)* sind die Parameterwerte als **.MODEL-**
Statement im ASCII-Code abgelegt. Diese stammen oft von Herstellern der Bauelemente.
Diese Bibliotheken werden auch als *SPICE-Libraries* bezeichnet und in Kap. 11 behandelt.

Öffnen Sie mit MC über das Menü **File → Open...** oder dem EDITOR von WINDOWS die
Bibliothekdatei ..\MC9DEMO\LIBRARY\SMALL.LIB. Hierzu muss der zu öffnende Dateityp
in „SPICE library (*.LIB)" oder „All Files (*.*)" geändert werden. Diese Bibliothekdatei enthält viele .MODEL-Statements von Bauelementen (OPs , Dioden, BJTs), die in der Demoversion von MC verfügbar sind, daher der Name SMALL.LIB.   ❏ Ü 3-5

Ü 3-6 *Subcircuits* in Bibliothekdateien vom Dateityp *.LIB

Es kommt sehr oft vor, dass Hersteller von Bauelementen auch komplexere Modellbeschrei-
bungen ihrer Bauelemente in Form einer SPICE-Netzliste als **(SPICE-)Subcircuit im ASCII-**
Code zur Verfügung stellen. *Subcircuits* beinhalten die Ersatzschaltung und alle benötigten
Parameterwerte, auch in Form von .MODEL-Statements. Einem *Subcircuit* wird ein Modell-
Symbol zugeordnet, sodass es in MC wie ein Modell-Element eingesetzt werden kann. Mehr
Details zu *Subcircuits* in Kap. 11.

Öffnen Sie mit MC über das Menü **File → Open...** (oder dem EDITOR von WINDOWS) die
Bibliothekdatei ..\MC9DEMO\LIBRARY\OP27.LIB. Sie enthält als *Subcircuit* eine Modellbeschreibung des Operationsverstärkers mit dem kommerziellen Bauelement-Namen OP27 von
der Firma Analog Devices.

Alle Modelle digitaler Bauelemente sind in MC in Bibliothekdateien als *Subcircuits* gespeichert. Öffnen Sie mit MC über das Menü **File → Open...** (oder dem EDITOR von
WINDOWS) die Bibliothekdatei ..\MC9DEMO\LIBRARY\DIGDEMO.LIB, um dies zu sehen.   ❏ Ü 3-6

Ü 3-7 Bibliothekdatei vom Dateityp *.LBR

In Bibliothekdateien vom Dateityp *.LBR *(library binary format)* sind die Parameterwerte
von **.MODEL-Statements in Binärform** abgelegt. Diese Werte können daher *nur* mit dem
Model Editor von MC gelesen und bearbeitet werden. Die Parameterwerte wurden oft mit dem
internen MC-Programm MODEL extrahiert. Das MC-Programm MODEL ist etwas anderes als
der *Model Editor* und nur in der Vollversion von MC freigeschaltet.

In der Demoversion von MC ist die Bibliothekdatei ..\MC9DEMO\LIBRARY\UTILITY.LBR
als einzige *.LBR-Bibliothek vorhanden. Öffnen Sie diese mit MC über das Menü **File →**
Open... wobei der zu öffnende Dateityp in „Model library (*.LBR)" oder „All Files (*.*)"
geändert werden muss. Das sich öffnende Fenster ist der *Model Editor* von MC. Sie werden
einige Modellbeschreibungen mit dem Modell-Namen $GENERIC... (dt. allgemein, generell)
finden. Hiermit werden in MC Parameterwertesätze bezeichnet, die ein „noch typischeres"
Verhalten ergeben sollen als die Defaultwerte. Im Buch werden auch solche 0815-*Universal-*
Parameterwertesätze angegeben.

In der Vollversion können Sie über das Menü **File** → **Open...** z. B. die Bibliothekdatei ..\MC9\LIBRARY\EDIODE.LBR öffnen. Sie werden in EDIODE.LBR Parameterwertesätze von Dioden finden, die vorwiegend in Europa verwendet werden. ❑ Ü 3-7

Ü 3-8 *Macros* vom Dateityp *.MAC

Macros sind die vierte Möglichkeit der Modellspeicherung in MC. Im Unterschied zu einem *Subcircuit*, das mit einer SPICE-Netzliste beschrieben wird, ist ein *Macro* ein *mit MC eingegebener Schaltplan*, der als Dateityp *.MAC definiert und gespeichert wurde. Auch diesem wird ein Modell-Symbol zugeordnet, sodass es wie ein SPICE-*Subcircuit* in einer anderen Simulation als Modell-Element eingesetzt werden. Durch den Befehlsausdruck .PARAMETERS ( ) werden Parameter definiert, mit denen ein *Macro* parametrierbar ist.

Begriffe wie „Macro", „Makro" oder „Makromodell" werden gelegentlich als alternative Bezeichnung für *Subcircuit* verwendet und sind damit als Netzlistenbeschreibung etwas anderes, als ein mit MC erstelltes *Macro*. Eine Liste der mit MC mitgelieferten 55 *Macros* finden Sie in [MC-ERG]. Hinweise zum Erstellen und Verwenden von *Macros* finden Sie in [MC-USE].

Starten Sie MC. Wählen Sie das Menü **File** → **Open...** und wechseln Sie in den Ordner ..\MC9DEMO\LIBRARY. Ändern Sie den zu öffnenden Dateityp in „Macro (*.MAC)" oder „All Files (*.*)".

a) Wählen Sie die Datei SCR.MAC. Das sich öffnende Fenster zeigt den Schaltplan einer Ersatzschaltung für einen Thyristor *(silicon controlled rectifier)*. Im .PARAMETERS-Statement sind die Parameter dieses *Macros* aufgeführt. In den 13 .DEFINE-Statements stehen Formeln zur Berechnung einiger Kennwerte. Mit den 5 .MODEL-Statements werden die Eigenschaften der drei Dioden- und zwei BJT-Modell-Elemente parametriert. Die 9 .HELP-Statements legen Hilfetexte fest, die erscheinen, wenn der Mauszeiger auf einen Parameter im Attributfenster *SCR:Silicon Controlled Rectifier Macro* zeigt.

b) Wählen Sie die Datei 555.MAC. Das sich öffnende Fenster zeigt den Schaltplan einer Ersatzschaltung für das bekannte Timer-IC mit dem kommerziellen Bauelement-Namen 555. Dies ist eine **funktionale Modellierung**. Als einziger Transistor ist der „*Discharge*-BJT Q1" (dt. Entlade-BJT) als analoges Modell-Element enthalten.

c) Wählen Sie die Datei LM117.MAC. Das sich öffnende Fenster zeigt den Schaltplan des bekannten einstellbaren Spannungsreglers mit dem kommerziellen Bauelement-Namen LM117 (LM317). Dies ist eine **Modellierung auf Transistorebene** mit 27 BJT, 1 JFET, 4 D, 16 R und 3 C.

d) Wählen Sie die Datei TRIODE.MAC. Das sich öffnende Fenster zeigt den Schaltplan einer Ersatzschaltung für eine Triode. Röhren wie die Triode erleben wieder eine stärkere Beachtung in der Elektronik, insbesonder in der Audiotechnik, was sich auch in der Verfügbarkeit von Modellen für eine Simulation zeigt. ❑ Ü 3-8

Ü 3-9 *master list* aller Bibliothekdateien in der Datei NOM.LIB

Damit MC weiß, welche Bibliothekdateien vom Typ *.LIB oder *.LBR es verwenden kann, sind diese in der wichtigen Bibliothekdatei NOM.LIB als *master list* aufgeführt.

Starten Sie MC. Wählen Sie das Menü **File** → **Open...** und wechseln Sie in den Ordner ..\MC9DEMO\LIBRARY\. Ändern Sie den zu öffnenden Dateityp in „SPICE Library (*.LIB)" oder „All Files (*.*)". Öffnen Sie die unscheinbare Datei NOM.LIB und gewinnen Sie einen

Eindruck über den Inhalt. Die Bibliothekdatei NOM.LIB enthält i. Allg. keine einzelnen Modellbeschreibungen, sondern nur in Form von .LIB-Statements eine Auflistung aller Bibliothekdateien, in denen MC nach einer Modell-Beschreibung mit dem passenden Modell-Namen bzw. *Subcircuit*-Namen suchen soll. Daher kommt die Bezeichnung *master list* und die zentrale Rolle dieser Datei.

ⓘ Wenn in NOM.LIB eine Bibliothekdatei nicht eingetragen ist, kann MC auf die in dieser enthaltenen Modellbeschreibungen nicht zugreifen. Daher kontrollieren Sie bei Problemen mit dem Zugriff auf eine Bibliothekdatei, ob diese in NOM.LIB aufgeführt ist. Falls sie nicht aufgeführt ist, fügen Sie sie einfach hinzu.

Die Vollversion von MC9 hat in 125 Bibliothekdateien (davon 109 vom Typ *.LIB, 16 vom Typ *.LBR) über 20 000 Modell-Beschreibungen in Form von .MODEL-Statement oder *Subcircuits*. Für weitere Bauelemente/Baugruppen/Schaltungen werden 55 *Macros* bereitgestellt, von denen 45 in [MC-REF] beschrieben sind. ❑ Ü 3-9

3.6 Verifikation von Modell und Parameterwertesätzen

In Abschn. 3.2 wurden die Parameterwerte für N, I_S und R_S für das Modell „Shockley-Gleichung plus Bahnwiderstand" für die 1N4001-X zu Fuß extrahiert (Ü 3-2) und durch Kontrollrechnung und Vergleich mit der zugrunde liegenden Kurve aus dem Datenblatt verifiziert (Ü 3-3). Für die komplexeren Dioden-Modell-Typen D-L1/L2 kann die Verifikation von Modell und Parameterwertesätzen über die Simulation von Messschaltungen gemacht werden, mit denen eine Eigenschaft oder Kennlinie gemessen würde. Der Vorteil bei der Simulation ist der, dass viele parasitäre Effekte, die bei einer Messung ggf. aufwendig unterdrückt werden müssen, nicht vorhanden sind, da sie durch das Modell und in der Simulation nicht nachgebildet werden.

Als Beispiel sei hier genannt, dass für viele Kennlinien als Messtemperatur eine konstante Sperrschichttemperatur T_J von z. B. $T_J = +25\ °C$ angegeben wird. Die durch eine auftretende Verlustleistung erzeugte Eigenerwärmung wird bei Messungen dadurch vernachlässigbar klein gehalten, dass nur mit kurzzeitigen Strom-Spannungs-Pulsen (siehe Angaben in Bild 3-3) gemessen wird. Dies erfordert eine aufwendige Messtechnik.

In der Simulation stehen ohne Probleme Modell-Elemente wie Stromquellen, gesteuerte Quellen usw. zur Verfügung, die in einer realen Messschaltung aufwendig mit vielen Bauelementen realisiert werden müssten und sich auch dann nicht so ideal verhalten wie in der Simulation.

In den folgenden Abschnitten werden von den Modell-Typen D-L1/L2 die Gleichstrom-Eigenschaften im Durchlassbereich, Sperrbereich und Durchbruchbereich untersucht. Als dynamische Eigenschaft wird das Schaltverhalten genauer betrachtet. In Abschn. 3.7.4 wird das Verhalten bei einer AC-Analyse betrachtet.

Zur Verifikation soll nicht ein Parameterwertesatz aus der Bibliothek von MC oder von einem bestimmten Hersteller mit dessen Datenblattangaben verglichen werden, sondern es werden die Simulationsergebnisse von Parameterwertesätzen aus verschiedenen Quellen für eine „1N4001" miteinander verglichen. Ergänzend können Sie das Datenblatt, das ein beliebiger Hersteller für „seine 1N4001" herausgibt, als zusätzlichen Vergleich hinzuziehen.

Es werden Parameterwertesätze mit den folgenden Modell-Namen untersucht, deren Parameterwerte in Tabelle 3.2 aufgeführt sind:

Modell-Name	Beschreibung
DFLT	enthält für jeden Parameter den Defaultwert gemäß Tabelle 3.1.
1N4001-UE	enthält die extrahierten Parameterwerte aus Ü 3-2, ergänzt um $B_V = 50$ V.
1N4001-VE	ist ein Parameterwertesatz, den der Autor mit dem MC-Programm MODEL aus einem Datenblatt von Motorola extrahiert hat.
1N4001-MC9	ist der Parameterwertesatz „1N4001" aus der Bibliothekdatei SMALL.LIB (MC9-Demoversion) bzw. DIODE.LIB (MC9-Vollversion).
1N4001-PSP	ist der Parameterwertesatz aus der PSPICE-Bibliothek DIODE.LIB (auch in [TIET12]. Hinweis in der Bibliothek: „*Extracted from Motorola Databook (mid 1970s)*").
1N4001-HA	ist ein Parameterwertesatz von der Homepage eines Herstellers A.

Tabelle 3.2 Parameterwertesätze 1N4001-... für eine „1N4001" (P. = Parameter, E. = Einheit). D bedeutet, dass für diesen Parameter der Defaultwert (Dflt.) genommen wird.

Nr	P.	E.	Dflt.	...-UE	...-VE	...-MC9	...-PSP	...-HA
0	LEVEL, L_{EVEL}	-	1	1	1	1	2	1
1	IS, I_S	A	10 f	1.0 n	0.259 n	3.507 n	14.1 n	12.25 n
2	N, N	-	1	1.69	1.7	1.695	1.98	1.833
3	ISR, I_{SR}	A	0	-	-	-	D	-
4	NR, N_R	-	2	-	-	-	D	-
5	IKF, I_{KF}	A	0	-	-	-	94.8	-
6	BV, B_V	V	0 [1]	50	50	50	75	50
7	IBV, I_{BV}	A	0.1 n	D	D	D	10 u	50 n
8	NBV, N_{BV}	-	1	-	-	-	D	-
9	IBVL, I_{BVL}	A	0	-	-	-	D	-
10	NBVL, N_{BVL}	-	1	-	-	-	D	-
11	RS, R_S	Ω	0	42.6 m	43 m	121.2 m	33.9 m	41.48 m
12	RL, R_L	Ω	0 [1]	D	20 G	10 Meg	-	D
13	TT, T_T	s	0	D	7.5 u	4.93 u	5.7 u	1 n
14	CJO, C_{JO}	F	0	D	36 p	47.6 p	25.9 p	10 p
15	VJ, V_J	V	1	D	0.7	0.7	0.3245	0.7
16	M, M	-	0.5	D	0.478	0.45	0.44	D
17	FC, F_C	-	0.5	D	D	D	D	D
18	EG, E_G	V	1.11	D	D	D	D	0.6
19	XTI, X_{TI}	-	3	D	D	D	D	0.05
20	TIKF, T_{IKF}	1/°C	0	-	-	-	D	-
21	TBV1, T_{BV1}	1/°C	0	D	D	D	D	v
22	TBV2, T_{BV2}	1/°C²	0	D	D	D	D	D
23	TRS1, T_{RS1}	1/°C²	0	D	D	D	D	D
24	TRS2, T_{RS2}	1/°C²	0	D	D	D	D	D
25	KF, K_F	-	0	D	D	D	D	D
26	AF, A_F	-	1	D	D	D	D	D
27	T_MEASURED [2]	°C	TNOM	D	D	D	D	D

[1] Der Defaultwert „0" wird von MC als „∞" interpretiert.

[2] Der Wert des GS-Parameters T_{NOM} wird im Dialogfenster *Global Settings* definiert. Sein Defaultwert beträgt +27 °C.

An Tabelle 3.2 fällt auf, dass für etliche Parameter keine Werte angegeben sind und daher die Defaultwerte verwendet werden. Dies liegt meistens daran, dass die für die Extraktion dieser Parameterwerte erforderlichen Messwerte in Datenblättern nicht angegeben sind. Im speziellen Fall müssen eigene Messungen durchgeführt werden. Diese Messwerte können in dem MC-Programm MODEL, das nur in der Vollversion von MC freigeschaltet ist, in Form von Wertepaaren und Messbedingungen eingegeben werden. Das MC-Programm MODEL extrahiert/berechnet daraus entsprechende Parameterwerte.

3.6.1 Diodenverhalten im Durchlassbereich

Zu Beginn muss die zu simulierende Schaltung eingegeben werden. Starten Sie hierzu MC. Es öffnet sich der Schaltplan-Editor wie in Abschn. 2.3 beschrieben. Holen Sie das Modell-Element *Battery* in den Schaltplan. MC vergibt automatisch den **Modell-Bezeichner** V_1. Parametrieren Sie V_1 mit dem Wert „0.7V". Der Buchstabe V für die Einheit Volt soll den Zahlenwert besser lesbar machen, kann auch weggelassen werden. Aktivieren Sie die **CB ☑ Show**, damit dieser Wert angezeigt wird.

Falls Sie im Folgenden auf ein für Sie nicht lösbares Problem stoßen: Die Musterdatei M_3-6_DIODE_IF.CIR enthält diese Simulation.

Holen Sie sich mit der **SF Diode** (oder über die **Menüfolge Component → Analog Primitives → Passive Components → Diode**) das Modell-Element:*Diode* in den Schaltplan. Es öffnet sich das in Bild 3-6 verkürzt dargestellte **Attributfenster** *Diode*.

(1) Dies ist die **Attribut-Auswahlliste**. Wenn Sie mit <LM> auf ein Attribut klicken, wird es damit ausgewählt und im Eingabefeld *Value* (3) können Sie den „Wert" eingeben/verändern. Wichtige Attribute sind der Modell-Bezeichner (PART), Modell-Name (MODEL) und bei einigen Modell-Elementen wie z. B. *Resistor* der nummerische Wert als Attribut RESISTANCE.

(2) Die Auswahlliste (2) zeigt alle Modell-Namen, die MC in den Bibliothekdateien, sofern in NOM.LIB eingetragen, mit dem Modell-Typ D findet. Wählen Sie aus der Auswahlliste den Parameterwertesatz mit dem **Modell-Namen „1N4001"**. Dieser Name erscheint im Eingabefeld (3) *Value*. In der Attribut-Auswahlliste wird ebenfalls angezeigt, dass das Attribut MODEL (4) den Wert *(value)* „1N4001" bekommen hat.

(5) Der Autor empfiehlt generell die Aktivierung der **CB ☑ Show** (5) für diese Angaben, damit Sie im Schaltplan sehen, welcher mit diesem Modell-Namen verknüpfte Parameterwertesatz für diese Diode D_1 verwendet wird.

(6) Für das Attribut PART (6) (**Modell-Bezeichner**, Positionsbezeichner, *reference designator*) hat MC automatisch den Wert „D1" vergeben.

(7) In der Bibliothek ist auch die Information, dass das Attribut PACKAGE (7) (dt. Gehäuse) den Wert „DO-41" hat. DO-41 *(diode outline)* ist die Bezeichnung für ein Standard-Diodengehäuse. Diese Information wäre für eine „Stückliste", die in MC *bill of materials* (BOM) genannt wird, interessant. Diese „Stückliste" listet allerdings nur Modell-Elemente auf und keine Bauelemente, daher ist die Bezeichnung „Stückliste" bzw. *bill of materials* irreführend.

(8) Als *Source* (8) (dt. Quelle) ist Pfad und Bibliothekdatei angegeben, aus der der Parameterwertesatz stammt, siehe hierzu auch Ü 3-5.

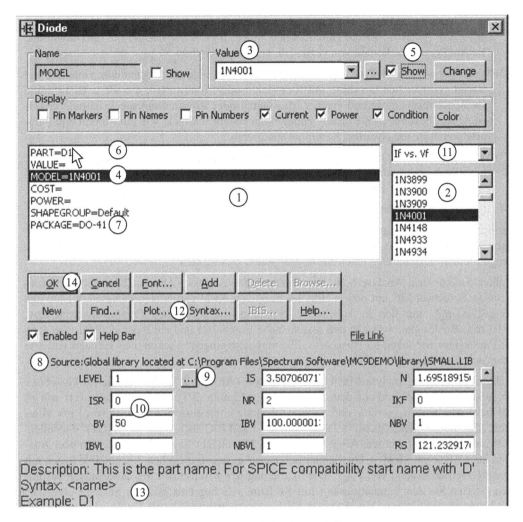

Bild 3-6 Verkürzt dargestelltes Attributfenster *Diode* für den Modell-Typ D

(9) Wenn Sie auf die Schaltfläche (9) klicken, bekommen Sie in einem Fenster alle **Modell-Typ-Level** aufgeführt, die es für den Modell-Typ D gibt und die durch den **Parameter** L_{EVEL} unterschieden werden. Wie bereits erwähnt gibt es neben dem SPICE2G-Modell ($L_{EVEL}= 1$) und dem PSPICE-Modell ($L_{EVEL}= 2$) gibt es noch die Modelle JUNCAP ($L_{EVEL}= 4$) und JUNCAP2 ($L_{EVEL}= 200$).

(10) In den Eingabefeldern (10) stehen die **Parameterwerte**. Beim Vergleich mit der Spalte …-MC9 der Tabelle 3.2 stellen Sie fest, dass in Tabelle 3.2 nur gerundete Parameterwerte aufgeführt werden. Falls die Eingabefelder auf Ihrem Bildschirm abweichend von Bild 3-6 alphabetisch sortiert sind, liegt es daran, dass Sie nicht, wie in Abschn. 1.2.4 vorgeschlagen, die **CB ☐ Sort Model Parameter** deaktiviert haben.

(11) Im Listenfeld (11) können Sie zwischen zwei **charakteristischen Kennlinien** auswählen: „If vs. Vf" *(forward)* ist die Durchlasskennlinie, „Ir vs. Vr" *(reverse)* die Sperrkennlinie. Die Abkürzung vs. kommt von ver<u>s</u>us, dt. gegen, gegenüber.

(12) Wenn Sie auf die **SF Plot...** (12) klicken, wird die ausgewählte Kennlinie simuliert und gezeigt. Vergleichen Sie diese mit Kennlinien oder Kennwerten, die Sie z. B. aufgrund eines Datenblatts, aufgrund eigener Messungen oder aufgrund eigener Erfahrung erwarten. Damit bekommen Sie unaufwendig einen ersten Eindruck, wie gut Modell und Parameterwertesatz die erwartete Kennlinie simulieren.

(13) Wenn der Mauszeiger wie bei (6) auf einen Bereich zeigt (Eingabefeld oder Attribut oder Schaltfläche oder Ähnliches), bekommen Sie am unteren Rand des Attributfensters (13) eine Erklärung über Bedeutung und ggf. Syntax des Eingabefeldes.

(14) Bestätigen Sie die Eingaben des Attributfensters mit der **SF <u>O</u>K** (14).

Verbinden Sie im Schaltplan D_1 und V_1 so, dass die Anode von D_1 mit dem Pluspol von V_1 verbunden ist. Kathode von D_1 und Minuspol von V_1 liegen auf *Ground*. Speichern Sie die fertige Simulationsschaltung unter einem geeigneten Dateinamen.

Wählen Sie aus dem Analyse-Menü die Dynamic-DC-Analyse (Abschn. 2.4). Für den Strom durch D_1 berechnet MC mit den in Bild 3-6 gezeigten, nicht gerundeten Parameterwerten den Wert 27,87 mA, mit den in Tabelle 3.2 eingetragenen gerundeten Parameterwerten bzw. 27,92 mA. Beides glaubwürdige und realitätsnahe Ergebnisse und ein Beispiel dafür, wie auch bei Parameterwertesätzen so etwas wie „Exemplarstreuungen" vorkommen könnten und wie diese sich auswirken.

Wählen Sie aus dem Analyse-Menü die DC-Analyse (Abschn. 2.5). Wählen Sie für *Variable* 1 die Methode „*Linear*" und aus dem Listenfeld den Eintrag „V1". Der Spannungswert von V_1 soll sich zwischen $V_{1MAX} = 2$ V und $V_{1MIN} = 0$ V ändern mit einer Schrittweite von 1 mV (Eingabe: „2,0,0.001" oder „2,0,1m"). Für Diagramm 1 soll MC als x-Variable „V(D1)" darstellen. Dies muss eingetippt werden. Als y-Variable soll MC „I(D1)" darstellen (eintippen oder Auswahl über Klick mit **<RM>**). Die Skalierung der x-Achse soll zwischen 2 V und 0 V liegen mit einem Gitternetzabstand von 0,2 V. Die Skalierung der y-Achse soll MC automatisch bestimmen. Starten Sie den Simulationslauf mit **SF Run**. Als Ergebnis erhalten Sie eine „typische Diodencharakteristik" mit „Knick" bei der Schleusenspannung $U_{FSi} \approx 0,7$ V.

Optimieren Sie die automatisch ermittelte Skalierung der y-Achse, indem Sie mit **<F9>** das Dialogfenster *DC Analysis Limits* aufrufen. Geben Sie die y-Skalierung mit $y_{I(D1)max} = 1$ A, $y_{I(D1)min} = 0$ A und einem Gitternetzabstand von 0,1 A vor. Starten Sie erneut einen Simulationslauf mit **SF Run** oder **<F2>**.

Diese Kurve soll mit der Durchlasskennlinie aus dem Attributfenster verglichen werden. Beenden Sie dazu die DC-Analyse mit **<F3>**. Doppelklicken Sie mit **<LM>** auf das Modell-Symbol von D_1. Damit öffnet sich das Attributfenster *Diode* von D_1. Vergleichen Sie die mit der **SF Plot...** erzeugte Kurve „If vs. Vf" mit der gerade simulierten Charakteristik. Bei 0,7 V ist kein „Knick" und der Kurvenzug sieht anders aus. Dies kommt von der halblogarithmischen Skalierung, die oft gewählt wird, weil man damit das Verhalten bei „kleinen" und „großen" Strömen in einem Diagramm zeigen kann. Eine logarithmische Skalierung verzerrt das Bild, indem die kleinen Werte „optisch vergrößert" dargestellt werden. Diesem Vorteil steht der Nachteil gegenüber, dass der Wert 0 auf einer logarithmischen Skala nicht existiert, da $\log(0) \rightarrow -\infty$ geht. Mit der **SF <u>C</u>ancel** gelangen Sie wieder in das Schaltplan-Eingabefenster.

Falls Sie sichergehen wollen, dass die Parameterwertesätze für diese Schaltplandatei unverändert bleiben, sollten Sie die Modellbeschreibungen lokal in der Schaltplandatei abspeichern. Öffnen Sie dazu mit der **SF Localize** oder über die **Menüfolge Edit → Localize Models...** das Dialogfenster *Localize*. Bestätigen Sie mit der **SF OK**. Damit wurden *alle Parameterwertesätze* (.MODEL-Statements) und *Subcircuits*, die in dem Schaltplan verwendet werden, aus den jeweiligen Bibliothekdateien lokal in eine der Textseiten *Models* oder *Text* (siehe Bild 2-10) kopiert und damit lokal in dieser Datei gespeichert. Die Schaltpläne von *Macros* werden auf eine neue Schaltplanseite kopiert.

Wechseln Sie zur der Textseite *(Models* oder *Text)*, auf die das .MODEL-Statement für die „1N4001" aus der Bibliothek kopiert wurde. Mit einen Stern (*) beginnende Zeilen sind nur kommentierende Informationen und können gelöscht werden. Markieren Sie alle Zeichenketten. Falls keine zu sehen ist: Scrollen Sie die Ansicht nach oben. Mit **<Strg> + <B>** werden die markierten Schriftzüge auf die Schaltplanseite *Main verschoben*.

Die Textseiten *Text*, *Models*, *Info* werden in [MC-REF] als *text area* bezeichnet, da sie ausschließlich Textinformationen, z. B. .MODEL-Statements, *Subcircuit*-Netzlisten oder Ähnliches enthalten. Umfangreiche Textinformation würde die grafischen Schaltplanseiten *(drawing areas)* zu unübersichtlich machen. Auf den grafischen Schaltplanseiten wird Text in Form eines Textfeldes, das in MC *grid text* genannt wird, dargestellt. Mit **<Strg> + <B>** kann markierter Text vom *text area* zum *drawing area verschoben* werden und umgekehrt.

ⓘ Das „Lokalisieren" hat den großen Vorteil, dass die verwendeten Modellbeschreibungen damit in der Schaltplandatei (Dateityp *.CIR) gespeichert werden. Wird mit dieser Datei auf einer anderen MC-Installation oder Version z. B. auf dem PC eines Kollegen/einer Kollegin simuliert, muss nicht sichergestellt sein, dass deren Bibliothekdateien die verwendeten Modellbeschreibungen identisch enthalten, um die gleichen Simulationsergebnisse zu erhalten.

*Der Autor empfiehlt, mit der **SF Localize** die für das Simulationsergebnis wichtigen .MODEL-Statements, Subcircuits und Macros lokal in der Datei zu speichern und die darin enthaltene Simulation damit unabhängig von Bibliotheken zu machen!* Dadurch beheben Sie eine häufige Ursache dafür, dass ein Simulationslauf auf verschiedenen PCs oder mit verschiedenen Programmversionen von MC abweichende Ergebnisse liefert, da die Bibliothekdateien, aus welchem Grund auch immer, unterschiedliche Modellbeschreibungen beinhalten.

Bei nicht allzu umfangreichen Schaltplänen empfiehlt der Autor außerdem, mit **<Strg> + <B>** diese Modellbeschreibungen auf die Schaltplanseite *Main* zu verschieben, damit Sie die Werte und Informationen vor Augen haben, von denen das Ergebnis der Simulation direkt abhängt!

Da im Folgenden weitere Parameterwertesätze einer 1N4001 untersucht werden sollen, öffnen Sie durch Doppelklick mit **<LM>** auf den Schriftzug „.MODEL 1N4001 D (...)" das Dialogfenster *Grid Text*. Ändern Sie den bisherigen Modell-Namen „1N4001" in „1N4001-MC9", um kenntlich zu machen, dass dieser Parameterwertesatz aus der MC9-Bibliothek stammt.

ⓘ Mit **<Enter>** können Sie im Dialogfenster *Grid Text* einen Zeilenumbruch erzeugen, sodass der Text lesbarer als Textblock erscheint und nicht einzeilig. Über die Registerkarten *Patterns*, *Orientation*, *Font* können Sie nur den gesamten Inhalt eines Textfeldes einheitlich formatieren, z. B. für ein .MODEL-Statement die Schriftart auf `Courier New` mit der Schiftgröße 11 pt einstellen.

Mit Doppelklick auf den Modell-Namen „1N4001" beim Modell-Symbol von D_1 müssen Sie diesen ebenfalls in „1N4001-MC9" ändern, da *der Modell-Name die Verbindung zwischen Modell-Element im Schaltplan und Modell-Typ / Parameterwertesatz ist.*

Ü 3-10 Diodenvergleich (UE_3-10_DIODE_IF-VERGLEICH.CIR)

a) Markieren Sie mit **<LM>** das Modell-Symbol von D_1. Erzeugen Sie mit **<Strg>** + **<C>** und **<Strg>** + **<V>** eine Kopie des Modell-Elements D_1, der MC automatisch den Modell-Bezeichner D_2 gibt. Schalten Sie D_2 parallel zu D_1.

b) Markieren Sie mit **<LM>** das Textfeld mit dem Schriftzug „.MODEL 1N4001-MC9 D (...)". Erzeugen Sie mit **<Strg>** + **<C>** und **<Strg>** + **<V>** eine Kopie davon. Mit Doppelklick **<LM>** öffnet sich das Dialogfenster *Grid Text*, in dem Sie den Text bearbeiten können. Ändern Sie den Modell-Namen in „1N4001-PSP". Ändern bzw. ergänzen/löschen Sie die Parameter und deren Werte gemäß Tabelle 3.2, Leerzeichen sind erlaubt. Erzeugen Sie auf diese Art auch „Dioden" mit den Parameterwertesätzen ...-UE, ...-VE, ...-HA. Eine Diode mit dem Modell-Namen DFLT und dem Parameterwertesatz mit den Defaultwerten bekommen Sie, indem Sie keinen Parameterwert explizit festlegen. Das **.MODEL**-Statement dafür lautet: „.MODEL DFLT D ( )". Schalten Sie alle Dioden parallel zu V_1.

c) Starten eine Dynamic-DC-Analyse und vergleichen Sie die berechneten Stromwerte.

ⓘ Erscheint bei Analysebeginn die Fehlermeldung „*Missing Model Statement* 'ABC'." wurde zum Modell-Namen „ABC" kein .MODEL-Statement gefunden. Häufigste Ursache: Tippfehler oder Bibliothekdatei nicht vorhanden bzw. in NOM.LIB nicht eingetragen.

Erscheint bei Analysebeginn die Fehlermeldung „*Must specify model name and type.*" wurde von MC zwar ein .MODEL-Statement gefunden, aber Modell-Name und/oder Modell-Typ fehlten oder waren falsch. Häufigste Ursache: Tippfehler oder Modell-Typ fehlt.

❑ Ü 3-10

Für eine durchzuführende DC-Analyse sind in Bild 3-7 die Einstellungen des Dialogfensters *DC Analysis Limits* gezeigt.

(1) V_1 soll zwischen 1,4 V und 0,4 V mit der Schrittweite 1 mV linear geändert werden (1).

(2) Die abstrakten *Modell-Bezeichner* D_1 bis D_6 hat der Autor zur besseren Assoziation im Schaltplan umbenannt in „D_DFLT", „D_UE" usw. (2).

ⓘ Um Irritationen zu vermeiden, sollten Modell-Bezeichner und Modell-Name zumindest geringfügig unterschiedlich sein.

(3) Sie erkennen, dass eine halblogarithmische Skalierung (3) eingestellt ist.

(4) Sie erkennen, dass eine doppelt-lineare Skalierung (4) eingestellt ist.

(5) Als Farbe (5) wird für alle Kurven einheitlich Schwarz gewählt. Die ist dann sinnvoll, wenn das Simulationsergebnis als Schwarz-Weiß-Papierausdruck gedruckt werden soll.

(6) In der Spalte *Page* (6) werden die Kurven passend einer Seite zugeordnet, die entsprechend der Skalierung entweder mit „lin-lin" oder mit „lin-log" bezeichnet wurde.

(7) In der Spalte *P* (7) bedeutet der Eintrag „1", dass alle Kurven dieser Seite in das Diagramm 1 gezeichnet werden sollen.

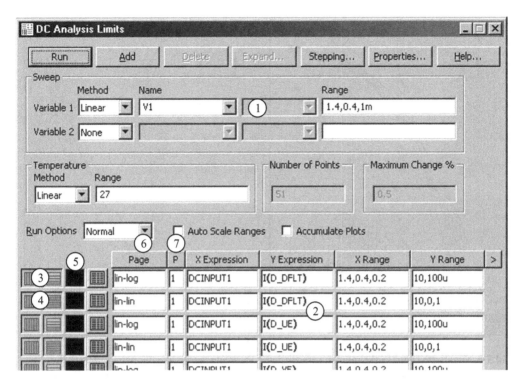

Bild 3-7 Einstellungen des Dialogfensters *DC Analysis Limits* für die Kennliniensimulation

Starten Sie den Simulationslauf mit der **SF Run** oder **<F2>**. In Bild 3-8 sind die simulierten Durchlasskennlinien aller in Tabelle 3.2 aufgeführten Parametersätze für eine „1N4001-..." dargestellt und die Kennlinie „DFLT", wenn die Defaultwerte genommen werden.

 Um die Kurven trotz gleicher Farbe (hier Schwarz) optisch unterscheidbar zu machen, kann man mit der **SF Tokens** (1) wie in Bild 3-8 *für jeden Kurvenzug spezifische Grafikelemente (tokens)* anzeigen lassen.

 Die *SF Tokens* kann leicht verwechselt werden mit der **SF Data Points**, mit der die *tatsächlich von MC berechneten Wertepaare* angezeigt werden (in Bild 3-8 deaktiviert).

Die Legende (2) und die Achsenbeschriftungen sind nicht von MC, sondern nachträglich vom Autor hinzugefügt worden. Die Erweiterung auf zwei Ausgabefenster wurde mit der links unten liegenden Schaltfläche (3) erreicht. Mit **<LM>** auf diese Schaltfläche öffnet sich eine Auswahlliste mit den maximal möglichen Einträgen:

Duplicate Column: dupliziert Ausgabefenster in zwei, die spaltenartig nebeneinander liegen.
Remove Column: entfernt alle Ausgabefenster, die in dieser Spalte angeordnet sind.
Duplicate Row: dupliziert Ausgabefenster in zwei, die zeilenartig übereinander liegen.
Remove Row: entfernt alle Ausgabefenster, die in dieser Zeile angeordnet sind.

Über die Reiter (4) können Sie die Seiten auswählen, die Sie zuvor benannt haben und denen Sie bestimmte Kurven zugeordnet haben. Vergleichen hierzu in Bild 3-7 die Spalte *Page* (6).

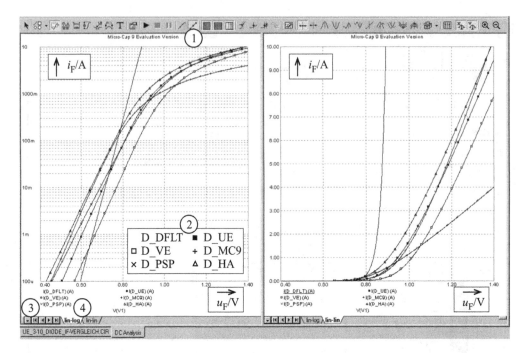

Bild 3-8 Simulierte Durchlasskennlinien verschiedener Parameterwertesätze für eine „1N4001". Legende und Achsenbeschriftungen sind nicht von MC, sondern nachträglich vom Autor hinzugefügt worden.

Es zeigt sich, dass die Kennlinien ähnlich, aber auch unterschiedlich sind. Hier müssen Sie entscheiden, welche Kennlinie dem von Ihnen vermuteten realen Verlauf am nächsten kommt. In vielen Standardanwendungen wird es nicht auf extreme Realitätsnähe ankommen und daher reichen oft Parameterwertesätze schon aus, die „einigermaßen" die Datenblattangaben simulieren, vielleicht sogar die „Default-Diode". So wie es zum Modell-Namen „1N4001" unterschiedliche Parameterwertesätze geben kann, gibt es bei den mit dem kommerziellen Bauelement-Namen „1N4001" verkauften realen Dioden auch mehr oder weniger leicht voneinander abweichende Verhaltensweisen.

3.6.2 Diodenverhalten im Sperrbereich

Für den Sperrbereich kann die Simulationsschaltung aus Abschn. 3.6.1 ebenfalls genommen werden. Diese Simulation ist in der Musterdatei M_3-9_DIODE_IR-VERGLEICH.CIR enthalten. Die Spannungsquelle V_1 ist dazu für negative Spannungen zu parametrieren. Da eine Durchbruchspannung von –50 V erwartet wird, soll V_1 für die Simulation des Sperrverhaltens nur zwischen 0 und –45 V mit einer Schrittweite von 0,1 V verändert werden.

ⓘ Die Werte für Spannungen, Frequenzen usw. in den Dialogfenstern ...*Analysis Limits* überschreiben die Werte, die im Schaltplan eingegeben sind. Daher ist es egal, welcher Spannungswert an V_1 im Schaltplan steht.

Aufgrund der erwarteten großen Streuung der realen und simulierten Sperrstromwerte ist es vorteilhaft, den Strom logarithmiert darzustellen. Da von negativen *reellen* Zahlen kein Logarithmus existiert, muss als y-Variable z. B. „ABS(I(D_MC9))" eingetragen werden.

ⓘ Die Funktion ABS( ) *(absolute)* berechnet identisch zur Funktion MAG( ) *(magnitude)* den Betrag von reellen Zahlen, wie sie bei der DC- und TR-Analyse vorkommen oder von komplexen Zahlen, wie sie bei der AC-Analyse vorkommen. Die Ergebnisse diese Funktionen sind dieselben, die Bezeichnung und Abkürzung jedoch unterschiedlich. ABS( ) wird man wegen des Begriffs eher bei der DC- oder TR-Analyse verwenden, MAG( ) eher bei einer AC-Analyse. Noch einmal: Die Ergebnisse sind identisch, die Funktionen sind austauschbar.

Als y-Skalierung ergibt 10 µA bis 1 pA eine übersichtliche Darstellung, als x-Skalierung ist 0 V bis 50 V für $-u_F$ gewählt. Bild 3-9 zeigt das Simulationsergebnis.

Viele Hersteller geben für ihre „1N4001" für $T_J = +25\ °C$ Sperrstromwerte zwischen 10 nA und 1 µA an. Vergleichen Sie die simulierten Werte mit denen eines Datenblattes. Beim Modell 1N4001-UE kommt der Sperrstromwert 1 nA direkt vom Parameter $I_S = 1$ nA („theoretischer Sperrstrom"). In den meisten Anwendungen ist der konkrete und genaue Sperrstromwert nicht wichtig, zumal dieser auch extrem temperaturabhängig ist. Wichtig ist, dass ein auftretender Sperrstrom hinreichend klein ist.

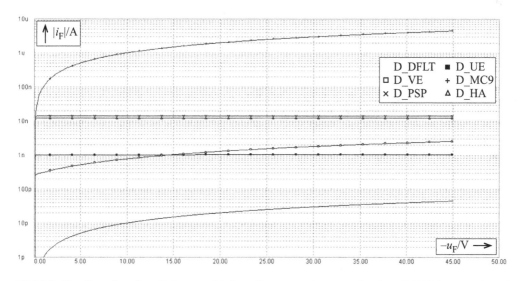

Bild 3-9 Simulierte Sperrkennlinien verschiedener Parameterwertesätze für eine „1N4001". Legende und Achsenbeschriftungen sind nicht von MC, sondern nachträglich vom Autor hinzugefügt worden.

3.6.3 Diodenverhalten im Durchbruchbereich

Zum Durchbruchverhalten liefern Datenblätter von Dioden i. Allg. keine weiteren Informationen außer einer maximal zulässigen Sperrspannung U_{RRM} *(reverse repetitive maximum)*, bei der garantiert noch kein Durchbruch entsteht. Wie in der Praxis, wird man zum Messen des

Durchbruchverhaltens für die Messschaltung keine Spannungsquelle, sondern eine Stromquelle verwenden, damit im Durchbruch der Strom auf einen definierten Wert eingestellt ist.

Erstellen Sie eine Simulationsschaltung, in der alle Dioden bis auf D_{DFLT} in Reihe geschaltet sind. Da D_{DFLT} noch gebraucht wird, soll sie nicht gelöscht werden. Als Gleichstromquelle holen Sie sich das Modell-Element *ISource* über die **Menüfolge Component → Analog Primitives → Waveform Sources → ISource**. Es öffnet sich das Attributfenster *ISource: Constant current source*. MC gibt diesem Modell-Element automatisch den Modell-Bezeichner I_1 (Attribut PART). Geben Sie dem Gleichstrom den Wert 1 mA, indem Sie „1mA" eingeben. Dies ist der Wert des Attributs VALUE. Bestätigen Sie die Eingaben und schließen Sie das Attributfenster mit der **SF OK**.

Das Modell-Element *ISource* (Gleichstromquelle) ist das Pendant zum Modell-Element *Battery* (Gleichspannungsquelle). Der Pfeil des Modell-Symbols ist der Bezugspfeil des Stromes. Als einzige Kenngröße wird der Gleichstromwert als Attribut VALUE im Attributfenster eingegeben.

Polen Sie I_1 so, dass sie einen Sperrstrom von 1 mA durch alle Dioden eingeprägt. Erstellen Sie eine zweite Stromquelle I_2 z. B. durch Kopieren von I_1. Diese soll den Sperrstrom durch D_{DFLT} einprägen. Starten Sie eine Dynamic-DC-Analyse und lassen Sie sich die Knotenpotenziale anzeigen. Die Differenz zweier Potenziale ergibt den Durchbruchspannungswert für $i_R = 1$ mA der jeweiligen Diode. Bei dem Modell D_{DFLT} ist dieser mit 1 GV = 10^{+9} V extrem hoch. Bei dem Modell D_{PSP} beträgt er ca. 75 V, bei allen anderen ca. 50 V, eben so, wie mit dem Parameter-Wertepaar $B_V@I_{BV}$ ungefähr parametriert. Näheres dazu wird in Abschn. 3.7.1 erläutert. Die Musterdatei M_3-10_DIODE_BV-VERGLEICH.CIR enthält diese Simulation.

ⓘ Es ist kein Zufall, dass sich an der Diode D_{DFLT} bei 1 mA eingeprägtem Sperrstrom der „gerade" Spannungswert von 1 GV ergibt, sondern die Wirkung des GS-Parameters G_{MIN}. **Um Konvergenzprobleme zu vermeiden, liegt bei *allen* SPICE-Modell-Typen parallel zu jedem modellierten pn-Übergang in Modellen von Halbleiter-Bauelementen ein Widerstand mit dem Wert $R_{pn-max} = 1/G_{MIN}$, der in der Ersatzschaltung in Bild 3-5 nicht dargestellt ist.** Dieser Widerstand bewirkt, dass der pn-Übergang nummerisch nicht hochohmiger werden kann als R_{pn-max}. Im Modell D_{DFLT} macht sich dies bemerkbar, da der im Modell-Typ D-L1 vorhandene Parallelwiderstand R_L durch seinen Defaultwert 0 als Leerlauf simuliert wird. Der Wert für G_{MIN} wird im Dialogfenster *Global Settings* eingestellt. Der Defaultwert mit 1 pS mit 1/(1 pS) = 1 TΩ erklärt den Wert von 1 GV. Weitere Hinweise zum Thema Konvergenz finden Sie in [MC-ERG].

Den folgenden Einschub über GS-Parameter können Sie auch später lesen.

ⓘ **Einschub *GS-Parameter (Global Settings)***

Im vorhergehenden Absatz haben Sie erfahren, dass parallel zu allen modellierten pn-Übergängen in SPICE-Modell-Typen ein Widerstand mit dem Wert $R_{pn-max} = 1/G_{MIN}$ parallelgeschaltet ist. G_{MIN} wird in diesem Buch als GS-Parameter bezeichnet, weil sein Wert im Dialogfenster *Global Settings* eingestellt wird. Zuvor haben Sie erfahren, dass der Defaultwert des GS-Parameters T_{NOM} ebenfalls in diesem Dialogfenster eingestellt wird.

Am Ende von Abschn. 2.4 haben Sie erfahren, dass MC bei einer Dynamic-DC- bzw. Dynamic-AC-Analyse von jedem Knoten einen unsichtbaren Widerstand mit dem Wert des GS-Parameters R_{NODE_GND} nach *Ground* schaltet, um eine Fehlermeldung zu vermeiden. Die Frage, in welchem Dialogfenster der Wert eingestellt wird, erübrigt sich.

Öffnen Sie mit der **SF Global Settings** das Dialogfenster *Global Settings* (alternativ <Strg> + <⇧> + <G> oder über die **Menüfolge Options → Global Settings...**). Wie der Name sagt, werden hier global wirkende Einstellungen vorgenommen.

ⓘ *Sie sollten nur dann Änderungen vornehmen, wenn Sie zuvor mittels [MC-REF] genau geklärt haben, was ein GS-Parameter beeinflusst. Der Autor empfiehlt, diese Werte nicht im Dialogfenster Global Settings für Ihre MC-Installation global zu ändern, sondern mit dem .OPTIONS-Statement nur lokal in der Schaltplandatei, in der diese geänderten Werte gelten sollen. Ein Beispiel ist am Ende dieses Einschubs.*

Sie finden in alphabetischer Reihenfolge 42 Einstellgrößen, die in diesem Buch **GS-Parameter** genannt werden und 7 weitere Einstellungsmöglichkeiten. Einige der GS-Parameter legen Werte fest, mit denen Schaltpläne verändert werden, um möglichen Konvergenzproblemen vorzubeugen. Andere GS-Parameter bestimmen die Arbeitsweise der Algorithmen, mit denen die Simulationsergebnisse berechnet werden. Weitere GS-Parameter legen Defaultwerte z. B. für MOSFET-Modelle und Simulationen digitaler Schaltungen fest.

Wenn bei C_{SHUNT} ein Wert $\neq 0$ wie z. B. „5p" eintragen ist, dann wird von *jedem Knoten* eine Kapazität mit dem Wert 5 pF gegen *Ground* berücksichtigt, ohne dass dieses im Schaltplan gezeigt wird. Dies hilft ggf. bei Konvergenzproblemen in der TR-Analyse oder kann die kapazitive Wirkung von Leiterbahnen auf einer Leiterkarte nachbilden.

Der Defaultwert „1u" für R_{MIN} bedeutet, dass ein Widerstand mindestens den Wert 1 μΩ hat, auch wenn Sie „0" eingegeben haben. Dies gilt für „sichtbare" Widerstände ebenso wie für Bahnwiderstände in den Modellen.

Wenn bei $R_{P\_FOR\_ISOURCE}$ ein Wert $\neq 0$ wie z. B. „10MEG" eingetragen ist, wird parallel zu jeder Stromquelle ein Widerstand mit 10 MΩ gelegt, ohne dass es im Schaltplan gezeigt wird. Dies verhindert einen Leerlauf und die damit verbundene Fehlermeldung.

Wenn bei R_{SHUNT} ein Wert $\neq 0$ wie z. B. „5MEG" eintragen ist, dann wird von *jedem Knoten* ein Widerstand mit 5 MΩ gegen *Ground* berücksichtigt, ohne dass dieses im Schaltplan gezeigt wird. Dies hilft ggf. bei Konvergenzproblemen in der DC- oder TR-Analyse.

Mit dem Eintrag „27" beim GS-Parameter T_{NOM} wird der Wert für T_{NOM} auf +27 °C eingestellt. T_{NOM} ist der Defaultwert von $T_{MEASURED}$.

ⓘ Mit dem .OPTIONS-Statement kann in MC der Wert eines oder mehrerer GS-Parameter **lokal nur für die Schaltplandatei** überschrieben werden, in der das .OPTIONS-Statement steht. Ein Beispiel: Das .OPTIONS-Statement „.OPTIONS TNOM=25 RSHUNT=5MEG RELTOL=5m METHOD=GEAR" weist T_{NOM} den Wert +25 °C zu. Außerdem wird von jedem Knoten ein im Schaltplan nicht sichtbarer Widerstand mit dem Wert 5 MΩ nach *Ground* berücksichtigt und verbessert ggf. die nummerische Stabilität. Der maximal zulässige relative Fehler von Strom- und Spannungswerten wird auf $5 \cdot 10^{-3}$ erhöht. Als Integrationsverfahren wird anstelle der Defaultmethode *Trapezoidal* das nach *C. W. Gear* benannte BDF-Verfahren (*backward differentiation formula*) verwendet.

Schließen Sie das Dialogfenster *Global Settings* mit der **SF Cancel**, *sodass Ihre MC-Installation weiterhin mit den Defaultwerten von MC arbeitet.* Eine knapp kommentierte Tabelle aller GS-Parameter des Dialogfensters *Global Settings* finden Sie in [MC-ERG].

❑ Einschub *GS-Parameter (Global Settings)*

3.6.4 Schaltverhalten von Dioden

Neben dem statischen Verhalten im Durchlass-, Sperr- und Durchbruchbereich zeigen Dioden ein dynamisches Verhalten beim Übergang vom leitenden in den sperrenden Zustand und umgekehrt. Besonders der Übergang „leitend → sperrend" ist problematisch, da er relativ lange dauern kann. Verursacht wird dieses durch das ladungsspeichernde und damit kapazitive Verhalten eines pn-Übergangs.

Anschaulich ist dies im sperrenden Zustand: Die Sperrschicht ist das Dielektrikum, die p- und n-Bahnen bilden die „Platten" eines Kondensators. Im sperrenden Zustand wird diese kapazitive Wirkung durch eine nichtlineare und spannungsabhängige Kapazität C_J modelliert mit dem Namen *Sperrschichtkapazität (junction capacitance)*. Bei der Kapazitätsdiode wird diese technisch genutzt, um z. B. in modernen Hörfunkempfängern auf einen Sender abzustimmen.

Im leitenden Zustand sind in den Bahngebieten Ladungsträger gespeichert. Diese kapazitive Wirkung wird durch die ebenfalls nichtlineare und spannungsabhängige Kapazität C_D mit dem Namen *Diffusionskapazität* modelliert. In Gl. (3.5) sind beide Kapazitätswerte enthalten, wobei C_D in Gl. (3.5) und in [MC-REF] mit C_T bezeichnet wird.

Ausgehend von dieser Modellvorstellung soll das Schaltverhalten für den Übergang „leitend → sperrend" qualitativ analysiert werden, um eine Erwartungshaltung an ein Simulationsergebnis aufzubauen. Die Überlegungen werden anhand des Schaltplans in Bild 3-10 angestellt. Die Diode ist hierbei „zerlegt" in eine Diode ohne Zeitverhalten und eine parallel geschaltete nichtlineare Kapazität. Diese wird je nach Spannungspolarität für u_F mit C_D oder C_J bezeichnet wird. Die Ergebnisse der Überlegungen sind bereits in Bild 3-10 als Zeitverläufe skizziert.

Zeitabschnitt A, $t < t_{12}$:
Der ideale Wechselschalter S_1 ist lange Zeit in der Position 1. Eine Analyse mit dem Näherungswert $U_{FSi} \approx 0,7$ V liefert den konstanten Strom $i_F = I_F = +0,5$ A, der durch R_1 eingestellt wird. Die „Diode ohne Zeitverhalten" ist *leitend* und die als Diffusionskapazität bezeichnete Kapazität C_D ist auf +0,7 V aufgeladen.

Beginn Zeitabschnitt B, $t = t_{12} + 0+$
S_1 hat gerade schlagartig von Position 1 nach 2 gewechselt (ausgedrückt durch „0+"). Aufgrund der Spannungsstetigkeit einer Kapazität kann sich die Spannung u_F nicht sprunghaft ändern. Es fließt ein hoher negativer Strom mit $i_F = -1$ A, der durch den Widerstand R_2 ($u_{R2} = 40,0$ V) eingestellt wird. Dieser Strom entlädt C_D und u_F sinkt. Da u_F noch größer 0 V ist, ist die „Diode ohne Zeitverhalten" formal noch im Durchlassbereich.

Ende Zeitabschnitt B, $t = t_{BC}$:
Die Spannung u_F erreicht den Wert 0 V. Da die Spannungsänderung von +0,7 V nach 0 V klein ist gegenüber der Spannung an R_2, ist der Strom $-i_F = I_R \approx 1$ A nahezu konstant geblieben.

Zeitabschnitt C, $t > t_{BC}$:
Die Spannung u_F wird negativ und die „Diode ohne Zeitverhalten" ist formal im Sperrbereich. Die Kapazität heißt jetzt Sperrschichtkapazität C_J und wird geladen, „sie nimmt Sperrspannung auf" wie dies auch sprachlich ausgedrückt wird. Da diese Spannung große Werte erreicht, ändert sich entsprechend der Strom i_F deutlich. *Aufgrund der Nichtlinearität von C_J ist dies nicht exponentiell!* Nach hinreichend langer Zeit ist die Sperrschichtkapazität auf den Wert der zu sperrenden Spannung $u_F = -U_2 = -39,3$ V aufgeladen und der fließende Strom ist praktisch 0 A. Die Diode ist endlich auch bzgl. des Stromes i_F *sperrend* geworden.

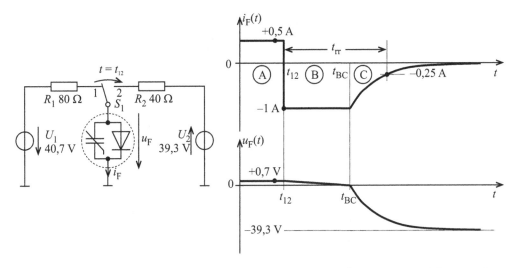

Bild 3-10 Vereinfacht dargestelltes Schaltverhalten einer Diode beim Übergang „leitend → sperrend"

Als zeitlicher Beginn des Übergangs „leitend → sperrend" wird der Zeitpunkt genommen, an dem das auslösende Ereignis stattfindet ($t = t_{12}$). Als Ende dieses Übergangsvorgangs (Ende des Zeitabschnittes C) wird oft der Zeitpunkt genommen, an dem $-i_F$ den Wert $0{,}25 \cdot I_R$ (oder auch $0{,}1 \cdot I_R$) erreicht hat. Diese Zeitdauer wird als **Sperrverzugszeit** oder Rückwärtserholzeit bezeichnet und mit dem Kennwert t_{rr} (_reverse recovery time_) in Datenblättern angegeben. In einigen Datenblättern einer „1N4001" steht: $t_{rr} = 2$ μs ($I_F = 0{,}5$ A, $I_R = 1$ A, $i_R(t = t_{rr}) = 0{,}25$ A).

Wie in SPICE gibt es in MC kein Modell-Element eines gesteuerten Wechselschalters, sodass S_1 z. B. mit zwei Ein-Aus-Schaltern realisiert werden muss. Da eine normale TR-Analyse bei $t = 0$ beginnt, soll der Wechselschaltzeitpunkt bei $t_{12} = 1$ μs liegen.

Es gibt in MC die SPICE-Modell-Elemente S (_V-Switch_, spannungsgesteuerter Schalter) und W (_I-Switch_, stromgesteuerter Schalter). Diese Modell-Elemente können entweder mit einem „sanften" Übergangsverhalten parametriert werden, das nummerische Probleme vermeidet, oder mit einem Hystereseverhalten. Eine Zeitsteuerung muss über eine zeitabhängige Quelle realisiert werden. Weitere Einzelheiten zu den Schalter-Modell-Elementen S (_V-Switch_) und W (_I-Switch_) finden Sie in [MC-REF].

MC hat mit dem Modell-Element _Switch_ ein weiteres Schaltermodell, mit dem neben einem spannungs- oder stromgesteuerten Schalter auch ein zeitgesteuerter Schalter modelliert werden kann. Das Modell-Element _Switch_ hat ein „schlagartiges" Übergangsverhalten, das ggf. zu Konvergenzproblemen führen kann.

Beschreibung des Modell-Elements _Switch_:
Die Kennwerte für das Modell-Element _Switch_ werden nicht als .MODEL-Statement eingegeben, sondern direkt als Attribut (hier bei S_{W1}), so wie das Attribut „Spannung" bei dem Modell-Element _Battery_. Bild 3-11 zeigt die Syntax der Zeichenkette „X, X_A, X_B, R_{ON}, R_{OFF}" mit $X = T$, V oder I und als Kennlinien die Bedeutung der Schwellenwerte X_A und X_B. An dem Modell-Symbol steht die Parametrierung als zeitgesteuerter Schalter „T,1u,11u,1m,1G". Diese bewirkt, dass S_{W1} in dem Zeitfenster, beginnend mit dem Zeitpunkt $t_A = 1$ μs, einmalig den _On_-Zustand (leitend) annimmt und zum Zeitpunkt $t_B = 11$ μs letztmalig den _On_-Zustand hat. Diese Funktion wird in [MC-REF] als _normally-off_ bezeichnet. Die Schaltfunktion wird invers, d. h.

normally-on, wenn $t_A > t_B$ ($X_A > X_B$). In den jeweiligen Zuständen wirkt der Schalter wie ein Widerstand mit den Werten R_{ON} = 1 mΩ bzw. R_{OFF} = 1 GΩ. Die Werte sollten nicht zu extrem gewählt werden. Bei Zeitsteuerung müssen die Steueranschlüsse mit irgendeinem Knoten wie z. B. *Ground* verbunden sein. Weitere Einzelheiten zum Modell-Element *Switch* finden Sie in [MC-REF].

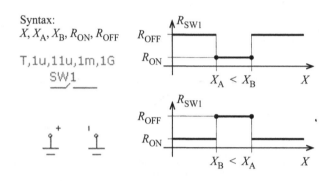

Syntax:
$X, X_A, X_B, R_{ON}, R_{OFF}$

T,1u,11u,1m,1G
SW1

Bild 3-11
Syntax, Beispiel-Parametrierung, Modell-Symbol und Funktion als *normally-off*- bzw. *normally-on*-Schalter des Modell-Elementes *Switch*

Ü 3-11 Modell-Element *Switch* (UE_3-11_SWITCH.CIR)

Bei einem für Sie neuen Modell-Element ist es sinnvoll, an einem übersichtlichen und leicht zu kontrollierendem Beispiel auszuprobieren, ob die Funktion (Wirkungsweise, Parametrierung, Syntax) so ist, wie Sie es glauben. Über die Menüfolge **Component → Analog Primitives → Special Purpose → ...** finden Sie das beschriebene Modell-Element **Switch** und auch die beiden SPICE-Modell-Elemente S *(V-Switch)* und W *(I-Switch)*. Parametrieren Sie das Modell-Element *Switch* mit folgenden Eigenschaften: Zeitgesteuert, erster Zeitpunkt für R_{ON}: 1 µs, letzter Zeitpunkt für R_{ON}: 11 µs, R_{ON} = 1 kΩ, R_{OFF} = 3 kΩ. Verbinden Sie dieses Modell-Element mit dem Modell-Element *Battery* (Spannungswert 10 V) und dem Modell-Element *Resistor* (Wert 1 kΩ). Kontrollieren Sie mit einer TR-Analyse und der Anzeige geeigneter Größen, ob und dass der Schalter so funktioniert wie beschrieben.   ❑ Ü 3-11

Mit diesem Schalter wird die Position 2 des Wechselschalters S_1 in der Simulation modelliert. Diese Simulation ist in der Musterdatei M_3-12_DIODE_TRR.CIR enthalten. Für einen näherungsweise leitenden Zustand ist R_{ON} = 1 mΩ, für den sperrenden R_{OFF} = 1 GΩ gewählt. Wie in Bild 3-11 dargestellt, kann die Position 1 mit einem Schalter realisiert werden, der zum Zeitpunkt 1 µs vom *On-* in den *Off-*Zustand übergeht und zum Zeitpunkt 11 µs vom *Off-* in den *On-*Zustand. Für dieses inverse Verhalten müssen die Parameterwerte t_B = 1 µs und t_A = 11 µs sein. Werden beide Schalter wie in Bild 3-12a kombiniert und parametriert, ergibt sich die Funktion des Wechselschalters mit den Zeitpunkten t_{12} = 1 µs (Wechsel von Position 1 nach Position 2) und t_{21} = 11 µs (Wechsel von Position 2 nach Position 1).

Die Diagramme in Bild 3-12b und c zeigen das Simulationsergebnis für den Parameterwertesatz „1N4001-MC9".

In Bild 3-12b ist als Kurve (1) der Strom $i_F = f(t)$ ($I_{(D\_MC9)}$) dargestellt. Deutlich ist der erwartete Wechsel bei t_{12} = 1 µs von i_F = +0,5 A (Zeitabschnitt A) auf i_F = −1,0 A (Zeitabschnitt B) zu sehen. Kurve (2) zeigt die Spannung $u_F = f(t)$ ($V_{(D\_MC9)}$). Aufgrund des Maßstabs (−45 V bis +5 V) ist das Entladen der Diffusionskapazität während des Zeitabschnitts B nur zu ahnen. Kurve (3) zeigt dies deutlicher, da der Skala der y-Achse von −1 V bis +1 V reicht.

Gemäß Bild 3-12b Kurve (2) scheint es, als ob die Sperrschichtkapazität „schlagartig" von 0 V auf −39,3 V zu Beginn des Zeitabschnitts C aufgeladen wird. Durch entsprechendes Zoomen dieses Zeitbereichs zeigt sich in Bild 3-12c Kurve (2), dass das qualitativ erwartete Verhalten für $u_F(t)$ auch simuliert wird. Bild 3-12c Kurve (1) zeigt dazu den Verlauf von $i_F(t)$.

Die simulierte Sperrverzugszeit t_{rr} beträgt ca. 2 µs und ist damit gleich dem Wert, den die meisten Datenblätter für eine 1N4001 angeben. Dies ist als glücklicher Einzelfall zu werten und darf keinesfalls zu der Annahme führen, dass simulierte Werte immer so präzise zu Datenblattwerten oder eigenen Messwerten passen.

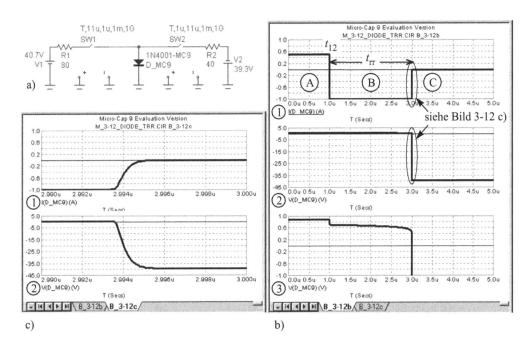

c)   b)

Bild 3-12 a) Simulationsschaltung, b) und c) Ergebnisse zum Schaltverhalten einer Diode

Einer Erklärung bedarf der simulierte kleine Spannungssprung von −181 mV bei $t = 1$ µs in Bild 3-12b, Kurve (3). Dieser Spannungssprung wird vom Spannungsabfall am Bahnwiderstand R_S verursacht, der bei den Überlegungen zu Bild 3-10 nicht beachtet wurde. Gemäß Bild 3-5 fällt zusätzlich zur stetigen Spannung an der Kapazität C an R_S eine stromproportionale Spannung ab. Ändert sich der Strom um −1,5 A, ändert sich diese Spannung um −1,5 A · 121 mΩ = −181 mV.

Ü 3-12 Schaltverhalten einer Diode (UE_3-12_DIODE_TRR.CIR)

a) Geben Sie die Simulationsschaltung gemäß Bild 3-12a ein. Starten Sie eine TR-Analyse für den Zeitbereich 0 bis 5 µs und einer max. Schrittweite von 50 ps. Diese sehr kleine maximale Schrittweite ist bei diesem schnellen Vorgang notwendig und kann ggf. zu einer spürbaren Rechenzeit (je nach PC) führen. Geben Sie für die Ausgaben die Werte so ein, dass die Ergebnisse für Parameterwertesatz 1N4001-MC9 wie in Bild 3-12b dargestellt werden.

b) Ändern Sie im Dialogfenster *Transient Analysis Limits* die Skalierung für die *x*- und *y*-Achse so, dass Sie wie in Bild 3-12c deutlich erkennen können, wie das Aufladen der Sperrschichtkapazität simuliert wird.

c) Ändern Sie im Dialogfenster *Transient Analysis Limits* die Skalierung für die *x*- und *y*-Achse so, dass Sie deutlich erkennen können, wie der Übergang „sperrend → leitend" bei $t = 11$ µs simuliert wird.

d) Verifizieren Sie das Schaltverhalten der anderen Parameterwertesätze.   ❑ Ü 3-12

ⓘ **Cleanup:** Nach diesen vielen Simulationen sollten Sie die von MC erzeugten zweitrangigen Dateien mal wieder löschen, indem Sie *für jede Pfadsammlung*, mit der Sie gearbeitet haben, das Dialogfenster *Clean Up* aufrufen, alle angebotenen Dateitypen auswählen und löschen. *Dieser Hinweis wird letztmalig gegeben und empfohlen, hin und wieder mittels Cleanup die Ordner/Pfadsammlungen, in denen Sie gearbeitet haben, aufzuräumen, d. h. von MC erzeugte und nicht mehr benötigte Dateien aufzuspüren und zu löschen.*

3.7 Weitere Übungen zu Kapitel 3

ⓘ Es ist empfehlenswert, auch die folgenden Übungsaufgaben zu bearbeiten, da Sie dadurch folgende neun Vorteile bekommen:

1. Training und mehr Sicherheit im Umgang mit MC und dessen Möglichkeiten.

2. Training und mehr Sicherheit im Umgang mit Parameterwerten (Ü 3-13, Ü 3-14).

3. Kennenlernen des Modell-Elements *Animated Analog LED* (Ü 3-14).

4. Je nach Ihrer Vorkenntnis ein besseres Verständnis der Einweg-Gleichrichterschaltung mit kapazitiver Glättung (Ü 3-15 und Ü 3-16). Die bei dem Analyseergebnis von Ü 3-16 für Bild 3-17 verwendeten Auswertewerkzeuge werden in Kap. 4 behandelt.

5. Ein Beispiel, wie Sie MC hilfreich und ergänzend einsetzen können, um sich die Funktion von komplexeren Schaltungen, und das sind Gleichrichterschaltungen mit Energiespeichern, klar machen zu können (Ü 3-16 bis Ü 3-21).

6. Ein Beispiel, wie Sie mit ein paar Tricks und in diesem Fall mit dem Modell-Element *Switch* einen Spannungsverlauf erzeugen können, der mit den Modell-Elementen in MC nicht direkt erzeugbar ist (Ü 3-20).

7. Kennenlernen des Modell-Elements *Animated SPST Switch* (nach Ü 3-21).

8. Ein Beispiel, wie Sie mit einem „logisch gesteuerten Widerstandswert" in der Form $R = \text{IF}(T < 1\text{ms}, 1 \text{ m}\Omega, 1 \text{ G}\Omega)$ einen gesteuerten Schalter simulieren können (Ü 3-22).

9. In Ü 3-23 werden die Beschreibungen des Einschubs *Kleinsignal-Bedingung* aus Abschn. 2.6 am Beispiel des Modell-Typs D-L1/L2 konkretisiert.

3.7.1 Parametrieren einer Z-Diode in MC

Um Z-Dioden in MC zu simulieren, wird auf der Homepage der Firma Spectrum Software im *Newsletters Fall 2000* (dt. Herbst 2000) im Artikel „*How to Model a Zener Diode*" die Möglichkeit erläutert, für eine Z-Diode den Modell-Typ D-L1 zu nehmen. Der Fokus liegt auf einer guten Modellierung des Durchbruchverhaltens. Als Beispiel sei die Z-Diode mit dem kommerziellen Bauelement-Namen BZX55C5V6 genommen. Die technischen Daten entstammen dem Datenblatt eines Herstellers. Bild 3-13 zeigt aus einem Datenblatt die Durchbruchkennlinien verschiedener Typen der Serie BZX55. Bei Z-Dioden wird anstelle des Indexes R für *reverse* oft der Index Z genommen ($v_Z = u_R$, $i_Z = i_R$).

Für den Parameter B_V (*breakdown voltage*) ist der Wert der Z-Spannung einzutragen. Im Datenblatt wird für V_Z (*Z-voltage*) angegeben: 5,2 V bis 6,0 V. Es wird nahe liegend $B_V = 5,6$ V gewählt. Für den Parameter I_{BV} ist der Teststrom, bei dem die Z-Spannung gemessen wird, einzutragen. Laut Datenblatt beträgt $I_{ZT} = 5$ mA, also $I_{BV} = 5$ mA.

ⓘ Das Wertepaar B_V, I_{BV} legt die Kennlinie des Durchbruchs nicht eindeutig fest. Mit unterschiedlichen Wertepaaren kann der gleiche Kennlinienverlauf beschrieben werden.

Mit dem Parameter R_S wird der differenzielle Widerstand $R_{dZ} = \Delta u_Z/\Delta i_Z$ (r_Z) modelliert. Der Parameterwert $R_S = 4,5\ \Omega$ ergibt die beste Näherung für den *statischen* differenziellen Widerstand gemäß Bild 3-13. Der Parameter R_L kann aus der Angabe des Sperrstroms $I_R = 1\ \mu$A @ $U_R = 1$ V berechnet werden zu $U_R / I_R = 1\ M\Omega$.

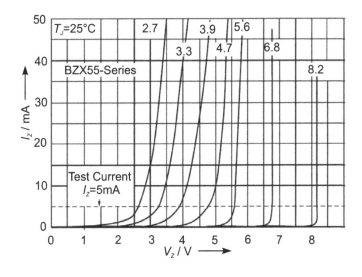

Bild 3-13
Durchbruchkennlinien aus einem Datenblatt für Z-Dioden der Serie BZX55 bei der Sperrschichttemperatur $T_J = +25\ °C$

Die Temperaturabhängigkeit der Z-Spannung kann mit dem Parameter T_{BV1} beschrieben werden. T_{BV1} ergibt sich aus dem Temperaturkoeffizienten $\alpha_{VZ} = -0,5 \cdot 10^{-3}$ bis $+0,5 \cdot 10^{-3}$ 1/K. Hier sei gewählt: $T_{BV1} = +0,5 \cdot 10^{-3}$ 1/K.

ⓘ Diese Angabe zeigt, dass eine Z-Diode mit einer Z-Spannung im Bereich von ca. 5,1 V bis 6,2 V unter dem Aspekt Temperaturstabilität die Beste ist. Bei kleinerer Z-Spannung überwiegt der Zener-Effekt mit einem negativen Wert für α_{VZ}, bei größerer Z-Spannung überwiegt der Avalanche-Effekt mit einem positiven Wert für α_{VZ}. Bei Z-Spannungen im Bereich von ca. 7,5 V bis 9,1 V ist der differenzielle Widerstand R_{dZ} am geringsten und damit die Stabilisierungswirkung am größten.

ⓘ Falls Sie Wert darauf legen, dass das Modell-Symbol ähnlich wie das Bauelement-Symbol einer Z-Diode aussieht: Über die **Menüfolge C̲omponent → Analog Primitives**

→ **Passive Components** → **Zener** bekommen Sie den Modell-Typ D mit einem passenderen Modell-Symbol.

Ü 3-13 Parametrieren einer Z-Diode (UE_3-13_DIODE_ZENER.CIR)

a) Parametrieren Sie einen Modell-Typ D-L1 als Z-Diode mit diesen Werten. Simulieren Sie die Sperrkennlinie im Bereich $u_R = 0$ V bis $u_R = 5$ V. Kontrollieren Sie, ob bei $u_R = 1$ V der Wert $i_R = 1$ µA berechnet wird.

b) Simulieren Sie den Durchbruchbereich. Kontrollieren Sie, ob bei $u_R = 5,6$ V der Strom zu $i_R = 5$ mA berechnet wird. Kontrollieren Sie den Wert $R_{dZ} = 4,5$ Ω, indem Sie die Steigung $\Delta u_R/\Delta i_R$ bestimmen.

c) Bewerten Sie für sich, ob die angegebenen Datenblattwerte hinreichend genau simuliert werden. Vergleichen Sie die Kennlinie mit der aus einem Datenblatt.   ❑ Ü 3-13

3.7.2 Parametrieren einer LED in MC

Auch für eine LED ist der Modell-Typ D-L1/L2 geeignet. Der Fokus bei einer LED liegt auf einer guten Modellierung des Durchlassbereichs. Daher können die Parameterwerte wie in Ü 3-2 zu Fuß aus der Durchlasskennlinie berechnet werden. Als Beispiel sei die *Low-Current-LED* TLLR 5400 genommen. In Bild 3-14 ist die Durchlasskennlinie gezeigt.

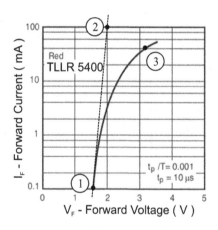

Bild 3-14
Durchlasskennlinie der roten LED
TLLR 5400 bei $T_J = +25$ °C

Als Hilfe ist die „Gerade" der Shockley-Gleichung bereits eingezeichnet und die drei Wertepaare zur Extraktion der Parameterwerte sind eingetragen: WP1: 1,6 V @ 0,1 mA, WP2: 2,0 V @ 100 mA für die Shockley-Gleichung und WP3: 3,2 V @ 40 mA zur Berechnung des Bahnwiderstandes.

Des Weiteren sind in dem Datenblatt angegeben: $V_R = 20$V @ $I_R = 0$µA sowie $C_J(V_R = 0) = 50$ pF. Als maximale Sperrspannung ist $V_{Rmax} = 6$ V, eine Bestätigung der Aussage, dass LEDs i. Allg. keine nennenswerte Sperrspannung aushalten!

Ü 3-14 Parameterextraktion und -verifikation einer LED (UE_3-14_DIODE_LED.CIR)

a) Berechnen Sie analog zu Ü 3-2 die Parameterwerte für I_S und N aus WP1 und WP2. Berechnen Sie damit den Spannungsabfall u_{pn}. Berechnen Sie mit WP3 den Wert des Bahnwiderstandes.

b) Berechnen Sie den Parameterwert für R_L.

c) Parametrieren Sie den Modell-Typ D-L1 mit den berechneten Werten und den Angaben für C_J und V_{Rmax}. Simulieren Sie den Durchlassbereich und vergleichen Sie mit der gegebenen Kennlinie. Simulieren Sie den Sperrbereich und den Durchbruchbereich und vergleichen Sie mit Ihren Erwartungen. Bewerten Sie für sich, ob die angegebenen Datenblattwerte hinreichend genau simuliert werden.

d) Über die Menüfolge **Component → Animation → Animated Analog LED** finden Sie das Modell-Element *Animated Analog LED*. Klicken Sie im Attributfenster *Animated Analog LED* das Attribut COLOR an. Anstelle eines Eingabefeldes erscheint bei *Value* die **SF LED Color** ▨ . Wenn Sie auf diese Schaltfläche klicken, öffnet sich das Dialogfenster *LED Color*. Klicken Sie auf die **SF Add....** Geben Sie in das sich öffnende Dialogfenster *LED Color Item* folgende Werte ein:

　　Color Name = TLLR5400-X　　$V_{ON} = 1{,}9$ V　　$I_{ON} = 2$ mA　　$R_S = 31{,}3$ Ω　　$C_{JO} = 50$ pF.

Suchen Sie sich über die **SF Color...**▨ eine geeignete Farbe aus. Bestätigen Sie alle Eingaben mit der **SF OK**.

Das Attribut COLOR beinhaltet die Informationen in der Form: „*Color Name, V_{ON}, I_{ON}, R_S, C_{JO}*". Ist bei einer Simulation $u_F > V_{ON}$ oder $i_F > I_{ON}$ wird das Modell-Symbol mit der parametrierten Farbe gefüllt, ansonsten ist es transparent. Simulieren Sie die Durchlasskennlinie und vergleichen Sie diese mit dem LED-Modellparametrierung aus c). ❑ Ü 3-14

ⓘ Es wurde bereits darauf hingewiesen, dass der auf LEDs angewendete Modell-Typ D-L1/L2 realitätsferne Ergebnisse bei Temperatursimulationen berechnet, da die *Defaultwerte* für die Parameter E_G und X_{TI} für Silizium sinnvoll sind, LEDs aber aus anderen Halbleiter-Materialien bestehen. Dieses Thema wird in dem Artikel „*Diode Materials Temperature Parameter Values*" im *Newsletters Summer 2003* auf der Homepage der Firma Spectrum Software behandelt und Werte angegeben. Stöbern Sie bei Gelegenheit die ***Newsletters*** auf der Homepage der Firma Spectrum Software durch, um einen Eindruck zu bekommen, inwieweit Ihnen diese Artikel bei einer bestimmten Fragestellung helfen könnten.

3.7.3 Gleichrichter-Schaltungen

Da in praktisch jedem Buch über Elektronik die Einweg-/Zweiweg-Gleichrichterschaltung erklärt ist, wird auf eine detaillierte Beschreibung verzichtet. Sie können mit den Übungsaufgaben Ü 3-15 bis Ü 3-17 Ihren Kenntnisstand überprüfen und ggf. festigen. Ü 3-18 und Ü 3-19 behandeln die Spannungsverdoppler-Schaltung nach Villard. Ü 3-20 und Ü 3-21 behandeln diese Schaltung in der Anwendung als Spannungsinverter.

Ü 3-15 Berechnungen zur Einweg-Gleichrichterschaltung

Es wird folgende reale Situation betrachtet: Ein 50-Hz-Netztransformator mit der sekundärseitigen Nennspannung $U_{Neff} = 12$ V speist eine Einweg-Gleichrichterschaltung mit kapazitiver Glättung. Die damit erzeugte pulsierende Gleichspannung soll eine elektronische Schaltung versorgen, mit der NiMH-Akkus geladen werden. Da diese Akkus mit einem konstanten Strom geladen werden, ist auch der Versorgungsstrom der Ladeschaltung weitgehend konstant. Diese beträgt ca. 0,2 A. Die Ladeelektronik funktioniert „gut", wenn die Versorgungsspannung im Bereich von +10 V bis +18 V liegt. „Gut" heißt, dass der Ladestrom auf den gewünschten konstanten Wert von der Ladeelektronik geregelt werden kann.

Diese reale Situation soll simuliert werden, um eine Aussage über die Zeitverläufe der Spannungen und vor allem der Ströme zu bekommen. Die Simulation soll zeigen, ob der Glättungskondensator- ausreichend groß dimensioniert wurde. Sie wird außerdem zeigen, was passiert, wenn der Wert sehr groß gewählt wird!

Das Verhalten des Netztransformators wird *vereinfacht* dadurch beschrieben, dass die Sekundärseite als ideale Sinus-Spannungsquelle angesehen wird. Aufgrund des konstanten Versorgungsstroms mit $i_V(t) = I_V = 0,2$ A wird die Ladeelektronik *vereinfacht* als Stromquelle modelliert. Es ergibt sich die Ersatzschaltung gemäß Bild 3-15a.

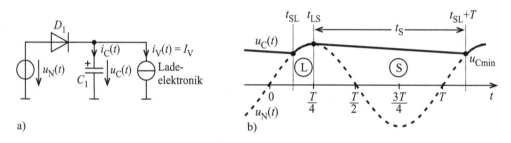

a)   b)

Bild 3-15 a) Ersatzschaltung b) idealisierte zeitliche Verläufe von $u_N(t)$ und $u_C(t)$

Für die Dimensionierung des Glättungskondensators C_1 nach [TIET12] müssen Daten des Netztransformators mit einbezogen werden, die oft nicht vorliegen. Daher wird folgender Ansatz vorgeschlagen:

In Bild 3-15b ist der zeitliche Verlauf der sekundärseitigen Spannung des Netztransformators $u_N(t)$ und der Spannung $u_C(t)$ idealisiert und im *eingeschwungenen* Zustand dargestellt. Die Diode wird dabei als ideal gemäß Bild 3-1a betrachtet.

Zum Zeitpunkt t_{SL} geht die Diode vom vorhergehenden sperrenden Zustand in den leitenden Zustand. Während des Zeitabschnitts L (leitender Zustand, $i_F > 0$) ist $u_C(t) = u_N(t)$. *Vereinfachend* wird angenommen, dass der Übergang vom leitenden in den sperrenden Zustand (Zeitabschnitt S, $u_F < 0$) zum Zeitpunkt $t_{LS} = T/4$ beginnt. Aufgrund des konstanten Stroms $i_C = -I_V$ bei sperrender Diode ist gemäß Gl. (2.7) die zeitliche Änderung du_C/dt konstant und die Spannung $u_C(t)$ ändert sich *linear* mit der Zeit. Die Änderung *wäre exponentiell*, wenn der Strom i_V nicht konstant wäre, sondern bei einem ohmschen Widerstand als „Verbraucher" über $i_V = u_C/R_V$ vom Wert der Spannung u_C abhinge. Zum Zeitpunkt $t = t_{SL} + T$ geht die Diode wieder vom sperrenden in den leitenden Zustand. Die Zeitdauer $t_S = (t_{SL} + T) - t_{LS}$ ist die *Dauer des sperrenden Zustands*.

a) Berechnen Sie für die Sekundärspannung $u_N(t)$ Amplitude und Periodendauer T.

b) Die Spannung $u_C(t)$ soll eine „Welligkeit" von 20 % der Amplitude (des Scheitelwertes) haben. Berechnen Sie u_{Cmin}.

c) Der sperrende Zustand ($u_F < 0$) endet beim Zeitpunkt t_{SL} bzw. ($t_{SL} + T$) wenn $u_N(t) = \hat{u}_N \cdot \sin(\omega t)$ und $u_C(t)$ gleich groß sind bzw. $u_C(t) = u_{Cmin}$. Berechnen Sie mit der letzteren Bedingung den Zeitpunkt t_{SL}.

d) Berechnen Sie die Dauer des sperrenden Zustands t_S.

e) Mit welcher „Geschwindigkeit" du_C/dt ändert sich die Spannung u_C im Zeitabschnitt S?

f) Berechnen Sie den erforderlichen Wert für C_1 (Hinweis: Es geht mit Gl. 2.7).

g) Welche periodische Spitzen-Sperrspannung U_{RRM} (_reverse repetitive maximum_) muss die Diode mindestens aushalten können?   ❑ Ü 3-15

Die wichtige Frage, wie groß der Grenzwert für den periodischen Spitzenstrom I_{FRM} (_forward repetitve maximum_) der Diode mindestens sein muss, ist nur mit einigem mathematischen Aufwand zu beantworten. Hierbei soll die Simulation helfen. Der Vorteil der bisher durchgeführten Berechnungen und Dimensionierung: Sie haben mit den Werten eine Erwartungserhaltung an die Simulationsergebnisse aufgebaut und können diese daher beurteilen.

Ü 3-16 Simulationen zur Einweg-Gleichrichtung (UE_3-16_DIODE_EINWEG.CIR)

a) Bild 3-16 zeigt die Simulationsschaltung und den Parameterwertesatz der Sinus-Spannungsquelle. Als Modell für die Diode wird der Parameterwertesatz mit dem Modell-Namen „1N4001-MC9" verwendet. Geben Sie den Schaltplan in MC ein. Die Gleichstromquelle I_1 (Modell-Element *ISource*, Pendant zum Modell-Element *Battery*) finden Sie über die Menüfolge **Component → Analog Primitives → Waveform Sources → ISource**.

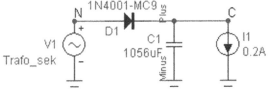

Bild 3-16
Simulationsschaltung der Einweg-
Gleichrichterschaltung aus Ü 3-15

```
.MODEL Trafo_sek SIN (A=17V F=50Hz)
.MODEL 1N4001-MC9 D (LEVEL=1 IS=3.507n
N=1.695 BV=50 RS=121.2m RL=10MEG
TT=4.93u CJO=47.6p VJ=0.7 M=0.45}
```

b) Führen Sie eine TR-Analyse über einen Zeitbereich von 60 ms = 3 · T durch. Vorschlag für die max. Schrittweite: 60 μs. Deaktivieren Sie die Arbeitspunktberechnung, indem Sie die **CB ○ Operating Point** deaktivieren. Dadurch wird die Berechnung mit $u_C(t = 0) = 0$ V gestartet, sodass C_1 ungeladen ist. Lassen Sie sich in einem Diagramm folgende Spannungen bzw. Potenziale anzeigen: $V_{(N)}$, $V_{(C)}$, $V_{(D1)}$, Skalierung: +20 V, −35 V, Gitternetzabstand: 5 V. Lassen Sie sich in einem zweiten Diagramm die Ströme $I_{(D1)}$, $I_{(C1)}$ und $I_{(I1)}$ anzeigen. Da diese in Ihrer Größe nicht abgeschätzt wurden, könnte hier die Einstellung „Au-

to" gewählt werden. Wenn Sie das Ergebnis wie in Bild 3-17 erhalten möchten, ist die Skalierung auf +6 A, –1 A, Gitternetzabstand 1 A einzustellen. Starten Sie einen Simulationslauf.   ❑ Ü 3-16

Als Ergebnis der Simulation von Ü 3-16 sollte MC das Ausgabefenster wie in Bild 3-17 dargestellt anzeigen. Die *Tags* (dt. Etikett, Markierung, Kennzeichnung) und die *Cursor* (4) und (5)
sind Auswertewerkzeuge und werden in Kap. 4 behandelt.

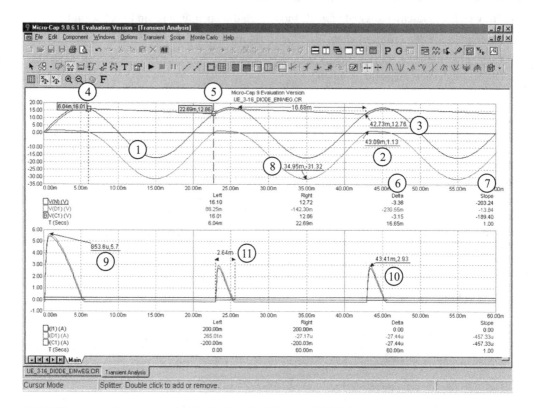

Bild 3-17 Ausgabefenster nach der TR-Analyse der Einweg-Gleichrichterschaltung

Betrachten Sie die Ergebnisse der Reihe nach und vergleichen Sie diese mit Ihren Erwartungen:

(1) Der zeitliche Verlauf der simulierten Spannung von $V_{(N)}$ ist wie zuvor parametriert: 17 V
     Amplitude, 20 ms Periodendauer. Beachten Sie, dass für den nicht dargestellten Bereich
     $t < 0$ gilt: $V_{(N)} = 0$ V.

(2) $V_{(N)}$ und $V_{(C)}$ unterscheiden sich im leitenden Zustand der Diode. Dies ist der Spannungs-
     abfall u_F der Diode, hier $V_{(D1)}$. Aufgrund des hohen Stroms i_F (hier $I_{(D1)}$) ist dies nicht der
     Näherungswert für Silizium von 0,6 V bis 0,7 V sondern 1,13 V wie an *Tag* (2) ersicht-
     lich.

(3) Der Zeitpunkt t_{SL} ergibt sich in der Simulation zu ca. 2,7 ms = 42,7 ms − (2·20 ms). Der Spannungswert u_{Cmin} beträgt 12,76 V. Dies ist an *Tag* (3) zu sehen.

(4) Die Zeitabschnitt S ist ca. 16,7 ms lang. Die Spannung $u_C(t)$ fällt in diesem Zeitabschnitt mit −189,4 V/s. Diese beiden Informationen werden durch den linken (4) und rechten *Cursor* (5) „gemessen" und als Werte in den Spalten *Delta* (6) und *Slope* (7) angezeigt.

(8) Die Diode wird in dieser Situation mit maximal $u_R = -u_F = 31{,}3$ V Sperrspannung belastet, wie an *Tag* (8) abzulesen ist. Im Fall, dass $I_{(11)} = 0$ A ist, beträgt die maximale Sperrspannung 34 V.

(9) Man beachte die extrem hohen Spitzenströme, die Kondensator und Diode aushalten müssen. Beim Einschaltvorgang in der Form „eingeschalteter Sinus" ist er für die Diode mit 5,7 A besonders hoch wie an *Tag* (9) zu sehen ist, da das „du/dt" des Sinus hier am höchsten ist. Auch im eingeschwungenen Zustand ist er mit 2,9 A (*Tag* 10) ca. 14 mal höher (!) als der Gleichstrom, der der Schaltung entnommen wird. Dies liegt an dem nur ca. 2,64 ms kurzen Zeitabschnitt L (*Tag* 11).

Ü 3-16c Glättung mit verschiedenen Kapazitätswerten (UE_3-16_DIODE_EINWEG.CIR)

c) Simulieren Sie die Auswirkungen anderer Kapazitätswerte (hier $C_{1a} = 220$ μF und $C_{1b} = 2200$ μF), indem Sie den Kapazitätswert des Modell-Elementes C_1 direkt ändern und eine TR-Analyse starten.

In der Datei UE_3-16_DIODE_EINWEG.CIR ist dies über *Stepping* vorbereitet. Starten Sie dazu eine TR-Analyse. Klicken Sie im Dialogfenster *Transient Analysis Limits* auf die **SF Stepping...**. Wahlen Sie in der Rubrik *Step It* die **CB** ⊙ **Yes**. Bestätigen Sie die Eingabe mit der **SF** **OK**. Starten Sie mit der **SF Run** oder **<F2>** einen Simulationslauf. MC führt drei Simulationsläufe hintereinander durch und ändert den Kapazitätswert C_1 schrittweise, wie im Dialogfenster *Stepping* eingestellt. *Stepping* wird ausführlich in Kap. 6 behandelt.

Bei $C_1 = 220$ μF ist gegenüber 1056 μF die Welligkeit deutlich größer geworden. Die Spitzenströme sind deutlich niedriger geworden.

Bei $C_1 = 2200$ μF ist gegenüber 1056 μF die Welligkeit zwar kleiner geworden, dafür sind die Spitzenströme noch einmal deutlich größer geworden, insbesondere im Einschwingvorgang. Aus diesem Grund sollten in der Praxis durch kapazitive Glättung keine Spannungswelligkeiten von < 10 % bei Volllast angestrebt werden. Ist eine „Gleichspannung" mit geringerer Welligkeit nötig, kann dies durch eine elektronische Regelung wie z. B. mit einem Festspannungsregler mit besseren technischen Eigenschaften erreicht werden.

❑ Ü 3-16c

Die aus Ü 3-15 mit idealer Diode berechneten und vorhergesagten Werte werden näherungsweise auch simuliert. Da in der Simulation für die Diode ein realitätsnäheres Modell verwendet wird, sind die Ergebnisse auch realitätsnäher. Eine Steigerung würde es noch geben, wenn der reale Netztransformator nicht als einprägende Spannungsquelle idealisiert wird, sondern durch ein komplexeres Modell beschrieben würde. In Abschn. 9.3 werden Modell-Elemente zur Simulation magnetisch gekoppelter Wicklungen beschrieben.

Dieses Simulationsergebnis enthält viele verschiedene Informationen über Zeiten und Größen. Daher werden im folgenden Kap. 4 Auswertewerkzeuge für ein Simulationsergebnis beschrieben, die MC zur Verfügung stellt.

Ü 3-17 Zweiweg-Gleichrichtung (UE_3-17_DIODE_ZWEIWEG.CIR)

Ergänzen Sie die Simulation aus Ü 3-16 so, dass eine Zweiweg-Gleichrichterschaltung (Brükkengleichrichter) entsteht. Lassen Sie sich *alle Ströme* anzeigen und vergleichen Sie diese mit Ihren Erwartungen. Variieren Sie den Wert des Glättungskondensators so, dass die „Gleichspannung" eine „Welligkeit" von ca. 20 % des Scheitelwertes hat.

ⓘ Falls Sie gerne die Modell-Symbole in der „nachrichtentechnisch" üblichen Weise als ein auf der Spitze stehendes Quadrat anordnen möchten: Über die **Menüfolge <u>C</u>omponent → Analog Primitives → Passive Components → D45** bekommen Sie den Modell-Typ D mit einem um 45° gedrehten Modell-Symbol.   ❑ Ü 3-17

Ü 3-18 Spannungsverdoppler-Schaltung (UE_3-18_DIODE_VERDOPPLER_1.CIR) In Bild 3-18 ist die Simulation einer Spannungsverdoppler-Schaltung nach Villard gezeigt. Geben Sie den Schaltplan in MC ein.

Führen Sie eine TR-Analyse über 5 Perioden durch und lassen Sie sich die Spannungsverläufe von $V_{(A)}$, $V_{(B)}$, $V_{(C1)}$, $V_{(C2)}$ und $V_{(CC)}$ anzeigen. Verwenden Sie das Simulationsergebnis von MC, um zu verstehen, wie es zu der Spannungsverdopplung kommt, wann welche Diode sperrend oder leitend ist und mit welchen Strömen die Kondensatoren geladen werden.   ❑ Ü 3-18

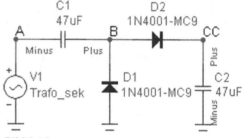

Bild 3-18
Spannungsverdoppler-Schaltung nach Villard

Ü 3-19 Negative Spannungsversorgung (UE_3-19_DIODE_VERDOPPLER_2.CIR)

In elektronischen Schaltungen wird oft eine bipolare Spannungsversorgung wie z. B. ±15 V benötigt. Die Spannungsverdoppler-Schaltung kann dazu verwendet werden, aus einer „positiven" Versorgungsspannung eine „negative" zu erzeugen. Polen Sie in dem Schaltplan von Bild 3-18 die beiden Dioden um. Da aufgrund der großen Kapazitätswerte für die Kondensatoren Elkos eingesetzt würden, sollten Sie der Klarheit wegen auch die Modell-Elemente C_1 und C_2 umpolen, um zu verifizieren, dass die Spannung an diesen Kondensatoren passend zur Polung ist. Geben Sie dem Knoten mit dem negativen Potenzial den Knotennamen „EE" anstelle von „CC".

Führen Sie eine TR-Analyse über 5 Perioden durch und lassen Sie sich die Spannungsverläufe von $V_{(A)}$, $V_{(B)}$, $V_{(C1)}$, $V_{(C2)}$ und $V_{(EE)}$ anzeigen. Benutzen Sie das Simulationsergebnis von MC um zu verstehen, wie es zu der Spannungsverdopplung und der „negativen" Spannung $V_{(EE)}$ kommt.   ❑ Ü 3-19

ⓘ Sehr oft werden bereits Versorgungsspannungs*anschlüsse* mit V_{CC} und V_{EE} bezeichnet. Da dies aber Spannungsgrößen darstellen, wird in diesem Buch der Anschluss (Knoten) für die positivere Versorgungsspannung nur mit CC bezeichnet, der Anschluss für die negativere Versorgungsspannung nur mit EE. U_{CC}, U_{EE} (alternativ V_{CC}, V_{EE}) sind dann folgerichtig die Spannungen dieser Anschlüsse/Knoten gegenüber *Ground*. Sind in der versorgten Schaltung/in den versorgten ICs überwiegend MOSFETs, wird DD bzw. SS als Knotennamen/Indizes verwenden.

Ü 3-20 Verdoppler als Spannungs-Inverter (UE_3-20_DIODE_VERDOPPLER_3.CIR)

Um klarer zu erkennen, dass die Verdoppler-Schaltung aus Ü 3-19 invertierend wirkt, soll sie nur mit den positiven Halbschwingungen der Wechselspannung versorgt werden. Um diese zu erzeugen, wird das Modell-Element *Switch* als spannungsgesteuerter Schalter parametriert. Liefert die Sinusquelle eine positive Spannung, sei der Schalter sperrend, d. h. hinreichend hochohmig. Ist die Spannung negativ, sei er leitend, d. h. hinreichend niederohmig und „schließe die Spannungsquelle praktisch kurz", sodass damit nahezu 0 V entstehen.

In Bild 3-19 ist der Schaltplan gezeigt. Die Sinus-Spannungsquelle V_1 steuert den Schalter S_{W1}. Die Quelle V_2 ist diejenige, deren Spannung am Knoten A als Eingang für die invertierende Spannungsverdoppler-Schaltung anliegt. Machen Sie sich die Parametrierung des Schalters klar. Beachten Sie, dass V_1 und V_2 keine idealen Spannungsquellen sind, sondern einen mit dem Wert $R_S = 0{,}1$ mΩ parametrierten Serienwiderstand haben.

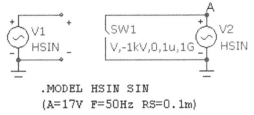

.MODEL HSIN SIN
(A=17V F=50Hz RS=0.1m)

Bild 3-19
Simulationsschaltung, die an Knoten A nahezu nur die positiven Halbschwingungen von V_2 wirken lässt, ansonsten ca. 0 V

R_S bildet mit dem jeweiligen Schalterwiderstand (1 μΩ bzw. 1 GΩ) einen Spannungsteiler, mit dem die Quellenspannung von V_2 geteilt wird. Durch die extremen Werte entsteht der Eindruck, dass während der positiven Halbschwingung von V_2 diese am Knoten A anliegt und während der negativen Halbschwingung der Knoten A nahezu das Potenzial 0 V hat.

Führen Sie eine TR-Analyse über 5 Perioden durch und lassen Sie sich die Spannungsverläufe von $V_{(A)}$, $V_{(B)}$, $V_{(C1)}$, $V_{(C2)}$ und $V_{(EE)}$ anzeigen. Benutzen Sie das Simulationsergebnis von MC um zu verstehen, dass es keine Gleichrichtung und Spannungsverdopplung mehr gibt, sondern nur eine Invertierung und Glättung der eingespeisten positiven Halbschwingungen. Damit wird am Knoten EE eine negative „Gleichspannung" erzeugt.

Dieses Prinzip wird in ICs verwendet, die als *Switched Capacitor Voltage Inverter* bezeichnet werden. Auch der Begriff *Ladungspumpe (charge pump)* wird in diesem Zusammenhang verwendet.   ❑ Ü 3-20

Ü 3-21 Bipolare Spannungsversorgung (UE_3-21_DIODE_VCC-VEE.CIR)

Der in Bild 3-20 gezeigte Schaltplan stammt aus dem *Verdrahtungsplan* eines von 0 V bis +25 V einstellbaren Labor-Netzteils ($I_{max} = 2$ A). Damit die Ausgangsspannung bis auf 0 V eingestellt werden kann, müssen die OPs in der Regelschaltung des Labornetzteils mit einer negativen Spannung (V_{EE}) versorgt werden. Die Strombelastung für V_{EE} beträgt nur einige mA.

a) Der Brückengleichrichter D_1 bis D_4 mit der kapazitiven Glättung durch C_1 ist der „Hauptgleichrichter" der Transformator-Wechselspannung und funktioniert wie in Ü 3-17 simuliert. Geben Sie nur diesen Schaltungsteil in MC ein. Als Modell des Transformators nehmen Sie eine Sinus-Spannungsquelle mit $f = 50$ Hz und $\hat{u} = 30$ V. Für die Dioden nehmen Sie den Parameterwertesatz 1N4001-MC9. Als Belastung der Spannung V_{CC} nehmen Sie eine Gleichstromquelle mit $I_{CC} = 2$ A. Führen Sie eine TR-Analyse und lassen Sie sich die

Sie interessierenden Größen anzeigen. Simulieren Sie auf alle Fälle den Spannungsverlauf an der Diode D_3.

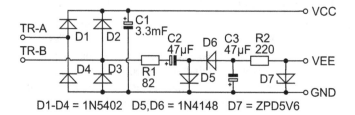

Bild 3-20
Erzeugung einer bipolaren Versorgungs-Gleichspannung aus *einer* Wechselspannung

b) Die Sperrspannung der Diode D_3 wird als Eingangsspannung für den Spannungsinverter bestehend aus C_2, C_3, D_5 und D_6 verwendet. R_1 sorgt dafür, dass die Ladeströme für C_2 und C_3 auf „vernünftige" Werte eingestellt werden. Vermeiden Sie den Begriff „begrenzen".

Ergänzen Sie die Simulationsschaltung aus a) mit R_1, C_2, C_3, D_5 und D_6. Führen Sie eine TR-Analyse durch und lassen Sie sich die Sie interessierenden Größen anzeigen, vor allem aber die Spannung an D_3 und C_3 und vergleichen Sie mit dem Ergebnis aus a).

c) Ergänzen Sie die Simulationsschaltung aus b) mit R_2 und D_7, die eine Stabilisierung dahin gehend bewirken, dass die Z-Diode D_7 den pulsierenden Anteil der Spannung an C_3 „abschneidet". Führen Sie eine TR-Analyse durch und lassen Sie sich die Sie interessierenden Größen anzeigen, vor allem aber die Spannung V_{EE} im Leerlauf. „Belasten" Sie V_{EE} mit einen Strom $I_{EE} = 5$ mA. ❑ Ü 3-21

ⓘ   In der Lösungsdatei UE_3-21_DIODE_VCC-VEE.CIR sind alle drei Funktionsgruppen „Hauptgleichrichter", „Spannungsinverter" und „Stabilisierung" eingegeben. Um diese Funktionsgruppen wie in Ü 3-21a bis Ü 3-21c schrittweise miteinander zu verbinden, werden als Schalter „animierte" Modell-Elemente eingesetzt.

Über die **Menüfolge <u>C</u>omponent → Analog Primitives → Animated ▶ Animated SPST Switch** bekommen Sie z. B. das in Bild 3-21 gezeigte Modell-Element *Animated SPST Switch*, das einen einpoligen Ein-Aus-Schalter modelliert. Die Abkürzung SPST steht für *<u>s</u>ingle <u>p</u>ole, <u>s</u>ingle <u>t</u>hrow*.

Mit Klicken mit <LM> auf ein Modell-Symbol wird ein Modell-Element markiert/ausgewählt. Dabei werden Modell-Symbol und Attribute farblich hinterlegt. Die Defaultfarbe in MC ist hellgrün. In Bild 3-21 ist dies grau dargestellt.

PART=Switch1
STATE=OPEN
RON=1m
ROFF=1e15

Bild 3-21
Animiertes Modell-Element
Animated SPST Switch

Bei den Modell-Elementen *Animated ... Switch* ändert ein <DKL> *innerhalb des schraffierten Bereichs* die Schalterstellung. Dies geht auch ohne vorheriges Markieren. <DKL> *außerhalb des schraffierten Bereichs*, aber innerhalb des grau hinterlegten Bereichs öffnet das Attributfenster *Animated SPST Switch:Animated Single Pole, Single Throw Switch*. In diesem Attributfenster sind folgende zwei Attribute einstellbar:

Attribut RON: Wert im *On*- bzw. *Closed*-Zustand, Defaultwert 1 mΩ

Attribut ROFF: Wert im *Off*- bzw. *Open*-Zustand, Defaultwert 10^{15} Ω = 1000 TΩ

MC bietet zwei weitere „animierte" Schalter-Modell-Elemente:

* SPDT *single pole, double throw*, einpoliger Umschalter
* DPST *double pole, single throw*, zweipoliger Ein-Aus-Schalter

Ü 3-22 Schalter mit logisch gesteuertem Widerstand (UE_3-22_RES_LOGIK.CIR)

Das Modell eines gesteuerten Schalters kann auch damit realisiert werden, dass als Wert des Attributs RESISTANCE anstelle eines Zahlenwertes eine Funktion eingebar ist. Dies kann eine algebraische Funktion sein und wird in Abschn. 9.1.1 zur Modellierung eines VDR *(voltage dependent resistor)* angewendet.

In diesem Beispiel wird die Funktion IF( ) und der Operator OR verwendet, um den Widerstandswert zu steuern. Die Funktion $y = $ IF( ) mit der Syntax IF(*Bedingung*, Y_{true}, Y_{false}) ergibt $y = Y_{true}$, wenn die Bedingung erfüllt (wahr, *true*, 1) ist. Sie ergibt $y = Y_{false}$, wenn die Bedingung nicht erfüllt (falsch, *false*, 0) ist.

Geben Sie in MC als Simulationsschaltung eine Reihenschaltung aus zwei Widerständen ein. R_1 bekommt den Wert 1 kΩ. Für R_2 geben Sie als Wert des Attributs RESISTANCE anstelle eines Zahlenwertes wie „1.5meg" den Ausdruck „IF(T<1us OR T>11us,1k,3k)" in das Eingabefeld *Value* ein. Dies ergibt einen zeitgesteuerten Widerstandswert.

Verbinden Sie R_1 und R_2 mit dem Modell-Element *Battery* (Spannungswert 10 V). Kontrollieren Sie mit einer TR-Analyse und der Anzeige geeigneter Größen, ob und dass der Wert von R_2 der Bedingung entsprechend umgeschaltet wird. Wenn Sie für die Widerstandswerte extreme Werte wie 1 mΩ und 1 GΩ verwenden, wirkt der Widerstand wie ein zeitgesteuerter Schalter. Probieren Sie auch andere Bedingungen und andere als die Zeitvariable T aus. Weitere Funktionen/Operatoren finden Sie in [MC-ERG] und darüber hinaus in [MC-REF].   ☐ Ü 3-22

3.7.4 Diodenverhalten bei einer *AC-Analyse*

Im **Einschub *Kleinsignal-Bedingung*** in Abschn. 2.6 wurde die 4-schrittige Sequenz beschrieben, die bei einer AC-Analyse von Schaltplänen mit nichtlinearen Modell-Elementen abläuft:

1. Arbeitspunkt berechnen
2. Kennwerte der linearen Ersatzmodelle der nichtlinearen Modell-Elemente berechnen
3. Ersatzschaltung für komplexe Wechselstromrechnung bilden
4. Komplexe Wechselstromrechnung für die Frequenz f durchführen

Am Beispiel des nichtlinearen Modell-Elements *Diode* (Modell-Typ D) soll dieses in Rahmen der Ü 3-23 nachvollziehbar konkretisiert werden. Je nach Ihrer Vorkenntnis kann es für Sie hilfreich sein, wenn Sie den Einschub *Kleinsignal-Bedingung* zuvor noch einmal lesen.

Ü 3-23 Diodenverhalten bei einer AC-Analyse (UE_3-23_DIODE_AC-ANALYSE.CIR)

Bild 3-22 zeigt den Schaltplan. Die Gleichspannungsquelle V_1 mit $V_1 = 0{,}7$ V bewirkt einen Arbeitspunkt der Diode, sodass deren Strom-Spannungswerte $\neq 0$ sind. Die Sinus-Spannungsquelle V_2 mit dem Gleichspannungsanteil 0 V wird für die AC-Analyse benötigt.

Der Parameterwertesatz des Modell-Typs D-L1 mit dem Modell-Namen „AC-BSP" bewirkt, dass sich die Diode D_1 gemäß der Shockley-Gleichung Gl. (3.1) mit $I_S = 1\,\mathrm{nA}$ und $N = 1{,}5$ verhält. Es gilt $u_F = u_{pn}$, da der Bahnwiderstand hier den Defaultwert $R_S = 0\,\Omega$ hat. Dies ergibt in der Simulation das in Ü 3-1 zugrunde gelegte Verhalten.

Damit die 2 °C Unterschied zwischen dem in Ü 3-1 verwendeten Wert von $T_J = 25\,°C$ sowie den Defaultwerten der Parameter $T_{MEASURED}$ und der globalen Temperaturvariablen T_{EMP} (je +27°C) für eine Berechnung nicht stören, werden die Parameter $T_{MEASURED}$ (T_{JM}) und T_{ABS} (T_J) explizit auf je +25 °C *exakt* eingestellt. Dies ergibt für die Temperaturspannung den Näherungswert $U_T = 25{,}7\,\mathrm{mV}$. Weitere Einzelheiten zu Temperaturen werden in Abschn. 7.4 und 7.5 behandelt.

Geben Sie Schaltplan und .MODEL-Statements in MC ein.

1. *Arbeitspunkt berechnen:* Starten Sie eine Dynamic-DC-Analyse. Sie stellen fest, dass sich für D_1 der Arbeitspunkt zu $V_{(D1)} = U_{FA} = U_{pnA} = 700\,\mathrm{mV}$ und $I_{(D1)} = I_{FA} = 77{,}36\,\mathrm{mA}$ ergibt. Der Index A kennzeichnet die Größen im Arbeitspunkt. Der Unterschied zum berechneten Wert aus Ü 3-1 ergibt sich aufgrund des gerundeten Wertes für U_T.

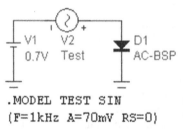

```
.MODEL TEST SIN
(F=1kHz A=70mV RS=0)
```

```
.MODEL AC-BSP D
(LEVEL=1 IS=1nA N=1.5
CJO=100pF M=0 FC=0
T_MEASURED=25 T_ABS=25)
```

Bild 3-22
Schaltung zur Demonstration, wie ein nichtlineares Modell-Element bei einer AC-Analyse behandelt wird

2. *Kennwerte der linearen Ersatzmodelle berechnen:* Berechnen Sie formal die Tangentensteigung $G_d = \mathrm{d}i_F/\mathrm{d}u_{pn}$ der Kennlinie $i_F = f(u_{pn})$ (da $U_{pn} > +0{,}2\,V$ kann Gl. (3.3) verwendet werden). Diese Steigung wird als differenzieller Leitwert G_d bezeichnet.

✎   Der Index d kennzeichnet diese Formelgröße als *differenzielle* Größe, da sie das Verhalten der Diode bei „differenziell" kleinen Änderungen gegenüber dem Arbeitspunkt beschreibt. Oft werden auch Kleinbuchstaben (hier wäre es *g*) als Formelzeichen für differenzielle Größen verwendet.

Es ergibt sich:

$$G_{dD1} = \frac{\mathrm{d}i_F}{\mathrm{d}u_{pn}} = I_S \cdot e^{\frac{u_{pn}}{N \cdot U_T}} \cdot \frac{1}{N \cdot U_T} = \frac{I_{FA}}{N \cdot U_T} = \frac{77{,}36\mathrm{mA}}{1{,}5 \cdot 25{,}7\mathrm{mV}} = 2\mathrm{S}$$

Der Kehrwert von G_{dD1} wird als *differenzieller Widerstand* der Diode bezeichnet. Für den vorliegenden Arbeitspunkt ergibt sich $R_{dD1} = 0{,}5\,\Omega$.

Würde man einfach „großsignalmäßig" U_{FA}/I_{FA} berechnen, ergäbe sich 9,05 V/A, ein Zahlenwert, aus dem man keine weiteren Schlussfolgerungen ziehen kann. Einen sinnvollen Wert ergibt das Produkt $U_{FA} \cdot I_{FA} = 54{,}2\,\mathrm{mW}$. Dies ist die Verlustleistung von D_1 im Arbeitspunkt. Die Berechnung des differenziellen Kapazitätswertes C_{dD1} (siehe Bild 3-5 und Gl. 3.5) wird wegen des Aufwandes nicht erläutert.

3. *Ersatzschaltung für komplexe Wechselstromrechnung bilden:* Im Fall des Modell-Typs D-L1 ist dies die in Bild 3-5 gezeigte Schaltung mit $\underline{I}_Q = \underline{U}_{pn}/R_{dD1}$. Beachten Sie, dass R_{dD1} den Wert des differenziellen Widerstandes hat und nicht 9,05 V/A! Für den Kapazitätswert gilt analog $C = C_{dD1}$. Da R_{dD1}, C_{dD1} = const. sind, ist die gebildete Ersatzschaltung linear und die komplexe Wechselstromrechnung kann angewendet werden.

4. *Komplexe Wechselstromrechnung für die Frequenz f:* Starten Sie eine Dynamic-AC-Analyse. Wählen Sie als Frequenz 1 kHz und die Ausgabe in der Form: *Magnitude* und *Phase in Degrees.*

Die Gleichspannungsquelle V_1 wirkt als Kurzschluss, das Modell-Element *Sine Source* V_2 prägt die fest eingestellte komplexe Amplitude 1 V∠0° ein. Für die Diode erhalten Sie als Quotient der Amplituden: $|\hat{u}_{D1}|/|\hat{i}_{D1}| = \hat{u}_{D1}/\hat{i}_{D1}$ = 1 V/2,01 A = 0,5 Ω den **Wert des differenziellen Widerstandes R_{dD1}**, mit dem MC bei 1 kHz offensichtlich rechnet. Der Phasenwinkel zwischen $\hat{u}_{D1}$ und $\hat{i}_{D1}$ ist praktisch 0°.

Starten Sie eine AC-Analyse. Stellen Sie die Werte im Dialogfenster *AC Analysis Limits* so ein, dass ein Frequenzbereich von 1 kHz bis 1 THz simuliert wird sowie eine logarithmische Schrittweitenberechnung und 501 Datenpunkte. Als Kurve 1 soll der Betrag des komplexen Widerstands mit dem Eintrag „MAG(V(D1)/I(D1))" im Bereich von 1 Ω bis 0 Ω dargestellt werden. Dies ergibt $|\underline{Z}_{D1}|$. Als Kurve 2 soll „PH(V(D1)/I(D1))" im Bereich von 0° bis –90° dargestellt werden. Dies ergibt φ_{ZD1}. Starten Sie einen Simulationslauf.

Der Wert von 0,5 Ω bestätigt sich. Bestimmen Sie die „3-dB-Grenzfrequenz" f_{g3Z} bei $|\underline{Z}_{D1}|$ = 0,5 Ω/√2 = 0,354 Ω. Sie liegt bei ca. 3,2 GHz. Aus $f_{g3Z} = 1/(2\cdot\pi\ R_{dD1}\cdot C_{dD1})$ ergibt sich der Wert von C_{dD1} zu C_{dD1} = 100 pF. Dieser Wert wurde mit dem Parameter C_{JO} eingestellt und die nichtlineare Spannungsabhängigkeit mit $M = 0$ und $F_C = 0$ „ausgeschaltet".

Kleinsignal-Bedingung prüfen: Es sei angenommen, dass in der „realen Schaltung" um diesen Arbeitspunkt herum mit einer Sinusspannung mit 70 mV Amplitude ausgesteuert wird. Starten Sie eine TR-Analyse. Gönnen Sie sich für die Skalierung die Einstellung *AutoAlways*. Der Strom durch die Diode ist sichtbar verzerrt, die Kleinsignal-Bedingung ist nicht erfüllt und damit sind die Ergebnisse der AC-Analyse für diese Aussteuerung nicht brauchbar.

Verkleinern Sie die Amplitude auf 7 mV. Für diese Aussteuerung ist der Strom optisch sinusförmig, sodass für viele Anwendungen die Kleinsignal-Bedingung als erfüllt betrachtet werden kann. Aus den *Peak-to-peak*-Werten ergibt sich der differenzielle Widerstand erwartungsgemäß zu 0,5 Ω.   ❑ Ü 3-23

4 Werkzeuge zur Auswertung eines Simulationsergebnisses *(Scope)*

Wie bei der Simulation der Einweg-Gleichrichterschaltung in Bild 3-17 des Abschn. 3.7.3 zu sehen ist, können die grafisch dargestellten Simulationsergebnisse einer TR-Analyse sehr komplex sein und viele Informationen beinhalten. Dies gilt auch für Ergebnisse einer AC-Analyse wie z. B. bei Frequenzgängen höherer Ordnung oder einer DC-Analyse wie z. B. bei nichtlinearen Kennlinien. Zur Auswertung solcher grafisch dargestellten Ergebnisse sind Werkzeuge *(tools)* hilfreich. In MC sind diese Werkzeuge unter dem Begriff *Scope* im **Menü Scope** zusammengefasst und fast vollständig in den Ausgabefenstern aller Analysearten verfügbar. Diese Werkzeuge ermöglichen u. a. folgende Bearbeitungen

- Skalieren der *x*- und/oder *y*-Achse *(scaling)*
- Vergrößern/verkleinern eines Diagramm-Ausschnitts *(magnifying)*
- Schwenken des gezeigten Bereichs einer vergrößerten Darstellung *(panning)*
- Positionieren von linkem und rechtem *Cursor*
- Messen von Datenwerten mit linkem und rechtem *Cursor (Cursor Mode)*
- Messen und Beschriften mit *Tags* (dt. Etiketten) *(labeling, tagging)*
- Beschriften mit Text und Grafikobjekten

Wenn Sie ca. 4 min Zeit investieren wollen, um sich den Einsatz einiger Werkzeuge *(magnifying, panning, tagging, Cursor)* anzusehen, starten Sie aus der Menüleiste **Help → Demos → Analysis Demo...** (MC-Musterschaltung GIBERT.CIR). Wenn in der Demo nach ca. 4 min von der TR- zur AC-Analyse gewechselt wird, können Sie mit **<Esc>** abbrechen.

Die folgenden Abschn. 4.1 bis 4.3 beschreiben Werkzeuge, die nach Meinung des Autors oft hilfreich eingesetzt werden können. Abschn. 4.4 führt mit kurzer Erläuterung weitere Werkzeuge auf. Dies soll Ihnen Überblick und Auswahlhilfe für weitere Auswertemöglichkeiten geben. Falls Sie eine dieser Auswertemöglichkeiten interessiert, probieren Sie diese aus und ziehen Sie ggf. die MC-Hilfe oder [MC-REF] bzw. [MC-USE] zu Rate.

Als Beispiel dient das Ergebnis der TR-Analyse der Einweg-Gleichrichtung aus Ü 3-16 des Abschn. 3.7.3 mit dem Unterschied, dass für die maximale Schrittweite *(Maximum Time Step)* der Defaultwert „0" eingetragen wird. MC nimmt jetzt als maximale Schrittweite den groben Wert $(T_{MAX} - T_{MIN})/50$. Außerdem ist die Berechnung des Arbeitspunktes *(Operating Point)* deaktiviert. Die Musterdatei M_4-1_SCOPE_BEISPIEL.CIR enthält diese Simulation.

4.1 Übersicht und bekannte Werkzeuge vorhergehender Kapitel

Als Ergebnis der TR-Analyse mit der Musterdatei M_4-1_SCOPE_BEISPIEL.CIR erscheint das Simulationsergebnis in einem Ausgabefenster ähnlich wie Bild 3-17. Es unterscheidet sich gegenüber Bild 3-17 durch einen für dieses Kapitel bewusst „eckigeren" Verlauf der Strom- und Spannungskurven. Ursache ist der grobe Defaultwert für die maximale Schrittweite.

Nach jedem Simulationslauf einer DC-, AC-, oder TR-Analyse gibt es in der Menüleiste des Ausgabefensters das **Menü Scope**, das einen Zugang zu den obengenannten Werkzeugen ermöglicht. Ein alternativer Zugang sind die Schaltflächen in der Symbolleiste.

Ein großer Teil der Schaltflächen in der Symbolleiste des Ausgabefensters ist in Bild 4-1 gezeigt.

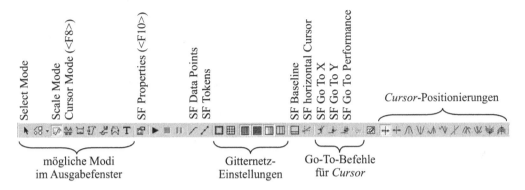

Bild 4-1 Mögliche Schaltflächen (SF) in der Symbolleiste des Ausgabefensters nach einer TR-Analyse

ⓘ Falls eine dieser oder der im Folgenden dargestellten Schaltflächen nach einer TR-Analyse auf Ihrem Bildschirm nicht angezeigt wird: Mit **<F10>** oder der **SF Properties** öffnet sich das Dialogfenster *Properties for Transient Analysis* mit neun Registerkarten. Wählen Sie die Registerkarte *Tool Bar* aus. In dem Listenfeld *Tool Bar* finden Sie die Rubriken *Edit*, *Windows*, *Analysis*, *Mode*, *Scope*, *Cursor*. Wählen Sie eine Rubrik aus. In dem Listenfeld *Buttons* finden Sie alle verfügbaren Schaltflächen für diese Rubrik. Mit ☑ ausgewählte Schaltflächen werden angezeigt.

Falls Sie im Ausgabefenster einer DC- oder AC-Analyse sind, können Sie analog über <F10> die entsprechenden Dialogfenster *Properties for DC Analysis* bzw. *Properties for AC Analysis* öffnen und über die Registerkarte *Tool Bar* wie beschrieben die Anzeige von Schaltflächen aktivieren/deaktivieren.

Die **SF Data Points** ist aus vorhergehenden Kapiteln bereits bekannt. Mit dieser können Sie sich die von MC konkret berechneten Wertepaare anzeigen lassen. Ist die Schaltfläche aktiviert, erkennen Sie sofort, weshalb die simulierten Kurven „eckig" aussehen.

Leider sehr ähnlich sieht die **SF Tokens** aus. Wenn mehr als eine Kurve in einem Diagramm ist, werden ab der zweiten Kurve bei aktivierter *SF Tokens* kleine Grafikelemente *(tokens)* im Kurvenzug angezeigt. Dies ist hilfreich, wenn bei gleicher Farbe z. B. für einen Schwarz-Weiß-Papierausdruck die Kurvenzüge optisch unterscheidbar sein sollen. Probieren Sie es aus oder schauen Sie in Bild 3-9 in Abschn. 3.6.2 nach, wie das aussieht.

Mit den in Bild 4-1 gezeigten Schaltflächen für *Gitternetz-Einstellungen* kann die Anzeige des Gitternetzes eingestellt werden. Am besten probieren Sie jede Schaltfläche aus. Meistens wird man sich das Gitternetz *(grids)* sowohl bei linearer als auch logarithmischer Skalierung anzeigen lassen.

Hilfreich ist die **SF Baseline**. Ist sie aktiviert, wird in jedem Diagramm die Nulllinie beim Wert $y = 0$ optisch hervorgehoben. Alternativ können Sie in den Dialogfenstern *... Analysis Limits* eine Kurve mit dem Eintrag „0" als *Y Expression* hinzufügen. Probieren Sie auch diese Schaltfläche aus.

Ü 4-1 *SF Data Points, SF Tokens, SF Baseline*

Starten Sie MC. Öffnen Sie die Musterdatei M_4-1_SCOPE_BEISPIEL.CIR. Starten Sie eine TR-Analyse. Starten Sie einen Simulationslauf. Vergleichen Sie die Symbolleiste, die bei Ihrer MC-Installation angezeigt wird mit der in Bild 4-1 gezeigten. Probieren Sie, wie die drei Schaltflächen **SF Data Points**, **SF Tokens** und **SF Baseline** wirken, indem Sie sie aktivieren und deaktivieren. ❏ Ü 4-1

4.2 Auswählen, Skalieren, Messen und Beschriften

ⓘ Da in diesem Kapitel einige Tasten/Tastenkombinationen verwendet werden, wird auf [MC-ERG] hingewiesen, wo Sie in Tabellen die in diesem Buch verwendeten Symbole für Tasten, ein Vergleich deutscher und amerikanischer Tastenbezeichnungen sowie alle Tasten/Tastenkombinationen von MC finden. Drucken Sie sich die Tabellen aus, die Sie hilfreich finden.

4.2.1 Objekt auswählen und löschen

Wie im Schaltplan-Eingabefenster gibt es im Ausgabefenster verschiedene Modi für unterschiedliche „Tätigkeiten". Ist die **SF Select Mode** (<**Strg**> + <**E**>) aktiv, können Sie durch Anklicken *Tags* (dt. Etiketten), Text und Grafikobjekte auswählen. Mit <**Entf**> oder <**Strg**> + <**X**> können diese entfernt werden. Durch Ziehen mit der Maus können sie verschoben werden.

ⓘ Bei <**Entf**> *(delete, clear)* wird das Objekt endgültig gelöscht. Bei <**Strg**> + <**X**> wird das Objekt nur ausgeschnitten *(cut)* und im Zwischenspeicher abgelegt. Von dort aus kann es mit <**Strg**> + <**V**> an anderer Stelle wieder eingefügt werden *(paste)*.

ⓘ Mit der <**Leerzeichentaste**> können Sie zwischen aktivem Modus und dem *Select Mode* hin- und herwechseln. Dies ist hilfreich, da häufig etwas im *Select Mode* ausgewählt werden muss, um es dann in einem anderen Modus zu bearbeiten.

4.2.2 Kurve auswählen und skalieren

Mehrere darzustellende Kurven können zu einem Diagramm zusammengefasst werden. In [MC-REF] wird dies mit *Plot Group* bezeichnet. Der Eintrag in der Spalte *P* des Dialogfensters ... *Analysis Limits* steuert die Zuordnung. Hierbei können die *y*-Achsen auch, wie in Abschn. 4.2.3 beschrieben, unterschiedlich sein. Die Kurven können auch auf mehrere Diagramme verteilt und damit gruppiert dargestellt werden.

ⓘ Für die Funktion der Werkzeuge *Auto Scale* und *Cursor* ist es wichtig zu wissen, dass nur *eine Kurve ausgewählt* ist. Dies macht MC dadurch kenntlich, dass der *Name der Kurve* unterstrichen erscheint. Sie können eine Kurve auswählen, indem Sie auf den Namen der auszuwählenden Kurve, der unterhalb des Diagramms steht, klicken. Einige der beschriebenen Aktionen wirken sich nur auf das Diagramm aus, in dem die ausgewählte Kurve (unterstrichen) ist.

Ist die **SF Scale Mode** (**<F7>**) aktiv, kann mit gedrückter **<LM>** und Ziehen ein recht-
eckiger Ausschnitt in einem Diagramm markiert werden, der nach Loslassen von **<LM>**
vergrößert dargestellt wird. Damit befindet sich in diesem Diagramm automatisch die ausgewählte Kurve (unterstrichen).

ⓘ   Sehr hilfreich: Mit **<Strg>** + **<Pos1>** stellen Sie die ursprüngliche Ansicht/Skalierung *für
alle Diagramme* wieder her.

ⓘ   **<F6>** bewirkt ein *Auto Scale* für das Diagramm, in dem sich die ausgewählte Kurve (unterstrichen) befindet. Dies ist hilfreich, falls Sie sich mit den Einstellungen für *x*-
und/oder *y-Range* vertan haben.

Oft soll die *y*-Achse unverändert bleiben und nur ein Ausschnitt der *x*-Achse (hier eine Zeit-
achse) vergrößert dargestellt werden:

Wenn Sie die **SF Enable Y Axis Scaling** *deaktivieren*, bleibt die *y*-Achse „eingefroren"
und mit dem Ausschnitt vergrößern Sie nur den Sie interessierenden *x*-Achsenbereich.
Analog wirkt die **SF Enable X Axis Scaling**.

Ein Klick auf die **SF Zoom In** (+) vergrößert bzw. **SF Zoom Out** (–) verkleinert die
Darstellung, indem der *x*- und *y*-Wertebereich halbiert bzw. verdoppelt wird, es sei
denn, die jeweilige Achse ist vorher „eingefroren" worden. Dies wirkt nur für das Diagramm,
in dem sich die ausgewählte Kurve (unterstrichen) befindet.

Möchte man vergrößerte Ausschnitte außerhalb des angezeigten Bereichs sehen, kann der
gezeigte Bereich geschwenkt werden *(panning)*. Mit **<Strg>** + **<↑>** (bzw. + **<→>**, + **<↓>**,
+ **<←>**) wird der gezeigte Bereich in Pfeilrichtung geschwenkt.

Alternativ dazu kann **<RM>** gedrückt werden. Der Mauszeiger wird dann als Hand (🖐) dargestellt und mit gedrückter **<RM>** kann der gezeigte Bereich verschoben werden. Im *Cursor-
Mode*, der in Abschn. 4.2.4 beschrieben wird, ist **<Strg>** + **<RM>** zu drücken.

Lässt man sich nur einen Ausschnitt des Diagramms zeigen, aktiviert die **SF Thumb
Nail Plot** (*thumb nail*, dt. Daumennagel) in einem weiteren Fenster eine verkleinerte
Darstellung des gesamten Diagramms, in dem sich die ausgewählte Kurve (unterstrichen)
befindet. Ein Rechteck markiert den Ausschnitt, der gerade vergrößert anzeigt wird.

Ü 4-2 Skalieren (M_4-1_SCOPE_BEISPIEL.CIR)

Probieren Sie die beschriebenen Möglichkeiten aus, indem Sie den *Scale Mode* aktivieren.

a) Machen Sie für jedes Diagramm ein **Auto Scale** (**<F6>**). Wählen Sie dazu bewusst eine
Kurve (Name ist unterstrichen) in jedem Diagramm aus.

b) Probieren Sie die Tastenkombination **<Strg>** + **<Pos1>** aus.

c) Probieren Sie verschiedene Kombinationen der **SF Enables ...** und **SF Zoom ...** aus. Insbesondere eine *deaktivierte SF Enable Y Axis Scaling* ist oft angenehm beim Vergrößern.

d) Schwenken Sie den sichtbaren Bereich mit den Tasten **<Strg>** + **<↑>** (bzw. + **<→>**,
+ **<↓>**, + **<←>**). Schwenken Sie alternativ dazu den sichtbaren Bereich mit **<RM>**. Lassen
Sie sich mit der **SF Thumb Nail Plot** anzeigen, welcher Ausschnitt des gesamten Dia-
gramms gerade gezeigt wird.   ❑ Ü 4-2

4.2.3 Mehrere *y*-Skalen darstellen

In den bisherigen Simulationsläufen wurden die Kurven so zu einem Diagramm gruppiert, dass die *y*-Werte gleiche Größenordnung hatten. Es können auch Kurven mit unterschiedliche *y*-Skalen in einem Diagramm dargestellt werden. Dazu muss im **Menü <u>S</u>cope** die Option **Same Y Scales for Each Plot Group** deaktiviert werden. Als Beispiel soll in der Musterdatei M_4-1_SCOPE_BEISPIEL.CIR die Eingangsspannung $V_{(N)}$ und der Eingangsstrom der Schaltung $I_{(D1)}$ in demselben Diagramm dargestellt werden.

Deaktivieren Sie im **Menü <u>S</u>cope** die Option **Same Y Scales for Each Plot Group**. Öffnen Sie mit <**F9**> das Dialogfenster *Transient Analysis Limits*. Ändern Sie für die Kurven $V_{(N)}$ und $I_{(D1)}$ den Eintrag in der Spalte *P* in „3". In der Spalte *Y Range* sind unterschiedliche Bereiche/Gitternetzabstände eingetragen („20,-35,5" bei $V_{(N)}$ und „6,-1,1" bei $I_{(D1)}$). Starten Sie einen Simulationslauf mit der **SF Run** und Sie erhalten ein drittes Diagramm mit beiden Kurven und den zugehörigen *y*-Skalen.

Bringen Sie die Musterdatei M_4-1_SCOPE_BEISPIEL.CIR wieder in den Ausgangszustand, indem Sie die Kurven $V_{(N)}$, $V_{(D1)}$ und $V_{(C1)}$ zu Diagramm 1 und die Kurven $I_{(I1)}$, $I_{(D1)}$ und $I_{(C1)}$ zu Diagramm 2 gruppieren.

ⓘ   Bei drei oder mehr Kurven mit unterschiedlichen *y*-Skalen in einem Diagramm wird dieses sehr mit *y*-Skalen gefüllt. Besser ist es, die Kurven entsprechend der *y*-Werte geeignet und sinnvoll zu gruppieren und nicht mehr als zwei *y*-Skalen zu verwenden.

ⓘ   Als *Y Expression* kann auch eine mathematische Formel stehen. Sind die simulierten *y*-Werte einer Kurve Y_2 ca. 10 mal kleiner als die einer Kurve Y_1, so können Sie im Eingabefeld *Y Expression* den Ausdruck „10*Y2" eintragen. Dargestellt werden die mit dem Faktor 10 multiplizierten Werte von Y_2 und beide Kurven lassen sich gut sichtbar in einem Diagramm mit einer gemeinsamen Skala darstellen. In der **Analysis Demo...** wurde mit dieser Möglichkeit ein Offset von 10 mV in der Form „V(V1)+10m" addiert.

4.2.4 Messen mit *Cursor*

Beim üblichen Weg, einen Wert aus einer Kurve z. B. von einem Datenblatt, vom Oszilloskop-Bildschirm oder vom Ausgabefenster einer Simulation abzulesen, wird zwischen bekannten Werten, die durch Skala oder Gitternetz vorgegeben sind, der gesuchte Wert mehr oder weniger gut interpoliert.

🔊   Eine bequemere Alternative bei MC sind die zwei *Cursor* (links und rechts), die mit der **SF Cursor Mode** (<**F8**>) aktiviert werden. Der linke *Cursor* (*Left*, kurz-gestrichelte vertikale *Cursor*-Linie) kann durch Ziehen mit <**LM**>, der rechte *Cursor* (*Right*, lang-gestrichelte vertikale *Cursor*-Linie) durch Ziehen mit <**RM**> bewegt werden. Hiermit können auch interpolierte Punkte einer Kurve „angefahren" werden, nicht nur die durch die Simulation berechneten Wertepaare. Das aktuelle *x-y*-Wertepaar wird in einem gelb hinterlegten Feld *(Tracker)* an der *Cursor*-Linie angezeigt.

Ergänzend erscheint unter jedem Diagramm eine Tabelle mit den Namen *(Y Expression)* der Kurven. In den Kästchen links vom Namen können Sie festlegen ob beide *Cursor* (Ⓑ *Both*, dazu mit <**LM**> in Kästchen klicken) oder nur der rechte *Cursor* (Ⓡ *Right*, mit <**RM**> in Kästchen klicken) für diese Kurve aktiv sein soll. Bei <**RM**> wechselt die bisherige Festlegung von Ⓑ *Both* in Ⓛ *Left*.

In den Spalten *Left* bzw. *Right* finden Sie für den linken bzw. rechten *Cursor* die y-Werte aller Kurven und in der letzten Zeile den x-Wert. In der Spalte *Delta* wird die Differenz $\Delta y = y(Right) - y(Left)$ bzw. $\Delta x = x(Right) - x(Left)$ angezeigt. In der Spalte *Slope* (dt. Steigung) wird ein Wert angezeigt, der von MC mit $\Delta y / \Delta x$ berechnet wird.

Alternativ zur Maus kann der linke *Cursor* **mit den Tasten** <←> (<→>), der rechte *Cursor* mit <⇧> + <←> (<⇧> + <→>) *schrittweise* bewegt werden. Die Art des Schrittes wird durch eine der Schaltflächen *Cursor-Positionierungen* (siehe Bild 4-1) festgelegt, die im Folgenden erläutert werden. Zuvor zwei wichtige Hinweise:

ⓘ Wenn ein *Cursor* **mit den Tasten** bewegt wurde *und danach* eine andere Art der *Cursor*-Positionierung gewählt wird, wird nicht nur die Art des Schrittes geändert, sondern der *zuletzt bewegte Cursor* wird in die *zuletzt benutzte Richtung* nach Art des gewählten Schrittes bewegt.

ⓘ Beim Aktivieren der **SF Cursor Mode (<F8>)** erfolgen folgende Initialisierungen:
  • Als ausgewählte Kurve (unterstrichen) gilt die oberste Kurve des ersten Diagramms.
  • Als Art der *Cursor*-Positionierung wird *Next Simulation Data Point* aktiviert.
  • Der linke *Cursor* wird auf den ersten Datenpunkt links platziert.
  • Der rechte *Cursor* wird auf den letzten Datenpunkt rechts platziert.
  • Als der *zuletzt bewegte Cursor* wird der *linke Cursor* angenommen.
  • Als die *zuletzt benutzte Richtung* wird eine Bewegung nach *rechts* angenommen.

Die aktive **SF Next Simulation Data Point** bewirkt, dass der *zuletzt bewegte Cursor* in der *zuletzt benutzten Richtung* auf den nächstgelegenen durch die Simulation berechneten Datenpunkt springt.

Ist die **SF Next Interpolated Data Point** aktiv, springt der *zuletzt bewegte Cursor* in der *zuletzt benutzten Richtung* auf das nächstgelegene interpolierte und gerundete Wertepaar.

ⓘ Ein hinreichend kleiner Wert für eine maximale Schrittweite in den Dialogfenstern *… Analysis Limits* ist nicht nur für die Rechengenauigkeit und Konvergenz gut, sondern auch für die Auswertung. Die grobe Defaulteinstellung ist hier bewusst gewählt worden, damit Sie den Unterschied zwischen berechnetem Datenpunkt und interpoliertem Wertepaar erkennen können.

Ist die **SF Peak (SF Valley)** aktiv, springt der *zuletzt bewegte Cursor* in der *zuletzt benutzten Richtung* auf das nächstgelegene *lokale* Maximum (*lokale* Minimum).

Wird die **SF High (SF Low)** betätigt, springt der *zuletzt bewegte Cursor* auf das *absolute* Maximum (*absolute* Minimum) der Kurve. Da es nur einen Punkt gibt, ist die Richtung ohne Bedeutung.

Wird die **SF Inflection** (dt. Wendepunkt) betätigt, springt der *zuletzt bewegte Cursor* in der *zuletzt benutzten Richtung* auf den nächsten Datenpunkt, der betragsmäßig die größte Steigung oder den größten Wert der 1. Ableitung dy/dx hat. Die 2. Ableitung d^2y/dx^2 hat links und rechts dieser Stelle ungleiche Vorzeichen.

Die restlichen vier *Cursor*-Positionierungen *(SF Global High, SF Global Low, SF Bottom* und *SF Top)* sind erst beim Thema *Stepping* oder *Monte-Carlo-Analyse* sinnvoll und werden dort erläutert.

Mit der **SF Horizontal Cursor** können Sie sich zu den vertikalen auch die dazugehörenden horizontalen *Cursor*-Linien anzeigen lassen.

Mit den **SF Go to X** bzw. **SF Go to Y** öffnen sich Dialogfenster *Go To X* bzw. *Go To Y*. Hiermit können Sie die *Cursor* durch Eingabe eines x- bzw. y-Wertes positionieren. Möchten Sie einen *Cursor* z. B. auf den x-Wert $t = 20$ ms positionieren, geben Sie im Dialogfenster *Go To X* den Wert „20m" ein. Mit **SF Left** oder **SF Right** wählen Sie den *Cursor* aus.

Mit der **SF Go to Performance** öffnet sich das Dialogfenster *Go To Performance*. Auf der Registerkarte *Performance* können Sie im Listenfeld *Function* eine bestimmte Kennwert-Funktion *(performance function)* auswählen. Eine Kennwert-Funktion ergibt den Wert des durch sie berechneten Kennwertes einer Kurve wie z. B. Anstiegszeit, Periodendauer, Effektivwert. In der Demoversion von MC ist nur die Kennwert-Funktion „Rise_Time" freigeschaltet. Geben Sie für *Low* und *High* zwei y-Werte an. Mit der *SF Go To* springen beide *Cursor* an die passenden Stellen und MC berechnet den Kennwert „Rise_Time".

ⓘ In einem Diagramm können die zwei *Cursor* unabhängig voneinander positioniert werden. Häufig sollen die *Cursor* in mehreren Diagrammen an denselben x-Positionen sein. Aktivieren Sie dazu im **Menü Scope** die Option ✓**Align Cursors**. **Da sich linker und rechter *Cursor* nicht auf zwei Diagramme verteilen lassen, ist dieses eine sehr hilfreiche Funktion.**

Ü 4-3 Messen mit *Cursor* (M_4-1_SCOPE_BEISPIEL.CIR)

Probieren Sie die beschriebenen Möglichkeiten aus, indem Sie den *Cursor Mode* aktivieren. Lassen Sie sich die Datenpunkte anzeigen (*SF Data Points* aktiv).

a) Bewegen Sie den linken *Cursor* mit <LM> bzw. den rechten mit <RM>.

b) Bewegen Sie alternativ den linken *Cursor* mit den Tasten <←> (<→>) bzw. den rechten mit <⇧> + <←> (<⇧> + <→>). Verfolgen Sie hierbei, wie sich die Werte der Tabelle unterhalb des jeweiligen Diagramms verändern. Wechseln Sie die Art des Schrittes zur *Cursor*-Positionierung, indem Sie die **SF Next Interpolated Data Point** aktivieren. Die *Cursor*-Schrittweite bei Tastensteuerung ist jetzt viel feiner.

c) Tipp für diesen Aufgabenteil: Bewegen Sie die *Cursor* nur mit den Tasten. Aktivieren Sie jeweils eine der anderen Schaltflächen *Cursor-Positionierungen* und probieren Sie deren Wirkungsweise aus. Beachten Sie, dass sich in der Regel „*zuletzt bewegter Cursor* wird in die *zuletzt benutzte Richtung* nach Art des gewählten Schrittes bewegt" das Wort „zuletzt" nur auf die *zuletzt mit den Tasten* ausgeführte Bewegung bezieht. Bewegungen mit der Maus werden für diese Regel nicht registriert. Dies ist zu Beginn etwas verwirrend.

Falls Sie nach einigem Probieren immer noch den Eindruck haben, die *Cursor* bewegen sich bei den Schaltflächen *Cursor*-Positionierungen irgendwie nicht vorhersagbar, benutzen Sie die auf der Ausgabeseite *Ü 4-3* dargestellte Kurve einer exponentiell abklingenden Sinusschwingung. Üben Sie an dieser in aller Ruhe und verwenden Sie nur die Tastensteuerung. Machen Sie sich Wirkung bzw. Unterschied der *SF Peak*, *SF High* und *SF Inflection* klar. Die investierte Zeit lohnt sich, da die *Cursor* das wichtigste Auswertewerkzeug sind.

d) Verbinden Sie die *Cursor* in allen drei Diagrammen mit *Align Cursor*s.   ❑ *Ü 4-3*

4.2.5 Messen und Beschriften mit *Tags*

T Aktivieren Sie die **SF Text Mode** und klicken Sie mit dem Mauszeiger an eine Stelle. Es öffnet sich das Dialogfenster *Analysis Text*. Hier können Sie zur Beschriftung Text eingeben, formatieren und festlegen, ob dieser relativ zu einer Kurve oder absolut zum Rahmen des Diagramms platziert werden soll. „Relativ" bedeutet, dass bei einer Skalierungsänderung der Text relativ bei der Kurve bleibt. Bei absoluter Platzierung bleibt der Text bezogen auf den Rahmen des Diagramms fixiert.

Mit der **SF Graphics** öffnet sich ein Listenfeld, aus dem Sie ein Grafikobjekt auswählen können. Durch Ziehen mit <LM> platzieren Sie das Grafikobjekt und legen die Größe fest.

Wenn Sie die **SF Tag Mode** aktivieren, können Sie an einem Datenpunkt das *x-y-*Wertepaar messen und als *Tag* (dt. Etikett) *dauerhaft* anzeigen lassen. Der Mauszeiger verwandelt sich im *Tag Mode* in ein Fadenkreuz. Visieren Sie einen Datenpunkt an, halten Sie <LM> gedrückt und ziehen Sie das Fadenkreuz etwas in die Richtung, in der das Wertepaar des Datenpunktes hingeschrieben werden soll. Die Platzierung des *Tags* können Sie verändern, indem Sie im *Select Mode* das Wertepaar mit <LM> anklicken und damit auswählen. Es erscheint ein kleines Quadrat. Mit dem Mauszeiger können Sie an diesem Quadrat den *Tag* in seiner Lage verschieben. Hat Ihr *Tag* nicht den richtigen Datenpunkt getroffen, müssen Sie ihn auswählen und löschen und beim nächsten Versuch besser zu zielen.

Mit den **SF Horizontal Tag Mode** bzw. **SF Vertical Tag Mode** können Sie Abstände in horizontaler (*x-*)Richtung bzw. vertikaler (*y-*)Richtung mit einem *Tag* messen und dauerhaft anzeigen zu lassen. Visieren Sie einen Datenpunkt an, halten Sie <LM> gedrückt und ziehen Sie das Fadenkreuz auf den zweiten Datenpunkt. Die Platzierung des *Tags* können Sie an dem kleinen Quadrat nur in einer Richtung verändern.

ⓘ Bei einer großen Anzahl von Datenpunkten ist das genaue Zielen im *Tag Mode* filigran bis unmöglich. Einfacher geht es, wenn Sie mit einem der *Cursor* den Datenpunkt, dessen Werte Sie mit einem *Tag* dauerhaft sichtbar machen möchten, anfahren. Mit <Strg> + <L> (bzw. <Strg> + <R>) wird ein *Tag* an die aktuelle *Cursor*-Position angehängt. Mit <Strg> + <⇧> + <H> (bzw. <Strg> + <⇧> + <V>) können Sie den horizontalen bzw. vertikalen Abstand zwischen den *Cursor*-Positionen mit einem *Tag* versehen.

ⓘ Entfernen Sie alle *Tags*, die nicht wirklich informativ sind. „Alte" *Tags* tauchen bei weiteren Simulationen, die Sie mit dieser Schaltplandatei durchführen, wieder auf. Möchten Sie *alle Tags*, Text- und Grafikobjekte entfernen, können Sie einfach mittels <Strg> + <A> alle Objekte markieren und anschließend mit <Strg> + <X> ausschneiden.

<u>Ü 4-4</u> Messen und Beschriften (M_4-1_SCOPE_BEISPIEL.CIR)

Probieren Sie die *SF Text Mode* aus und beschriften Sie die Kurven mit geeigneten Namen. Fügen Sie dem Diagramm mit der *SF Graphics* einige grafische Objekte hinzu. Probieren Sie die angegebenen Möglichkeiten aus, Messwerte mit einem *Tag* zu beschriften. Probieren Sie aus, wie Sie die aktuellen *Cursor*-Positionen mit <Strg> + <L> (bzw. <Strg> + <R>) dauerhaft mit einem *Tag* beschriften. Beschriften Sie dauerhaft die Abstände der aktuellen *Cursor*-Positionen mit <Strg> + <⇧> + <H> (bzw. <Strg> + <⇧> + <V>).

Zum Schluss: Löschen Sie alle Textobjekte, Grafikobjekte und *Tags*, indem Sie sie durch <Strg> + <A> auswählen und mit <Strg> + <X> löschen. ❑ Ü 4-4

4.3 Übungen zum Auswählen, Skalieren, Messen und Beschriften

Den Umgang mit Werkzeugen erlernt man am effektivsten, wenn man sie nach einer einleiten-den Erklärung benutzt. Daher trainieren Sie mit den folgenden Übungen die beschriebenen Werkzeuge, damit Sie diese parat haben, wenn Sie sie benutzen wollen.

Ü 4-5 Auswertung einer TR-Analyse (UE_4-5_SCOPE_10ZU1-TEILER_TR.CIR)

Dieser Simulation liegt die Musterdatei M_2-15_10ZU1-TEILER_AC_TR.CIR zugrunde. Details zur Schaltung und deren Simulation wurden in Kap. 2 behandelt. Damit Sie die pas-senden Schritte zu den Fragen durchführen können, öffnen Sie mit MC die Datei UE_4-5_SCOPE_10ZU1-TEILER_TR.CIR und starten Sie eine TR-Analyse. Es sollte das in Bild 4-2 gezeigte Simulationsergebnis erscheinen.

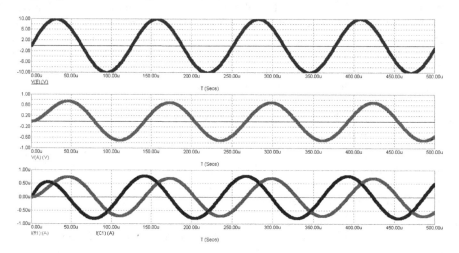

Bild 4-2 Simulationsergebnis der TR-Analyse von UE_4-5_SCOPE_10ZU1-TEILER_TR.CIR

a) Lassen Sie sich die berechneten Datenpunkte anzeigen. Da die maximale Schrittweite mit 0,5 µs eingestellt wurde (entspricht 1/1000 des simulierten Zeitbereichs von 0 bis 0,5 ms), sind die mindestens 1000 berechneten Datenpunkte optisch nicht mehr unterscheidbar.

b) In Diagramm 3 sind zwei Kurven dargestellt: $I_{(R1)}$ und $I_{(C1)}$. Lassen Sie kleine Grafikele-mente *(tokens)* anzeigen, um die Kurven bei einer Schwarz-Weiß-Darstellung unterscheid-bar zu machen. Damit Sie diese Grafikelemente sehen, muss die Anzeige der Datenpunkte deaktiviert sein.

c) Deaktivieren Sie die Anzeige der Grafikelemente *(tokens)* und aktivieren Sie die Anzeige der berechneten Datenpunkte. Doppelklicken Sie auf eine Kurve und es öffnet sich das Dialogfenster *Properties for Transient Analysis* (alternativ: **<F10>**). Wählen Sie die Regi-sterkarte *Colors, Fonts, and Lines*. Wählen Sie in dem Listenfeld *Objects* die Kurve „I(C1)" aus. Mit dem Listenfeld *Point* können Sie den Stil der Datenpunkte ändern, z. B. von *Filled Squares* (■) in *Open Bubbles* (○). Probieren Sie dies aus.

d) Lassen Sie sich in allen Diagrammen die Nulllinie anzeigen.

e) Überprüfen Sie, ob Sie im *Scale Mode* sind. Zum Skalieren sollen die y-Achsen „eingefro-ren" werden. Lassen Sie sich nun im Diagramm 3 ($I_{(R1)}$ und $I_{(C1)}$) durch Markieren mit der

Maus einen vergrößerten Bereich anzeigen. Lassen Sie sich zur Orientierung mit der *SF Thumb Nail Plot* in einem Zusatzfenster eine verkleinerte Darstellung des gesamten Diagramms 3 anzeigen. Falls Sie für eine Kurve die Form der Datenpunkte als *Open Bubbles* gewählt haben, können Sie in der vergrößerten Darstellung ggf. erkennen, wie diese aussehen. Stellen Sie die ursprüngliche Skalierung wieder her.

f) Verkleinern Sie die Ansicht mit der *SF Zoom Out* und prüfen Sie, was MC für $t < 0$ und $t > 500$ µs ausgibt. Stellen Sie die ursprüngliche Skalierung wieder her.

g) Wechseln Sie in den *Cursor Mode*. Der *linke Cursor* soll auf der Kurve $I_{(R1)}$, der *rechte Cursor* auf der Kurve $I_{(C1)}$ sein. Die Kurve $I_{(R1)}$ soll ausgewählt (<u>unterstrichen</u>) sein. Die Angaben in der Tabelle unterhalb des Diagramms sehen dann so aus: $\boxed{\text{L}}$ I(R1) , $\boxed{\text{R}}$ I(C1). Platzieren Sie den *linken Cursor* mit der *SF Go to Y* auf einen Nulldurchgang von $I_{(R1)}$. Platzieren Sie den *rechten Cursor* mit der *SF Go to Y* auf einen Nulldurchgang von $I_{(C1)}$.

h) Stellen Sie die Kurven $V_{(E)}$ und $V_{(A)}$ in einem Diagramm dar, indem Sie den Eintrag in der Spalte *P* des Dialogfensters *Transient Analysis Limits* entsprechend ändern und einen Simulationslauf durchführen. Alternativ können Sie mit <F10> das Dialogfenster *Properties for Transient Analysis* öffnen und in Registerkarte *Plot* über das Listenfeld *Plot Group* den Eintrag ändern.

Aufgrund der gemeinsamen *y*-Skala sind Details von $V_{(A)}$ nicht gut zu erkennen. Erlauben Sie weitere *y*-Skalen, indem Sie im *Menü Scope* die Option *Same Y Scales for Each Plot Group* deaktivieren und kontrollieren, dass die Option ✓*Enable Y Scaling* aktiv ist. Ein *Auto Scale* mit <F6> erzeugt jetzt zwei *y*-Achsen.   ❑ Ü 4-5

Ü 4-6 Auswertung einer AC-Analyse (UE_4-6_SCOPE_10ZU1-TEILER_AC.CIR)

Dieser Simulation liegt auch die Musterdatei M_2-15_10ZU1-TEILER_AC_TR.CIR zugrunde. Details zur Schaltung und deren Simulation wurden in Kap. 2 behandelt. Damit Sie die passenden Schritte zu den Fragen durchführen können, öffnen Sie mit MC die Übungsdatei UE_4-6_SCOPE_10ZU1-TEILER_AC.CIR und starten Sie eine AC-Analyse. Es sollte das in Bild 4-3 gezeigte Ausgabefenster erscheinen.

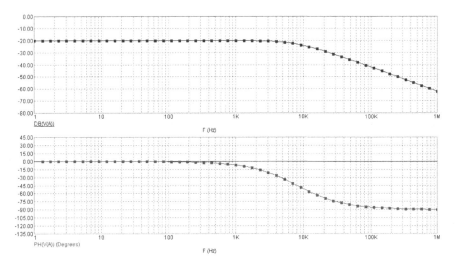

Bild 4-3 Simulationsergebnis der AC-Analyse von UE_4-6_SCOPE_10ZU1-TEILER_AC.CIR

a) Lassen Sie sich die von MC konkret berechneten Datenpunkte anzeigen. Die Frequenz-schrittweite wurde logarithmisch verändert. Dies können Sie mit <F9> im Dialogfenster *AC Analysis Limits* am Eintrag des Listenfelds *Frequency Range* „Log" erkennen. Es werden 51 Datenpunkte wie im Eingabefeld *Number of Points* eingetragen berechnet.

b) Lassen Sie sich für beide Diagramme die Nulllinie anzeigen. Falls die *SF Baseline* nicht in der Symbolleiste angezeigt wird: Über die **Menüfolge S̲cope → View ▸** finden Sie alle Ansichtsoptionen *(D̲ata Points, T̲okens, Grids, B̲aseline* und *Horizontal C̲ursor)* als Menü.

c) Wechseln Sie in den *Cursor Mode*. Bestimmen Sie mit einem *Cursor* den Wert der 3-dB-Grenzfrequenz und den Phasenwinkel bei dieser Frequenz (Hinweis: *SF Go to Y* und *Align Cursor* sind hilfreich).

d) Als Kennwert eines Amplitudengangs wird häufig die Steigung im Sperrbereich z. B. für die Lautsprecherweiche aus Ü 2-11 in dB/Dekade oder dB/Oktave angegeben. Mit *Dekade* wird in diesem Zusammenhang als Δx eine Frequenz-Verzehnfachung ($f_2 = 10 \cdot f_1$) bezeichnet, mit *Oktave* eine Frequenz-Verdopplung ($f_2 = 2 \cdot f_1$).

Platzieren Sie beide *Cursor* im Amplitudengang bei hohen Frequenzen z. B. jeweils mit *Go to X* den linken *Cursor* bei $f_1 = 100$ kHz und den rechten *Cursor* bei $f_2 = 200$ kHz. In der Spalte *Slope* finden Sie die Angabe „–59.78u", da die Steigung berechnet wird mit

$$Slope = \frac{\Delta y}{\Delta x} = \frac{(-48{,}00\text{dB}) - (-42{,}00\text{dB})}{201{,}17\text{kHz} - 100{,}82\text{kHz}} = -59{,}78 \cdot 10^{-6} \frac{\text{dB}}{\text{Hz}}$$

und das ist nicht die Steigung in der „Einheit" dB/Dekade.

Öffnen Sie mit **<F10>** das Dialogfenster *Properties for AC Analysis*. Wählen Sie die Registerkarte *Scales and Formats*. Wählen Sie im Listenfeld *Curves* die Kurve „DB(V(A))" aus. Wechseln Sie im Listenfeld *Slope Calculation* die Methode von „*Normal*" in „*dB/Decade*" oder „*dB/Octave*". Schließen Sie das Fenster mit OK. Als *Slope* wird jetzt der Wert „-20.00 (dB/Dec)" bzw. „-6.02 (dB/Oct)" angezeigt. Dies entspricht den bei einem System 1. Ordnung bekannten gerundeten Werten von –20 dB/Dekade bzw. –6 dB/Oktave.

❑ Ü 4-6

4.4 Weitere Funktionen im Menü *Scope*

Für dieses Kapitel öffnen Sie mit MC die Musterdatei M_4-1_SCOPE_BEISPIEL.CIR und starten Sie eine TR-Analyse. Öffnen Sie im Ausgabefenster das **Menü S̲cope**. Ein Teil der Menüpunkte/Funktionen wurden bereits erläutert. Weitere Funktionen im Menü *Scope* werden im Folgenden erläutert.

Auto Scale Visible Region skaliert in einem Diagramm nur die *y*-Achse. Die *x*-Achse bleibt unverändert der Bereich, der angezeigt wird, daher die Bezeichnung *visible region*. Dieser Befehl ist dann praktisch, wenn ein kleiner *x*-Ausschnitt vergrößert dargestellt wurde und für diesen die *y*-Achse so skaliert werden soll, dass die *y*-Werte aller Kurven in diesem *x*-Ausschnitt ebenfalls gut sichtbar sein sollen.

T̲rackers ▸ (dt. Verfolger) sind die Felder, in denen an *Cursor* und Mauszeiger die Werte eines Datenpunktes angezeigt werden. Wenn Sie die Option *Cursor* deaktivieren und ✓ *Intercept* (dt. Abschnitt) aktivieren, werden die Felder mit den *x*- und *y*-Werten der *Cursor* an den Achsen platziert und stören nicht mehr im Bereich der *Cursor*-Linien.

Waveform Buffer ▶ speichert Kurven für einen späteren Gebrauch. Siehe hierzu Abschn. 5.2.

Label Branches... ist wählbar, wenn wie bei *Stepping* oder einer *Monte-Carlo-Analyse* eine Kurvenschar simuliert wurde. Weitere Einzelheiten werden in Kap. 6 erläutert.

Label Time Points... (Label Frequency Points..., Label Input Sweep Points...) öffnet ein Dialogfenster, in dem als Liste nach einer TR-Analyse Zeitpunkte (nach einer AC-Analyse Frequenzen, nach einer DC-Analyse Eingangsvariablenwerte) eingetragen werden können. Die Werte können im Diagramm durch ein *Label*, das ähnlich wie ein *Tag* wirkt, angezeigt werden. Ergänzend ist die Anzeige des zugehörigen y-Wertes aktivierbar. Diese Möglichkeit ist vor allem bei *Ortskurven* und *Smith-Diagrammen* hilfreich.

Animate Options... öffnet das Dialogfenster *Animate Options*, mit dem ein Simulationslauf in dem Sinne „animiert" werden kann, dass er langsam und gesteuert, d. h. Datenpunkt für Datenpunkt verfolgbar abläuft. Mit der Option ⊙ *Wait for Time Delay* wird eine feste Verzögerungszeit eingestellt und von MC nach jeder Berechnung eines Datenpunktes abgewartet. Mit der Option ⊙ *Wait for Key Press* wartet MC auf die Betätigung der Taste **<Pause>** zur Berechnung eines weiteren Datenpunktes. *Diese Verlangsamung kann sowohl beim Selbststudium als auch beim Lehren in einer Unterrichtssituation verständnisfördernd wirken.*

Normalize at Cursor (at Minimum, at Maximum) normiert die ausgewählte Kurve (unterstrichen) auf den y-Wert des aktiven *Cursors* (= y_C) bzw. auf y_{min} oder y_{max}. Normieren heißt, dass alle y-Werte durch y_C (bzw. y_{min} oder y_{max}) dividiert werden und dadurch die gewählte Stelle exakt den y-Wert 1,0 bekommt. Bei der Funktion DB( ) wird subtrahiert statt dividiert, sodass die gewählte Stelle exakt den y-Wert 0 dB bekommt.

Go to Branch... (dt. geh zum Zweig...) ist wählbar, wenn wie bei *Stepping* oder einer *Monte-Carlo-Analyse* eine Kurvenschar simuliert wurde. Dies wird in Kap. 6 behandelt.

Keep Cursors on Same Branch... ist wählbar, wenn wie bei *Stepping* oder einer *Monte-Carlo-Analyse* eine Kurvenschar simuliert wurde. Dies wird in Kap. 6 behandelt.

Keep X Scales the Same sorgt im aktiven Zustand dafür, dass die x-Achsen aller Diagramme, welche dieselbe Größe für x z. B. T für Zeit haben, beim Skalieren oder Schwenken gleich bleiben. Dies ist hilfreich, wenn wie in der Musterdatei die Kurven in mehreren Diagrammen gruppiert und dargestellt werden.

Clear Accumulated Plots löscht akkumulierte Kurven. Akkumulierte Kurven können Sie bekommen, wenn Sie mit der CB □ *Accumulate Plots* im Dialogfenster *Transient Analysis Limits* diese Option aktiviert haben. Die Ergebnisse aus vorhergehenden Simulationsläufen werden zusätzlich zu den Kurven des aktuellen Laufs dargestellt. Dies kann Sinn machen, wenn bei Schaltplanänderungen ein Vorher-Nachher-Vergleich gemacht werden soll. Diese Option kann schnell zu überfüllten Diagrammen führen, sodass die früher simulierten Kurven mit diesem Befehl gelöscht werden können.

ⓘ Die Möglichkeit, Ergebnisse über die CB □ *Accumulate Plots* zu „speichern" wirkt nur während einer Simulationssitzung, die Sie z. B. mit <Alt> + <1> für eine TR-Analyse gestartet haben. Haben Sie die Sitzung mit <F3> beendet, sind die Ergebnisse gelöscht. Wie Sie simulierte Ergebnisse dauerhafter speichern, ist in Kap. 5 beschrieben.

  Mit der **SF Properties** (<F10>) (dt. Eigenschaften) öffnet sich der in Bild 4-4 gezeigte Ausschnitt des Dialogfensters *Properties for Transient Analysis* mit neun Registerkarten, hinter denen sich vielfältige Einstellmöglichkeiten verbergen.

Einige dieser Einstellmöglichkeiten wurden bereits erläutert. Viele andere sind selbsterklärend und lassen sich durch *trial-and-error* (dt. Versuch und Irrtum) schnell erarbeiten. Mit den folgenden Absätzen möchte Ihnen der Autor nur Hinweise zu Einstellmöglichkeiten geben, die nach seiner Meinung auch für Einsteiger/-innen hilfreich und damit sinnvoll sein könnten. Für diesen Überblick wird empfohlen, sich die jeweilige Registerkarte am Bildschirm anzusehen.

Bild 4-4 Dialogfenster *Properties for … Analysis* mit Registerkarten zur Festlegung von Ausgabe-Eigenschaften

In der Registerkarte *Plot* finden Sie Einstellmöglichkeiten, um Kurven zu Diagrammen *(Plot Groups)* zu gruppieren oder deren Anzeige auszublenden. Dies wurde bisher mit den Einträgen in den Dialogfenstern … *Analysis Limits* wie z. B. für Bild 2-14 eingestellt.

In der Registerkarte *Scales and Formats* finden Sie Einstellmöglichkeiten für jede Skala, Gitternetz und Zahlenformate. Mit den *SF Scale Format* und *Value Format* können die Zahlenformate der Skalen und der mittels *Tags* und *Labels* angezeigten Wertepaare eingestellt werden. Die Einstellung „*2 Digit Engineering*" ergibt eine i. Allg. ausreichende und nicht übertrieben große Stellenzahl.

In der Registerkarte *Colors, Fonts and Lines* finden Sie Einstellmöglichkeiten für die Farbe und Linienstärke von grafischen Objekten, z. B. Gitternetz *(Grid)*, Hintergrund *(Graph Background)*, Nulllinie *(Baseline Color)*. Für Textobjekte wie z. B. *General Text* können Farbe, Schriftart *(Font)* und Schriftgröße *(Size)* eingestellt werden.

In der Registerkarte *Scope* finden Sie Einstellmöglichkeiten für die Analyse-Ausgabefenster. Hilfreich ist es, in der Rubrik *View* die CB ☑ *Data Points* und CB ☑ *Baseline* zu aktivieren und über die *SF Set Default* festzulegen, dass dies als Defaulteinstellung für neue Simulationsschaltungen gilt.

In der Registerkarte *FFT (Fast Fourier Transform)* finden Sie Einstellmöglichkeiten, die bei ein spektralen Analyse mit einer FFT wirksam werden.

In der Registerkarte *Header* finden Sie Einstellmöglichkeiten, um den Kopf für die nummerische Ausgabe der Ergebnisse *(Numeric Output)* zu gestalten. Siehe hierzu Abschn. 5.1.1.

In der Registerkarte *Numeric Output* finden Sie Einstellmöglichkeiten für die nummerische Ausgabe der Ergebnisse. Weitere Einzelheiten werden in Abschn. 5.1.1 erläutert.

In der Registerkarte *Save Curves* finden Sie Einstellmöglichkeiten, um Kurven nummerisch als *.CSV-Datei oder als *.USR-Datei zu speichern. *.CSV steht für *comma separated value file*, und ist ein Dateityp für den Export in EXCEL. *.USR steht für *User Source*, da eine Datei diesen Typs das Modell-Element *User Source* als dateigesteuerte Spannungsquelle „steuert". Weitere Einzelheiten werden in Abschn. 5.1.2 bzw. 5.1.3 erläutert.

5 Ausgeben, Speichern und Drucken von Ergebnissen und Schaltplänen

Für eine weitere Verarbeitung wie Auswertung, Dokumentation, Präsentation oder Wiederverwendung bietet MC verschiedene Möglichkeiten, Simulationsergebnisse neben der bisher verwendeten grafischen Bildschirmausgabe auch nummerisch auszugeben, elektronisch zu speichern und natürlich als Ausdruck auf Papier zu speichern und lesbar zu machen.

5.1 Nummerische Ausgaben

In Kap. 4 wurde die Auswertung der *grafisch* dargestellten Simulationsergebnisse mit den unter dem Begriff *Scope* zusammengefassten Werkzeugen beschrieben. Die *Ausgabe als grafische Darstellung* ist eine häufig angewendete und effiziente Methode, um komplexe Zusammenhänge für einen Menschen, nicht nur bei technischen Themen, erfassbar zu machen. Ergänzend kann die *Ausgabe der nummerischen Werte*, die den grafischen Darstellungen zugrunde liegen, weitere Erkenntnisse ermöglichen.

5.1.1 Nummerische Ausgabe als Tabelle *(Numeric Output)*

Die nummerische Ausgabe von Simulationsergebnissen, die in [MC-REF] als *Numeric Output* bezeichnet wird, ist das *benutzerdefinierte* Ausgeben (Exportieren) in eine Datei. Der Dateiname ist identisch zu dem der Schaltplandatei, der Dateityp variiert je nach Analyseart, hat als letzte zwei Buchstaben immer *.*NO für *Numeric Output*. Für die Ausgabe können Sie folgende Vorgaben für die Ausgabe machen:

- Was? (von welcher Kurve/welchen Kurven sollen Wertepaare ausgegeben werden?)
- Wie viel? (welche Anzahl von Wertepaaren soll ggf. interpoliert ausgegeben werden?)
- Wie? (welche Darstellung/welches Tabellenformat?)

Die Einstellung zu „Wieviel?" bedeutet, dass mit *Numeric Output* nicht unbedingt alle berechneten Datenpunkte ausgegeben. Nähere Einzelheiten hierzu finden Sie in Abschn. 5.4.

Numeric Output wird am Beispiel einer DC-Analyse erklärt. Die Erläuterungen gelten analog auch für die anderen genannten Analysearten. Öffnen Sie mit MC die Musterdatei M_5-1_NUM_OUT.CIR. Starten Sie eine DC-Analyse. Im sich öffnenden Dialogfenster *DC Analysis Limits* sehen Sie, dass die Ausgabe von drei Kurven mit „V(A)", „I(R1)" bzw. „V(R1)/I(R1)" als *Y Expression* und verschiedenen Einträgen als *X Expression* vorbereitet ist.

Mit der **SF Numeric Output** (die rechte der vier gezeigten Schaltflächen bzw. in Bild 2-14 mit (4) gekennzeichnet) wird ein *Numeric Output* in die Datei *cir-name*.DNO aktiviert/deaktiviert. SF in Grün = *Numeric Output* ist aktiv, SF in Schwarz = *Numeric Output* ist deaktiviert. Aktivieren Sie für die drei Kurven *Numeric Output*.

Mit dem Wert im jetzt aktiven Eingabefeld *Number of Points* wird die Anzahl der *x*-Werte und damit die Anzahl der ausgegebenen Wertepaare festgelegt. Der Defaultwert ist „51". Der Wert sollte ungerade sein, um für die nummerische Ausgabe ein gradzahligeres Intervall zwischen zwei *x*-Werten zu bekommen. Das Intervall für die nummerische Ausgabe berechnet sich zu

$(X_{MAX} - X_{MIN})/(Number\ of\ Points - 1)$. Liegt ein damit erzwungener x-Wert zwischen zwei in der Simulation berechneten Datenpunkten, wird von MC interpoliert.

ⓘ Der Wert *Number of Points* gilt wie zuvor erläutert *nur* für die nummerische Ausgabe in die Datei vom Dateityp *.*NO und steuert nicht die Schrittweite oder Anzahl der berechneten Datenpunkte während eines Simulationslaufs.

Setzen Sie den Wert auf „11" und starten Sie einen Simulationslauf. Wenn Sie sich in der grafischen Ausgabe die von MC berechneten Datenpunkte anzeigen lassen, können Sie nachzählen, dass MC 21 Datenpunkte berechnet hat und nicht 11. Mit <F9> können Sie das Dialogfenster *DC Analysis Limits* öffnen und nachschauen, dass in der Rubrik *Sweep* als *Variable 1* „V2" variiert wird. Die Methode ist „*Linear*" im Bereich *(Range)* „4,–6,0.5" (Syntax „Endwert[,Anfangswert[,Schrittweite]]"). MC beginnt mit –6 V und steigert V_2 linear in 0,5-V-Schritten bis +4 V. Das ergibt die 21 Datenpunkte.

ⓘ Ist als Methode „*Auto*" gewählt, gibt „...[,Schrittweite]" die *maximale* Schrittweite vor.

▦ Mit der **SF Numeric Output** (<F5>) wird die nur ca. 3 KB große Textdatei M_5-1_NUM_OUT.DNO mit dem *Text Editor* von MC geöffnet. Die Datei beginnt mit einem Kopf. Unter der Überschrift „Limits" sind Angaben zum Simulationslauf, unter der Bezeichnung „Temperature" Angaben zur globalen Temperaturvariablen T_{EMP}. Es folgen unter der Überschrift „Model parameters for devices of type ..." die Parameterwerte der verwendeten Modell-Typen. Mit einem eingeklammerten Stern (*) ist ein Parameterwert markiert, wenn der Defaultwert genommen wurde. Am Ende der Datei befinden sich unter der Überschrift „Waveform Values" *die mit Number of Points eingestellte Anzahl von 11 Punkten.* Die Textdatei lässt sich auch mit einem normalen Texteditor wie dem EDITOR von WINDOWS öffnen und bearbeiten.

▣ Mit der **SF Analysis** (<F4>) können Sie zum grafischen Ausgabefenster wechseln. Mit ☒ schließen Sie das Fenster mit der Textdatei.

ⓘ *Auch wenn Numeric Output deaktiviert ist, wird trotzdem von MC eine Datei vom Typ* **.*NO mit Angaben zum Simulationslauf erzeugt. Diese und weitere von MC erzeugte* *zweitrangige Arbeitsdateien können und sollten Sie öfters mittels Cleanup... löschen.*

▤ Zur Formatierung des Kopfes einer Datei vom Typ *.*NO öffnen Sie mit der **SF Properties** (<F10>) das Dialogfenster *Properties for DC Analysis* und wählen Sie die Registerkarte *Header* aus. Hier können Sie dreispaltig Angaben für den Kopf eintragen und/oder von den fünf $-Variablen ($...) diejenigen aussuchen, die angezeigt werden sollen. Zudem können Sie mit *Delimiters* (dt. Trennzeichen) festlegen, auf welche Art die Zahlen in der Datei vom Typ *.*NO getrennt sein sollen. Diese Kopf-Formatierungen gelten für alle aufgeführten Dateien vom Typ *.*NO und auch für die Dateien zur nummerischen Ausgabe von Zustandsvariablen bzw. statistischen Ergebnissen einer Monte-Carlo-Analyse.

Zur Formatierung der restlichen Angaben in der Datei vom Typ *.*NO wählen Sie die Registerkarte *Numeric Output* aus. Im Listenfeld *Curves* können Sie die Kurven auswählen, deren Werte ausgegeben werden sollen. Im Eingabefeld *Alias* können Sie einen „sprechenden" Namen als Alias wie z. B. „Quotient uR1/iR1" eingeben. Dieser wird dann in der Datei vom Typ *.*NO gezeigt. Dies ist z. B. sinnvoll, wenn Sie als *Y Expression* einen größeren mathematischen Ausdruck stehen haben.

In der Rubrik *Show* können Sie auswählen, was als Zusatzinformationen angezeigt werden soll. Mit den Eingabefeldern *Begin Printing At* und *End Printing At* können Sie den *x*-Wertebereich eingrenzen.

In dem darunterliegenden Listenfeld können Sie die Darstellungsart (Tabellenformat) der Werte auswählen. Die Darstellungsart *Horizontal* ergibt die gebräuchlichste und kompakteste Darstellung in Form einer Tabelle. In der linken Spalte stehen hierbei die *x*-Werte und daneben spaltenweise die dazugehörenden *y*-Werte. Die horizontal angeordneten Werte einer Zeile ergeben also eine zusammengehörende Wertekombination. Wenn Sie an den anderen drei Darstellungsarten interessiert sind, probieren Sie diese einfach aus.

5.1.2 Nummerische Ausgabe als *.CSV-Datei zum Import in EXCEL

ⓘ Die in diesem Abschnitt beschriebene Möglichkeit ist ein Weg, eine *festgelegte Anzahl oder alle berechneten Datenpunkte* in eine Datei vom Typ *.CSV (*comma separated value file*) zu speichern. Die Daten können damit leicht in ein Tabellenkalkulationsprogramm eingelesen werden können. Die folgenden Ausführungen beziehen sich als Beispiel auf eine vom Autor benutzte Version des Tabellenkalkulationsprogramms EXCEL. Falls Sie eine andere Version verwenden oder ein anderes Tabellenkalkulationsprogramm, müssen Sie ggf. programmspezifische Details aus der Hilfe des jeweiligen Programms heraussuchen.

Öffnen Sie mit MC die Musterdatei M_5-2_NUM_OUT_CSV.CIR Starten Sie die DC-Analyse und starten Sie einen Simulationslauf. Öffnen Sie mit der **SF Properties** (**<F10>**) das Dialogfenster *Properties for DC Analysis* und wählen Sie die Registerkarte *Save Curves* aus. Hier finden Sie Einstellmöglichkeiten, um die Werte simulierter Kurven als Datei vom Typ *.CSV zu speichern.

Wählen Sie in der Registerkarte *Save Curves* im Listenfeld *Curves* die Kurven aus, deren Werte gespeichert werden sollen. Mit der **SF Browse...** öffnet sich ein Dialogfenster zur Eingabe/Wahl des Dateinamens/-typs. Wählen Sie „M_5-2_NUM_OUT_CSV.CSV" (achten Sie auf den richtigen Dateityp, Defaulteinstellung ist *.USR !). Bei aktiver **CB ☑ Save Actual Data Points** werden alle berechneten Datenpunkte ausgegeben, bei deaktivierter CB können Sie im Eingabefeld *Number of Points* die Anzahl der auszugebenden Datenpunkte eingeben. Mit der **SF Save** werden die Werte in die Datei *.CSV geschrieben, mit der **SF Delete** können Sie Werte aus dieser Datei entfernen.

Öffnen Sie mit dem EDITOR von WINDOWS die Datei M_5-2_NUM_OUT_CSV.CSV und Sie sehen, wie *alle 21 berechneten Datenpunkte*, durch Kommas getrennt, aufgelistet sind.

ⓘ Wundern Sie sich nicht, wenn pro Zeile die Werte für $V_{(V2)}$ in zwei Spalten auftauchen. Die linke Spalte enthält die Werte der Laufvariablen der Simulation. Bei einer DC-Analyse ist es „DCINPUT1" (hier $V_{(V2)}$), bei einer AC-Analyse ist es die Frequenz (in MC „F"), bei einer TR-Analyse die Zeit (in MC „T").

Die zweite Spalte beinhaltet die Werte der Größe, die Sie als *X Expression* im Dialogfenster *DC Analysis Limits* für diese Kurve eingetragen haben. Die dritte Spalte beinhaltet die Werte der Größe, die Sie als *Y Expression* im Dialogfenster *DC Analysis Limits* für diese Kurve eingetragen haben. Der Unterschied wird deutlich in dem letzten Datensatz, der die Kurve „V(R1)/I(R1) vs. V(A)" darstellt. Schließen Sie die Datei.

Dieser Absatz beschreibt den Import in das Tabellenkalkulationsprogramm EXCEL. Je nach Version kann es in EXCEL notwendig sein, vor dem Importieren über die **Menüfolge E_xtras → Optionen... → International** die **CB ☐ Trennzeichen vom Betriebssystem übernehmen** zu deaktivieren und in das Eingabefeld *Dezimaltrennzeichen* einen Punkt (.) einzugeben. Das Importieren in die verwendete Version von EXCEL geht über die **Menüfolge Date_n → E_xterne Daten importieren ▸ → _Daten importieren**. Im Dialogfenster *Datenquelle auswählen* ist die von MC erzeugte *.CSV-Datei „M_5-2_NUM_OUT_CSV.CSV" auszuwählen. Der Textkonvertierungs-Assistent von EXCEL fragt in drei Schritten Einstellungen ab, die Sie nicht verändern brauchen. Nur bei Schritt 2 ist als Trennzeichen der Werte die **CB ☑ Komma** auszuwählen. Ein Vorschaufenster zeigt, wie EXCEL die Werte trennen würde. Mit wenigen weiteren Klicks sind die Werte in EXCEL und können nun mit den EXCEL-Funktionen formatiert und bearbeitet werden. Möchten Sie in EXCEL wieder ein Komma (,) anstelle des Punktes (.) als Dezimaltrennzeichen, aktivieren Sie wieder die **CB ☑ Trennzeichen vom Betriebssystem übernehmen** und die vorhandenen Punkte werden durch Kommas ersetzt. Die EXCEL-Datei mit den importierten Daten kann als EXCEL-Arbeitsmappe vom Dateityp *.XLS abgespeichert werden.

Ebenso einfach können in EXCEL die Messwerte eines Digital-Oszilloskops oder -Multimeters importiert werden. Somit können simulierte und gemessene Werte gemeinsam ausgewertet und z. B. in einem Diagramm dargestellt werden.

5.1.3 Nummerische Ausgabe für die dateigesteuerte Quelle *User Source*

Wenn Sie für eine Simulation einen zeitlichen Spannungsverlauf benötigen, dessen Kurvenform so exotisch ist, dass er weder mit den Quellen von MC noch mit einem mathematischen Ausdruck ausreichend realitätsnah erzeugt werden kann, hilft das Modell-Element *User Source*. Als Beispiel sei der zeitliche Verlauf eines EKG (E_lektrokardiogramm) genannt, wenn damit Schaltungen aus der Medizintechnik simuliert werden sollen. Über die **Menüfolge C_omponent → Analog Primitives → Waveform Sources → User Source** gelangen Sie zu diesem Modell einer „dateigesteuerten" Spannungsquelle. In [MC-REF] wird dieses Modell-Element *User file source* genannt.

Die Werte für diese Spannungsquelle müssen in einer Datei vom Typ *.USR *(u_ser source file)* stehen. Die Datei hat einen Kopf und dann zeilenweise die Werte. Diese Werte können z. B. Messwerte sein, die mit einem Digital-Oszilloskop oder -Multimeter gemessen wurden, oder Sie geben die Werte von Hand ein.

Sollen Ergebnisse einer aktuellen Simulation in einer späteren Simulation als Eingangsgröße mittels des Modell-Elements *User Source* als Spannung eingeprägt werden, können die Daten wie folgt in eine Datei vom Typ *.USR abgespeichert werden:

Öffnen Sie wie zum Speichern als Dateityp *.CSV mit der **SF Properties (<F10>)** das Dialogfenster *Properties for DC Analysis* und wählen Sie die Registerkarte *Save Curves* aus. Hier finden Sie Einstellmöglichkeiten, um die Werte simulierter Kurven als Datei vom Typ *.USR zu speichern. Weitere Informationen zur *User Source* finden Sie in [MC-REF].

5.2 Kurven speichern im *Waveform Buffer*

Bei dieser Möglichkeit, *alle berechneten Datenpunkte* von Kurven zu speichern, werden die Ergebnisse ausgewählter Kurven von MC in die Binärdatei WFB.BIN geschrieben. Eine Binärdatei ist im Gegensatz zu einer Textdatei nur mit einem speziellen Editor lesbar. Der Vorteil des *Waveform Buffer* gegenüber der im nächsten Abschnitt beschriebenen Möglichkeit ist der, dass die Datei WFB.BIN auch bei umfangreichen Simulationsergebnissen wenig Speicherplatz braucht. Zudem ist diese Datei im Programmordner Ihrer MC-Installation (..\MC9DEMO) und wird beim Aufräumen mit **Cleanup...** verschont.

 Öffnen Sie mit MC die Musterdatei M_5-3_WAVE_BUFFER.CIR und starten Sie eine TR-Analyse. Über die **SF Waveform Buffer (Save or recall waveforms)** öffnet sich ein Menü mit drei Optionen:

Save a Waveform to the Buffer ▶ öffnet eine Liste, aus der Sie die zu speichernde Kurve auswählen, die dann in der Datei WFB.BIN gespeichert wird.

Retain ▶ öffnet eine Liste, aus der Sie die zu speichernde Kurve auswählen, die dann in der Datei WFB.BIN gespeichert wird. Zusätzlich wird im Dialogfenster *Transient Analysis Limits* eine Kurve mit dem Eintrag „*Buffer*(„Name der Kurve")" als *Y Expression* „addiert". Diese wird in einem Diagramm dargestellt.

Waveform Buffer... (**<Strg>** + **<⇧>** + **<B>**) öffnet das Dialogfenster *Waveform Buffer*. Hier können Sie
- gespeicherte Kurven löschen (**SF Delete**, **SF Delete All**),
- Kurven sofort anzeigen lassen (**SF Plot Now**),
- im Dialogfenster ...*Analysis Limits* als neue Kurve eintragen lassen (**SF Add to Limits**).

Im Eingabefeld *Allow* können Sie für die Datei WFB.BIN die maximale Dateigröße in MB festlegen (Defaultwert sind 10 MB). Wenn Sie die **CB □ Auto Save** aktivieren, werden alle Kurven automatisch gespeichert. Bei Erreichen der maximalen Dateigröße werden die ältesten Kurven gelöscht.

5.3 Kurven speichern mit *Run Options: Save*

Bevor es den *Waveform Buffer* gab, konnten *alle* Kurven nur in einer Datei vom Typ *.*SA auf folgende Art gespeichert werden:

In jedem der Dialogfenster ... *Analysis Limits* gibt es das **Listenfeld Run Options**. In Bild 2-14 ist es für das Dialogfenster *DC Analysis Limits* mit (11) markiert, in Bild 2-18 ist es für das Dialogfenster *AC Analysis Limits*, in Bild 2-20 für das Dialogfenster *Transient Analysis Limits* zu sehen. Dieses Listenfeld enthält die Optionen „*Normal*", „*Save*" und „*Retrieve*", Defaulteinstellung ist „*Normal*" und bedeutet „keine Speicherung". Wenn Sie für einen Simulationslauf die Option „*Save*" einstellen, erzeugt MC eine große (!) Binärdatei in der *alle* berechneten Datenpunkte, nicht nur die von den Kurven, die Sie sich anzeigen lassen, gespeichert werden. Die Datei ist je nach Analyseart vom Dateityp:

- *cir-name*.DSA (DC Save Analysis)
- *cir-name*.ASA (AC Save Analysis)
- *cir-name*.TSA (TR Save Analysis)
- *cir-name*.WSA (Distortion Save Analysis)

und wird direkt unter dem Pfad abgespeichert, der in der ausgewählten Pfadsammlung im Dialogfenster *Path* unter der Rubrik *Data* eingestellt ist. Der mit MC9 neu eingeführte *Waveform Buffer* ist einfacher und flexibler, als die Speicherung über die Datei von Typ *.*SA. Daher wird diese Möglichkeit hier nicht weiter erläutert. Die Dateien vom Typ *.*SA sind allerdings die Grundlage und Datenbasis, wenn Simulationsergebnisse mit den in [MC-REF] und [MC-USE] als *Probe* bezeichneten Werkzeugen dargestellt und analysiert werden sollen.

ⓘ   *Dateien vom Typ *.*SA sollten Sie öfters mittels Cleanup... löschen.*

5.4 Drucken von Schaltplanseiten und Textseiten

Das Drucken ist eine seit Mitte des 14. Jhs. bekannte und bewährte Möglichkeit, Informationen zu vervielfältigen, zu speichern und dem menschlichen Sehsinn zugänglich zu machen. Öffnen Sie mit MC die Musterdatei M_5-4_PRINT_SCHALTPLAN_TEXT.CIR. Aufgrund der umfangreichen erläuternden Texte ist diese Datei in ihrem Erscheinungsbild untypisch für eine Schaltplandatei, da MC normalerweise nicht als Textverarbeitungsprogramm eingesetzt wird. Als Simulationsbeispiel sind drei Schaltungen aus der Audiotechnik eingeben:

- RIAA-Entzerrer-Schaltung (Schallplatten-Tonabnehmer-Entzerrer mit OP)
- Kuhschwanz-Klangregler-Schaltung (*Baxandall Tone Control Circuit* mit OP)
- 40-W-Niederfrequenz-Leistungsverstärker (in [BÖH15] beschrieben mit 9 BJTs)

Ergänzend wird als Modell-Element für ein Potenziometer das *Macro* POT.MAC eingesetzt. Die Schaltpläne der drei Baugruppen sind sinnvoll auf drei Schaltplanseiten verteilt und beinhalten insgesamt mehr als 50 Modell-Elemente. Das *Macro* POT.MAC wurde mittels des Dialogfensters *Localize* in die Schaltplandatei kopiert.

ⓘ   Zur Simulation mit der Demoversion muss die Zahl der *aktiven* Modell-Elemente auf 50 oder weniger reduziert werden. Aufgrund der Verteilung der Baugruppen auf mehrere Seiten geht dies sehr einfach: Wenn Sie mit <RM> auf den Reiter einer Seite wie z. B. „Verstärker" gehen, öffnet sich ein Menü. Mit „*Enabled*" können Sie die Schaltplanseite aktivieren, mit „*Disabled*" deaktivieren und damit die auf dieser Seite enthaltenen Modell-Elemente/die Baugruppe für eine Simulation aktivieren bzw. deaktivieren. Vorsicht: Die Option „*Delete* '...' " löscht die Seite!

Weitere Beschreibungen zum technischen Aspekt der Schaltungen und der Simulation finden Sie in der Datei, da es in diesem Kapitel ausnahmsweise mal nicht um die Simulation geht.

ⓘ   Wie auch bei anderen Programmen wird ein Papierausdruck nicht nur von MC bestimmt, sondern auch von dem verwendeten Drucker und der jeweiligen Systemkonfiguration. Daher kann es vorkommen, dass Druckvorschau und tatsächlich gedrucktes Ergebnis voneinander abweichen. Bevor Sie Zeit in das Umgestalten von Schaltplänen und Texten stecken, damit es in der Druckvorschau „gut" aussieht, sollten Sie einen Probeausdruck machen, denn dieser sollte „gut" aussehen.

Über die **Menüfolge File → Print Setup...** öffnet sich das Dialogfenster *Druckeinrichtung* Ihres PCs. Hier wählen Sie mit dem Namen den zu verwendenden Drucker. Wählen Sie für die Musterdatei als Blattgröße „A4 (210 x 297 mm)" und als Orientierung „Hochformat".

Wie bereits in Bild 2-11 (mit Seitenauswahl bezeichnet) gezeigt, sind die Seiten des Anwendungsfensters von MC am unteren Rand durch einen Reiter *(page tab)* benannt und können mit <LM> auf diesen Reiter ausgewählt werden. Jede Schaltplandatei (Dateityp *.CIR) hat einen

Schaltplan-Bereich und einen *Text-Bereich*, die jeweils aus einer oder mehreren Seiten bestehen können. Ein Klick mit **<RM>** auf einen Reiter öffnet ein Kontextmenü, mit dem Sie eine Seite des *Schaltplan-Bereichs* oder *Text-Bereichs* hinzufügen *(Add Schematic Page* oder *Add Text Page)*, umbenennen oder löschen können.

 Die Seiten des *Schaltplan-Bereichs* werden mit einem grafischen Editor *(Schematic Editor)* bearbeitet. Text wird hier als Textfeld *(Grid Text)* im Text-Modus eingegeben. Mit der **SF Grid** können Gitterpunkte eingeblendet werden. Hilfreich für eine gleichmäßige Platzierung von Modell-Symbolen ist die Variante *Grid Bold 6*, da 6 Gitterpunkte das Standard-Rastermaß für viele Modell-Symbole in MC ist. Bei *Grid Bold 6* wird jeder 6. Gitterpunkt fett *(bold)* dargestellt.

Für alle Seiten des *Schaltplan-Bereichs* kann mit der **SF Title Box** (alternativ **Menüfolge** <u>**Options**</u> → **View** ▸ **Title**) als einheitliches Gestaltungselement ein *Rahmen mit Titelblock* erzeugt werden. Der Titelblock ist unten rechts angeordnet. Der Rahmen ist fasst so groß wie der Druckbereich des eingestellten Druckers und gibt daher eine gute Orientierung für den Ausdruck von Schaltplänen auf Papier. Die **Menüfolge** <u>**Options**</u> → **View** ▸ **Border** erzeugt einen *Rahmen ohne Titelblock*.

Mit der **SF Properties** (**<F10>**) und der Registerkarte **Title Block** öffnet sich ein Dialogfenster, mit dem Sie den Inhalt des 5-zeiligen Titelblocks festlegen. In der Musterdatei M_5-4_PRINT_SCHALTPLAN_TEXT.CIR finden Sie Details zur Formatierung.

Für Seiten des *Text-Bereichs* stellt MC anstelle des Rahmens mit/ohne Titelblock als einheitliches Gestaltungselement einen Kopf- und Fußblock zur Verfügung. Da diese in der Druckvorschau formatiert werden, folgt diese als nächstes.

ⓘ Alle $-Variablen, die Sie im *Title Block* bzw. in Kopf-/Fußblock verwenden können, finden Sie in [MC-ERG] mit einer kurzen Erklärung.

Über die **SF Print Preview** (**<Strg>** + **<P>**) oder die **Menüfolge** <u>**File**</u> → **Print Preview…** öffnet sich das Dialogfenster *Print Preview* mit einer Vorschau der Druckergebnisse. MC unterscheidet zwischen *Seite (page)* und *Blatt (sheet)*. Daher muss zu dem bisher verwendeten Begriff *Seite* der Begriff *Blatt* eingeführt werden.

Mit *Seite* ist eine Sammlung von Informationen gemeint (grafisch oder als Text), die inhaltlich und logisch zusammengehören und die daher sinnvollerweise auf einer *Seite* zusammengefasst sind. Die *Größe einer Seite* ist nicht festgelegt, sondern wird nur von der Art und Menge des Inhalts bestimmt. Schaltplanseiten werden meistens von Ihnen mit der zu simulierenden Schaltung und Kommentaren in Textfeldern gefüllt, Textseiten werden meistens von MC z. B. mit .MODEL-Statements gefüllt.

ⓘ **Siebter Tipp für übersichtliche und informative Schaltpläne:**

7. Sind Schaltpläne umfangreich, ist es sinnvoll, sie in Baugruppen einzuteilen. Die Modell-Elemente einer Baugruppe können auf einer einzelnen *Seite* eingegeben werden Mehrere Baugruppen lassen sich dann auf verschiedene *Seiten* verteilen, wie die Musterdatei beispielhaft zeigt. Wenn mit *Add Schematic Page* weitere *Seiten* des Schaltplan-Bereichs erzeugt und die zu simulierenden Baugruppen verteilt sind, geht die Verbindung elegant mit „*Text connects*" oder mit dem Modell-Element *Tie*. **Die sechs anderen Tipps für übersichtliche und informative Schaltpläne finden Sie am Ende von Abschn. 2.5.**

Bei Text-Informationen wird man Informationen zum gleichen Thema zu einer Seite zusammenfassen. Parameterwertesätze und *Subcircuit*-Netzlisten stehen z. B. auf der Seite mit dem Namen „Models", Informationen zum Simulationslauf schreibt MC auf eine Textseite mit dem Namen „Info" usw.

Mit *Blatt* ist das physikalische Blatt Papier mit einer festen Größe wie z. B. DIN A4 gemeint, das der gewählte Drucker bedruckt und ausgibt. Daraus folgt, dass umfangreicher Inhalt *einer Seite* ggf. nur auf *mehrereBlätter* passt und daher zum Ausdrucken verteilt werden muss.

In der Rubrik *Page* des Dialogfenster *Print Preview* können Sie auswählen, welche *Seite* Sie als Vorschau sehen möchten. Hierzu müssen Sie den Seitennamen anklicken oder mit den *SF Next* / *SF Prior* blättern. Ein ☑ beim Seitennamen wie z. B. ☑ Page 1 markiert, dass diese Seite auch ausgedruckt werden soll, wenn Sie mit der **SF Print…** der Druckvorgang starten.

Die Druckvorschau arbeitet bei Seiten des *Schaltplan-Bereichs* und des *Text-Bereichs* unterschiedlich:

Druckvorschau bei Schaltplanseiten:
Haben Sie im Listenfeld der Rubrik *Page* eine Seite des *Schaltplan-Bereichs* wie „Main" oder „Page 1" markiert (Schriftzug blau hinterlegt), werden im Vorschaufenster *alle Blätter* gleichzeitig gezeigt, sodass Sie kontrollieren können, wie MC den Inhalt dieser *Seite* des Schaltplan-Bereichs auf *Blätter* verteilen und ausdrucken würde.

ⓘ Durch die verkleinerte Darstellung auf dem Bildschirm werden Textfenster ggf. nicht maßstabsgerecht verkleinert angezeigt, sondern zu groß. Hier hilft nur ein Probeausdruck, um das tatsächliche Druckergebnis zu sehen. Dies ist kein besonders großes Problem, da Sie in „typischen" Schaltplanseiten kaum soviel Text in Textfenstern unterbringen werden, wie es als Ergänzung zum Buch vom Autor gemacht wurde.

Wenn Sie die Verteilung ändern möchten, müssen Sie auf den Seiten des *Schaltplan-Bereichs* die Objekte entsprechend verschieben. Hierbei ist es hilfreich, wenn Sie sich den Rahmen anzeigen lassen.

Die **SF** P**roperties…** des Dialogfensters *Print Preview* öffnet das Dialogfenster *Properties for* C:\…*cir-name*.CIR. Wählen Sie die Registerkarte **Title Block** (siehe oben), mit der Sie den Inhalt des Titelblocks ändern können.

ⓘ Die **SF** P**roperties…** in diesem Dialogfenster *Print Preview* bewirkt anderes als die schon oft verwendete **SF Properties (<F10>)**. Die **SF Properties (<F10>)** wiederum öffnet im *Schaltplan-Eingabefenster* ein anderes Dialogfenster als im *Analyse-Ausgabefenster*. Welche Eigenschaften mit „*Properties*" festgelegt werden, ergibt sich also aus dem Zusammenhang und kann für Sie zu Beginn verwirrend sein.

Bei Seiten des *Schaltplan-Bereichs* haben Sie in der Rubrik *Schematic Scale* zwei Alternativen zur Skalierung der Schaltpläne:

Ist die **CB** ⊙ **Auto** aktiv, wird ein Skalierungsfaktor so bestimmt, dass die *Seite* mit dem größten Druckflächenbedarf auf ein *Blatt* Papier passt. Alle anderen Seiten werden entsprechend skaliert. Der Skalierungsfaktor wird in % angezeigt.

Ist die **CB** ⊙ **User** aktiv, können Sie einen Skalierungsfaktor in % eingeben.

Beide Alternativen werden erst ausgeführt, wenn die **SF Apply** betätigt wird.

Druckvorschau bei Textseiten:
Haben Sie im Listenfeld der Rubrik *Page* eine Seite des *Text-Bereichs* wie „Mustertext", „Mo-

dels" oder „Info" markiert (Schriftzug blau hinterlegt), wird im Vorschaufenster *das erste Blatt* dieser Seite gezeigt. Ist der Text so ausführlich, dass er bei der gewählten Schriftart und -größe nicht auf ein *Blatt* passt, ist nur jetzt die Rubrik *Sheet* aktiv. Mit den *SF Next / SF Prior* können Sie die ausgewählte Textseite Blatt für Blatt durchblättern. Mit der Seite „Mustertext" oder „Models" in der Musterdatei M_5-4_PRINT_SCHALTPLAN_TEXT.CIR können Sie dies ausprobieren.

Die Seiten des *Text-Bereichs* werden mit einem Texteditor bearbeitet. Daher kann nur Text geschrieben werden, grafische Darstellungen sind nicht möglich. Als einheitliches Gestaltungselement können alle Seiten des *Text-Bereichs* mit einem einheitlichen maximal 5-zeiligen Kopf- und Fußblock ausgedruckt werden. Diese werden formatiert, indem Sie in der Rubrik *Page* eine Textseite auswählen und anzeigen lassen. Die **SF Properties...** führt Sie bei Seiten des Text-Bereichs zu den beiden Registerkarten **Font** und **Header/Footer**. Mit letzterer öffnet sich ein Dialogfenster zur Formatierung von Kopf- und Fußblock für den Ausdruck aller Seiten des *Text-Bereichs*. In der Musterdatei M_5-4_PRINT_SCHALTPLAN_TEXT.CIR und in [MC-ERG] finden Sie mögliche $-Variablen und Details zur Formatierung.

Ü 5-1 Drucken von Schaltplan und Text (UE_5-1_PRINT_SCHALTPLAN_TEXT.CIR)

a) Öffnen Sie die Übungsdatei UE_5-1_PRINT_SCHALTPLAN_TEXT.CIR.

b) Stellen Sie in MC für Ihren Drucker die Blattgröße „A4" mit der Orientierung „Querformat" ein. Ist „A4" nicht verfügbar, wählen Sie eine ähnliche Blattgröße.

c) Kontrollieren Sie, ob die Modell-Symbole am Gitternetz *„Grid Bold 6"* ausgerichtet sind.

d) Schauen Sie nach, was auf den grafischen Seiten des Schaltplan-Bereichs „Gleichrichtung" und „Tastkopf" dargestellt ist und was in den Seiten des Text-Bereichs „Text", „Models" und „Info" geschrieben steht.

e) Ergänzen Sie die Seiten des Schaltplan-Bereichs mit dem einheitlichen Gestaltungselement „Rahmen mit Titelblock" für jedes Blatt. Aufgrund des Querformats müssen Sie ggf. etwas scrollen, um den Rahmen auf Ihrem Bildschirm sehen zu können. Formatieren Sie den Titelblock so, dass die aktuell eingetragenen Daten auch tatsächlich angezeigt werden. Kontrollieren Sie in der Druckvorschau, wie die Seiten Ihres Schaltplans ausgedruckt würden. Drucken Sie die Schaltplanseiten „Gleichrichtung" und „Tastkopf" aus und prüfen Sie, ob der Ausdruck so ist, wie Sie es erwarten.

f) Die Seiten des Textbereichs sollen mit dem einheitlichen Gestaltungselementen „Kopfblock" und „Fußblock" ausgedruckt werden. Formatieren Sie Kopf- und Fußblock so, dass die aktuell eingetragenen Daten auch angezeigt werden. In der Hilfe des Dialogfensters *Properties* finden Sie die passenden Variablen. Drucken Sie die Textseiten „Gleichrichtung" und „Tastkopf" aus und prüfen Sie, ob der Ausdruck so ist, wie Sie es erwarten.

g) Stellen Sie die Orientierung Ihres Druckers wieder auf „Hochformat" zurück. ❑ Ü 5-1

5.5 Drucken und Exportieren von grafischen Ergebnissen

Öffnen Sie die Musterdatei M_5-4_PRINT_ERGEBNIS.CIR. Der zu simulierende Schaltplan wurde künstlich auf die zwei Schaltplanseiten „Gleichrichtung" und „Tastkopf" verteilt. Starten Sie mit **<ALT>** + **<1>** eine TR-Analyse. Beachten Sie im Dialogfenster *Transient Analysis Limits*, wie die Ergebnisse auf die zwei Seiten „Spg/Ströme" und „Diode" verteilt werden und wie die Kurven innerhalb dieser Seiten auf verschiedene Diagramme verteilt werden. Starten Sie mit der **SF Run** den Simulationslauf. Es erscheint das Ausgabefenster der TR-Analyse. Über die Reiter unten links können Sie mit <LM> die anzuzeigende Seite auswählen. Über die **Menüfolge File → Print Preview...** (<Strg> + <P>) öffnet sich das Dialogfenster *Printer Preview* mit einer Druckvorschau.

Im dem Listenfeld sind *alle Seiten des Schaltplan-Bereichs und alle Ausgabeseiten* aufgeführt. Durch Klicken mit <LM> können Sie die Ausgabe jeder Seite aktivieren (Schriftzug ist dann blau hinterlegt) oder deaktivieren. Aktivieren Sie mit **SF All**, dass alle Seiten gezeigt werden.

Ist die **CB ☑ Auto Tile** (*to tile*, dt. kacheln, fliesen) aktiv, werden alle gezeigten Seiten automatisch so skaliert und angeordnet, dass sie wie Fliesen nichtüberlappende und gleichgroße Flächen des Blattes bedecken.

Ist die **CB ☐ Auto Tile** deaktiviert, werden für jede gezeigte Seite acht kleine Quadrate, die als „Griffe" wirken, angezeigt. Mit der Maus können Sie mit diesen Quadraten die jeweilige gezeigte Seite vergrößern/verkleinern. Mit dem Mauszeiger inmitten einer gezeigten Seite können Sie diese durch Ziehen verschieben. Mit diesen Werkzeugen können Sie die Darstellung mehrerer gezeigter Seiten auf einem Blatt nach Ihren Vorstellungen arrangieren. Mit der **SF Tile** können Sie einmalig wieder eine gleichmäßige fliesenartige Verteilung herstellen.

Bereits bekannt ist Ihnen, dass die **SF Setup...** das Dialogfenster *Druckeinrichtung* öffnet, die **SF Print...** den Druckvorgang startet.

Um grafische Darstellungen aus MC wie Schaltpläne oder Analyse-Ergebnisse in ein anderes Programm zu exportieren, bietet MC die zwei Möglichkeiten, diese in einen grafischen Zwischenspeicher oder in eine Bilddatei zu kopieren. Zum Ausprobieren ist die Musterdatei M_5-4_PRINT_SCHALTPLAN_TEXT.CIR gut geeignet, weil darin viel dargestellt ist.

Das Kopieren einer grafischen Darstellung in den grafischen Zwischenspeicher über die **Menüfolge Edit → Copy to Clipboard ▶** bietet vier Varianten:

1. **Copy the Visible Portion of Window in BMP Format** kopiert den sichtbaren Teil des aktiven Fensterinhaltes im pixelorientierten BMP-Format (*bitmap*) in den grafischen Zwischenspeicher. Wie üblich können Sie mit <Strg> + <V> den Inhalt des Zwischenspeichers in ein anderes Programm einfügen.

2. Markieren Sie im *Select Mode* durch Ziehen mit der Maus einen rechteckigen Bereich. Mit dem jetzt aktiven Befehl **Copy the Select Box Part in BMP Format** kopiert MC diesen ausgewählten Bereich in den Zwischenspeicher.

3. **Copy the Entire Window in WMF Format** kopiert den gesamten Inhalt des aktiven Fensters in den grafischen Zwischenspeicher im WMF-Format (Windows Metafile, 16 bit).

4. **Copy the Entire Window in EMF Format** kopiert den gesamten Inhalt des aktiven Fensters in den grafischen Zwischenspeicher im EMF-Format (Enhanced Windows Metafile, 32 bit).

Das Kopieren in eine Bilddatei ist nur in der Vollversion von MC freigeschaltet und erfolgt über die **Menüfolge Edit → Copy the Entire Window to a Picture File....** Unterstützte Dateiformate sind *.BMP, *.GIF, *.PNG, *.JPG, *.TIF, *.WMF und *.EMF.

ⓘ   Weitere Informationen zum Thema Drucken *(Printing)* finden Sie in [MC-USE].

6 Parameterwert-Variation durch *Stepping*

An manchen Stellen der vorhergehenden Kapitel war mehr oder weniger versteckt die Frage zu beantworten, wie sich das reale elektronische Verhalten ändert, wenn sich ein Bauelement-Wert ändert, bzw. welche Bauelement-Werte ein gewünschtes Schaltungsverhalten ergeben. Diese Frage stellt sich beim Dimensionieren einer elektronischen Schaltung und wird in Literatur wie [TIET12] ausführlich behandelt.

Die Simulation einer elektronischen Schaltung ergibt Antworten auf Fragen, wie sich das simulierte Verhalten ändert, wenn sich ein Parameterwert ändert, oder welche Parameterwerte ein gewünschtes Verhalten in der Simulation ergeben. Wenn die Ergebnisse der Simulation als realitätsnah bewertet werden, kann dies den Entwicklungsprozess zeitlich verkürzen oder zu Erkenntnissen führen, die messtechnisch nur aufwendig erfassbar wären.

In der Praxis stellen sich weitere, ähnlich gelagerte Fragen (F), die nachfolgend mit möglichen Antworten (A) aufgeführt sind:

F 1: Wie verhalten sich Bauelemente, wenn sich deren Innentemperatur wegen veränderter Eigenerwärmung oder Fremderwärmung ändert? Wie verhält sich eine Schaltung, wenn sich die Umgebungstemperatur ändert?

A 1: Die Antworten auf diese Fragen nach **thermischem Verhalten** werden in der Praxis oft durch Abschätzen oder aufwendige Messungen mit einem Klimaschrank herausgefunden. Die Abschätzung kann durch eine Simulation verbessert und verfeinert werden und damit ggf. den Umfang der Messungen reduzieren. Die Möglichkeiten, die MC u. a. mit *Stepping* (dt. schrittweises Ändern) bietet, um thermisches Verhalten zu simulieren, werden gezielt und konzentriert **in Kap. 7** behandelt.

F 2: In Ü 3-16c und Ü 3-17 wurde untersucht, wie sich der Wert des Glättungskondensators auf Ströme und Spannungen in einer Einweg- und Zweiweg-Gleichrichterschaltung auswirkt. Wenn ein Kapazitätswert als brauchbarer Kompromiss zwischen Welligkeit der Ausgangsspannung und Spitzenstrom durch die Diode/-n gefunden wurde, stellt sich die Frage, wie es sich mit diesen Eigenschaften verhält, wenn bei dem Bauelement „Elko" mit einer Toleranz von +50%/–20% zu rechnen ist.

A 2: Die Auswirkungen von **Toleranzen von Bauelement-Werten** auf ein Schaltungsverhalten können in der Simulation mit MC mittels *Stepping* herausgefunden werden. Dies wird **in Abschn. 6.1** behandelt.

Ist eine statistische Auswertung gewünscht oder soll bei umfangreicheren Schaltungen mit mehreren beteiligten Bauelementen der *Worst Case* (dt. schlimmster Fall) herausgefunden werden, ist die **Monte-Carlo-Analyse** das richtige Werkzeug. Monte-Carlo-Analyse und *Stepping* sind nicht gleichzeitig anwendbar.

F 3: In Ü 2-9 konnte der Kapazitätswert von C_2 zum Abgleich des 10:1-Teilertastkopfes noch analytisch berechnet werden, da eine glaubwürdige und handhabbare Theorie vorhanden war. Wie soll der Bauelement-Wert/Parameterwert eines Kondensators in einer Schaltung bestimmt werden, wenn eine theoretische Berechnung aufgrund der Komplexität kaum noch möglich erscheint?

A 3: Diese Frage nach einer **Dimensionierung** wird in der Praxis oft durch Ausprobieren und messtechnische Überprüfung beantwortet. Genau dieses machen Sie beim Tastkopfabgleich. Eine elegante Formulierung für diese Vorgehensweise: „Der Kapazitätswert für C_2 wurde empirisch ermittelt zu … pF und mit folgenden Messungen verifiziert: …". Das Ausprobieren und Überprüfen ist deutlich unaufwendiger **mit *Stepping*** in der Simulation, wenn Sie sich der Grenzen einer Simulation bewusst sind. Dies wird ebenfalls **in Abschn. 6.1** behandelt.

F 4: In Abschn. 3.6 wurde deutlich, dass das simulierte Verhalten eines Modell-Elements wie z. B. des Modell-Typs D-L1/L2 für eine Diode von den Parameterwerten wie z. B. I_S, N, B_V u. a. abhängt (Bild 3-8). Wie wirken sich die Parameterwerte von I_S oder N auf das Modellverhalten aus? Wie wirkt sich der Parameterwert für B_V bei der Parametrierung einer Z-Diode aus (Abschn. 3.7.1)?

A 4: Diese Frage nach dem **Verhalten eines Modells** erübrig sich, wenn Sie nicht simulieren, da sie nur das Simulationsmodell selbst betrifft. Da aber die Realitätsnähe der Simulationsergebnisse direkt von den Modellen und den Parameterwerten abhängt, muss man ggf. Antworten auf diese Art Fragen z. B. **mittels *Stepping*** finden und daher wird diese Fragestellung **in Abschn. 6.2** behandelt.

F 5: In einer Schaltung können z. B. für eine Diode, einen Transistor oder andere Bauelemente „Typen" eingesetzt werden, die unter verschiedenen kommerziellen Bauelement-Namen angeboten werden und sich daher in ihren Grenzdaten *(maximum ratings)* und elektrischen Eigenschaften *(electrical characteristics)* unterscheiden. Es kann als Beispiel die Frage gestellt werden: Erfüllt die Diode „1N4001" die Anforderungen in einer Schaltung oder wäre die Diode „1N4148" besser?

A 5: Diese Beispiel-Frage nach der **Auswahl eines Bauelements** kann man schon relativ klar aufgrund der Datenblattwerte geben: Die „1N4001" ist eine „langsame" 1-A-Gleichrichterdiode, die „1N4148" eine schnelle 100-mA-Schaltdiode. Wenn die Antwort bei anderen Bauelementen nicht so klar ist, kann man durch Simulation **mittels *Stepping*** eine Antwort finden. Daher wird diese Fragestellung **in Abschn. 6.3** behandelt. Es versteht sich inzwischen von selbst, dass die Parameterwertesätze für den jeweiligen Modell-Namen natürlich das interessierende Verhalten einigermaßen realitätsnah nachbilden müssen. Simulation ersetzt nicht die messtechnische Verifikation, kann aber den Weg dahin verkürzen und damit Zeit und Aufwand sparen.

Mit *Stepping* kann ein Teil der genannten Fragen elegant mit MC beantwortet werden. *Stepping* ist das *automatisierte* schrittweise Ändern von *einem oder mehreren* Parameterwerten. Für jeden geänderten Parameterwert wird *automatisch* von MC eine neue Analyse gestartet und durchgeführt. Als **Simulationslauf** wird weiterhin die von Ihnen gestartete Aktion bezeichnet und nicht diese Einzelanalysen im Rahmen von *Stepping*.

Als Ergebnis eines Simulationslaufs erscheint daher eine **Kurvenschar** *(set of curves)* mit mehreren **Kurvenzweigen** *(branches)*. Der Begriff **Kennlinienfeld** wird oft verwendet, wenn es sich bei der Kurvenschar um die Eigenschaft eines Bauelements bei verschiedenen Parameterwerten handelt wie z. B. das Ausgangs-Kennlinienfeld eines BJTs mit Basisstrom i_B als Parameter.

Mit *Stepping* können die *Werte* (Attribute) einfacher Modell-Elemente verändert werden. Einfache Modell-Elemente sind die, deren Eigenschaft nicht über ein .MODEL-Statement, sondern direkt über Attribute, die im jeweiligen Attributfenster einzugeben sind, festgelegt werden wie z. B. R, L, C, Steuerungsfaktoren gesteuerter Quellen usw. In [MC-REF] werden diese Größen als *attribute parameter* bezeichnet.

Mit *Stepping* können *nummerische Parameterwerte* von komplexeren Modell-Elementen wie z. B. beim Modell-Typ D-L1/L2 die Parameterwerte von I_S, N, B_V usw. verändert werden.

Mit *Stepping* können *symbolische Parameterwerte* verändert werden. Auch Text wie z. B. ein Modell-Name kann verändert werden, wenn er als symbolische Variable durch ein .DEFINE- oder .PARAM-Statement festgelegt wurde.

Damit Sie einen kompakten Eindruck bekommen, was bei *Stepping* passiert, können Sie, bevor Sie weiterlesen, aus der Menüleiste **Help** → **Demos** ▸ → **Stepping Demo…** starten und sich die ca. 2-minütige Demo anschauen (MC-Musterschaltung DIFFAMP.CIR).

6.1 *Stepping* eines einfachen Modell-Parameterwertes

Öffnen Sie die Musterdatei M_6-1_STEP_EINWEG.CIR. Es handelt sich um die Simulation der Einweg-Gleichrichtung aus Ü 3-16. Starten Sie eine TR-Analyse. Im sich öffnenden Dialogfenster *Transient Analysis Limits* finden Sie neben vielen bereits behandelten Einstellungen die **SF Stepping…** . Ein Klick öffnet das in Bild 6-1 gezeigte Dialogfenster *Stepping*.

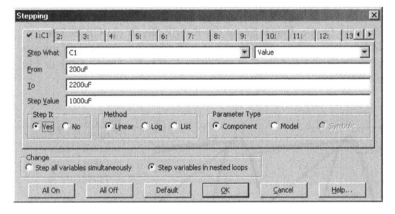

Bild 6-1
Dialogfenster *Stepping* mit geänderten Werten

Für jede zu ändernde Größe müssen Sie eine Registerkarte ausfüllen. Von den maximal 20 möglichen in der Vollversion von MC sollten *nur höchstens drei Größen* während eines Simulationslaufes verändert werden, da das Ergebnis sonst zu unübersichtlich und kaum noch interpretierbar wird. Die Demoversion von MC ist beschränkt auf das *Stepping* der Größe, der mit Registerkarte „1:" definiert wird.

Im Listenfeld <u>Step</u> *What* können Sie auswählen, welche Größe im Rahmen von *Stepping* schrittweise geändert werden soll. Wählen Sie „C1" aus. Geben Sie in das Eingabefeld <u>*From*</u> den Startwert „200uF" und in das Eingabefeld <u>*To*</u> den Endwert „2.2mF" oder „2200uF" ein. Die Einheit „F" dient wie immer nur der besseren Lesbarkeit und kann auch weggelassen werden. Als Schrittweite soll in *Step <u>Value</u>* „1000uF" eingetragen werden. Der im Schaltplan-Eingabefenster angegebene Wert von C_1 wird beim *Stepping* ignoriert.

In der Rubrik *Parameter Type* ist festzulegen, von welcher Art die zu verändernde Größe ist. Wenn es das *Attribut eines Modell-Elements* wie hier der Kapazitätswert C_1 ist, muss *Compo-*

nent ausgewählt sein. Ist es der *Parameter eines .MODEL-Statements*, muss *Model* ausgewählt sein. Ist es eine *symbolische Größe*, muss wie z. B. in Abschn. 6.3 *Symbolic* ausgewählt sein.

In der Rubrik *Method* müssen Sie eine Art der Schrittweitenberechnung auswählen:

⊙ Linear   Ein *Step* ist die Addition mit der Schrittweite gemäß $X_{k+1} = X_k + StepValue$.

○ Log   Ein *Step* ist die *Multiplikation* mit der Schrittweite gemäß $X_{k+1} = X_k \cdot StepValue$, „Schrittweite" ist also *ein* Faktor. Oft ist der Wert „2" (Verdopplung, oktavische Änderung) oder „10" (Verzehnfachung, dekadische Änderung) gut geeignet. Wenn zwischen einem Anfangswert X_{From} und einem Endwert X_{To} im logarithmischen Maßstab N optisch gleichgroße Schritte sein sollen, ergibt die Formel $StepValue = (X_{To}/X_{From})^{1/N}$ den geeigneten Wert für den Faktor „Schrittweite".

○ List   Die Parameterwerte sind, mit Kommas getrennt, einzeln (als Liste) einzugeben.

In der Rubrik *Change* legen Sie bei mehreren zu ändernden Größen fest, ob diese *simultan*, d. h. gleichzeitig geändert werden sollen oder als *geschachtelte Schleifen (nested loops)*. Die *simultane* Änderung ergibt nur *eine* Schleife und erfordert daher dieselbe Anzahl von Schritten für jede Größe, damit diese bis zum letzten Schritt gleichzeitig verändert werden können. Dies ergibt nur die spezifischen Kombinationen von Werten, die simultan bei jedem Schritt der Schleife errechnet werden. Bei geschachtelten Schleifen werden *alle* Kombinationen simuliert. Bei nur einer Größe ist diese Auswahl ohne Wirkung.

Aktivieren Sie *Stepping* für diese Größe, indem Sie in der Rubrik *Step It* die **CB** ⊙ **Yes** auswählen. Bestätigen Sie alle Eingaben mit der **SF OK**. Starten Sie den Simulationslauf mit der **SF Run (<F2>)**. Mit den genannten Einstellungen ergibt sich für die Musterdatei das in Bild 6-2 gezeigte Ausgabefenster.

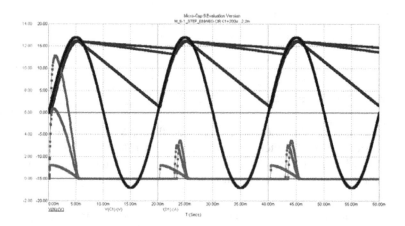

Bild 6-2
Ausgabefenster nach einer TR-Analyse mit aktiviertem *Stepping* von C_1

Das Ergebnis ist qualitativ wie erwartet: Mit größer werdendem Kapazitätswert sinkt die Welligkeit und der Spitzenwert des Diodenstroms steigt erheblich an. Um herauszufinden, welcher Wert von C_1 zu welchem Kurvenzweig gehört, können Sie mit dem Mauszeiger auf einen der Kurvenzweige von $V_{(C1)}$ zeigen. Am Mauszeiger erscheint dann ein Feld mit den *x*- und *y*-Werten dieses Punktes, ergänzt um den Wert von C_1 dieses Kurvenzweiges.

Sie können die Kurvenzweige auch dauerhaft mit *Labels* kennzeichnen. Hierzu muss die Kurve ausgewählt sein (<u>unterstrichen</u>) wie z. B. „<u>V(C1)</u>". Ist eine andere Kurve wie z. B. „<u>V(N)</u>"

ausgewählt, dann müssen Sie am unteren Fensterrand mit der Maus auf den Namen der Kurve „V(C1) (V)" klicken und damit diese Kurve auswählen. Öffnen Sie nun mit der **Menüfolge** Scope → **Label Branches...** das Dialogfenster *Label Curves Branches*. Unter Angabe eines *x*-Wertes wie z. B. „15m" oder automatisch werden *Labels* mit dem Wert „C1=..." an den Kurvenzweigen platziert. Oft überlappen sich die *Labels* oder sind sogar übereinander liegend. Dann können Sie die *Labels* im *Select Mode* mit der Maus verschieben.

In den *Select Mode* kommen Sie mit **SF Select Mode** oder **<Strg> + <E>**. Alternativ können Sie auch bequem mit der **<Leerzeichentaste>** zwischen aktivem Modus und *Select Mode* hin und her wechseln, probieren Sie es aus.

ⓘ Hilfreich bei Kurvenscharen: Aktivieren Sie über die **Menüfolge** Scope → **Trackers** ▸ → ✓**Cursor: Branch Info** und in dem gelben *Tracker*-Feld am *Cursor* wird zusätzlich zu *x*- und *y*-Wert auch noch der Parameterwert des Kurvenzwigs angezeigt.

Im *Cursor*-Modus haben Sie drei Möglichkeiten, den linken und/oder rechten *Cursor* auf einen der Kurvenzweige zu platzieren. Wechseln Sie hierzu mit der **SF Cursor Mode (<F8>)** in den *Cursor*-Modus. Beide *Cursor* sollen für die Kurve $V_{(C1)}$ aktiv sein. Dies wird angezeigt durch „B V(C1) (V)". Verschieben Sie den linken *Cursor* auf $t \approx 15$ ms und den rechten *Cursor* auf $t \approx 38$ ms.

Als erste Möglichkeit können Sie mit der *Tastaturtaste* **<↑>** (**<↓>**) *beide Cursor* von einem Kurvenzweig zu dem mit dem *nächstgrößeren (nächstkleineren)* Parameterwert wechseln lassen („bewegen"). Dies muss nicht der Kurvenzweig sein, der optisch oberhalb (unterhalb) des aktuellen liegt. Der jeweilige Parameterwert wird oberhalb des Diagramms im Titel und in den *Tracker*-Feldern der *Cursor* angezeigt. Probieren Sie es aus. Da diese Bewegung von MC auch als die „zuletzt benutzte Richtung" interpretiert wird, können diese Tasten zu verwirrendem Verhalten bei nachfolgenden *Cursor*-Positionierungen führen. Empfohlen wird daher nicht diese, sondern die dritte Möglichkeit über die *SF Go To Branch*.

Als zweite Möglichkeit können Sie **<Alt>** gedrückt halten und mit der *Maustaste* **<LM>** (**<RM>**) auf den Kurvenzweig bei einem *x*-Wert klicken, bei dem der *linke (rechte) Cursor* platziert werden soll. Der andere *Cursor* springt auch auf diesen Kurvenzweig. Probieren Sie es aus.

Warum hier explizit auf *Tastatur*- bzw. *Maustaste* hingewiesen wird, wird in Ü 6-1 deutlich.

Als dritte und empfohlene Möglichkeit können Sie mit der **SF Go To Branch** das Dialogfenster *Go To Branch* öffnen. Im Listenfeld *C1.Value* können Sie den Parameterwert des Kurvenzwigs und mit der **SF Left** oder **SF Right** den *Cursor* festlegen, der auf diesen Kurvenzweig platziert werden soll. Linker und rechter *Cursor* können damit auf verschiedene Kurvenzweige platziert werden. Probieren Sie es aus.

Bei Kurven*scharen* sind nun auch die *Cursor*-Funktionen *SF Bottom (SF Top)* sinnvoll. Bei der **SF Bottom (SF Top)** springt *der zuletzt bewegte Cursor* auf den Kurvenzweig der ausgewählten (unterstrichenen) Kurve, der *bei diesem x-Wert* den kleinsten (größten) *y*-Wert hat.

Auch die *Cursor*-Funktionen *SF Global High (SF Global Low)* sind erst bei Kurvenscharen sinnvoll. Bei der **SF Global High (SF Global Low)** springt *der zuletzt bewegte Cursor* auf *den x-Wert **und** den Kurvenzweig* der ausgewählten (unterstrichenen) Kurve, der damit „global", d. h. von allen *x*-Werten und Kurvenzweigen, den größten (kleinsten) *y*-Wert aufweist.

Ü 6-1 *Worst-Case*-Analyse mit *Stepping* (UE_6-1_STEP_WORST-CASE.CIR)

Öffnen Sie die Musterdatei M_6-1_STEP_EINWEG.CIR. Starten Sie eine TR-Analyse und stellen Sie die Werte im Dialogfenster *Transient Analysis Limits* so ein, dass das Ergebnis ähnlich wie Bild 6-2 aussehen wird. Stellen Sie im Dialogfenster *Stepping* ein, dass der Kapazitätswert C_1 schrittweise die Werte 800 µF (–20 %), 1000 µF (Nennwert) und 1500 µF (+50 %) annimmt.

ⓘ Bei diesen wenigen Werten ist die Methode *List* am einfachsten. Wählen Sie diese Methode durch Aktivieren der **CB** ⊙ **List**. Geben Sie in das dann erscheinende Eingabefeld *List* die Werte durch Kommas getrennt in der Form „800uF, 1000uF, 1500uF" ein. Starten Sie den Simulationslauf.

Um die Auswertung eines Simulationsergebnisses mit den Werkzeugen von *Scope*, insbesondere mit den *Cursorn* zu üben und damit eine Antwort auf die Frage nach dem *Worst Case* zu erhalten, messen Sie nebenstehende Größen für den *eingeschwungenen Zustand*:

$C_1/\mu F$	u_{C1max}/V	u_{C1min}/V	i_{F1max}/A
800 µF			
1000 µF			
1500 µF			

ⓘ Um Max-Werte (Min-Werte) direkt zu finden, sind zur Positionierung des/der *Cursor* die SF *Peak* und *SF Valley* die richtigen. In Abschn. 4.2.4 hieß es: „Ist die **SF Peak** (**SF Valley**) aktiv, springt der *zuletzt bewegte Cursor* in der *zuletzt benutzten Richtung* auf das nächstgelegene *lokale* Maximum (*lokale* Minimum)". Das gilt auch, wenn die *Cursor* zuletzt mit <↑> (<↓>) in „Richtung" von einem Kurvenzweig auf den nächsten bewegt wurden. Die zuletzt benutzte Richtung ist dann „von einem Kurvenzweig zu dem mit dem *nächstgrößeren* (nächstkleineren) Parameterwert". Soll anschließend z. B. mit der *SF Valley* der zuletzt bewegte *Cursor* auf das nächstgelegene lokale Minimum springen, springt der Cursor *erst auf den nächsten Kurvenzweig* und dann auf den nächstgelegenen *x*-Wert, dessen *y*-Wert ein lokales Minimum ist. Dies ist verwirrend, wenn man dieses Verhalten nicht kennt.

Möchten Sie **auf einen Kurvenzweig** nach lokalen Maxima (Minima) mit *SF Peak (SF Valley)* suchen, kann **nur** mit der *Tastaturtaste* <←> (<→>) als *die zuletzt benutzte Richtung die x-Richtung links (rechts)* eingestellt werden, sodass der/die *Cursor* auf dem Kurvenzweig bleiben.

Falls Sie einen *Cursor* mit <Alt> + *Maustaste* <LM> auf einen Kurvenzweig platziert haben, ändert das **nichts** an der zuletzt benutzten Richtung! Auch die Positionierung der *Cursor* in x-Richtung mit den *Maustasten* (gedrückte <LM> für linken und gedrückte <RM> für rechten *Cursor*) wird von MC nicht als Änderung der zuletzt benutzten Richtung interpretiert. Daher gilt: Falls der *Cursor* auf einem Kurvenzweig bleiben soll, ggf. mit der *Tastaturtaste* <←> (<→>) *als die zuletzt benutzte Richtung die x-Richtung links (rechts) einstellen.*

Tipp: Verwenden Sie die zuvor genannte dritte Möglichkeit über die **SF Go To Branch**, um die *Cursor* gezielt auf einen Kurvenzweig zu platzieren.

ⓘ Auch wenn zu Beginn die Positioniermöglichkeiten der *Cursor* verwirrend erscheinen: Investieren Sie etwas Geduld, sich diese *auch bei Kurvenscharen* an diesem übersichtlichen Beispiel klarzumachen. Es lohnt sich und Sie können sich, wenn Sie mit den *Cursorn* umgehen können, auf die Ergebnisse und spannenderen Fragen konzentrieren.

Als technisches Ergebnis dieser unaufwendigen Simulation erhalten Sie die *Worst-Case*-Werte: Die Elektronik, die mit dieser pulsierenden Gleichspannung versorgt wird, muss mit einer Spannung von minimal 11,8 V und maximal 16,2 V sicher arbeiten. Der periodische Spitzenstrom der Diode I_{FRM} muss mindestens 3,3 A betragen (aus Sicherheitsgründen würde man eine Diode mit einem um mindestens 50 bis 100 % höheren Wert wählen). ❑ Ü 6-1

Ü 6-2 Dimensionieren mit *Stepping* 1 (UE_6-2_STEP_TASTKOPF.CIR)

a) Geben Sie die Schaltung des abgleichbaren 10:1-Teilertastkopfs aus Bild 6-3 in MC neu ein. C_2 kann einen beliebigen Wert wie z. B. 10 pF haben. Nehmen Sie als Spannungsquelle $u_E(t)$ das Modell-Element *Pulse Source*. Parametrieren Sie deren Parameter wie in Bild 2-22 erläutert so ein, dass diese Quelle eine Rechteckspannung mit $T = 1$ ms und einem *Tastgrad (duty cycle)* von $p = t_{High}/T = 0,5$ liefert. Der *High*-Wert soll +1 V, der *Low*-Wert 0 V betragen.

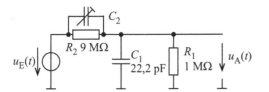

Bild 6-3
Schaltung eines mit C_2 abgleichbaren
10:1-Teilertastkopfs

b) Starten Sie eine TR-Analyse und stellen Sie die Werte im Dialogfenster *Transient Analysis Limits* so ein, dass ca. zwei ganze Perioden simuliert werden. Aus der Erfahrung wissen Sie, dass der Kapazitätswert des Abgleichkondensators C_2 nicht kleiner als 1 pF und nicht größer als 100 pF sein wird. Bei einem so großen Wertebereich von zwei Dekaden ist eine logarithmische veränderte Schrittweite vorteilhaft.

Stellen Sie im Dialogfenster *Stepping* ein, dass der Kapazitätswert C_2 variiert wird. Er soll von 1 pF *(From)* bis 100 pF *(To)* logarithmisch *(Method Log)* verändert werden. Diese zwei Dekaden sollen in $N = 12$ optisch gleich große logarithmische Schritte aufgeteilt werden, sodass sich 6 Schritte pro Dekade ergeben. Wenn Sie in das Eingabefeld *Step Value* „(100p/1p)^(1/12)" eingeben, rechnet sich MC den passenden Wert für den Faktor „Schrittweite" selbst aus.

ⓘ Wenn Sie die Taste <^> drücken, wird das Zeichen Zirkumflex (^) nicht sofort auf dem Bildschirm erscheinen. Erst wenn Sie das nächste Zeichen tippen, erscheint es. Ist das nächste Zeichen ein Vokal, wird Zirkumflex wie z. B. bei û darüber geschrieben, ansonsten davor (^2). Die Zeichenfolge „3^2" wird von MC und vielen anderen Programmen als mathematische Operation „3 hoch 2 = 9" interpretiert. Alternativ können Sie in MC „3**2" oder eine der in [MC-ERG] aufgeführten Funktionen verwenden.

c) Starten Sie den Simulationslauf. Sie werden, so wie beim praktischen Tastkopfabgleich auch, feststellen, dass der Zeitverlauf der Spannung $u_A(t)$ entweder dem Endwert asymptotisch annähernd oder überschwingend ist. Wählen Sie die Kurve $V_{(A)}$ aus. Platzieren Sie einen *Cursor* auf einen Kurvenzweig und lassen Sie sich im gelben *Tracker*-Feld des *Cursors* den Wert des Parameters für diesen Kurvenzweig anzeigen. Platzieren Sie den *Cursor* auf den Kurvenzweig mit „C2=1p". Wechseln Sie mit <↑> auf den Kurvenzweig mit dem nächstgrößeren Parameterwert: „C2=1.47p" wird angezeigt. Die folgenden Kurvenzweige

haben für C_2 die Werte: 2,15p 3,16p 4,64p 6,81p 10p usw. Wenn Sie bis „C2=100p"
mitgezählt haben: Es sind genau 12 Schritte und damit 13 Werte.

(i) Mathematisch sind diese Werte die *Glieder einer geometrischen Reihe*. Bei einer *geometrischen Reihe* unterscheiden sich zwei aufeinander folgende Glieder (Werte) durch einen
konstanten *Faktor*, was im logarithmischen Maßstab „gleiche Abstände" ergibt. Gerundet
ergeben diese Werte die bekannte E-6-Reihe (1,0 1,5 2,2 3,3 4,7 6,8), nach der die
Werte vieler Bauelemente gestaffelt sind. Auch aus diesem Grund ist ein *logarithmisches
Stepping* von Bauelement-Werten oft sinnvoll und praxisnah.

Finden Sie die beiden Kurvenzweige heraus, die die beste Annäherung an ein Rechteck
zeigen und ermitteln Sie die dazugehörenden Werte für C_2 (Lösung: 2,15 pF und 3,16 pF).

d) Mit der **SF Stepping (<F11>)** können Sie direkt das Dialogfenster *Stepping* aufrufen. Lassen Sie C_2 zwischen diesen Werten logarithmisch ändern. Vergessen Sie nicht, auch
Step Value entsprechend einzustellen. Starten Sie den Simulationslauf. Die beste
Annäherung an ein Rechteck wird nun mit C_2 = 2,44 pF erzielt.

Deaktivieren Sie *Stepping*, indem Sie im Dialogfenster *Stepping* in der Rubrik *Step It* die
CB ⊙ No auswählen. Beenden Sie die TR-Analyse mit **<F3>**.

e) Geben Sie im Schaltplan-Eingabefenster C_2 den Wert 2,44 pF. Starten Sie eine TR-Analyse
und einen Simulationslauf. Auf Ihrem PC-Bildschirm wie auch auf dem Bildschirm eines
Oszilloskops werden Sie die Spannung an R_1 optisch nicht mehr von einem Rechteck unterscheiden können. Der Tastkopf ist abgeglichen und überträgt frequenzunabhängig.

Der Kapazitätswert für C_2 wurde empirisch ermittelt zu 2,44 pF. Mit einer Simulation wurde verifiziert, dass diese Dimensionierung das gewünschte frequenz-unabhängige Verhalten sehr gut erfüllt.   ❑ Ü 6-2

6.2 *Stepping* eines .MODEL-Statement-Parameterwertes

Das Motiv der mit der folgenden Übung behandelten Frage liegt darin, mehr darüber zu erfahren, wie sich ein Modell-Parameter qualitativ auf das Verhalten eines Modell-Elements auswirkt oder welchen Wert er für ein bestimmtes Verhalten haben sollte. Die Erkenntnisse führen also „nur" zu einem besseren Verständnis der Modelle in der Simulation und nicht zu einer
verbesserten Schaltungsdimensionierung. Als Beispiel dient der Parameter N (Emissionskoeffizient) beim Modell-Typ D-L1/L2 für eine Diode. Anhand der Modellgleichungen aus
Abschn. 3.4 ist der Einfluss dieses Parameters nicht direkt einsehbar.

Ü 6-3 *Stepping* eines .MODEL-Statement-Parameters (UE_6-3_STEP_MODEL_N.CIR)

a) Geben Sie die in Bild 6-4 gezeigte „Messschaltung" zur Simulation des Durchlassverhaltens in MC ein. Damit soll simuliert werden, wie sich der Parameter N auf das Durchlassverhalten auswirkt.

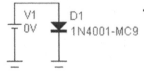

```
.MODEL 1N4001-MC9 D {LEVEL=1
IS=3.507n N=1.695 BV=50
RS=121.2m RL=10MEG TT=4.93u
CJO=47.6p VJ=0.7 M=0.45}
```

Bild 6-4
Schaltung zur Simulation der Durchlass-Kennlinie

Starten Sie eine DC-Analyse und stellen Sie die Werte im Dialogfenster *DC Analysis Limits* so ein, dass V_1 im Bereich von 0 V bis 2 V mit einer Schrittweite von 1 mV geändert wird. Es soll als Kurve $I_{(D1)}$ vs. $V_{(D1)}$ dargestellt werden. *y*- und *x*-Achse sollen linear skaliert sein und den Bereich 1 A bis 0 A bzw. 2 V bis 0 V umfassen. Öffnen Sie mit der **SF Stepping...** das Dialogfenster *Stepping*.

Stellen Sie sicher, dass in der Rubrik *Parameter Type* die **CB** ⊙ **Component** ausgewählt ist. Im Listenfeld *Step What* können Sie aus der Liste „D1, V1" jetzt das Modell-Element *(component)* mit dem Modell-Bezeichner „D1" auswählen.

Das rechts daneben liegende Listenfeld ist jetzt aktiv. Es bietet die Auswahl aller Parameter des Modell-Typs D-L1 für den mit dem Modell-Bezeichner „D1" verknüpften Modell-Namen „1N4001-MC9". Aus der Erfahrung wissen Sie, dass der Wert des Parameters N typischerweise zwischen 1 und 2 liegt. Liegt so ein „Erfahrungswert" nicht vor, müssen Sie sich ggf. mit mehreren Iterationschritten an sinnvolle Werte heranarbeiten.

Stellen Sie im Dialogfenster *Stepping* ein, dass der Parameterwert N variiert wird. Er soll von 1 *(From)* bis 2 *(To)* linear *(Method Linear)* verändert werden mit einer Schrittweite von 0,2 *(Step Value „0.2")*. Aktivieren Sie *Stepping* mit der **CB** ⊙ **Yes** und bestätigen Sie die Eingaben mit der **SF OK**.

ⓘ Wenn Sie den Simulationslauf mit dieser Einstellung starten, wird ***der Parameter N ausschließlich für das Modell-Element mit dem Modell-Bezeichner D_1*** geändert, da Sie in der Rubrik *Parameter Type* ⊙ **Component** gewählt haben und unter *Step What* die Diode mit dem Modell-Bezeichner D_1. Verwenden andere Dioden wie z. B. in einer Zweiweg-Gleichrichtung D_2 bis D_4 ebenfalls den Parameterwertesatz mit dem Modell-Namen „1N4001-MC9", so ***wird bei diesen N nicht variiert***.

Wählen Sie dagegen in der Rubrik *Parameter Type* ⊙ **Model**, erscheint im Listenfeld *Step What* der Eintrag „D 1N4001-MC9" (Syntax: „Modell-Typ Modell-Name"). Das rechts daneben liegende Listenfeld ist jetzt aktiv und bietet ebenfalls die Auswahl aller Parameter des Modell-Typs D-L1 und Sie könnten N auswählen.

Wenn Sie den Simulationslauf mit dieser Einstellung starten, wird ***der Parameter N für alle Dioden***, die auf den Parameterwertesatz mit dem Modell-Namen „1N4001-MC9" zugreifen, identisch geändert.

Für den vorliegenden Fall einer einzelnen Diode ist diese Auswahl ohne Wirkung.

b) Starten Sie den Simulationslauf. Als Ergebnis werden Sie bei den simulierten Durchlass-kennlinien feststellen, dass durch den Parameter N die Kennlinienzweige auf den ersten Blick nur parallel in Spannungsrichtung verschoben erscheinen. Achten Sie einmal darauf, dass der Kennlinienzweig mit kleiner Schleusenspannung ($N = 1$) im Übergang von kleinen Strömen (<10 mA) zu größeren Strömen (>200 mA) „schärfer" ist, während der Kennlinienzweig mit großer Schleusenspannung ($N = 2$) einen „weicheren" Übergang hat. Mit N wird im Wesentlichen die „Schärfe" dieses Übergangs bestimmt. Dass sich dabei auch der Wert der Schleusenspannung verändert, ist leider ein Nebeneffekt.

ⓘ Viele Modelle und die dazugehörenden mathematischen Modellgleichungen sind zum Teil so komplex und miteinander verwoben, dass sich die Änderung *eines* Parameterwertes häufig auf mehrere Eigenschaften auswirkt. Wünschenswert, aber leider oft nicht machbar, wären Modelle, bei denen ein Parameter ausschließlich nur *eine einzige* Eigenschaft beeinflusst. Aufgrund dieser Vernetzung ist bei komplexeren Modellen wie den

SPICE-Modellen für Transistoren für die Parameterwert-Extraktion Hilfe durch ein Programm wie z. B. das in der Vollversion freigeschaltete MC-Programm MODEL nötig.

c) Um *nur* den Wert der Schleusenspannung und nicht die „Schärfe des Übergangs" zu verändern, muss der Parameter I_S verändert werden. Um dieses zu prüfen, stellen Sie im Dialogfenster *Stepping* (<**F11**>) ein, dass I_S von 0,1 nA bis 1 μA verändert wird. Hier ist wieder die logarithmische Methode am besten. Der Faktor „Schrittweite" soll so bestimmt werden, dass diese 4 Dekaden in 8 optisch gleichgroßen logarithmischen Schritten „durchgesteppt" werden.

Das Simulationsergebnis zeigt, dass sich die Kennlinienzweige tatsächlich nur dadurch unterscheiden, dass sie parallel verschoben sind. Die „Übergänge" zwischen kleinen und großen Strömen sind gleich. Dass sich mit I_S der simulierte theoretische Sperrstrom ebenfalls verändert hat, ist wieder ein Nebeneffekt. Dieser Nebeneffekt ist von untergeordneter Bedeutung, da es nur der „theoretische" Sperrstrom ist. Der „praktische", realitätsnähere Sperrstrom wird mit den Parametern B_V, I_{BV} und beim Modell-Typ D-L1 zusätzlich noch mit R_L modelliert.   ❑ Ü 6-3

In der folgenden Übung wird ein **„sprechender" Parameter** mittels *Stepping* variiert. Das „Sprechende" an diesen Parametern besteht darin, dass man ihnen ihren (wesentlichen) Einfluss ansieht, weil man diese Parameter aus Datenblättern kennt und daher die dort angegebenen Werte verwenden kann.

Ein Beispiel für einen in diesem Sinne „nichtsprechenden" Parameter ist beim Modell-Typ D-L1 der Parameter N, dessen praktische Bedeutung als „Emissionskoeffizient" nicht direkt klar ist und der in Datenblättern auch nicht angegeben wird.

Ein weiteres Beispiel für einen „nichtsprechenden" Parameter ist I_S *(saturation current)*. Wie in Ü 3-1 zu sehen war, modelliert der Wert dieses Parameters theoretisch den Wert des Sperrstroms. Da aber der praktische Sperrstrom betragsmäßig *deutlich* größer ist, darf man für diesen Parameter auf keinen Fall den Wert des Sperrstroms aus einem Datenblatt verwenden. Daher der Zusatz „theoretisch" und hier die Klassifizierung als „nichtsprechender" Parameter.

Ein Beispiel für „sprechende" Parameter ist das im Abschn. 3.7.1 behandelte Parameter-Wertepaar B_V, I_{BV}, das den Durchbruchbereich beim Modell-Typ D-L1/L2 beschreibt. B_V ist praktisch identisch mit dem Spannungswert, den man unter Z-Spannung einer Z-Diode versteht und deshalb hat dieser Parameter die „sprechende" Bezeichnung B_V *(breakdown voltage,* dt. Durchbruch-Spannung) bekommen. I_{BV} entspricht dem Teststrom, bei dem die Z-Spannung gemessen wird. Beide Größen werden in Datenblättern von Z-Dioden angegeben.

Ein weiteres Beispiel für einen „sprechenden" Parameter ist der Modell-Parameter R_S. Er modelliert im Durchbruchbereich direkt den differenziellen Widerstand R_{dZ} einer Z-Diode.

Weitere Beispiele für „sprechende" Parameter bei anderen Modell-Elementen sind B_F (Vorwärts-Stromverstärkung B eines BJTs), M_S (Sättigungsflussdichte/μ_0 eines Eisenkerns), V_{TO} (Schwellenspannung U_{th} eines MOSFET), T_{PLHTY} (*typ. propagation delay time low to high* eines Digital-Gatters) usw. Der Modell-Typ OPA für Operationsverstärker in MC hat nur „sprechende" Parameter und ist daher sehr anwenderfreundlich und leicht zu parametrieren. Einzelheiten zu B_F, M_S und den Modell-Typ OPA werden in weiteren Kapiteln behandelt.

Wie in Ü 6-1 für den einfachen Modell-Parameter „Kapazität" können diese „sprechenden" Parameter eines komplexeren Modells für Toleranz- oder *Worst-Case*-Simulationen

verwendet werden, da zu diesen Parametern in Datenblättern ggf. Angaben über Min-Wert, Typ-Wert und/oder Max-Wert gemacht werden.

Ü 6-4 *Stepping* eines „sprechenden" Parameters (UE_6-4_STEP_MODEL_BV.CIR)

Als übersichtliches Beispiel für eine *Worst-Case*-Analyse mittels *Stepping* eines „sprechen-den" Parameters dient die Spannungsstabilisierung mit einer Z-Diode. Einer Gleichspannung U_E = 12 V sei aufgrund von Transformation / Gleichrichtung / Glättung eine Wechselspannung 100 Hz mit einer Welligkeit von $\Delta u_E = u_{Epp}$ = 2,4 V überlagert. Für einen Schaltungsteil wer-den ca. 5,6 V bei ca. 5 mA benötigt. Dieser Wert und die Reduktion der Welligkeit soll mit einer Z-Diode erreicht werden. Bild 6-5 zeigt eine Schaltung, mit der diese Verhältnisse simu-liert werden können.

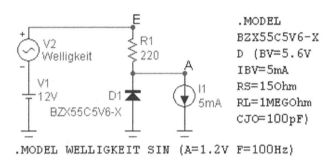

Bild 6-5
Schaltung zur Simulation einer Spannungsstabilisierung mit Z-Diode

Die Welligkeit wird durch die Sinus-Spannungsquelle V_2 (Modell-Element *Sine Source*) nach-gebildet, der zu versorgende Schaltungsteil durch die als „Verbraucher" wirkende Stromquelle I_1 (Modell-Element *ISource*)

ⓘ Um die Verhältnisse übersichtlich zu gestalten, werden nur sehr selten komplette Schal-tungen mit allen Bauelementen simuliert. Stattdessen wird das Verhalten einzelner Bau-gruppen/Funktionsgruppen idealisiert und damit vereinfacht. Um bei diesem Beispiel kei-ne Einarbeitungszeit in eine realitätsnähere Modellierung der Baugruppe Netztransforma-tor / Zweiweg-Gleichrichter / Glättungskondensator zu investieren, wie diese durch die Modell-Elemente *Battery* und *Sine Source* idealisiert. Falls es Ihnen nicht bewusst ist: Sie haben damit ein Modell für diese Baugruppe erstellt mit den Parametern Gleichspan-nungsanteil sowie Amplitude und Frequenz der sinusförmig idealisierten Welligkeit.

Gegenüber der Parametrierung in Abschn. 3.7.1 wird bei der Modellbeschreibung der Z-Diode für R_S der Wert 15 Ω genommen, da R_S im Wesentlichen den differenziellen Widerstand mo-delliert und für den *dynamischen* Widerstand r_{zj} 15 Ω @ 5 mA im Datenblatt eines Herstellers angegeben sind. Laut Datenblatt ist für die Z-Spannung eine Toleranz von ±10 % angegeben.

a) Geben Sie in MC den in Bild 6-5 gezeigten Schaltplan ein. Starten Sie eine TR-Analyse. Stellen Sie im Dialogfenster *Transient Analysis Limits* die Werte so ein, dass 10 Perioden simuliert werden und $V_{(E)}$ und $V_{(A)}$ als Kurven angezeigt werden.

ⓘ Erzeugen Sie eine weitere Kurve im Diagramm von $V_{(A)}$ mit der *Y Expression* „AVG(V(A))". MC berechnet mit dieser Funktion AVG( ) den *arithmetischen* Mittelwert *(average)* der bis zu dem aktuellen Zeitpunkt berechneten Werte von $V_{(A)}$.

Im Dialogfenster *Stepping* soll eingestellt werden, dass von D_1 der Parameter B_V variiert wird. Die drei zu simulierenden Werte 5,04 V, 5,6 V und 6,16 V (Nennwert und Nennwert ±10 %) werden sinnvollerweise als Liste eingegeben. Starten Sie den Simulationslauf.

b) Zur Auswertung messen Sie aus dem Simulationsergebnis als $U_{AVG(A)}$ den arithmetischen Mittelwert von $u_A(t)$ nach möglichst langer Zeit. Die Kurvenzweige „AVG(V(A))" schwingen aufgrund der mit der Variablen „Zeit" mitlaufenden Mittelwertberechnung nummerisch erst ein.

Messen Sie für jeden Kurvenzweig die Extremwerte u_{Amax} und u_{Amin} und tragen Sie die Werte in Tabelle 6.1 ein. Berechnen Sie daraus Δu_A. Berechnen Sie daraus das „Versorgungsspannungs-Unterdrückungsverhältnis" P_{SRR} *(power supply rejection ratio)* und dessen logarithmisches Maß P_{SR} *(power supply rejection)*. Nutzen Sie diese Übung, um sicherer im Umgang mit den *Cursorn* zu werden.

Tabelle 6.1 Ergebnisse und Auswertung der Simulation zur Spannungsstabilisierung mit Z-Diode

B_V	U_{Aavg}	u_{Amax}	u_{Amin}	Δu_A	P_{SRR} $= \Delta u_A / \Delta u_E$	P_{SR} $= 20\text{dB} \cdot \log(P_{SRR})$
6,16 V						
5,6 V						
5,04 V						

Als Ergebnis dieser Simulation kommt heraus, dass der mit 5,6 V zu versorgende Schaltungsteil mit einer Versorgungsspannung von 5,3 V bis 6,5 V funktionieren muss und durch einen 100-Hz-„*Ripple*" (dt. Welligkeit) mit $\Delta u_A = u_{App} = 170$ mV in seiner Funktion nicht gestört werden darf.   ❏ Ü 6-4

ⓘ Für die Angabe eines Spitze-Spitze-Wertes *(peak-to-peak value)* findet man auch die Form „$u_A = 165$ mV$_{pp}$" oder „$u_A = 165$ mV$_{SS}$". Die Praktikerin/der Praktiker weiß, was damit gemeint ist und das ist erst einmal das Wichtigste. Formal ist diese Art der Angabe allerdings nicht korrekt, weil es keine Einheit „V$_{pp}$" oder „V$_{SS}$" gibt. Da „pp" bzw. „SS" eine Eigenschaft der Größe „Spannung" ist, müssen diese Indizes korrekterweise an den Formelbuchstaben geschrieben werden und nicht an die Einheit.

ⓘ Machen Sie sich an diesem Beispiel noch einmal klar, welchen Unterschied es macht, ob Sie in der Rubrik *Parameter Type* die Option ⊙ *Component* oder die Option ⊙ *Model* gewählt haben:

Wenn Sie als *Parameter Type* ⊙ *Component* gewählt haben, wird der gewählte Parameter (hier B_V) **nur bei dem Modell-Element (component, hier D_1) variiert**, das Sie mit *Step What* ausgewählt haben. Haben andere Z-Dioden (D_2, D_3 usw.) denselben Modell-Namen, so **wird bei diesen B_V nicht variiert**.

Wenn Sie als *Parameter Type* ⊙ *Model* gewählt haben, wird der gewählte Parameter (hier B_V) **bei allen Modell-Elementen (D_1, D_2, D_3 usw.) variiert**, die auf den mit *Step What* ausgewählten Modell-Typ und Modell-Namen zugreifen.

Nur wenn mehrere Modell-Elemente auf einen Parameterwertesatz (Modell-Namen) zugreifen, muss hier unterschieden werden.

Ü 6-5 Dimensionieren mit *Stepping* 2 (UE_6-5_STEP_GLAETTUNG.CIR)

Oft findet man bei dieser Schaltung parallel zur Z-Diode einen Kondensator, der mit Begriffen wie „Stützkondensator, Siebkondensator, Glättungskondensator- *(smoothing capacitor)*, *By-pass-Capacitor* (dt. „Vorbeileitungskondensator"), Abblockkondensator" bezeichnet wird.

a) Schalten Sie in der Simulation parallel zu D_1 eine Kapazität mit $C_1 = 100$ µF parallel. Wie Sie bereits gemerkt haben, wird der Wert, der im Schaltplan an dem Modell-Element steht, beim *Stepping* nicht verwendet. Daher ist es bei *Stepping* egal, welcher Wert hier steht. Starten Sie eine TR-Analyse. Stellen Sie *Stepping* so ein, dass C_1 variiert wird und die Werte 47 µF, 100 µF, 220 µF und 470 uF annimmt. Starten Sie einen Simulationslauf.

b) Im Ausgabefenster sehen Sie, dass alle 4 Kurvenzweige von $u_A(t)$ im eingeschwungenen Zustand sinusförmig erscheinen.

ⓘ Da in der folgenden Auswertung ein kleiner Wert (hier Δu_A) als Differenz zweier großer Werte (hier u_{Amax}, u_{Amin}) berechnet werden soll, ist das Format *Engineering* mit 2 Digit (2 Nachkommastellen) zu grob. Öffnen Sie daher im Ausgabefenster mit der **SF Properties (<F10>)** das Dialogfenster *Properties for Transient Analysis*. Öffnen Sie die Registerkarte *Scales and Formats*. Ändern Sie in der Rubrik *X* und Rubrik *Y* jeweils das Format für *Scale* und *Value* in **3 Digit Engineering**. Aktivieren Sie die **SF Use Common Formats**, damit dieses Format für alle Kurven übernommen wird. Bestätigen Sie die Eingaben mit der **SF OK**. Alle Zahlenwerte (Skalen, *Cursor* u. a.) haben jetzt 3 Nachkommastellen.

Zur Auswertung messen Sie für jeden Kurvenzweig die Extremwerte u_{Amax} und u_{Amin} im eingeschwungenen Zustand und tragen Sie die Werte in Tabelle 6.2 ein. Berechnen Sie daraus Δu_A. Berechnen Sie daraus den Kennwert P_{SRR} und dessen logarithmisches Maß P_{SR}. Nutzen Sie auch diese Übung, um sicherer im Umgang mit den *Cursorn* zu werden.

Tabelle 6.2 Simulationsergebnisse der Schaltung mit Z-Diode und Glättungskondensator

C_1	u_{Amax}	u_{Amin}	Δu_A	P_{SRR} $= \Delta u_A / \Delta u_E$	P_{SR} $= 20dB \cdot \log(P_{SRR})$
47 µF					
100 µF					
220 µF					
470 µF					

Als Ergebnis dieser Simulation kann man feststellen, dass der Kondensator zusammen mit den anderen Bauelementen die Spannung „glättet" bzw. die Eingangsspannungswelligkeit so „siebt", dass von der 2,4-V-100-Hz-Welligkeit weniger durchgelassen wird als ohne Kondensator.

Es zeigt sich aber auch, dass bei dieser Schaltung mit diesen Strom-Spannungs-Werten der Kapazitätswert 47 µF noch nicht viel bewirkt gegenüber der Schaltung ohne Kondensator. Die bereits durch die Z-Diode erreichte „Stabilisierung" wird nicht wesentlich verbessert. Erst größere Kapazitätswerte bewirken etwas und sind daher die Kosten wert, die sie in einer Serienfertigung durch Bauelement-Kosten und Bestückungskosten verursachen.

Das Beispiel zeigt, wie Simulation helfen kann, ein Bauelement zu dimensionieren oder herauszufinden, dass eine beabsichtigte Wirkung bei einer Dimensionierung „aus Erfahrung" gar nicht so groß ist, wie die Praktikerin/der Praktiker vielleicht vermutet hätte.

c) Bei einfachen Spannungsversorgungsschaltungen wie dieser oder auch aufwendigeren mit Festspannungsregler u. a. ist es ggf. unter dem Aspekt der EMV (elektromagnetische Verträglichkeit) oder des zufriedenstellenden Funktionierens des versorgten „Verbrauchers" interessant zu wissen, wie gut auch „Welligkeiten" mit höheren Frequenzen unterdrückt werden. Diese höherfrequenten Spannungsstörungen könnten ggf. durch die Schaltung, mit der die 12 V erzeugt werden, verursacht werden, z. B. wenn diese ein Schaltregler ist.

Die zuvor durchgeführte TR-Analyse hat gezeigt, dass bei diesen Strom- und Spannungswerten keine sichtbare Verzerrung auftritt, da die sinusförmige Eingangsgröße als Ausgangsgröße $u_A(t)$ ebenfalls sinusförmig ist. Die Kleinsignal-Bedingung ist als erfüllt zu betrachten. Daher liefert eine AC-Analyse interpretierbare und damit sinnvolle Ergebnisse.

Starten Sie eine AC-Analyse. Das Modell-Element *Sine Source* (V_2) liefert festeingestellt die komplexe Amplitude 1 V$\angle 0°$. Die Frequenz soll sich im Bereich von 1 Hz bis 10 kHz logarithmisch verändern. Es sollen 101 Datenpunkte berechnet werden. Für die gewohnte Darstellung als Bode-Diagramm soll in einer Kurve als Amplitudengang „DB(V(A))", in einer anderen Kurve als Phasengang „PH(V(A))" ausgegeben werden. Stellen Sie *Stepping* so ein, dass C_1 variiert wird und die Werte 47 µF, 100 µF, 220 µF und 470 uF annimmt. Starten Sie einen Simulationslauf.

Als Ergebnis sehen Sie die 4 Amplituden- und Phasengänge. Überzeugen Sie sich, dass bei $f = 100$ Hz das logarithmische Maß des Amplitudengangs jeweils den gleichen Wert hat wie der Kennwert P_{SR} in Tabelle 6.2.

Hinsichtlich der Realitätsnähe ist zu bemerken, dass die Gleichstromquelle I_1 während der komplexen Wechselstromrechnung im Rahmen der AC-Analyse als Leerlauf angenommen wird, was für die meisten „Verbraucher" wohl als realitätsfern zu bewerten ist. Hier müsste die Realitätsnähe dieser Simulation noch gesteigert werden.

Zwei Tatsachen haben Sie nebenbei erfahren:
1. *Stepping* ist bei DC-, AC- und TR-Analyse anwendbar.
2. Die Änderung des Zahlenformats wirkt sich nur auf Ausgaben der jeweiligen Analyseart und nur in dieser Schaltplandatei aus. Möchten Sie auch für die AC-Analyse das Zahlenformat ändern, geht es wie zuvor beschrieben. Wie Sie die Defaulteinstellung für neue Schaltpläne ändern, finden Sie in Abschn. 1.2.4.   ❑ Ü 6-5

6.3 Bauelement-Auswahl durch *Stepping* von Modell-Namen

Beim Entwickeln elektronischer Schaltungen stellt sich immer wieder die Frage, ob eine Schaltung mit diesem oder jenem „Typ" eines Bauelements besser arbeitet. Hiermit ist an dieser Stelle nicht die Frage nach der *Schaltungsstruktur (Schaltungstopologie)* gestellt (ob anstelle eines Widerstandes ein Kondensator, eine Spule oder eine Diode besser wäre), sondern welcher „kommerzielle Typ" für ein bestimmtes Bauelement das beste technisch-wirtschaftliche Ergebnis bringt.

Mit „kommerzieller Typ" ist ein komplexeres Bauelement (Diode, Transistor, OP, weitere ICs) gemeint, dessen elektrische Eigenschaften in einem Datenblatt beschrieben sind und das von seinem Hersteller einen mehr oder weniger abstrakten *kommerziellen Bauelement-Namen* wie „1N4001", „BZX55C5V6", „L7805", „TL072" oder „74HCT14" bekommen hat.

Einige „sprechende" Informationen sind in diesen *kommerziellen Bauelement-Namen* enthalten: „1N..." gibt die nicht gerade wichtige Information, dass in diesem Bauelement *ein* pn-Übergang ist. „...5V6" gibt die Information, dass die Z-Spannung 5,6 V beträgt. „...05" gibt die Information, dass dieser Festspannungsregler 5 V Ausgangsspannung liefert. „TL...2" gibt die Information, dass in einem Gehäuse *zwei* Operationsverstärker sind und der Hersteller *Texas Instruments (Texas Linear)* ist. „HCT" gibt die Information, dass dieses Digital-IC aus der Logikfamilie *high speed CMOS with TTL-Level* ist, woraus Sie mit entsprechender Kenntnis Kennwerte und Eigenschaften ableiten können.

Wie in Abschn. 3.3 erläutert, wird ein Parameterwertesatz mit einem *Modell-Namen* bezeichnet, der häufig leider identisch mit einem *kommerziellen Bauelement-Namen* gewählt wird. „Leider" deswegen, weil dadurch der Unterschied zwischen realem Bauelement und Modell-Element (zumindest für die Newcomerin/den Newcomer in der Simulation) verwischt wird, ein Unterschied, dessen Sie sich aber stets bewusst sein müssen.

Hat man glaubwürdige und geprüfte Parameterwertesätze für verschiedene „kommerzielle Typen" z. B. von einer Diode, kann man durch *Stepping* der Parameterwertesätze, oder einfacher ausgedrückt des *Modell-Namens*, in der Simulation herausfinden, welcher „kommerzielle Typ" in der Schaltung „besser" funktioniert. Die elektrischen und thermischen Grenzwerte müssen natürlich von allen in Frage kommenden „kommerziellen Typen" eingehalten werden.

Da nur Variablen mit *Stepping* variiert werden können, muss das Attribut „Modell-Name" als Text-Variable definiert werden. Hier hilft das .DEFINE-Statement.

ⓘ Mit dem **.DEFINE-Statement** kann in MC eine **symbolische Variable/Größe** definiert und ihr ein „Wert" zugewiesen werden. Beispiele:
„.DEFINE ORT Lemgo" und „.DEFINE PLZ 32657" weisen der symbolischen Variablen „ORT" den Wert „Lemgo" und der symbolischen Variablen „PLZ" den Wert „32657" zu (Postleitzahl von Lemgo). „.DEFINE U0 4*PI*1e-7" weist der symbolischen Variablen „U0" den Wert der *magnetischen Feldkonstanten* $\mu_0 = 4 \cdot \pi \cdot 10^{-7}$ Vs/Am zu.

*Im Gegensatz zu Knotennamen und Modell-Namen dürfen **symbolische Variablen** nur aus **Buchstaben, Ziffern und dem Unterstrichsymbol (_) bestehen**. Weitere Symbole wie z. B. der Bindestrich/Minus (-) sind nicht erlaubt.*

Ü 6-6 *Stepping* von Modell-Namen (UE_6-6_STEP_MODEL_NAME.CIR)

Bild 6-6 zeigt den Schaltplan der zu simulierenden Schaltung. Der npn-BJT Q_1 *(bipolar junction transistor)* arbeitet als Schalter für eine „ohmsche Last", die durch $R_2 = 1$ kΩ modelliert wird und die mit einer Periodendauer von 1 µs ein- und ausgeschaltet werden soll. Im gesättigten (leitenden, übersteuerten) Zustand von Q_1 ist i_C ca. 10 mA. Q_1 wird von einem Komparator angesteuert, dessen Ausgang ($U_H = +10$ V, $U_L = -10$ V) durch die *Pulse Source* V_1 nachgebildet wird. Bei vielen BJTs ist ein Übersteuerungsverhältnis von $i_C / i_B \approx 10$ ausreichend, damit der BJT in den gesättigten Zustand kommt. Daher wurde R_1 zu 10 kΩ dimensioniert. Der Praktikerin/dem Praktiker ist bekannt, dass der pn-Übergang zwischen Basis (B) und Emitter (E) eines BJTs keine große Sperrspannung verträgt. Bei den allermeisten Typen sind es nur 5 V (!), das gleiche gilt für LEDs. Die −10 V des Komparators würden Q_1 zerstören. Als Lösung wird oft eine Diode wie hier D_1 antiparallel zum BE-pn-Übergang geschaltet. Sie sorgt dafür, dass am BE-pn-Übergang die Sperrspannung auf ca. –0,7 V gehalten wird. Da man dieses „Halten" auch als „Klemmen" bezeichnen kann, wird eine Diode in dieser Funktion auch „Klemmdiode" *(clamping diode)* genannt.

Als Dioden stehen eine „1N4001" oder eine „1N4148" zur Auswahl. Für beide *kommerziellen Dioden* sind geprüfte Parameterwertesätze vorhanden. Insbesondere auf die realitätsnahe Modellierung des Schaltverhaltens wurde geachtet. Weil es sich anbietet, soll in der Simulation auch eine Diode mit dem *Modell-Namen* „DFLT" simuliert werden. Zu diesem Parameterwertesatz, der nur aus den Defaultwerten besteht, gibt es natürlich keinen vergleichbaren *kommerziellen Typen*.

ⓘ   Bestimmte Defaultwerte sind so bemessen, dass sich ein „typisches" Verhalten ergibt wie z. B. das Durchlassverhalten beim Modell-Typ D-L1/L2 mit 5,675 mA @ 0,7 V. Andere Defaultwerte sind so extrem gewählt, dass ein oder mehrere Verhaltensweisen nicht modelliert werden und damit dieses Verhalten idealisiert wird. Beim Modell-Typ D-L1/L2 sind dies z. B. $R_S = 0$ (Bahnwiderstand 0 Ω), $T_T = 0$ (Sperrverzugszeit 0 ns, also unendlich schnell schaltend), $B_V = 0$ (wird als Durchbruchspannung ∞ V interpretiert und nicht als 0 V).

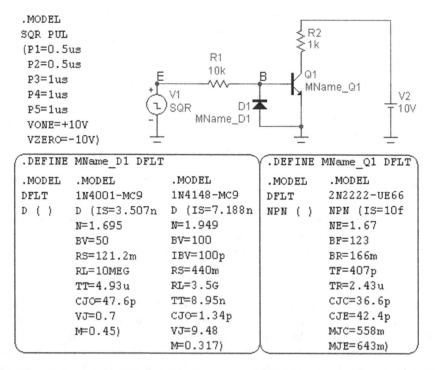

Bild 6-6 Simulationsschaltung als Beispiel für *Stepping* von Modell-Namen, die als symbolische Variablen *MName_XX* definiert wurden

Für den BJT soll als Typ der BJT mit dem *kommerziellen Bauelement-Namen* 2N2222 eingesetzt werden. Wieviel pn-Übergänge enthält dieses Bauelement? Der *Modell-Typ* NPN-L1 enthält 52 Parameter. Der in der Bibliothek von MC vorhandene Parameterwertesatz umfasst 22 Werte. Für die restlichen 30 Parameter werden die Defaultwerte genommen. Damit Sie nicht soviel abtippen müssen, wurde dieser Parameterwertesatz auf die 10 für diese Simulation relevanten Parameterwerte reduziert und dieser Parameterwertesatz mit dem *Modell-Namen* „2N2222-UE66" bezeichnet. Für die restlichen 42 Parameter liefern die Defaultwerte ein hinreichend realitätsnahes Verhalten für diese Simulation.

Im Vergleich soll ausprobiert werden, wie sich der Modell-Typ NPN verhält, dessen Parameterwerte die Defaultwerte sind. Dieser bekommt den Modell-Namen „DFLT".

Die Diode D_1 hat als Modell-Namen die Variable „MName_D1" bekommen, der BJT Q_1 die Variable „MName_Q1". Die .DEFINE-Statements weisen diesen Variablen die Werte zu. In Bild 6-6 ist es in beiden Fällen der Wert „DFLT", wobei D_1 nur auf Modell-Namen des Modell-Typs D zugreift und Q_1 auf Modell-Namen des Modell-Typs NPN.

ⓘ   Für jedes .MODEL-Statement und jedes .DEFINE-Statement muss ein eigenes Textfeld erzeugt werden. <Enter> ergibt im Textfeld einen Zeilenumbruch.

a) Geben Sie die Schaltung ein. Starten Sie eine TR-Analyse. Es sollen 2,5 µs simuliert werden. In 3 Diagrammen soll $V_{(E)}$, $V_{(B)}$ und $I_{C(Q1)}$ dargestellt werden. Starten Sie einen Simulationslauf. Das Ergebnis ist, dass der Strom i_C ohne erkennbare zeitliche Verzögerung ein- und ausgeschaltet wird. D_1 „klemmt" $u_{BE(Q1)}$ wie gewünscht auf ca. –0,65 V.

b) Verlassen Sie mit **<F3>** die Analyse. Ersetzen Sie im Textfeld „.DEFINE-Statement MName_Q1 DFLT" den Modell-Namen „DFLT" durch „2N2222-UE66".

   Starten Sie eine TR-Analyse und gleich den Simulationslauf. Sie erkennen, dass der Übergang „sperrend → leitend" schon einige Zeit braucht und erst recht der Übergang „leitend → sperrend". Dies entspricht auch dem realen Verhalten, da inbesondere der gesättigte Zustand eines BJTs den Übergang „leitend (gesättigt) → sperrend" erheblich verlängert.

c) Es soll jetzt die Wirkung der Dioden, präziser ausgedrückt der Parameterwertesätze für die Dioden, simuliert werden. Anders, als wie bei Q_1 einen Modell-Namen nach dem anderen auszuprobieren, soll der symbolischen Variablen „MNAME_D1" mittels *Stepping* verschiedene Werte zugewiesen werden.

   Starten Sie eine TR-Analyse. Wählen Sie im Dialogfenster *Stepping* in der Rubrik *Parameter Type* ⊙ **Symbolic**. Im Listenfeld wählen Sie jetzt „MNAME_D1". Die Werte müssen Sie als Liste, durch Kommas getrennt in der Form „DFLT, 1N4148-MC9, 1N4001-MC9" eingeben, Leerzeichen sind erlaubt. Vergessen Sie nicht, *Stepping* durch die **CB** ⊙ **Yes** zu aktivieren. Starten Sie den Simulationslauf.

   Als Ergebnis stellen Sie fest, dass bei einem Kurvenzweig der BJT permanent sperrend bleibt, da $u_{BE(Q1)}$ permanent auf ca. –0,53 V bleibt. Die beiden anderen Kurvenzweige zeigen ein kaum unterschiedliches Verhalten und deren „Dioden" erfüllen ihre „Klemmaufgabe" bei schaltendem BJT.

   Sie stellen fest, dass die Simulation mit dem 1N4001-Parameterwertesatz zu dem Ergebnis führt, dass der BJT nicht mehr leitend wird und daher eine 1N4001 für diese Aufgabe nicht geeignet ist. In der Praxis würden Sie dieses auch feststellen. Die Ursache sowohl in der Simulation als auch in der Praxis liegt darin, dass die Sperrverzugszeit t_{rr} (in Abschn. 3.6.4 behandelt) einer 1N4001 ca. 2 µs beträgt und damit viel zu lang ist für die kurzen Pulsdauern. Für eine 1N4148 beträgt t_{rr} nur ca. 4 ns. ❑ Ü 6-6

7 Temperatur-Analysen mit MC

Neben dem elektrischen Verhalten muss eine Entwicklerin/ein Entwickler elektronischer Schaltungen auch eine Aussage über das thermische Verhalten der verwendeten Bauelemente und der damit aufgebauten Schaltungen machen können. MC ist kein Simulationsprogramm für thermodynamische Vorgänge, kann aber bei häufigen Fragestellungen (F) aus der Elektronik helfen, Antworten zu finden, bzw. gefundene Antworten zu überprüfen:

F 1: Kommt ein Bauelement ohne zusätzlichen Kühlkörper aus? (Abschn. 7.1)

F 2: Falls ein Kühlkörper nötig ist: Welchen Wärmewiderstand muss er haben? (Abschn. 7.2)

F 3: Wie ändern sich die Innentemperaturen *zeitlich*, wenn der Wert der Wärmekapazität bekannt ist? (Abschn. 7.1)

F 4: Für thermische Berechnungen reicht aufgrund der thermischen Trägheit in vielen Fällen die Kenntnis der *mittleren* Verlustleistung (Dauerverlustleistung) aus. Welchen Wert hat sie bei Strömen und Spannungen, deren zeitliches Verhalten kompliziert ist? (Abschn. 7.3)

F 5: Wie wird das Temperaturverhalten von Bauelementen in deren Modellen simuliert und welche Parameter müssen dazu bekannt sein? (Abschn. 7.4)

F 6: Welche Verhaltensänderung der Bauelemente und einer mit ihnen aufgebauten Schaltung ist bei Umgebungstemperatur-Änderungen zu erwarten? (Abschn. 7.5)

Die folgenden Erläuterungen basieren auf vereinfachenden Annahmen und sind auf einfache Fragestellungen aus der Elektronik reduziert. Das Besondere an dieser Thematik liegt darin, dass ein *nichtelektrisches Phänomen* wie Er- und Entwärmung mittels einer *Ersatzschaltung* beschrieben und damit für eine Elektrotechnikerin/einen Elektrotechniker vertrauter berechenbar (und mit einem Programm wie MC simulierbar!) gemacht wird. In der angegebenen Literatur wird dieses Thema am ausführlichsten in [REI2] behandelt.

Für das elektrische Verhalten eines Bauelements ist dessen **Innentemperatur** maßgeblich. Mit „Innen" ist der Ort gemeint, an dem „Teile" sind, die dieses Verhalten bestimmen.

Beispiel 1: Das Verhalten als „Widerstand" wird bei einem Schichtwiderstand in der Widerstandsschicht hervorgerufen. Diese ist von einem Gehäuse umgeben. Wird in der Widerstandsschicht eine elektrische Leistung in Wärmeleistung umgewandelt, ergibt sich eine höhere *Innentemperatur* als die Gehäuse- oder Umgebungstemperatur.

Beispiel 2: Das „kapazitive Verhalten" wird bei einem metallisierten Kunststofffolien-Kondensator (MK...) zwischen den Metallbelägen und der trennenden Kunststofffolie hervorgerufen. Ergibt sich aufgrund von dielektrischen Verlusten in der Folie oder ohmschen Verlusten in den Metallbelägen eine Wirkleistung, so erhöht sich die *Innentemperatur* der Kunststofffolie gegenüber der Gehäuse- oder Umgebungstemperatur.

Beispiel 3: Das „gleichrichtende Verhalten" einer Diode wird mit einem pn-Übergang erzeugt, der in einem Halbleiterchip integriert ist. Eine auftretende Dauerverlustleistung erwärmt diesen Chip und damit die Chip-/Innentemperatur gegenüber der Gehäuse- oder Umgebungstemperatur. Im deutschen Sprachgebrauch wird die Innentemperatur eines Halbleiter-Bauelements als *Sperrschichttemperatur* T_J bezeichnet. Der Index „J" kommt von dem Begriff *junction temperature* (*junction*, dt. Kontaktstelle)

ⓘ Um den Ort, an dem die Temperatur herrscht, die das Verhalten eines Bauelements bestimmt, eindeutig bezeichnen zu können, wird im Folgenden für die *das Verhalten eines
Bauelements bestimmende* **Innentemperatur** der **Formelbuchstabe** T_J verwendet. Dies
gilt auch, wenn in dem Bauelement kein pn-Übergang vorhanden ist. Handelt es sich um
ein Halbleiter-Bauelement, wird der in diesem Fall übliche Begriff *Sperrschichttemperatur*, ansonsten verallgemeinert der Begriff *Innentemperatur* verwendet.

Der Wert der Innentemperatur eines Bauelements ergibt sich aus zwei Ursachen:

Zum einen ist die *Temperatur des Mediums* maßgeblich, welches das Bauelement umgibt. Das
Medium ist in vielen Fällen Luft. Nur dieser Fall wird in diesem Buch betrachtet. Abkürzend
wird die Temperatur der Umgebungsluft als **Umgebungstemperatur des Bauelements** T_A
(*ambient temperature*) bezeichnet. Betont wird „...des Bauelements", da z. B. eine Diode
neben einem erwärmten Kühlkörper lokal einer höheren Umgebungstemperatur T_A ausgesetzt
ist als die Baugruppe in dem Gerätegehäuse. Das Gerätegehäuse im Schaltschrank kann wiederum einer höheren Umgebungstemperatur ausgesetzt sein als der Schaltschrank in der Pro-
duktionshalle. Das bedeutet, dass sich die Umgebungstemperatur eines Bauelements i. Allg.
deutlich von der von Ihnen subjektiv wahrgenommenen unterscheidet. Diese Ursache wird
Fremderwärmung genannt.

Zum anderen nehmen viele Bauelemente aufgrund der fließenden Ströme $i(t)$ mit den dazugehörigen Spannungen $u(t)$ elektrische Energie auf, die vollständig oder zum Teil in Wärmeenergie *umgewandelt* wird. Da nur bei einer Heizung diese Energieform erwünscht ist und ansonsten als „verloren" betrachtet wird, wird dieser aufgenommene *elektrische* Energiestrom als
Verlustleistung p_D (*dissipative power*) des Bauelements bezeichnet. Die Verlustleistung wird
in Wärmeleistung $p_{th} = p_D$ (*thermal power*) umgesetzt. Diese Ursache wird **Eigenerwärmung**
(*self heating*) genannt.

✎ Auch wenn im Folgenden die Wärmeleistung p_{th} gemeint ist, wird in den thermischen
Gleichungen als Formelbuchstabe p_D (elektrische Leistung) verwendet, da sie wertemäßig
identisch sind.

Es werden zwei in der Elektronik häufig vorkommende Fälle betrachtet:

In den meisten Fällen von eingebauten Bauelementen in der Elektronik erfolgt die Wärmeabfuhr nur über deren Gehäuse und, insbesondere bei SMD (*surface mounted device*), über deren
metallische Anschlussbeinchen. Wenn keine zusätzlichen als diese Kühlungsmaßnahmen verwendet werden, wird dies im Folgenden als „Betrieb ohne Kühlkörper" bezeichnet.

In Fällen von großer Dauerverlustleistung, die ein Bauelement „verkraften" muss und kann,
sind die Gehäuse durch Bohrungen oder Ähnliches dafür vorbereitet, dass durch Montage
eines **Kühlkörpers** (*heatsink*) die Wärmeabfuhr verbessert wird. Dies wird im Folgenden als
„Betrieb mit Kühlkörper" bezeichnet. In der deutschen Fachsprache wird statt des Begriffs
Kühlung (*cooling*) auch der Begriff *Entwärmung* verwendet.

7.1 Berechnung und Simulation für den Betrieb ohne Kühlkörper

Bild 7-1 zeigt den Diodenchip aus Bild 3-2 in einem DO-41-THC-Gehäuse (*through hole
component*) und auf eine Leiterplatte (*PCB, printed circuit board*) gelötet. Es fließt ein Strom
$i_F(t)$ und entsprechend der Diodenkennlinie fällt eine Spannung $u_F(t)$ ab wie z. B. bei der Einweg-Gleichrichtung in Abschn. 3.7.3. Die elektrische Augenblicksleistung $p_D(t)$ wird vollstän-

dig in **Wärmeleistung** $p_{th} = p_D$ umgewandelt und ist damit für eine weitere elektrische Nutzung verloren. Diese Wärmeleistung entspricht einem Energiestrom zur umgebenden Luft. Aufgrund des **Wärmewiderstandes** R_{thJA} zwischen dem Chip mit pn-Übergang (siehe Bild 3-2) und der umgebenden Luft entsteht eine Temperaturdifferenz, sodass die **Sperr-schichttemperatur** T_J höher ist als die **Umgebungstemperatur** T_A. Der Wärmewiderstand wird im Wesentlichen durch Material, Form und Oberfläche des Gehäuses, bei SMD auch durch die Anschlussbeinchen, und den Eigenschaften des umgebenden Mediums bestimmt.

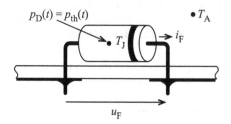

Bild 7-1
Diode im THC-Gehäuse DO-41 auf Leiterplatte gelötet

Bei langsamen Änderungen von $p_D(t)$ z. B. im Bereich von Minuten, wird die Er-/Entwärmung in Form eines Innentemperaturzeitverlaufs $T_J(t)$ zeitlich „gut folgen". Bei schnelleren Änderungen wird die Er-/Entwärmung nicht mehr so gut folgen können. Bei sehr schnellen *periodischen* Änderungen wird sich eine mittlere Innentemperatur T_J einstellen. Diese *thermische Trägheit* beruht auf der Fähigkeit von Körpern, Wärmeenergie zu speichern. Dies wird mit der **Wärmekapazität** C_{thK} beschrieben. Zusammen mit einem hohen Wärmewiderstand wird dies z. B. in Thermoskannen genutzt bzw. stört, wenn ein Teller Suppe lange zu heiß bleibt.

Einige Gleichungen der Wärmelehre sind analog zu Gesetzen der Elektrotechnik und werden oft in die „Sprache" der Elektrotechnik übersetzt. Das Wörterbuch beinhaltet die Vokabeln:

thermische Größe	thermische Bedeutung	elektrische Größe
Q in Ws	Wärme(energie)	Ladung $q^{1)}$ in As
p_{th} in W	Wärmestrom (Wärmeleistung, Energie*strom*)	Strom i in A
R_{thYX} in K/W	Wärmewiderstand zwischen den Orten Y und X	Widerstand R in Ω
C_{thK} in Ws/K	Wärmekapazität eines Körpers K	Kapazität C in As/V
T_X in K oder °C	Temperatur am Ort X	Potenzial φ_X in V
T_{YX} in K	Temperaturdifferenz zwischen den Orten Y und X	Spannung u_{YX} in V
0 K oder 0 °C	Bezugstemperaturwert	*Ground* (0 V)

$^{1)}$ Diese Analogie gilt bei den folgenden Ersatzschaltungen wegen des Bezugspotenzials von C_{thK} nicht.

Zwei Zusammenhänge aus der Wärmelehre lassen sich mit folgenden Formeln ausdrücken:

$$R_{thYX} = \frac{T_Y - T_X}{p_{thR}(t)} = \frac{T_{YX}}{p_{thR}(t)} \tag{7.1}$$

$$p_{thC}(t) = C_{thK} \cdot \frac{d(T_K)}{dt} = C_{thK} \cdot \frac{dT_K}{dt} \tag{7.2}$$

Gl. (7.1) entspricht formal dem ohmschen Gesetz $R = (\varphi_2 - \varphi_1)/i_R = u_{21}/i_R$. Gl. (7.2) entspricht formal der Gl. (2.7): $i_C = C \cdot du_C/dt$. Wenn Sie sich darauf einlassen, dieses Wörterbuch anzuwenden und sich nicht daran stören, dass die elektrotechnischen Begriffe ungewohnte Einheiten haben, haben Sie den Vorteil, die thermischen Gegebenheiten mit einer **thermischen Ersatzschaltung** darstellen, berechnen *und simulieren* zu können. Das Adjektiv „thermisch" soll andeuten, dass in dieser Ersatzschaltung thermische und keine elektrischen Größen gelten. Bild 7-2a zeigt *eine der möglichen* thermischen Ersatzschaltungen für den Betrieb ohne Kühlkörper. Die bisher mit „Y" und „X" indizierten „Orte" wurden durch „J" für Sperrschicht (Halbleiterchip) und „A" für Umgebung *(ambient)* an das Diodenbeispiel aus Bild 7-1 angepasst.

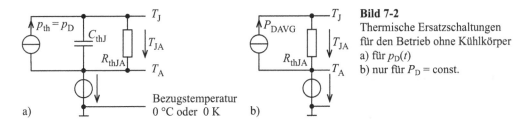

Bild 7-2
Thermische Ersatzschaltungen
für den Betrieb ohne Kühlkörper
a) für $p_D(t)$
b) nur für P_D = const.

ⓘ Die in diesem Kapitel behandelten üblichen Ersatzschaltungen sind in ihrer Modelltiefe dahin gehend eingeschränkt, dass sie nur für den Fall konstanter Umgebungstemperatur (T_A = const.) sinnvolle Ergebnisse liefern. Soll z. B. berechnet werden, wie sich eine sprunghafte Änderung der Umgebungstemperatur auf die Innentemperatur auswirkt, oder soll die Analogie, dass die in dem Bauelement/Körper gespeicherte Wärme(energie) Q der Ladung der Wärmekapazität C_{thK} entspricht, muss das Bezugspotenzial der Wärmekapazität von T_A auf 0 K geändert werden.

Die Wärmeleistung als die Ursache/Quelle der Eigenerwärmung wird in der Ersatzschaltung durch eine Stromquelle mit dem Wärmestrom $p_{th}(t) = p_D(t)$ dargestellt. Der Wärmewiderstand wird durch einen ohmschen Widerstand mit dem Widerstandswert R_{thJA}, die Wärmekapazität durch einen idealen Kondensator mit der Kapazität C_{thJ} modelliert. Als Körper wird hier die gesamte Diode aufgefasst und die Sperrschichttemperatur T_J als Innentemperatur des Körpers, daher der Index „J". Die Umgebungstemperatur T_A als Ursache für die Fremderwärmung wird durch eine Spannungsquelle gegenüber der Bezugstemperatur modelliert. Die Bezugstemperatur 0 °C oder 0 K wird durch *Ground* dargestellt.

Liegt der Fall von Gleichstrom/Gleichspannung vor, kann in vielen Fällen die Verlustleistung als zeitlich konstant mit $p_D(t) = P_D$ = const. angesehen werden. Bei periodisch sich verändernden Strömen und Spannungen liegt häufig der Fall vor, dass die Periodendauer der daraus resultierenden Leistung $p_D(t)$ so kurz gegenüber der/den thermischen Zeitkonstanten ist, dass mit dem arithmetischen Mittelwert $\overline{p_D(t)} = P_{DAVG} = P_D$ = const. *(average)* gerechnet werden kann. Die **thermische Zeitkonstante** τ_{th} der Ersatzschaltung gemäß Bild 7-2a ergibt sich zu $\tau_{th} = R_{thJA} \cdot C_{thJ}$.

Die Ersatzschaltung vereinfacht sich in beiden Fällen, in denen mit P_D = const. gerechnet wird, wie in Bild 7-2b gezeigt. Da der Effekt der Mittelwertbildung bereits in der Größe P_{DAVG} berücksichtigt ist, ist C_{thJ} nicht mehr vorhanden.

ⓘ Als Bezugstemperaturwerte werden 0 °C oder 0 K verwendet. Für Temperaturwerte nach der Celsius-Skala (Celsius-Temperatur) wird oft der Formelbuchstabe ϑ_X (griech. theta) verwendet. X ist ein Index, der den Ort bezeichnet, an dem diese Temperatur herrscht.

Für Temperaturwerte nach der Kelvin-Skala (absolute oder thermodynamische Temperatur) wird oft der Formelbuchstabe T_X verwendet. Die Celsius-Temperaturwerte erhält man gemäß Norm aus der absoluten Temperatur mit $\vartheta_X = [T_X / (1\ K) - 273,15] \cdot 1\ °C$. In der Praxis ist es meistens ausreichend, mit Gl. (7.3) zu rechnen:

$$\vartheta_X \approx [T_X / (1\ K) - 273] \cdot 1\ °C \tag{7.3}$$

✍ Da dieses Thema praxisnah und im Zusammenhang mit MC behandelt werden soll und da es in Datenblättern üblich ist, werden im Folgenden auch Celsius-Temperaturwerte mit T_X bezeichnet. Temperaturdifferenzen werden als $T_{YX} = T_Y - T_X$ in K angegeben. Y und X sind hierbei Indizes, welche die Orte, zwischen denen diese Temperaturdifferenz herrscht, bezeichnen. Da an den zwei Indizes Y, X zu erkennen ist, dass es sich um eine Temperatur*differenz* handelt, wird auf den in der Literatur verwendeten griechischen Buchstabe Delta (Δ) für Differenz verzichtet.

Ü 7-1 Thermische Berechnungen 1

Im Datenblatt eines Herstellers der Diode 1N4001 finden Sie als Gehäuse DO-41 *(diode out-line)* angegeben. Der Wärmewiderstand zwischen Chip und der Umgebungsluft der Diode beträgt laut Datenblatt $R_{thJA} = 50\ K/W$.

a) Die maximal zulässige Sperrschichttemperatur beträgt laut Datenblatt $T_{Jmax} = +150\ °C$. Die Umgebungstemperatur betrage $T_A = +25\ °C$. Wie groß darf gemäß Gl. (7.1) bzw. Bild 7-2b die maximal zulässige Dauerverlustleistung P_{tot} *(total power dissipation)* sein (hier $p_{thR} = P_{tot}$)? Der Index „tot" ist zufällig in der deutschen Sprache sehr bildhaft, da bei längerem Überschreiten dieses Wertes ein Bauelement den Wärmetot erleidet.

b) Wenn Sie für dieses Bauelement sicherstellen, dass die tatsächliche Sperrschichttemperatur nur ca. 15 °C bis 25 °C unterhalb dieses Grenzwertes liegt, verlängert sich die Lebensdauer erheblich (Verdopplung oder noch mehr). Wie groß ist die maximal zulässige Dauerverlustleistung, wenn Sie dieses berücksichtigen und für langlebige Produkte als maximale Sperrschichttemperatur nur $T_{Jmax} = +125\ °C$ für diese Diode zulassen?

c) Die Annahme, dass die Umgebungstemperatur +25 °C betrage, ist für die meisten elektronischen Bauelemente und Schaltungen realitätsfern. Aufgrund von Fremderwärmung (benachbarte heiße Bauelemente, Einbau in Gehäuse, Gerät steht in der Sonne, Lüftungsschlitze sind zugedeckt) soll mit einer maximalen Umgebungstemperatur von $T_A = +50\ °C$ gerechnet werden. Wie groß ist jetzt für $T_{Jmax} = +125\ °C$ die maximal zulässige Dauerverlustleistung?   ❑ Ü 7-1

ⓘ Dass ab einer bestimmten Umgebungstemperatur der Grenzwert *(maximum rating)* „maximal zulässige Dauerverlustleistung" P_{tot} mit steigender Umgebungstemperatur kleiner wird, ist intuitiv nachvollziehbar. Dies wird als *Leistungs-Derating* bezeichnet: Aufgrund zunehmender Fremderwärmung sinkt die zulässige Eigenerwärmung.

Ü 7-2 Thermische Berechnungen 2 (UE_7-2_TEMP_ERSATZ.CIR)

Eine Messung habe ergeben, dass die Sperrschichttemperatur T_J der Diode bei sprunghafter (rechteckförmiger) Leistungszufuhr angenähert exponentiell gemäß Gl. (7.4) mit einer thermischen Zeitkonstanten von $\tau_{th} \approx 6\ s$ steigt.

a) Für die Ersatzschaltung gemäß Bild 7-2a gilt: $\tau_{th} = R_{thJA} \cdot C_{thJ}$. Berechnen Sie daraus Wert und Einheit der Wärmekapazität C_{thJ}.

b) Die Umgebungstemperatur der Diode betrage $T_A = +40\ °C$. Aus einem lange andauernden Sperrzustand geht die Diode in den leitenden Zustand über. Die genähert konstante Augenblicksverlustleistung (= Dauerverlustleistung) betrage ca. 2,0 W. Berechnen Sie mit der aus Gl. (2.9) gebildeten Exponentialfunktion

$$T_J(t) = T_{J\infty} - (T_{J\infty} - T_{J0}) \cdot e^{-\frac{t}{\tau_{th}}} \qquad (7.4)$$

welche Temperatur die Sperrschicht nach $t_{10} = 0,1 \cdot \tau_{th}$, $t_{50} = 0,7 \cdot \tau_{th}$, $t_{63} = 1 \cdot \tau_{th}$, $t_{90} = 2,3 \cdot \tau_{th}$ und $t_{99} = 5 \cdot \tau_{th}$ hat. Skizzieren Sie ein Zeitdiagramm dieses *thermischen Einschwingvorgangs*.

Nach langer Zeit ($t > 10 \cdot \tau_{th}$) im leitenden Zustand geht die Diode wieder in den sperrenden Zustand und bleibt sperrend. Berechnen Sie mit Gl. (7.4), welche Temperatur die Sperrschicht nach $t_{10} = 0,1 \cdot \tau_{th}$, $t_{50} = 0,7 \cdot \tau_{th}$, $t_{63} = 1 \cdot \tau_{th}$ bzw. $t_{90} = 2,3 \cdot \tau_{th}$ hat. Skizzieren Sie ein Zeitdiagramm.

ⓘ Die „krummen" Zeitpunkte $t_{10} = 0,1 \cdot \tau_{th}$, $t_{50} = 0,7 \cdot \tau_{th}$, $t_{63} = 1 \cdot \tau_{th}$ bzw. $t_{90} = 2,3 \cdot \tau_{th}$ sind bei einem exponentiellen **Einschwingvorgang** deshalb markant, weil sich die Größe $T_J(t)$ ausgehend vom Anfangswert T_{J0} nach der Zeitdauer t_{10} um 10 %, nach t_{50} um 50 %, nach t_{63} um 63 % und nach t_{90} um 90 % *der Gesamtänderung* ($T_{J\infty} - T_{J0}$) (entspricht 100 %) geändert hat. Dabei ist es ohne Bedeutung, ob $T_J(t)$ zu- oder abnimmt.

c) Die in MC einzugebende thermische Ersatzschaltung ist in Bild 7-3 gezeigt.

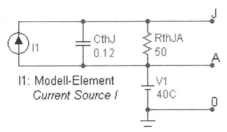

Bild 7-3
Ersatzschaltung zur Simulation von Temperaturverläufen mit MC. Aufgrund der gewählten Bezugstemperatur sind die simulierten Knotenpotenziale als *Celsius-Temperaturwerte* zu interpretieren.

Der für die „Leistung" in der thermischen Ersatzschaltung benötigte rechteckförmige Stromverlauf wird mit der Universalstromquelle *Current Source I* modelliert.

ⓘ Als Universalspannungsquelle gibt es analog das Modell-Element *Voltage Source V*. Beide Universalquellen sind in ihren Einstellungen identisch und ermöglichen eine Vielzahl von Zeitfunktionen. Entsprechend vielfältig sind die Möglichkeiten, etwas falsch zu machen. In Abschn. 8.2.4 wird daher das Modell-Element *Voltage Source V* detailliert behandelt. An dieser Stelle wird die Einstellung des Modell-Elements *Current Source I* nur soweit wie benötigt und ohne weitergehende Erklärung angegeben.

Das Modell-Element *Current Source I* erreichen Sie über die **Menüfolge** <u>C</u>**omponent** → **Analog Primitives ▸ → Waveform Sources ▸ → Current Source I**. Es öffnet sich das Attributfenster *Current Source*. Im unteren Teil dieses Fensters sind diverse Registerkarten, auf denen sich Einstellmöglichkeiten für verschiedene Zeitfunktionen befinden. Öffnen Sie die Registerkarte *Pulse*.

Geben Sie in der Registerkarte *Pulse* folgende Werte für eine rechteckförmige Änderung der Augenblicksverlustleistung mit der langen Puls-/Periodendauer von 60 s/120 s (P_W, P_{ER} » τ_{th}) ein: I_1: „0W" I_2: „2.0W" T_D: „0s" T_R: „0s" T_F: „0s" P_W: „60s" P_{ER}: „120s". Die Einheitenangaben „W" und „s" dienen nur der besseren Lesbarkeit und werden von MC ignoriert. Diese Werte werden als Zeichenkette und „Wert" des Attributs VALUE nur dann im Schaltplan wie in Bild 7-3 angezeigt, wenn Sie die **CB ☑ Show** aktivieren. Klicken Sie auf die **SF Plot...** und MC zeigt Ihnen zur Kontrolle den eingestellten Zeitverlauf.

Starten Sie eine TR-Analyse. Geben Sie im Dialogfenster *Transient Analysis Limits* die Werte so ein, dass ein Zeitbereich von 240 s simuliert wird. Die Arbeitspunktberechnung soll aktiviert sein. Lassen Sie sich die „Temperaturen" $V_{(J)}$, $V_{(A)}$ und die „Temperaturdifferenz" $V_{(J)} - V_{(A)}$ mit der Eingabe „V(J)–V(A)" oder „V(J,A)" anzeigen. Starten Sie den Simulationslauf.

Aufgrund der gewählten Bezugstemperatur sind die simulierten Knotenpotenziale als *Celsius-Temperaturwerte* zu interpretieren. Falls Sie sich bei der Auswertung an der angezeigten Einheit V stören: Mit der **SF Properties (<F10>)** können Sie in der Registerkarte *Scales and Formats* unter der Rubrik *Y* mittels des Auswahlliste *Scale Units* als angezeigte Einheit „°C" auswählen.

$V_{(J)}$ steigt vom Anfangswert T_{J0} = +40 °C exponentiell auf den nach $t > 6{,}9 \cdot \tau_{th}$ praktisch erreichten Endwert $T_{J\infty}$ = +140 °C. Das Abkühlen (Entwärmen) geschieht analog. Die Zeitabschnitte von $p_D(t)$ sind noch so lang, dass die Temperatur $T_J(t)$ zeitlich „gut" folgen kann. Überprüfen Sie die in b) berechneten Werte.

d) Die Leistung ändere sich mit der kurzen Puls-/Periodendauer von 60 ms/120 ms. Ändern Sie dazu die Eingabewerte der Stromquelle I_1 in P_W = 60 ms und P_{ER} = 120 ms (P_W, P_{ER} « τ_{th}). Bevor Sie wieder den Zeitbereich 240 s (maximale Schrittweite hierbei < 2,4 ms) simulieren: Wie ist Ihre Erwartung an den Zeitverlauf $T_J(t)$? Falls Sie ihn aufgrund der thermischen Trägheit praktisch als konstant erwarten, wie groß ist der Wert?

Starten Sie den Simulationslauf. Prüfen Sie Ihre Erwartung. Wie groß ist der Wert der Temperaturschwankung $\Delta T_J = T_{Jmax} - T_{Jmin}$?   ❑ Ü 7-2

7.2 Berechnung und Simulation für den Betrieb mit Kühlkörper

Bild 7-4 zeigt ein Leistungs-Bauelement im angedeuteten TO-3-Gehäuse *(transistor outline)*, das zur besseren Wärmeabfuhr auf einem **Kühlkörper** *(heatsink)* montiert ist. Bild 7-5 zeigt eine dazu passende vereinfachende thermische Ersatzschaltung.

Das TO-3-Gehäuse besteht aus Metall und bildet einen elektrischen Anschluss des Bauelements anstelle eines dritten Anschlussbeinchens. Daher kann es auf einem gefährlich hohen Potenzial liegen. Dies ist häufig auch bei Gehäusen mit Metallfahne und drei Anschlussbeinchen der Fall, so z. B. beim bekannten TO-220-Gehäuse. Daher soll das TO-3-Gehäuse elektrisch isoliert vom Kühlkörper sein, thermisch aber „gut" verbunden. Ein Kompromiss für diese sich widersprechenden Anforderungen erreicht man mit einer dünnen **Isolierscheibe** aus Glimmer, Keramik oder Kunststoff.

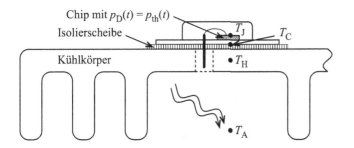

Bild 7-4
Leistungs-Bauelement im TO-3-Gehäuse, das isoliert auf einem Kühlkörper montiert ist. Schraubverbindungen und Isolierbuchsen sind nicht dargestellt.

Für die nicht dargestellten Schraubverbindungen gibt es Isolierbuchsen. Sparsam aufgetragene **Wärmeleitpaste** verbessert den Wärmeübergang. Bei dieser Anordnung „strömt" die meiste Wärme vereinfacht betrachtet vom Chip auf die TO-3-Gehäuseoberfläche. Von dort „strömt" sie durch die Isolierscheibe. Dann „strömt" sie durch den Kühlkörper und gelangt schließlich in das umgebende Medium, hier Luft.

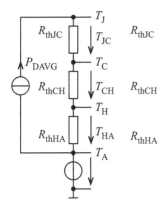

R_{thJC} *junction-to-case*, Wärmewiderstand zwischen Chip und Bauelementgehäuse. Dieser Wert wird in den Datenblättern der Bauelemente angegeben.

R_{thCH} *case-to-heatsink*, Wärmewiderstand der Isolierscheibe aus deren Datenblatt oder alternativ Wärmewiderstand des nicht-idealen Übergangs zwischen Bauelementgehäuse und Kühlkörper (ca. 0 bis 1 K/W).

R_{thHA} *heatsink-to-ambient*, Wärmewiderstand des Kühlkörpers zur Umgebung. Dieser Wert wird in Katalogen für einen Kühlkörper angegeben und nach diesem Wert wird er ausgesucht.

Bild 7-5 Thermische Ersatzschaltung zur Berechnung beim Betrieb mit Kühlkörper

Auf eine Betrachtung der Wärmekapazitäten beim Betrieb mit Kühlkörper wird aufgrund der Komplexität verzichtet und auf einschlägige Fachliteratur verwiesen. Sobald sich die Modelle als Ersatzschaltungen ausdrücken lassen, können Sie diese mit MC simulieren.

Ü 7-3 Thermische Berechnungen 3 (UE_7-3_TEMP_HEATSINK.CIR)

Im Datenblatt eines Herstellers des Leistungs-BJTs 2N3055 (Grenzdaten 60 V, 15 A) finden Sie die Angabe, dass als Gehäuse ein TO-3-Gehäuse verwendet wird und die Information $P_{tot} = 115$ W @ $T_C = +25$ °C. Die maximal zulässige Sperrschichttemperatur des Chips darf laut Datenblatt $T_{Jmax} = +200$ °C betragen. Der Wärmewiderstand zwischen Chip und Gehäuse beträgt laut Datenblatt $R_{thJC} = 1,52$ K/W. Dieser Wert ist nur nötig für den Betrieb mit Kühlkörper. Für den Betrieb ohne Kühlkörper liefert das Datenblatt die Angabe $R_{thJA} = 35$ K/W.

a) Sie reizen den 2N3055 thermisch bis $T_{Jmax} = +200$ °C voll aus. Die Umgebungstemperatur betrage nur $T_A = +25$ °C. Wie groß darf gemäß Gl. (7.1) die maximal zulässige Dauerverlustleistung P_{tot} (*total power dissipation*) beim Betrieb ohne Kühlkörper sein?

Dieser Wert ist für ein 60-V-15-A-Bauelement sehr gering. Ein Kühlkörper verbessert die Wärmeabfuhr und vergrößert damit diesen Wert.

b) Die maximal auftretende Dauerverlustleistung betrage $P_D = 40$ W. Zur Erhöhung der Lebensdauer wollen Sie einen Kühlkörper so dimensionieren, dass $T_J = +170$ °C nicht überschritten wird. Die Umgebungstemperatur betrage maximal $T_A = +40$ °C. Eine Isolierscheibe soll mit $R_{thCH} = 0,25$ K/W berücksichtigt werden. Welchen Wärmewiderstandwert R_{thHA} muss der Kühlkörper haben, damit diese Bedingungen erfüllt werden?

Was ergibt sich rechnerisch für die Temperatur des Kühlkörpers T_H und die Temperatur des TO-3-Gehäuses T_C falls es einen Kühlkörper mit genau diesem Wert gäbe?

Falls dies Ihr erster Kühlkörper ist, den Sie dimensioniert haben: Suchen Sie in einem Katalog nach einem Kühlkörper, dessen Wärmewiderstand gleich oder kleiner als der obige Wert ist. Dieser wäre geeignet. Nehmen Sie bewusst Abmessungen, Gewicht und Preis wahr.

Spätestens jetzt wird Ihnen klar, wie extrem die Bedingung ist, unter denen die zulässige Dauerverlustleistung den Wert 115 W haben dürfte: Das TO-3-Gehäuse müsste auf $T_C = +25$ °C gekühlt werden.

c) Obwohl *diese* Berechnungen mit Papier, Bleistift und Taschenrechner kein Problem sind, können Sie Ihre Dimensionierung mit MC kontrollieren. Geben Sie die Ersatzschaltung nach Bild 7-5 in MC ein. Da nur der eingeschwungene Zustand mit $p_D(t) = P_D = $ const. berechnet wurde, reicht als „Wärmestromquelle" das Modell-Element *ISource*. Mit der Dynamic-DC-Analyse bekommen Sie alle Knotenpotenziale berechnet, die Sie als Temperaturwerte in °C interpretieren, da das Bezugspotenzial bei 0 °C liegt.   ❑ Ü 7-3

Diese Berechnungen waren einfach und übersichtlich, weil der Wert der Verlustleistung P_D vorgegeben war. Wie kommt man zu dem Wert, wenn es sich nicht um eine Gleichstromschaltung handelt, sondern Ströme und Spannungen mehr oder weniger komplizierte Zeitfunktionen sind? Ein Weg mittels Simulation wird im folgenden Kapitel gezeigt.

7.3 Simulation der mittleren Verlustleistung und der Sperrschichttemperatur

Wie Sie in Abschn. 7.2 gesehen haben, ist die Dimensionierung eines Kühlkörpers einfach, wenn mit $P_{th} = P_D = P_{DAVG} = \overline{p_D(t)} = $ const. gerechnet werden kann. Dies ist aufgrund der thermischen Trägheit häufig der Fall. Bei zeitabhängigen Strömen und Spannungen kann die Berechnung von P_{DAVG} aufwendig werden. Als Beispiel sei die Einweg-Gleichrichtung aus Ü 3-16 genommen. Schon für die Bestimmung des auftretenden periodischen Spitzenstroms I_{FRM} wurde dort die Simulation anstelle einer analytischen Berechnung angewendet. Bild 3-17 zeigt die Simulationsergebnisse. Selbst mit der Annahme, dass $u_F(t)$ im leitenden Zustand konstant sei, wird die Berechnung des arithmetischen Mittelwertes der zeitabhängigen Verlustleistung $p_D(t) = u_F(t) \cdot i_F(t)$ aufwendig.

Ü 7-4 Thermische Berechnungen 4 (UE_7-4_TEMP_EINWEG.CIR)

a) Geben Sie die Schaltung nach Bild 3-16 in MC ein oder öffnen Sie die Übungsdatei UE_7-4_TEMP_EINWEG.CIR. Starten Sie eine TR-Analyse, sodass Sie als Ergebnis das Ausgabefenster wie in Bild 3-17 bekommen. Erklären Sie sich als Wiederholung, warum die Strom- und Spannungszeitverläufe so sind.

b) Vergrößern Sie den simulierten Zeitbereich auf 500 ms, *Maximum Time Step* 100 μs. Fügen Sie im Dialogfenster *Transient Analysis Limits* mit der **SF Add** eine weitere Kurve hinzu, die als Diagramm 3 gezeigt werden soll. Als *Y Expression* soll hier die Augenblicksverlustleistung der Diode D_1 dargestellt werden. Sie können dazu im Eingabefeld *Y Expression* „V(D1)*I(D1)" eingeben. Alternativ dazu können Sie mit **<RM>** in ein Eingabefeld *Y Expression* klicken und ein Kontextmenü mit Ausgabevariablen öffnen. Über die **Menüfolge Variables ▶ → Device Power ▶ → PD(D1)** *(power dissipated in device D1)* bekommen Sie die Augenblicksverlustleistung direkt mit der Variablen „PD(D1)". Weitere Variablen finden Sie in [MC-ERG].

Starten Sie einen Simulationslauf. Als Kurve ist in Diagramm 3 die Augenblicksverlustleistung $p_D(t)$ zu sehen. Aufgrund der thermischen Trägheit durch die Wärmekapazität ist von den elektrischen Leistungspulsen $p_D(t)$ nur der arithmetische Mittelwert wirksam.

c) Fügen Sie eine weitere Kurve in Diagramm 4 hinzu und geben Sie als *Y Expression* die Funktion „AVG(PD(D1))" ein. MC berechnet mit der Funktion AVG(Y) den zum aktuellen Zeitpunkt erreichten arithmetischen Mittelwert *(average)*, indem mit der laufenden Zeitvariablen die berechneten y-Werte addiert und durch deren aktuelle Anzahl dividiert werden. Starten Sie einen Simulationslauf. Am Simulationsergebnis erkennen Sie, dass die 500 ms Zeitbereich notwendig sind, damit sich die Mittelwertbildung auf einen stationären Wert einschwingt. Ursache ist der einmalige Verlustleistungspuls zu Beginn.

Ändern Sie den Eintrag im Eingabefeld *Y Expression* in „AVG(PD(D1),20ms)". Der Wert „20ms" ist der Startwert, ab dem die Mittelwertbildung beginnt. Damit ist der erste Verlustleistungspuls „ausgeblendet". Starten Sie einen Simulationslauf. Am Simulationsergebnis werden Sie nun feststellen, dass die mittlere Verlustleistung ca. 235 mW beträgt. Die Welligkeit im Zeitverlauf hat nichts mit thermischer Trägheit zu tun, sondern resultiert aus der nummerischen Mittelwertbildung mit der Funktion AVG( ). Eine Auswahl weiterer Funktionen finden Sie in [MC-ERG]. ❏ Ü 7-4

Ü 7-5 Thermische Berechnungen 5 (UE_7-5_TEMP_EINWEG.CIR)

Dadurch, dass die thermischen Gegebenheiten durch eine thermische Ersatzschaltung modelliert werden, kann man simulierte elektrische Schaltung und thermische Ersatzschaltung in einer Simulation kombinieren. In Bild 7-6 ist so eine Kombination gezeigt.

Die Umgebungstemperatur ist mit +50 °C in der thermischen Ersatzschaltung berücksichtigt. Als „Wärmestromquelle" wird ein Modell-Element benötigt, dessen „Stromwert" dem Wert der Augenblicksverlustleistung von D_1 entspricht. Dies geht elegant mit den Modell-Elementen *Function Sources*. Über die **Menüfolge Component → Analog Primitives ▶ → Function Sources** kommen Sie zu einer Auswahl.

Die Modell-Elemente *NTXofY (numeric table source X of Y)* sind *tabellen*gesteuerte Quellen mit X, Y als Strom oder Spannung. Das Modell-Element *NFV (numeric function voltage* *source)* ist eine *funktions*gesteuerte Spannungsquelle. Das **Modell-Element** *NFI (numeric function current source)* ist eine *funktions*gesteuerte Stromquelle und damit geeignet.

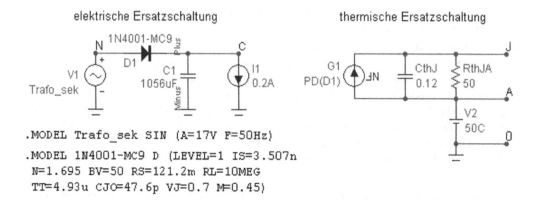

.MODEL Trafo_sek SIN (A=17V F=50Hz)

.MODEL 1N4001-MC9 D (LEVEL=1 IS=3.507n

N=1.695 BV=50 RS=121.2m RL=10MEG

TT=4.93u CJO=47.6p VJ=0.7 M=0.45)

Bild 7-6 Simulierte elektrische Ersatzschaltung und thermische Ersatzschaltung kombiniert

a) Wählen Sie das Modell-Element *NFI* aus. Im Attributfenster *NFI: Analog behavioral current source* geben Sie als Attribut VALUE im Eingabefeld *Value* als gewünschte Steuerfunktion „PD(D1)" ein. Auch mathematische Funktionen sind möglich. Im Schaltplan gibt MC dieser Quelle den Modell-Bezeichner G_1. Geben Sie den restlichen Schaltplan in MC ein oder öffnen Sie die Übungsdatei UE_7-5_TEMP_EINWEG.CIR.

b) Starten Sie eine TR-Analyse. Da die thermische Zeitkonstante $\tau_{th} \approx 6$ s beträgt, sollte für einen einigermaßen eingeschwungenen Zustand ein Zeitbereich von mindestens $5 \cdot \tau_{th}$ simuliert werden. Stellen Sie den zu simulierenden Zeitbereich auf 30 s mit 300 μs als *Maximum Time Step* ein. Lassen Sie sich typische elektrische Größen der Einweg-Gleichrichterschaltung anzeigen und als thermische Größe $V_{(J)}$, deren Werte als Sperrschichttemperatur in °C zu interpretieren sind. Starten Sie einen Simulationslauf.

Der Aufheizvorgang beginnt bei $t = 0$ mit $T_J = +50$ °C. Bei $t > 5 \cdot \tau_{th}$ ist ein einigermaßen eingeschwungener Zustand mit $T_J = +61,4$ °C erreicht. Aufgrund der thermischen Ersatzschaltung und der realitätsnahen Parameterwerte für R_{thJA} und C_{thJ} gibt das Simulationsergebnis den tatsächlichen Aufheizvorgang realitätsnah wieder und ist nicht das Ergebnis einer nummerischen Mittelwertbildung.

In Ü 7-4 wurde durch Simulation als Mittelwert der Verlustleistung ca. 235 mW bestimmt. Eine Kontrollrechnung mit $R_{thJA} = 50$ K/W liefert eine Sperrschichttemperatur von $T_J = T_A + R_{thJA} \cdot P_D = +61,75$ °C und bestätigt dieses Ergebnis.

c) Ändern Sie im Dialogfenster *Transient Analysis Limits* im Eingabefeld *Maximum Time Step* den Wert in „0". Damit nimmt MC als maximale Zeitschrittweite den groben Wert $(T_{MAX} - T_{MIN})/50 = 0,6$ s. Starten Sie einen Simulationslauf.

Als Ergebnis werden Ihnen ca. 81,2 °C als $V_{(J)}$ berechnet. Zoomen Sie sich einen kurzen Zeitbereich aus der Darstellung der Ströme, vor allem aus $I_{(D1)}$ heraus und lassen Sie sich die berechneten Datenpunkte anzeigen.

ⓘ Der Algorithmus von MC hat die tatsächlichen Schrittweiten aufgrund der großen maximalen Schrittweite zu groß gewählt, sodass die Berechnungen zu „grob" und damit für den praktischen Zweck der Berechnung unbrauchbar sind. *Gerade bei Schaltvorgängen müssen Sie einen Kompromiss finden zwischen hoher Rechengenauigkeit und Auflösung und erträglicher Rechenzeit.*

d) Probieren Sie verschiedene Werte für die maximale Schrittweite aus und finden Sie einen Grenzwert, bei dem $V_{(J)}$ gerade noch scheinbar „richtig" berechnet wird. Schauen Sie sich an, mit wie wenigen Datenpunkten $I_{(D1)}$ berechnet wird. ❑ Ü 7-5

Vielleicht haben Sie sich bei den bisherigen Ausführungen und Simulationen zum Thema Temperatur-Analyse gefragt, ob der aktuelle Sperrschichttemperaturwert $T_J(t)$, so wie gerade realitätsnah simuliert, auch in den Modellgleichungen des Modell-Typs D-L1/L2 verwendet wird? Die Antwort lautet (leider): Nein. Nähere Ausführungen dazu finden Sie im folgenden Abschn. 7.4.

7.4 Temperaturverhalten von Modellen

In einem realen Bauelement führt die Verlustleistung zu einem Anstieg der Innentemperatur gegenüber der Umgebungstemperatur. Diese **Eigenerwärmung** bewirkt in vielen Fällen leider eine *Verhaltensänderung des Bauelements*. Diese Verhaltensveränderung kann *im Zusammenspiel mit der Beschaltung des Bauelements* zu einer geänderten Verlustleistung führen, die wiederum zu einer Änderung der Innentemperatur führt usw. Diese Rückwirkung über die physikalische Größe Temperatur wird **thermische Rückkopplung** genannt und kann auch über mehrere Bauelemente wirken.

Im Fall einer **thermischen Mitkopplung**, die i. Allg. unerwünscht ist, ist die Rückwirkung so, dass sich ein Teufelskreis bildet: Innentemperatur-Erhöhung bewirkt mehr Verlustleistung, mehr Verlustleistung bewirkt weitere Innentemperatur-Erhöhung usw. Der Arbeitspunkt läuft thermisch davon.

Im einer **thermischen Gegenkopplung**, die i. Allg. erwünscht ist, ist die Rückwirkung so, dass eine Innentemperatur-Erhöhung eine geringere Verlustleistung bewirkt, sodass sich die Innentemperatur auf einen stabilen Punkt einstellt.

Die allermeisten aktuellen (SPICE-)Modell-Typen von MC9 und anderer vergleichbaren Simulationsprogramme für elektronische Schaltungen beinhalten (noch) keine thermische Rückkopplung durch Eigenerwärmung.

7.4.1 Beispiel für ein thermisch rückgekoppeltes Modell (BJT)

In der Version 9 von MC sind erstmals Modell-Typen für BJTs und MOSFETs verfügbar, die eine thermische Rückkopplung beinhalten. Über die **Menüfolge** <u>C</u>**omponent** → **Analog Primitives** ▸ → **Active Devices** ▸ → **Thermal (Self Heating)** ▸ haben Sie mit der Vollversion von MC9 Zugriff auf vier BJT- und vier MOSFET-Modell-Typen.

Die Musterdatei M_7-1_TEMP_SELFHEAT.CIR enthält ein Beispiel, das sich auch mit der Demoversion von MC simulieren lässt. Öffnen Sie die Musterdatei und Sie sehen die in Bild 7-7 gezeigten Schaltungen.

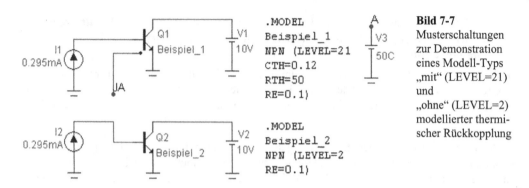

Bild 7-7
Musterschaltungen
zur Demonstration
eines Modell-Typs
„mit" (LEVEL=21)
und
„ohne" (LEVEL=2)
modellierter thermi-
scher Rückkopplung

Das Modell-Symbol für Q_1 hat einen vierten Anschluss, der als Ausgang wirkt. Das Potenzial dieses Ausgangs entspricht der Temperatur*differenz* „Sperrschicht minus Umgebung", daher wurde als Knotenname „JA" gewählt. Der Wert wird *im Modell* mit der thermischen Ersatzschaltung gemäß Bild 7-2a und den Parameterwerten für R_{TH} und C_{TH} aus der Augenblicksverlustleistung berechnet und in den anderen Modellgleichungen verwendet. Die Spannungsquelle V_3 modelliert die Umgebungstemperatur T_A.

Der Parameterwertesatz hat den Modell-Namen „Beispiel_1". Der Modell-Typ ist NPN mit Parameterwert $L_{EVEL} = 21$. Dieser Modell-Typ-Level ist das NXP-Mextram-Modell *mit* Eigenerwärmung (mit thermischer Rückkopplung). Die benötigten Parameterwerte für R_{TH} und C_{TH} sind identisch zu denen aus Ü 7-5 bzw. Bild 7-6 gewählt. Von den restlichen 72 (!) Parametern dieses Modell-Typ-Levels ist nur R_E explizit so gewählt, dass sich ein einigermaßen typisches Verhalten eines diskreten npn-BJTs ergibt. Für die restlichen 71 Parameter werden die Defaultwerte genommen.

Zum Vergleich dient eine duplizierte Schaltung, wobei für Q_2 der Parameterwertesatz mit dem Modell-Namen „Beispiel_2" gilt. In „Beispiel_2" ist mit $L_{EVEL} = 2$ der Modell-Typ-Level des NXP-Mextram-Modells *ohne* thermische Rückkopplung ausgewählt. Daher gibt es die Parameter R_{TH} und C_{TH} nicht.

Für i_B ist mittels *Stepping* der Wert 0,295 mA iterativ ermittelt worden, damit bei $u_{CE} = 10$ V eine Verlustleistung von ca. 235 mW berechnet wird. Starten Sie eine TR-Analyse. Im Dialogfenster *Transient Analysis Limits* ist u. a. eingestellt, dass die Spannungen $V_{BE(Q1)}$ und $V_{BE(Q2)}$ ausgegeben werden. Da diese bei Stromeinprägung mit ca. −1,7 mV/°C charakteristisch temperaturabhängig sind, dienen sie als Nachweis, ob die berechnete Augenblicksverlustleistung und damit verbundene Sperrschichttemperaturerhöhung in das Modell-Verhalten einfließt. Des Weiteren werden die Augenblicksverlustleistungen $P_{D(Q1)}$ und $P_{D(Q2)}$ ausgegeben sowie die Sperrschichttemperatur T_J als Summe $T_{JA} + T_A$. Starten Sie den Simulationslauf.

Die Spannung $V_{BE(Q1)}$ ist mit ca. 0,9 V höher als eventuell erwartete 0,7 V. Entscheidend ist, dass diese Spannung mit ca. −1 mV/K kleiner wird *aufgrund der Ursache, dass die aktuell berechnete Sperrschichttemperaturerhöhung T_{JA} in die Berechnungen mit einfließt*. Mit einer Zeitkonstanten von ca. 6 s steigt die Sperrschichttemperatur exponentiell von +50 °C auf +61,7 °C. Es ist nicht verwunderlich, dass dies bis auf Rundungsfehler die Werte aus dem Beispiel mit der Diode in Ü 7-4 und Ü 7-5 sind, da die Berechnungsweise mit der Ersatzschaltung und die Parameterwerte R_{TH} und C_{TH} identisch sind.

Bei dem thermisch nicht rückgekoppelten Modell-Typ-Level bleibt $V_{BE(Q2)}$ konstant und gibt damit das erwartete Verhalten nicht so realitätsnah wieder wie der thermisch rückgekoppelte Modell-Typ-Level.

ⓘ Realitätsnäher wird die Simulation aber nur dann, wenn für die Parameter R_{TH} und C_{TH} (*und das gilt für alle Parameter!!!*) Parameterwerte vorliegen, mit denen das Verhalten auch realitätsnah berechnet wird. Insbesondere für Wärmekapazitäten werden in Datenblättern nur sehr selten Werte angegeben.

7.4.2 Beispiel für ein thermisch nicht rückgekoppeltes Modell (Diode)

Obwohl bei den allermeisten Modell-Typen, die in MC9 und anderen vergleichbaren Simulationsprogrammen für elektronische Schaltungen programmiert sind, keine thermische Rückkopplung durch Eigenwärmung implementiert ist, kann man sinnvolle und zeitsparende Temperaturanalysen durchführen, da ein realitätsnahes Temperaturverhalten in vielen Modellen enthalten ist. Um ein modelliertes Temperaturverhalten nachvollziehen zu können und damit besser zu verstehen, wird als Beispiel die bereits in Abschn. 3.4 behandelten Modell-Typen D-L1/L2 des Modell-Elements *Diode* genommen.

✍ Klärende Ergänzungen zur Darstellung in [MC-REF]:

1. „T" ist in MC die Variable für Zeit *(time)*. „TEMP" ist in MC die **globale _Temperaturvariable und wird vor einem Simulationslauf auf einen konstanten Wert eingestellt. Der feste Vorgabewert von T_{EMP} ist +27 °C.** Diese Größe wird bewusst sehr unspezifisch nur als „globale Temperaturvariable" bezeichnet, da sie unterschiedliche Bedeutung haben kann.

   In den Formeln in [MC-REF] wird leider auch für Temperatur nur der Buchstabe T verwendet. In diesem Buch wird für Temperatur die Bezeichnung T_X verwendet. *X ist ein eindeutiger Index X* für den Ort, an dem diese Temperatur herrscht. Durch den Index X und aufgrund des Zusammenhangs ist T_X von den Größen Zeit, Periodendauer und anderen unterscheidbar.

2. In den Gleichungen in [MC-REF] wird „Tnom" („nom" kleingeschrieben) als Formelgröße für die Sperrschichttemperatur (allgemeiner Innentemperatur) verwendet, **bei der die Messwerte gemessen wurden, aus denen anschließend die Parameterwerte extrahiert wurden. In den Formeln dieses Buches wird diese Messtemperatur als T_{JM} _(junction _measured_) bezeichnet, sodass $T_{JM} \equiv T_{nom}$ gilt. Der Wert von T_{JM} wird in einem Parameterwertesatz als Parameter „T_MEASURED" eingegeben werden. Wird $T_{MEASURED}$ nicht explizit festgelegt, wird als Defaultwert der Wert des GS-Parameters T_{NOM} (in [MC-REF] „TNOM" mit großgeschriebenem „NOM") genommen.**

ⓘ Verwechseln Sie die globale Temperaturvariable T_{EMP} nicht mit dem SPICE-Befehlsausdruck .TEMP. Dieser hat bei der grafischen Schaltplan-Eingabe von MC keine Auswirkung, sondern nur, wenn eine Schaltung in „Textform" als SPICE-Netzliste eingegeben wird. Weitere Befehlsausdrücke finden Sie in [MC-ERG].

Aus Abschn. 3.4 ist die Gl. (3.4) hier noch einmal als Gl. (7.5) wiedergegeben:

$$i_{nrm} = I_S(T_J) \cdot (e^{\frac{u_{pn}}{N \cdot V_T(T_J)}} - 1) \tag{7.5}$$

Der Einfluss der Sperrschichttemperatur T_J ist sowohl in $I_S(T_J)$ als auch in der Temperatur-spannung *(thermal voltage)* $V_T(T_J)$ enthalten. Daher ist aus Abschn. 3.4 auch die Gl. (3.6) hier noch einmal als Gl. (7.6) wiedergegeben:

$$V_T(T_J) = \frac{k}{q} \cdot T_J \tag{7.6}$$

ⓘ Falls Sie mit Hilfe dieser Gleichungen und eines Taschenrechners die Ergebnisse von MC nachrechnen möchten: Gemäß [MC-REF] sind folgende Werte für die Boltzmann-Konstante k und die Elementarladung q in MC programmiert:

$k = 1{,}380\,622\,6 \cdot 10^{-23}$ VAs/K

$q = 1{,}602\,191\,8 \cdot 10^{-19}$ As

In den Formeln ist der Wert einer Temperatur als absolute Temperatur in K einzu-setzen. Die Umrechnung eines Celsius-Temperaturwertes ϑ_X in den absoluten Tempera-turwert T_X erfolgt in MC mit

$T_X = [\,\vartheta_X \,/\, (1\ °C) + 273{,}15\,] \cdot 1$ K

Eine der acht weiteren in Abschn. 3.4 erwähnten, aber nicht aufgeführten Gleichungen, die eine Temperaturabhängigkeit beschreiben, lautet:

$$I_S(T_J) = I_S \cdot \left(\frac{T_J}{T_{JM}}\right)^{\frac{X_{TI}}{N}} \cdot e^{\left(\left(\frac{T_J}{T_{JM}}-1\right)\frac{E_G(300K)}{N \cdot V_T(T_J)}\right)} \tag{7.7}$$

Wenn für alle anderen Parameter die Defaultwerte verwendet werden, gilt $i_{nrm} = i_F$ und nur die Parameter I_S, N, X_{TI}, E_G, T_{JM} sowie der Wert für T_J bestimmen das i_F-u_F-Verhalten.

<u>Ü 7-6</u> Temperaturverhalten des Modell-Typs D-L1/L2 (UE_7-6_TEMP_DIODE.CIR)

Im Datenblatt einer fiktiven Siliziumdiode DT01 ist die Durchlasskennlinie $i_F = f(u_F)$ für eine Sperrschichttemperatur mit dem häufig verwendeten Wert $T_J = +25$ °C wie z. B. in Bild 3-3 angegeben. **Das bedeutet hier: $T_{JM} = +25$ °C.** Ein Wertepaar ist $i_F = 77{,}36$ mA @ $u_F = 0{,}7$ V. Aus diesen Messwerten wurden die Parameterwerte extrahiert zu $I_S = 1$ nA und $N = 1{,}5$. Die Parameterwerte $X_{TI} = 3$ und $E_G(300\ \text{K}) = 1{,}11$ V sind *für Siliziumdioden* gut passende Werte und daher die Defaultwerte für diese Parameter (für *Schottky-Dioden* werden in der Literatur $E_G = 0{,}69$ V und $X_{TI} = 2$ als gut passend angegeben, für *Germaniumdioden* $E_G = 0{,}67$ V). Für alle anderen Parameterwerte passen die Defaultwerte.

a) Berechnen Sie aus Gl. (7.6) für die angegebenen Werte von T_J die Werte für $V_T(T_J)$ und vergleichen Sie mit den eingetragenen Werten. *Um die Ergeb-nisse genau vergleichen zu können, sollten Sie für k und q die Werte, mit denen MC rechnet, verwenden.*

T_J	$V_T(T_J)$	$I_S(T_J)$	$i_{nrm}(T_J)$
0 °C	23,538 mV	60,125 pA	24,523 mA
+25 °C	25,692 mV	1,000 nA	77,362 mA
+27 °C	25,864 mV	1,228 nA	84,163 mA
+100 °C	32,155 mV	0,512 µA	1,028 A

b) Berechnen Sie aus Gl. (7.7) für die angegebenen Werte von T_J die Werte für $I_S(T_J)$ und vergleichen Sie diese mit den in der Tabelle eingetragenen.

c) Die Spannung u_{PN} sei 0,7 V. Berechnen Sie aus Gl. (7.5) für die angegebenen Werte von T_J die Werte für $i_{nrm}(T_J)$ und vergleichen Sie diese mit den in der Tabelle eingetragenen.

d) Geben Sie in MC als Schaltplan „Diode an Batterie" ein, um diese Werte zu kontrollieren. Die Diode DT01 parametrieren Sie durch Eingabe von „.MODEL DT01 D (IS=1n N=1.5 T_MEASURED=25)". Starten Sie eine Dynamic-DC-Analyse. Im Dialogfenster *Dynamic DC Limits* ist **im Eingabefeld *Temperature* für die globale Temperaturvariable T_{EMP} der Wert einzugeben, der für diesen Simulationslauf gelten soll (Vorgabewert +27 °C).** T_{EMP} entspricht hier dem Wert der Sperrschichttemperatur T_J in °C. Vergleichen Sie die simulierten Ergebnisse für den Diodenstrom mit $i_{nrm}(T_J)$ aus der Tabelle. Die Werte müssten bis auf Rundungsfehler in der letzten Stelle übereinstimmen.   ❏ Ü 7-6

Ü 7-7 Temperaturverhalten des Modell-Typs D-L1/L2

Mit dem Modell-Parameter $T_{MEASURED}$ (kurz T_{JM}) kann im Parameterwertesatz die Messtemperatur wie in Ü 7-6 festgelegt werden. Angenommen, Sie „vergessen" $T_{MEASURED}$ = 25 anzugeben und geben als Parameterwertesatz nur „.MODEL DT01 D (IS=1n N=1.5)" ein. In diesem Fall nimmt MC den Defaultwert für $T_{MEASURED}$ und das ist der Wert des GS-Parameters T_{NOM}. Der Defaultwert von T_{NOM} wiederum beträgt +27 °C.

Berechnen Sie entweder mit den Gln. (7.6), (7.7) und (7.5) für die angegebenen Werte von T_J die Werte für $i_{nrm}(T_J)$ für T_{JM} = +25 °C und +27 °C oder simulieren Sie die Werte mit MC. Vergleichen Sie mit den eingetragenen Werten.

T_J	$i_{nrm}(T_J)$ T_{JM} = +25 °C	$i_{nrm}(T_J)$ T_{JM} = +27 °C
0 °C	24,523 mA	19,972 mA
+25 °C	77,363 mA	63,004 mA
+27 °C	84,164 mA	68,543 mA
+100 °C	1,028 A	0,837 A

Die Abweichung der „aus Versehen" mit $T_{JM} = T_{NOM}$ = +27 °C berechneten Stromwerte zu den „richtigen" (T_{JM} = +25 °C) beträgt ca. −18 % und ist damit *bei diesem Beispiel* groß.

Wenn, wie in diesem Beispiel, die Durchlassspannung mit U_F = 0,7V = const. eingeprägt wird, ergibt sich nach [TIET12]:

$$\left. \frac{1}{I_F} \cdot \frac{di_F}{dT_J} \right|_{u_F=\text{const.}} = \frac{1}{N \cdot T_J} \left(3 + \frac{U_{EG} - U_F}{U_T} \right) \overset{T_J=27°C}{=} \frac{1}{1,5 \cdot 300K} \left(3 + \frac{1,11V - 0,7V}{25,9mV} \right) = +0,042 \frac{1}{K}$$

Dieser extrem hohe Wert von +42000 ppm/K wirkt sich in der Praxis selten aus, da Dioden i. Allg. nicht mit eingeprägten Durchlassspannungen betrieben werden.   ❏ Ü 7-7

Weit öfter kommt die Betriebsart vor, dass der Durchlassstrom i_F als eingeprägt betrachtet werden kann. In Ü 7-8 ist die Formel aus [TIET12] angegeben, mit der die Temperaturabhängigkeit der Durchlassspannung bei konstantem, eingeprägtem Durchlassstrom berechnet werden kann. Für U_F = 0,7 V und T_J = +27 °C ergibt sich −1,63 mV/K. Bezogen auf 0,7 V sind dies −2330 ppm/K.

Für Folien-Kondensatoren seien zum Vergleich als Temperaturkoeffizient des Kapazitätswertes die Größenordnung je nach Folienmaterial mit −250 ppm/K bis +250 ppm/K angegeben, für Metallschicht-Widerstände als Temperaturkoeffizient des Widerstandwertes ±50 ppm/K.

ⓘ   In sehr vielen Parameterwertesätzen ist $T_{MEASURED}$ nicht explizit angegeben. Daher wird für diese Parameterwertesätze der Wert des GS-Parameters T_{NOM} als Messtemperatur genommen. Der Defaultwert von T_{NOM} beträgt +27 °C. In den meisten Datenblättern, die dem Autor bekannt sind, wird +25 °C anstelle von +27 °C als Messtemperatur verwendet oder ein deutlich anderer Wert wie z. B. +125 °C oder +150 °C.

Es entsteht eine Abweichung, wenn Parameterwerte für die Simulation verwendet werden, die aus Messwerten extrahiert wurden, die bei T_{JM} = +25°C gemessen wurden, und die aus Versehen oder Unkenntnis in der Simulation defaultmäßig mit T_{JM} = +27 °C verwendet werden. *In vielen Fällen ist die Abweichung tolerabel, bei hohen Anforderungen an die Ähnlichkeit der Simulation mit gemessenen Werten sollte Ihnen dieses zumindest bewusst sein.*

Im Dialogfenster *Global Settings* können Sie den Wert des GS-Parameters T_{NOM} einstellen. Falls Sie überzeugt sind, dass die meisten Parameterwertesätze in den Bibliotheken auf Basis von Messwerten extrahiert wurden, die bei T_{JM} = +25 °C gemessen wurden, könnten Sie hier der Wert von T_{NOM} auf +25 °C einstellen. *Der Autor rät davon ab, diesen Wert im Dialogfenster Global Settings zu ändern, da Sie leicht vergessen könnten, dass Sie ihn geändert haben. Eine deutlichere Alternative bietet das .OPTIONS-Statement.*

Mit dem .OPTIONS-Statement kann in MC der Wert eines oder mehrerer GS-Parameter **lokal nur für die zu simulierende Schaltung** überschrieben werden. Beispiel: „.OPTIONS TNOM=25" weist bei Simulationen mit der Schaltplandatei, *in der dieses .OPTIONS-Statement steht*, T_{NOM} den Wert +25 °C zu.

Weiteres zu den Global Settings finden Sie in dem Einschub GS-Parameter in Abschn. 3.6.3. Eine knapp kommentierte Tabelle der GS-Parameter des Dialogfensters *Global Settings* finden Sie in [MC-ERG].

(i) Angeblich soll der Grund, dass bei amerikanischen Simulationsprogrammen wie SPICE und MC anstelle von +25 °C der Wert +27 °C als Defaultwert für T_{NOM} und als Vorgabewert der globalen Temperaturvariablen T_{EMP} genommen wurde, darin liegen, dass diese Programme im sonnigen Kalifornien entwickelt wurden. Und da ist es bekanntlich wärmer als in Mitteleuropa. Eine nüchternere Erklärung für diesen Wert wäre die, dass sich bei +27 °C Celsius-Temperatur gemäß Gl. (7.3) der geradzahlige absolute Temperaturwert 300 K ergibt.

Ü 7-8 Temperaturverhalten des Modell-Typs D-L1/L2 (UE_7-8_TEMP_DIODE_IF.CIR)

In Tabelle 3.2 und auch in den Parameterwertesätzen vieler Bibliotheken auch von anderen Simulationsprogrammen, die mit MC vergleichbar sind, kann man erkennen, dass für die Parameter, die das Temperaturverhalten festlegen, keine Werte angegeben sind und damit bei der Simulation die Defaultwerte verwendet werden. Daher wird als Beispiel der Parameterwertesatz mit dem Modell-Namen 1N4001-UE aus Tabelle 3.2 genommen.

Die Durchlassspannung u_F eines Silizium-pn-Übergangs (U_{EG} = 1,11 V) zeigt bei konstantem Strom i_F ein charakteristisches Temperaturverhalten du_F/dT_J. In [TIET12] wird hierfür die Formel

$$\left.\frac{du_F}{dT_J}\right|_{i_F=\text{const.}} = \frac{U_F - U_{EG} - 3 \cdot U_T}{T_J} \overset{T_J=+27°C}{=} \frac{0{,}7V - 1{,}11V - 3 \cdot 25{,}84mV}{300K} = -1{,}63mV/K$$

hergeleitet, die im Berechnungspunkt U_F = 0,7 V und T_J = +27 °C den Wert –1,63 mV/K ergibt. Als Wert wird in der Praxis und Literatur oft näherungsweise –1,7 mV/K oder –2 mV/K verwendet bzw. angegeben. Mit diesem charakteristischen Verhalten wird in integrierten Schaltungen die Chiptemperatur gemessen.

a) Geben Sie in MC als Schaltplan „Diode an Batterie" ein, um das Durchlassverhalten für Spannungen im Bereich von $0 \leq u_F \leq 1,0$ V zu simulieren. Das .MODEL-Statement für die Diode lautet: „.MODEL 1N4001-UE D (LEVEL=1 IS=1n N=1.69 BV=50 RS=42.6m)". Starten Sie eine DC-Analyse. Im Dialogfenster *DC Analysis Limits* können Sie als *Variable 1* die Spannung der Batterie V_1 ändern lassen, z. B. *Linear* im Bereich von 0 V bis 1 V, Schrittweite 1 mV. Lassen Sie sich eine Kurve $I_{(D1)}$ vs. $V_{(D1)}$ anzeigen.

In der **Rubrik** *Temperature* können Sie Einstellungen für die globale Temperaturvariable T_{EMP} eingeben, die hier **der Sperrschichttemperatur der Diode entspricht**. Bisher wurde die Defaulteinstellung in dieser Rubrik („Linear", „27") nicht geändert. Diese Rubrik gestattet ein gesondertes *Stepping* für T_{EMP}. Wählen Sie als *Method* z. B. „List" aus und geben Sie in dem Eingabefeld *Range* die Werte „100,27,25,0" ein. Starten Sie den Simulationslauf.

Wie bei *Stepping* in Kap. 6 erhalten Sie als Simulationsergebnis eine Kurvenschar. Jeder Kurvenzweig gilt für einen Wert von T_{EMP}, der hier die Bedeutung der Sperrschichttemperatur T_J hat. Die Auswertung dieser Kurvenschar z. B. im *Cursor*-Modus erfolgt wie in Abschn. 6.1 für *Stepping* beschrieben.

Das Simulationsergebnis bestätigt qualitativ die Erwartung, dass u_F bei i_F = const. mit steigender Temperatur T_J sinkt. Der Unterschied zwischen den Kurvenzweigen mit T_J = +25 °C und +27 °C ist sehr klein und zeigt, dass es zumindest bei den Modell-Typen D-L1/L2 keine große Auswirkung hat, wenn der Parameter $T_{MEASURED}$ nicht explizit angegeben ist und daher evtl. fälschlich mit +27 °C als Messtemperatur simuliert wird.

Es ist eine gute Übung für den Umgang mit den *Cursorn*, wenn Sie den Temperaturkoeffizienten du_F/dT_J durch Messung zweier Punkte z. B. bei i_F = 0,5 A bestimmen:

1. Lassen Sie sich in dem gelben *Tracker*-Feld der *Cursor* den Wert von T_{EMP} als Parameterwert des Kurvenzweiges anzeigen.

2. Lassen Sie sich die horizontalen *Cursor*-Linien anzeigen *(SF Horizontal Cursor)*.

3. Platzieren Sie den rechten *Cursor* auf den Kurvenzweig mit T_J = +100 °C, den linken *Cursor* auf den Kurvenzweig mit T_J = 0 °C *(SF Go To Branch)*.

4. Platzieren Sie beide *Cursor* so, dass deren y-Wert 0,5 A beträgt *(SF Go to Y)*.

5. In der Tabelle unterhalb des Diagramms lesen Sie in der Zeile „V(D1)" und der Spalte *Delta* (rechter minus linker *Cursor*-Wert) den Wert der Spannungsdifferenz zu −105,77 mV ab. Dieser wird verursacht durch eine Temperaturdifferenz von +100 °C minus 0 °C und ergibt somit du_F/dT_J = −1,06 mV/K. Dieser Wert weicht von dem obigen erwarteten deutlich ab. Der Grund liegt darin, dass die Messwerte nicht in der Nähe von U_F = 0,7 V ermittelt wurden, sondern bei ca. 0,8 V bis 0,9 V.

b) Zur Kontrolle der obigen Rechung führen Sie einen Simulationslauf durch für $0,65$ V $\leq u_F \leq 0,75$ V. Als Temperaturwerte für T_J sollen +26 °C, +27 °C und +28 °C simuliert werden. Starten Sie einen Simulationslauf. Platzieren Sie den rechten *Cursor* auf den Kurvenzweig mit T_J = +28 °C, den linken *Cursor* auf den Kurvenzweig mit T_J = +26 °C. Platzieren Sie beide *Cursor* so, dass deren y-Wert 8,94 mA beträgt ($u_F \approx 0,7$ V). Als Spannungsdifferenz können Sie in der Spalte *Delta* den Wert −3,25 mV ablesen. Damit ergibt sich du_F/dT_J = −1,625 mV/K und die obige Berechnung bestätigt sich. Dies muss auch so sein, da der obigen Formel aus [TIET12] und den gleichen Formeln in den Modell-Typen D-L1/L2 die gleichen Parameterwerte zugrunde liegen.   ❏ Ü 7-8

7.5 Simulation des Temperaturverhaltens einer Schaltung

Im vorhergehenden Abschn. 7.4 wurden Modelle hinsichtlich ihres Temperaturverhaltens untersucht. Es hat sich gezeigt, dass bei den thermisch nicht rückgekoppelten Modellen die Innentemperatur *jedes* Modell-Elements vor der Simulation eingegeben werden muss. Wenn man dies nicht explizit macht, nimmt MC den Vorgabewert +27 °C für die globale Temperaturvariable T_{EMP}. Der Wert für T_{EMP} bleibt während eines Simulationslaufs unverändert. Zwei Fragen stellen sich jetzt:

F 1: Wie kann eine fehlende thermische Rückkopplung durch geschicktes Simulieren „kompensiert" werden?

A 1: Die fehlende thermische Rückkopplung eines Modells kann von Ihnen durch ein iteratives Vorgehen kompensiert werden. Schätzen Sie vor einem Simulationslauf ab, welche Innentemperatur bzw. Sperrschichttemperatur T_J jedes Bauelement im eingeschwungenen Zustand haben wird. Dieser Wert wird *vor einem Simulationslauf als Eigenschaft des Simulationslaufs festgelegt und ist kein Modell-Parameterwert*. Als Ergebnis des Simulationslaufes lassen Sie sich von interessierenden Modell-Elementen die mittlere Verlustleistung durch MC berechnen. Mit dem Wert des Wärmewiderstands R_{thJA} können Sie die Temperaturerhöhung gegenüber der Umgebung aufgrund dieser Verlustleistung ausrechnen. Wie in Abschn. 7.1 bzw. 7.2 gezeigt wurde, können Sie auch MC mittels einer thermischen Ersatzschaltung diesen Wert ausrechnen lassen. Vergleichen Sie den so bestimmen Wert der Innentemperatur mit dem beim Simulationslauf eingestellten Wert.

Halten Sie diese Werte für noch zu weit auseinander liegend, können Sie *in einem zweiten Simulationslauf einen näher liegenden Wert für die Innentemperatur vorgeben*. Als Hilfe bietet MC in den Dialogfenstern ... *Analysis Limits* in der Rubrik *Temperature* Einstellungen, die ein *Stepping* der globalen Temperaturvariablen T_{EMP} ermöglichen.

F 2: Welche Möglichkeiten gibt es, für Modell-Elemente individuelle Innentemperaturwerte einzustellen, sodass diese von der globalen Temperaturvariablen T_{EMP} abweichen?

A 2: Da die Bauelemente einer realen Schaltung bei gleicher Umgebungstemperatur i. Allg. verschiedene Innentemperaturwerte haben, bieten die temperaturabhängigen Modell-Typen in MC drei Varianten, um die Innentemperatur im .MODEL-Statement für jedes Modell-Element individuell einzustellen. Von diesen drei Varianten kann jeweils nur eine benutzt werden. Die gewünschte Variante wird **durch Angabe einer der aus SPICE stammenden Größen „T_ABS", „T_REL_GLOBAL" oder „T_REL_LOCAL" ausgewählt**. Da der Wert der gewählten Größe den Wert der globalen Temperaturvariablen T_{EMP} *für diesen Modell-Namen* ergänzt bzw. überschreibt, ist sie, obwohl sie im .MODEL-Statement eingetragen wird, nicht als Modell-Parameter aufzufassen, sondern als Einstellung des Simulationslaufs. Diese drei Größen werden in diesem Buch daher als „T_x-Größen" bezeichnet.

Einzelheiten zu den drei T_x-Größen T_{ABS}, T_{REL_GLOBAL} und T_{REL_LOCAL}:

Mit „T_ABS" in einem .MODEL-Statement (Eingabe in °C) wird die Innentemperatur der Modell-Elemente, die auf den Parameterwertesatz dieses Modell-Namens zugreifen, *absolut* auf den Wert T_{ABS} eingestellt. Diese ist damit unabhängig von dem aktuellen Wert der globalen Temperaturvariablen T_{EMP}.

Beispiel für T_{ABS}: .MODEL DT0-A D (N=1n N=1.5 T_MEASURED=125 **T_ABS=60**)
Für alle Dioden der Simulationsschaltung mit dem Modell-Namen DT0-A wird unabhängig von der globalen Temperaturvariablen T_{EMP} der absolute Wert T_J = +60 °C als Innentemperatur verwendet. Der Parameter $T_{MEASURED}$ = 125 °C gibt „nur" an, dass die Parameterwerte I_S und N auf Messwerten beruhen, die bei T_{JM} = +125 °C gemessen wurden und hat mit den drei T_x-Größen T_{ABS}, T_{REL_GLOBAL} bzw. T_{REL_LOCAL} nichts zu tun.

Mit „T_REL_GLOBAL" in einem .MODEL-Statement wird die Innentemperatur der Modell-Elemente, die auf den Parameterwertesatz dieses Modell-Namens zugreifen, *relativ zum aktuellen Wert der globalen Temperaturvariablen* T_{EMP} eingestellt.

Beispiel für T_{REL_GLOBAL}: .MODEL DT0-RG D (IS=1n N=1.5 **T_REL_GLOBAL=40**)
Für alle Dioden der Simulationsschaltung mit dem Modell-Namen DT0-RG wird zum aktuellen Wert der globalen Temperaturvariablen T_{EMP} der Wert 40 °C addiert. Hat T_{EMP} vor einem Simulationslauf z. B. den Wert +30 °C bekommen, so rechnet MC für diese Modell-Elemente mit einem Innentemperaturwert von T_J = +70 °C.

Mit „T_REL_LOCAL" in einem .MODEL-Statement wird der Innentemperaturwert der Modell-Elemente, die auf den Parameterwertesatz dieses Modell-Namens zugreifen, *relativ und lokal zum Wert von* T_{ABS} *des AKO-Referenzmodells (a kind of)* eingestellt.

Beispiel für T_{REL_LOCAL} und AKO-Modell:
In Ihrer Schaltung haben Sie den realen npn-BJT BC007-16 eingesetzt. Dieser hat eine typische Stromverstärkung von B_{typ} ≈ 160. In MC wird er durch .MODEL MY-BC007-16 NPN (IS=0.1f N=1.5 BF=160 **T_ABS=60**) modelliert. Für diesen Modell-Namen haben Sie die Sperrschichttemperatur mit T_{ABS} absolut auf T_J = +60 °C eingestellt.

In Ihrer Schaltung haben Sie auch den BC007-25. Dieser ist weitgehend ähnlich („a kind of") wie der BC007-16, nur mit B_{typ} ≈ 250. Alternativ zu einem eigenen unabhängigen .MODEL-Statement für den BC007-25 kann das .MODEL-Statement mittels AKO aus dem Referenzmodell MY-BC007-16 abgeleitet werden.

Mit „.MODEL MY-BC007-25 **AKO:**MY-BC007-16 NPN (BF=250 **T_REL_LOCAL=30**)" wird für den Modell-Namen MY-BC007-25 der Parameterwertesatz von MY-BC007-16 als Referenzmodell genommen und nur der Parameterwert von B_F überschrieben. Mit dem Parameter T_{REL_LOCAL} = 30 °C wird für MY-BC007-25 zudem die Sperrschichttemperatur *relativ* zum Wert von T_{ABS} des Referenzmodells festgelegt. Für den Modell-Namen MY-BC007-25 wird also in einer Simulation mit **T_J = +90 °C** gerechnet. *Dies gilt nur, wenn* T_{ABS} *im Referenzmodell angegeben wurde, anderfalls wird für beide Modell-Elemente* T_{EMP} *als Innentemperaturwert genommen.*

ⓘ **Wird keine der drei T_x-Größen im .MODEL-Statement angegeben, wird für das Modell-Element als Innentemperatur (Sperrschichttemperatur) der Wert der globalen Temperaturvariablen T_{EMP} für einen Simulationslauf genommen.**

In diesem Fall steht im Attributfenster in den Eingabefeldern der drei T_x-Größen der Eintrag „*undefined*". Dies bedeutet nicht, dass die Innentemperatur irgendwie

undefiniert ist, sondern nur, dass die Innentemperatur nicht über eine der drei T_x-Größen definiert wird.

ⓘ *Der Parameter* T_{MEASURED} *hat mit diesen drei T_x-Größen nichts zu tun und* ***ist nicht der Wert der Innentemperatur*** *während eines Simulationslaufs.*

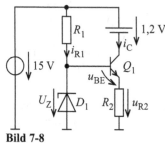

Bild 7-8
Einfache Stromquellenschaltung zum Laden eines NiMH-Akkus

Als Beispiel für die Simulation und Analyse des Temperaturverhaltens einer Schaltung dient die in Bild 7-8 gezeigte Standardschaltung einer Stromquelle mit npn-BJT. Der BJT arbeitet hierbei als Soll-/Istwert-Vergleicher und als Regelverstärker. Die Schaltung wird dazu verwendet, einen NiMH-Akku (als Batteriesymbol mit 1,2 V dargestellt) mit $i_C \approx 250$ mA (*charge current, collector current*) zu laden. Die Umgebungstemperatur T_A der Bauelemente kann von +10 °C bis +40 °C variieren. Diese Schaltung wurde gewählt, da sie in der Praxis verwendet wird und noch so übersichtlich ist, dass die elektronischen und thermischen Zusammenhänge überblickbar sind.

Dimensionierung der Stromquellenschaltung:

Die Schaltung werde der Einfachheit halber aus einem Gleichspannungsnetzteil mit einer geregelten Gleichspannung von 15 V versorgt. Über den Vorwiderstand R_1 muss ein hinreichend großer Strom fließen, sodass abzüglich des Basisstroms von Q_1 noch mindestens 5 mA durch die Z-Diode D_1 (BZX55C5V6) fließen, damit diese „gut im Durchbruch ist" und einen konstanten Spannungsabfall von ca. 5,6 V erzeugt. i_{R1} wird zu ca. 20 mA gewählt. Damit lässt sich R_1 dimensionieren zu $R_1 = (15\text{ V} - 5,6\text{ V})/20\text{ mA} \approx 470\ \Omega$ (Wert aus E-6-Reihe).

Im aktiven Zustand ($i_C = B \cdot i_B$ und $i_C \approx i_E$) des BJTs Q_1 (BD135-16) wird u_{BE} mit ca. 0,7 V abgeschätzt, sodass $u_{R2} = 4,9$ V ist. R_2 ergibt sich damit zu $R_2 = 4,9$ V$/250$ mA $\approx 20\ \Omega$.

Der fließende Basisstrom wird abgeschätzt zu $i_B = i_C/B \approx 250$ mA$/100 = 2,5$ mA. Für die Z-Diode verbleiben dann 17,5 mA, was für den Durchbruch ausreichend groß ist.

Die Spannung des zu ladenden NiMH-Akkus verändert sich nicht sehr stark und kann daher mit ca. 1,2 V als konstant angenommen werden.

Um Aussagen über das Temperaturverhalten dieser Schaltung zu bekommen, muss bekannt sein, mit welcher Temperaturdifferenz T_{JA} aufgrund der Eigenerwärmung durch die Dauerverlustleistung zu rechnen ist oder ob Eigenerwärmung vernachlässigt und damit $T_{JA} = 0$ K angenommen werden kann. Dies wird in Ü 7-9 ermittelt und mittels Simulation mit MC überprüft.

Ü 7-9 Temperatursimulation 1 einer Schaltung (M_7-2_TEMP_1-STROMQUELLE.CIR)

a) Berechnen Sie ausgehend von den Strom-Spannungswerten, die für die Dimensionierung verwendet wurden, die Dauerverlustleistungen von R_1, D_1, R_2 und Q_1.

b) Für die BZX55 mit ihrem DO-35-Gehäuse ist im Datenblatt angegeben: $R_{\text{thJA}} = 300$ K/W, $T_{J\text{max}} = +175$ °C und $P_{\text{tot}} = 0,5$ W @ $T_A = +25$ °C. Welche Differenz zwischen Sperrschicht- und Umgebungstemperatur ergibt sich bei Eigenerwärmung mit $P_{\text{DD1}} = 0,098$ W?

c) Für den BD135-16 mit seinem SOT-32-Gehäuse ist im Datenblatt angegeben: $R_{thJA} = 100$ K/W, $R_{thJC} = 10$ K/W, $T_{Jmax} = +150$ °C und $P_{tot} = 12{,}5$ W @ $T_C = +25$ °C. Welche Dauerverlustleistung würde bei Betrieb ohne Kühlkörper und einer Fremderwärmung auf $T_A = +35$ °C bereits zu einer Sperrschichttemperatur $T_J = +150$ °C führen?

Welchen Wärmewiderstand muss ein Kühlkörper haben, sodass bei Montage mit einer Isolierscheibe ($R_{thCH} = 1$ K/W) durch eine Eigenerwärmung mit $P_{DQ1} = 2{,}2$ W bei $T_A = +35$ °C die Sperrschichttemperatur $T_J = +150$ °C erreicht wird?

Sie wollen einen vorhandenen Kühlkörper mit $R_{thHA} = 25$ K/W und die Isolierscheibe einsetzen. Welche Differenz zwischen Sperrschicht- und Umgebungstemperatur ergibt sich bei Eigenerwärmung mit $P_{DQ1} = 2{,}2$ W?

d) Für R_1 und R_2 sollen Metallschicht-Widerstände mit der Herstellerbezeichnung MBB0207-50 verwendet werden. Der Wärmewiderstand des 0207-Gehäuses beträgt gemäß Datenblatt des Herstellers $R_{thJA} = 140$ K/W.

Für „Normalbetrieb" mit einer Betriebszeit von 10 000 h gibt der Hersteller als maximal zulässige Innentemperatur $T_{Jmax} = +155$ °C an. Wie zuvor festgelegt, wird in diesem Buch als Index für die Innentemperatur auch dann der Buchstabe J verwendet, wenn kein pn-Übergang enthalten ist. Was ergibt sich aus diesen Werten für den Grenzwert P_{tot70} (maximal zulässige Dauerverlustleistung bei $T_A = +70$ °C)?

Für „Langzeitbetrieb" mit einer Betriebszeit von 225 000 h gibt der Hersteller als maximal zulässige Dauerverlustleistung $P_{tot70} = 0{,}4$ W an. Welche Innentemperatur bewirkt diese erhebliche Betriebszeitverlängerung?

Geben Sie beide Betriebszeiten in den Zeiteinheiten Tag bzw. Jahr an.

Da eine temperaturabhängige Änderung des Wertes von R_1 in dieser Schaltung als unkritisch erkannt wurde, wird *zur Vereinfachung* R_1 als temperatur-unabhängig angesehen.

Aufgrund der Dauerverlustleistung von $P_{DR2} = 1{,}2$ W werden anstelle von R_2 zwei Widerstände des Typs MBB0207-50 als R_{21} und R_{22} mit je 10 Ω in Reihe geschaltet, sodass jeder Widerstand eine Dauerverlustleistung von $P_{DR21} = P_{DR22} = 0{,}6$ W als Eigenerwärmung in Wärme umsetzt. Der Grenzwert $P_{tot70} = 0{,}6$ W (0,4 W) wird vom Hersteller auch für $T_A < +70$ °C vorgegeben. Die grenzwertige Auslegung sei im Rahmen dieser Übungsaufgabe in Kauf genommen. Welche Temperaturdifferenz zwischen Innen- und Umgebungstemperatur ergibt sich bei Eigenerwärmung mit $P_{DR2x} = 0{,}6$ W?

e) Öffnen Sie die Musterdatei M_7-2_TEMP_1-STROMQUELLE.CIR. Kontrollieren Sie, dass auf der Seite „Schaltung" der Schaltplan so eingegeben ist, wie Sie es nach den Beschreibungen erwarten. Der NiMH-Akku wird durch das Modell-Element *Battery* vereinfacht nachgebildet. Alle .MODEL-Statements enthalten den Parameter $T_{MEASURED} = 25$ °C, da der Autor sicher ist, dass die eingetragenen Parameterwerte aus Messwerten extrahiert wurden, die bei $T_J = 25$ °C gemessen wurden.

Damit in der „Ü 7-10 Temperatursimulation 2" das Verhalten dieser Schaltung bei verschiedenen Werten der Umgebungstemperatur T_A simuliert werden kann, muss zuvor für jedes betrachtete Bauelement abgeschätzt werden, wie groß die Temperaturdifferenz $T_{JA} = T_J - T_A$ zwischen „Innen" und Umgebung sein wird. Hierzu muss die Dauerverlustleistung bekannt sein und der Wärmewiderstand zwischen „Innen" und Umgebung. Damit MC aus den simulierten Augenblicksverlustleistungen gleich T_{JA} ausrechnet, sind auf der

Seite „therm. ES" für die drei Modell-Elemente D_1, R_{21} und Q_1 thermische Ersatzschaltungen, so wie sie in Abschn. 7.1 und 7.2 behandelt wurden, eingegeben.

Da Ihr Augenmerk auf den drei Größen U_Z, $u_{BE(Q1)}$ und $i_{(V2)}$ liegt, sollen diese Größen in der Dynamic-DC-Analyse besonders angezeigt werden. Hierfür ist über die **Menüfolge** **Component → Animation ▸ → Animated Meter** drei Mal das Modell-Element *Animated Meter* als Anzeige in den Schaltplan geholt worden. Diese sind auf „DIGITAL" und entsprechend der Messgröße auf „Volts" bzw. „Amps" eingestellt. Die Verbindung zur Schaltung wird nicht mittels „*text connects*" gemacht, sondern über das Modell-Element *Tie* (dt. Verbinder). Das Modell-Symbol eines *Ties* darf nicht mit *Ground* verwechselt werden.

Starten Sie eine Dynamic-DC-Analyse. Im Eingabefeld *Temperature* soll die globale Temperaturvariable T_{EMP} soll auf „25" eingestellt werden.

Die Spannung der Z-Diode ist mit $U_Z = 5{,}71$ V größer als erwartet. Die Basis-Emitter-Spannung von Q_1 wird mit $u_{BE} = 886$ mV simuliert und ist größer als der häufig verwendete Näherungswert 0,7 V. Der Ladestrom wird mit $i_C = \textbf{239,3 mA}$ berechnet.

Lassen Sie sich mit der **SF Currents** die Ströme anzeigen. Ein Grund für $U_Z = 5{,}71$ V ist der große Wert $I_Z = 17{,}8$ mA. Wie groß ist die simulierte Stromverstärkung B von Q_1?

Vergleichen Sie diesen Wert mit dem Parameter B_F im .MODEL-Statement des BD135-16 ($B_F = 200$). Hieran ist zu erkennen, dass die konkret simulierte Stromverstärkung von mehr Größen bestimmt wird als nur von dem Parameter B_F. Lassen Sie sich mit der **SF Powers** die Leistungen anzeigen: MC berechnet $P_{DD1} = 102$ mW, $P_{DR2} = 2 \cdot 581$ mW und $P_{DQ1} = 2{,}15$ W. Vergleichen Sie diese Werte mit denen, die Sie zuvor in a) „zu Fuß" ausgerechnet haben.

Wechseln Sie auf die Seite „therm. ES". Lassen Sie sich mit der **SF Currents** die Ströme anzeigen. In den thermischen Ersatzschaltungen werden die Augenblicksverlustleistungswerte als Ströme eingeprägt. Lassen Sie sich mit der **SF Node Voltages** die Knotenpotenziale anzeigen. In den thermischen Ersatzschaltungen entsprechen sie Temperatur-„potenzialen". Die aufgerundete Temperaturdifferenz T_{JA} („Innen – Umgebung") der Modell-Elemente wird berechnet zu $T_{JAD1} = \textbf{31 K}$, $T_{JAR21} = \textbf{82 K}$ und $T_{JAQ1} = \textbf{78 K}$. Vergleichen Sie diese Werte mit denen, die Sie in b), d) und c) ausgerechnet haben.   ❑ Ü 7-9

Die Innentemperatur T_J der Modell-Elemente ist um T_{JA} gegenüber der Umgebungstemperatur T_A erhöht. Wird T_A vorgegeben, kann die Innentemperatur T_J berechnet werden und über **Temperaturkoeffizienten (Temperaturbeiwerte)** oder entsprechende Diagramme in Datenblättern das Verhalten der Bauelemente bei dieser Innentemperatur T_J ermittelt oder simuliert werden. Dies wird in der folgenden „Ü 7-10 Temperatursimulation 2" behandelt.

Ü 7-10 Temperatursimulation 2 einer Schaltung (UE_7-10_TEMP_2-STROMQUELLE.CIR)

Das Ergebnis von „Ü 7-9 Temperatursimulation 1" ist für jedes Modell-Element die aufgrund der Dauerverlustleistung und der Wärmewiderstände verursachte Eigenerwärmung in Form der Temperaturdifferenz T_{JA} („Innen – Umgebung"). Über die T_x-Größe T_{REL_GLOBAL} kann diese Temperaturdifferenz im .MODEL-Statement des jeweiligen Modell-Elements eingegeben werden. **Die globale Temperaturvariable T_{EMP} bekommt jetzt die Bedeutung der Umgebungstemperatur, die alle Modell-Elemente in der Schaltung gemeinsam haben.** Der in den Modellgleichungen verwendete Wert für die Sperrschicht-/Innentemperatur T_J ergibt sich im diesem Fall zu $T_J = T_{EMP} + T_{REL\_GLOBAL}$.

a) Öffnen Sie die Musterdatei M_7-2_TEMP_1-STROMQUELLE.CIR und speichern Sie diese als Vorlage unter dem Dateinamen Z_UE_7-10_TEMP_2-STROMQUELLE.CIR ab. Damit in dieser „Ü 7-10 Temperatursimulation 2" das Verhalten dieser Schaltung bei verschiedenen Werten der Umgebungstemperatur T_A simuliert werden kann, müssen die zuvor bestimmten Temperaturdifferenzen $T_{JA} = T_J - T_A$ als Parameter T_{REL_GLOBAL} in die .MODEL-Statements der Modell-Elemente eingetragen werden.

b) Ergänzen Sie das .MODEL-Statement von BZX55C5V6 um **„T_REL_GLOBAL=31"**. Die Temperaturabhängigkeit von U_Z wird im Datenblatt durch den **Temperaturkoeffizienten** α_{VZ} beschrieben mit $-5 \cdot 10^{-4}$ 1/K $\leq \alpha_{VZ} \leq +5 \cdot 10^{-4}$ 1/K. Dies entspricht **±500 ppm/K**. *Das Besondere an Z-Dioden mit Durchbruchspannungen im Bereich von ca. 5,1 V bis 6,2 V besteht darin, dass sowohl Zener-Effekt ($\alpha_{VZ} < 0$) als auch Avalanche-Effekt ($\alpha_{VZ} > 0$) am Durchbruch beteiligt sind und sich daher eine Art Temperaturkompensation ergibt.* Der *Worst Case* für den Ladestrom dieser Schaltung ist eine Zunahme der Z-Spannung. Beim Modell-Typ D-L1/L2 wird diese Temperaturabhängigkeit von B_V mit dem Parameter T_{BV1} beschrieben, weshalb im .MODEL-Statement „TBV1=+500u" eingetragen ist. Der aus diesen Angaben und der globalen Temperaturvariablen T_{EMP} berechnete Wert $B_V(T_J)$ ergibt sich zu:

$$B_V(T_J) = B_V \cdot [1 + T_{BV1} \cdot (T_{EMP} + T_{REL\_GLOBAL} - T_{MEASURED})]$$

Weitere Einzelheiten wie z. B. zum Parameter T_{BV2} finden Sie in [MC-REF].

c) Ergänzen Sie das .MODEL-Statement von MBB0207-50 um **„T_REL_GLOBAL=82"**. Die Temperturabhängigkeit des Widerstandswertes des MBB0207 wird im Datenblatt des Herstellers durch einen Temperaturkoeffizienten T_{KR} mit dem Wert **±50 ppm/K** beschrieben, d. h. bei einer Innentemperatur-Erhöhung kann der Widerstandswert um 50 ppm/K *zu- oder abnehmen!* Der *Worst Case* für den Ladestrom dieser Schaltung ist eine Widerstandswert-Abnahme. Beim Modell-Typ RES wird diese Temperaturabhängigkeit mit dem Parameter T_{C1} beschrieben, weshalb im .MODEL-Statement „TC1=−50u" eingetragen ist. Der aus diesen Angaben und der globalen Temperaturvariablen T_{EMP} berechnete Wert $R(T_J)$ ergibt sich hier zu:

$$R(T_J) = R \cdot [1 + T_{C1} \cdot (T_{EMP} + T_{REL\_GLOBAL} - T_{MEASURED})]$$

wobei R der als Attribut RESISTANCE eingetragene Widerstandswert ist, von dem MC annimmt, dass er bei der Innentemperatur mit dem Wert $T_{MEASURED}$ gemessen wurde. Weitere Einzelheiten zum Modell-Typ RES finden Sie im Abschn. 9.1.2.

d) Ergänzen Sie das .MODEL-Statement von BD135_16 um **„T_REL_GLOBAL=78"**. In dieser Schaltung ist die Spannung u_{BE} wichtig, da sie zwischen Sollwert U_Z und Istwert u_{R2} liegt. Da die BE-Strecke ein Silizium-pn-Übergang ist, könnte wie bei einer Silizium-Diode mit einer Temperaturabhängigkeit von ca. −1,7 mV/K gerechnet werden, die bereits in den Parameterwerten enthalten ist. Daher ist kein weiterer „Temperaturkoeffizient" einzugeben.

e) Bevor Sie simulieren und die Ergebnisse interpretieren, sollten Sie folgende Überlegung zum *Worst Case* nachvollziehen: Betrachtet man die Regelung des Ladestroms i_C als die wesentliche Funktion dieser Schaltung, sind die gewählten Vorzeichen bei der Temperaturabhängigkeit des Widerstandswertes und der Z-Spannung für i_C aus folgenden Gründen der *Worst Case*:

Bei einem bestimmten Wert für die Umgebungstemperatur T_A ergeben sich aufgrund der unterschiedlichen Dauerverlustleistungen P_D und der unterschiedlichen Wärmewiderstände verschiedene Temperatur*erhöhungen* der Innentemperatur zur Umgebungstemperatur.

Erhöht sich dann die Umgebungstemperatur, führt dies auch zu einer Zunahme der jeweiligen Innentemperaturen. Bei D_1 führt dies bei $\alpha_{VZ} = +5 \cdot 10^{-4}$ 1/K zu einer höheren Z-Spannung. Bei Q_1 führt dies mit ca. $-1,7$ mV/K zu einer Abnahme der Spannung u_{BE}. Beide temperaturbedingten Spannungsänderungen führen dazu, dass die Spannung u_{R2} größer wird. Dies führt bereits zu einer Erhöhung von i_{R2}, die aufgrund der Widerstandsabnahme von R_2 mit -50 ppm/K noch größer ausfällt.

Resultierend steigt der Emitterstrom und damit auch der Kollektorstrom und damit der Ladestrom durch den NiMH-Akku. Eine analytische Berechung bereits bei dieser einfachen Schaltung wäre nur mit weiteren Vereinfachungen möglich, die in der Simulation nicht nötig sind.

f) Starten Sie eine Dynamic-DC-Analyse. Die globale Temperaturvariable T_{EMP} soll im Eingabefeld *Temperature* auf den Wert „25" eingestellt werden.

Die Spannung der Z-Diode ist mit $U_Z = 5,80$ V erwartungsgemäß größer, u_{BE} von Q_1 ist mit $u_{BE} = 788$ mV kleiner und der Strom $i_C = \textbf{249,6 mA}$ größer als bei Ü 7-9e angegeben, weil jetzt die genäherten Eigenerwärmungen über die T_x-Größe T_{REL_GLOBAL} berücksichtigt werden.

Ändern Sie im Dialogfenster *Dynamic DC Limits* im Eingabefeld *Temperature* den Wert für die globale Temperaturvariable auf $T_{EMP} = 40$. Die Z-Spannung ist auf $U_Z = 5,84$ V gestiegen, u_{BE} von Q1 ist mit $u_{BE} = 769$ mV kleiner und der Strom mit $i_C = \textbf{252,8 mA}$ größer geworden.

Ändern Sie im Dialogfenster *Dynamic DC Limits* im Eingabefeld *Temperature* den Wert für die globale Temperaturvariable auf $T_{EMP} = 10$. Die Z-Spannung ist auf $U_Z = 5,76$ V gesunken, u_{BE} von Q1 ist mit $u_{BE} = 806$ mV größer und der Strom mit $i_C = \textbf{246,3 mA}$ kleiner geworden.

Zusammengefasst:
Wird die Eigenerwärmung vernachlässigt, ignoriert oder vergessen und **als Innentemperatur** *jedes* **Modell-Elementes** bei der Simulation den Vorgabewert $T_{EMP} = 25$ eingestellt, ergibt sich $i_C = \textbf{239,3 mA}$ (Ü 7-9e).

Wird näherungsweise die Eigenerwärmung aufgrund der Dauerverlustleistungen (zumindest bei den wesentlichen Bauelementen) abgeschätzt und als Temperaturdifferenz über T_{REL_GLOBAL} eingestellt und berücksichtigt, ergibt sich bei $T_{EMP} = 25$ (jetzt mit der Bedeutung Umgebungstemperatur) $i_C = \textbf{249,6 mA}$ (+4 %).

Sie müssen abschätzen, ob Sie diesen Fehler in Kauf nehmen und sich um Verlustleistung und Eigenerwärmung und die damit einhergehende Verhaltensbeeinflussung auf die Bauelemente und damit auf die Schaltung nicht kümmern, oder ob Sie den Mehraufwand an Analyse leisten. Zu Beginn einer Schaltungsentwicklung oder wenn der Temperatureinfluss von untergeordneter Bedeutung ist, ist das Ignorieren eine zeitsparende und daher nachvollziehbare Entscheidung. Bei Bauelementen mit relativ „großen" Verlustleistungen oder Umgebungstemperatur-kritischen Anwendungen sollten zumindest die Bauelemente mit dem größten Einfluss auf das Schaltungsverhalten in der beschriebenen Weise auch in ihrem Temperaturverhalten realitätsnäher simuliert werden.

Wird vom realitätsnäheren Wert $i_C = 249,6$ mA @ $T_A = +25$ °C ausgehend die simulierte Umgebungstemperatur auf +40 °C erhöht, ändert sich i_C um +3,2 mA (+1,3 %), wird die simulierte Umgebungstemperatur auf +10 °C erniedrigt, ändert sich i_C um −3,3 mA (−1,3 %). Die Simulation ergibt als *Worst Case* für den Strom i_C eine zu erwartende „Drift bezüglich der Störgröße Umgebungstemperatur" von +867 ppm/K bei realitätsnaher Berücksichtigung der wesentlichen Bauelemente D_1, Q_1, R_{21}, R_{22}.

g) Mit einer DC-Analyse können Temperaturabhängigkeiten auch grafisch dargestellt werden. Starten Sie eine DC-Analyse. Wählen Sie in der Rubrik *Sweep* im Listenfeld *Variable 1* „TEMP" aus. Geben Sie als *Method* „Linear" und als *Range* „40,10,0.1" ein.

Lassen Sie 5 Kurven in getrennten Diagrammen anzeigen. Als *X Expression* ist einheitlich die Variable „TEMP" einzustellen. Als *Y Expression* sollen gezeigt werden: „I(METER3)", „–V(D1)", „–I(D1)", „VBE(Q1)" und „R(R21)". Starten Sie einen Simulationslauf.

Überprüfen Sie, ob die Ergebnisse mit denen übereinstimmen, die zuvor in der Dynamic-DC-Analyse berechnet und angegeben wurden.

Ermitteln Sie aus der Steigung der Kurve „VBE(Q1)" mittels der *Cursor* und der Angabe *Slope* = $\Delta y / \Delta x$ den Kennwert du_F/dT_J (Lösung: $du_F/dT_J \approx -1{,}24$ mV/K).

Ermitteln Sie aus der Steigung der Kurve „R(R21)" den T_{KR} des Widerstandes R_{21}. T_{KR} ist definiert als $T_{KR} = \Delta R / [R(T_{JM}) \cdot \Delta T_J]$ (Lösung: $T_{KR} = -50$ ppm/K).

Ermitteln Sie aus der Steigung der Kurve „–V(D1)" den Wert $T_{KZ} = \Delta U_Z / [U_Z(T_{JM}) \cdot \Delta T_J]$ der Z-Spannung (Lösung: $T_{KZ} \approx +511$ ppm/K und nicht +500 ppm/K, da der Strom i_Z mit steigender Temperatur abnimmt und damit U_Z kleiner wird. Dieser Wert für T_{KZ} ist deshalb *nicht identisch* mit α_{VZ}, da α_{VZ} nur für i_Z = const. gilt.) ❏ Ü 7-10

Zusammenfassung:

Mit *thermischen Ersatzschaltungen* können thermische Größen und Zusammenhänge mit MC simuliert werden. Die meisten SPICE-Modelle sind nicht thermisch rückgekoppelt. Eine Simulation erleichtert erheblich die Bestimmung von Augenblicksverlustleistungen und *Dauerverlustleistungen* P_D. Über den *Wärmewiderstand* R_{thJA} kann auf die Differenz zwischen Innentemperatur T_J und Umgebungstemperatur T_A geschlossen werden.

Diese Differenz kann z. B. über die T_x-Größe T_{REL_GLOBAL} für jedes Modell-Element einzeln eingegeben werden. Die *globale Temperaturvariable* T_{EMP} (Vorgabewert +27 °C) hat dann die Bedeutung der Umgebungstemperatur und kann in den Dialogfenstern *... Analysis Limits* eingestellt/variiert werden.

Alternativ kann die Innentemperatur über die T_x-Größe T_{ABS} auf einen Absolutwert eingestellt werden. Sie ist damit unabhängig von der globalen Temperaturvariablen T_{EMP}.

Der Parameter $T_{MEASURED}$ eines Parameterwertesatzes gibt an, bei welcher Innentemperatur die Messwerte gemessen wurden, aus denen die Parameterwerte extrahiert wurden. Sein Defaultwert ist T_{NOM}. Der Defaultwert des GS-Parameters T_{NOM} beträgt +27 °C und ist im Dialogfenster *Global Settings* festgelegt. Er kann dort global wirkend geändert werden. Empfohlen wird, diesen Wert nur lokal und für eine Schaltplandatei wirkend mit dem Befehlsausdruck „OPTIONS TNOM=…" in dieser Datei zu ändern.

8 Modell-Übersicht und Modelle für Quellen

Im Folgenden, insbesondere in Kap. 9 und 10, werden Kenntnisse über die Bauelemente, für die Modell-Elemente/-Typen behandelt werden, i. Allg. vorausgesetzt. Auf folgende **Literatur** wird ggf. verwiesen: Für den Bereich der Grundgebiete der Elektrotechnik [FHN1], [FHN2], zur Auffrischung und als kompakte praxisorientierte Übersicht über passive und aktive Bauelemente [BÖH15], für Details zu Funktion und Herstellung sowie messtechnischer und mathematischer Beschreibung des realen Verhaltens *und der SPICE-Modell-Typen* [REI2] und, eingeschränkt auf Halbleiter-Bauelemente [TIET12]. Diese Auswahl bedeutet nicht, dass Ihnen nicht auch die vielen anderen Bücher zu diesen Themengebieten in Inhalt und Stil ebenso gut helfen, Ihre Fragen zu klären.

Die Modell-Elemente sind in diesem Buch hinsichtlich der nach Meinung des Autors am häufigsten benötigten Informationen beschrieben. Fehlende und ergänzende Informationen finden Sie in [MC-REF] bzw. der MC-Hilfe.

Neben einer Beschreibung eines Modell-Elements/-Typs werden Ersatzschaltung, Parameter und Besonderheiten angegeben. Um charakteristische Verhaltensweisen eines Modells kennenzulernen, werden Ihnen Berechnungs- und Simulationsübungen angeboten. Dabei wird vorausgesetzt, dass Sie **Buch und PC/Notebook mit MC parallel verwenden**.

Basierend auf diesen Simulationen stehen Ihnen Musterdateien mit **Mustersimulationen** zur Verfügung, mit denen Sie unaufwendig neue Parameterwertesätze für SPICE-Modell-Typen als MUT *(model under test)* oder ein Modell in Form eines *Subcircuits* hinsichtlich der Ihnen am wichtigsten erscheinenden Eigenschaften prüfen können. Ein Vergleich mit einem Datenblatt, mit eigenen Erfahrungs- oder Messwerten gibt Ihnen einen Eindruck, wie gut das MUT diese oder jene Eigenschaft simuliert. Enthält das MUT Fehler, kann dies durch entsprechend „unglaubwürdige" Simulationsergebnisse frühzeitig erkannt werden. Daher:

ⓘ *Vertrauen in die „Qualität" eines Parameterwertesatzes/Modells ist gut, eine i. Allg. unaufwendige Verifikation ist besser.*

8.1 Übersichtstabelle über *alle* analogen Modell-Elemente in MC9

In MC sind für viele analoge Bauelemente Modell-Elemente implementiert. Meist liegt diesen die in SPICE verwendeten Modell-Typen zugrunde, da sich diese bewährt haben, weit verbreitet sind und Parameterwertesätze oder daraus gebildete *Subcircuits* von vielen kommerziellen Bauelementen existieren. Zusätzlich gibt es Modell-Elemente, zu denen kein reales Bauelement existiert, die aber Simulationen vereinfachen wie z. B. die gesteuerten Quellen *(dependent sources)*. Tabelle 8.1 enthält eine **alphabetisch sortierte Übersicht über alle analogen Modell-Elemente in MC9**. Sie beinhaltet damit das vollständige Inhaltsverzeichnis von „Chapter 22 – Analog Devices" aus [MC-REF]. **Die fett hervorgehobenen Modell-Elemente sind in diesem Buch behandelt**. In [MC-ERG] finden Sie die Tabelle 8.1 detaillierter und mit der Angabe des Abschnitts, in dem die Modell-Elemente behandelt sind.

Tabelle 8.1 Vollständige Übersicht über alle analogen Modell-Elemente in MC9. **Die fett hervorgehobenen Modell-Elemente sind in diesem Buch behandelt**. In [MC-ERG] finden Sie diese Tabelle 8.1 detaillierter und mit der Angabe des Abschnitts, in dem die Modell-Elemente behandelt sind.

Bezeichnung in [MC-REF]	Modell-Element für
Animated Models	**animierte LED / Schalter / *u-i*-Messgerät / weitere**
Battery	**ideale Gleichspannungsquelle**
Bipolar Transistor	**Bipolar-Transistor, BJT** (5 Modell-Typ-Level)
Capacitor	**Kapazität / Kondensator**
Dependent sources (linear) *IofI, IofV, VofI, VofV*	**gesteuerte Quellen mit konstantem Steuerungsfaktor**
Dependent sources *SPICE E, F, G, H devices*	gesteuerte SPICE-Quellen
Diode	**Diode** (4 Modell-Typ-Level)
Function sources *NFI, NFV, NTXofY*	**Quellen:** **funktionsgesteuert** / tabellengesteuert
GaAsFET	Gallium-Arsenid-FET (3 Modell-Typ-Level)
IBIS	Platzhalter, der eine IBIS-Modellbeschreibung in eine *Subcircuit*-Netzliste übersetzt
IGBT	IGBT (Hefner-Modell)
Independent sources *Voltage Source V, Current Source I*	**ideale Universalquellen** ***u* / *i* für verschiedene Zeitfunktionen**
Inductor	**Induktivität / Spule / Windungszahl**
ISource	**ideale Gleichstromquelle**
JFET	Sperrschicht-FET
K device: **a)** *Mutual inductance* **b)** *Nonlinear magnetics*	**a) gekoppelte Wicklungen** **b) nichtlineare *B* = *f*(*H*)-Kennlinie mit Hysterese**
Laplace sources *LFXofY, LTXofY*	gesteuerte Quellen mit Laplace-Transformierter als Übertragungsfaktor, funktions- / tabellengesteuert
Macro	mit MC erzeugte Ersatzschaltung, die als Modell-Element verwendet werden kann
MOSFET	MOSFET (25 Modell-Typ-Level)
N_Port	*n*-Tor, tabellengesteuert
Opamp	**Operationsverstärker** (3 Modell-Typ-Level)
Pulse source	**ideale Puls-Spannungsquelle**
Resistor	**ohmscher Widerstand / Widerstand**
S	Schalter, *u*-gesteuert
Sample and hold circuit	ideales Abtast- und Halteglied
Sine source	**Sinus-Spannungsquelle mit Serienwiderstand**
Subcircuit	**Ersatzschaltung als SPICE-Netzliste, die als Modell-Element verwendet werden kann**
Switch	**Schalter, *t*-, *u*-, *i*-gesteuert**
Timer	wandelt Zeiten / Zählergebnisse in Spannungen um
Transformer	**Modell für zwei linear gekoppelte Wicklungen**
Transmission line	Modell einer Leitung (verlustfrei / verlustbehaftet)
User file scource	**dateigesteuerte Spannungsquelle**
W	Schalter, *i*-gesteuert
Z transform sources	gesteuerte Quellen mit z-Übertragungsfunktion

8.2 Modelle für Quellen

Quellen sind die wichtigsten Modell-Elemente, da sie zur elektrischen „Anregung" einer Schaltung/einer Simulation dienen. Die Parametrierung muss durch Sie gemacht, da nur Sie festlegen können, wie diese Anregung(-en) in Art und Größe beschaffen sein soll(-en). Auch wenn die in Abschn. 8.2.4 behandelten *Universalquellen* eine Vielzahl an Zeitabhängigkeiten realisierbar machen, haben die zuvor in Abschn. 8.2.1 beschriebenen reinen *DC-Quellen*, die in Abschn. 8.2.2 beschriebene *Sinus-Spannungsquelle* und die in Abschn. 8.2.3 beschriebene *Puls-Spannungsquelle* den großen Vorteil, übersichtlicher zu sein, sodass Sie weniger Fehler bei der Parametrierung machen können. Daher werden Ihnen für die angegebenen Fälle Modell-Elemente empfohlen:

ⓘ   Falls Sie eine Gleichspannung benötigen: .... *Battery*
Falls Sie einen Gleichstrom benötigen: ....*ISource*
Falls Sie eine Sinusspannung[1] benötigen: .... *Sine Source*
Falls Sie eine dreieck-/rechteck-/trapezförmige Spannung[1] benötigen: ....*Pulse Source*
Für andere Zeitfunktionen die Universalquellen[2]: ..... *Voltage Source V / Current Source I*

[1] Sie brauchen einen Sinus*strom* bzw. einen dreieck/-rechteck-/trapezförmigen *Strom*? Ergänzen Sie diese Spannungsquellen mit der spannungsgesteuerten Stromquelle *IofV* und geben Sie ihr den Übertragungsleitwert 1 A/V.

[2] Als ein Beispiel wird in Ü 8-7 mit der Universalquelle eine Zeitfunktion realisiert, die sich zur Simulation einer hysteresebehafteten Material-Kennlinie eines ferromagnetischen Materials gut eignet und daher in Abschn. 9.2.1 angewendet wird. Als weiteres Beispiel wird der Zeitverlauf eines EKG (Elektrokardiogramm) aus der Medizintechnik realisiert.

ⓘ   Mit den Ausgabevariablen „V(MB)", „I(MB)" können Sie Spannung und Strom der Quelle mit dem Modell-Bezeichner „MB" ausgeben. In MC ist für diese Ausgabevariablen auch bei Quellen das ***Verbraucher-Bezugspfeilsystem*** zugrunde gelegt! Bei den nur für Quellen verfügbaren Ausgabevariablen „PG(MB)", „EG(MB)" (*power, energy generated*) wird das Erzeugerbezugspfeilsystem verwendet, sodass $P_{G(MB)}$ über

$$P_{G(MB)} = -\left[V_{(MB)} \cdot I_{(MB)}\right]$$

berechnet wird.

✍   Für eine kompaktere Darstellung werden folgende abkürzenden Begriffe verwendet:

abk. Begriff	bei der	Bemerkung
DYDC-Analyse	Dynamic-DC-Analyse	
DC-Analyse	DC-Analyse	
AC-AP-Wert	AC-Analyse, Dynamic-AC-Analyse	Wert bei der *Arbeitspunktberechnung*, die im Rahmen einer AC-Analyse *immer* durchgeführt wird und zur linearen Ersatzschaltung für die komplexe Wechselstromrechnung führt.
AC-Komplex	AC-Analyse, Dynamic-AC-Analyse	Wert bei der komplexen Wechselstromrechnung.
TR-AP-Wert	TR-Analyse	Wert bei der Arbeitspunktberechnung, wenn die CB ☑ Operating Point aktiv ist.
TR-Analyse	TR-Analyse	Wert bei der TR-Analyse ohne bzw. nach erfolgter Arbeitspunktberechnung.

8.2.1 Modell-Elemente *Battery* und *ISource* als DC-Quellen

Das **Modell-Element** *Battery* modelliert eine ideale Gleichspannungsquelle. Ihr einzige Einstellgröße ist über das Attribut VALUE der Wert der Gleichspannung U_Q.

Battery prägt bei den Analysearten folgende Spannungswerte als V_{Battery} ein:			
DYDC-Analyse:	U_Q	TR-AP-Wert:	U_Q
DC-Analyse:	U_Q	TR-Analyse:	U_Q
AC-AP-Wert:	U_Q		
AC-Komplex:	0 V, da das Modell-Element durch einen *Kurzschluss* ersetzt wird.		

ⓘ Da im Modell-Symbol (Schaltsymbol einer Batterie) symbolisch eindeutig Plus- und Minuspol unterschieden werden, sollten Sie den Spannungswert U_Q nur als positive Zahl eingeben und durch Platzierung des Modell-Symbol (ggf. um 180° drehen) die richtige „Polung" erreichen.

Ü **8-1** Modell-Element *Battery*

a) Starten Sie MC. Holen Sie sich über die **SF Battery** oder über die **Menüfolge Component → Analog Primitives ▸ → Waveform Sources ▸ → Battery B** das *Modell-Element einer Gleichspannungsquelle* in den Schaltplan. Wenn es die erste Spannungsquelle ist, gibt MC dieser automatisch den Modell-Bezeichner „V1". Geben Sie im sich öffnenden Attributfenster *Battery* für den Wert des Attributs VALUE einen Wert in das Eingabefeld *Value* ein wie z. B. „5V". Die Einheit „V" wird von MC ignoriert, macht die Zahl aber leichter als Spannungswert erkennbar. Aktivieren Sie die **CB ☑ Show**, damit dies auch im Schaltplan angezeigt wird. Schließen Sie das Attributfenster mit der **SF OK**.

b) Schließen Sie V_1 kurz, indem Sie beide Anschlüsse an *Ground* anschließen. Starten Sie eine Dynamic-DC-Analyse. Es erscheint erwartungsgemäß die Fehlermeldung „*Inductor/voltage source loop found*". Dies ist ein Hinweis, dass dieses Modell-Element keinen „versteckten" Serienwiderstand hat.

c) Schließen Sie V_1 alternativ durch einen Widerstand R_1 mit dem Wert 0 Ω kurz. Starten Sie eine Dynamic-DC-Analyse. Überraschenderweise wird berechnet, dass das Knotenpotenzial, das nicht *Ground* ist, den Wert 5 V hat. Lassen Sie sich die Ströme anzeigen. Durch V_1 und R_1 wird der Strom zu 5 MA = 5000 kA berechnet.

ⓘ MC ersetzt bei Widerständen mit dem Wert „0" diesen durch den Wert des GS-Parameters R_{MIN} aus dem Dialogfenster *Global Settings*. Der Defaultwert von R_{MIN} ist 1 μΩ und das simulierte Ergebnis erklärt sich damit. Dies geschieht bei sichtbaren Widerständen wie in diesem Fall und bei Widerständen in Ersatzschaltungen von Modell-Elementen wie z. B. den Bahnwiderständen. Informationen zu weiteren GS-Parametern finden Sie im Einschub GS-Parameter am Ende von Abschn. 3.6.3.   ❑ Ü 8-1

Das **Modell-Element** *ISource* ist eine ideale Gleichstromquelle. Ihre einzige Einstellgröße ist über das Attribut VALUE der Wert des Gleichstroms I_Q. Auch beim Modell-Typ *ISource* wird empfohlen, das Modell-Symbol so zu platzieren, dass der eingegebene Zahlenwert für die Stromstärke positiv ist.

ISource prägt bei den Analysearten folgende Stromwerte als I_{ISource} ein:	
DYDC-Analyse: I_Q	TR-AP-Wert: I_Q
DC-Analyse: I_Q	TR-Analyse: I_Q
AC-AP-Wert: I_Q	
AC-Komplex: 0 A, da das Modell-Element durch einen *Leerlauf* ersetzt wird.	

Ü 8-2 Modell-Element *ISource*

a) Starten Sie MC. Holen Sie sich über die **Menüfolge** **Component** → **Analog Primitives** ▶ → **Waveform Sources** ▶ → **ISource** das *Modell-Element einer Gleichstromquelle* in den Schaltplan. Verwenden Sie nicht die *SF Current Source (I)* aus der Hauptwerkzeugleiste. Hinter dieser Schaltfläche verbirgt sich die Universalstromquelle! Wenn es die erste Stomquelle ist, gibt MC dieser automatisch den Modell-Bezeichner „I1". Es öffnet sich das Attributfenster *ISource:Constant current source*. Für die Systematik „Modell-Bezeichner soll zur Nr. der Übungsaufgabe passen" ändern Sie das Attribut PART in „I2". Geben Sie für das Attribut VALUE einen Wert in das Eingabefeld *Value* ein wie z. B. „3A". Schließen Sie das Attributfenster mit der **SF OK**.

b) Schließen Sie nur einen Anschluss von I_2 an *Ground* und lassen Sie den anderen Anschluss leerlaufen. Starten Sie eine Dynamic-DC-Analyse. Überraschenderweise gibt es keine Fehlermeldung, sondern das Knotenpotenzial, das nicht *Ground* ist, wird zu $3\ \text{TV} = 3 \cdot 10^{+12}\ \text{V}$ berechnet.

ⓘ MC ergänzt während einer Dynamic-DC- bzw. Dynamic-AC-Analyse den Schaltplan immer mit unsichtbaren Widerständen zwischen jedem Knoten und *Ground*. Diese haben den Wert des GS-Parameters $R_{\text{NODE\_GND}}$ aus den *Global Settings* (Defaultwert 1 TΩ). Damit erklärt sich das simulierte Ergebnis. Diese Programmierung ermöglicht während der Dynamic-DC- bzw. Dynamic-AC-Analyse ein Ändern der Schaltung durch Verschieben/Verändern der Modell-Elemente, ohne dass es in dieser Analyseart deswegen zu Konvergenzproblemen kommt.   ❏ Ü 8-2

8.2.2 Modell-Typ SIN *(Sine Source)* als Sinus-Spannungsquelle

Der im Modell-Element *Sine Source* enthaltene Modell-Typ SIN modelliert eine Sinus-Spannungsquelle mit „DC-Offset" und hat als einzige Quelle (!) einen Serienwiderstand, der als Innenwiderstand wirkt. Modell-Symbol, .MODEL-Statement, Bezugspfeile der Variablen $V_{(V3)}$, $I_{(V3)}$ und Ersatzschaltung sind in Bild 8-1 gezeigt. Um die Funktion zu verdeutlichen, wird in der Ersatzschaltung für den Gleichspannungsanteil eine Quelle mit der Spannung $U_1 = \text{const.}$ und für den Wechselspannungsanteil eine weitere Quelle mit der Spannung $u_2(t)$ verwendet. Die Parameterliste des Modell-Typs SIN ist in Tabelle 8.2 aufgeführt.

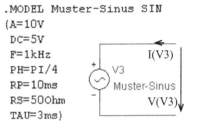

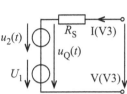

```
.MODEL Muster-Sinus SIN
{A=10V
 DC=5V
 F=1kHz
 PH=PI/4
 RP=10ms
 RS=50Ohm
 TAU=3ms}
```

Bild 8-1
Modell-Symbol,
.MODEL-Statement,
Bezugspfeile der
Variablen $V_{(V3)}$, $I_{(V3)}$
und Ersatzschaltung
des Modell-Typs SIN
(Sine Source)

Tabelle 8.2 Parameterliste des Modell-Typs SIN mit Defaultwerten (Dflt.) und Einheiten (E.)

Nr.	Parameter in MC	Parameterbezeichnung	Dflt.	E.
1	A, A	*Amplitude*	1	V
2	F, F	*Frequency*	1 Meg	Hz
3	PH, P_H	*Phase shift* [1]	0	**rad** [1]
4	RS, R_S	*Series source resistance*	1 m	Ω
5	DC, D_C	*DC offset level* ($= U_1$)	0	V
6	TAU, T_{AU}	*Exponential time constant*	0	s
7	RP, R_P	*Repetition period time of exponential*	0	s

[1] Beachten Sie, dass der Wert des Nullphasenwinkels in rad einzugeben ist.

Die Bedeutung der Parameter R_S (Nr. 4) und $D_C = U_1$ (Nr. 5) ergibt sich direkt aus der Ersatz-schaltung. Der *Leerlauf*-Spannungswert $u_Q(t)$ ergibt sich zu

$$u_Q(t) = U_1 + u_2(t)$$

Bei einer DC-, DYDC-Analyse und bei Arbeitspunktberechnungen wird der *Leer-lauf*-Gleichspannungswert U_{Q0} des Modell-Elements wegen des Wertes $t = 0$ mit

$$U_{Q0} = U_1 + u_2(t = 0) = D_C + A \cdot \sin(P_H)$$

berechnet und ist nur für $P_H = 0, \pi, \ldots$ identisch mit dem Wert des Parameters D_C!

Bei einer TR-Analyse wird der Gleichspannung U_1 die Wechselspannung $u_2(t)$ überlagert, die berechnet wird mit:

$$u_2(t) = \hat{u}_Q \cdot \sin(2 \cdot \pi \cdot F \cdot t + P_H)$$

Bei $T_{AU} = 0$ gilt: $\hat{u}_Q = A$

Bei $T_{AU} \neq 0$ gilt: $\hat{u}_Q = A \cdot e^{-\dfrac{t^*}{T_{AU}}}$ mit $t^* = (t \bmod R_P)$

Mit den Parametern T_{AU} (Nr. 6) und R_P (Nr. 7) kann somit die Amplitude $\hat{u}_Q$ durch die Modu-lo-Funktion MOD *periodisch* exponentiell abklingend gestaltet werden.

Die simulierte Spannung *an den Anschlüssen* des Modell-Elements ergibt sich schließlich zu:

$$V_{(V3)} = u_Q(t) + R_S \cdot I_{(V3)}$$

und ist somit belastungsabhängig.

Sine Source (SIN) prägt bei den Analysearten folgende *Leerlauf*-Spannungswerte $u_Q(t)$ ein:

DYDC-Analyse:	U_{Q0}	TR-AP-Wert:	U_{Q0}
DC-Analyse:	U_{Q0}	TR-Analyse:	$u_Q(t)$ gemäß Parametrierung
AC-AP-Wert:	U_{Q0}		
AC-Komplex:	$\hat{u}_Q$ ist fest eingestellt mit $|\hat{u}_Q| = \hat{u}_Q = 1$ V, $\varphi_{uQ} = 0°$		

Ü 8-3 Modell-Typ SIN

Starten Sie MC. Holen Sie sich über die **Menüfolge Component → Analog Primitives ▶ → Waveform Sources ▶ → Sine Source** das Modell-Element einer Sinus-Spannungsquelle in den Schaltplan. Geben Sie im sich öffnenden Attributfenster *Sine Source* die Parameterwerte gemäß Bild 8-1 ein. Schließen Sie das Attributfenster mit der **SF OK**.

a) Starten Sie eine **Dynamic-DC-Analyse**. Die berechnete *Leerlauf*-Spannung beträgt $U_{Q0} = +12{,}07$ V $= 5$ V $+ 7{,}07$ V aufgrund der Parameterwerte $D_C = +5$ V, $A = 10$ V und $P_H = \pi/4$.

b) Starten Sie eine **Dynamic-AC-Analyse**. Die komplexe *Leerlauf*-Spannung beträgt 1 V∠0°.

c) Starten Sie eine **TR-Analyse**. Stellen Sie die Werte im Dialogfenster *Transient Analysis Limits* so ein, dass ca. 20 Perioden simuliert und angezeigt werden. Starten Sie einen Simulationslauf und interpretieren Sie das Simulationsergebnis mit den Erklärungen für die Parameter T_{AU} und R_P.   ❏ Ü 8-3

ⓘ   Falls Sie eine Sinusspannung benötigen, die mit einer Gleichspannung überlagert ist, wird empfohlen, den Parameter D_C auf dem Defaultwert $D_C = 0$ zu belassen und den Gleichspannungsanteil mit einem zusätzlichen Modell-Element *Battery* zu erzeugen. Der Vorteil ist, dass für Sie oder jemand anderen, der Ihre Simulation verwendet, unübersehbar ist, dass die Sinusspannung einen „Offset" bekommt.

8.2.3 Modell-Typ PUL *(Pulse Source)* als Puls-Spannungsquelle

Der im Modell-Element *Pulse Source* enthaltene Modell-Typ PUL bildet eine ideale Puls-Spannungsquelle, d. h. *ohne Serienwiderstand* nach. Ein Kurzschluss führt daher zu einer Fehlermeldung. Die Parameterliste des Modell-Typs PUL ist in Tabelle 8.3 aufgeführt.

Tabelle 8.3 Parameterliste des Modell-Typs PUL mit Defaultwerten (Dflt.) und Einheiten (E.)

Nr.	Parameter in MC	Parameterbezeichnung	Dflt.	E.
1	P1, P_1	*Time delay to leading edge*	100 n	s
2	P2, P_2	*Time delay to one level*	110 n	s
3	P3, P_3	*Time delay to trailing edge*	500 n	s
4	P4, P_4	*Time delay to zero level*	510 n	s
5	P5, P_5	*Repetition period*	1 u	s
6	VONE, V_{ONE}	*One level*	5	V
7	VZERO, V_{ZERO}	*Zero level*	0	V

Bild 8-2 zeigt das Modell-Symbol und einen Zeitverlauf bei einer TR-Analyse, der die Bedeutung der Parameter Nr. 1 bis Nr. 7 erklärt.

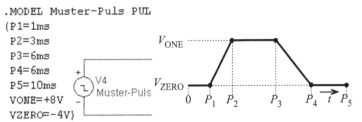

.MODEL Muster-Puls PUL
(P1=1ms
 P2=3ms
 P3=6ms
 P4=6ms
 P5=10ms
 VONE=+8V
 VZERO=-4V)

Bild 8-2
Modell-Symbol,
Zeitverlauf[1] und
.MODEL-Statement
des Modell-Typs
PUL *(Pulse Source)*

[1] Der dargestellte Zeitverlauf passt nicht zu den Parameterwerten des angegebenen .MODEL-Statements.

Hierbei muss gelten: $0 \leq P_1 \leq P_2 \leq P_3 \leq P_4 \leq P_5$, da die Zeitpunkte P_1 bis P_5 *(time points)* jeweils von $t = 0$ ausgehend angegeben werden müssen. Man gewöhnt sich schnell daran. Gleichungen dazu und ein Hinweis zur Periodizität finden Sie in [MC-REF].

Pulse Source (PUL) prägt bei den Analysearten folgende Spannungswerte $V_{(V4)}$ ein:	
DYDC-Analyse: V_{ZERO} (hier −4 V)	TR-AP-Wert: V_{ZERO} (hier −4 V)
DC-Analyse: V_{ZERO} (hier −4 V)	TR-Analyse: $V_{(V4)}$ gemäß Parametrierung
AC-AP-Wert: V_{ZERO} (hier −4 V)	
AC-Komplex: $\hat{u}_{(V4)}$ ist fest eingestellt mit $|\hat{u}_{(V4)}| = \hat{u}_{(V4)} = 1$ V, $\varphi_{UV4} = 0°$	

Ü 8-4 Modell-Typ PUL

Starten Sie MC. Holen Sie sich über die **Menüfolge Component → Analog Primitives ▸ → Waveform Sources ▸ → Pulse Source** das Modell-Element einer Puls-Spannungsquelle in den Schaltplan. Geben Sie im sich öffnenden Attributfenster *Pulse Source* die Parameterwerte gemäß Bild 8-2 ein. Schließen Sie das Attributfenster mit der **SF OK**.

a) Starten Sie eine **Dynamic-DC-Analyse**. Die berechnete Spannung beträgt −4 V entsprechend des Parameterwertes von V_{ZERO}.

b) Starten Sie eine **Dynamic-AC-Analyse**. Die komplexe Spannung beträgt 1 V∠0°.

c) Starten Sie eine **TR-Analyse**. Stellen Sie die Werte im Dialogfenster *Transient Analysis Limits* so ein, dass Sie ca. 2 Perioden simuliert und angezeigt werden. Starten Sie einen Simulationslauf und interpretieren Sie das Simulationsergebnis mit den Erklärungen für die Parameter.

Vergrößern Sie sich den Zeitabschnitt beim Wechsel von V_{ONE} nach V_{ZERO}. Sie entdecken spätestens jetzt, dass der Wechsel von V_{ONE} nach V_{ZERO} nicht sprunghaft erfolgt, sondern als Rampe. Bestimmen Sie die Zeitdauer (Lösung: 10 µs).

ⓘ Falls die Quelle eine „Rechteckspannung" erzeugen soll und Sie deshalb $P_1 \equiv P_2$ und/oder $P_3 \equiv P_4$ gewählt haben, verwendet MC eine Mindestzeitdifferenz zwischen diesen Zeitpunkten. Diese berechnet MC zu $P_5/1000$, um durch diese Voreinstellung Konvergenzprobleme zu vermeiden. Sie können dies beeinflussen, indem Sie $P_{1,4} = P_{2,4} + \Delta t_x$ wählen mit $\Delta t_x < P_5/1000$, hier z. B. $P_4 = 6,001$ ms. Probieren Sie es aus.

ⓘ Solche hochdynamischen transienten Vorgänge sind nummerisch sehr anspruchsvoll und erfordern i. Allg. sehr kleine Schrittweiten und damit einhergehend Rechenzeit. Sie können auch die Ursache für „merkwürdige" Simulationsergebnisse sein. Erwarten Sie von der Simulation daher nicht mehr, als in der Realität tatsächlich vorkommt und bleiben Sie mit dem Wert für Δt_x realitätsnah.   ❑ Ü 8-4

8.2.4 Modell-Elemente *Voltage Source V*/*Current Source I* als Universalquellen

Die Universalquellen *Voltage Source V* und *Current Source I* ermöglichen eine Vielzahl von Zeitfunktionen. Entsprechend vielfältig sind die Eingabewerte und die Möglichkeiten, etwas falsch zu machen. Einen weiteren kleinen Nachteil sieht der Autor darin, dass die Eingabewerte nicht in einem .MODEL-Statement abgelegt sind, sondern als Zeichenkette direkt beim Modell-Symbol angezeigt werden, oder, weil diese viel Platz einnimmt, eben nicht angezeigt, sondern ausgeblendet werden. Dieser Nachteil kann mit der „Zeitfunktion" *Define* behoben werden, die abschließend in Ü 8-9 vorgestellt wird. In [MC-REF] werden diese Modell-Elemente zusammengefasst als *Independent sources* bezeichnet und sind daher in Tabelle 8.1 unter Buchstabe I einsortiert.

Die Parametrierung des Modell-Elements *Current Source I* ist identisch zu der des hier beschriebenen Modell-Elements *Voltage Source V*. Bei den Benennungen der Eingabefelder ist nur der Buchstabe „V" durch „I" ersetzt.

Starten Sie MC. Öffnen Sie Musterdatei M_8-1_QUELLEN.CIR. Auf der Schaltplanseite „Einfache Quellen" finden Sie mit den Modell-Bezeichnern V_1, I_2, V_3 und V_4 die in Ü 8-1 bis Ü 8-4 behandelten und *empfohlenen* Quellen. Wechseln Sie auf die Seite „Voltage Source V".

Öffnen Sie mit <DKL> auf das Modell-Symbol der Quelle V_5 das in Bild 8-3 verkürzt dargestellte **Attributfenster *Voltage Source*** mit der geöffneten **Registerkarte *Pulse***. Der Modell-Bezeichner wurde so abgeändert, dass er assoziativ zur Nr. der Übungsaufgabe passt.

Im unteren Teil des Attributfensters sind diverse Registerkarten (1), auf denen sich Eingabefelder für verschiedene Zeitfunktionen befinden. Von diesen werden *Pulse* (Ü 8-5), *Sin* (Ü 8-6), *PWL* (Ü 8-7), *None* (Ü 8-8) und *Define* (Ü 8-9) behandelt, damit Sie über die wichtigsten Informationen verfügen, falls Sie diese Universalquellen verwenden.

Alle Registerkarten mit Ausnahme der Registerkarte *Define* beinhalten die drei Eingabefelder: *DC*, *AC magnitude* und *AC Phase* (2). Da deren Bedeutung nicht so eindeutig ist wie es scheint, wird sie bei jedem Zeitverlauf explizit erläutert, um die Gefahr einer Falschparametrierung aufgrund eines Missverständnisses zu verringern. Die Zahlenwerte in den Übungsaufgaben sind so unterschiedlich gewählt, dass auch dies Ihnen helfen soll, die unterschiedlichen Bedeutungen zu erkennen.

Das Attribut VALUE (3) hat als Wert eine Zeichenkette mit allen (!) Eingabewerten dieser Quelle. Es wird empfohlen, die **CB ☑ Show** (4) zu aktivieren, damit diese Zeichenkette auch im Schaltplan angezeigt wird und Sie die Parametrierung der Quelle, wenn auch nicht sehr leicht interpretierbar, vor Augen haben.

Mit der **SF Plot...** (5) können Sie sich als einzige im Listenfeld (6) angebotene charakteristische „Kennlinie" bei Spannungsquellen „Voltage vs. Time" (bei Stromquellen „Current vs. Time") anzeigen lassen und damit unaufwendig Ihre Parametrierung überprüfen.

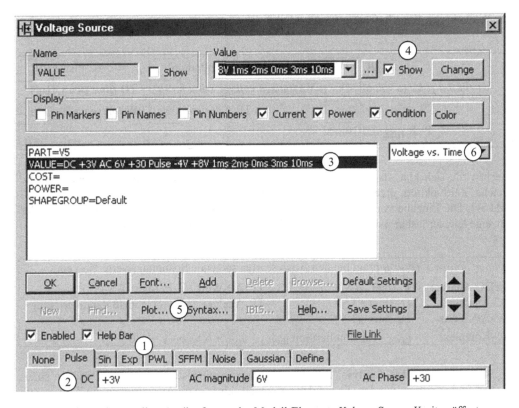

Bild 8-3 Verkürzt dargestelltes Attributfenster des Modell-Elements *Voltage Source V* mit geöffneter
Registerkarte *Pulse*

Ü 8-5 Modell-Element *Voltage Source V (Pulse)* M_8-1_QUELLEN.CIR

Anders als beim vergleichbaren Modell-Typ PUL werden bei diesem Modell-Element für die
Eingabefelder in der Elektronik übliche Kennwerte/Zeitangaben verwendet. Bild 8-4 zeigt das
Modell-Symbol mit angezeigter Zeichenkette und einen Zeitverlauf, der die Bedeutung der
Eingabefelder erklärt.

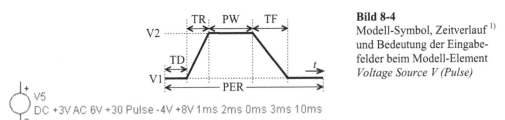

Bild 8-4
Modell-Symbol, Zeitverlauf [1]
und Bedeutung der Eingabefelder beim Modell-Element
Voltage Source V (Pulse)

[1] Der dargestellte Zeitverlauf passt nicht zu den angegebenen Werten der Eingabefelder.

Die Werte in den Eingabefeldern für das Modell-Element *Voltage Source V (Pulse)* sind:

DC +3V	AC magnitude 6V	AC Phase +30	
V1 *(initial voltage value)* –4V	V2 *(pulsed voltage value)* +8V	TD *(time delay)* 1ms	
TR *(rise time)* 2ms	TF *(fall time)* 0ms	PW *(pulse width)* 3ms	
PER *(period)* 10ms			

Machen Sie sich klar, dass mit diesen Eingabewerten die Spannungsquelle V_5 praktisch die gleiche Zeitfunktion erzeugt wie der Modell-Typ PUL mit den Parameterwerten gemäß Bild 8-2. Die Eingabe von Einheiten und positiven Vorzeichen soll die Eingabewerte bei der Anzeige leichter lesbar machen. Schließen Sie das Attributfenster mit der **SF OK**.

Voltage Source V (Pulse) prägt bei den Analysearten folgende Spannungswerte $V_{(V5)}$ ein:

DYDC-Analyse:	V_1 (hier –4 V)	TR-AP-Wert:	V_1 (hier –4 V)
DC-Analyse:	D_C (hier +3 V)	TR-Analyse:	$V_{(V5)}$ gemäß Parametrierung
AC-AP-Wert:	D_C (hier +3 V)		
AC-Komplex:	$\hat{u}_{(V5)}$ wird simuliert mit $|\hat{u}_{(V5)}| = \hat{u}_{(V5)} = 6$ V, $\varphi_{UV5} = +30°$		

---

a) Starten Sie eine **TR-Analyse**. Die Werte sind so voreingestellt, dass ca. 2 Perioden simuliert und angezeigt werden. Es werden auf jeweils einer extra Ausgabeseite die Zeitverläufe jeder Quelle dargestellt. Starten Sie einen Simulationslauf.

Öffnen Sie die Seite „VS (Pulse)" und vergleichen Sie mit dem Simulationsergebnis des Modell-Typs PUL auf der Seite „PUL". Lassen Sie sich die berechneten Datenpunkte anzeigen und Sie werden beim Übergang von +8 V auf –4 V einen Unterschied feststellen.

Vergrößern Sie den Zeitabschnitt beim Wechsel von V_2 nach V_1. Spätestens jetzt entdecken Sie, dass der Wechsel von V_2 nach V_1 nicht sprunghaft, sondern rampenförmig erfolgt, obwohl im Eingabefeld T_F der Wert 0 steht. Bestimmen Sie die Zeitdauer (Lösung: 10 µs).

ⓘ Die Zeitdauer der Rampe können Sie bei dieser Quelle nicht beeinflussen. Falls Sie trotz der Hinweise auf mögliche Konvergenzprobleme einen abrupten Wechsel von V_2 nach V_1 erzeugen möchten, können Sie für T_F (bzw. T_R) einen negativen Wert eingeben, die Größe ist egal. Jetzt erzeugt die Quelle einen Sprung von V_2 nach V_1. Probieren Sie es aus. Diese Möglichkeit sollten Sie nur gezielt verwenden, da MC mit dieser realitätsfernen Idealisierung möglicherweise Konvergenzprobleme bekommt.

b) Starten Sie eine **DC-Analyse**. Damit Kurven angezeigt werden, wird die globale Temperaturvariable T_{EMP} als *Variable 1* verändert. Starten Sie einen Simulationslauf. Die simulierte Spannung $V_{(V5)}$ beträgt +3 V (Eingabewert für D_C). Vergleichen Sie mit dem Ergebnis des Modell-Typs PUL.

c) Starten Sie eine **Dynamic-DC-Analyse**. Die simulierte Spannung beträgt überraschend –4 V (Eingabewert für V_1). Dies wurde so programmiert, damit das Ergebnis der Dynamic-DC-Analyse identisch ist mit dem Wert des Arbeitspunktes bei der TR-Analyse

d) Starten Sie eine **Dynamic-AC-Analyse**. Die simulierte komplexe Spannung hat eine Amplitude von 6 V und einen Nullphasenwinkel von 30° (Eingabewerte für *AC magnitude* und *AC Phase*). ❏ Ü 8-5

Ü 8-6 Modell-Element *Voltage Source V (Sin)*

Starten Sie MC. Öffnen Sie Musterdatei M_8-1_QUELLEN.CIR. Wechseln Sie auf die Schaltplanseite „Voltage Source V". Öffnen Sie mit <DKL> auf das Modell-Symbol der Quelle V_6 das **Attributfenster** *Voltage Source* mit der **Registerkarte** *Sin*. Folgende Eingabefelder mit den für V_6 eingetragenen Werten sind vorhanden:

DC	+3V	AC magnitude	6V	AC Phase	+30
VO *(voltage offset)*	+5V	VA *(voltage amplitude)*	10V	F0 *(frequency)*	1kHz
TD *(delay time)*	1ms	DF *(damping factor)*	1/3ms	PH *(phase)*	+45

Für $0 \le t \le T_D$ hat die Spannung den Wert des Eingabefeldes V_O. Für $T_D < t$ berechnet sich der Zeitverlauf der Spannung $V_{(V6)}$ gemäß der Gleichung

$$u_{(V6)}(t) = V_O + \hat{u}_{(V6)} \cdot \sin\left[2 \cdot \pi \cdot F_0 \cdot (t - T_D) + \pi \cdot P_H / 180°\right] \quad \text{mit}$$

$$\hat{u}_{(V6)} = V_A \cdot e^{-(t-T_D) \cdot D_F}$$

Voltage Source V (Sin) prägt bei den Analysearten folgende Spannungswerte $V_{(V6)}$ ein:

DYDC-Analyse: $\quad V_O$ (hier +5 V)	TR-AP-Wert: $\quad V_O$ (hier +5 V)
DC-Analyse: $\quad D_C$ (hier +3 V)	TR-Analyse: $\quad V_{(V6)}$ gemäß Parametrierung
AC-AP-Wert: $\quad D_C$ (hier +3 V)	
AC-Komplex: $\quad \underline{\hat{u}}_{(V6)}$ wird simuliert mit $|\underline{\hat{u}}_{(V6)}| = \hat{u}_{(V6)} = 6$ V, $\varphi_{UV6} = +30°$	

a) Starten Sie eine **TR-Analyse**. Starten Sie einen Simulationslauf. Im Verzögerungszeitabschnitt zwischen 0 ms und 1 ms wird der Spannungswert +5 V simuliert. Es folgt eine überlagerte Sinusspannung mit der Frequenz 1 kHz und exponentiell abklingender Amplitude. Vergleichen Sie mit dem Simulationsergebnis des Modell-Typs SIN. Der Wert des Eingabefeldes D_F entspricht dem Parameter $1/T_{AU}$ des Modell-Typs SIN.

b) Starten Sie eine **DC-Analyse**. Damit Kurven angezeigt werden, wird die globale Temperaturvariable T_{EMP} als *Variable 1* verändert. Starten Sie einen Simulationslauf. Die simulierte Spannung $V_{(V6)}$ beträgt +3 V (Eingabewert für D_C). Vergleichen Sie mit dem Ergebnis des Modell-Elements *Sine Source*.

c) Starten Sie eine **Dynamic-DC-Analyse**. Die simulierte Spannung beträgt überraschend +5 V (Eingabewert für V_O). Dies wurde so programmiert, damit das Ergebnis der Dynamic-DC-Analyse identisch ist mit dem Wert des Arbeitspunktes bei der TR-Analyse.

d) Starten Sie eine **Dynamic-AC-Analyse**. Die simulierte komplexe Spannung hat eine Amplitude von 6 V und einen Nullphasenwinkel von 30° (Eingabewerte für *AC magnitude* und *AC Phase*). ❏ Ü 8-6

Ü 8-7 Modell-Element *Voltage Source V (PWL)*

Die Akürzung PWL steht für *piecewise linear*. Das bedeutet, dass durch Eingabe von *t-u*-Wertepaaren der zeitliche Verlauf der Spannung abschnittsweise linear gestaltet wird.

Ein Anwendungsbeispiel für dieses Modell-Element ist die in Abschn. 9.2.1 beschriebene Simulation einer hysteresebehafteten Material-Kennlinie eines ferromagnetischen Materials. Hierfür eignet sich ein dreieckförmiger zeitlicher Verlauf des Stroms gut. Um auch die Neu-kurve simulieren zu können, sollte dieser mit dem Wertepaar 0 s, 0 A starten, linear bis zu einem Maximalwert $+I_{max}$ ansteigen, dann linear auf einen Minimalwert $-I_{max}$ absinken und dann wieder linear bis zum Maximalwert $+I_{max}$ ansteigen. Dies ergibt die Neukurve und eine vollständige Hystereseschleife. Das Besondere ist das Startwertepaar 0 s, 0 A, das mit dem Modell-Typ PUL, ergänzt um die gesteuerte Quelle *IofV* zur Spannungs-Stromwandlung, oder mit der Universalstromquelle *Current Source I (Pul)* nicht so ohne Weiteres zu realisieren ist. Dass in dieser Übungsaufgabe eine Spannungsquelle entsprechend eingestellt wird ist keine Einschränkung, da die beiden Universalquellen *Voltage Source V* und *Current Source I* in Ihren Eingabefeldern identisch sind.

Starten Sie MC. Öffnen Sie Musterdatei M_8-1_QUELLEN.CIR. Wechseln Sie auf die Schaltplanseite „Voltage Source V".

Öffnen Sie mit <DKL> auf das Modell-Symbol der Quelle V_7 das **Attributfenster Voltage Source** mit der **Registerkarte PWL**. Folgende Eingabefelder mit den für V_7 eingetragenen Werten und einer Zeichenkette („REPEAT …") sind vorhanden:

DC +3V	AC magnitude 6V	AC Phase +30
REPEAT FOREVER (0ms,+5V) (2.5ms,+10V) (7.5ms,–5V) (10ms,+5V) ENDREPEAT		

In den Klammern der Zeichenkette stehen die t_k-u_k-Wertepaare. Die Einheiten s und V sind nur der leichteren Lesbarkeit wegen hinzugefügt und können ebenso wie die Klammern auch weg-gelassen werden. Durch den Einschluss der Wertepaare in die Befehle REPEAT FOREVER (t_1, U_1) (t_2, U_2) … ENDREPEAT ergibt sich ein periodischer Zeitverlauf. Weitere Befehle finden Sie in [MC-REF].

Voltage Source V (PWL) prägt bei den Analysearten folgende Spannungswerte $V_{(V7)}$ ein:		
DYDC-Analyse:	U_1 (hier +5 V)	TR-AP-Wert: U_1 (hier +5 V)
DC-Analyse:	D_C (hier +3 V) **siehe b)** !	TR-Analyse: $V_{(V7)}$ gemäß Parametrierung
AC-AP-Wert:	U_1 (hier +5 V)	
AC-Komplex:	$\hat{u}_{(V7)}$ wird simuliert mit $|\hat{u}_{(V7)}| = \hat{u}_{(V7)} = 6$ V, $\varphi_{UV7} = +30°$	

a) Starten Sie eine **TR-Analyse**. Starten Sie einen Simulationslauf. Der simulierte Zeitverlauf entspricht den eingegebenen *t-u*-Wertepaaren.

b) Starten Sie eine **DC-Analyse**. Starten Sie einen Simulationslauf. Die simulierte Spannung $V_{(V7)}$ *sollte* +3 V betragen. *In der MC-Version 9.0.6.1 hat diese Quelle bei der DC-Analyse noch fehlerhafterweise 0 V und nicht den Eingabewert von D_C.*

c) Starten Sie eine **Dynamic-DC-Analyse**. Die simulierte Spannung beträgt +5 V, dem ersten eingetragenen Spannungswert (U_1).

d) Starten Sie eine **Dynamic-AC-Analyse**. Die simulierte komplexe Spannung hat eine Amplitude von 6 V und einen Nullphasenwinkel von 30° (Eingabewerte für *AC magnitude* und *AC Phase*).

e) Starten Sie erneut eine **TR-Analyse**. Starten Sie einen Simulationslauf. Wechseln Sie auf die Ausgabeseite „EKG". Sie sehen den typischen Verlauf eines EKGs (Elektrokardiogramm). Eine Periode wird hierbei mit 21 *t-u*-Wertepaaren nachgebildet. Die unrealistische Herzfrequenz von 1 kHz = 60 000 bpm *(beats per minute)* können Sie realitätsnah gestalten, indem Sie den Vorsatz „u" bei den Zeitwerten durch „m" ersetzen. Dies ergibt eine Herzfrequenz von gesunden 60 bpm = 1 Hz (Hertz trotzdem mit tz!).   ❑ Ü 8-7

Ü 8-8 Modell-Element *Voltage Source V (None)*

Starten Sie MC. Öffnen Sie Musterdatei M_8-1_QUELLEN.CIR. Wechseln Sie auf die Schaltplanseite „Voltage Source V". Öffnen Sie mit **<DKL>** auf das Modell-Symbol der Quelle V_8 das **Attributfenster** *Voltage Source* mit der **Registerkarte** *None*. Folgende drei Eingabefelder sind vorhanden:

DC	+3V	AC magnitude	6V	AC Phase	+30

Da keine Eingabefelder für Zeitfunktionen vorhanden sind, hat diese Variante des Modell-Elements *Voltage Source* die Bezeichnung *None* bekommen.

Voltage Source V (None) prägt bei den Analysearten folgende Spannungswerte $V_{(V8)}$ ein:

DYDC-Analyse:	D_C (hier +3 V)	TR-AP-Wert:	D_C (hier +3 V)
DC-Analyse:	D_C (hier +3 V)	TR-Analyse:	D_C (hier +3 V)
AC-AP-Wert:	D_C (hier +3 V)		
AC-Komplex:	$\hat{u}_{(V8)}$ wird simuliert mit $|\hat{u}_{(V8)}| = \hat{u}_{(V8)} = 6$ V, $\varphi_{UV8} = +30°$		

a) Starten Sie eine **TR-Analyse**. Starten Sie einen Simulationslauf. Das Modell-Element *Voltage Source (None)* wirkt als Gleichspannungsquelle mit dem Eingabewert für D_C (hier +3 V).

b) Starten Sie eine **DC-Analyse**. Starten Sie einen Simulationslauf. Die simulierte Spannung $V_{(V8)}$ beträgt +3 V (Eingabewert für D_C).

c) Starten Sie eine **Dynamic-DC-Analyse**. Die simulierte Spannung beträgt +3 V (Eingabewert für D_C).

d) Starten Sie eine **Dynamic-AC-Analyse**. Die simulierte komplexe Spannung hat eine Amplitude von 6 V und einen Nullphasenwinkel von 30° (Eingabewerte für *AC magnitude* und *AC Phase*).

ⓘ Die Quelle *Voltage Source V (None)* ist dann bedeutsam, wenn Sie im Rahmen *einer AC-Analyse* eine komplexe Wechselstromrechnung für eine lineare/linearisierte Ersatzschaltung mit mehreren Sinusquellen durchführen wollen und diese Quellen dabei unterschiedliche Amplituden bzw. Nullphasenwinkel haben sollen.   ❑ Ü 8-8

Ü 8-9 Modell-Element *Voltage Source V (Define)*

Starten Sie MC. Öffnen Sie Musterdatei M_8-1_QUELLEN.CIR. Wechseln Sie auf die Schaltplanseite „Voltage Source V". Öffnen Sie mit **<DKL>** auf das Modell-Symbol der Quelle V_9 das **Attributfenster *Voltage Source*** mit der **Registerkarte *Define***. In dem einzigen Eingabefeld befindet sich der Eintrag „EKG". Mit dem .DEFINE-Statement „.DEFINE EKG DC +3V AC 6V +30 PWL ..." wird der symbolischen Variablen EKG die Zeichenkette „DC +3V ..." zugeordnet. Das Textfeld des .DEFINE-Statements kann außerhalb der Schaltung platziert und angezeigt werden und wirkt somit praktisch wie ein .MODEL-Statement.

a) Starten Sie eine **TR-Analyse**. Starten Sie einen Simulationslauf. Das Modell-Element *Voltage Source (Define)* gibt die als Variable EKG definierte Zeitfunktion wieder.

b) Verwenden Sie diese Möglichkeit, um die Zeichenkette, die das Verhalten von Quelle V_7 festlegt, ebenfalls von dem Modell-Symbol zu „lösen".

ⓘ Als Variable muss exakt die Zeichenkette einer der möglichen Zeitfunktionen des Modell-Elements *Voltage Source V* definiert sein.   ❑ Ü 8-9

Die weiteren Registerkarten des Modell-Elements *Voltage Source V* ermöglichen folgende Zeitfunktionen:

Exp: Exponentiell ansteigender und abklingender Verlauf
SFFM: Sinus mit frequenzmoduliertem Verlauf (*single frequency frequency modulated*)
Noise: Rauschen
Gaussian: Gauss-Kurvenverlauf

Die Musterdatei M_8-1_QUELLEN.CIR enthält je ein Beispiel. Anhand dieser Beispiele, den Erklärungen zu jedem Eingabefeld am unteren Rand des Attributfensters und der Hilfe bzw. [MC-REF] bekommen Sie heraus, was womit eingestellt wird.

In der Musterdatei M_8-2_QUELLEN_AP-WERT.CIR ist eine Simulation vorbereitet, mit der der AC-AP-Wert überprüft werden kann. Eine Erklärung ist in der Datei enthalten.

In [MC-ERG] finden Sie die Werte jeder Quelle als kompakte Tabelle.

9 Modelle für passive Bauelemente

Für dieses Kapitel gelten ebenfalls die zu Beginn von Kap. 8 aufgeführten Hinweise auf ergänzende Literatur, paralleles Lesen und Anwenden sowie die Tabelle 8.1 als „Vollständige Übersicht über alle analogen Modell-Elemente in MC9".

9.1 Modelle für die Bauelemente Widerstand, Kondensator, Spule

Das Ideal eines Bauelements, dessen Quotient aus Spannung u_R und Strom i_R *konstant und unabhängig von allen Einflüssen ist*, wird **ohmscher Widerstand** genannt. Der Quotient $R = u_R / i_R$ = const. ist der **Widerstandswert R *(resistance)***. Dieser Zusammenhang wird ohmsches Gesetz genannt. In der englischen Sprache wird deutlich unterschieden: Der *Widerstandswert* wie z. B. $R = 1000$ V/A = 1 kΩ heißt *resistance*, das Bauelement, das diese Eigenschaft hat, *resistor*.

Bereits die temperaturabhängigen Eigenschaften der Materialien ergaben Abweichungen von diesem Ideal. Bei bestimmten Ausführungen dieser „Bauelemente mit Widerstandseigenschaft" ist der „u_R-i_R-Quotient" bewusst in großem Maße *temperaturabhängig*. Eine Ausführung heißt NTC-Widerstand, wenn der Widerstandswert mit steigender Innentemperatur massiv fällt *(negative temperature coefficient resistor)*. Beim LDR *(light dependent resistor)* ist der „u_R-i_R-Quotient" *beleuchtungsstärkeabhängig*, beim VDR *(voltage dependent resistor)* *spannungsabhängig*.

Aufgrund des mit dem fließenden Strom verbundenen magnetischen Feldes und des mit der Spannung verbundenen elektrischen Feldes haben Widerstands-Bauelemente auch eine parasitäre, d. h. unerwünschte kapazitive und induktive Wirkung. Mit kapazitiver Wirkung ist die energiespeichernde Eigenschaft des elektischen Feldes, mit induktiver Wirkung die energiespeichernde Eigenschaft des magnetischen Feldes gemeint.

Eine nur bei Spulen erwünschte induktive Wirkung wird man spätestens auch dann bei einem Widerstands-Bauelement erwarten, wenn man den aufgewickelten Draht eines Drahtwiderstandes zu sehen bekommt. Dies wird *Eigeninduktivität* genannt. Eine nur bei Kondensatoren erwünschte kapazitive Wirkung wird man spätestens auch dann bei einem Widerstands-Bauelement erwarten, wenn man die sich gegenüberstehenden Anschlussdrähte/-kappen sieht. Dies wird *Eigenkapazität* genannt.

Der Strom-Spannungs-Zusammenhang eines **idealen Kondensators** bzw. einer **idealen Spule** kann nicht über eine algebraische Gleichung wie das ohmsche Gesetz, sondern nur über die Differentialgleichungen Gl. (2.7) bzw. Gl. (2.8) beschrieben werden. Als algebraische Gleichungen lassen sich nur angeben: $Q_C(t) = C \cdot u_C(t)$ bzw. $\Psi_L(t) = L \cdot i_L(t)$ mit Q_C als Ladung *(charge)* bzw. Ψ_L als Verkettungsfluss *(flux linkage)*.

Der Energieinhalt eines idealen Kondensators wird bestimmt durch den **Kapazitätswert C** *(capacitance)* und die *Spannung* u_C über den Zusammenhang $W_C(t) = 1/2 \cdot C \cdot u_C^2$. Der Energieinhalt einer idealen Spule wird bestimmt durch den **Selbstinduktivitätswert L** *(inductance)* und den *Strom* i_L über den Zusammenhang $W_L(t) = 1/2 \cdot L \cdot i_L^2$. Weil die Spannung u_C eines idealen Kondensators bzw. der Strom i_L einer idealen Spule deren energetischen Zustand festlegt, werden u_C bzw. i_L als **Zustandsgrößen** *(state variables)* bezeichnet. Diese können als **Anfangsbedingung** *(initial condition)* für einen Simulationslauf in MC eingegeben werden.

Wie beim Bauelement Widerstand *(resistor)* bewirken beim Bauelement Kondensator *(capacitor)* bzw. Spule *(inductor)* schon die temperaturabhängigen Eigenschaften der Materialien Abweichungen von dem Ideal.

Beim „Bauelement mit kapazitiver Energiespeicherwirkung" kann es des Weiteren vorkommen, dass der „Q_C-u_C-Quotient" spannungsabhängig ist, d. h. $C = f(u_C)$. Eine weitere parasitäre Wirkung ist die Widerstandswirkung der Anschlussdrähte und der „Platten". Außerdem hat das Dielektrikum zwischen den „Platten" auch eine Widerstandswirkung. Aufgrund der Baugröße zeigt sich bei wechselnden Strömen auch eine induktive Wirkung.

Beim „Bauelement mit induktiver Energiespeicherwirkung" kann es vorkommen, dass der „Ψ_L-i_L-Quotient" stromabhängig ist, d. h. $L = f(i_L)$. Eine weitere parasitäre Wirkung ist die Widerstandswirkung der Wicklung. Aufgrund der nahe beieinander liegenden Wicklungen zeigt sich bei wechselnden Spannungen auch eine kapazitive Wirkung.

9.1.1 Einfaches Modell für das Bauelement Widerstand

Starten Sie MC. Holen Sie sich über die **SFResistor** oder über die **Menüfolge $\underline{C}$omponent → Analog Primitives ▸ → Passive Components ▸ → Resistor R** das *Modell-Element eines Widerstandes (resistor)* in den Schaltplan. Es öffnet sich das in Bild 9-1 verkürzt dargestellte **Attributfenster *Resistor***. Dieses ist genauso aufgebaut wie die Attributfenster für das Modell-Element *Sine Source* (Bild 2-16) oder für das Modell-Element *Diode* (Bild 3-6).

In der Attribut-Auswahlliste (1) ist bereits das wichtigste **Attribut** RESISTANCE ausgewählt, ansonsten mit <LM> anklicken. Im Eingabefeld *Value* (2) kann für dieses Attribut der Wert eingegeben werden wie z. B. „1.5meg", wenn es ein 1,5-MΩ-Widerstand sein soll. In der Auswahliste wird dies als „RESISTANCE=1.5meg" (3) angezeigt. Damit dieser wichtige Zahlenwert auch im Schaltplan sichtbar ist, muss die **CB ☑ Show** (4) aktiv sein

✍   In [MC-REF] und in diesem Buch wird der Wert des Attributs RESISTANCE mit „*resistance*" bezeichnet.

Diese Eingabe könnten Sie noch mit einer Temperaturabhängigkeit durch die Temperaturkoeffizienten T_{C1}, T_{C2} mit der Syntax „*resistance* [TC=*tc1*[,*tc2*]]" ergänzen. Der Übersichtlichkeit halber wird diese Variante hier nicht verwendet, sondern der Weg über ein .MODEL-Statement bevorzugt und in Abschn. 9.1.2 erläutert.

In Bild 9-1 nicht dargestellt sind deaktivierte Eingabefelder für Parameter (C_P, L_S, N_M usw.), die bei diesem einfachen Modell-Element nicht verwendet werden, sowie die Hilfeleiste am unteren Fensterrand. Diese Fensterelemente sind in Bild 2-16 mit (4) bzw. (9) und in Bild 3-6 mit (10) bzw. (13) gekennzeichnet.

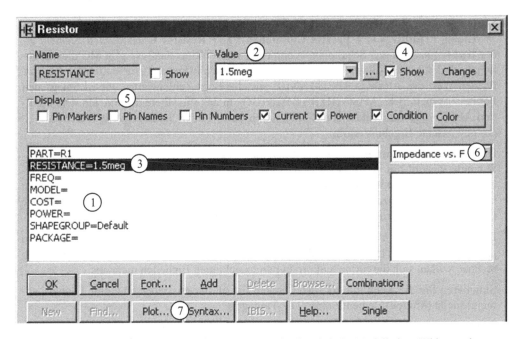

Bild 9-1 Verkürzt dargestelltes Attributfenster *Resistor* für das einfache Modell eines Widerstandes

ⓘ **In den meisten Fällen ist diese Modellierung mit den größten Vernachlässigungen für die Beschreibung des Bauelements Widerstand ausreichend realitätsnah. Sie erkennen, dass das Modell-Element einen *ohmschen Widerstand* darstellt, da *R* = const. ist. Da Sie dieses Modell-Element schon seit Abschn. 2.3 in vielen Übungen verwendet haben, ist Ihnen die Parametrierung nicht neu.**

Neu dagegen ist, dass nicht nur ein ohmscher Widerstand damit simuliert werden kann, sondern auch ein **nichtlinearer Widerstand**, da MC es erlaubt, für das Attribut RESISTANCE auch einen Formelausdruck *(expression)* einzugeben, wie folgendes Beispiel zeigt.

Für die u_R-i_R-Kennlinie eines VDR wird in der Literatur als Näherung die Formel $i_R = K \cdot \left(u'_R\right)^{\alpha}$ angegeben. α wird als Nichtlinearitätsexponent bezeichnet. Damit die Formel einheitenmäßig richtig ist, muss für die Einheit der abmessungsabhängigen Materialkonstanten K gelten: $[K] = 1$ A. Die Spannung u_R muss korrekterweise auf 1 V normiert werden mit $u'_R = u_R / 1$ V. Aus obiger Formel folgt somit für den *spannungsabhängigen* Widerstandswert des VDR:

$$R_{\mathrm{VDR}} = \frac{u_R}{i_R} = \frac{1\,\mathrm{V}}{K} \cdot \left(u'_R\right)^{(1-\alpha)} \quad \text{für} \quad u'_R > 0$$

Ü 9-1 Parameterwert-Extraktion VDR (UE_9-1_RES_VDR.CIR)

a) Vom VDR mit der Herstellerbezeichnung S14 K14 sind aus einer Kennlinie die für diesen VDR typischen u_R-i_R-Wertepaare 22 V @ 1 mA und 34 V @ 1 A entnommen. Extrahieren Sie daraus die Werte für α und K (Lösung: $\alpha = 15{,}87$ $K = 496 \cdot 10^{-27}$ A).

b) Starten Sie MC. Holen Sie sich über die **SF Resistor** oder über die **Menüfolge** **C**omponent → **Analog Primitives** ▶ → **Passive Components** ▶ → **Resistor R** das *Modell-Element eines Widerstandes* in den Schaltplan. Wenn es der erste Widerstand ist, gibt MC diesem automatisch den Modell-Bezeichner R_1. Geben Sie im sich öffnenden Attributfenster *Resistor* für den Wert des Attributs RESISTANCE anstelle eines Zahlenwertes wie „1.5meg" den Formelausdruck „1/K*ABS(V(R1))^(1-ALPHA)" in das Eingabefeld *Value* ein. Die Funktion ABS( ) *(absolute)* bildet den Betrag, damit Formel auch bei negativem Wert von $V_{(R1)}$ das gewünschte Ergebnis ergibt.

Die **Bezugspfeilrichtungen** für die Spannung $V_{(R1)}$ und den Strom $I_{(R1)}$ des Modell-Symbols R_1 wird mit den Anschlüssen „Plus" und „Minus" kenntlich gemacht: Beide Bezugspfeile zeigen vom Anschluss „Plus" zum Anschluss „Minus". Diese Bezeichnungen können Sie sich anzeigen lassen, indem Sie die in Bild 9-1 mit (5) gekennzeichnete **CB ☑ Pin Names** aktivieren. Schließen Sie das Attributfenster mit der **SF OK**.

Definieren Sie die Variablen A_{LPHA} und K mittels .DEFINE-Statements in der Form „.DEFINE ALPHA 15.87" und „.DEFINE K 496e-27". Da MC nur mit Zahlenwerten rechnet, wirken sich die formal unkorrekt berücksichtigten Einheiten nicht aus.

c) Simulieren Sie die Kennlinie $u_R = f(i_R)$, indem Sie an diesen Widerstand eine Gleichspannungsquelle (Modell-Element *Battery*) (V_1) anlegen.

Starten Sie eine DC-Analyse. Aufgrund der extremen Zahlenwerte bei einem VDR soll sich die Spannung von V_1 logarithmisch von 1 V bis 100 V verändern. Eingabevorschlag im Dialogfenster *DC Analysis Limits* „100,1,1.01". Mit dem Faktor 1,01 wird ausgehend vom Startwert 1 V der nächste Spannungswert errechnet bis der Endwert 100 V erreicht sind. Lassen Sie sich die Kennlinie mit unterschiedlichen Skalierungen, die Sie in der Literatur wie z. B. in [BÖH15] oder Datenblättern vorfinden, anzeigen. Vergleichen Sie, welcher Teil der Kennlinie durch diese Modellierung gut, brauchbar, schlecht oder gar nicht nachgebildet wird.

Das kommerzielle Bauelement S14 K14 ist ein <u>S</u>cheibenvaristor mit <u>14</u> mm Durchmesser, <u>K</u>: ±10 %, $U_{R\text{-}ACeffmax} = \underline{14}$ V, $U_{R\text{-}DCmax} = 18$ V. Das Modell könnte noch um die im Datenblatt angegebene Parallelkapazität mit dem Wert 9,95 nF und eine abgeschätzte Eigeninduktivität erweitert werden.

ⓘ Der Formelausdruck für den Wert des Attributs RESISTANCE wird in der DC- und TR-Analyse ausgewertet sowie bei der Arbeitspunktberechnung im Rahmen einer AC-Analyse. *Für die komplexe Wechselstromrechnung im Rahmen der AC-Analyse wird ebenfalls dieser Absolutwert, der für den Arbeitspunkt ausgerechnet wurde, verwendet und nicht der differenzielle Widerstandswert. Es erfolgt keine Linearisierung im Arbeitspunkt.*

Soll der Widerstandswert für die komplexe Wechselstromrechnung während der AC-Analyse frequenzabhängig sein, kann für das Attribut FREQ ein geeigneter Formelausdruck eingegeben werden. Dies wird hier nicht weiter vertieft, sondern alternativ dazu die Möglichkeiten des Modell-Typs RES in Abschn. 9.1.2 erläutert.   ❑ Ü 9-1

9.1.2 Modell-Typ RES *(Resistor)* für das Bauelement Widerstand

Eine komplexere Modellierung eines Widerstands-Bauelements bietet der Modell-Typ RES von MC, der gegenüber dem SPICE-/PSPICE-Modell-Typ RES erweitert ist. Die Ersatzschaltung ist in Bild 9-2 gezeigt. Die Widerstandswirkung als primärer, erwünschter Effekt wird mit dem Widerstand R_S modelliert. Eine induktive Wirkung als parasitärer Effekt (Eigeninduktivität) wird mit der Serieninduktivität L_S nachgebildet. Eine kapazitive Wirkung als parasitärer Effekt (Eigenkapazität) wird mit der Parallelkapazität C_P nachgebildet. Die Parameterliste des Modell-Typs RES ist in Tabelle 9.1 aufgeführt.

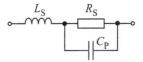

Bild 9-2
Ersatzschaltung für das Widerstandsmodell
des Modell-Typs RES in MC

Tabelle 9.1 Parameterliste des Modell-Typs RES mit Defaultwerten (Dflt.) und Einheiten (E.)

Nr.	Parameter in MC	Parameterbezeichnung	Dflt.	E.
1	R, R_M	*Resistance **multiplier** (!)*	1	-
2	LS, L_S	*Series inductance*	0	H
3	CP, C_P	*Parallel capacitance*	0	F
4	TC1, T_{C1}	*Temperature coefficient (linear)*	0	1/°C
5	TC2, T_{C2}	*Temperature coefficient (quadratic)*	0	1/°C^2
6	TCE, T_{CE}	*Temperature coefficient (exponential)*	0	%/°C
7	NM, N_M	*Noise multiplier*	0	-
8	T_MEASURED	*Parameter measurement temperature*	TNOM	°C

Mit einer der drei T_x-Größen T_{ABS}, T_{REL_GLOBAL}, T_{REL_LOCAL} kann die Innentemperatur T_J für einen Simulationslauf eingestellt/angepasst werden.

Die Bedeutung der Parameter L_S (Nr. 2) und C_P (Nr. 3) ergibt sich aus der Ersatzschaltung.

Der Widerstandswert, mit dem MC während eines Simulationslaufes für R_S konkret rechnet, ergibt sich aus:

$$R_S = resistance \cdot R_M \cdot T_F \cdot M_F$$

resistance ist der Wert, den Sie für das Attribut RESISTANCE entweder als Zahlenwert oder als Formelausdruck eingegeben haben. Dieses Attribut hat die Bedeutung eines Nennwiderstandswertes.

Der Parameter mit der irritierenden Bezeichnung „R" (Nr. 1) ist ein Multiplikator, mit dem sich die Werte *aller* Widerstände, die auf diesen Modell-Namen zugreifen, in einem Schritt proportional verändern lassen. Er wird daher in diesem Buch mit R_M bezeichnet. $R_M = 2{,}0$ verdoppelt z. B. diese Widerstandswerte.

Der Faktor T_F *(temperature factor)* modelliert die Temperaturabhängigkeit des Nennwiderstandswertes. Für den Faktor T_F ergeben sich durch die Parameter T_{C1} und T_{C2} (Nr. 4 und 5) oder T_{CE} (Nr. 6) zwei Berechnungsalternativen:

$$\text{A:}\quad T_F = 1 + T_{C1}\cdot(T_J - T_{JM}) + T_{C2}\cdot(T_J - T_{JM})^2 \qquad \text{(wenn } T_{C1}, T_{C2} \text{ angegeben)}$$

$$\text{oder}\quad \text{B:}\quad T_F = 1{,}01^{T_{CE}\cdot(T_J - T_{JM})} \qquad \text{(wenn } T_{CE} \text{ angegeben)}$$

ⓘ *Da der Modell-Parameter $T_{MEASURED} \equiv T_{JM}$, die drei T_x-Größen T_{ABS}, T_{REL_GLOBAL}, T_{REL_LOCAL} sowie die globale Temperaturvariable T_{EMP} und der GS-Parameter T_{NOM} bei allen Modell-Elementen mit Temperaturabhängigkeiten vorkommen, wird an dieser Stelle aus Abschn. 7.4.2 ($T_{MEASURED}$) und Abschn. 7.5 (T_x-Größen) deren Bedeutung zusammengefasst wiedergegeben:*

$T_{MEASURED}$ ist der Wert der *Innentemperatur des realen Bauelements während der Messung der elektrischen Werte*, aus denen dann die Parameterwerte eines Parameterwertesatzes extrahiert wurden. Wird $T_{MEASURED}$ (in °C) nicht explizit angegeben, wird als Defaultwert der Wert des GS-Parameters T_{NOM} genommen. Der Wert von T_{NOM} kann im Dialogfenster *Global Settings* eingestellt werden, Defaultwert ist 27 °C. Empfohlen wird, nur lokal in der Schaltung mit dem .OPTIONS-Statement „.OPTIONS TNOM=x" für T_{NOM} einen anderen Wert (in °C) einzustellen, wenn nicht in jedem .MODEL-Statement der Eintrag „... T_MEASURED=x" stehen soll. In den Formeln dieses Buches wird diese Messtemperatur anstelle mit $T_{MEASURED}$ mit T_{JM} bezeichnet. $T_{MEASURED}$ **ist nicht die Innentemperatur eines Modell-Elements während eines Simulationslaufs!**

Die Innentemperatur während eines Simulationslaufs wird in diesem Buch durchgehend mit T_J bezeichnet, unabhängig davon, ob es sich um ein Halbleiter-Bauelement und dessen Modell handelt oder ein anderes Bauelement und dessen Modell.

Für jeden Simulationslauf wird die globale Temperaturvariable T_{EMP} eingestellt und bleibt konstant. Vorgabewert sind +27 °C. Die Innentemperatur T_J bei thermisch nicht rückgekoppelten Modellen (und das sind fast alle) wird über eine der folgenden vier Alternativen eingestellt:

$T_J = T_{EMP}$ wenn **keine** der drei T_x-Größen angegeben ist [1]

oder $T_J = T_{ABS}$ wenn T_{ABS} angegeben

oder $T_J = T_{EMP} + T_{REL\_GLOBAL}$ wenn T_{REL_GLOBAL} angegeben

oder $T_J = T_{ABS(AKO)} + T_{REL\_LOCAL}$ wenn $T_{ABS(AKO)}$ **und** T_{REL_LOCAL} angegeben sind

[1] **In diesem Fall steht in den Eingabefeldern eines Attributfensters für T_{ABS}, T_{REL_GLOBAL} und T_{REL_LOCAL} leider der irreführende Eintrag „undefined". Dies bedeutet nicht, dass die Innentemperatur irgendwie „undefiniert" ist, sondern nur, dass die Innentemperatur nicht über eine dieser drei T_x-Größen definiert wird.**

Der Faktor M_F *(Monte Carlo factor)* wird nur bei einer Monte-Carlo-Analyse variiert. Wenn keine Toleranzwerte angegeben sind oder die Monte-Carlo-Analyse deaktiviert ist, ist $M_F = 1$.

Der Parameter N_M (Nr. 7) ist ein Faktor in der Formel für den thermischen Rauschstrom:

$$I_{RS} = N_M \cdot \sqrt{\frac{4 \cdot k \cdot T_J}{R_S}}$$

Der Defaultwert $N_M = 0$ bewirkt, dass alle Widerstände, die auf dieses .MODEL-Statement zugreifen, bei der Rauschanalyse als rauschfrei simuliert werden.

Ü 9-2 Temperatur-Simulation Pt100 (UE_9-2_RES_PT100.CIR)

Für „normale" Widerstände mit festem Nennwert wird meistens nur ein linearer Temperaturkoeffizient wie in Ü 7-10c angegeben. Wird ein Pt100-Temperatur-Messwiderstand nur im Temperaturbereich von 0 °C bis +100 °C eingesetzt, wird ebenfalls oft nur ein linearer Temperaturkoeffizient mit a_1 = +3850 ppm/K angegeben. Für den größeren Temperaturbereich von 0 °C bis +850 °C oder für erhöhte Genauigkeit werden für eine quadratische Approximation ein linearer und ein quadratischer Temperaturkoeffizient mit $a_2 = +3{,}90802 \cdot 10^{-3}$ 1/K und $b_2 = -0{,}580195 \cdot 10^{-6}$ 1/K^2 angegeben. Bei der „Messtemperatur" 0 °C hat ein Pt100-Widerstand den Wert 100,00 Ω.

a) Starten Sie MC. Holen Sie sich über die **SF Resistor** oder über die **Menüfolge** **Component** → **Analog Primitives ▸** → **Passive Components ▸** → **Resistor R** das *Modell-Element eines Widerstandes* in den Schaltplan (R_1). Geben Sie im Attributfenster (siehe Bild 9-1) dem Attribut RESISTANCE den Wert „100.00". Geben Sie zusätzlich dem Attribut MODEL einen frei gewählten Modell-Namen wie z. B. „MY-PT100". Sobald Sie diesen eingegeben haben, sind die in Bild 9-1 nicht gezeigten Eingabefelder für Parameter aktiv. Parametrieren Sie für „MY-PT100" T_{C1} und T_{C2} mit den Zahlenwerten von a_2 und b_2, da der Modell-Typ RES praktischerweise eine quadratische Temperaturabhängigkeit beinhaltet.

ⓘ *Da für den Widerstandswert 100,00 Ω die Innentemperatur bei der Messung dieses Parameterwertes den Wert 0 °C hat, muss der Parameter $T_{MEASURED} = 0$ gesetzt werden! Die irreführende Angabe „undefined" beim Parameter $T_{MEASURED}$ bedeutet nicht, dass dieser Parameterwert irgendwie „undefiniert" ist, sondern dass er den Wert von T_{NOM} hat und das ist hier falsch, da der Defaultwert von T_{NOM} +27 °C beträgt!*

Ein Anschluss von R_1 kommt an *Ground*. Für diese Simulation wird keine Quelle benötigt.

b) Starten Sie eine DC-Analyse. Wählen Sie in der Rubrik *Sweep* als *Variable 1* „TEMP", die sich im Bereich von –100 °C bis +400 °C mit einer Schrittweite von 1 °C linear ändern soll. Als Ausgabe soll in einem Diagramm die Kurve $R_{(R1)} = f(T_{EMP})$ dargestellt werden. Als zweite Kurve soll in demselben Diagramm als *y*-Variable der Formelausdruck „100.00*(1+3850u*(TEMP-0))" dargestellt werden (die 0 verdeutlicht die Bezugstemperatur/Messtemperatur 0 °C, für die der Widerstandswert 100,00 Ω gilt). Dieser Ausdruck berechnet die ungenauere lineare Approximation. Starten Sie einen Simulationslauf.

	T_J	R_{Pt100} in Ω	$R_{(R1)}$ in Ω	Formel
Vergleichen Sie die simulierten und durch die Koeffizienten genähert berechneten Werte mit den in einer Norm angegebenen Werten (R_{Pt100}).	0 °C	100,00		
	+100 °C	138,50		
	+200 °C	175,84		
	+400 °C	247,04		

ⓘ *Bei diesem Beispiel ist die korrekte Angabe der Messtemperatur $T_{MEASURED} = 0$ für ein realitätsnahes/richtiges Simulationsergebnis entscheidend!*

In der Lösungsdatei UE_9-2_RES_PT100.CIR finden Sie eine Beschreibung und Anwendung der Funktion TABLE(X, x_1, y_1, x_2, y_2, ...x_n, y_n). Mit dieser Funktion können auf einfache Weise Wertepaare x_i, y_i als Funktion der Variablen X in MC eingegeben werden. Die Wertepaare werden in der Weise grafisch dargestellt, dass sie mit Geraden verbunden werden. ❑ Ü 9-2

Ü 9-3 Widerstand bei Hochfrequenz 1 (UE_9-3_RES_HF-VERHALTEN_1.CIR)

Um das Verhalten eines Widerstand-Bauelements auch bei hohen Frequenzen von Strom und Spannung realitätsnäher zu modellieren, beinhaltet der Modell-Typ RES von MC seit der Version 9 die Parameter L_S und C_P.

a) Ein 5-W-Drahtwiderstand mit $R = 1\,\Omega$ besteht aus $N = 20$ Windungen Widerstandsdraht, die um einen Keramikkörper gewickelt sind. Die Wicklung erstreckt sich über eine Länge von $l = 15$ mm mit einem Durchmesser von $D = 2$ mm. Schätzen Sie mit der Formel zur Berechnung des Induktivitätswertes einer Zylinderspule $L = \mu_0 \cdot \mu_r \cdot N^2 \cdot \dfrac{A}{l}$ die Eigeninduktivität dieses Bauelements ab (Lösung: $L = 105$ nH). Für die Eigenkapazität werden überschlägig 10 pF angenommen.

b) Starten Sie MC. Holen Sie sich über die **SF Resistor** oder über die **Menüfolge Component → Analog Primitives ▶ → Passive Components ▶ → Resistor R** das *Modell-Element eines Widerstandes* in den Schaltplan. Er bekommt von MC automatisch den *Modell-Bezeichner* R_1. Ändern Sie „R1" in „M1", damit für Sie deutlich wird, dass der Modell-Bezeichner nur ein Name ist und keine Formelgröße, die einen Wert annehmen kann. Geben Sie dem Attribut RESISTANCE den Wert „1Ohm". Geben Sie dem Attribut MODEL einen *Modell-Namen* wie z. B. „DRAHT-R-5W". Geben Sie in die nun aktiven Eingabefelder für die Parameter L_S und C_P die entsprechenden Werte 105 nH und 10 pF ein.

Holen Sie sich über die **Menüfolge Component → Analog Primitives ▶ → Waveform Sources ▶ → Current Source I** die in Abschn. 8.2.4 (Ü 8-5) behandelte Universalstromquelle *Current Source I* in den Schaltplan. Wählen Sie für einen trapezförmigen Zeitverlauf des Stromes die Registerkarte *Pulse*. Die Eingabewerte sind: $I_1 = 0$ A, $I_2 = 1$ A, $T_D = 0$ s, $T_R = 100$ ns, $T_F = 100$ ns, $P_W = 2{,}4$ µs und $P_{ER} = 5$ µs. Prüfen Sie Ihr Verständnis dieser Werte, indem Sie den Zeitverlauf, den Sie aufgrund dieser Eingabewerte erwarten, auf einem Zettel skizzieren.

c) Starten Sie zunächst eine AC-Analyse. Zu simulierender Frequenzbereich: 10 Hz bis 10 MHz, logarithmische Schrittweitenberechnung für 501 Punkte. Nachfolgend sind als *Y Expression* neun Funktionen und Kombinationen von Funktionen aufgeführt, die sich auf das Modell-Element mit dem Modell-Bezeichner „M1" beziehen. Geben Sie diese Angaben geeignet in das Dialogfenster *AC Analysis Limits* ein. Als *X Expression* dieser Kurven soll die Variable „F" eingegeben werden.

Page	*P*	*Y Expression*	berechnet und zeigt:
elektr. Größen	1	R(M1)	ohmscher Widerstandswert von M_1
elektr. Größen	2	L(M1)	Induktivitätswert von M_1
elektr. Größen	3	C(M1)	Kapazitätswert von M_1
komplexe Gr.	1	Z(M1) [Be]	***nur*** Impedanz = $|\underline{Z}_{M1}|$ [Be]
komplexe Gr.	1	RE(Z(M1)) [Ko]	Realteil von $\underline{Z}_{M1}$ [Ko]
komplexe Gr.	1	IM(Z(M1)) [Ko]	Imaginärteil von $\underline{Z}_{M1}$ [Ko]
komplexe Gr.	1	MAG(Z(M1)) [Ko] [Be]	Betrag von $\underline{Z}_{M1}$ (Impedanz) [Ko] [Be]
komplexe Gr.	2	DB(Z(M1)) [DB]	$20{\cdot}\log\,(|\underline{Z}_{M1}|)$ [DB]
komplexe Gr.	3	PH(Z(M1)) [Ko]	Winkel von $\underline{Z}_{M1}$, φ_{ZM1} in ° [Ko]

[Ko] Bei diesen Funktionen wird als Argument „…Z(M1)…" die komplexe Zahl $\underline{Z}_{M1}$ verwendet. Somit gilt: MAG(Z(M1)) = $|\underline{Z}_{M1}|$.

[Be] Wenn Sie „Z(M1)" als *Y Expressionen* eingegeben haben, wird natürlich nicht die komplexe Zahl $\underline{Z}_{M1}$ angezeigt, sondern nur deren Betrag! Als *Y Expression* liefern die Funktionen

„Z(M1)" und „MAG(Z(M1)" dasselbe Ergebnis. **Der Autor empfiehlt der Klarheit wegen, immer die Funktion MAG( ) einzugeben, wenn der Betrag einer komplexen Größe angezeigt werden soll.** Die Funktion ABS( ) liefert dasselbe Ergebnis wie MAG( ).

DB) Mit der Funktion DB(Z(M1)) berechnet MC wie erwartet das logarithmische Maß von $|\underline{Z}_{M1}|$ und nicht von der komplexen Zahl $\underline{Z}_{M1}$. Die Eingabe des Formelausdrucks „20*LOG(Z(M1))" als *Y Expression* liefert ein anderes Ergebnis, *da MC den Logarithmus von der komplexen Zahl $\underline{Z}_{M1}$ berechnet.* Dieses ergibt ein komplexes Ergebnis. Erst für die Ausgabe wird davon der Betrag gebildet. Der Formelausdruck „20*LOG(MAG(Z(M1)))" ergibt dagegen das mit der Funktion DB( ) berechnete und i. Allg. erwartete Ergebnis.

Ein Logarithmus kann nur von einer dimensionslosen Zahl gebildet werden. Formal korrekt müsste 20·log ($|\underline{Z}_{M1}|$/1 Ω) geschrieben werden. Wie ein Taschenrechner hat MC damit keine Probleme, da nur mit Zahlen gerechnet wird.

ⓘ *Wird eine komplexe Größe als X- und/oder Y-Expression eingetragen, nimmt MC den Betrag dieser komplexen Größe.*

ⓘ *LOG( ) und ähnliche und transzendente Funktionen wie SIN( ), COS( ), ATAN( ) und ähnliche verarbeiten in MC auch komplexe Zahlen $\underline{k}$ als Argument. Soll das Argument nur der Betrag sein, ist unbedingt die Funktion MAG($\underline{k}$) zusätzlich anzugeben.*

ⓘ *In der Musterdatei M_9-1_RES_KOMPLEX.CIR werden die Funktionen detailliert erklärt. Mit den dortigen Beispielen können Sie Ihr Verständnis prüfen, ggf. verbessern oder ergänzen. Weitere Hinweise und Funktionen finden Sie in [MC-ERG].*

Starten Sie einen Simulationslauf. Die Ergebnisse lassen sich so interpretieren: Mit zunehmender Frequenz steigt die Wirkung der mit L_S modellierten Eigeninduktivität. In Analogie zu Filterschaltungen könnte man aus der Kurve „DB(Z(M1))" eine 3-dB-Grenzfrequenz ermitteln, die bei ca. 1,5 MHz liegt. Oberhalb dieser Frequenz wird die Annahme, dass das Modell-Element M_1 noch als ohmscher Widerstand wirkt, zunehmend falscher. Von der Wirkung der Eigenkapazität ist nichts zu erkennen.

c) Angenommen, dieser Widerstand soll als *Shunt* für einen fast rechteckförmig eingeprägten Strom mit $T = 5$ µs dienen, der mit der Stromquelle I_1 nachgebildet wird. Starten Sie eine TR-Analyse. Lassen Sie sich über den Zeitbereich von 10 µs den Strom durch und die Spannung an M_1 darstellen. Starten Sie einen Simulationslauf.

Das Ergebnis lässt sich so interpretieren: Während der Zeitabschnitte mit Stromänderungen di/d$t \neq 0$, „verfälscht" der *Shunt* M_1 die *u-i*-Wandlung deutlich, sodass die Spannung nicht proportional zum Strom ist. Er ist daher für diese Anwendung i. Allg. unbrauchbar. Als *Shunt* gibt es niederohmige Widerstände, bei denen durch geschickte Konstruktion die Eigeninduktivität deutlich herabgesetzt ist. ❑ Ü 9-3

Ü 9-4 Widerstand bei Hochfrequenz 2 (UE_9-4_RES_HF-VERHALTEN_2.CIR)

Ob sich die mittels C_P und L_S modellierten Eigenschaften Eigenkapazität und Eigeninduktivität bemerkbar machen, hängt auch von der Größe des Widerstandswertes ab. „Normale" Metallschicht-Widerstände gibt es von 1 Ω bis 10 MΩ. Unter der Annahme, dass aufgrund der Baugröße und der Bauart eines kommerziellen Widerstandtyps wie z. B. MMB0207 aus Ü 7-9 Eigeninduktivität und -kapazität bei allen Widerstandswerten gleich groß sind, soll mit dieser Simulation untersucht werden, wie sich der Widerstandswert auswirkt.

a) Es sei angenommen, dass bei einem Metallschicht-Widerstand die Eigeninduktivität ca. 10 nH betrage. Die Eigenkapazität im eingelöteten Zustand sei mit 10 pF abgeschätzt. Starten Sie MC. Holen Sie sich über die **SF Resistor** oder über die **Menüfolge Component → Analog Primitives ▸ → Passive Components ▸ → Resistor R** das *Modell-Element eines Widerstandes* in den Schaltplan. Er bekommt von MC automatisch den *Modell-Bezeichner* R_1. Geben Sie dem Attribut RESISTANCE den Wert „1k". Geben Sie dem Attribut MODEL einen Modell-Namen wie z. B. „Metallschicht-R". Parametrieren Sie L_S und C_P entsprechend mit den Werten 10 nH und 10 pF.

Sind nur die Modell-Elemente *Battery* bzw. *ISource* als Quellen vorhanden, erfolgt die Fehlermeldung: „*The AC signal magnitudes of all sources in this circuit are zero*", da diese beiden Modell-Elemente für die komplexe Wechselstromrechnung durch Kurzschluss bzw. Leerlauf ersetzt werden. Schließen Sie daher aus der Auswahl hinter der **Menüfolge Component → Analog Primitives ▸ → Waveform Sources ▸** eine Quelle an, die während der komplexen Wechselstromrechnung eine Sinusgröße einprägt wie z. B. die *Pulse Source*. Die Parametrierung der Quelle ist für die vorgesehenen Ausgabegrößen ohne Einfluss, da der Modell-Typ RES linear ist und die Berechnung der Ersatzwerte in jedem Arbeitspunkt dieselben Ergebnisse liefert.

Starten Sie eine AC-Analyse. Zu simulierender Frequenzbereich: 1 kHz bis 100 GHz, logarithmische Schrittweitenberechnung für 501 Punkte.

Lassen Sie sich in einem doppelt-logarithmischen Diagramm mit *X Expression* „F" als *Y Expression* den Formelausdruck „MAG(Z(R1))/R(R1)" berechnen und darstellen. Dieser Formelausdruck berechnet den Betrag des komplexen Widerstandswerts $|\underline{Z}_{(R1)}|$, auch Scheinwiderstand oder Impedanz genannt, und normiert auf den Wirkwiderstand, sodass sich bei verschiedenen Werten von $R_{(R1)}$ die Ergebnisse leicht vergleichen lassen.

Lassen Sie sich in einem zweiten halb-logarithmischen Diagramm mit *X Expression* „F" als *Y Expression* den Wert „PH(Z(R1))" darstellen. Diese Funktion berechnet den Winkel des komplexen Widerstandswerts φ_{ZR1} in °.

Stellen Sie über die **SF Stepping…** ein, dass für $R_{(R1)}$ die Werte 10 Ω, 1 kΩ, 100 kΩ und 10 MΩ (Methode *List*) simuliert werden. Starten Sie einen Simulationslauf. Bild 9-3 zeigt den Betragsverlauf (Amplitudengang) mit optimierten Achsenskalierungen, der sich folgendermaßen interpretieren lässt:

Bei kleinem Wirkwiderstandswert (hier $R_{(R1)}$ = 10 Ω) ist bei hohen Frequenzen (hier ab ca. 100 MHz) die Wirkung der *Eigeninduktivität* erkennbar. Die Wirkung der Eigenkapazität ist nicht erkennbar.

Mit steigenden Wirkwiderstandswerten ist auch die Wirkung der *Eigenkapazität* erkennbar, die dazu führt, dass der Scheinwiderstand kleiner wird. Es ergibt sich bei diesem Beispielen bei ca. 500 MHz eine Resonanzstelle in Form eines Minimums der Scheinwiderstandes. Danach steigt der Scheinwiderstand aufgrund der Wirkung der *Eigeninduktivität* an.

Bei großem Wirkwiderstandswert (hier $R_{(R1)}$ = 10 MΩ) ist schon bei niedrigen Frequenzen (hier ab ca. 1 kHz) die Wirkung der *Eigenkapazität* im Betragsverlauf erkennbar, daher ist nicht nur bei Hochfrequenz ggf. an die Wirkung von Eigenkapazität und Eigeninduktivität zu denken.

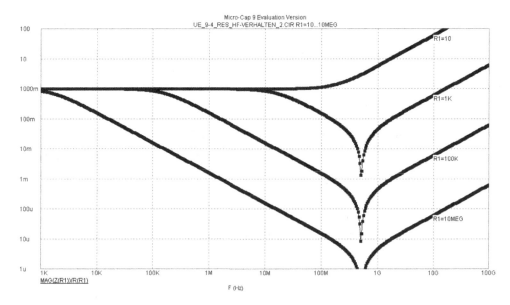

Bild 9-3 Ergebnis einer AC-Analyse mit *Stepping* des Widerstandswertes von R_1

ⓘ Kommen in einer Schaltung höhere Frequenzen vor, haben Eigeninduktivität bzw. Eigenkapazität eine erkennbare Wirkung. Vereinfacht ausgedrückt dominiert bei niedrigen Widerstandswerten die Eigeninduktivität, bei hohen Widerstandswerten die Eigenkapazität. Durch Abschätzen oder Datenblattangaben kann das Verhalten mit dem Modell-Typ RES simuliert werden. Die kapazitiven und induktiven Wirkungen des Aufbaus wie Leiterbahnen und Zuleitungen müssen ggf. mit ca. 0,1 pF/mm bzw. 1 nH/mm zusätzlich berücksichtigt und abgeschätzt werden, um realitätsnäher zu simulieren.

b) Zeigen Sie mit dem Mauszeiger auf das Modell-Symbol des Widerstands R_1. <DKL> markiert dieses Modell-Element und es öffnet sich erneut das in Bild 9-2 gezeigte Attributfenster des Modell-Typs RES. Im Listenfeld (6) bietet Ihnen MC als charakteristische Kennlinie nur die Kurve „Impedance vs. F". Starten Sie mit der **SF Plott...** (7) eine Berechnung dieser Kennlinie und vergleichen Sie mit dem Ergebnis in Bild 9-3. Auf diese Weise können Sie schnell den Betragsverlauf simulieren und hinsichtlich seiner Realitätsnähe bewerten.   ❑ Ü 9-4

9.1.3 Einfache Modelle für die Bauelemente Kondensator und Spule

Im Gegensatz zum Bauelement Widerstand ist bei den Bauelementen Kondensator und Spule die *energiespeichernde Wirkung* erwünscht. Starten Sie MC. Holen Sie sich über die **SF Capacitor** oder über die **Menüfolge** **Component** → **Analog Primitives** ▸ → **Passive Components** ▸ → **Capacitor C** das Modell-Element eines Kondensators in den Schaltplan. Es öffnet sich das **Attributfenster** *Capacitor*, das den gleichen Aufbau hat wie das Attributfenster *Resistor* (Bild 9-1). Über das Attribut CAPACITANCE können Sie einen Kapazitätswert eingeben. Auch hier kann anstelle eines festen Wertes ein Formelausdruck eingegeben und damit z. B. die Spannungsabhängigkeit eines Kapazitätswertes simuliert werden.

Diesen Wert könnten Sie noch mit einer Anfangsbedingung *(initial condition)* ergänzen, indem Sie den Kapazitätswert „*capacitance*" mit der Syntax „*capacitance* [IC=*initial voltage*]" ergänzen. Wenn in der TR-Analyse die CB □ *Operating Point* deaktiviert ist, wird zu Simulationsbeginn für diese Kapazität angenommen, dass sie auf den Wert *initial voltage* aufgeladen ist.

Alternativ zu CAPACITANCE kann das Attribut CHARGE eingestellt werden. Über den Zusammenhang $C_d(u_C) = dQ/du_C = f(u_C)$ berechnet MC daraus den differenziellen Kapazitätswert C_d. Weitere Einzelheiten und Anwendungsregeln hierzu finden Sie in [MC-REF].

Holen Sie sich über die **SF Inductor** oder über die **Menüfolge Component → Analog Primitives ▸ → Passive Components ▸ → Inductor L** das Modell-Element einer Spule in den Schaltplan. Es öffnet sich das **Attributfenster *Inductor***. Über das Attribut INDUCTANCE können Sie einen Induktivitätswert eingeben. Auch hier kann anstelle eines festen Wertes ein Formelausdruck eingegeben und damit z. B. die Stromabhängigkeit eines Induktivitätswertes simuliert werden. Weitere Alternativen zur Simulation einer nichtlinearen Induktivität werden in Abschn. 9.2 behandelt.

Die Angabe beim Attribut INDUCTANCE können Sie ebenfalls mit einer Anfangsbedingung *(initial condition)* ergänzen, indem Sie den Induktivitätswert „*inductance*" mit der Syntax „*inductance* [IC=*initial current*]" erweitern. Wenn in der TR-Analyse die CB □ *Operating Point* deaktiviert ist, wird zu Simulationsbeginn für diese Spule angenommen, dass sie auf den Wert *initial current* aufgeladen ist.

Alternativ zu INDUCTANCE kann das Attribut FLUX eingestellt werden. Damit ist der Verkettungsfluss Ψ (griech. Psi) gemeint und müsste daher präziser *flux linkage* genannt werden. Über den Zusammenhang $L_d(i_L) = d\Psi/di_L = f(i_L)$ berechnet MC daraus den differenziellen Induktivitätswert L_d. Weitere Einzelheiten und Anwendungsregeln hierzu finden Sie in [MC-REF]. Der theoretische Hintergrund ist in Abschn. 9.2.1 ausführlicher erläutert.

ⓘ **In den meisten Fällen sind diese Modellierungen mit den größten Vernachlässigungen für die Beschreibung der Bauelemente Kondensator und Spule bereits ausreichend realitätsnah. Wenn die Attribute CAPACITANCE bzw. INDUCTANCE einen konstanten Wert haben, wird mit diesen Modell-Elementen ein *idealer Kondensator* bzw. eine *ideale Spule* simuliert.**

9.1.4 Modell-Typ CAP *(Capacitor)* für das Bauelement Kondensator

Eine komplexere Modellierung eines realen Kondensators bietet der Modell-Typ CAP von MC, der gegenüber dem SPICE-/PSPICE-Modell-Typ CAP erweitert ist. Die Ersatzschaltung ist in Bild 9-4 gezeigt. Die kapazitive Wirkung als primäre Eigenschaft wird mit der Serienkapazität C_S modelliert. Eine induktive Wirkung wird mit der Serieninduktivität L_S nachgebildet, die in der Literatur und Datenblättern auch als L_{esl} *(equivalent series inductance)* bezeichnet wird. Die ohmsche Wirkung der Zuleitungen, der „Platten" und die Wirkung dielektrischer Verluste wird durch den Serienwiderstand R_S nachgebildet. Dieser modelliert den in Datenblättern angegebenen Wert R_{esr} *(equivalent series resistance)* eines Kondensators. Die endliche Gleichspannungs-Isolationsfähigkeit des Dielektrikums wird mit dem Parallelwiderstand R_P nachgebildet. Die Parameterliste des Modell-Typs CAP ist in Tabelle 9.2 aufgeführt.

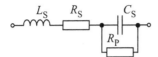

Bild 9-4
Ersatzschaltung für das Kondensatormodell
des Modell-Typs CAP in MC

Tabelle 9.2 Parameterliste des Modell-Typs CAP mit Defaultwerten (Dflt.) und Einheiten (E.)

Nr.	Parameter in MC	Parameterbezeichnung	Dflt.	E.
1	C, C_M	*Capacitance **multiplier** (!)*	1	-
2	LS, L_S	*Series inductance*	0	H
3	RS, R_S	*Series resistance*	0	Ω
4	RP, R_P	*Parallel resistance*	∞	Ω
5	VC1, V_{C1}	*Voltage coefficient (linear)*	0	1/V
6	VC2, V_{C2}	*Voltage coefficient (quadratic)*	0	$1/V^2$
7	TC1, T_{C1}	*Temperature coefficient (linear)*	0	1/°C
8	TC2, T_{C2}	*Temperature coefficient (quadratic)*	0	$1/°C^2$
9	T_MEASURED	*Parameter measurement temperature*	TNOM	°C

Mit einer der drei T_x-Größen T_{ABS}, T_{REL_GLOBAL}, T_{REL_LOCAL} kann die Innentemperatur T_J für einen Simulationslauf eingestellt/angepasst werden.

Die Bedeutung der Parameter L_S, R_S und R_P (Nr. 2 bis 4) ergibt sich aus der Ersatzschaltung.

Der Kapazitätswert, mit dem MC während eines Simulationslaufes für C_S konkret rechnet, ergibt sich aus:

$$C_S = capacitance \cdot C_M \cdot Q_F \cdot T_F \cdot M_F$$

capacitance ist der Wert, den Sie für das Attribut CAPACITANCE entweder als Zahlenwert oder als Formelausdruck eingegeben haben.

Der Parameter C_M (Nr. 1) ist analog zum Modell-Typ RES ein Multiplikator, mit dem sich die Kapazitätswerte *aller* Kondensatoren, die auf den Parameterwertesatz mit diesen Modell-Namen zugreifen, mit einem Schritt proportional verändern lassen. Er wird daher in diesem Buch mit C_M bezeichnet. $C_M = 0{,}5$ halbiert z. B. diese Kapazitätswerte.

Der Faktor T_F *(temperature factor)* modelliert die Temperaturabhängigkeit des Kapazitätswertes über $T_F = 1 + T_{C1} \cdot (T_J - T_{JM}) + T_{C2} \cdot (T_J - T_{JM})^2$. Einzelheiten siehe Abschn. 9.1.2.

Der Faktor M_F *(Monte Carlo factor)* wird nur bei einer Monte-Carlo-Analyse variiert. Wenn keine Toleranzwerte angegeben sind oder die Monte-Carlo-Analyse deaktiviert ist, ist $M_F = 1$.

Der Faktor Q_F *(quadratic factor)* ermöglicht die Modellierung einer quadratischen Spannungs-abhängigkeit des Kapazitätswertes über $Q_F = 1 + V_{C1} \cdot u_{(CX)}(t) + V_{C2} \cdot u_{(CX)}(t)^2$.

Ü 9-5 Spannungsabhängigkeit $C = f(u_C)$ (UE_9-5_CAP_X7R.CIR)

Gleichspannungen führen bei K̲e̲r̲a̲m̲i̲k̲kondensatoren (Kerko) mit Keramiken der Klasse 2 (HDK, h̲o̲h̲e d̲ielektrische K̲onstante) wie z. B. X7R oder Z5U zu einer signifikanten Abnahme des Kapazitätswertes. Beim Material X7R ist im Datenblatt eines Herstellers für einen 100-nF-50-V-X7R-Kerko eine Kennlinie $\Delta C/C_0 = f(u_C)$ angegeben, die näherungsweise wie eine Parabel aussieht. Zwei Wertepaare sind –5 % @ 30 V und –15 % @ 50 V.

a) Der Modell-Typ CAP erlaubt über den quadratischen Faktor Q_F eine Modellierung der Spannungsabhängigkeit in der Form: $C_S = capacitance \cdot Q_F$. Berechnen Sie aus den angegebenen Wertepaaren ($\Delta C/C_0$ ist in % angegeben!) die Werte der Parameter V_{C1} und V_{C2} (Lösung: $V_{C1} = +125 \cdot 10^{-6}$ 1/V, $V_{C2} = -62,5 \cdot 10^{-6}$ 1/V²).

b) Starten Sie MC. Holen Sie sich über die **SF Capacitor** oder über die **Menüfolge Component → Analog Primitives ▶ → Passive Components ▶ → Capacitor C** das *Modell eines Kondensators* in den Schaltplan (C_1). Es öffnet sich das Attributfenster *Capacitor*. Geben Sie dem Attribut CAPACITANCE den Wert „100nF". Geben Sie dem Attribut MODEL einen frei gewählten Modell-Namen wie z. B. „KERKO-X7R". Parametrieren Sie für „KERKO-X7R" die Parameter V_{C1}, V_{C2} mit den Zahlenwerten aus a).

Schließen Sie an C_1 das Modell-Element *Battery* (V_1) an, Spannungswert $V_{(V1)} = 0$ V. Starten Sie eine DC-Analyse. Lassen Sie die Spannung von V_1 zwischen −50 V und +50 V variieren, Schrittweite 1 V. Lassen Sie sich in einem Diagramm den Kapazitätswert $C = f(u_C)$ und in einem zweiten Diagramm $\Delta C/C_0 = f(u_C)$ anzeigen. u_C ist hierbei „V(C1)". Mit dem Ausdruck „C(C1)" bzw. „(C(C1)-100nF)/100nF*100" als *Y-Expression* bekommen Sie jeweils den passenden Wert für die y-Achse gezeigt. Starten Sie einen Simulationslauf.

c) Bei einer TR-Analyse steht ergänzend zur Ausgabevariablen „C(C1)" auch noch „Q(C1)" zur Verfügung. „Q(C1)" gibt den Wert der Ladung von C_1 an. Schließen Sie an C_1 eine *Pulse Source* an. Parametrieren Sie diese so, dass ein dreieckförmiger Spannungsverlauf zwischen −50 V und +50 V mit einer Periodendauer von 1 s erzeugt wird. Verwenden Sie im Attributfenster *Pulse Source* die **SF Plot...**, um Ihre Parametrierung zu überprüfen.

Starten Sie eine TR-Analyse. Wählen Sie als Zeitbereich 0,5 s. Lassen Sie sich in Diagramm 1 die Kurve $V_{(V1)}$ vs. T, in Diagramm 2 die Kurve $C_{(C1)}$ vs. $V_{(C1)}$ und in Diagramm $Q_{(C1)}$ vs. $V_{(C1)}$ anzeigen. Starten Sie einen Simulationslauf.

In Diagramm 2 wird der spannungsabhängige Kapazitätswert gezeigt. Der Verlauf stimmt recht gut mit der Kennlinie aus dem Datenblatt des Herstellers überein.   ❑ Ü 9-5

Ü 9-6 Frequenzverhalten eines Kondensators (UE_9-7_CAP_FREQUENZ_1.CIR)

Um das Verhalten eines Kondensators bei verschiedenen Frequenzen realitätsnäher zu modellieren, beinhaltet der Modell-Typ CAP seit der MC-Version 9 die Parameter L_S, R_S und R_P.

Bei Kondensatoren wird in den Datenblättern häufig ein Diagramm „Scheinwiderstand $|Z|$ vs. Frequenz f" angegeben, aus denen sich die Parameterwerte für L_S und R_S extrahieren lassen. Alternativ werden Werte für R_{esr} und L_{esl} angegeben.

a) Im Datenblatt eines Herstellers werden für einen axial bedrahteten Standard-Al-Elko (Aluminium-Elektrolyt-Kondensator) mit zylindrischer Bauform ($C_N = 100$ μF, $U_N = 63$V, $d = 12$ mm, $l = 30$ mm) die Kennwerte $R_{esr} = 350$ mΩ und $L_{esl} = 21$ nH angegeben. Parametrieren Sie das .MODEL-Statement eines „MY-ALELKO" genannten Parameterwertesatzes für diesen Al-Elko (Modell-Bezeichner C_1). Simulieren Sie für C_1 mit einer AC-Analyse den „Scheinwiderstand $|Z_C|$ in Abhängigkeit von der Frequenz f" für den Bereich von 100 Hz bis 1 GHz. Als *Y Expression* liefert die Funktion „MAG(Z(C1))" die gesuchte Größe.

b) Für SMD-Kerkos werden in einem Datenblatt für verschiedene Kapazitätswerte folgende Werte für R_{esr} angegeben: 63 mΩ (100 nF), 125 mΩ (10 nF), 250 mΩ (1 nF) und 500 mΩ

(100 pF). Aufgrund der gleichen Baugröße ist als Eigeninduktivität $L_{esl} = 1{,}6$ nH angegeben. Erstellen Sie .MODEL-Statements für jeden dieser Kerkos. Simulieren Sie mit einer AC-Analyse für jeden Kerko (C_2 bis C_5) den Scheinwiderstand $|\underline{Z}|$ in Abhängigkeit von der Frequenz f für den Bereich von 100 Hz bis 1 GHz. Bild 9-5 zeigt das nachträglich beschriftete Ausgabefenster.

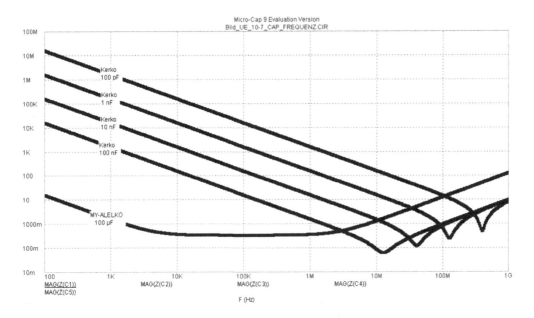

Bild 9-5 Simulation des Scheinwiderstands $|\underline{Z}_C|$ verschiedener Kondensatoren

Bild 9-5 lässt sich folgendermaßen interpretieren:

Bei niedrigen Frequenzen (<10 kHz) verhalten sich alle fünf Kondensatoren kapazitiv. Je größer der Kapazitätswert desto „niederohmiger" der Scheinwiderstand.

Zwischen 10 kHz und 1 MHz wirkt der Al-Elko nur noch wie ein ohmscher Widerstand mit seinem R_{esr}. Die Resonanzfrequenz liegt rechnerisch bei ca. 110 kHz.

Bei höheren Frequenzen dominiert beim Al-Elko die induktive Wirkung, während die Kerkos weiterhin kapazitiv wirken und trotz kleinerem Kapazitätswert einen kleineren Scheinwiderstand haben als der Al-Elko. Dies geht ungefähr bis zur Resonanzfrequenz jedes Kerko, die mit kleinerem Kapazitätswert größer wird.

ⓘ Aufgrund dieses Verhaltens werden oft Parallelschaltungen aus Al-Alko und Kerkos (z. B. 100 µF Elko, 100 nF Kerko, 1 nF Kerko) zwischen einer Versorgungsspannung und Masse eingesetzt. Der hochkapazitive Al-Elko dient als „Stützkondensator" und liefert bei kurzzeitigen Strompulsen als *lokaler* Energiespeicher die Energie. Dadurch wird *lokal* ein starker Spannungseinbruch aufgrund des Spannungsabfalls an den Zuleitungen vermieden. Daher spricht man auch von „Glättungskondensator" *(smoothing capacitor)*. Der oder die parallel geschalteten niederkapazitiven Kerkos wirken auch noch bei hohen Frequenzen kapazitiv mit einem niedrigen Scheinwiderstand und bilden so für hochfre-

quente Störströme einen niederohmigen Pfad. Die Bezeichnung „*bypass capacitor*"
drückt diese Wirkung bildhaft aus.

**Es ist aufgrund dieser Simulation einzusehen, warum die Anschlussleitungen dieser
Kondensatoren kurz sein müssen, da typische Leitungen mit ca. 1 nH/mm Eigenin-
duktivitätsbelag wirken!**   ❏ Ü 9-6

9.1.5 Modell-Typ IND *(Inductor)* für das Bauelement Spule

Eine komplexere Modellierung einer Spule bietet der Modell-Typ IND von MC, der gegenüber
dem SPICE-/PSPICE-Modell-Typ IND erweitert ist. Die Ersatzschaltung ist in Bild 9-6 gezeigt. Die induktive Wirkung als primärer Effekt wird mit der Serieninduktivität L_S modelliert.
Eine kapazitive Wirkung z. B. von der Wicklung (Wicklungskapazität) wird mit der Parallelkapazität C_P nachgebildet. Die ohmsche Wirkung der Wicklung und der Zuleitungen und ggf.
Verluste eines ferromagnetischen Kernmaterial werden durch den Serienwiderstand R_S nachgebildet. Die Parameterliste des Modell-Typs IND ist in Tabelle 9.3 aufgeführt.

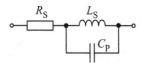

Bild 9-6
Ersatzschaltung für das Spulenmodell
des Modell-Typs IND in MC

Tabelle 9.3 Parameterliste des Modell-Typs IND mit Defaultwerten (Dflt.) und Einheiten (E.)

Nr.	Parameter in MC	Parameterbezeichnung	Dflt.	E.
1	L, L_M	*Inductance* **multiplier** *(!)*	1	-
2	CP, C_P	*Parallel capacitance*	0	F
3	RS, R_S	*Series resistance*	0	Ω
4	IL1, I_{L1}	*Current coefficient (linear)*	0	1/A
5	IL2, I_{L2}	*Current coefficient (quadratic)*	0	$1/A^2$
6	TC1, T_{C1}	*Temperature coefficient (linear)*	0	1/°C
7	TC2, T_{C2}	*Temperature coefficient (quadratic)*	0	$1/°C^2$
8	T_MEASURED	*Parameter measurement temperature*	TNOM	°C

Mit einer der drei T_x-Größen T_{ABS}, T_{REL_GLOBAL}, T_{REL_LOCAL} kann die Innentemperatur T_J für einen
Simulationslauf eingestellt/angepasst werden.

Die Bedeutung der Parameter C_P und R_S (Nr. 2 und 3) ergibt sich aus der Ersatzschaltung.

Der Induktivitätswert, mit dem MC während eines Simulationslaufes für L_S konkret rechnet,
ergibt sich aus:

$$L_S = inductance \cdot L_M \cdot Q_F \cdot T_F \cdot M_F$$

inductance ist der Wert, den Sie für das Attribut INDUCTANCE entweder als Zahlenwert oder
als Formelausdruck eingegeben haben.

Der Parameter L_M (Nr. 1) ist ein Multiplikator, mit dem sich die Induktivitätswerte *aller* Spulen, die auf den Parameterwertesatz mit diesen Modell-Namen zugreifen, mit einem Schritt
proportional verändern lassen. $L_M = 1,2$ ändert z. B. diese Induktivitätswerte um +20 %.

Der Faktor T_F *(temperature factor)* modelliert die Temperaturabhängigkeit des Induktivitätswertes über $T_F = 1 + T_{C1} \cdot (T_J - T_{JM}) + T_{C2} \cdot (T_J - T_{JM})^2$. Einzelheiten siehe Abschn. 9.1.2.

Der Faktor M_F *(Monte Carlo factor)* wird nur bei einer Monte-Carlo-Analyse variiert. Wenn
keine Toleranzwerte angegeben sind oder die Monte-Carlo-Analyse deaktiviert ist, ist $M_F = 1$.

Der Faktor Q_F *(quadratic factor)* ermöglicht die Modellierung einer linearen bzw. quadrati-
schen Stromabhängigkeit des Induktivitätswertes über $Q_F = 1 + I_{L1} \cdot i_{(LX)}(t) + I_{L1} \cdot i_{(LX)}(t)^2$ z. B.
aufgrund eines nichtlinearen Feldmediums. Ein Beispiel aus der Praxis, wo dieses in dieser
Form vorkommt, ist dem Autor nicht bekannt. Vermutlich ist der Faktor Q_F nur aufgrund der
Analogie zum Modell-Typ CAP enthalten und nicht, weil es Spulen gibt, deren Induktivitätswert eine lineare bzw. quadratische Stromabhängigkeit aufweisen.

Nichtlineare und ggf. hysteresebehaftete Feldmedien wie Kerne aus Ferrit oder Eisen führen
allerdings dazu, dass ein Induktivitätswert vom Strom abhängig wird. Hierfür bietet MC den
Modell-Typ CORE, der im folgenden Abschn. 9.2 beschrieben wird.

Des Weiteren werden in der Elektrotechnik Spulen/Wicklungen induktiv gekoppelt und heißen
dann Transformator oder Übertrager. Modell-Typen hierfür werden in Abschn. 9.3 behandelt.

Da der Modell-Typ IND ähnlich wie die Modell-Typen RES bzw. CAP gestaltet ist, wird auf
eine die Parameter erläuternde Übung verzichtet.

9.2 Modell-Typ CORE für Spule mit ferromagnetischem Kern

Dieser Abschn. 9.2 behandelt die Simulation eines nichtlinearen und hysteresebehafteten
Feldmediums mit dem Modell-Typ CORE. Mit den in Abschn. 9.2.1 enthaltenen Übungsaufgaben Ü 9-7 bis Ü 9-10 werden die Grundlagen behandelt, um den Modell-Typ CORE, der im
Modell-Element *K device* enthalten ist, besser zu verstehen. In Abschn. 9.2.2 wird darauf auf-
bauend der Modell-Typ CORE beschrieben. Die Modell-Gleichungen des Modell-Typs CORE
sind vergleichsweise kurz, mit vier Material- und drei Geometrieparametern ist die Parameterliste überschaubar. Trotzdem werden vor der Modellbeschreibung in Abschn. 9.2.2 theoretische Zusammenhänge und Begriffe erläutert.

Der Autor möchte damit denjenigen Leserinnen und Lesern entgegenkommen, die bisher selten mit induktiven Bauelementen zu tun hatten und die damit ihr theoretisches Wissen darüber
auffrischen können. Weitere Einzelheiten sind in [REI2] zu finden. Für eine allgemeingültigere
und ausführlichere Darstellung des Themengebietes „magnetisches Feld" sei auf [FHN1] und
[FHN2] und andere Grundlagen-Lehrbücher verwiesen.

In [MC-REF] wird das Modell-Element *K device* als „*K device (Mutual inductance / Nonlinear
magnetic core model)*" bezeichnet und daher in der alphabetisch sortierten Tabelle 8.1 unter K
geführt. Die Anwendung als „... / *Nonlinear magnetic core model*" (mit Modell-Typ CORE)
wird in diesem Abschn. 9.2 behandelt. Wie mit *K device* induktiv gekoppelte Wicklungen
simuliert werden können, wird in Abschn. 9.3 behandelt.

ⓘ *Die Abschn. 9.2 und 9.3 können als Beispiel dafür dienen, wie Sie Simulation mit MC
auch ggf. als didaktisches Hilfsmittel anwenden können, um die Zusammenhänge
eines elektrotechnischen Themengebietes besser zu verstehen. Daher sind die
theoretischen Erläuterungen dieser beiden Abschnitte ausführlicher als zu anderen
Themen.*

9.2.1 Einführung, Berechnungen und erste Simulationen

Als vorbereitende Übung soll eine Spule mit einem nichtlinearen, allerdings nicht hysteresebehafteten Feldmedium simuliert werden. Hierzu wird die Möglichkeit genutzt, in MC für Attribute Formelausdrücke eingeben zu können, wie es bereits in Abschn. 9.1.1 für den Widerstandswert eines VDR gemacht wurde. Ziel ist es, das Strom-Spannungsverhalten $u_L = f(i_L)$ der in Bild 9-7 schematisch dargestellten Kreisring-Spule *(toroid)* zu simulieren.

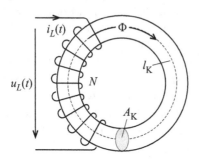

Bild 9-7
Schematische Darstellung einer
Kreisring-Spule *(toroid)* ohne
Luftspalt

Die **Spule** besteht aus einer **Wicklung** und einem **Ringkern**. Bei den Materialien, aus denen der Ringkern bestehen könnte und die als Feldmedien wirken, soll zwischen zwei Arten unterschieden werden:

- Nicht magnetisierbare Materialien wie Luft oder Holz (Index „0" oder „Ls" im Fall eines später zu berücksichtigen <u>L</u>uftspalts).

- Gut magnetisierbare Materalien wie Eisen oder <u>F</u>errit (Index Fe), die im Folgenden zusammenfassend als **ferromagnetische Materialien** bezeichnet werden.

Die Wicklung sei gleichmäßig über dem Ringkern verteilt (in Bild 9-7 so nicht dargestellt) und habe N **Windungen**. Der **magnetische Kreis** besteht nur aus einem **Feldabschnitt** mit der mittleren Länge l_K (effektive Länge des Feldabschnittes) und der Querschnittsfläche A_K.

Ein Strom $i_L(t)$ durch die Wicklung bewirkt eine **Durchflutung** $\Theta = N{\cdot}i_L$ (griech. Buchstabe Theta), die zu einer durch den Strom i_L verursachten magnetischen Feldstärke H_{iL} im Ringkern führt. Da der magnetische Kreis nur aus einem Feldabschnitt mit der Länge l_K besteht, gilt der Zusammenhang:

$$\Theta = N{\cdot}i_L = l_K{\cdot}H_{iL} \tag{9.1}$$

Die Indizes „iL" sollen kennzeichnen, dass diese magnetische Feldstärke-Größe direkt mit dem Strom i_L verknüpft ist.

Ist die Wicklung auf einem Kern aus unmagnetisierbarem Material wie z. B. Holz aufgebracht, führt die durch den Strom i_L verursachte magnetische Feldstärke H_{iL} zu einer **Flussdichte** $B_0 = \mu_0 \cdot H_{iL}$. Hierbei ist $\mu_0 = 4\pi{\cdot}10^{-7}$ Vs/Am (griech. Buchstabe my) die **magnetische Feldkonstante**.

Besteht der Kern aus einem ferromagnetischen Material, führt dieselbe Feldstärke zu einer größeren Flussdichte B_{Fe}. Die Differenz kann als *materialeigene Flussdichte* angesehen werdne, die **magnetische Polarisation** J_{Fe} genannt wird. Diesem Begriff liegt die Vorstellung zugrunde, dass J_{Fe} die Resultierende aller Flussdichten von magnetischen Elementardipolen des Materials ist, die in einem gewissen Maß durch die magnetische Feldstärke H_{iL} ausgerichtet werden. Als **(Gesamt-)Flussdichte** ergibt sich damit

$$B_{Fe} = B_0 + J_{Fe} \tag{9.2}$$

Diese materialeigene magnetische Polarisation kann alternativ als *materialeigene magnetische Feldstärke* interpretiert werden, indem man sich vorstellt, dass atomare Elementarkreisströme im Material eine magnetische Feldstärke bewirken. Diese materialeigene magnetische Feldstärke wird als **Magnetisierung** M_{Fe} bezeichnet. Der Zusammenhang zwischen Magnetisierung M_{Fe} (materialeigene Feldstärke) und Polarisation J_{Fe} (materialeigene Flussdichte) ist:

$$J_{Fe} = \mu_0 \cdot M_{Fe} \tag{9.3}$$

Damit lässt sich Gl. (9.2) durch magnetische Feldstärke-Größen ausdrücken als

$$B_{Fe} = B_0 + J_{Fe} = \mu_0 \cdot H_{iL} + \mu_0 \cdot M_{Fe} \tag{9.4}$$

Die Größen J_{Fe} bzw. M_{Fe} werden bevorzugt nur zur physikalischen Beschreibung eines Magnetisierungsphänomens in Materie verwendet. In technischen Anwendungen begnügt man sich mit einer Ursache und Wirkung beschreibenden Materialkennzahl. Dazu wird Gl. (9.4) zusammengefasst in der Form:

$$B_{Fe} = \mu_0 \cdot (H_{iL} + M_{Fe}) = \mu_0 \cdot (1 + M_{Fe}/H_{iL}) \cdot H_{iL} = \mu_0 \cdot (1 + \chi_{Fe}) \cdot H_{iL} = \mu_0 \cdot \mu_{rFe} \cdot H_{iL} \tag{9.5}$$

Ein Maß für den materialeigenen Beitrag der magnetische Feldstärke ist die in der Technik nicht so gebräuchliche Materialkennzahl $\chi_{Fe} = M_{Fe}/H_{Fe}$ (griech. Buchstabe chi), die als magnetische **Suszeptibilität** bezeichnet wird. In der Entwicklung der Gl. (9.5) wird die Gleichheit $H_{iL} = H_{Fe}$ verwendet. Diese gilt hier, da die Spule nur aus einem Feldabschnitt besteht, und deshalb die vom Strom i_L verursachte magnetische Feldstärke H_{iL} wertemäßig gleich der Feldstärke H_{Fe} ist, die im ferromagnetischen Material zur Magnetisierung M_{Fe} führt. Ein Luftspalt führt zu unterschiedlichen Werten, daher werden an dieser Stelle bereits unterschiedlich indizierte Formelzeichen eingeführt.

In der Technik gebräuchlicher ist die Materialkennzahl μ_{rFe}, die **Permeabilitätszahl** *(relative permeability)* und oft auch noch „relative Permeabilität" genannt wird. Sie beschreibt den materialeigenen, durch χ_{Fe} ausgedrückten Beitrag plus den Beitrag ohne Material, daher der Zusammenhang $\mu_{rFe} = 1 + \chi_{Fe}$. Für unmagnetisches Material wie Luft gilt somit $\chi_{Luft} = 0$ bzw. $\mu_{rLuft} = 1{,}0$.

Im Modell-Typ CORE wird eine bereits nichtlineare, aber noch nicht hysteresebehaftete Magnetisierung M_{FeoH} mit der Formel

$$M_{FeoH} = M_{FeS} \cdot \frac{H_{Fe}}{|H_{Fe}| + H_A} \tag{9.6}$$

mathematisch genähert beschrieben. Die Indizes „oH" bedeuten „ohne Hysterese". Hierbei ist M_{FeS} die **Sättigungs-Magnetisierung** und H_A ein Parameter mit der Einheit 1 A/m zur Anpassung der Formel an eine vorgegebene Kennlinie. Im Modell-Typ CORE werden Ihnen diese als Parameter M_S und A wiederbegegnen.

Ein Kennwert für ein ferromagnetisches Material ist die **Sättigungs-Flussdichte** B_{FeS}. Für ferromagnetische Materialien (μ_{rFe} sehr groß) kann näherungsweise der Wert der Sättigungs-Magnetisierung M_{FeS} berechnet werden gemäß:

$$M_{FeS} = J_{FeS} / \mu_0 \approx B_{FeS}/\mu_0 \tag{9.7}$$

Im Nenner von Gl. (9.6) steht $|H_{Fe}| = +\sqrt{H_{Fe}^2}$, damit Gl. (9.6) punktsymmetrisch zu $H_{Fe} = 0$ A/m ist. Berechnet man aus Gl. (9.6) dM_{Fe}/dH_{Fe} und bestimmt den Wert für $H_{Fe} = 0$ A/m, ergibt sich ein Wert für die Suszeptibilität, der als **Anfangs-Suszeptibilität** χ_{iFe} *(initial susceptibility)* bezeichnet werden kann:

$$\chi_{iFe} = M_{FeS} / H_A \tag{9.8}$$

In der Technik bekannter ist die **Anfangs-Permeabilitätszahl** $\mu_{riFe} = 1 + \chi_{iFe}$.

Aus der Gesamt-Flussdichte B_{Fe} kann über $\Phi = B_{Fe} \cdot A_K$ der **magnetische Fluss** Φ (griech. Buchstabe Phi, engl. *flux*) berechnet werden. Sind alle N Windungen der Wicklung vom gleichen Fluss Φ durchsetzt und somit mit diesem Fluss „verkettet", ergibt sich rechnerisch der **Verkettungsfluss** Ψ (griech. Buchstabe Psi, engl. *flux linkage*) zu

$$\Psi = N \cdot \Phi = N \cdot A_K \cdot B_{Fe} \tag{9.9}$$

Im Modell-Typ CORE wird Ihnen die Fläche A_K als Parameter A_{REA} wiederbegegnen. Die rechnerische Größe Verkettungsfluss Ψ fasst die N in Reihe geschalteten Windungen einer Wicklung, die jeweils vom gleichen Fluss Φ durchsetzt sind, zusammen. Anders formuliert: Ob ein magnetischer Fluss mit dem Wert Φ eine Wicklung mit N Windungen durchsetzt oder ein Fluss mit dem Wert Ψ eine Wicklung mit einer Windung durchsetzt, ergibt die gleiche Induktionswirkung. Über das Induktionsgesetz kann aus dem Verkettungsfluss die **(selbst)-induktive Spannung** u_L berechnet werden zu

$$u_L = +d\Psi/dt \tag{9.10}$$

Die in der Literatur als „*induzierte* Spannung" oder „Selbstinduktionsspannung" bezeichnete Größe $u_i = -u_L$ wird in diesem Buch nicht verwendet.

Der Begriff und die Größe **Induktivität** (auch Selbstinduktivität bzw. lineare Induktivität genannt) ergibt sich zu

$$L = \Psi / i_L \tag{9.11}$$

Bei der idealen Spule ist $L = $ const. und damit $L \neq f(i_L)$. Die induktive Spannung u_L lässt sich damit berechnen zu:

$$u_L = \frac{d(L \cdot i_L)}{dt} = L \cdot \frac{di_L}{dt} \qquad \text{für } L = \text{const.}$$

Ergibt sich aufgrund der Nichtlinearität der Magnetisierung $M_{Fe} = f(H_{Fe})$ bzw. der Polarisation J_{Fe} ein stromabhängiger Wert für die Induktivität als $L = f(i_L)$, muss Gl. (9.10) aufwendiger gelöst werden mit

$$u_L = \frac{d\Psi}{dt} = \frac{d\Psi}{di_L} \cdot \frac{di_L}{dt} = L_d(i_L) \cdot \frac{di_L}{dt} \tag{9.12}$$

Es ergibt sich ein stromabhängiger und damit nicht konstanter Induktivitätswert

$$L_d(i_L) = d\Psi/di_L = f(i_L) \tag{9.13}$$

der als **differenzielle Induktivität** bezeichnet wird. Die Bedeutung als differenzielle Größe wird in diesem Buch durch den Index d gekennzeichnet, alternativ werden in der Literatur auch Kleinbuchstaben wie z. B. $l \; (= L_d)$ verwendet.

Ü 9-7 Berechnen einer Formel für lineare Induktivität ($L = L_d$ = const.)

Bei sehr kleinen Strömen/Feldstärken macht sich die Nichtlinearität der magnetischen Eigenschaften eines ferromagnetischen Materials noch nicht sehr bemerkbar. Aus Gl. (9.6) ergibt sich für $|H_{Fe}| \ll H_A$

$$M_{FeoH} = \frac{M_{FeS}}{H_A} \cdot H_{Fe} \qquad \text{(für } |H_{Fe}| \ll H_A\text{)} \tag{9.14}$$

Gl. (9.14) beschreibt, dass die Magnetisierung M_{FeoH} proportional zur magnetischen Feldstärke H_{Fe} ist, d. h. es wird keine Nichtlinearität und kein Sättigungseffekt modelliert.

a) Es seien $B_{FeS} = 0,5$ Vs/m² $= 0,5$ T und $H_A = 44,2$ kA/m. Berechnen Sie mit Gl. (9.7) M_{FeS} (Lösung: 398 kA/m). Berechnen Sie mit Gl. (9.8) den Wert der Anfangs-Suszeptibilität χ_{iFe} (Lösung: $\chi_{iFe} = 9,0$). Dieser Wert ist für ein ferromagnetisches Material unrealistisch gering. Um die unterschiedliche Bedeutung von μ_{riFe} und χ_{iFe} nummerisch/grafisch deutlich werden zu lassen, wurde für diese Übung dieser Wert gewählt.

b) Leiten Sie eine Formel zur Berechnung des Verkettungsflusses $\Psi = f(i_L)$ her, indem Sie in Gl. (9.9) die Gl. (9.4) für B_{Fe} einsetzen. Für M_{Fe} soll der Ansatz gemäß Gl. (9.14) genommen werden ($M_{Fe} = M_{FeoH}$). Es gilt $H_{Fe} = H_{iL}$, da der magnetische Kreis nur aus einem Feldabschnitt besteht. H_{iL} soll durch Gl. (9.1) ausgedrückt werden und M_{FeS}/H_A durch χ_{iFe} aus Gl. (9.4). Es ergibt sich:

$$\text{(Lösung: } \Psi = \mu_0 \cdot N^2 \cdot \frac{A_K}{l_K} \cdot i_L + \mu_0 \cdot \chi_{iFe} \cdot N^2 \cdot \frac{A_K}{l_K} \cdot i_L \text{)} \tag{9.15}$$

c) Berechnen Sie aus Gl. (9.15) mittels Gl. (9.11) den Kennwert „Induktivität" und mittels Gl. (9.13) den Kennwert „differenzielle Induktivität"

$$\text{(Lösung: } L = L_d = \mu_0 \cdot N^2 \cdot \frac{A_K}{l_K} + \mu_0 \cdot \chi_{iFe} \cdot N^2 \cdot \frac{A_K}{l_K} \text{)} \tag{9.16}$$

Es zeigt sich, dass $L = L_d$ ist, da sich das Material magnetisch linear verhält. So eine Spule wird als ideale Spule oder als *lineare* Induktivität bezeichnet (L = const.). Der erste Term in Gl. (9.16) kann interpretiert werden als Induktivitätswert der Wicklung *ohne* ferromagnetisches Material (L_0). Der zweite Term in Gl. (9.16) ist der Induktivitätswert, der aufgrund des ferromagnetischen Materials *hinzukommt* ($\chi_{iFe} \cdot L_0$), sodass sich ergibt:

$$L = L_d = L_0 + \chi_{iFe} \cdot L_0 = (1 + \chi_{iFe}) \cdot L_0 = \mu_{riFe} \cdot L_0 \tag{9.17}$$

Anhand der Darstellung in Gl. (9.17) wird noch einmal deutlich, dass die Suszeptibilität χ_{iFe} ein Maß nur für die Wirkung des ferromagnetischen Materials darstellt, während die Permeabilitätszahl μ_{riFe} Material *und* Wicklung zusammengefasst bewertet und in diesem Sinne als „Induktivitätswert-Verstärkungsfaktor" aufgefasst werden kann. Bei ferromagnetischen Materialien mit ihren großen Werten für χ_i (100 bis 10 000) wird der nummerische Unterschied zwischen χ_i und μ_{riFe} vernachlässigbar klein.

d) Der Ringkern R20 (Außendurchmesser 20 mm) hat gerundet die „magnetischen Abmessungen" $l_K = 44$ mm und $A_K = 34$ mm². Die Wicklung habe $N = 100$ Windungen. Berechnen Sie den Wert L_0 für den Fall, dass der Ringkern aus nicht magnetisierbarem Material wie z. B. Holz mit $\chi_i = 0$ besteht (Lösung: $L_0 = 9,71$ µH).

Welchen Beitrag zur Induktivität liefert der Kern, wenn er aus einem schwach ferromagnetischen Material mit $\chi_{iFe} = 9{,}0$ bestehen würde? (Lösung: 87,39 μH)

Welcher Induktivitätswert L wirkt und bestimmt in diesem Fall das Verhalten gemäß $u_L = L \cdot di_L/dt$? (Lösung: $L = 97{,}10$ μH)   ❑ Ü 9-7

Ü 9-8 Berechnen einer Formel für eine nichtlineare Induktivität ($L \neq L_d \neq$ const.)

a) Um realitätsnäher die nichtlineare Materialeigenschaft einer Sättigung mit zu berücksichtigen, sollen die gleichen Rechenwege wie in Ü 9-7b und c durchgeführt werden, allerdings mit Gl. (9.6) für M_{FeoH} anstelle von Gl. (9.14). Da der magnetische Kreis nur einen Feldabschnitt hat, gilt $H_{Fe} = H_{iL}$. Berechnen Sie als Ziel eine Formel für die *differenzielle* Induktivität $L_d = f(i_L)$.

$$\text{(Lösung: } L_d = L_0 + L_0 \cdot \chi_{iFe} \frac{1}{\left(1 + \dfrac{N \cdot |i_L|}{l_K \cdot H_A}\right)^2} \quad \text{mit} \quad L_0 = \mu_0 \cdot N^2 \cdot \frac{A_K}{l_K}) \tag{9.18}$$

Beachten Sie, dass sich aus dem Ansatz $L = \Psi/i_L$ eine andere Formel ergibt, *deren Ergebnisse zur Berechnung der induktiven Spannung u_L nicht geeignet sind.*

b) Berechnen Sie für die angegebenen Werte von i_L den Wert von H_{iL} gemäß Gl. (9.1) und L_d gemäß Gl. (9.18). Der Wert, der sich aus dem Ansatz Ψ/i_L ergibt, ist nur zum Vergleich bereits eingetragen, die Einheit H wurde bewusst nicht verwendet.

i_L / A	H_{iL} kA/m	Ψ/i_L in Vs/A	L_d
–44		$36{,}5 \cdot 10^{-6}$	
0		$97{,}1 \cdot 10^{-6}$	
+44		$36{,}5 \cdot 10^{-6}$	
+88		$25{,}5 \cdot 10^{-6}$	

❑ Ü 9-8

Ü 9-9 Simulation der Induktivitäten aus Ü 9-8 (UE_9-9_IND_MYR-10.CIR)

Zur Simulation der wirkenden Induktivitätswerte ist ein Strom $i_L(t)$ mit dreieckförmigem Zeitverlauf sehr gut geeignet, da hierbei di_L/dt für bestimmte Zeitabschnitte konstant ist. Im Hinblick auf eine später zu simulierende Hystereseschleife mit Neukurve soll dieser Strom zum Zeitpunkt $t = 0$ als Startwert einer TR-Analyse mit dem Wert 0 A starten. Bild 9-8 zeigt diesen zeitlichen Stromverlauf $i_L(t)$.

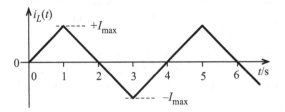

Bild 9-8
Dreieckförmiger Stromverlauf $i_L(t)$ zwischen $\pm I_{max}$ mit $i_L(t = 0) = 0$ A zur Simulation von Induktivitätswerten

a) Starten Sie MC. Holen Sie sich über die **Menüfolge Component → Analog Primitives ▸ → Waveform Sources ▸ → Current Source I** die Universalstromquelle *Current Source I* in den Schaltplan. Es öffnet sich das Attributfenster. Öffnen Sie die Registerkarte *PWL (piecewise linear)*, welche die geeignete Variante beinhaltet. Der Zeitverlauf wird durch *t-i*-Wertepaare eingestellt. Geben Sie in das Eingabefeld die Zeichenkette „REPEAT FOREVER (0s,0) (1s,+Imax) (3s,−Imax) (4s,0) ENDREPEAT" ein. Schließen Sie das Attributfenster.

Mit dem .DEFINE-Statement „.DEFINE Imax 200A" legen Sie die Spitzenwerte des Stroms auf ±200 A fest.

Öffnen Sie mit <DKL> auf das Modell-Symbol von I_1 erneut dessen Attributfenster. Prüfen Sie mit der **SF Plot…**, dass der simulierte Zeitverlauf richtig ist.

b) Holen Sie sich über die **SF Inductor** oder über die **Menüfolge Component → Analog Primitives ▸ → Passive Components ▸ → Inductor L** das *Model-Element einer Spule* in den Schaltplan (L_1). Es öffnet sich das Attributfenster *Inductor*. Da MC den Wert der Induktivität aus dem Verkettungsfluss berechnen kann, soll für das Attribut FLUX als Wert die Variable „PSI" eingegeben werden. Das Attribut INDUCTANCE bleibt ohne Wert!

Geben Sie in einem jeweils neuen Textfeld die folgenden sechs .DEFINE-Statements ein:

„.DEFINE U0 4*PI*1e-7"   „.DEFINE HA 44.2k"   „.DEFINE MFeS 398k"
„.DEFINE LK 44*1e-3"   „.DEFINE AFe 34*1e-6"   „.DEFINE N 100"

Hiermit werden den selbstgewählten Variablen Werte zugewiesen. Die Variablennamen wurden passend und leicht assoziierbar zu den bisher verwendeten Formelgrößen gewählt.

Geben Sie in einem jeweils neuen Textfeld die folgenden fünf .DEFINE-Statements ein:

„.DEFINE HIL N*I(L1)/LK"   entspricht Gl. (9.1)
„.DEFINE HFe HIL"   Verknüpfung zwischen H_{iL} und H_{Fe}
„.DEFINE MFe MFeS/HA*HFe"   entspricht Gl. (9.14) für ein lineares Feldmedium
„.DEFINE BFe U0*HIL+U0*MFe"   entspricht Gl. (9.4)
„.DEFINE PSI N*B*AFe"   entspricht Gl. (9.9)

Der für PSI berechnete Wert wird im Modell-Typ *Inductor* dem Attribut FLUX zugewiesen (genauer müsste es *flux linkage* heißen). MC berechnet daraus einen Induktivitätswert. Da mit Gl. (9.14) ein lineares Material beschrieben wird, sind „Induktivitätswert" und „differenzieller Induktivitätwert" identisch.

Geben Sie zum Schluss das .DEFINE-Statement „.DEFINE L PSI/I(L1)" ein, mit dem formelmäßig die Induktivität berechnet wird und als Variable *L* zur Verfügung steht.

c) Verbinden Sie die Modell-Elemente I_1 und L_1. Starten Sie eine TR-Analyse. Der zu simulierende Zeitbereich soll mit 4 s eine Periodendauer des Stroms betragen, max. Schrittweite 0,4 ms. Zur detaillierten Auswertung der Simulationsergebnisse werden Ihnen in der folgenden Tabelle einige Kurven und deren Verteilung auf Seiten und Diagramme vorgeschlagen. Für *X Range* und *Y Range* wird der Einfachheit halber die Eingabe „*Auto*" verwendet. Starten Sie einen Simulationslauf.

Es überrascht nicht, dass alle Werte wie theoretisch vorhergesagt berechnet werden, da MC nichts anderes macht, als die eingegebenen Formeln nummerisch auszuwerten. Beachten Sie bitte auf der Seite „BFe vs. HIL" den sichtbaren Beitrag von $\mu_0 \cdot H_{iL}$ zur Gesamt-Flussdichte. Dies liegt an dem gewählten niedrigen Wert von $\chi_i = 9{,}0$ bzw. $\mu_{ri} = 10{,}0$.

Page	P	X Expression	Y Expression	berechnet und zeigt:
IU vs. T	1	T	I(L1)	Strom durch L_1
IU vs. T	2	T	V(L1)	Spannung an L_1
BFe vs. HIL	1	HIL	U0*HIL	Produkt $\mu_0 \cdot H_{iL}$
BFe vs. HIL	2	HIL	U0*MFe	Polarisation J_{Fe} in Vs/m^2
BFe vs. HIL	3	HIL	BFe	Gesamt-Flussdichte in Vs/m^2
PSI vs. HIL	1	HIL	PSI	Verkettungsfluss in Vs
L vs. HIL	1	HIL	L	Ergebnis von Ψ / i_L

Der Wert dieser Simulation besteht darin, an einem bekannten und mathematisch leicht nachzuvollziehendem Beispiel den Gesamtzusammenhang besser zu verstehen. Nun ist die Grundlage geschaffen, die Komplexität zu erhöhen.

d) Geben Sie in einem neuen Textfeld mit dem folgenden .DEFINE-Statement die aufwendigere Formel gemäß Gl. (9.6) zur Berechnung der Magnetisierung ein:

„.DEFINE MFe MFeS*HFe/(ABS(HFe)+HA)"   entspricht Gl. (9.6)

Um die Fehlermeldung „*Duplicate Statement 'MFe*'" zu vermeiden, muss Gl. (9.14) in MC deaktiviert werden. Anstatt das entsprechende Textfeld zu löschen und später bei Bedarf wieder einzutippen, öffnen Sie es mit Doppelklick und deaktivieren Sie die **CB □ Enabled**. Damit ist die Formel „ausgeschaltet" und Sie haben durch *learning by doing* die Bedeutung dieser praktischen *Checkbox* kennengelernt.

Starten Sie eine TR-Analyse. Fügen Sie mit der **SF Add** für die Seite „L vs. HIL" eine weitere Kurve in Diagramm 1 hinzu mit dem Eintrag „L(L1)" für *Y Expression*. Starten Sie einen Simulationslauf.

Bild 9-9 zeigt als Ergebnis die Ausgabeseite „BFe vs. HIL" mit den Kurven $\mu_0 \cdot H_{iL}$, $\mu_0 \cdot M_{Fe}$ und B_{Fe}.

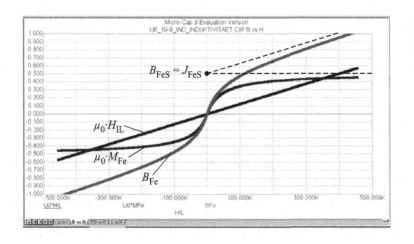

Bild 9-9
Ergebnis der Ausgabeseite „BFe vs. HIL"

Es zeigt sich grafisch, dass Gl. (9.6) das bei ferromagnetischen Materialien bekannte nicht-lineare Verhalten mit Sättigungs-Polarisation bei großen magnetischen Feldstärken (hier $J_{FeS} = \mu_0 \cdot M_{FeS} = 0,5$ T) beschreibt. Die Flussdichte B_{Fe} nimmt auch bei Sättigung weiter mit der Steigung μ_0 zu, da ja immer noch der Strom mit der Wicklung eine magnetische Feldstärke und damit eine Flussdichte bewirkt. Da das Material nicht weiter magnetisierbar ist, wirkt es in diesem Bereich bei Feldstärkevergrößerung wie Luft. Die Sättigungs-Flussdichte kann aus der Kurve bestimmt werden, indem man den Bereich großer Feldstär-ken durch eine Asymptote annähert. Der Wert der Asymptoten bei $H_{Fe} = 0$ ergibt B_{FeS} wie in Bild 9-9 gezeigt. Da $H_{Fe} = 0$ A/m beträgt, ist $B_{FeS} = J_{FeS} = \mu_0 \cdot M_{FeS}$. In Datenblättern wird anstelle der Sättigungs-Flussdichte gemäß Bild 9-9 häufig nur ein Wert für B_{Fe} bei einer festgelegten großen magnetischen Feldstärke angegeben.

Die Seite „L vs. HIL" zeigt mit der Kurve „L" den Quotienten Ψ/i_L, die andere Kurve ist die von MC bestimmte Größe „L(L1)". Bestimmen Sie für $H_{iL} = -100$ kA/m, 0 kA/m, +100 kA/m, +200 kA/m die Werte beider Kurven und vergleichen Sie mit den Ergebnissen aus Ü 9-8f. Sie sollten feststellen, dass MC mit dem Funktion L(L1) den Wert der differenziellen Induktivität L_d entsprechend Gl. (9.13) berechnet und ausgibt.

Berechnen Sie mittels Gl. (9.12) bei $i_L(t = 0,22$ s$) = +44$ A den Wert der induktiven Span-nung $u_L(t = 0,22$ s$)$. Aufgrund des gewählten Dreieck-Stroms ist $di_L/dt = +200$ A/s leicht zu berechnen (Lösung: $u_L = +3,58$ mV). Prüfen Sie, dass MC diesen Wert auch simuliert hat.

Die Kurve „V(L1)" zeigt, wie sich die induktive Spannung $u_L(t)$ bei der angenommenen magnetischen Nichtlinearität des Materials zeitlich verhält. Da di_L/dt für gewisse Zeitab-schnitte konstant gehalten wird, ist Ursache dieses für eine Spannung ungewohnten Zeit-verlaufs die Nichtlinearität des ferromagnetischen Materials.   ❑ Ü 9-9

Ü 9-10 Simulation der Induktivitäten für $\mu_{ri} = 1000$ (UE_9-10_IND_MYR-1000.CIR)

Der in Ü 9-8 und Ü 9-9 gewählte niedrige Wert von $\chi_i = 9,0$ bzw. $\mu_{ri} = 10,0$ sollte den Unter-schied zwischen der magnetischen Wirkung des Stroms i_L in der Wicklung (B_0) und der zusätz-lichen Wirkung eines ferromagnetischen Materials verdeutlichen. Letztere wird mit der Fluss-dichtengröße „Polarisation J_{Fe}" oder der Feldstärkengröße „Magnetisierung M_{Fe}" beschrieben. In der Praxis verwendete ferromagnetische Materialien haben deutlich größere Werte, deren Auswirkung Sie ohne viel Aufwand in dieser Übung kennenlernen können.

Der Ringkern habe die gleichen „magnetischen Abmessungen" wie zuvor ($l_K = 44$ mm, $A_K = 34$ mm^2) und besteht nur aus einem Feldabschnitt (kein Luftspalt). Die Wicklung habe ebenfalls unverändert $N = 100$ Windungen.

a) Die Sättigungs-Flussdichte behalte den realistischen Wert von $B_{FeS} = 0,5$ Vs/m$^2 = 0,5$ T. Die Anfangs-Permeabilitätszahl sei $\mu_{riFe} = 1000$. Aufgrund des Zusammenhangs $\mu_{riFe} = \chi_{iFe} + 1$ ist einsehbar, dass die Näherung $\chi_{iFe} \approx \mu_{riFe}$ keinen nennenswerten Fehler verursacht. Berechnen Sie mit Gl. (9.7) und (9.8) den Wert des Parameters H_A (Lösung: $H_A = 0,398$ kA/m = 398 A/m).

b) Starten Sie MC. Verwenden Sie die Simulation aus Ü 9-9. Ändern Sie den Parameterwert für H_A in „398". MC soll die Formel zur Beschreibung der nichtlinearen Magnetisierung entsprechend Gl. (9.6) verwenden, daher entweder „aktivieren" oder neu eingeben. Auf-grund der um den Faktor 100 größeren Permeabilitätszahl ($\mu_{riFe} = 10 \rightarrow 1000$) reicht eine um diesen Faktor kleinere magnetische Feldstärke H_{iL} aus, um die gleiche magnetische Gesamt-Flussdichte B_{Fe} zu erzielen. Verkleinern Sie daher den Scheitelwert des dreieckförmigen Stroms von 200 A auf 2 A. Entsprechend ist es sinnvoll, in den Skalierungen der Diagramme den Bereich für H_{iL} auf 1/100 des vorherigen Wertes zu verkleinern. Der Bereich für die Induktivitätswerte ist um den Faktor 100 zu vergrößern. Starten Sie einen Simulationslauf.

Beachten Sie bei der Auswertung der Ergebnisse, dass auf der Seite „BFe vs. HIL" der Beitrag von $\mu_0 \cdot H_{iL}$ zur Gesamt-Flussdichte aufgrund des hohen Wertes für μ_{riFe} kaum noch erkennbar ist. Diese Materialkennlinie $B_{Fe} = f(H_{Fe})$ wird häufig bei ferromagnetischen Materialien angegeben.   ❏ Ü 9-10

<u>Ü 9-11</u> Berechnungen beim Kern mit Luftspalt

Die Permeabilitätszahlen von ferromagnetischen Materialien haben relativ große Toleranzen von z. B. ±30 %. Zudem ist die Materialkennlinie $B_{Fe} = f(H_{Fe})$ bei diesen Materialien aufgrund der Sättigung stark nichtlinear wie in Ü 9-10 zu sehen war. Spulen mit solchen Materialien haben eine große Toleranz und einen stromabhängigen Induktivitätswert. Ein Luftspalt als Teil des magnetischen Kreises wirkt verbessernd, was in dieser Übungsaufgabe behandelt wird. Der magnetische Kreis besteht somit aus *zwei Feldabschnitten*, einem aus ferromagnetischem Material und einem aus Luft.

Zuvor knapp zusammengefasst die verwendeten Begriffe und theoretischen Zusammenhänge soweit sie für ein Verständnis des Modell-Typs CORE hilfreich sind. Ergänzend sei auf die Erläuterungen in [REI2], [FHN1], [FHN2] und [BÖH15] hingewiesen.

Bild 9-10 zeigt schematisch die den Berechnungen zugrunde liegende Kreisring-Spule *(toroid)* mit Luftspalt *(gap, air gap)*.

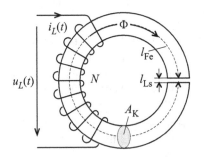

Bild 9-10
Schematische Darstellung einer Kreisring-Spule *(toroid)* mit Luftspalt *(gap, air gap)*

Hierbei ist l_{Fe} die mittlere Länge des <u>ferro</u>magnetischen Materials, l_{Ls} die Länge des <u>Luft</u>spaltes. Die folgenden Betrachtungen gelten nur für $l_{Fe} \gg l_{Ls}$ und gleichgroße Querschnittsflächen $A_{Fe} = A_{Ls} = A_K$. Die vom Strom $i_L(t)$ verursachte Durchflutung $\Theta = N \cdot i_L$ „verteilt sich" auf die zwei in Reihe liegenden Feldabschnitte mit den unterschiedlichen magnetischen Feldstärken H_{Fe} und H_{Ls}, sodass sich ergibt:

$$\Theta = N \cdot i_L = l_{Fe} \cdot H_{Fe} + l_{Ls} \cdot H_{Ls} \tag{9.19}$$

Aufgrund des nichtmagnetisierbaren Feldmediums Luft mit $\chi_{Ls} = 0,0$ bzw. $\mu_{rLs} = 1,0$ kann die magnetische Feldstärke H_{Ls} im Luftspalt durch die Flussdichte B_{Ls} im Luftspalt ausgedrückt werden mit

$$H_{Ls} = \frac{B_{Ls}}{\mu_0 \cdot 1,0}$$

Mit der Annahme, dass die Flussdichte im Luftspalt (B_{Ls}) mit der im Material (B_{Fe}) übereinstimmt (gleiche Querschnittsflächen und weitere Idealisierungen) ergibt sich $B_{Fe} = B_{Ls}$ und aus Gl. (9.19) wird:

$$N \cdot i_L = l_{Fe} \cdot H_{Fe} + l_{Ls} \cdot B_{Fe}/\mu_0$$

bzw. nach B_{Fe} aufgelöst:

$$B_{Fe} = \mu_0 \cdot \frac{N \cdot i_L}{l_{Ls}} - \mu_0 \cdot \frac{l_{Fe}}{l_{Ls}} \cdot H_{Fe} = g(H_{Fe}) \qquad (9.20)$$

Die Funktion $B_{Fe} = g(H_{Fe})$ gemäß Gl. (9.20) ist eine Geradengleichung, die als *Luftspaltgerade* oder *Scherungsgerade* bezeichnet wird und deren Wertepaare von den geometrischen Größen l_{Fe} und l_{Ls} bestimmt wird. Das B_{Fe}-H_{Fe}-Wertepaar, das sich in dem ferromagnetischen Material des Ringkerns gemäß Bild 9-10 für einen bestimmten Strom $i_L = I_{LA}$ (Strom in diesem <u>A</u>rbeitspunkt) einstellt, muss diese Funktion erfüllen.

Des Weiteren muss das Wertepaar auch auf der Materialkennlinie $B_{Fe} = f(H_{Fe})$ liegen.

Ist diese nichtlinear und mathematisch nur aufwendig zu beschreiben, ist schnell die Situation da, dass die Berechnung des Schnittpunktes dieser beiden Funktionen analytisch nicht möglich ist. Liegt die Materialkennlinie $B_{Fe} = f(H_{Fe})$ z. B. in Form einer Magnetisierungskurve als Diagramm vor, kann man den Schnittpunkt durch eine grafische Lösung wie in Bild 9-11 dargestellt erhalten.

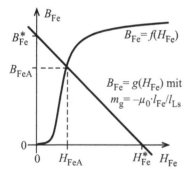

Bild 9-11
Grafisches Lösungsverfahren zur Bestimmung der magnetische Feldstärke H_{FeA} und der Flussdichte B_{FeA} bei einem Ringkern *mit* Luftspalt für den Arbeitspunkt $i_L = I_{LA}$

Hierzu können für die Luftspaltgeraden gemäß Gl. (9.20) zwei markante Wertepaare berechnet werden: Für $H_{Fe} = 0$ und $B_{Fe} = 0$ ergeben sich bei vorgegebenem Strom $i_L = I_{LA}$ für die Luftspaltgerade nach Gl. (9.20) die Achsenabschnitte zu

$$B_{Fe}^* = \mu_0 \cdot \frac{N \cdot I_{LA}}{l_{Ls}} \quad \text{bzw.} \quad H_{Fe}^* = \frac{N \cdot I_{LA}}{l_{Fe}}$$

Die Steigung der Luftspaltgeraden beträgt:

$$m_g = -\mu_0 \cdot \frac{l_{Fe}}{l_{Ls}}$$

Der Schnittpunkt der Materialkennlinie $B_{Fe} = f(H_{Fe})$ mit der Luftspaltgeraden $B_{Fe} = g(H_{Fe})$ ergibt die Werte für magnetische Feldstärke H_{FeA} und Flussdichte B_{FeA}, die sich für $i_L = I_{LA}$ einstellen. Ist der Strom i_L kein Gleichstrom, sondern zeitabhängig, wird dieses grafische Verfahren unpraktikabel, da sich dann auch die geometrische Lage der Luftspaltgeraden mit der Zeit ändert. Für $l_{Ls} = 0$ (kein Luftspalt) ist die Luftspaltgerade eine senkrecht verlaufende Gerade und der Schnittpunkt liefert das Wertepaar, dass man ohne Luftspalt berechnen/ablesen würde.

In MC ist ein nummerisches Äquivalent dieser grafischen Lösungsmethode für den Modell-Typ CORE implementiert, sodass MC nummerisch den Schnittpunkt bestimmt.

a) Um als Beispiel bei gegebenem Strom $i_L = I_{LA}$ die magnetischen Verhältnisse *analytisch berechnen* und nicht nur grafisch lösen zu können, sei mit Gl. (9.21) die Materialkennlinie $B_{Fe} = f(H_{Fe})$ vereinfachend als linear verlaufend und ohne Sättigungseffekt angenommen. Dies führt zu einer *konstanten* Permeabilitätszahl μ_{rFeK}:

$$B_{Fe} = f(H_{Fe}) = \mu_0 \cdot H_{Fe} + \mu_0 \cdot \chi_{Fe} \cdot H_{Fe} = \mu_0 \cdot \mu_{rFeK} \cdot H_{Fe} \qquad (9.21)$$

Der Ringkern habe die gleichen Gesamtabmessungen wie zuvor ($l_K = 44$ mm, $A_K = A_{Fe} = A_{Ls} = 34$ mm^2), wobei aufgrund eines vorhandenen Luftspaltes mit $l_{Ls} = 0{,}4$ mm die mittlere Länge im ferromagnetischen Material „nur noch" $l_{Fe} = 43{,}6$ mm beträgt. Die Wicklung habe unverändert $N = 100$ Windungen.

Berechnen Sie eine Gleichung $B_{Fe} = f_1(i_L)$, indem Sie die Materialkennlinie Gl. (9.21) nach H_{Fe} auflösen und diesen Term in die Luftspaltgerade Gl. (9.20) einsetzen und nach B_{Fe} auflösen.

$$\text{(Lösung: } B_{Fe} = f_1(i_L) = \mu_0 \cdot \frac{\mu_{rFeK}}{1 + \dfrac{\mu_{rFeK} \cdot l_{Ls}}{l_{Fe}}} \cdot \frac{N \cdot i_L}{l_{Fe}} \text{)} \qquad (9.22)$$

b) An Gl. (9.22) kann man erkennen, dass sich eine Toleranz der Größe μ_{rFeK} von z. B. ± 30 % auf die Flussdichte B_{Fe} reduziert auswirkt, solange $\mu_{rFeK} \cdot l_{Ls} \gg l_{Fe}$ gilt.

Berechnen Sie für $i_L = 2$ A und $\mu_{rFeK} = 1000$ die Flussdichte B_{Fe} (Lösung: $B_{Fe} = 0{,}566$ T).
Berechnen Sie für $i_L = 2$ A und $\mu_{rFeK} = 1300$ die Flussdichte B_{Fe} (Lösung: $B_{Fe} = 0{,}580$ T).
Berechnen Sie die prozentuale Zunahme von B_{Fe} (Lösung: $+14$ mT$/0{,}566$ T $= +2{,}5$ %).

c) Berechnen Sie für $i_L = 2$ A und $\mu_{rFeK} = 1000$ die magnetische Feldstärke im Luftspalt (H_{Ls}) und im ferromagnetischen Material (H_{Fe}) und geben Sie die Werte zum besseren Vergleich in kA/m an (Lösung: $H_{Ls} = 450{,}4$ kA/m, $H_{Fe} = 0{,}4504$ kA/m).

d) Für diesen aus zwei Feldabschnitten bestehenden magnetischen Kreis lässt sich für die Durchflutung $\Theta = N \cdot i_L$ aus Gl.(9.19) eine zusammenfassende, direkt mit dem „äußeren" Strom i_L und der Windungszahl N verknüpfte, formale Feldstärkegröße H_{iL} definieren:

$$\Theta = N \cdot i_L = l_K \cdot H_{iL} \approx l_{Fe} \cdot H_{iL} \qquad (l_K = l_{Fe} + l_{Ls} \approx l_{Fe}, \text{ da } l_{Fe} \gg l_{Ls} \text{ angenommen}) \qquad (9.23)$$

Die Indizes „iL" sollen kennzeichnen, dass diese Feldstärkegröße unmittelbar über Gl. (9.23) mit dem Strom i_L verknüpft ist. Die so definierte Feldstärkegröße H_{iL} wird in der Literatur auch als „äußere", „externe", „effektive" oder „scheinbare" Feldstärke bezeichnet und ermöglicht einen direkten Vergleich mit einer fiktiven Spule, deren Ringkern keinen Luftspalt hat.

Mit der Einführung von H_{iL} kann Gl. (9.22) mit Gl. (9.23) kürzer geschrieben werden:

$$B_{\text{Fe}} = \mu_0 \cdot \mu_{\text{reff}} \cdot H_{iL}$$

Hierbei wird der Term

$$\mu_{\text{reff}} = \frac{\mu_{\text{rFeK}}}{1 + \mu_{\text{rFeK}} \cdot l_{\text{Ls}} / l_{\text{Fe}}} \tag{9.24}$$

effektive Permeabilitätszahl genannt, da mit diesem Wert die Induktivität einer Spule mit Kern plus Luftspalt vereinfacht berechnet werden kann. Solange $\mu_{\text{rFeK}} \cdot l_{\text{Ls}}/l_{\text{Fe}} \gg 1$ ist, wird der Wert von μ_{reff} im Wesentlichen von den engtolerierten mechanischen Größen l_{Ls} und l_{Fe} bestimmt und Toleranzen und Nichtlinearität des ferromagnetischen Materials wirken sich verringert bis vernachlässigbar aus, wie beispielhaft in b) berechnet wurde.

H_{iL} kann interpretiert werden als mit $N \cdot i_L/l_{\text{K}}$ erzeugte magnetische Feldstärke, die in einem *Ersatz-Ringkern ohne Luftspalt* die Flussdichte B_{Fe} erzeugt. Dieser Ersatz-Ringkern ohne Luftspalt besteht aus einem fiktiven Material, dass die Permeabilitätszahl μ_{reff} hat und dessen Materialkennlinie $B_{\text{Fe}} = f(H_{iL})$ wäre.

Berechnen Sie den Wert der externen Feldstärke H_{iL} (Lösung für $l_{\text{K}} = 44$ mm: 4,545 kA/m).

e) Leiten Sie eine Formel zur Berechnung des Verkettungsflusses $\Psi = f(i_L)$ für diese Spule mit Gl.(9.9) her

(Lösung: $\Psi = \mu_0 \cdot \mu_{\text{reff}} \cdot N^2 \cdot \dfrac{A_{\text{K}}}{l_{\text{K}}} \cdot i_L$)

Bestimmen Sie daraus mittels Gl.(9.11) den Wert der Induktivität L

(Lösung: $L = \dfrac{\Psi}{i_{\text{L}}} = \mu_0 \cdot \mu_{\text{reff}} \cdot N^2 \cdot \dfrac{A_{\text{K}}}{l_{\text{K}}}$)

f) Um die benötigte Windungszahl N für einen gewünschten Induktivitätswert L noch einfacher berechnen zu können, werden effektive Permeabilitätszahl μ_{reff}, geometrische Größen l_{K}, A_{K} und die magnetische Feldkonstante μ_0 zusammengefasst als sogenannter A_L-Wert mit $[A_L] = 1$ H in Datenblättern von Spulenkernen angegeben. Mit dem A_L-Wert ergibt sich der einfache Zusammenhang:

$$L = N^2 \cdot A_L$$

Berechnen Sie für den Ringkern mit Luftspalt den Wert von μ_{reff} (Lösung: $\mu_{\text{reff}} = 98{,}3$). Berechnen Sie den A_L-Wert, der sich rechnerisch für diesen Kern ergibt (Lösung: $A_L = 95{,}5$ nA). Berechnen Sie die Windungszahl N für den Induktivitätswert $L = 955$ µH (Lösung: $N = 100$). ❑ Ü 9-11

Dem Vorteil eines geringeren Einflusses von Toleranz oder Nichtlinearität der Permeabilitätszahl aufgrund eines Luftspaltes mit seinen definierten Eigenschaften steht als Nachteil eine kleinere effektive Permeabilitätszahl und damit einhergehend ein kleinerer Induktivitätswert bei gleicher Windungszahl und mechanischen Größe gegenüber. Der Vorteil überwiegt, sodass bei geeigneten Kernformen wie z. B. Schalenkernen *(pot core)* Kerne mit unterschiedlichen Luftspalten hergestellt werden. Ein Ringkern ist dazu mechanisch nicht gut geeignet. Die in diesem Kapitel vorgestellten Berechnungswege sind daher bei anderen Kernformen entsprechend zu übertragen. Hierbei helfen die Regeln zur Berechnung magnetischer Kreise.

Die Simulation eines Ringkerns mit Luftspalt mittels selbst in MC eingegebener Formeln wird nicht weiter behandelt und bleibt Ihrem Interesse überlassen. Mit den vorangegangenen Erläuterungen ist ggf. verblasstes Wissen über die Zusammenhänge hinreichend aufgefrischt, um den Modell-Typ CORE in seinen Möglichkeiten und Grenzen besser zu verstehen und damit geeignet anwenden zu können.

9.2.2 Beschreibung und Anwendung des Modell-Typs CORE *(K device)*

Der Modell-Typ CORE ist im Modell-Element *K device* integriert und modelliert eine *nichtlineare und hysteresebehaftete* Materialkennlinie $B_{Fe} = f(H_{Fe})$ für ein ferromagnetisches Material. In [MC-REF] wird dieses Modell-Element auch schlicht mit *K* bezeichnet. Der magnetische Kreis kann aus zwei Feldabschnitten bestehen, wobei der Feldabschnitt mit dem ferromagnetischen Material deutlich länger sein sollte als der aus Luft bestehende ($l_{Fe} \gg l_{Ls}$).

Die Modell-Gleichungen des Modell-Typs CORE sind eine Abwandlung des Jiles-Atherton-Modells, das in [REI2] beschrieben ist. Sie basieren auf Gl. (9.6), die hier als Gl. (9.25) noch einmal wiedergegeben wird:

$$M_{FeoH} = M_{FeS} \cdot \frac{H_{Fe}}{|H_{Fe}| + H_A} \tag{9.25}$$

Gl. (9.25) beschreibt eine Magnetisierung mit Sättigungseffekt ohne Hysterese, die Indizes „oH" kennzeichnen dieses. Die Sättigungs-Magnetisierung M_{FeS} und die magnetische Feldstärke H_A werden im Modell-Typ CORE als **Parameter** $M_S = J_{FeS}/\mu_0 \approx B_{FeS}/\mu_0$ (in A/m) und $A = H_A$ (in A/m) eingegeben.

Im Falle eines Luftspaltes wird in diese und den folgenden Gleichungen für die magnetische Feldstärke H_{Fe} der Wert verwendet, der sich aufgrund der „Schnittpunkt-Methode" zwischen Materialkennlinie und Luftspaltgeraden für die magnetische Feldstärke im ferromagnetischen Material ergibt.

Im Bereich kleiner magnetischer Feldstärken H_{Fe} kommt es zu reversiblen Wandverschiebungen der weissschen Bezirke. Dies wird im Modell-Typ CORE mathematisch durch Gl. (9.26) beschrieben, mit der $dM_{Fe\text{-}rev}/dH_{Fe}$ berechnet wird:

$$\frac{dM_{Fe-rev}}{dH_{Fe}} = C \cdot \frac{d(M_{FeoH} - M_{Fe})}{dH_{Fe}} \tag{9.26}$$

Der dimensionslose **Parameter** *C* gewichtet dieses Verhalten.

Im Bereich größerer Feldstärken kommt es zu irreversiblen Wandverschiebungen, die hauptsächlich für das Hystereseverhalten verantwortlich sind. Dies wird im Modell-Typ CORE mathematisch durch Gl. (9.27) beschrieben:

$$\frac{dM_{Fe-irr}}{dH_{Fe}} = \frac{M_{FeoH} - M_{Fe}}{K_1} \tag{9.27}$$

Der **Parameter** *K* (in A/m) gewichtet dieses Verhalten. Das Hystereseverhalten wird durch folgende Vorzeichenzuordnungen erreicht:

$$K_1 = +K \quad \text{wenn} \quad dH_{Fe}/dt > 0 \qquad K_1 = -K \quad \text{wenn} \quad dH_{Fe}/dt \le 0$$

Die Summe aus Gl. (9.26) und (9.27) führt zur Gl. (9.28), mit der dM_{Fe}/dH_{Fe} berechnet wird:

$$\frac{dM_{Fe}}{dH_{Fe}} = \frac{C}{1+C} \cdot \frac{dM_{FeoH}}{dH_{Fe}} + \frac{1}{1+C} \cdot \frac{M_{FeoH} - M_{Fe}}{K_1} \tag{9.28}$$

Über Gl. (9.4), die hier als Gl. (9.29) noch einmal wiedergegeben wird, wird die magnetische Flussdichte berechnet:

$$B_{Fe} = \mu_0 \cdot H_{iL} + \mu_0 \cdot M_{Fe} \tag{9.29}$$

Über den Verkettungsfluss $\Psi = N \cdot \Phi = N \cdot A_K \cdot B_{Fe}$ wird daraus der für die Berechnung der induktiven Spannung relevante Wert der differenziellen Induktivität $L_d(i_L)$ berechnet:

$$L_d = \mu_0 \cdot N^2 \cdot \frac{A_K}{l_K} + \mu_0 \cdot N^2 \cdot \frac{A_K}{l_K} \cdot \frac{dM_{Fe}}{dH_{Fe}} \cdot \frac{dH_{Fe}}{dH_{iL}}$$

aus der MC mittels

$$u_L = \frac{d\Psi}{dt} = \frac{d\Psi}{di_L} \cdot \frac{di_L}{dt} = L_d(i_L) \frac{di_L}{dt}$$

die induktive Spannung u_L nummerisch berechnet.

Die geometrischen Größen des magnetischen Kreises werden über die **Parameter A_{REA}** $(A_K = A_{Fe} = A_{Ls})$, **P_{ATH}** $(= l_K)$ und **G_{AP}** $(= l_{Ls})$ eingegeben. Die Parameterliste des Modell-Typs CORE ist in Tabelle 9.4 zusammengefasst aufgeführt.

Mit drei Übungsaufgaben können Sie sich den Umgang mit dem Modell-Typ CORE je nach Ihrem Interesse erarbeiten:

In Ü 9-12 lernen Sie, das Modell-Element *K device* in MC anzuwenden und die Neukurve und die Materialkennlinie $B_{Fe} = f(H_{Fe})$ des MnZn-Ferrit-Materials N48 zu simulieren. Der Parameterwertesatz ist vorgegeben.

In Ü 9-13 wird eine Musterdatei vorgestellt, mit deren Hilfe die Material-Parameter Nr. 1 bis Nr. 4 iterativ an eine gegebene *hysteresebehaftete Materialkennlinie $B_{Fe} = f(H_{Fe})$* angepasst werden können. Als Beispiel dient das ferromagnetische Material K1 (NiZn-Ferrit).

In Ü 9-14 lernen Sie ein Beispiel für die Parametrierung einer Spule bestehend aus Schalenkern mit Luftspalt kennen.

Tabelle 9.4 Parameterliste des Modell-Typs CORE mit Defaultwerten (Dflt.) und Einheiten (E.)

Nr.	Parameter in MC	Parameterbezeichnung aus [MC-REF]	Dflt.	E.
1	MS, M_S	*Saturation magnetization* $(= J_{MS}/\mu_0 \approx B_{FeS}/\mu_0)$	$4 \cdot 10^5$	A/m
2	A, A	*Shape parameter* $(= H_A)$	25	A/m
3	C, C	*Domain wall flexing constant*	0.001	-
4	K, K	*Domain wall bending constant*	25	A/m
5	AREA, A_{REA}	*Mean magnetic cross-section* [1] $(A_K = A_{Fe} = A_{Ls})$	1	cm² [1]
6	PATH, P_{ATH}	*Mean magnetic path length* [1] $(= l_K)$	1	cm [1]
7	GAP, G_{AP}	*Effective air gap length* [1] $(= l_{Ls})$	0	cm [1]

[1] Beachten Sie, dass diese Größen leider nicht in m oder mm, sondern in cm bzw. cm² einzugeben sind.

Ü 9-12 Modell-Typ CORE und Kennlinie $B_{Fe} = f(H_{Fe})$ (UE_9-12_CORE_B-VS-H.CIR)

a) Starten Sie MC. Holen Sie sich über die **SF Inductor** oder über die **Menüfolge Component → Analog Primitives ▸ → Passive Components ▸ → Inductor L** das *Modell-Element einer Spule* in den Schaltplan. MC gibt dieser automatisch den Modell-Bezeichner L_1. Die Symbole „+" und „–" am Modell-Symbol kennzeichnen die *Richtung des Bezugspfeils der induktiven Spannung u_L (Bezugspfeil zeigt von „+" nach „–")*. Es öffnet sich das Attributfenster *Inductor*.

Das Attribut INDUCTANCE bekommt im Zusammenspiel mit dem Modell-Typ CORE die Bedeutung und den Wert der Windungszahl N und hat nichts mit einem Induktivitätswert zu tun, daher muss INDUCTANCE ≥ 1 sein. Für die gewünschte Windungszahl $N = 1$ geben Sie dem Attribut INDUCTANCE den Wert „1". Um diese geänderte Bedeutung deutlich zu machen, ändern Sie den Modell-Bezeichner (Attribut PART) von „L1" in „N1". Schließen Sie das Attributfenster mit der SF OK.

b) Holen Sie sich über die **Menüfolge Component → Analog Primitives ▸ → Passive Components ▸ → K** das Modell-Element *K device* in den Schaltplan. MC gibt diesem automatisch den Modell-Bezeichner K_1. Es öffnet sich das Attributfenster *K:Mutual inductance / Nonlinear magnetics core model*. Die Eingabe eines Modell-Namens für das Attribut MODEL aktiviert die hier gewünschte zweitgenannte Funktion (… / *Nonlinear* …). Wenn das Attribut MODEL leer bleibt, ist die erstgenannte Funktion (*Mutual inductance / …*, dt. gegenseitige Induktivität) aktiv. Hierbei spielt der Parameter Kopplungsfaktor k_{XY} eine wesentliche Rolle, weshalb das Modell-Element als *K device* bezeichnet wurde. Weitere Einzelheiten zur koppelnden Funktion des *K devices* werden in Abschn. 9.3.3 behandelt.

Geben Sie dem Attribut MODEL z. B. den Modell-Namen „N48-12". N48 ist der kommerzielle Name eines Ferrit-Materials, die „12" soll darauf hinweisen, dass es sich um den Parameterwertesatz aus Ü 9-12 handelt. Geben Sie in den jetzt aktiven Eingabefeldern für die Material-Parameter Nr. 1 bis Nr. 4 folgende Werte ein: $M_S = 335 \cdot 10^{+3}$ A/m, $A = 41{,}9$ A/m, $C = 13{,}4 \cdot 10^{-3}$, $K = 30{,}9$ A/m.

Bei den geometrischen Parametern Nr. 5 bis Nr. 7 soll der Parameter $P_{ATH} = 100$ cm (= 1 m) gesetzt werden. Die anderen behalten die Defaultwerte ($A_{REA} = 1$ cm², $G_{AP} = 0$ cm). Da es bei dieser Simulation nur um die Materialeigenschaften geht, können Windungszahl und geometrische Größen unrealistisch sein.

Über das Attribut INDUCTORS wird der Modell-Typ CORE bzw. das Modell-Element mit dem Modell-Bezeichner K_1 mit der „Wicklung" N_1 verknüpft, indem Sie dem Attribut INDUCTORS den Wert „N1" geben.

Auch wenn keine induktiv gekoppelten Wicklungen vorkommen, muss das Attribut COUPLING einen Wert haben. Geben Sie dem Attribut COUPLING den Idealwert „1".

Schließen Sie das Attributfenster mit der SF OK. Holen Sie sich mit <STRG> + <B> das .MODEL-Statement von „N48-12" von der Textseite in die Schaltplanseite, damit Sie die Modellbeschreibung vor Augen haben.

Definieren Sie für einige Rechnungen eine Variable „U0" und weisen Sie ihr den Wert von μ_0 zu durch Eingabe von „.DEFINE U0 4*PI*1e-7".

Definieren Sie abschließend für eine Vergleichsgerade in den Diagrammen eine Variable „URI" und weisen Sie ihr den Wert von μ_{ri} zu durch Eingabe von „.DEFINE URI 2300", da im Datenblatt des Ferrit-Materials N48 $\mu_{ri} = 2300 \pm 30$ % angegeben ist.

c) Bild 9-12a zeigt eine Materialkennlinie $B_{Fe} = f(H_{Fe})$ aus einem Datenblatt für das Ferrit-Material N48. Es soll eine zu Bild 9-12a vergleichbare Kennlinie simuliert werden. Dazu muss mittels der Wicklung N_1 und des Stroms i_L eine magnetische Feldstärke von maximal $H_{Fe} = 1200$ A/m erzeugt werden. Über den Zusammenhang $H_{iL} = H_{Fe} = N \cdot i_L / l_K$ ist leicht auszurechnen, dass aufgrund der Parameterwerte ($N_1 = 1$, $l_K = P_{ATH} = 100$ cm = 1 m) hierzu ein Spitzenstrom mit dem Wert 1200 A simuliert werden muss.

Zur Simulation der Materialkennlinie $B_{Fe} = f(H_{Fe})$ soll mit der Neukurve begonnen werden und ein vollständiger Hystereseschleifen-Umlauf simuliert werden. Hierzu ist bereits ein geeigneter Zeitverlauf $i_L(t)$ in Bild 9-8 gezeigt und dessen Umsetzung in MC in Ü 9-9a beschrieben worden. Verwenden Sie diese Umsetzung und stellen Sie I_{max} auf 1200 A ein. Starten Sie eine TR-Analyse.

Neben der Kontrolle des korrekten Zeitverlaufs von $i_L(t)$ ist zur Kontrolle der *Parametrierung der Materialeigenschaften* als Ausgabe die simulierte Kennlinie $B_{Fe} = f(H_{Fe})$ am interessantesten. Diese magnetischen Größen sind in MC als Variablen verfügbar. Geben Sie daher für eine darzustellende Kurve ein: *X Expression* „HSI(N1)" und *Y Expression* „BSI(N1)". Der wichtige Zusatz „*SI" kennzeichnet, dass beide Größen in SI-Einheiten ausgegeben werden. Das ist für die magnetische Feldstärke „A/m" (in MC „Amps/Meter") und für die Flussdichte „Vs/m² = Weber/m² = T" (in MC „Tesla").

Im Datenblatt für das Ferrit-Material N48 ist eine Anfangs-Permeabilitätszahl von $\mu_{ri} = 2300 \pm 30$ % angegeben. Lassen Sie sich daher zum Vergleich eine Kurve von MC mit *Y Expression* „U0*2300*HSI(N1)" anzeigen. Die Variable „U0" wurde bereits zuvor definiert. Starten Sie einen Simulationslauf.

Der Vergleich von Bild 9-12a mit dem Simulationsergebnis Bild 9-12b zeigt, dass die Simulation die Kennlinie aus dem Datenblatt gut wiedergibt. Bild 9-12c ist ein vergrößerter Ausschnitt, sodass die **Neukurve** sichtbar ist und die bei einem hysteresebehafteten Verhalten markanten Kenngrößen **Remanenzflussdichte** B_r *(remanent flux density)* und **Koerzitivfeldstärke** H_c *(coercive field strength)* besser abgelesen werden können. Für die Koerzitivfeldstärke des Materials N48 ist im Datenblatt $H_c = 26$ A/m angegeben. Die Remanenzflussdichte wird ausschließlich von der im magnetisierten Material verbleibenden Polarisation erzeugt, daher ist $B_r = J_r$.

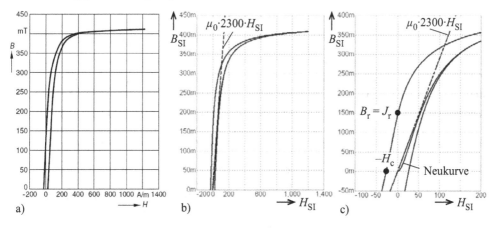

Bild 9-12 a) Datenblatt-Kennlinie $B_{Fe} = f(H_{Fe})$ für das MnZn-Ferrit-Material N48, b) und c) mit dem Modell-Typ CORE und Parameterwertesatz N48-12 simuliert

Bestimmen Sie mit den *Cursorn* beide Werte aus der simulierten Kennlinie (Lösung: $B_r = 145$ mT, $H_c = 26{,}5$ A/m).

Diese Simulation hatte ausschließlich das Ziel, die vier Material-Parameterwerte des Modell-Typs CORE dahin gehend zu verifizieren, dass die Simulation die *Materialeigenschaften* so genau, wie es mit dem Modell-Typ CORE möglich ist, wiedergibt.   ❑ Ü 9-12

Ü 9-13 Material-Parameterwerte für CORE anpassen (M_9-2_CORE_WERTE.CIR)

Starten Sie MC. Öffnen Sie die Musterdatei M_9-2_CORE_WERTE.CIR. Das Modell-Element für die Wicklung N_1 mit der Windungszahl $N_1 = 1$ ist mit dem Modell-Element K_1 verknüpft. K_1 hat den Modell-Namen „MUT" *(model/material under test)*. Über das .DEFINE-Statement „.DEFINE MUT ..." wird diesem der konkrete Modell-Name zugeordnet. Bild 9-13 zeigt eine Materialkennlinie aus dem Datenblatt des NiZn-Ferrit-Materials mit dem kommerziellen Namen K1. Zufällig sind kommerzieller Name und Modell-Bezeichner identisch. Im Datenblatt ist zusätzlich als Wertepaar in Sättigungsnähe $B_{Fe} = 310$ mT @ $H_{Fe} = 5$ kA/m angegeben. Als Anfangs-Permeabilitätszahl (Steigung der Neukurve) wird $\mu_{ri} = 80 \pm 25$ % angegeben.

a) Bestimmen Sie aus Bild 9-13 die Remanenzflussdichte und die Koerzitivfeldstärke   (Lösung: $B_r = 200$ mT, $H_c \approx 400$ A/m, der Hersteller gibt $H_c = 380$ A/m an).

b) Berechnen Sie mit einem Wert aus der Materialkennlinie oder anhand anderer Angaben einen ersten Wert für den Parameter Sättigungs-Magnetisierung mittels $M_S = M_{FeS} = J_{FeS}/\mu_0 \approx B_{FeS}/\mu_0$.

   (Lösung: z. B. mit $B_{FeS} = 310$ mT
   $M_S = (310$ mT$)/\mu_0 = 247$ kA/m)

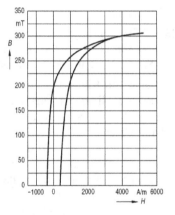

Bild 9-13 Materialkennlinie $B_{Fe} = f(H_{Fe})$ für das NiZn-Ferrit-Material K1

c) Skizzieren Sie in Bild 9-13 eine Kurve, welche die Hystereseschleife mittelt. Diese Kurve stellt grafisch eine Näherung der dem Modell-Typ CORE zugrunde liegenden Magnetisierungskurve ohne Hysterese dar (formal $B_{Kurve} \approx \mu_0 \cdot M_{FeoH}$). Schätzen Sie die magnetische Feldstärke, bei der gemäß dieser Kurve gilt: $B_{Kurve} \approx B_{FeS}/2$. Diesen Wert können Sie als ersten Wert für den Parameter $A = H_A$ nehmen (Lösung: z. B. $A = H_A \approx 300$ A/m).

Nehmen Sie für die Parameter C und K die Defaultwerte ($C = 10^{-3}$, $K = 25$). Setzen Sie $P_{ATH} = 100$ (entspricht $l_K = 1$ m), damit der Scheitelwert des Stroms i_L zahlenmäßig dem Wert von H_{Femax} entspricht. Zum leichteren Vergleich mit der Materialkennlinie aus Bild 9-13 soll der Bereich bis $H_{Femax} = 6000$ A/m simuliert werden. Geben Sie diesen Wert in das vorbereitete .DEFINE-Statement ein.

Geben Sie für eine Vergleichsgerade den Wert für μ_{ri} ein mit „.DEFINE URI 80".

Zum besseren Erkennen, was die folgenden Iterationen bewirken, wird die Modell-Elemente-Kombination K_2, N_2 ebenfalls mit diesen Anfangswerten parametriert. Ihr Verhalten wird als Referenz-Kennlinie in den Diagrammen mit dargestellt.

Starten Sie eine TR-Analyse. In der Musterdatei sind mehrere Ausgabeseiten vorbereitet, welche die simulierten Kennlinien beider Modell-Elemente-Kombinationen mit verschiedenen Achsenskalierungen zeigen. In Tabelle 9.5 sind die *wichtigsten* Ausgabevariablen mit Einheit angegeben, die in MC für den Modell-Typ CORE verfügbar sind.

Tabelle 9.5 Ausgabevariablen für den Modell-Typ CORE

Variable	Einheit	entspricht und bedeutet
BSI(N1)	Vs/m²	Flussdichte B_{Fe} (1Vs/m² = 1 Tesla)
HSI(N1)	A/m	magnetische Feldstärke H_{iL}, auch *externe* Feldstärke genannt. $H_{SI(N1)}$ wird berechnet aus $H_{SI(N1)} = N_1 \cdot i_L(t)/l_K = N_1 \cdot I_{(N1)}/P_{ATH}$.
HI(N1)	A/m	magnetische Feldstärke H_{Fe}, auch <u>interne</u> Feldstärke genannt. Ohne Luftspalt ($G_{AP} = 0$) gilt $H_I = H_{SI}$, mit Luftspalt ist $H_I \neq H_{SI}$!
X(N1)	Vs	*Verkettungs*fluss Ψ. $X_{(N1)}$ wird berechnet aus $X_{(N1)} = N_1 \cdot A_{REA} \cdot B_{SI(N1)}$.
L(N1)	H	Wert der *differenziellen* Induktivität $L_d = L_{(N1)} = dX_{(N1)}/dI_{(N1)}$

ⓘ Die Variable „B(N1)" hat den Wert von B_{Fe} in der alten Einheit 1 Gauß = 10^{-4} Tesla. Die Variable „H(N1)" hat den Wert von H_{iL} in der alten Einheit 1 Oersted = 1 Gauß/μ_0 = 79,5775 A/m. **Bleiben Sie bei den SI-Einheiten und benutzen Sie nur „BSI( )" und „HSI( ).** In der verwendeten MC-Version 9.0.6.1 wird für die Variable „HI" bei der Ausgabe als Einheit noch der Schriftzug „(Oersteds)" angezeigt. Das ist eine falsche Information. Die Zahlenwerte von „HI" sind in den SI-Einheiten A/m berechnet. Daher müsste der Schriftzug „(Amps/Meter)" korrekterweise ausgegeben werden.

Starten Sie einen Simulationslauf. Vergleichen Sie die simulierte Kurve $B_{SI(N1)}$ vs. $H_{SI(N1)}$ mit der Materialkennlinie hinsichtlich des Sättigungsbereiches, der Steigung als Maß für μ_{rFe}, der Remanenzflussdichte B_r und der Koerzitivfeldstärke H_c. Durch Ändern jeweils *eines* Parameterwertes soll eine größere Annäherung erreicht werden. Tabelle 9.6 zeigt als Hilfe die Ursache-Wirkungs-Tendenz auf diese Kenngrößen, wenn Sie einen Parameterwert vergrößern.

Tabelle 9.6 Ursache-Wirkungs-Tendenz auf Kenngrößen der Materialkennlinie, wenn der entsprechende Parameterwert des Modell-Typs CORE vergrößert wird (Dflt. = Defaultwert in MC)

Parameter	Dflt.	B_{FeS}	μ_{rFe}	H_c	B_r	qualitative Änderung
M_S ↗	$4 \cdot 10^5$ A/m	↗	↗	=	↗	vergrößert Kennlinie in B_{Fe}-Richtung
A ↗	25 A/m	=	↘	=	↘	Steigung wird kleiner
C ↗	0,001	=	↗	↘	↘	Steigung der Neukurve bei kleinen Werten von H_{Fe} (entspricht μ_{ri}) wird größer
K ↗	25 A/m	=	=	↗	↗	verbreitert Hystereseschleife in H_{Fe}-Richtung

An dieser Stelle sei an das *Stepping* eines .MODEL-Statement-Parameterwertes aus Abschn. 6.2 als ggf. zeitsparende Hilfe hingewiesen. Die Kurve des Referenz-Parameterwertesatzes ist eine weitere Hilfe, Richtung und Größe der Wirkung nach einzelnen Iterationsschritten zu bewerten. Der Autor hat die Iterationen mit folgendem Parameterwertesatz beendet:

.MODEL K1-VE CORE (MS=240k A=100 C=20m K=500 PATH=100 GAP=0).

❑ Ü 9-13

Ü 9-14 Wicklung mit Schalenkern mit Luftspalt (UE_9-15_CORE_LUFTSPALT.CIR)

Ein Luftspalt im magnetischen Kreis hat eine linearisierende Wirkung auf den Induktivitätswert, der mit einer Spule bestehend aus Wicklung und ferromagnetischen Kern realisiert wird. Die theoretischen Hintergründe wurden in Ü 9-11 behandelt.

Aus einer Schaltung soll die Spule mit dem fiktiven Bauelement-Bezeichner L_5 den Induktivitätswert $L_5 = 2,5$ mH haben. Als Ergebnis einer Dimensionierung für die Spule L_5 ist folgende Realisierung herausgekommen (siehe z. B. [BÖH15]):

Material:	N48 ($\mu_{ri} = 2300 \pm 30$ %)
Kernform:	Schalenkern P18×11 m.L.
A_L-Wert:	250 nH $\pm$ 3 %
μ_{reff}:	120
Luftspaltlänge:	$s \approx 0,2$ mm
wirksame magnetische Länge:	$l_{Fe} = 25,9$ mm
wirksame magnetische Fläche:	$A_{Fe} = 43$ mm^2
Windungszahl:	$N_{L5} = 100$
Durchmesser des Kupfer-Volldrahtes:	$d_{Cu} = 0,2$ mm

a) Berechnen Sie den rechnerischen Wert der Luftspaltlänge l_{Ls}, indem Sie Gl. (9.24) nach der Größe l_{Ls} umstellen (Lösung: $l_{Ls} = 0,2046$ mm).

b) Starten Sie MC. Öffnen Sie die Übungsdatei UE_9-14_CORE_LUFTSPALT.CIR.

Die Spule L_5 wird mit den Modell-Elementen N_5 und K_5 nachgebildet. N_5 modelliert die Windungszahl $N_{L5} = 100$. K_5 greift auf den Parameterwertesatz mit dem Modell-Namen „KERN-L5" zu. Dieser beinhaltet die Material-Parameterwerte N48-12 für das Ferrit-Material N48, die zuvor z. B. gemäß Ü 9-13 bestimmt wurden. Des Weiteren sind die Geometriedaten in Form der Parameter P_{ATH}, G_{AP} und A_{REA} enthalten. Für G_{AP} wurde die rechnerische Luftspaltlänge eingesetzt, da mit dieser in den Gleichungen gerechnet wird. Um die Umrechnung von mm (mm^2) in cm (cm^2) von MC erledigen zu lassen, sind die Werte mit passenden Umrechnungsfaktoren eingegeben.

Zum Vergleich der so modellierten Spule L_5 mit einer idealen Spule ist das Modell-Element mit dem Modell-Bezeichner L_1 in der Simulation vorhanden. Starten Sie eine TR-Analyse.

In dem Dialogfenster *Transient Analysis Limits* sind auf der Seite „Allgemein" drei Kurven vorbereitet: Die Kurve 1 zeigt mit $B_{SI(N5)}$ die berechneten Flussdichtewerte im Material und im Luftspalt ($B_{Ls} = B_{Fe}$). Beachten Sie, dass $H_{SI(N5)}$ als externe Feldstärke ein Ersatzwert mit der Einheit der magnetischen Feldstärke ist und aus $N_5 \cdot I_{(N5)}/P_{ATH}$ berechnet wird.

Die zweite Kurve zeigt die Werte $X_{(N5)}$. Diese Variable ist der Verkettungsfluss Ψ.

Die dritte Kurve $L_{(N5)}$ zeigt die Werte für die aus Ψ berechnete differenzielle Induktivität.

Um die Bedeutung der Variablen $H_{SI(N5)}$ als externe Feldstärke noch einmal zu verdeutlichen, ist auf der Seite „H vs. I" die Ausgabe von Kurven für drei magnetische Feldstärkegrößen als Funktion des Stroms $i_L(t)$ vorbereitet:

Die Kurve $H_{SI(N5)}$ zeigt die mit der Formel $N_5 \cdot I_{(N5)}/P_{ATH}$ berechneten Werte. Die Kurve $H_{I(N5)}$ zeigt den Wert der magnetischen Feldstärke, die MC für den materialbehafteten Feldabschnitt berechnet. Diese wird interne Feldstärke genannt und ist für die hysteresebehaftete Materialkennlinie $B_{Fe} = f(H_{Fe})$ der maßgebliche Wert.

Der Wert der magnetischen Feldstärke im Luftspalt (= H_{Ls}) steht nicht als Variable zur Verfügung. Er kann aber einfach aus B_{Ls}/μ_0 berechnet werden, wobei beim Modell-Typ CORE gilt: $B_{Ls} = B_{Fe}$. Mit der dritten Kurve wird dieser Wert berechnet und gezeigt.

Letztendlich ist es bei der Spule wichtig, welches Strom-Spannungs-Verhalten sie in einer Schaltung zeigt. Dafür sind auf einer dritten Seite „UI vs. T" Kurven für die Zeitverläufe von Strom und Spannung sowohl für die mit dem Modell-Elementen N_5 und K_5 modellierte Spule L_5 als auch für die ideale Spule L_1 vorbereitet. Starten Sie einen Simulationslauf.

Seite „Allgemein": Der Luftspalt wirkt auf die Kurven „BSI(N5) vs. HSI(N5)" (B_{Fe} vs. H_{iL}) bzw. „X(N5) vs. HSI(N1)" (Ψ vs. H_{iL}) linearisierend in dem Bereich, in dem das ferromagnetische Material noch nicht in der Sättigung ist. Die Auswirkungen der Hysterese sind reduziert. Dies führt dazu, dass der Wert der differenziellen Induktivität im Bereich von $-0{,}5A < i_L < +0{,}5\,A$ mit $L_d \approx 2{,}5$ mH einigermaßen konstant bleibt. Nur in diesem Bereich wirkt die Spule daher mit einem einigermaßen konstanten Induktivitätswert.

Seite „H vs. I": Prüfen Sie an einem Zahlenwert nach, dass $H_{SI(N1)} = N_1 \cdot i_L(t)/P_{ATH}$ gilt. Erklären Sie sich die unterschiedlichen Verläufe der Kurven, die H_{Fe} bzw. H_{Ls} zeigen.

Seite „UI vs. T": Nur bei kleinen Werten von $i_L(t)$ verhält sich die simulierte (und auch die reale) Spule näherungsweise wie eine ideale Spule mit $L = L_d = 2{,}5$ mH = const. Bei größeren Werten tritt eine massive Nichtlinearität auf.

Durch Einbeziehen des ohmschen Widerstandswertes der Wicklung und einer abgeschätzten Wicklungskapazität kann die Modellierung mit einer Ersatzschaltung verfeinert und damit realitätsnäher gestaltet werden. Hierauf soll im Rahmen dieses Buches nicht weiter eingegangen werden. Für weitere Details wird u. a. auf [REI2] verwiesen. ❏ Ü 9-14

9.3 Modell-Elemente für induktiv gekoppelte Wicklungen

Wicklungen kommen in der Elektrotechnik/Elektronik auch induktiv gekoppelt vor. Diese werden als Bauelemente *Transformatoren* genannt, wenn als primäre Aufgabe Energie übertragen wird, bzw. *Übertrager*, wenn als primäre Aufgabe Signale übertragen werden. Bevor die Modellierung mit MC beschrieben wird, werden zusammengefasst die wichtigsten Zusammenhänge und Begriffe erläutert.

Bild 9-14 zeigt den zuvor schon behandelten Ringkern ohne Luftspalt mit den zwei Wicklungen Nr. 1 und Nr. 2 und den Windungszahlen N_1 und N_2. Das Bezugspfeilpaar „Strom einer Wicklung" und „durch diesen Strom verursachter magnetischer Fluss" erfüllt die *Rechtsschraubenregel*, d. h. für $i(t) > 0$ ergibt sich $\Phi > 0$. Mit der rechten Hand kann man diese Zuordnung leicht überprüfen.

Im Bild 9-14 wird die Wicklung Nr. 1 vom Strom i_1 durchflossen, die Wicklung Nr. 2 ist leer-laufend, daher ist $i_2 = 0$. Über die magnetische Feldstärke verursacht der Strom i_1 eine Flussdichte, die zu einem magnetischen Flussanteil Φ_{11} (griech. Buchstabe Phi, engl. *flux*) führt. Nur ein Teil dieses Flussanteils durchsetzt die Wicklung Nr. 2. Dieser Teil wird mit Φ_{12} bezeichnet.

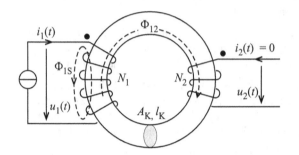

Bild 9-14
Ringkern mit zwei induktiv gekoppelten Wicklungen, wobei die Wicklung Nr. 2 leerlaufend ist

✍   Die Indizierung erfolgt nach dem Schema Φ_{UW}. Hierbei ist U die Nr. der Wicklung, deren Strom diesen Flussanteil veruracht, und W die Nr. der Wicklung, in der dieser Flussanteil eine Wirkung zeigt. Gegenüber den Begriffen Primär/Sekundär beinhaltet die Durch-nummerierung der Wicklungen den Vorteil, damit auch Transformatoren mit drei und mehr Wicklungen eindeutig beschreiben zu können.

Der restliche Teil des Flussanteils Φ_{11} durchsetzt die Wicklung Nr. 2 nicht und wird daher als *Streufluss* Φ_{1S} bezeichnet. Es ergibt sich aufgrund dieser Aufteilung:

$$\Phi_{11} = \Phi_{12} + \Phi_{1S}$$

Diese Aufteilung erlaubt die Definition eines **Kopplungsfaktors k_{12}**. Dieser beschreibt das Verhältnis des die Wicklung Nr. 2 durchsetzenden und damit koppelnd wirkenden Flussanteils Φ_{12} zum gesamten vom Strom i_1 erzeugten Flussanteil Φ_{11}. Er ergibt sich damit zu:

$$k_{12} = \frac{\Phi_{12}}{\Phi_{11}} = \frac{\Phi_{12}}{\Phi_{12} + \Phi_{1S}} \qquad\qquad (9.30)$$

Tritt kein Streufluss auf ($\Phi_{1S} = 0$), ergibt sich $k_{12} = 1$. Bei diesem Wert spricht man von einer *ideal festen Kopplung* oder *vollständigen Kopplung*.

Bild 9-15 zeigt die gleiche Anordnung für den Fall, dass die Wicklung Nr. 1 leerlaufend ist mit $i_1 = 0$. Die Erläuterungen sind analog zu denen für Bild 9-14: Über die magnetische Feldstärke verursacht der Strom i_2 eine Flussdichte, die zu einem Flussanteil Φ_{22} führt. Der mit Φ_{21} be-zeichnete Teil dieses Flussanteils durchsetzt die Wicklung Nr. 1, der mit Φ_{2S} bezeichnete rest-licher Teil durchsetzt Wicklung Nr. 1 als Streufluss nicht.

Es ergibt sich analog:

$$\Phi_{22} = \Phi_{21} + \Phi_{2S}$$

und ein zweiter Kopplungsfaktor k_{21}:

$$k_{21} = \frac{\Phi_{21}}{\Phi_{22}} = \frac{\Phi_{21}}{\Phi_{21} + \Phi_{2S}} \qquad\qquad (9.31)$$

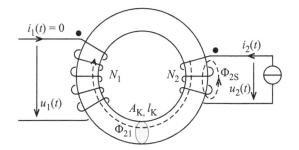

Bild 9-15
Ringkern mit zwei induktiv gekoppelten Wicklungen, wobei die Wicklung Nr. 1 leerlaufend ist

Zur weiteren Berechnung muss einschränkend angenommen werden, dass das Feldmedium linear ist. Nur für diesen Fall können die Betrachtungen aus Bild 9-14 und Bild 9-15 als *Teilbetrachtungen bei der Anwendung des Überlagerungssatzes* angesehen und dieser angewendet werden. Sind beide Ströme i_1, $i_2 \neq 0$, überlagern sich die Flussanteile.

Die Bezugspfeilrichtungen für die Ströme jeder Wicklung und die durch sie verursachten Flussanteile erfüllen die Rechtsschraubenregel. In Bild 9-14 und Bild 9-15 wurden die Wicklungen in ihrem Wickelsinn um den Ringkern bewusst so eingezeichnet, dass die Bezugspfeile der Flüsse in dieselbe Richtung zeigen. *Dieser Fall wird gleichsinnige Kopplung genannt und sollte bei der Wahl der Bezugspfeilrichtungen bevorzugt werden.* Um in einem abstrakteren Schaltsymbol, in dem der Wickelsinn als Information nicht mehr enthalten ist, eine eindeutige Kennzeichnung zu bekommen, werden „gleichartige" Wicklungsenden mit einem *Wicklungspunkt* markiert. Obwohl es in Bild 9-14 und Bild 9-15 noch nicht nötig wäre, sind zum besseren Verständnis der Zuordnung die Wicklungspunkte bereits eingetragen.

Für Wicklung Nr. 1 ergibt sich aus der Überlagerung als Gesamtfluss:

$$\Phi_1 = \Phi_{12} + \Phi_{1S} + \Phi_{21} = \Phi_{11} + \Phi_{21}$$

und für Wicklung Nr. 2:

$$\Phi_2 = \Phi_{21} + \Phi_{2S} + \Phi_{12} = \Phi_{22} + \Phi_{12}$$

Unter der Voraussetzung, dass jede Windung einer Wicklung vom gleichen Fluss Φ_X durchsetzt wird (nur dann gilt Gl. (9.9): $\Psi = N \cdot \Phi$), berechnet sich die induktive Spannung der Wicklung Nr. 1 gemäß Gl. (9.12) zu:

$$u_1 = \frac{d(N_1 \cdot \Phi_1)}{dt} = \frac{d(N_1 \cdot \Phi_{11})}{dt} + \frac{d(N_1 \cdot \Phi_{21})}{dt} = \frac{d(N_1 \cdot \Phi_{11})}{di_1} \cdot \frac{di_1}{dt} + \frac{d(N_1 \cdot \Phi_{21})}{di_2} \cdot \frac{di_2}{dt}$$

Aufgrund der Annahme, dass das Feldmedium linear ist, sind die Terme $d(N \cdot \Phi)/di$ konstant und vereinfachen sich zu $N \cdot \Phi/i$. Diese können gemäß Gl. (9.11) als *lineare Induktivitätswerte* L ausgedrückt werden. Es ergibt sich:

$$u_1 = L_{11} \cdot \frac{di_1}{dt} + L_{21} \cdot \frac{di_2}{dt} \tag{9.32}$$

Hierbei bezeichnet $L_{11} = N_1 \cdot \Phi_{11}/i_1$, im Folgenden abkürzend nur mit L_1 bezeichnet, den **Selbstinduktivitätswert der Wicklung Nr. 1**. Dieser beschreibt die Wirkung des Stroms i_1 auf die Spannung u_1 (beides Größen der Wicklung Nr. 1). $L_{21} = N_1 \cdot \Phi_{21}/i_2$ bezeichnet den **Gegeninduktivitätswert**, der die Wirkung des Stroms i_2 (Wicklung Nr. 2) auf die Spannung u_1 (Wicklung Nr. 1) beschreibt.

Ü 9-15 Berechnung bei induktiv gekoppelten Wicklungen

Führen Sie die Berechnung analog für die Spannung u_2 durch (Lösung:

$$u_2 = L_{22} \cdot \frac{di_2}{dt} + L_{12} \cdot \frac{di_1}{dt} \tag{9.33}$$

mit dem Selbstinduktivitätswert der Wicklung Nr. 2 $L_{22} = N_2 \cdot \Phi_{22}/i_2$, im Folgenden abkürzend nur mit L_2 bezeichnet, und dem Gegeninduktivitätswert $L_{12} = N_2 \cdot \Phi_{12}/i_1$).   ❑ Ü 9-15

Für die Gegeninduktivitätswerte L_{12}, L_{21} gilt die Umkehrbarkeit, d. h.:

$$L_{12} = L_{21} \tag{9.34}$$

In der Literatur ist gelegentlich noch die früher verwendete Formelgröße M (_mutual induct-ance, $M = L_{12} = L_{21}$_) vorzufinden. Die Doppelindizierung hat den Vorteil, die Beschreibungen auch auf Transformatoren/Übertrager mit drei oder mehr Wicklungen erweitern zu können. Bei gleichsinniger Kopplung ergeben sich wie bei „normalen" (Selbst-)Induktivitäten positive Gegeninduktivitätswerte, $L_{12} = L_{21} > 0$. Eine gegensinnige Kopplung würde sich dadurch be-merkbar machen, dass die Gegeninduktivitätswerte negativ sind, $L_{12} = L_{21} < 0$.

Ersetzt man in den Definitionsgleichungen für die Kopplungsfaktoren k_{12} und k_{21} (Gln. 9.30 und 9.31) die Flussanteile durch diese so definierten Induktivitätswerte, ergeben sich:

$$k_{12} = \frac{L_{12}}{L_1} \cdot \frac{N_1}{N_2} \text{ und } k_{21} = \frac{L_{21}}{L_2} \cdot \frac{N_2}{N_1} \tag{9.35}$$

Für die Kopplungsfaktoren k_{12}, k_{21} gilt ebenfalls die Umkehrbarkeit, d. h.:

$$k_{12} = k_{21} \tag{9.36}$$

Verwendet man die Gln. (9.35), um das Windungszahlverhältnis zu eliminieren und Gl. (9.36) sowie Gl. (9.34), so ergibt sich für k_{12}

$$k_{12} = \frac{L_{12}}{\sqrt{L_1 \cdot L_2}} \tag{9.37}$$

Der Kopplungsfaktor k_{21} ergibt sich analog dazu. Damit gilt auch für die Kopplungsfaktoren bei gleichsinniger Kopplung $k_{12} = k_{21} > 0$, bei gegensinniger Kopplung $k_{12} = k_{21} < 0$. Als ideal feste Kopplung wird der Wert $|k_{12}| = 1$ bezeichnet. Praktisch erreichbar sind Werte bis ca. 0,995. Bei Werten von $|k_{12}| < 0,8$ spricht man von loser Kopplung.

Setzt man in Gl. (9.36) die Gln. (9.35) ein und verwendet Gl. (9.34), ergibt sich:

$$\frac{L_1}{L_2} = \left(\frac{N_1}{N_2} \right)^2 = \ddot{u}_{12}^2 \tag{9.38}$$

mit der neu eingeführten Größe $\ddot{u}_{12} = N_1/N_2$, die **Übersetzungsverhältnis** genannt wird und _hier genau dem Verhältnis der Windungszahlen entspricht_. Die Indizierung „12" besteht aus den Nummern der Wicklung von Zähler und Nenner. Zwei prinzipielle Unterschiede bestehen zwischen dem Kennwert Übersetzungsverhältnis $\ddot{u}_{12}$ und den Kennwerten Kopplungsfaktor k_{12} und Gegeninduktivitätswert L_{12}:
1. Es gilt nicht die Umkehrbarkeit, sondern $\ddot{u}_{12} = 1/\ddot{u}_{21}$
2. Auch bei gegensinniger Kopplung ist $\ddot{u}_{12} > 0$.

Ü 9-16 Messtechnische Bestimmung des Kopplungsfaktors I

a) Überlegen Sie anhand von Gl. (9.32) und (9.33), wie messtechnisch die Selbstinduktivitätswerte L_1, L_2 bestimmt werden könnten (Lösung: Induktivitätsmessung an der betreffenden Wicklung, andere Wicklung im Leerlauf betreiben).

Zur Bestimmung des Kopplungsfaktors werden die zwei Wicklungen in Reihe geschaltet.

Bild 9-16a zeigt als Schaltsymbol den in Bild 9-15 dargestellten Transformator mit Bezugspfeilen für Ströme und Spannungen. Die Wicklungen Nr. 1 und Nr. 2 sind wie dargestellt in Reihe geschaltet. Die Wicklung Nr. 1 ist mit einem Wicklungspunkt versehen, das entsprechende Wicklungsende von Wicklung Nr. 2 ist noch nicht bekannt. Aus Sicht der Spannungsquelle u_A verhält sich diese Schaltung wie eine Induktivität mit dem Wert L_A, sodass $u_A = L_A \cdot di_A/dt$ gilt. Dieser Wert kann mit einem Induktivitätsmessgerät gemessen werden.

Berechnen Sie den Zusammenhang zwischen L_A und L_1, L_2, L_{12} (mit $L_{21} = L_{12}$), indem Sie Gl. (9.32) und Gl. (9.33) geeignet verwenden (Lösung: $L_A = L_1 + L_2 + 2 \cdot L_{12}$).

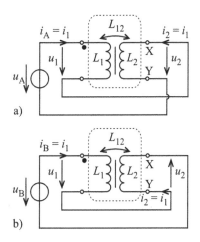

Bild 9-16
a) Schaltsymbol eines Transformators mit in Reihe geschalteten Wicklungen
b) dito, wobei die Wicklung Nr. 2 „umgepolt" betrieben wird, indem die Zuleitungen vertauscht sind

b) Bild 9-16b unterscheidet sich von Bild 9-16a dadurch, dass die Wicklung Nr. 2 „umgepolt" wird, indem die Zuleitungen vertauscht und die Bezugspfeile für Strom und Spannung entsprechend geändert wurden. Aus Sicht der Spannungsquelle u_B verhält sich die Schaltung wie eine Induktivität mit dem Wert L_B, sodass $u_B = L_B \cdot di_B/dt$ gilt. Auch dieser Wert kann mit einem Induktivitätsmessgerät gemessen werden.

Berechnen Sie den Zusammenhang zwischen L_B und L_1, L_2, L_{12} ($L_{21} = L_{12}$), indem Sie Gl. (9.32) und Gl. (9.33) geeignet verwenden (Lösung: $L_B = L_1 + L_2 + 2 \cdot L_{12}$). *Mit der Umpolung von Wicklung Nr. 2 wurde jedoch der Kopplungssinn geändert*. Angenommen, die Messwerte ergeben $L_A > L_B$. Dann kann die Ursache nur darin liegen, dass im Fall A $L_{12} > 0$ und im Fall B $L_{12} < 0$ ist. Damit liegt im Fall A gleichsinnige und im Fall B gegensinnige Kopplung vor. Der zur Wicklung Nr. 2 passende Wicklungspunkt ist also an Anschluss X zu setzen.

c) Wie kann man aus den Werten von L_A und L_B den Gegeninduktivitätswert L_{12} dieses Wicklungspaares bestimmen? (Lösung: $L_{12} = (L_A - L_B)/4$).

Aus den so bestimmten Induktivitätswerten L_1, L_2 und L_{12} können mit Gl. (9.37) und Gl. (9.36) die Kopplungsfaktoren dieses Wicklungspaares berechnet werden. ❏ Ü 9-16

Ü 9-17 Messtechnische Bestimmung des Kopplungsfaktors II

Alternativ zu dem in Ü 9-17 beschriebenen Verfahren kann auch durch je eine Induktivitätsmessung einer Wicklung bei Kurzschluss und Leerlauf der anderen Wicklung der Kopplungsfaktor bestimmt werden. Gemäß Ü 9-16a können die Selbstinduktivitätswerte L_1, L_2 an der entsprechenden Wicklung gemessen werden, wenn die andere Wicklung im Leerlauf betrieben wird.

Im Fall des Kurzschlusses z. B. der Wicklung Nr. 2 ($u_2 = 0$) wird an der Wicklung Nr. 1 ein mit L_{C1} bezeichneter Induktivitätswert gemessen, sodass $u_1 = L_{C1}\cdot di_1/dt$ gilt.

a) Berechnen Sie aus Gl. (9.32) und Gl. (9.33), wie sich L_{C1} aus L_1, L_2, L_{12} und L_{21} ergibt (Lösung: $L_{C1} = L_1 - L_{12}\cdot L_{21}/L_2$).

b) Berechnen Sie, wie sich damit aus den Messwerten für L_1 und L_{C1} der Betrag des Kopplungsfaktor $|k_{12}|$ ergibt.

(Lösung: $|k_{12}| = \sqrt{1 - \dfrac{L_{C1}}{L_1}}$)

Welche Wicklungsenden „gleichartig" sind und mit einem Wicklungspunkt markiert werden können, muss auf andere Weise bestimmt werden.   ❏ Ü 9-17

9.3.1 Einfaches Modell *Transformer*

MC stellt für ein induktiv gekoppeltes Wicklungspaar das einfache Modell-Element *Transformer* zur Verfügung, das mit den drei Parametern L_1, L_2 und k_{12} beschrieben wird und das Sie mit der folgenden Übungsaufgabe ausprobieren können. Mit welchen Messungen diese Werte extrahiert werden können, wurde zuvor behandelt.

Ü 9-18 Einfaches Modell *Transformer* (UE 9-18_KOPP_TRANSFORMER.CIR)

Soll ein Transformator/Übertrager mit nur zwei Wicklungen simuliert werden und reichen die Gl. (9.32) und Gl. (9.33) als mathematische Beschreibung aus, kann das einfache Modell-Element *Transformer* verwendet werden. Es berücksichtigt eine Streuung. Die Induktivitätswerte werden einschränkend als const. angenommen, d. h. es wird Linearität vorausgesetzt.

a) Bei einem realen Transformator/Übertrager seien entsprechend zu Ü 9-17a die Selbstinduktivitätswerte $L_1 = 5{,}58$ mH und $L_2 = 0{,}223$ mH gemessen worden. Mit der in Ü 9-17 erläuterten Methode (Wechsel des Kopplungssinns) wurden die Induktivitätswerte L_A und L_B zu Berechnung des Kopplungsfaktors gemessen. Die Messung bei Reihenschaltung der Wicklungen gemäß Bild 9-16a (gleichsinnige Kopplung) ergab den Wert $L_A = 7{,}94$ mH. Die Messung bei Reihenschaltung der Wicklungen gemäß Bild 9-16b (gegensinnige Kopplung) ergab den Wert $L_B = 3{,}66$ mH.

Berechnen Sie den Gegeninduktivitätswert L_{12} (Lösung: $L_{12} = +1{,}07$ mH).
Berechnen Sie damit den Kopplungsfaktor k_{12} (Lösung: $k_{12} = +0{,}959$).

b) Starten Sie MC. Holen Sie sich über die **Menüfolge Component → Analog Primitives ▸ → Passive Components ▸ → Transformer** das Modell-Element *Transformer* in den Schaltplan. MC gibt diesem automatisch den Modell-Bezeichner K_1. Es öffnet sich das Attributfenster *Transformer*. Geben Sie dem Attribut VALUE als Wert eine Zeichenkette mit der Syntax „L_1, L_2, k_{12}", indem Sie in das Eingabefeld *Value* „5.58mH, 0.223mH,

+0.959" eingeben. Die Einheiteneingabe „H" wird von MC ignoriert. Aktivieren Sie die **CB** ☑ **Show**, damit Ihnen diese Werte auch im Schaltplan angezeigt werden. Aktivieren Sie ebenfalls die **CB** ☑ **Pin Names**, damit Ihnen angezeigt wird, welche Seite des Modell-Symbols welche Wicklung darstellt. Schließen Sie das Attributfenster.

Im Modell-Symbol sind Wicklungspunkte angedeutet. Die Anschlüsse einer Wicklung sind leider mit „*Plus Input*" und „*Minus Input*" benannt, obwohl diese Wicklung auch als „Ausgang" wirken kann. Dies ist Wicklung Nr. 1, für die der Wert „L_1" gilt, der verwirrenderweise in [MC-REF] *Primary Inductance* genannt wird. „*Plus Output*" und „*Minus Output*" sind die Enden von Wicklung Nr. 2, für die der Wert „L_2" gilt, der in [MC-REF] mit *Secundary Inductance* bezeichnet wird.

ⓘ Zwischen „*Plus Input*" und „*Plus Output*" setzt MC einen nicht sichtbaren Widerstand mit dem Wert $1/G_{MIN}$, um Konvergenzprobleme bei einer DC-Analyse zu vermeiden. Der Defaultwert des GS-Parameters G_{MIN} beträgt 1 pS ($1/G_{MIN}$ = 1 TΩ) und wird im Dialogfenster *Global Settings* eingestellt.

Zur Bestimmung der Induktivitätswerte sei wieder ein Strom mit dreieckförmigem Zeitverlauf eingeprägt. Wählen Sie Scheitelwerte und Zeiten so, dass sich für di/dt der gerade Zahlenwert ±1 A/s ergibt. Da keine Ausgabevariablen für Ströme oder Spannungen des Modell-Elements *Transformer* verfügbar sind, soll zur Kontrolle der Strom $I_{(I1)}$ angezeigt werden.

Verbinden Sie die Wicklungen so, dass sich eine gleichsinnige Kopplung wie in Bild 9-16a ergibt. Starten Sie eine TR-Analyse. Lassen Sie sich den Strom durch $I_{(I1)}$ und die Summe der Spannungen beider Wicklungen anzeigen. Starten Sie einen Simulationslauf.

Es sollten sich die in Bild 9-17 gezeigten Strom-Spannungs-Verläufe ergeben. Aus dem Spannungswert kann aufgrund des bekannten Wertes für di/dt auf L_A = 7,94 mH geschlossen und damit das Ergebnis von Ü 9-19a bestätigt werden.

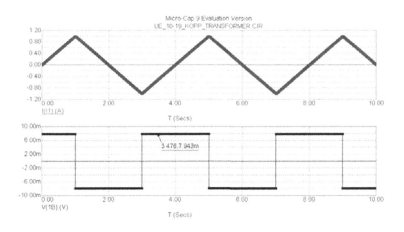

Bild 9-17
Zeitlicher Strom- und Spannungsverlauf bei gleichsinniger Kopplung

c) Verbinden Sie die Wicklungen so, dass sich eine gegensinnige Kopplung wie in Bild 9-16b ergibt (Anschlüsse an Wicklung Nr. 2 tauschen). Starten Sie eine TR-Analyse. Lassen Sie sich den Strom $I_{(I1)}$ und die Summe der Spannungen beider Wicklungen anzeigen. Starten Sie einen Simulationslauf.

Aus dem Spannungswert kann aufgrund des bekannten Wertes für di/dt auf $L_B = 3{,}66$ mH geschlossen und damit das Ergebnis von Ü 9-19a bestätigt werden.

d) Den Kopplungssinn können Sie auch ändern, indem Sie die Verbindung der Wicklungen wie in b) gelassen hätten und das Attribut VALUE für das Modell-Element *Transformer* als „5.58mH, 0.223mH, –0.959" eingegeben hätten ($k_{12} < 0$). Probieren Sie es aus.

Auch der Fall ideal fester Kopplung kann mit dem Modell-Element *Transformer* simuliert werden. Geben Sie dem Parameter k_{12} den Wert „+1" und probieren Sie dieses aus.

Falls Sie die Methode „Kurzschluss der Wicklung Nr. 2" und Simulation des Induktivitätswertes L_{C1} probieren, erscheint die Fehlermeldung „*Inductor/voltage source loop found*". Falls Sie den „Kurzschluss" durch einen Widerstand mit dem Wert „0" nachbilden, verschwindet zwar die Fehlermeldung, es ergibt sich aber kein rechteckförmiger Spannungsverlauf, wie bei einer idealen Spule. Wie zuvor erläutert, ersetzt MC eingegebene Widerstandswerte, die kleiner als der Wert des GS-Parameters R_{MIN} sind (Defaultwert 1 µΩ), durch dessen Wert. Mit diesem Hinweis wird auf weitere Interpretation des simulierten Spannungsverlaufs für diesen Fall verzichtet. ❏ Ü 9-18

9.3.2 Simulation eines idealen Übertragers

Im Zusammenhang mit gekoppelten Wicklungen wird oft der **ideale Übertrager** eingeführt und verwendet. Für diesen müssen die folgenden zwei Idealisierungen gelten:

1. Ideal feste Kopplung ($k_{12} = k_{21} = +1$)
2. $L_1, L_2 \to \infty$.

Dies führt zu sehr einfachen Beziehungen zwischen den elektrischen Größen. Diese sind zusätzlich zu dem Modell-Symbol und den Bezugspfeilen für Ströme und Spannungen in Bild 9-18 aufgeführt. Einziger Parameter, der das Verhalten beschreibt, ist das Übersetzungsverhältnis $ü_{XY}$. Dieses sollte nur dann als Windungszahlverhältnis gedeutet werden, wenn ein realer Transformator/Übertrager ausschließlich mit diesem sehr vereinfachten Modell beschrieben werden soll. Insbesondere die zweite Idealisierung ist eine nennenswerte Abweichung gegenüber realen Transformatoren/Übertragern und führt zu Unterschieden, wenn man das reale Verhalten mit diesem Ideal vergleicht.

Eine weitere wesentliche Abweichung besteht darin, dass der ideale Übertrager auch für Gleichspannungen/-ströme funktioniert, da das Modell keine Elemente enthält, die eine Beschränkung auf Wechselspannungen/-ströme begründen! Daher löst das in Bild 9-18 gezeigte und auch in diesem Buch verwendete Modell-Symbol die falsche Assoziation aus, wenn die Zickzack-Linien als angedeutete Wicklungen eines Transformators/Übertragers interpretiert werden, der bekanntermaßen nur bei Wechselstrom funktioniert! Der ideale Übertrager ist vor allem als Modell-Element in Ersatzschaltungen für gekoppelte Wicklungen sinnvoll.

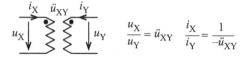

$$\frac{u_X}{u_Y} = ü_{XY} \qquad \frac{i_X}{i_Y} = \frac{1}{-ü_{XY}}$$

Bild 9-18
Modell-Symbol des idealen Übertragers mit Bezugspfeilen und den dazugehörenden Gleichungen

Ü 9-19 Simulation eines idealen Übertragers (UE 9-19_KOPP_IDEAL.CIR)

Zur Simulation eines idealen Übertragers gibt es kein Modell-Element in MC. Mit einer Kombination der Modell-Elemente „spannungsgesteuerte Spannungsquelle" (*VofV*) und „stromgesteuerte Stromquelle" (*IofI*) lässt sich eine Ersatzschaltung bilden, die das Übertragungsverhalten gemäß der Gleichungen aus Bild 9-18 nachbildet.

a) Starten Sie MC. Holen Sie sich über die **Menüfolge Component → Analog Primitives ▶ → Dependent Sources ▶ → VofV** das Modell-Element einer spannungsgesteuerten Spannungsquelle in den Schaltplan. MC gibt dieser automatisch den Modell-Bezeichner E_1. Es öffnet sich das Attributfenster *VofV: linear VofV constant dependent source*. Geben Sie dem Attribut VALUE als Wert die Variable $1/\ddot{u}_{XY}$, indem Sie in das Eingabefeld *Value* „+1/UEXY" eingeben. Aktivieren Sie die **CB ☑ Show**, damit Ihnen dieser „Wert" auch im Schaltplan angezeigt wird.

Holen Sie sich über die **Menüfolge Component → Analog Primitives ▶ → Dependent Sources ▶ → IofI** das Modell-Element einer stromgesteuerten Stromquelle in den Schaltplan. MC gibt dieser automatisch den Modell-Bezeichner F_1. Es öffnet sich das Attributfenster *IofI: linear IofI constant dependent source*. Geben Sie dem Attribut VALUE als Wert die Variable $-1/\ddot{u}_{XY}$, indem Sie in das Eingabefeld *Value* „–1/UEXY" eingeben. Verbinden Sie die beiden Modell-Elemente wie in Bild 9-19 gezeigt.

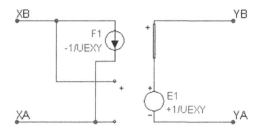

Bild 9-19
Ersatzschaltung eines idealen Übertragers bestehend aus den zwei gesteuerten Quellen E_1 und F_1

Vollziehen Sie nach, wie mit den gesteuerten Quellen die in Bild 9-18 gezeigten Gleichungen umgesetzt werden. Erstellen Sie ein .DEFINE-Statement, um der Variablen UEXY als Beispiel den Wert 5 zuzuweisen.

Da der ideale Übertrager auch bei Gleichspannungen/-strömen funktioniert, kann mit der Dynamic-DC-Analyse am einfachsten gesehen werden, wie diese Ersatzschaltung funktioniert.

b) Legen Sie den Anschluss/Knoten XA auf *Ground*. Speisen Sie am Tor X mit dem Modell-Element *Battery* eine Gleichspannung ein. Starten Sie eine Dynamic-DC-Analyse. Lassen Sie sich Potenziale und Ströme anzeigen. Die Potenzialdifferenz an Tor Y beträgt genau 1/5 des Spannungswertes, den Sie einspeisen. Da das Knotenpotenzialverfahren Potenziale nur in Bezug auf den Bezugsknoten *Ground* berechnet, haben die Potenziale φ_{YA} und φ_{YB} konkrete Werte, die aufgrund der nicht sichtbaren Widerstände mit dem Wert R_{NODE_GND} entstehen. Der Defaultwert dieses GS-Parameters beträgt 1 TΩ.

Stellen Sie einen sichtbaren Bezug zu *Ground* her, indem Sie an Knoten YA einen Widerstand mit einem für elektronische Schaltungen relativ hochohmigen, gegenüber R_{NODE_GND} dagegen niederohmigen Widerstandswert wie z. B. 1 MΩ anschließen. Das Potenzial φ_{YA} wird damit praktisch 0 V.

Belasten Sie das Tor Y mit einem Widerstand. Auch das Stromverhältnis wird so berechnet, wie es bei einem idealen Übertrager gemäß Bild 9-18 erwartet wird.

c) Speisen Sie an Tor Y mit dem Modell-Element *ISource* einen Gleichstrom ein. Entfernen Sie alle Modell-Elemente, die am Tor X angeschlossen sind. Das Stromverhältnis wird richtig berechnet. Auch wenn das Tor X scheinbar leerlaufend ist, wird ein Strom simuliert. Dies erklärt sich mit den bei einer Dynamic-DC- bzw. Dynamic-AC-Analyse immer hinzugefügten Widerständen mit dem Wert $R_{\text{NODE\_GND}}$.

Wenn Sie die Art der Einspeisung vertauschen (Stromquelle an Tor X oder Spannungsquelle an Tor Y), so werden Sie Fehlermeldungen bekommen oder merkwürdige Ergebnisse, insbesondere, wenn Sie die Extremfälle Leerlauf (keine Verbindungslinie) und Kurzschluss (durch Verbindungslinie, nicht $R = 0\ \Omega$) probieren. Jeder Fall hat natürlich eine Erklärung, da MC „nur" ein Computerprogramm ist. Nach Meinung des Autors rechtfertigt Ihre damit beanspruchte Aufmerksamkeit und Zeit nicht den Nutzen. In normalen Anwendungen, insbesondere wenn die Tore nicht leerlaufend/kurzgeschlossen sind und diese Ersatzschaltung in der geeigneten Richtung betrieben wird, wird dieser so modellierte ideale Übertrager in der Simulation die erwarteten Ergebnisse liefern.

Eine ähnliche Umsetzung für einen idealen Übertrager wie die hier vorgestellte wird als *Macro* IDEAL_TRANS2.MAC mit MC mitgeliefert. Einige der möglichen „Merkwürdigkeiten" in den genannten Extremfällen werden durch zwei zusätzliche Widerstände aufgefangen. Ersatzschaltung und Einzelheiten sind in [MC-REF] zu finden, als Beispiel wird die MC-Musterschaltung IDEALTRANS.CIR mitgeliefert.   ❑ Ü 9-19

Eine Variante der möglichen Ersatzschaltungen für einen realen Transformator/Übertrager, die einen idealen Übertrager als Modell-Element verwendet, ist in Bild 9-20 gezeigt.

Sie besteht aus einer Induktivität L_H, die **Hauptinduktivität** genannt wird, einer Induktivität L_S, die **Streuinduktivität** genannt wird und einem **idealen Übertrager** mit dem Übertragungsverhältnis $ü_{H2}$. Über den **Streugrad** σ (griech. sigma) kann die Streuinduktivität L_S als Teil von L_1 angesehen werden, sodass die bisherigen Parameter-Wertetripel L_1, L_2, L_{12} bzw. L_1, L_2, k_{12} umgerechnet werden können in das Parameter-Wertetripel L_S, L_H und $ü_{H2}$.

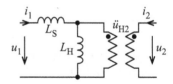

Bild 9-20
Variante einer Ersatzschaltung für einen realen Transformator/Übertrager, in der ein idealer Übertrager verwendet wird

Die Anwendung von Gl. (9.32) und Gl. (9.33) auf diese Ersatzschaltung und ein entsprechender Koeffizientenvergleich führt zu den Gleichungen:

$$L_S = (1 - k_{12}^2)\cdot L_1 = \sigma \cdot L_1 \quad L_H = k_{12}^2 \cdot L_1 = (1-\sigma)\cdot L_1 \quad \text{und} \quad ü_{H2} = k_{12}\cdot \sqrt{\frac{L_1}{L_2}} \quad (9.39)$$

mit dem Streugrad $\sigma = 1 - k_{12}^2$. Man beachte, dass $ü_{H2}$ nicht identisch zu dem Übersetzungs-(Windungszahl-)Verhältnis $ü_{12}$ aus Gl. (9.38) ist.

Diese Ersatzschaltung lässt sich um Widerstände erweitern, mit denen die ohmsche Wirkung der Wicklungsdrähte und Verluste des Kernmaterials beschrieben werden können. Ebenso kann sie um Kapazitäten erweitert werden, welche die Eigenkapazitäten der Wicklungen und eine kapazitive Kopplung der Wicklungen durch Koppelkapazitäten beschreiben. Weitere Einzelheiten hierzu sind z. B. in [REI2] oder [BÖH15] zu finden.

Ü 9-20 Ersatzschaltung eines Übertragers (UE 9-20_KOPP_ES_UEBERTRAGER.CIR)

a) Berechnen Sie aus den Selbstinduktivitätswerten $L_1 = +5{,}58$ mH und $L_2 = +0{,}223$ mH und dem in Ü 9-18a berechneten Kopplungsfaktor $k_{12} = +0{,}959$ die Werte für L_H, L_S und $\ddot{u}_{H2}$ für die in Bild 9-20 gezeigte Ersatzschaltung (Lösung: $L_H = 5{,}13$ mH, $L_S = 0{,}448$ mH, $\ddot{u}_{H2} = 4{,}80$).

   Berechnen Sie den Streugrad σ (Lösung: σ = 0,08).

b) Starten Sie MC. Öffnen Sie die Übungsdatei UE 9-20_KOPP_ES_UEBERTRAGER.CIR. Die eingegebene Schaltung ist in Bild 9-21 gezeigt.

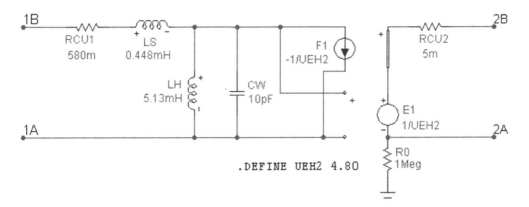

Bild 9-21 Ersatzschaltung eines realen Übertragers aus UE 9-20_KOPP_ES_UEBERTRAGER.CIR

Die Ersatzschaltung besteht aus der Streuinduktivität L_S und der Hauptinduktivität L_H. Der ideale Übertrager ist mit der Ersatzschaltung aus Ü 9-19 realisiert. Die Ersatzschaltung ist um die Widerstände R_{CU1} und R_{CU2} erweitert, welche die ohmsche Wirkung der Drahtwiderstände der Wicklungen Nr. 1 bzw. Nr. 2 nachbilden. Die Kapazität C_W bildet die kapazitive Wirkung der Wicklungen nach. Der Widerstand $R_0 = 1$ MΩ vermeidet die Fehlermeldung „*Nodes ..., 2A, 2B have no DC path to ground*".

In Bild 9-21 nicht dargestellt ist, dass an Tor 1 diese Ersatzschaltung über einen Widerstand $R_1 = 50$ Ω von der Puls-Spannungsquelle V_1 gespeist wird. Tor 2 kann mit einem Leerlauf, mit R_2 rein ohmsch oder mit C_2 rein kapazitiv „belastet" werden. Stellen Sie eine rein kapazitive Belastung mit $C_2 = 100$ pF ein.

c) Starten Sie eine AC-Analyse. Die vorbereitete AC-Analyse ist für den Frequenzbereich zwischen 10 Hz und 1 GHz eingestellt. Angezeigt werden Amplituden- und Phasengang der Spannung zwischen Knoten 2B und 2A. Da bei der komplexen Wechselstromrechnung die Puls-Spannungsquelle V_1 die fest eingestellte komplexe Amplitude $\hat{\underline{u}}_1 = 1$ V∠0° einprägt, sind die Kurven identisch zu Amplituden- und Phasengang des komplexen Frequenzgangs $\underline{T} = \underline{U}_{(2B,2A)}/\underline{U}_{(V1)}$.

Starten Sie einen Simulationslauf. Bild 9-22 zeigt das Ergebnis. Es sei hier nur kurz kommentiert, etwas ausführlichere Betrachtungen finden Sie in [BÖH15], ausführlichere Berechnungen zusätzlich in [REI2].

Bei niedrigen Frequenzen bis ca. 1 kHz wirkt im Wesentlichen ein Hochpass 1. Ordnung, den der Widerstand R_1 und die Hauptinduktivität L_H bilden. Dies ist an der Steigung des Amplitudengangs mit dem Wert +20 dB/Dek. zu erkennen und an dem Wert des Phasengangs von ca. +90°.

Bei mittleren Frequenzen im Bereich von ca. 1 kHz bis 1 MHz beträgt das logarithmische Übertragungsmaß $a_T \approx -14{,}3$ dB. Berechnen Sie daraus $|\underline{T}|$ (Lösung: $|\underline{T}| = 0{,}192$). Das Ergebnis überrascht nicht, da das Windungszahlverhältnis des zugrunde gelegten realen Übertragers $N_2/N_1 = 1/5$ beträgt. Der Phasenwinkel ist in diesem Frequenzbereich ca. 0°, da eine gleichsinnige Kopplung simuliert wurde.

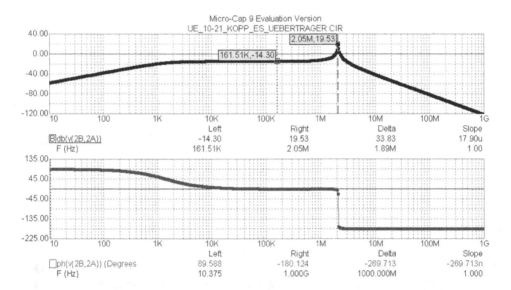

Bild 9-22 Amplituden- und Phasengang der Ersatzschaltung eines Übertragers aus Bild 9-21

Bei ca. 2 MHz zeigt sich aufgrund der geringen ohmschen Belastung, die bei dieser Simulationslauf sogar nicht vorhanden ist, eine Resonanzüberhöhung. Diese rührt von der Wicklungskapazität C_W und der Streuinduktivität L_S her, die einen Reihenschwingkreis bilden. Welchen Wert ergibt die thomsonsche Schwingkreisformel $f_{res} = 1/(2\pi \cdot \sqrt{L \cdot C})$ als Näherungswert für die Frequenz dieser Resonanzüberhöhung? (Lösung: $f_{res} = 2{,}38$ MHz).

Bei hohen Frequenzen bilden die Streuinduktivität L_S, die Wicklungskapazität C_W und in diesem Fall die kapazitive Last C_2 einen Tiefpass 2. Ordnung. Dies ist an der Steigung mit dem charakteristischen Wert –40 dB/Dek. zu erkennen und an dem Wert des Phasengangs von ca. –180°. Beenden Sie die AC-Analyse.

d) Starten Sie eine TR-Analyse. Die vorbereitete TR-Analyse simuliert den Zeitbereich von 0 bis 2 ms mit der relativ dazu sehr kleinen max. Schrittweite von 20 ns. Angezeigt wird zur Kontrolle der zeitliche Verlauf der Spannung der Puls-Spannungsquelle V_1. Die Aufmerksamkeit liegt bei der Spannung zwischen den Knoten 2B und 2A.

Starten Sie einen Simulationslauf. Der zeitliche Verlauf der Ausgangsspannung zeigt Hochpass-Verhalten. Der Hochpass besteht im Wesentlichen aus R_1 und L_H.

Vergrößern Sie den Bereich um eine Spitze der Ausgangsspannung. Sie erkennen die in [BÖH15] vorhergesagte Schwingung, die durch den Reihenschwingkreis L_S und C_W verursacht wird.

e) Führen Sie weitere Simulationen z. B. mit anderen Belastungen durch und vergleichen Sie die Ergebnisse mit den von Ihnen erwarteten oder in der Literatur angegebenen oder ggf. mit von Ihnen gemessenen Ergebnissen. Die in Bild 9-21 vorgestellte Ersatzschaltung kann auch noch um Koppelkapazitäten zwischen Wicklung Nr. 1 und Nr. 2 erweitert werden. Beim Vergleich mit Messwerten kann auch versucht werden, die Parameterwerte der Modell-Elemente der Ersatzschaltung dahin gehend zu verändern, dass die Simulation die Messwerte besser wiedergibt.   ❑ Ü 9-20

9.3.3 Modell-Element *K device* für gekoppelte Wicklungen

Wie in Abschn. 9.2.2 bereits erklärt wurde, beinhaltet das Modell-Element *K device* zwei Funktionen:

Wenn das Attribut MODEL einen Modell-Namen als Wert bekommt, ist der Modell-Typ CORE zur Simulation einer nichtlinearen und hysteresebehafteten *B-H*-Kennlinie aktiviert. Wie dieses zur Simulation von magnetisch nichtlinear gekoppelten Wicklungen verwendet werden kann, wird in Ü 9-23 behandelt. Dieses ist die größte Modelltiefe, die mit den in MC9 vorhandenen Modell-Elementen erreichbar ist.

Wenn das Attribut MODEL leer bleibt, beschreibt das Modell-Element *K device* eine lineare Kopplung mit dem einzigen Parameter Kopplungsfaktor k_{XY}, womit sich auch die Bezeichnung *K device* erklärt. Es funktioniert dann so wie das Modell-Element *Transformer* aus Abschn. 9.3.2, wobei mit *K device* auch drei oder mehr induktiv gekoppelte Wicklungen simuliert werden können.

Als Beispiel für die folgenden Übungen wird ein Netzteil betrachtet, das für 230-V-Netzspannung (hier als U_1 bezeichnet) ausgelegt ist. Mittels doppelter Mittelpunkt-Gleichrichtung und kapazitiver Glättung sollen zwei wellige Gleichspannungen $U_2 \approx +15$ V und $U_3 \approx -15$ V mit gemeinsamem Bezugspotenzial als Ausgänge erzeugt werden. Einzelheiten zum Thema Gleichrichtung und kapazitive Glättung wurden in Abschn. 3.7.3 behandelt.

Bei Volllast an jedem der beiden Ausgänge mit $I_{Xmax} = 0{,}8$ A soll als Minimum der welligen Ausgangsspannung $U_{Xmin} = 15$ V sichergestellt werden. Der Index X bezeichnet die Ausgänge mit 2 bzw. 3. Die Welligkeit selber soll dann $U_{Xpp} = 1{,}5$ V *(peak-to-peak)* betragen und entspricht damit ca. 10 % des Mittelwertes.

In Anlehnung an die in [BÖH15] und [TIET12] beschriebenen Vorgehensweisen und Daten wurde ein 50-Hz-Transformator mit folgenden Ergebnissen dimensioniert:

Kern: Blechpaket M 74/32 (S_N = 50 VA, A_{Fe} = 662 mm², l_{Fe} = 172 mm, o.L., $\mu_{ra} \approx$ 4500)
Wicklung Nr. 1: N_1 = 1173 Wdg. d_{1Cu} = 0,3 mm, R_{1Cu} = 48 Ω, L_1 =   30 H
Wicklung Nr. 2: N_2 =   79 Wdg. d_{2Cu} = 0,7 mm, R_{2Cu} = 0,6 Ω, L_2 = 136 mH
Wicklung Nr. 3: N_3 =   79 Wdg. d_{3Cu} = 0,7 mm, R_{3Cu} = 0,6 Ω, L_3 = 136 mH

Ü 9-21 Lineare Kopplung von drei Wicklungen (UE 9-21_KOPP_K-DEVICE_LIN.CIR)

In dieser Übung sollen als Beispiel die Wicklungen Nr. 1 und Nr. 2 bzw. Nr. 1 und Nr. 3 mit einem Kopplungsfaktor k_{12} = k_{13} = 0,95 gekoppelt sein. Aufgrund des Wicklungsaufbaus seien Wicklung Nr. 2 und Nr. 3 mit einem Kopplungsfaktor k_{23} = 0,98 gekoppelt.

a) Starten Sie MC. Öffnen Sie die Übungsdatei UE 9-21_KOPP_K-DEVICE_LIN.CIR. Die in Bild 9-23 gezeigte eingegebene Schaltung ist die Simulation des Netztransformators.

Die drei Wicklungen des Transformators werden durch die drei *linearen* Induktivitäten L_1, L_2 und L_3 modelliert, die *als Parameterwert den Selbstinduktivitätswert der jeweiligen Wicklung* haben. Die unterschiedliche induktive Kopplung zwischen diesen drei Induktivitäten/Wicklungen wird mit den drei Modell-Elementen K_1, K_2 und K_3 *(K device)* erreicht. Bei K_1 ist zur Erklärung zusätzlich zum Attributwert *(Value)* auch die Attributbezeichnung *(Name)* angezeigt. Dies bewirkt die aktivierte **CB** ☑ **Show** in der Rubrik *Name* des Attributfensters, die i. Allg. deaktiviert ist.

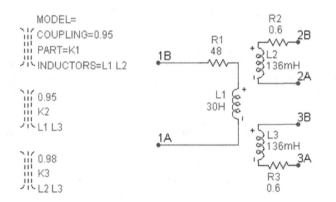

Bild 9-23
Simulationsschaltung für den Netztransformator bestehend aus drei Induktivitäten, die mit *K devices* linear gekoppelt sind

Sie sehen, dass das Attribut MODEL ohne Wert ist. *Damit ist die Funktion einer linearen Kopplung aktiviert.* Das Attribut „COUPLING=0.95" ist der Kopplungsfaktor k dieses *K devices*. Das Attribut „PART=K1" ist der Modell-Bezeichner. Das Attribut „INDUCTORS=L1 L2" enthält durch Leerzeichen getrennt die Modell-Bezeichner der durch dieses *K device* und daher mit dessen Kopplungsfaktor k miteinander gekoppelten Induktivitäten (hier L_1 und L_2).

Für eine größere Realitätsnähe sind die Widerstandswirkungen der Wicklungsdrähte durch die drei Widerstände nachgebildet.

In Bild 9-23 nicht gezeigt ist die ohmsche Belastung der Wicklungen Nr. 2 und Nr. 3 durch R_4 bzw. R_5. Stellen Sie sicher, dass die Sinusspannungsquelle V_1 auf den Modell-Namen NETZ-COS zugreift. NETZ-COS ist so parametriert, dass zu Simulationsbeginn bei t = 0 die Spannung mit einem zeitlichen Kosinus-Verlauf (T = 20 ms) und daher mit $u_{(V1)}(0) = \hat{u}_{(V1)}$ = 325 V *beginnt*.

b) Starten Sie eine TR-Analyse. Es wird ein Zeitraum von $10 \cdot T$ simuliert. Eine der eigentlichen nummerischen TR-Analyse vorgeschaltete Arbeitspunktberechnung ist deaktiviert. Es werden einige Spannungen und Ströme angezeigt. Starten Sie einen Simulationslauf.

Die vorbereitete Ausgabeseite „Spg." zeigt den Spannungsverlauf $V_{(1B,1A)} = V_{(V1)}$. Machen Sie sich noch einmal klar, dass dies nicht, wie oft in Abbildungen in Lehrbüchern der Ausschnitt eines eingeschwungenen Zustands ist, sondern dass MC den Beginn der nummerischen Berechnung mit dem Wert $V_{(V1)} = 325$ V startet. Die Darstellung ab $t = -20$ ms soll dieses optisch verdeutlichen.

Der Spannungsverlauf der Ausgangsspannung an Wicklung Nr. 2 ist sinusförmig mit $V_{(2B,2A)max} = 18,6$ V.

Die vorbereitete Ausgabeseite „Strom" zeigt die drei Ströme des Transformator-Modells. Warum sind $I_{(L2)}$ und $I_{(L3)}$ um ca. $\pm 180°$ phasenverschoben gegenüber $I_{(L1)}$?

(Lösung: Die Bezugsrichtungen von $I_{(L2)}$ und $I_{(L3)}$ sind wie bisher so gewählt, das für jede Wicklung das *Verbraucherbezugspfeilsystem* gilt. Für den Widerstand R_4 ergibt diese Bezugspfeilwahl das Erzeugerbezugspfeilsystem. Da der Widerstand aber nur elektrische Leistung aufnehmen kann, muss eine der Größen u oder i um 180° phasenveschoben sein. Das Vorzeichen der Spannung ist durch die gewählte gleichsinnige Kopplung so, das $V_{(2B,2A)}$ einigermaßen in Phase ist mit $V_{(1B,1A)}$. Daher muss der Strom $I_{(L2)}$ um ca. $\pm 180°$ verschoben sein. Geringe Abweichungen von den Idealwerten 0° und 180° rühren von den R-L-Kombinationen her.) ❏ Ü 9-21

Ü 9-22 Nichtlineare Kopplung von Wicklungen (UE 9-22_KOPP_K-DEVICE_NLIN.CIR)

a) Starten Sie MC. Öffnen Sie die Übungsdatei UE 9-22_KOPP_K-DEVICE_NLIN.CIR. In Bild 9-24 ist die eingegebene Schaltung zur Simulation der *nichtlinear gekoppelten* Wicklungen gezeigt.

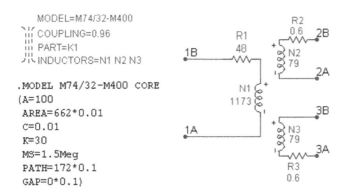

Bild 9-24
Simulationsschaltung für den Netztransformator bestehend aus drei Wicklungen (Windungszahlen), die mit *K device* nichtlinear gekoppelt sind

Gegenüber der vorhergehenden Übung gibt es nur ein Modell-Element K_1, dessen Attribut MODEL den Wert eines Modell-Namens hat: „,MODEL=M74/32-M400". *Damit ist die Funktion einer nichtlinearen Kopplung durch den Modell-Typ CORE aktiviert. Das* .MODEL-Statement mit diesem Modell-Namen beinhaltet Material-Parameterwerte, die für das Elektroblech M400-50A extrahiert wurden. Die drei Geometrie-Parameter haben die

Werte für den Kern, der aus dem Blechpaket M74/32 besteht. Das Attribut „COUPLING=0.96" parametriert einen einheitlichen Kopplungsfaktor k zwischen allen drei Wicklungen mit dem Wert 0,96.

Die Modell-Elemente *Inductor,* die durch ein *K device nichtlinear* gekoppelt werden, sind wegen des aktivierten Modell-Typs CORE nun Modell-Elemente für Windungszahlen. Um dieses zu verdeutlichen, hat der Autor die Modell-Bezeichner-Buchstaben von L... in N... geändert. Das Attribut INDUCTANCE trägt jetzt den Wert der Windungszahl und muss daher ≥ 1 sein.

Stellen Sie sicher, dass die Sinus-Spannungsquelle V_1 auf den Modell-Namen NETZ-COS zugreift.

b) Starten Sie eine TR-Analyse. Es wird ein Zeitraum von $10 \cdot T$ simuliert. Eine der eigentlichen nummerischen TR-Analyse vorgeschaltete Arbeitspunktberechnung ist deaktiviert. Die für eine Anzeige vorbereiteten Kurven sind auf mehrere Seiten verteilt. Starten Sie einen Simulationslauf und beachten Sie die Rechenzeit, die Ihr Rechner für diesen Simulationslauf benötigt.

Die Ausgabeseite „Spg." zeigt die Eingangsspannung und die sinusförmige Ausgangsspannung an Wicklung Nr. 2 mit $V_{(2B,2A)max} = 20{,}3$ V. Die Ausgabeseite „Strom" zeigt die berechneten Ströme durch die drei Wicklungen. Als vierte Kurve ist die magnetische Durchflutung $\Theta(t)$ dargestellt (siehe dazu Gln. 9.1 und 9.19), die sich in diesem Fall mehrerer Wicklungen vorzeichenrichtig ergibt zu:

$$\Theta = N_1 \cdot i_{N1}(t) + N_2 \cdot i_{N2}(t) + N_3 \cdot i_{N3}(t) = l_K \cdot H_{Fe} \tag{9.40}$$

Die Ausgabeseite „Fluss" zeigt zwei Kurven, bei denen der Fluss Φ gemäß Gl. (9.9) aus der MC-Variablen X(...) berechnet wurde. Dies macht noch einmal deutlich, dass die MC-Variable X(...) den Wert des *Verkettungsflusses* Ψ hat und genauer *flux linkage* (statt *flux*) genannt werden müsste.

Die Ausgabeseite „H" zeigt zwei gleich aussehende Kurven mit magnetischen Feldstärkegrößen. Die eine Kurve zeigt die Werte der Variablen $H_{SI(N1)}$, die andere Kurve den Wert der magnetischen Feldstärke H_{Fe}, wie er sich gemäß Gl. (9.40) ergibt.

Die Ausgabeseite „B" zeigt die Kennlinie $B_{SI(N1)}$ vs. $H_{SI(N1)}$, wie sie sich aufgrund der Aussteuerung in dieser Simulation ergibt. Der Transformator ist so ausgelegt, dass das ferromagnetische Material bis in die Nähe der Sättigungsflussdichte magnetisiert wird (vergleiche mit Ü 9-14).

c) Ändern Sie den Wert des Kopplungsfaktors in den Idealwert $k = 1$. Starten Sie eine TR-Analyse. Starten Sie einen Simulationslauf und registrieren Sie die spürbar kürzere Rechenzeit gegenüber dem Simulationslauf mit $k = 0{,}96$.   ❏ Ü 9-22

Ü 9-23 Transformator mit Gleichrichter und Glättung (UE 9-23_KOPP_NETZTEIL.CIR)

Starten Sie MC. Öffnen Sie die Übungsdatei UE 9-23_KOPP_NETZTEIL.CIR. Sie sehen die in Bild 9-25 gezeigte Simulationsschaltung für ein Netzteil. Sie besteht aus dem zuvor behandelten nichtlinearen Simulationsmodell für den Netztransformator und einer doppelten Mittelpunkt-Gleichrichterschaltung mit kapazitiver Glättung.

Als Wert eines Glättungskondensators C_{GL} ergibt sich mit dem Ansatz aus Abschn. 3.7.3:

$$C_{GL} = \frac{i_C}{\mathrm{d}u_C/\mathrm{d}t} = \frac{I_{a\,max}}{U_{1pp}/t_S} = \frac{-0.8A}{-1.5V/(5ms+3.6ms)} = 4587\mu F \approx 4700\mu F$$

Als Parameterwertesatz für die vier Dioden wird der in Abschn. 3.6 mit dem Modell-Namen 1N4001-MC9 behandelte verwendet.

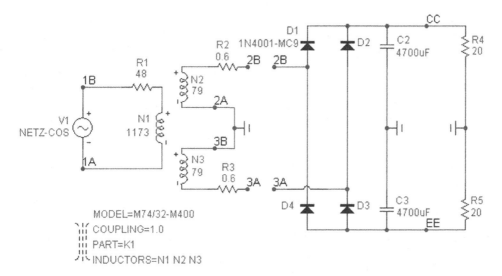

Bild 9-25 Simulationsschaltung aus Übungsdatei UE 9-23_KOPP_NETZTEIL.CIR

a) Der Kopplungsfaktor ist auf den Idealwert $k = 1$ gesetzt, um mit dieser als gering einge-schätzten Idealisierung ggf. eine kürzere Rechenzeit zu erreichen. Stellen Sie sicher, dass die Sinusspannungsquelle V_1 auf den Modell-Namen NETZ-COS zugreift.

Starten Sie eine TR-Analyse. Es wird ein Zeitraum von $10 \cdot T$ simuliert. Eine der eigentli-chen nummerischen TR-Analyse vorgeschaltete Arbeitspunktberechnung ist deaktiviert. Die für eine Anzeige vorbereiteten Kurven sind auf mehrere Seiten verteilt. Starten Sie ei-nen Simulationslauf.

Die Ausgabeseite „Spg." zeigt die sinusförmige Eingangsspannung. Die Spannung an Wicklung Nr. 2 mit $V_{(2B)max} = 18.8$ V ist eher trapez- als sinusförmig. Die Ursache sind die durch die Gleichrichtung mit kapazitiver Glättung verursachten pulsförmigen Ströme und die von diesen wiederum verursachten Spannungsabfälle. Die wellige Ausgangsspannung am Knoten CC wird mit $V_{(CC)max} = 17.7$ V und einer Welligkeit von $\Delta V_{(CC)} = 1.2$ V simuliert und zeigt einen realitätsnahen zeitlichen Verlauf. Die Forderung nach $U_{Xmin} = 15$ V wird in der Simulation demnach erfüllt, die Welligkeit ist geringer als die geforderten $U_{Xpp} = 1.5$ V.

Die Ausgabeseite „Strom" zeigt die berechneten Ströme durch Wicklung Nr. 1 und Nr. 2. Im dritten Diagramm werden die berechneten Ströme der Dioden D_1 und D_2 gezeigt. Im eingeschwungenen Zustand wird $I_{FD1max} = 3.4$ A simuliert und ist damit ca. 4 mal so groß wie der Gleichstrom durch den Lastwiderstand.

Die Ausgabeseite „B" zeigt die Kurve $B_{Fe} = f(H_{Fe})$, wie sie sich in dieser Simulation ergibt.

b) Ändern Sie den Wert des Kopplungsfaktors in $k = 0,96$. Starten Sie eine TR-Analyse. Starten Sie einen Simulationslauf und beachten Sie die spürbar längere Rechenzeit gegenüber dem Simulationslauf mit $k = 1$.

Der simulierte zeitliche Verlauf der Spannung $V_{(2B)}$ ist eher rechteckförmig und zeigt „Spikes". Es ist zu vermuten, dass diese Veränderungen eher nummerischer Natur sind, als tatsächlich in einer realen Schaltung vorkommen würden.

Erste Abhilfe in solchen Situationen besteht darin, die maximale Schrittweite zu reduzieren, sodass das Integrationsverfahren für einen Zeitschritt mit der größten Schrittweite einen kleineren Wert nehmen muss und somit nichtlineare Abhängigkeiten „feiner" berechnen kann. Bei der vorliegenden Simulation hat dies nicht spürbar zu einer Verbesserung geführt.

Eine weitere Maßnahme besteht darin, weitere GS-Parameter des Dialogfensters *Global Settings*, die den Ablauf der Integrationsverfahren steuern, zu verändern. Aktivieren Sie die beiden vorbereiteten .OPTIONS-Statements: „.OPTIONS RELTOL=5m" (Defaultwert ist 10^{-3}) und „.OPTIONS METHOD=GEAR" (Defaultwert ist *Trapezoidal, kurz TRAP*). *Trapezoidal* und *Gear* sind die beiden in MC implementierten Integrationsverfahren. Das mit *Gear* bezeichnete ist ein BDF-Verfahren *(backward differentiation formula)*. **Weitere Hinweise finden Sie in [MC-ERG] unter dem Stichwort „Konvergenz".** Starten Sie einen Simulationslauf.

Die „Spikes" werden nicht mehr berechnet. Der zeitliche Verlauf von $V_{(2B)}$ ist weiterhin genähert trapezförmig. Der simulierte Wert der Spannung $V_{(CC)max}$ beträgt 12,6 V. Inwieweit diese Ergebnisse realitätsnah sind, müsste durch vergleichbare Messungen überprüft werden und soll hier nicht weiter untersucht werden, da es den Rahmen dieses Buches sprengen würde.   ❏ Ü 9-23

ⓘ In den Hinweisen zum Stichwort „Konvergenz" in [MC-ERG] wird deutlich, dass gerade die Kombination aus Induktivitäten und Dioden nummerisch anspruchsvoll ist. Hinzu kommt hier die nichtlineare und hysteresebehaftete Kopplung durch den Modell-Typ CORE. Dies kann zu Resultaten führen, die als „unrealistisch" bis „falsch" bewertet würden. Hier kann ein zu hoher Anspruch/eine zu hohe Erwartung an die nummerische Berechenbarkeit zu Enttäuschungen führen, mit der Sie sich als Simulierende/Simulierender auseinandersetzen müssen. Auch wenn in der Praxis diese als Beispiel genommene Schaltung nicht gerade das Highlight modernster Elektronik darstellt, ist sie bei genauerem Hinsehen doch in ihren Gesetzmäßigkeiten sehr komplex. Die Simulation mit den Möglichkeiten, die MC bietet, gibt zumindest erheblich tiefere Einblicke, die mit Papier und Bleistift so kaum noch möglich sind.

9.4 Modell-Typ D für das Bauelement Diode

Der Modell-Typ D-L1/L2 für eine Diode ist in Abschn. 3.4 beschrieben. Das Temperaturverhalten dieser Modell-Typen ist in Abschn. 7.4.2 behandelt. Die **Ersatzschaltung** zeigt Bild 3-5, die **vollständige Parameterliste** enthält Tabelle 3.1 und das **Attributfenster** zeigt Bild 3-6. Daher werden an dieser Stelle nur zusammenfassend Stichpunkte aufgeführt.

Häufig werden in Datenblättern von Dioden folgende Kennlinien oder wenigstens Kennwerte aus diesen Kennlinien angegeben:

- Durchlasskennlinie: $i_F = f(u_F)$ für $i_F > 0$ Abschn. 3.6.1
- Sperrkennlinie: $i_F = f(u_F)$ für $U_{Rmax} < u_F < 0$ Abschn. 3.6.2
- Durchbruchkennlinie: $i_F = f(u_F)$ für $i_F < 0$, bei Z-Dioden wichtig   Abschn. 3.6.3
- Schaltverhalten: $i_F = f(t)$ Abschn. 3.6.4

In den angegebenen Abschnitten sind Simulationen zu diesen Kennlinien behandelt. Daher wird an dieser Stelle auf eine Wiederholung verzichtet. Um einen neuen Parametersatz für den Modell-Typ D unaufwendig testen zu können, sind in den folgenden zwei Musterdateien Schaltungen zur Simulation der angegebenen Kennlinien vorbereitet und erläutert:

- Durchlass-, Sperr-, Durchbruch-Kennlinie: M_9-3_DIO_KENNLINIEN.CIR
- Schaltverhalten: M_9-4_DIO_SCHALTVERHALTEN.CIR

Falls Sie die genannten Simulationen zur Übung wiederholen möchten oder eine gegenüber Abschn. 3.6.4 alternative und einfachere Schaltung zur Simulation des Schaltverhaltens kennenlernen möchten, führen Sie die folgenden zwei Übungsaufgaben durch:

Ü 9-24 Dioden-Kennlinien (M_9-3_DIO_KENNLINIEN.CIR)

Starten Sie MC. Öffnen Sie die Musterdatei M_9-3_DIO_KENNLINIEN.CIR. Das Dioden-Modell-Element mit dem Modell-Bezeichner D_1 hat als Modell-Namen „MUT" *(model under test)*. Über das .DEFINE-Statement „.DEFINE MUT ..." wird diesem der konkrete Modell-Name zugeordnet. Simulieren Sie die Durchlasskennlinie, Sperrkennlinie und Durchbruchkennlinie für den in der Datei eingetragenen Parameterwertesatz mit dem Modell-Namen 1N4148-FAI. Vergleichen Sie die Simulationsergebnisse mit den Angaben eines Datenblatts.

Probieren Sie diese Simulationen mit einem Parameterwertesatz einer Sie interessierenden Diode. Den Parameterwertesatz können Sie aus der Bibliothek von MC nehmen oder aus einer der unzähligen Quellen im Internet wie z. B. von Bauelement-Herstellern.

ⓘ Bei einem neuen Parameterwertesatz können als Vorgabe für den Wertebereich der *x*-Achse *(X Range)* die Werte einer im Datenblatt dargestellten Kennlinie dienen. Für die Skalierung der *y*-Achse *(Y Range)* ist als Ersteinstellung „Auto" sehr hilfreich, um schnell an die Größenordnung der simulierten Werte zu kommen.   ❑ Ü 9-24

Ü 9-25 Dioden-Schaltverhalten (M_9-4_DIO_SCHALTVERHALTEN.CIR)

Gegenüber der im Abschn. 3.6.4 vorgestellten Schaltung, die nicht nur zur Simulation, sondern auch zur Erklärung des Schaltverhaltens und als Beispiel für das Modell-Element *Switch* diente, ist in der Musterdatei M_9-4_DIO_SCHALTVERHALTEN.CIR eine kompaktere Schaltung vorgeschlagen, um das Schaltverhalten einer Diode zu simulieren. Öffnen Sie die Musterdatei , in der Sie weitere Erläuterungen finden.

Simulieren Sie das Schaltverhalten für den in der Datei eingetragenen Parameterwertesatz mit dem Modell-Namen 1N4148-FAI. Vergleichen Sie das Simulationsergebnis mit den Angaben eines Datenblatts.

Probieren Sie diese Simulationen mit einem Parameterwertesatz einer Sie interessierenden Diode. Den Parameterwertesatz können Sie aus der Bibliothek von MC nehmen oder aus einer der unzähligen Quellen im Internet wie z. B. von Bauelement-Herstellern.   ❑ Ü 9-25

10 Modelle für aktive analoge Bauelemente

Für dieses Kapitel gelten ebenfalls die zu Beginn von Kap. 8 aufgeführten Hinweise auf ergänzende Literatur, paralleles Lesen und Anwenden sowie die Tabelle 8.1 als „vollständige Übersicht über alle analogen Modell-Elemente in MC9".

10.1 Modell-Typ NPN (PNP) für das Bauelement BJT

Der Modell-Typ NPN (bzw. PNP) beinhaltet verschiedene Modelle zur Modellierung eines npn- bzw. pnp-BJTs *(bipolar junction transistor)*. Das jeweilige Modell wird über den Parameter L_{EVEL} ausgewählt:

- $L_{EVEL} = 1$ Gummel-Poon-Modell aus SPICE2
- $L_{EVEL} = 2$ Modell NXP Mextram ohne thermische Rückkopplung (Abschn. 7.4.1)
- $L_{EVEL} = 21$ Modell NXP Mextram mit thermischer Rückkopplung (Abschn. 7.4.1)
- $L_{EVEL} = 500$ Modell NXP Modella ohne thermische Rückkopplung
- $L_{EVEL} = 501$ Modell NXP Modella mit thermischer Rückkopplung

Die folgenden Ausführungen beziehen sich ausschließlich auf $L_{EVEL} = 1$. Für die anderen Modell-Typ-Level oder eine vollständige Beschreibung siehe [MC-REF]. Eine detaillierte Beschreibung des Gummel-Poon-Modells ist in [REI2] oder [TIET12] zu finden.

✍   Die Bezeichnung „NPN (LEVEL=1)" wird mit „NPN-L1" abgekürzt.

Bild 10-1 zeigt das Modell-Symbol und die Ersatzschaltung des Modell-Typs NPN-L1. Sie ist gegenüber [MC-REF] geringfügig vereinfacht, indem der nur für *integrierte* BJTs relevante isolierende pn-Übergang vom Kollektor zum Substrat D_J und die dazu parallele Kapazität C_J nicht dargestellt sind.

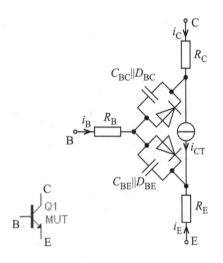

Bild 10-1
Modell-Symbol und gegenüber [MC-REF] geringfügig vereinfachte Ersatzschaltung für den Modell-Typ NPN-L1 zur Modellierung eines npn-BJTs

Von den 52 (!) Parametern, die den Modell-Typ NPN-L1 beschreiben, sind in Tabelle 10.1 nur einige mehr oder weniger „sprechende" Parameter aufgeführt.

Tabelle 10.1 Auszug aus der Parameterliste des Modell-Typs NPN-L1 mit Defaultwerten (Dflt.) und Einheiten (E.)

Nr.	Parameter in MC	Parameterbezeichnung	Dflt.	E.
0	LEVEL, $L_{EVEL} = 1$	*Model level* (1 = Gummel-Poon-Modell)	1	-
1	IS, I_S	*Saturation current*	0.1 f	A
2	NF, N_F	*Forward current emission coefficient*	1	-
3	BF, B_F	*Ideal maximum forward beta*	100	-
4	VAF, V_{AF}	*Forward Early voltage*	0 [1]	V
5	RB, R_B	*Base resistance (zero-bias)*	0	Ω
6	RC, R_C	*Collector resistance*	0	Ω
7	RE, R_E	*Emitter resistance*	0	Ω
8	EG, E_G	*Energy gap voltage*	1.11	V
9	XTI, X_{TI}	*Temperature exponent for $I_S(T_J)$*	3	-
...	...	...	...	...
52	T_MEASURED, T_{JM}	*Parameter measurement temperature*	TNOM	°C

Mit einer der drei T_x-Größen T_{ABS}, T_{REL_GLOBAL}, T_{REL_LOCAL} kann die Innentemperatur (hier Sperrschichttemperatur) T_J für einen Simulationslauf eingestellt/angepasst werden.

[1] Der eingetragene Wert „0" wird von MC als „∞" interpretiert.

ⓘ *Die im Folgenden genannten Zahlenwerte und vor allem auch die Defaultwerte wie z. B. für die Parameter E_G und X_{TI} gelten für einen BJT aus Silizium.* Sollen BJTs aus anderen Halbleiter-Materialien simuliert werden und werden diese Defaultwerte verwendet, kann es ggf. nicht befriedigend „realitätsnahe" Simulationsergebnisse geben.

ⓘ Der Modell-Typ PNP-L1 ist bzgl. der Parameter identisch zum Modell-Typ NPN-L1 und wird kurz in Abschn. 10.1.5 behandelt. In der Ersatzschaltung und den Modellgleichungen ist die andere „Polung" geeignet berücksichtigt, sodass es ausreicht, im Folgenden nur den Modell-Typ NPN-L1 zu behandeln.

Die Bedeutung der Parameter R_B, R_C und R_E (Nr. 5 bis 7) ergibt sich aus der Ersatzschaltung. Hiermit werden die Bahnwiderstände von Basis, Kollektor und Emitter modelliert. Für diese Widerstände kann mit sechs Temperaturparametern eine lineare/quadratische Temperaturabhängigkeit wie beim Modell-Typ RES, Alternative A (s. Abschn. 9.1.2) modelliert werden.

Die Parameter I_S und N_F (Nr. 1 und 2) wirken ähnlich wie beim Modell-Typ D-L1/L2 einer Diode. Der Parameter B_F (Nr. 3) beschreibt eine ideale maximale Vorwärts-Stromverstärkung und ist *nicht identisch* mit dem Wert der Stromverstärkung aus einem Datenblatt wie als Beispiel in Ü 7-9e zu sehen ist. Mit diesem Parameter kann allerdings die simulierte Stromverstärkung an Datenblattwerte angepasst oder mittels *Stepping* variiert werden. Der Parameter V_{AF} (Nr. 4) bildet die Early-Spannung nach, die eine alternative Beschreibung zum differenziellen Ausgangswiderstand $r_{CE} = 1/h_{22e}$ ist. Aus diesen und weiteren Parametern ergibt sich der gesteuerte Strom i_{CT}.

Mittels der in Tabelle 10.2 aufgeführten Ausgabevariablen können simulierte Werte des Modell-Typs NPN-L1 bzw. PNP-L1 in Ausgabefenstern ausgegeben werden. Weitere Ausgabevariablen finden Sie in [MC-ERG].

Tabelle 10.2 Ausgabevariablen für den Modell-Typ NPN-L1 bzw. PNP-L1

Variable	Einheit	entspricht und bedeutet
VB(Q1)	V	Basispotenzial gegenüber *Ground*, analog VC( ) und VE( ).
VBE(Q1)	V	Basis-Emitter-Spannung, analog VEB( ), VCE( ), VEC( ), VBC( ), VCB( ).
IB(Q1)	A	Basisstrom, analog IC( ) und IE( ), **Bezugspfeilrichtung von I_E wie in Bild 10-1 beachten!**
PD(Q1)	W	Gesamtverlustleistung (*power dissipated*).

Ein BJT wird in Schaltungen meistens in den Zuständen sperrend, aktiv (verstärkend) oder gesättigt (übersteuert) betrieben. Bei Analysen mit „Papier und Bleistift" werden diese Zustände häufig mit folgenden Zahlenwerten für einen BJT aus Silizium vereinfacht „modelliert":

Zustand	gilt, wenn	„Papier-Bleistift-Modell"
sperrend	$u_{BE} < 0,3$ V oder $i_B = 0$ μA	$i_C \approx 0$, u_{CE} beliebig groß
aktiv	$u_{CE} > u_{BE}$	$u_{BE} \approx 0,6$ V bis 0,7 V, $i_C = B_0 \cdot i_B$, $B_0 = 100$ bis 500
gesättigt	$u_{CE} < u_{BE}$	$u_{CEsat} \approx 50$ mV bis 400 mV, $u_{BEsat} \approx 0,7$ V bis 1 V

Der Grenzfall $u_{CE} = u_{BE}$ wird als Sättigungsgrenze bezeichnet und hat i. Allg. nur Bedeutung als formale Grenze zwischen aktivem und gesättigtem Zustand. Für eine einfache Analyse einer Schaltung mit BJTs, bei der keine hohen Frequenzen oder hohe Ströme/Spannungen vorkommen, ist dieses „Papier-Bleistift-Modell" oftmals bereits ausreichend.

In Datenblättern von BJTs werden i. Allg. folgende Kennlinien oder wenigstens Kennwerte aus diesen Kennlinien angegeben:

- Eingangskennlinie $\quad\quad\quad i_B = f(u_{BE})$, aktiver Zustand
- Übertragungskennlinien $\quad i_C = f(u_{BE})$, Spannungssteuerung , aktiver Zustand
  $\quad\quad\quad\quad\quad\quad\quad\quad\quad i_C = f(i_B)$, Stromsteuerung, aktiver Zustand
- Ausgangskennlinienfeld $\quad i_C = f(u_{CE})$, alle Zustände, i_B als Parameter
  $\quad\quad\quad\quad\quad\quad\quad\quad\quad i_C = f(u_{CE})$, alle Zustände, u_{BE} als Parameter
- Stromverstärkung $\quad\quad\quad B_0 = f(i_C), \beta = h_{FE} = h_{21e} = f(I_{CA})$, aktiver Zustand
- Transitfrequenz $\quad\quad\quad\quad f_T = f(i_C)$, aktiver Zustand
- Sättigungskennlinien $\quad\quad u_{CEsat} = f(i_C)$, gesättigter Zustand
  $\quad\quad\quad\quad\quad\quad\quad\quad\quad u_{BEsat} = f(i_C)$, gesättigter Zustand

Diese Kennlinien/Kennwerte werden im Folgenden näher erläutert.

ⓘ Bei jeder diesen Eigenschaften/Kennlinien gibt es eine eher mehr als weniger ausgeprägte Exemplarstreuung wie z. B. die Toleranz der Stromverstärkung mit ca. ±40 %, und einen mehr oder weniger starken Einfluss der Sperrschichttemperatur T_J wie z. B. bei $du_{BE}/dT_J \approx -1,7$ mV/K. Diese Schwankungen in den *Bauelement*-Eigenschaften eines

BJTs und anderer verstärkender Bauelemente müssen und werden durch geeignete Schaltungsstrukturen soweit in ihrer Auswirkung unterdrückt, dass die *Schaltungs*-Eigenschaften trotzdem zufriedenstellend sind. Dies bewirkt die Gegenkopplung in Verstärkerschaltungen oder die sichere Übersteuerung im Schaltbetrieb.

Daher ist auch bei der Simulation solcher Schaltungen abzuwägen, wie realitätsnah das Modell eines BJTs diese Eigenschaften unbedingt wiedergeben muss, wenn aufgrund der Schaltungsstruktur die *Schaltung* sowohl in der Realität als auch in der Simulation ausreichend unempfindlich gegenüber diesen Schwankungen ist bzw. sein sollte.

ⓘ *Falls Sie die folgenden Abschn. 10.1.1 bis 10.1.4 nur auszugsweise durcharbeiten, beachten Sie bitte auf jeden Fall den Hinweis am Ende von Abschn. 10.1.4.*

10.1.1 Simulationen zu Eingangs-, Übertragungs- und Ausgangskennlinien

Ü 10-1 npn-BJT-Kennlinien (UE_10-1_BJT-NPN_KENNLINIEN.CIR)

Starten Sie MC. Öffnen Sie die Übungsdatei UE_10-1_BJT-NPN_KENNLINIEN.CIR. Die zu simulierende Schaltung ist in Bild 10-2 gezeigt ist. Das BJT-Modell-Element mit dem Modell-Bezeichner Q_1 hat den Modell-Namen „MUT" *(model under test)*. Über das .DEFINE-Statement „.DEFINE MUT ..." wird diesem der konkrete Modell-Name zugeordnet. Die Stromquelle (Modell-Element *ISource*, Modell-Bezeichner in I_B geändert) prägt den Basisstrom i_B ein. Die Spannungsquelle (Modell-Element *Battery*, Modell-Bezeichner in V_{CE} geändert) prägt die CE-Spannung u_{CE} ein. Der BJT wird in Emitterschaltung betrieben, da diese meistens den Angaben in Datenblättern zugrunde gelegt ist.

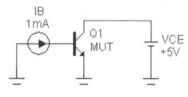

.DEFINE MUT BC337-25_NXP

Bild 10-2
Schaltung zur Simulation von Eingangs-, Übertragungs- und Ausgangskennlinien eines npn-BJTs

Für Simulationen von BJTs in „unkritischen Schaltungen" wird die Verwendung eines „Universal-npn-BJT" mit dem Modell-Namen BUN0815 (Bipolar Universal NPN) vorgeschlagen. Der Parameterwertesatz für BUN0815 lautet: „.MODEL BUN0815 NPN (IS=17.5p NF=1.3 BF=200 VAF=100)". Für alle anderen 48 Parameter werden die Defaultwerte genommen.

Für eine realitätsnähere Simulation ist unter dem Modell-Namen BC337-25_NXP ein Parameterwertesatz, den ein Hersteller eines BC337-25 auf seiner Homepage zur Verfügung stellt, ebenfalls vorhanden. Da der Parameter $T_{MEASURED}$ bei beiden Parameterwertesätzen nicht angegeben ist, muss strenggenommen davon ausgegangen werden, dass die Parameterwerte aus Messwerten extrahiert wurden, die bei einer Sperrschichttemperatur $T_J = T_{JM} = +27\ °C$ gemessen wurden. Der Autor vermutet, dass die tatsächliche Messtemperatur wie meistens üblich $+25\ °C$ betrug und die dadurch verursachte Abweichung als vernachlässigbar angesehen wird.

Die in den Übungsaufgaben angegebenen Zahlenwerte beziehen sich auf den Parameterwerte-satz BC337-25_NXP. Ergänzend können Sie die simulierten Werte mit denen eines Daten-blatts oder auch mit den in den Literaturstellen angegebenen Kennlinien vergleichen.

a) Zur Messung und zur Simulation der **Eingangskennlinie** $i_B = f(u_{BE})$ ist $u_{CE} = 5V$ einge-stellt, sodass der BJT sicher im aktiven Zustand ist. Diese Messbedingung ist im Datenblatt angegeben.

Durch das Pulsen von Strömen/Spannungen wird bei Bauelement-Messungen erreicht, dass die Eigenerwärmung aufgrund der Verlustleistung vernachlässigbar ist und somit die Sperr-schichttemperatur bei der Messung konstant und gleich der Umgebungstemperatur T_A des Bauelements bleibt, $T_J = T_{JM} = T_A = $ const.

Da der Modell-Typ NPN-L1 thermisch nicht rückgekoppelt ist, bleibt während der Simula-tion der Wert der Sperrschichttemperatur konstant. Sie hat entweder den Wert der globalen Temperaturvariablen T_{EMP} oder einen durch eine der drei T_x-Größen eingestell-ten/veränderten Wert. Weitere Hinweise dazu sind in Abschn. 9.1.2 zusammengefasst.

Starten Sie eine DC-Analyse. Stellen Sie im Dialogfenster *DC Analysis Limits* ein, dass I_B logarithmisch zwischen 10 nA und 10 mA variiert wird. Hierbei soll der nächste Wert um den Faktor 1,1 größer sein soll als der vorherige (*Range* „10m,10n,1.1").

Stellen Sie ein, dass die drei Sperrschichttemperaturwerte +150 °C, +25 °C und −50 °C simuliert werden (*Temperature*: „List", „+150,+25,−50").

Die Kurve $I_{B(Q1)}$ vs. $V_{BE(Q1)}$ soll mit zwei verschiedenen Skalierungen gezeigt werden: Ein Diagramm soll doppelt-linear skaliert sein, bei einem weiteres Diagramm soll, wie oft bei dieser Kennlinie, die y-Achse $I_{B(Q1)}$ logarithmisch skaliert sein. Dies ist in der Übungsdatei bereits vorbereitet. Starten Sie einen Simulationslauf.

Bezüglich der Kennliniencharakteristik und der Temperaturabhängigkeit sieht das Ergebnis vertraut und plausibel aus. Vergleichen Sie ggf. mit einem Datenblatt.

Simulieren Sie analog die Eingangskennlinie für den Parameterwertesatz BUN0815. Auch diese sieht plausibel aus.

b) Zur Messung und zur Simulation der **Übertragungskennlinie in der Form** $i_C = f(i_B)$ ist $u_{CE} = 5$ V eingestellt, sodass der BJT sicher im aktiven Zustand ist. Diese Messbedingung ist im Datenblatt angegeben.

Starten Sie eine DC-Analyse. Stellen Sie im Dialogfenster *DC Analysis Limits* ein, dass I_B wie zuvor zwischen 10 nA und 10 mA logarithmisch variiert wird. Hierbei soll der nächste Wert um den Faktor 1,1 größer sein soll als der vorherige.

Stellen Sie ein, dass die drei Sperrschichttemperaturwerte +150 °C, +25 °C und −50 °C simuliert werden.

Die Kurve $I_{C(Q1)}$ vs. $I_{B(Q1)}$ soll mit doppelt-logarithmischer Skalierung angezeigt werden.

In einem zweiten Diagramm soll die Kurve $I_{C(Q1)}/I_{B(Q1)}$ vs. $I_{B(Q1)}$ dargestellt werden. Der Quotient i_C/i_B ergibt die **(Gleichstrom-Großsignal-)Stromverstärkung B_0**. Die Kleinsi-gnal-Stromverstärkung β (h_{21e}, h_{FE}) wird in Abschn. 10.1.2 gesondert betrachtet. Starten Sie einen Simulationslauf.

Bezüglich der Kennliniencharakteristik und der Temperaturabhängigkeit sieht das Ergebnis vertraut und plausibel aus. Diese Kennlinien sind oft in Lehrbüchern, selten in Datenblät-tern angegeben.

Simulieren Sie mit dem Parameterwertesatz BUN0815. Auch diese Ergebnisse sind plausibel. Beachten Sie bitte, dass $I_{C(Q1)}/I_{B(Q1)}$ den Wert 209,5 hat, obwohl der Parameter B_F den Wert 200 hat!

c) Zur Messung und zur Simulation der **Übertragungskennlinie in der Form** $i_C = f(u_{BE})$ ist $u_{CE} = 5$ V eingestellt, sodass der BJT sicher im aktiven Zustand ist. Diese Messbedingung ist im Datenblatt angegeben.

Es ist nicht nötig, die Stromquelle I_B durch eine Spannungsquelle zu ersetzen, lediglich bei der Ausgabe wird als *X Expression* „VBE(Q1)" eingetragen. Starten Sie eine DC-Analyse. Im Dialogfenster *DC Analysis Limits* soll eingestellt werden, dass I_B wie zuvor logarithmisch zwischen 10 nA und 10 mA variiert wird. Hierbei soll der nächste Wert um den Faktor 1,1 größer sein soll als der vorhere.

Stellen Sie ein, dass die drei Sperrschichttemperaturwerte +150 °C, +25 °C und –50 °C simuliert werden.

Die Kurve $I_{C(Q1)}$ vs. $V_{BE(Q1)}$ soll mit zwei verschiedenen Skalierungen gezeigt werden: Ein Diagramm soll doppelt-linear skaliert sein, beim anderen Diagramm soll, wie oft bei dieser Kennlinie, die y-Achse $I_{C(Q1)}$ logarithmisch skaliert sein. Starten Sie einen Simulationslauf.

Bezüglich der Kennliniencharakteristik und der Temperaturabhängigkeit sieht das Ergebnis vertraut und plausibel aus. Vergleichen Sie ggf. mit einem Datenblatt.

Bestimmen Sie den Wert der **Steilheit** $g_{BJT} = \Delta i_C/\Delta u_{BE}$ im Arbeitspunkt $I_{CA} = 0,1$A und $T_J = +25$ °C (Lösung: $g_{BJT} \approx 2$ mA/mV). Die Steilheit ist eine wichtige Kenngröße für die „verstärkende" Wirkung eines BJTs bei Spannungssteuerung über u_{BE}.

Simulieren Sie mit dem Parameterwertesatz BUN0815. Auch diese Ergebnisse sind plausibel.

d) Um bei der Simulation des **Ausgangskennlinienfeldes** $i_C = f(u_{CE})$ **mit Parameter** i_B die aus Lehrbüchern und Datenblättern gewohnte Darstellung zu bekommen, ist aufgrund der Schleifenhierarchie im Dialogfenster *DC Analysis Limits* als *Variable 1* V_{CE} zu variieren, *da Variable 1 die Laufvariable der inneren Schleife ist*. Hierbei ist die Methode *Linear* sinnvoll und als *Range* der Eintrag „20,0,20m". Als *Variable 2* wird I_B linear zwischen 0 µA und 350 µA mit einer Schrittweite von 50 µA linear variiert. Dies ergibt ein Kennlinienfeld mit 8 Kurvenzweigen. *Da Variable 2 die Laufvariable der äußeren Schleife ist, beinhaltet sie den Parameter, durch den sich die Kurvenzweige der Kurvenschar unterscheiden sollen (hier i_B)*.

Damit das Diagramm nicht mit Kurven überladen wird, soll nur die Sperrschichttemperatur +25 °C (oder +27 °C) simuliert werden, daher in der Rubrik *Temperature* Range nur den Wert „25" (oder „27") eingeben. Starten Sie einen Simulationslauf.

Bild 10-3 zeigt das Simulationsergebnis für den u_{CE}-Wertebereich von 0 V bis +2 V, damit auch der simulierte Sättigungsbereich $u_{CE} < u_{BE}$ deutlich sichtbar ist.

Bezüglich der Kennliniencharakteristiken sieht das Ergebnis vertraut und plausibel aus. Vergleichen Sie ggf. mit einem Datenblatt.

Simulieren Sie mit dem Parameterwertesatz BUN0815. Auch diese Ergebnisse sind plausibel. Wenn Sie in einem Diagramm den u_{CE}-Wertebereich von –120 V bis +20 V darstellen und die Kurvenzweige in den negativen u_{CE}-Achsenbereich extrapolieren, werden Sie feststellen, dass alle Geraden die u_{CE}-Achse bei –100 V schneiden. Dieser Wert ist kein Zufall, sondern wird als Early-Spannung bezeichnet und mit dem Parameter V_{AF} eingestellt.

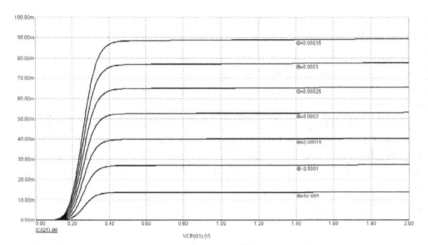

Bild 10-3
Simulationser-
gebnis für das
Ausgangskenn-
linienfeld eines
npn-BJT

e) Zur Simulation des **Ausgangskennlinienfeldes** $i_C = f(u_{CE})$ **mit dem Parameter** u_{BE} ist die Stromquelle durch eine Gleichspannungsquelle, vorzugsweise das Modell-Element *Battery*, zu ersetzen. Aufgrund der stark nichtlinearen Eingangskennlinie sind geeignete Variablen-werte für u_{BE} ggf. durch Ausprobieren zu ermitteln. Beim Parameterwertesatz BC337-25_NXP führen 0,6 V bis 0,75 V zu plausiblen Kennlinien. Probieren Sie es aus.

Simulieren Sie mit dem Parameterwertesatz BUN0815. Auch diese Ergebnisse sind plausi-bel.   ❑ Ü 10-1

ⓘ In der vorhergehenden Ü 10-1 wurden Kennlinien simuliert, mit denen häufig in Datenblättern Gleichstromeigenschaften von BJTs angegeben werden. Die Musterdatei M_10-1_BJT-NPN-KENNLINIEN.CIR ist eine Kopie, mit der Sie zeitunaufwendig im Simulationsalltag diese Gleichstrom-Kennlinien für einen neuen Parameterwertesatz eines npn-BJT simulieren und durch Vergleich mit anderen Daten wie z. B. aus einem Datenblatt beurteilen können.

Ü 10-2 npn-BJT-Kennlinien (M_10-1_BJT-NPN_KENNLINIEN.CIR)

Öffnen Sie die Musterdatei M_10-1_BJT-NPN_KENNLINIEN.CIR. Das npn-BJT-Modell-Element mit dem Modell-Bezeichner Q_1 hat den Modell-Namen „MUT" *(model under test)*. Über das .DEFINE-Statement „.DEFINE MUT …" wird diesem der konkrete Modell-Name zugeordnet. Simulieren Sie die Eingangskennlinie, Übertragungskennlinien und Ausgangs-kennlinienfelder für den in der Datei eingetragenen Parameterwertesatz mit dem Modell-Namen 2N3055_ON. Dieser Parameterwertesatz stammt von einem Hersteller des bekannten 60-V-15-A-Leistungs-BJT mit dem kommerziellen Bauelement-Namen 2N3055. Vergleichen Sie die Simulationsergebnisse mit den Angaben eines Datenblatts.

Die Hauptarbeit ist hierbei das Anpassen der Strom- und Spannungswerte. Hilfreich können die Wertebereiche der entsprechenden Kennlinien eines Datenblattes sein.

Welche Bedeutung hat die Zeichenfolge „1N…", „2N…" in diesen kommerziellen Bauele-ment-Namen?   ❑ Ü 10-2

10.1.2 Simulationen zu Stromverstärkung und Transitfrequenz

Im vorhergehenden Abschnitt wurde in einer Simulation der Quotient $I_{C(Q1)}/I_{B(Q1)}$ gebildet. Dieser Wert wird allgemein als Stromverstärkung B_0, genauer Großsignal-Stromverstärkung bezeichnet und gilt nur bei niedrigen Frequenzen, worauf der Index 0 hinweisen soll. Der Begriff weist darauf hin, dass der *BJT als Verstärker* verwendet wird. Wenn ein BJT in einem Arbeitspunkt mit den Gleichströmen I_{CA}, I_{BA} (der Index „A" kennzeichnet Arbeitspunkt) betrieben wird und nur „kleine" Änderungen dieser Ströme um die Arbeitspunktwerte betrachtet werden, wird der Quotient i_{Cd}/i_{Bd} als differenzielle Stromverstärkung oder Kleinsignal-Stromverstärkung β (h_{21e}, h_{FE}, B_d) bezeichnet. Der Index „d" wie z. B. bei i_{Cd} kennzeichnet, dass dieser Strom differenziell „kleine" Werte gegenüber dem Wert des Arbeitspunktes hat (siehe hierzu Abschn. 2.6 und 3.7.4). Der Wert von β hängt im Wesentlichen vom Arbeitspunkt-Strom I_{CA}, von der Arbeitspunkt-Spannung U_{CEA}, von der Frequenz f des „Kleinsignal-Stroms" i_{Cd} und von der Sperrschichttemperatur T_J ab.

Um einen Bezugswert für die Frequenzabhängigkeit zu haben, sei mit β_0 die Kleinsignal-Stromverstärkung bei $f = 0$ bezeichnet. Mathematisch lässt sich die Frequenzabhängigkeit mit komplexen Größen als $\underline{\beta} = \hat{i}_{Cd}/\hat{i}_{Bd}$ beschreiben und wird oft vereinfacht mit einem Tiefpass-Verhalten erster Ordnung angenähert. Analog zu Gl. (2.3) ergibt sich damit als Gl. (10.1):

$$\underline{\beta} = \beta_0 \cdot \cfrac{1}{1 + j \cdot \cfrac{f}{f_{g3\beta}}} \tag{10.1}$$

Aus Gl. (10.1) lassen sich analog zu Gl. (2.4) und Gl. (2.5) der Amplitudengang

$$|\underline{\beta}| = \frac{\hat{i}_{Cd}}{\hat{i}_{Bd}} = \beta_0 \cdot \cfrac{1}{\sqrt{1 + \left(\cfrac{f}{f_{g3\beta}}\right)^2}} \tag{10.2}$$

und der Phasengang

$$\varphi_\beta = -\arctan\left(\frac{f}{f_{g3\beta}}\right) \tag{10.3}$$

berechnen. $f_{g3\beta}$ ist die 3-dB-Grenzfrequenz von $|\underline{\beta}|$, die fast nie in Datenblättern angegeben ist. Die Frequenz, bei der $|\underline{\beta}| = 1$ wird, heißt **Transitfrequenz** f_T und ist meistens in Datenblättern angegeben. Die Transitfrequenz wird auch als **Gain-Bandwidth-Product** G_{BW} bezeichnet mit der Vorstellung, den Frequenzbereich von 0 Hz bis f_T als Bandbreite zu verstehen und diesen Wert mit dem Wert der Verstärkung bei der Bandbreitengrenze f_T (per Definition 1) zu multiplizieren. Daher ergibt sich: $f_T = G_{BW}$.

Ü 10-3 3-dB-Grenzfrequenz der Stromverstärkung berechnen

Für einen BJT ist im Datenblatt die Kleinsignal-Stromverstärkung $\beta_0 = 280$ und die Transitfrequenz $f_T = 160$ MHz angegeben. Bei der Transitfrequenz f_T gilt definitionsgemäß $|\underline{\beta}(f_T)| = 1$ bzw. $a_\beta = 0$ dB. Das bedeutet, dass zur Steuerung eines dem Arbeitspunktstrom I_{CA} überlagerten Kollektor-Wechselstroms ein gleich großer dem Arbeitspunktstrom I_{BA} überlagerter Basis-Wechselstrom nötig wäre. Von einer „Strom*verstärkung*" bzgl. der überlagerten Wechselströme kann im alltäglichen Sinn dann keine Rede mehr sein.

Welcher Wert ergibt sich mit Gl. (10.2) für $f_{g3\beta}$? Bei dieser Frequenz hat der BJT nur noch ca. 70 % (exakt $1/\sqrt{2}$, entspricht ca. –3,01 dB) seiner Gleichstrom-Kleinsignal-Stromverstärkung β_0. ❑ Ü 10-3

Ü 10-4 npn-BJT-Stromverstärkung (UE_10-4_BJT-NPN_BETA-FT.CIR)

Starten Sie MC. Öffnen Sie die Übungsdatei UE_10-4_BJT-NPN_BETA-FT.CIR, deren Schaltung in Bild 10-4 gezeigt ist.

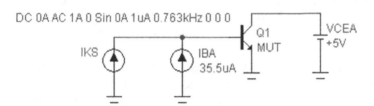

Bild 10-4
Schaltung zur Simulation des Frequenzgangs der Kleinsignal-Stromverstärkung eines npn-BJT

Der BJT wird in Emitterschaltung betrieben, da diese den Angaben in Datenblättern meistens zugrunde gelegt ist. Die Gleichspannungsquelle V_{CEA} (Modell-Element *Battery*) prägt die CE-Spannung U_{CEA} für den Arbeitspunkt ein. Der Wert 5 V ergibt sich als Messbedingung aus dem Datenblatt und sorgt dafür, dass der BJT sicher im aktiven Zustand ist. Zur Einstellung der Ströme im Arbeitspunkt dient die Gleichstromquelle I_{BA} (Modell-Element *ISource*).

Zur Simulation des **komplexen Frequenzgangs der Kleinsignal-Stromverstärkung β** wird dem Gleichstrom I_{BA} ein Kleinsignal-Wechselstrom i_{KS} überlagert. Dieser wird von der Wechselstromquelle I_{KS} eingeprägt. Als Modell-Element ist die Universalstromquelle *Current Source I (Sin)* geeignet, die als Universalspannungsquelle *Voltage Source V (Sin)* in Abschn. 8.2.4 und speziell in Ü 8-6 beschrieben ist.

Die Eingabewerte von I_{KS} sind so eingestellt, dass bei einer *DC-Analyse* der Strom 0 A beträgt. Dies ist an der Zeichenfolge „DC 0A …" erkennbar.

Da die *AC-Analyse* mit den im Arbeitspunkt berechneten linearisierten Werten für die Modell-Elemente und deshalb mit einer linearen Ersatzschaltung rechnet, kann der komplexe Strom $\hat{i}_{KS}$ für die komplexe Wechselstromrechnung im Rahmen einer *AC-/Dynamic-AC-Analyse* zweckmäßig den Wert 1 A∠0° bekommen. Dies ist an der Zeichenfolge „...AC 1A 0..." erkennbar.

Wenn MC vor der komplexen Wechselstromrechnung den *Arbeitspunkt im Rahmen einer AC-/Dynamic-AC-Analyse* berechnet, soll i_{KS} den Wert 0 A haben, da für den Arbeitspunkt extra die Stromquelle I_{BA} vorgesehen ist. Dies wurde bereits mit der Zeichenfolge „DC 0A..." eingestellt.

Wenn MC den *Arbeitspunkt im Rahmen einer TR-Analyse* berechnet, soll i_{KS} ebenfalls den Wert 0 A haben, da für den Arbeitspunkt extra die Stromquelle I_{BA} vorgesehen ist. Dies ist mit dem Eingabefeldes IO einzustellen und an der Zeichenfolge „...SIN 0A..." erkennbar.

Wenn MC während einer *TR-Analyse* mit den nichtlinearen Modellgleichungen im Zeitbereich rechnet, soll der Strom i_{KS} die Kleinsignal-Bedingung einhalten. Daher soll für eine TR-Analyse $\hat{i}_{KS} = 1\ \mu A$ sein. Die Frequenz soll den kleinen Wert 0,763 kHz haben. Diese Einstellungen sind an der Zeichenfolge „...1uA 0.763kHz ..." zu erkennen.

Es werden wieder die aus Ü 10-1 bekannten Parameterwertesätze mit den Modell-Namen BC337-25_NXP und BUN0815 untersucht.

a) Die Simulation erfolgt in zwei von Ihnen durchzuführenden Schritten:

1. Einstellen des Arbeitspunktes (hier I_{CA}) mit der Dynamic-DC-Analyse:

   Starten Sie eine Dynamic-DC-Analyse und lassen Sie sich die Ströme anzeigen. Verändern Sie iterativ den Wert der Gleichstromquelle I_{BA} solange, bis für i_C ein Wert mit ca. 10 mA simuliert wird. Diese Messbedingung ist im Datenblatt angegeben und entspricht hier I_{CA}. Aus dem so ermittelten Wert für I_{BA} und dem simulierten Wert für I_{CA} kann B_0 berechnet werden (beim BC337-25_NXP: B_0 = 10 mA/35,5 µA = 282).

2. Simulieren des Kleinsignal-Frequenzgangs *für diesen Arbeitspunkt*:

   Starten Sie eine AC-Analyse. Simulieren Sie den Frequenzbereich zwischen 1 GHz und 1 kHz, logarithmische Schrittweite, 501 Datenpunkte. Für die Darstellung des Amplitudengangs $|\beta|$ ist das logarithmische Maß a_β in dB sinnvoll. Als *Y Expression* ergibt der Ausdruck „DB(IC(Q1)/IB(Q1))" den Wert für a_β in dB. Der Phasengang kann in einem zweiten Diagramm mit dem Eintrag „PH(IC(Q1)/IB(Q1))" gezeigt werden. Machen Sie sich klar, warum der Eintrag „PH(IC(Q1))–PH(IB(Q1))" das gleiche Ergebnis liefert.

   Die Einträge „DB(IC(Q1))" und „PH(IC(Q1))" ergeben identische Werte, da für die komplexe Wechselstromrechnung im Rahmen der AC-Analyse für I_{KS} die komplexe Amplitude $\hat{i}_{KS} = \hat{i}_{B(Q1)} = 1\,A\angle 0°$ eingestellt wurde. Starten Sie den Simulationslauf.

Bild 10-5 zeigt als Simulationsergebnis Amplituden- und Phasengang der komplexen Kleinsignal-Stromverstärkung β.

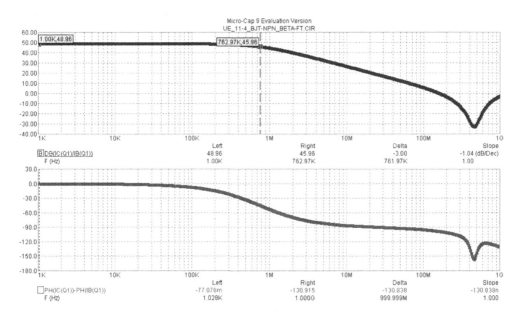

Bild 10-5 Simulierter Amplituden- und Phasengang der Kleinsignal-Stromverstärkung für den Parameterwertesatz BC337-25_NXP

Für niedrige Frequenzen wird beim Parameterwertesatz BC337-25_NXP der Wert $a_{\beta0}$ = +48,96 dB simuliert. Dies entspricht $|\underline{\beta}| = \beta_0$ = 280,5 und weicht etwas von B_0 ab. Die simulierte 3-dB-Grenzfrequenz der Stromverstärkung beträgt $f_{g3\beta}$ = 763 kHz. Oberhalb davon fällt der Amplitudengang mit −20 dB/Dekade. Die simulierte Transitfrequenz beträgt f_T = 160 MHz. Für $f > f_T$ zeigen Amplituden- und Phasengang, dass der simulierte Frequenzgang $\underline{\beta} = f(f)$ höherer Ordnung ist. Die Gl. (10.1) ist eine vereinfachende Approximation erster Ordnung, daher auch die Abweichung zwischen dem Ergebnis aus Ü 10-3 und dem simulierten Wert für $f_{g3\beta}$. Die höhere Ordnung wird dadurch verursacht, dass beim Modell-Typ NPN-L1 diverse Kapazitäten berücksichtigt sind. Weitere Einzelheiten hierzu sind in [REI2] und [TIET12] zu finden.

Ergänzend zur Angabe eines einzelnen Kennwertes für f_T findet man in Datenblättern auch als Diagramm $f_T = f(I_{CA})$ ggf. noch mit U_{CEA} als Parameter. Wollen Sie die Simulation mit so einem Diagramm vergleichen, müssen Sie die Simulation für die Sie interessierenden Arbeitspunkte einzeln durchführen und aus der Ausgabe der AC-Analyse f_T für den jeweils simulierten Arbeitspunkt bestimmen und z. B. in das Datenblatt-Diagramm einzeichnen.

b) Starten Sie eine TR-Analyse. Die Analyse ist so vorbereitet, dass ca. 3 Perioden bei der Frequenz 0,763 kHz berechnet und gezeigt werden. Stellen Sie sicher, dass die **CB ☑ Operating Point** aktiviert ist. Starten Sie einen Simulationslauf.

Die voreingestellten Ausgabegrößen zeigen Ihnen die zeitlichen Verläufe $i_C(t)$ und $i_B(t)$ und des Quotienten $i_C(t)/i_B(t)$. Die Ströme zeigen den erwarteten Verlauf eines Gleichstroms, der mit einem kleinen Sinusstrom überlagert ist.

Bestimmen Sie mit den *Cursorn* die *Peak-to-peak*-Werte der Stromänderungen (Lösung: i_{Bpp} = 2 µA, i_{Cpp} = 561 µA). Berechnen Sie daraus den Betrag der Kleinsignal-Stromverstärkung (Lösung: $|\underline{\beta}| = \beta_0 = i_{Cpp}/i_{Bpp}$ = 280,5). Der Wert stimmt mit dem Wert aus der AC-Analyse sehr gut überein, *da die Kleinsignal-Bedingung eingehalten wurde*.

Welcher Wertebereich ergibt sich aus der Kurve $I_{C(Q1)}/I_{B(Q1)}$? (Lösung: 282,5 bis 282,6). Der Quotient ist als konstant anzusehen und ergibt den Wert der Großsignal-Gleichstromverstärkung B_0.

c) Erhöhen Sie den Wert der Frequenz auf $f = f_{g3\beta}$ = 763 kHz. Starten Sie eine TR-Analyse. Ändern Sie die Einstellungen so, dass wieder ca. 3 Perioden berechnet und gezeigt werden. Stellen Sie sicher, dass die **CB ☑ Operating Point** aktiviert ist. Bevor Sie den Simulationslauf starten: Skizzieren Sie zeitlichen Verlauf und Werte, wie Sie sie aufgrund dieser charakteristischen Frequenz erwarten würden.

Starten Sie einen Simulationslauf. Stimmen die simulierten Ergebnisse mit Ihren Erwartungen überein? Falls nein, klären Sie die Ursache.

d) Simulieren Sie Amplituden- und Phasengang der komplexen Kleinsignal-Stromverstärkung $\underline{\beta}$ für den Parameterwertesatz BUN0815 im Arbeitspunkt U_{CEA} = 5 V, I_{CA} = 10 mA.

Welcher Wert ergibt sich im Arbeitspunkt für die Gleichstrom-Großsignal-Stromverstärkung B_0? (Lösung: B_0 = 10 mA/48,0 µA = 208)

Welcher Wert ergibt sich für $a_{\beta0}$? (Lösung: $a_{\beta0}$ = +46,39 dB) Welcher Wert ergibt sich daraus für β_0? (Lösung: β_0 = 209). Warum wird keine Frequenzabhängigkeit simuliert? (Lösung: Die Defaultwerte der nicht explizit angegebenen Parameter sind so, dass alle Gleichungen bzw. Elemente der Ersatzschaltung, die eine Frequenzabhängigkeit des Modells ergeben würden, „deaktiviert" sind). ❑ Ü 10-4

ⓘ In der vorhergehenden Ü 10-4 wurde der Frequenzgang der Kleinsignal-Stromverstärkung und daraus der häufig angegebene Kennwert Transitfrequenz bestimmt. Die Musterdatei M_10-2_BJT-NPN_BETA-FT.CIR ist eine Kopie, mit der Sie zeitunaufwendig diese Simulation für einen neuen Parameterwertesatz eines npn-BJTs durchführen und durch Vergleich mit anderen Daten wie z. B. aus einem Datenblatt beurteilen können.

Ü 10-5 npn-BJT-Stromverstärkung (M_10-2_BJT-NPN_BETA-FT.CIR)

Öffnen Sie die Musterdatei M_10-2_BJT-NPN_BETA-FT.CIR. Das npn-BJT-Modell-Element mit dem Modell-Bezeichner Q_1 hat den Modell-Namen „MUT" (*model under test*). Über das .DEFINE-Statement „DEFINE MUT ..." wird diesem der konkrete Modell-Name zugeordnet. Simulieren Sie den Amplituden- und Phasengang der Kleinsignal-Stromverstärkung im Arbeitspunkt $I_{CA} = 0,5$ A und $U_{CEA} = 10$ V für den in der Datei eingetragenen Parameterwertesatz mit dem Modell-Namen 2N3055_ON. Bestimmen Sie folgende Werte für diesen Arbeitspunkt und die Sperrschichttemperatur $T_J = +25$ °C:

Gleichstromverstärkung B_0 (Lösung: $B_0 = 500$ mA/4,4 mA = 114)

Kleinsignal-Stromverstärkung $a_{\beta 0}$ bzw. $|\beta| = \beta_0$ (Lösung: $a_{\beta 0} = +39,22$ dB, $\beta_0 = 91,4$)

3-dB-Grenzfrequenz (Lösung: $f_{g3\beta} = 14,6$ kHz)

Transitfrequenz f_T (Lösung: $f_T = 1,34$ MHz)   ❏ Ü 10-5

10.1.3 Simulationen zu Sättigungskennlinien

Die im vorhergehenden Abschnitt betrachtete Stromverstärkung und deren Frequenzgang ist sinnvoll und bedeutsam, wenn der BJT im *aktiven Zustand* ($u_{CE} > u_{BE}$) als Verstärker arbeitet. In anderen Anwendungen arbeitet der BJT als Schalter als und soll nur die Ideal-Zustände *sperrend* ($i_C = 0$ A) oder *leitend* ($u_{CE} = 0$ V) annehmen. Obwohl ein realer BJT den Ideal-Zustand leitend nicht erreicht, kann $u_{CE} < u_{BE}$ werden. Dies bedeutet, dass der BC-pn-Übergang nicht mehr in Sperrrichtung, wie beim aktiven Zustand mit $u_{CE} > u_{BE}$, sondern in Durchlassrichtung gepolt ist. Der „Transistoreffekt", mit dem die basisstromsteuernde und verstärkende Wirkung auch umschreibend bezeichnet wird, ist nicht mehr wirksam. Aufgrund der beiden leitenden pn-Übergänge BE und BC wird dieser Betriebszustand mit „gesättigt" bezeichnet. Eine Erhöhung von i_B führt nicht mehr zu einer proportionalen Erhöhung von i_C, da der Wert von i_C weitestgehend nur noch von der äußeren Beschaltung bestimmt wird. Um dieses kenntlich zu machen, bekommen die Formelbuchstaben der BE-Spannung und der CE-Spannung den zusätzlichen Index „sat" für *saturated* (dt. gesättigt): u_{BEsat} und u_{CEsat}. Dieser Betriebszustand wird auch anschaulich als „übersteuert" bezeichnet.

In Datenblättern werden für den gesättigten Zustand oft Kennlinien in der Form $u_{BEsat} = f(i_C)$ und $u_{CEsat} = f(i_C)$ angegeben. Als Messbedingung ist das **Übersteuerungsverhältnis I_C/I_B** angegeben, das nicht mit dem Begriff Stromverstärkung verwechselt werden sollte, da im gesättigten Zustand i_C von der äußeren Beschaltung eingeprägt wird und nicht vom BJT eingestellt wird.

Ü 10-6 npn-BJT-Sättigungskennlinien (UE_10-6_BJT-NPN_SAT.CIR)

Starten Sie MC. Öffnen Sie die Übungsdatei UE_10-6_BJT-NPN_SAT.CIR, deren Schaltung in Bild 10-6 gezeigt ist. Die Gleichstromquelle I_{CS} (Modell-Element *ISource*) prägt den Kollektorstrom i_C ein. Die stromgesteuerte Stromquelle F_1 (Modell-Element *IofI*) prägt mit ihrem Übertragungsfaktor „1/(ICzuIB)" den Strom $1/I_{CzuIB} \cdot I_{CS}$ ein. Mit dem .DEFINE-Statement wird der Variablen „ICzuIB" der Wert 10 zugewiesen, sodass das oft in Datenblättern als Messbedingung verwendete Übersteuerungsverhältnis $I_C/I_B = 10$ auch in der Simulation realisiert wird. Der Vorteil, i_C als unabhängige Variable vorzugeben, liegt darin, dass genau der Wertebereich für i_C in der Simulation vorgegeben werden kann, der auch einem Datenblatt-Diagramm zugrunde liegt. Es werden wieder die aus Ü 10-1 bekannten Parameterwertesätze BC337-25_NXP und BUN0815 untersucht.

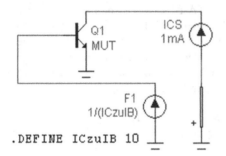

Bild 10-6
Schaltung zur Simulation der Sättigungskennlinien $u_{CEsat} = f(i_C)$ und $u_{BEsat} = f(i_C)$
eines npn-BJTs

a) Starten Sie eine DC-Analyse. Der Strom I_{CS} soll als *Variable 1* logarithmisch im Bereich von 1 A bis 0,1 mA mit einem Schrittweitenfaktor von 1,1 variiert werden .

Stellen Sie ein, dass die drei Sperrschichttemperaturwerte +150 °C, +25 °C und –50 °C simuliert werden (*Temperature*: „List", „+150,+25,–50").

In Diagramm 1 soll die Kurve $V_{CE(Q1)}$ vs. $I_{C(Q1)}$ dargestellt werden, wobei die V_{CE}-Achse linear, die I_C-Achse logarithmisch skaliert werden soll. In Diagramm 2 soll auf gleiche Weise die Kurve $V_{BE(Q1)}$ vs. $I_{C(Q1)}$ dargestellt werden. Starten Sie einen Simulationslauf. Bild 10-7 zeigt beide Diagramme als Ergebnis der Simulation.

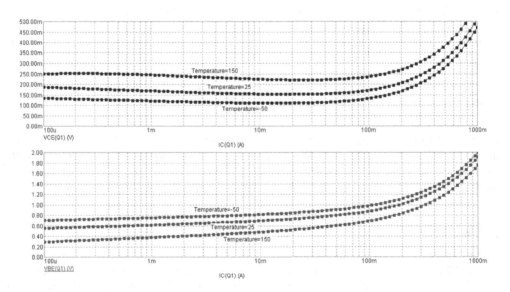

Bild 10-7 Simulierte Kennlinien $u_{CEsat} = f(i_C)$ und $u_{BEsat} = f(i_C)$ mit Sperrschichttemperatur als Parameter

Bezüglich der Kennliniencharakteristiken und der Temperaturabhängigkeiten sieht das Ergebnis vertraut und plausibel aus. Bei der Kurve u_{CEsat} wird sogar nachgebildet, dass bei Stromwerten von $i_C < 30$ mA die Spannung u_{CEsat} mit steigendem i_C etwas kleiner wird! Vergleichen Sie die simulierten Kurven ggf. mit einem Datenblatt.

b) Simulieren Sie die Sättigungskennlinien für den Parameterwertesatz BUN0815. Vergleichen Sie die „Realitätsnähe" dieses einfachen Parameterwertesatzes mit den Ergebnissen aus a). ❑ Ü 10-6

ⓘ In der vorhergehenden Ü 10-6 wurden die Sättigungskennlinien simuliert. Die Musterdatei M_10-3_BJT-NPN_SAT.CIR ist eine Kopie, mit der Sie zeitunaufwendig im Simulationsalltag diese Simulation für einen neuen Parameterwertesatz eines npn-BJT durchführen und durch Vergleich mit anderen Daten wie z. B. aus einem Datenblatt beurteilen können.

Ü 10-7 npn-BJT-Sättigungskennlinien (M_10-3_BJT-NPN_SAT.CIR)

Öffnen Sie die Musterdatei M_10-3_BJT-NPN_SAT.CIR. Das npn-BJT-Modell-Element mit dem Modell-Bezeichner Q_1 hat als Modell-Namen „MUT" (_model under test_). Über das .DEFINE-Statement „.DEFINE MUT ..." wird diesem der konkrete Modell-Name zugeordnet. Simulieren Sie die Sättigungskennlinien $u_{CEsat} = f(i_C)$ und $u_{BEsat} = f(i_C)$ für den in der Datei eingetragenen Parameterwertesatz mit dem Modell-Namen 2N3055_ON. Hierbei soll der Übersteuerungsfaktor 10 sein und für i_C der Bereich von 0,1 A bis 10 A simuliert werden, Sperrschichttemperatur $T_J = +25$ °C.

Bestimmen Sie u_{CEsat} und u_{BEsat} für $i_C = 1$ A (Lösung: $u_{CEsat} = 96$ mV, $u_{BEsat} = 0,9$ V).

Ändern Sie den zu simulierenden Bereich für i_C in 0,1 mA bis 10 A und den Wert der Sperrschichttemperatur in $T_J = -50$ °C. Starten Sie einen Simulationslauf. Bestimmen Sie den Wert für u_{CEsat} bei $i_C = 10$ mA (Lösung: $u_{CEsat} = -7,6$ mV !). Der simulierte Wert $u_{CEsat} = -7,6$ mV ist weder als plausibel und glaubwürdig, sondern als realitätsfern bis falsch zu bewerten.

ⓘ Die Modelltiefe des Modell-Typs NPN-L1 zusammen mit dem Parameterwertesatz 2N3055_ON ist erkennbar nicht ausreichend, für diese Situation ein realitätsnahes Ergebnis zu liefern. Bevor Modell-Typ und der Parameterwertesatz allerdings als unbrauchbar bewertet werden, sollte hinterfragt werden, ob die zugrunde gelegten Bedingungen ($T_J = -50$ °C, $i_C = 10$ mA, gesättigter Zustand) für den kommerziellen BJT 2N3055 realitätsnah sind. Dies ist wohl in den allermeisten Fällen mit „nein" zu beantworten. Falls die Antwort doch „ja" wäre, müsste der Parameterwertesatz dahin gehend verändert werden, dass sich für diese Bedingungen realitätsnähere Werte ergeben. Vermutlich wird der Modell-Typ mit dem veränderten Parameterwertesatz dann bei anderen Bedingungen realitätsfernere bis falsche Ergebnisse liefern. ❑ Ü 10-7

10.1.4 Simulationen zum Schaltverhalten

Aufgrund der kapazitiven Effekte der pn-Übergänge haben auch BJTs ein Schaltverhalten, das mit dem von Dioden (siehe Abschn. 3.6.4) vergleichbar ist. Beim Übergang vom sperrenden in den gesättigten (Einschalten) und vor allem beim Übergang vom gesättigten in den sperrenden Zustand (Ausschalten) reagiert der Kollektorstrom i_C zeitlich verzögert. Werden für das

Schaltverhalten in Datenblättern Werte angegeben, so werden beim BJT meistens vier Zeiten angegeben: Für den Übergang vom sperrenden in den gesättigten Zustand sind dies $t_{d(on)}$ und t_r *(delay time on und rise time)*, für den Übergang vom gesättigten in den sperrenden Zustand sind dies t_s und t_f *(storage time und fall time)*. Der gesättigte Zustand wird durch die Werte von $I_{B(on)}$ und $I_{C(on)}$ charakterisiert. Auch die Bedingungen des sperrenden Zustands müssen angegeben sein, da es einen Unterschied macht, ob im sperrenden Zustand $U_{BE(off)} = 0$ V oder z. B. $U_{BE(off)} = -2$ V ist. Einige weitere Details werden im Rahmen der nachfolgenden Übungsaufgabe erläutert. Auf weitergehende Erklärungen zum Schaltverhalten von BJTs muss im Rahmen dieses Buches verzichtet und auf die angegebene Literatur verwiesen werden.

Ü 10-8 BJT-NPN-Schaltverhalten (UE_10-8_BJT-NPN_SCHALTVERHALTEN.CIR)

Öffnen Sie die Übungsdatei UE_10-8_BJT-NPN_SCHALTVERHALTEN.CIR, deren Schaltung in Bild 10-8 gezeigt ist.

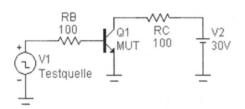

Bild 10-8
Schaltung zur Simulation des
Schaltverhaltens eines npn-BJTs

Eine Messschaltung dieser Art ist oft in Datenblättern angegeben, da hiermit aus den gemessenen Zeitverläufen von $i_C(t)$ die genannten Zeiten bestimmt werden. Die Puls-Spannungsquelle V_1 (Modell-Element *Pulse Source*) erzeugt eine im Vergleich zu den Schaltzeiten des MUT sehr steilflankige Rechteckspannung zwischen den Werten –2 V (sperrender Zustand) und +4 V (leitender Zustand). Die Zeiten sind so eingestellt, dass der simulierte Zeitbereich für den Parameterwertesatz BC337-25_NXP das Schaltverhalten des Modells sichtbar macht.

Der Widerstand R_B und das *i-u*-Verhalten des BE-pn-Übergangs bestimmen den Basisstrom. R_B wird so dimensioniert, dass sich im leitenden Zustand der vorgegebene Wert für $I_{B(on)}$ einstellt, in diesem Fall ca. 30 mA.

Der Widerstand R_C und das *i-u*-Verhalten der CE-Strecke bestimmen den Kollektorstrom. R_C wird so dimensioniert, dass sich im leitenden Zustand der vorgegebene Wert für $I_{C(on)}$ einstellt, in diesem Fall ca. 300 mA. Damit wird als Übersteuerungsverhältnis im gesättigten Zustand ein Wert von ca. 10 realisiert.

a) Starten Sie eine TR-Analyse. Es soll ein Zeitbereich von 100 ns simuliert werden mit einer maximalen Schrittweite von 0,1 ns. Damit die TR-Analyse sofort mit den Energiespeicherwerten des sperrenden Zustands beginnt, ist die **CB ☑ Operating Point** zu aktivieren. Dies bewirkt, dass vor der eigentlichen TR-Analyse eine DC-Analyse durchgeführt wird, von der Sie nichts bemerken. Für V_1 wird dabei der Parameterwert von V_{ZERO} (hier –2 V) genommen. Die berechneten Spannungs- bzw. Stromwerte der Kapazitäten bzw. Induktivitäten (also die Zustandsvariablen der Energiespeicher) werden bei der nachfolgenden TR-Analyse als Startwerte *(initial condition)* genommen. Dies vermeidet bei der TR-Analyse einen Einschwingvorgang vom energielosen Zustand der Schaltung in den Zustand bei $V_{(V1)} = V_{ZERO} = -2$ V. Als Energiespeicher sind hier nur Kapazitäten innerhalb des Modell-Typs NPN-L1 vorhanden.

Es sollen folgende Zeitverläufe gezeigt werden:

$V_{(V1)}$ zur Kontrolle und für die Bezugszeitpunkte

$I_{B(Q1)}$ zur Kontrolle von $I_{B(on)}$

$I_{C(Q1)}$ zur Kontrolle von $I_{C(on)}$ und für die Zeitpunkte t_{10} und t_{90}

$V_{BE(Q1)}$ für eine vereinfachte Erklärung des Schaltverhaltens.

Starten Sie einen Simulationslauf. Bild 10-9 zeigt das Simulationsergebnis.

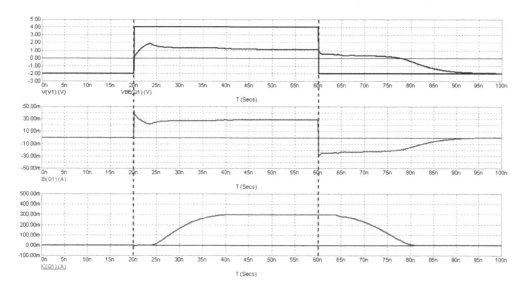

Bild 10-9 Ergebnis der Simulation des Schaltverhaltens eines npn-BJTs

b) Einschaltverhalten, Übergang vom sperrenden in den gesättigten Zustand:

Zum Zeitpunkt $t_0 = 20$ ns wechselt die Spannung $V_{(V1)}$ von –2 V auf +4 V. Dies ist der Bezugszeitpunkt für das Einschaltverhalten. Bestimmen Sie bei $t \approx 55$ ns die Werte für u_{BEsat} und u_{CEsat} ($u_{CE}(t)$ ist in Bild 10-9 nicht dargestellt) (Lösung: $u_{BEsat} = 1{,}1$ V, $u_{CEsat} = 246$ mV).

Bestimmen Sie bei $t \approx 55$ ns die Werte für i_B und i_C (Lösung: $i_B = 28{,}7$ mA, $i_C = 298$ mA). Genähert kann und soll von $I_{B(on)} \approx 30$ mA und $I_{C(on)} \approx 300$ mA ausgegangen werden.

Bestimmen Sie den Zeitpunkt t_{10}, zu dem $i_C(t)$ 10 % von $I_{C(on)}$ erreicht (Lösung: $t_{10} = 25{,}5$ ns). Hieraus ergibt sich als *delay time on* die Zeitdauer $t_{d(on)} = t_{10} - t_0 = 5{,}5$ ns.

Bestimmen Sie den Zeitpunkt t_{90}, zu dem $i_C(t)$ 90 % von $I_{C(on)}$ erreicht (Lösung: $t_{10} = 35{,}8$ ns). Hieraus ergibt sich als *rise time* die Zeitdauer $t_r = t_{90} - t_{10} = 10{,}3$ ns.

Diese beiden Zeiten werden als „Einschaltzeit" t_{on} *(turn-on-time)* zusammengefasst, die sich somit zu $t_{on} = t_{d(on)} + t_r = 15{,}8$ ns ergibt.

Das simulierte Verhalten ist realitätsnah. Die verzögernde Wirkung des Schaltverhaltens rührt daher, dass, sehr vereinfacht ausgedrückt, der Basisstrom erst die Kapazität des BE-pn-Übergangs von –2 V auf 0 V entladen und dann von 0 V auf letztendlich $u_{BEsat} = +1{,}1$ V aufladen muss. Daher „wirkt" der Basisstrom während dieser Zeiten nur bedingt ansteuernd auf den Kollektorstrom, sodass dieser sich erst verzögert ändert. Zudem wirkt die Kapazität des BC-pn-Übergangs als Miller-Kapazität schaltzeitverlängernd.

c) **Ausschaltverhalten, Übergang vom gesättigten in den sperrenden Zustand:**

Zum neudefinierten Zeitpunkt $t_0 = 60$ ns wechselt die Spannung $V_{(V1)}$ von +4 V auf –2 V. Dies ist der Bezugszeitpunkt für das Ausschaltverhalten. Im Zeitabschnitt 60 ns $< t <$ 90 ns ist $i_B(t) < 0$ (!) und wirkt als Ausräumstrom, indem er die in den leitenden pn-Übergängen vorhandenen Ladungen erst „ausräumt", bevor diese mit dem Zustand „sperrend" wirken können.

Bestimmen Sie den Zeitpunkt t_{90}, zu dem $i_C(t)$ 90 % von $I_{C(on)}$ erreicht (Lösung: $t_{90} = 66{,}7$ ns). Hieraus ergibt sich als *storage time* die Zeitdauer $t_s = t_{90} - t_0 = 6{,}7$ ns.

Beim BJT wird diese Zeit *storage time* genannt, um begrifflich auf die gespeicherten Ladungen der pn-Übergange beim gesättigten BJT hinzuweisen. Beim MOSFET wird diese Zeit analog zu $t_{d(on)}$ neutral mit $t_{d(off)}$ bezeichnet.

Bestimmen Sie den Zeitpunkt t_{10}, zu dem $i_C(t)$ 10 % von $I_{C(on)}$ erreicht (Lösung: $t_{10} = 78{,}5$ ns). Hieraus ergibt sich als *fall time* die Zeitdauer $t_f = t_{10} - t_{90} = 11{,}5$ ns.

Diese beiden Zeiten werden als „Ausschaltzeit" t_{off} *(turn-off-time)* zusammengefasst, die sich somit zu $t_{off} = t_s + t_f = 18{,}2$ ns.

Das simulierte Verhalten ist realitätsnah. Die Verzögerung rührt daher, dass, sehr vereinfacht ausgedrückt, der Basisstrom erst die Kapazität des BE-pn-Übergangs von $u_{BE\text{-}sat} = +1{,}1$ V auf 0 V entladen und dann von 0 V auf letztendlich –2 V aufladen muss. Daher wirkt der Basisstrom während dieser Zeiten nur bedingt ansteuernd auf den Kollektorstrom. Zudem wirkt die Kapazität des BC-pn-Übergangs als Miller-Kapazität schaltzeitverlängernd.

c) Simulieren Sie das Schaltverhalten für den Parameterwertesatz BUN0815. Vergleichen Sie die „Realitätsnähe" dieses Parameterwertesatzes mit den Ergebnissen aus a) und b). Warum ergibt dieser Parameterwertesatz ein ideales Schaltverhalten ($t_{on} = t_{off} = 0$ s)?   ❑ Ü 10-8

ⓘ   In der vorhergehenden Ü 10-8 wurde das Schaltverhalten simuliert. Die Musterdatei M_10-3_BJT-NPN_SCHALTVERHALTEN.CIR ist eine Kopie, mit der Sie zeitunaufwendig im Simulationsalltag diese Simulation für einen neuen Parameterwertesatz eines npn-BJTs durchführen und durch Vergleich mit anderen Daten wie z. B. aus einem Datenblatt beurteilen können.

Ü 10-9 npn-BJT-Schaltverhalten (M_10-4_BJT-NPN_SCHALTVERHALTEN.CIR)

Öffnen Sie die Musterdatei M_10-4_BJT-NPN_SCHALTVERHALTEN.CIR. Das npn-BJT-Modell-Element mit dem Modell-Bezeichner Q_1 hat als Modell-Namen „MUT" *(model under test)*. Über das .DEFINE-Statement „.DEFINE MUT ..." wird diesem der konkrete Modell-Name zugeordnet. Simulieren Sie das Schaltverhalten für den in der Datei eingetragenen Parameterwertesatz mit dem Modell-Namen 2N3055_ON. Hierbei soll $I_{B(on)} = 400$ mA und $I_{C(on)} = 4$ A sein. Zur Ansteuerung für den leitenden Zustand soll die Spannungsquelle V_1 den Wert +5 V haben. Im sperrenden Zustand soll $U_{BE(off)} = -2$ V sein. Für den Kollektorstrom soll eine Spannungsquelle mit $V_{(V2)} = +30$ V verwendet werden.

Dimensionieren Sie R_B und R_C.

(Lösung: $R_B = (V_{(V1)} - u_{BEsat})/I_{B(on)} = (5\ V - 1\ V)/0,4\ A = 10\ \Omega$

$R_C = (V_{(V2)} - u_{CEsat})/I_{C(on)} = (30\ V - 0,1\ V)/4\ A = 7,5\ \Omega$)

Bestimmen Sie aus dem Simulationsergebnis $t_{d(on)}$, t_r, t_s, t_f und daraus t_{on} und t_{off} (Lösung: Einschalten: $t_{10} \approx 0,73\ \mu s$, $t_{90} \approx 2,35\ \mu s \rightarrow t_{d(on)} \approx 0,73\ \mu s$, $t_r \approx 1,62\ \mu s$, $t_{on} \approx 2,35\ \mu s$

Ausschalten: $t_{90} \approx 2,1\ \mu s$, $t_{10} \approx 3,9\ \mu s \rightarrow t_s \approx 2,1\ \mu s$, $t_f \approx 1,8\ \mu s$, $t_{off} \approx 3,9\ \mu s$). ❑ Ü 10-9

Auch wenn Sie die vorhergehenden Abschnitte (Abschn. 10.1.1 bis hierher) nur auszugsweise bearbeitet haben, beachten Sie bitte folgenden Hinweis:

ⓘ *Hinweis:*

Öffnen Sie eine der in diesem Abschnitt verwendeten Simulationsdateien für einen npn-BJT. Als MUT soll der Parameterwertesatz mit dem Modell-Namen BC337-25_NXP eingestellt sein. Mit einem Doppelklick auf das Modell-Symbol öffnet sich das Attributfenster dieses Modell-Elements, das ähnlich aufgebaut ist wie das in Bild 3-6 gezeigte Attributfenster des Modell-Typs D oder das in Bild 9-1 gezeigte Attributfenster des Modell-Typs RES. In einem Listenfeld (in Bild 3-6 mit (11) gekennzeichnet, in Bild 9-1 mit (6) gekennzeichnet) werden beim BJT die vier charakteristischen Kennlinien „Ic vs. Vce", „DC Current Gain", „Vce Saturation Voltage" und „Beta vs. Frequency" zur Auswahl angeboten. Mit der **SF Plot...** zeigt Ihnen MC für die ausgewählte Kennlinie simulierte Werte in einem gewissen Wertebereich für diesen Parameterwertesatz an.

Mit dieser Möglichkeit bietet Ihnen MCeinen sehr schnellen Weg, um bezüglich der im Listenfeld angebotenen Kennlinien die Realitätsnähe eines neuen Parameterwertesatzes ohne Aufwand, dafür allerdings eingeschränkt zu prüfen.

Die Einschränkung besteht darin, dass Sie nicht „sehen", wie diese Werte berechnet werden, da die Simulationsschaltungen, mit der diese Kennlinien simuliert werden in MC programmiert sind. Auch erkennen Sie nicht die „Messbedingungen", z. B. welche Arbeitspunktwerte der Kurve „Beta vs. Frequency" zugrunde liegen (vergleiche mit Ü 10-4), bzw. welches Übersteuerungsverhältnis der Kurve „Vce Saturation Voltage" zugrunde liegt (vergleiche mit Ü 10-6).

Der Vorteil, diese Eigenschaften mit den behandelten Simulationen zu prüfen, besteht darin, dass die Modelleigenschaften in einer „sichtbaren" Schaltung berechnet werden und Sie die Messbedingungen entsprechend der Angaben eines Datenblattes oder für Ihre Applikation passend einstellen können.

10.1.5 Simulationen für pnp-BJT

Der Modell-Typ PNP-L1 ist symmetrisch zum Modell-Typ NPN-L1. *Bei den Parameterwerten ist kein anderes Vorzeichen zu verwenden.* Mit dem gleichen Parameterwertesatz können also identische BJT-Modell-Elemente mit der „Polung" npn und pnp erstellt werden.

Ein kommerzieller pnp-BJT, der sich elektrisch einigermaßen ähnlich wie ein bestimmter npn-BJT verhält, wird als dessen *Komplementärtyp* bezeichnet, beide zusammen als *Komplementärpaar*. Der BC327-25 ist z. B. komplementär zum BC337-25, der MJ2955 ist komplementär zum 2N3055. Insbesondere symmetrisch aufgebaute Schaltungen wie die Gegentakt-

Endstufe haben bessere Eigenschaften, wenn die verwendeten npn- und pnp-BJTs in ihrem elektrischen und thermischen Verhalten sehr ähnlich sind.

Um Ihnen auch das Testen von neuen Parameterwertesätzen für pnp-BJTs zu erleichtern, sind die zuvor für den Modell-Typ NPN-L1 behandelten Musterdateien analog für den Modell-Typ PNP-L1 verfügbar. Da in der Ausbildung und in der Praxis häufiger npn-BJTs verwendet werden, besteht die einzige Schwierigkeit „nur" darin, sich an die anderen Vorzeichen von Strömen und Spannungen bei pnp-BJTs zu gewöhnen. In den Musterdateien sind die Parameterwertesätze BUP, BC327-25_NXP und MJ2955_ON enthalten. Entscheiden Sie, ob sich der Zeitaufwand für die folgenden Übungen für Sie lohnt.

Ü 10-10 pnp-BJT-Kennlinien (M_10-5_BJT-PNP_KENNLINIEN.CIR)

Führen Sie die gleichen Simulationen wie in Ü 10-1 für einen pnp-BJT durch. Benutzen Sie die Musterdatei M_10-5_BJT-PNP_KENNLINIEN.CIR und die in dieser Datei eingetragenen Parameterwertesätze BUP, BC327-25_NXP und MJ2955_ON. Die in der Datei vorhandenen Einstellungen für die Simulationsläufe sind für den Parameterwertesatz BC327-25_NXP passend.   ❑ Ü 10-10

Ü 10-11 pnp-BJT-Stromverstärkung (M_10-6_BJT-PNP_BETA-FT.CIR)

Führen Sie die gleichen Simulationen wie in Ü 10-4 für einen pnp-BJT durch. Benutzen Sie die Musterdatei M_10-6_BJT-PNP_BETA-FT.CIR und die in dieser Datei eingetragenen Parameterwertesätze BUP, BC327-25_NXP und MJ2955_ON. Die in der Datei vorhandenen Einstellungen für die Simulationsläufe sind für den Parameterwertesatz BC327-25_NXP passend.   ❑ Ü 10-11

Ü 10-12 pnp-BJT-Sättigungskennlinien (M_10-7_BJT-PNP_SAT.CIR)

Führen Sie die gleichen Simulationen wie in Ü 10-6 für einen pnp-BJT durch. Benutzen Sie die Musterdatei M_10-7_BJT-PNP_SAT.CIR und die in dieser Datei eingetragenen Parameterwertesätze BUP, BC327-25_NXP und MJ2955_ON. Die in der Datei vorhandenen Einstellungen für die Simulationsläufe sind für den Parameterwertesatz BC327-25_NXP passend.   ❑ Ü 10-12

Ü 10-13 pnp-BJT-Schaltverhalten (M_10-8_BJT-PNP_SCHALTVERHALTEN.CIR)

Führen Sie die gleichen Simulationen wie in Ü 10-8 für einen pnp-BJT durch. Benutzen Sie die Musterdatei M_10-8_BJT-PNP_SCHALTVERHALTEN.CIR und die in dieser Datei eingetragenen Parameterwertesätze BUP, BC327-25_NXP und MJ2955_ON. Die in der Datei vorhandenen Einstellungen für die Simulationsläufe sind für den Parameterwertesatz BC327-25_NXP passend.   ❑ Ü 10-13

10.2 Modell-Typ OPA für das Bauelement Operationsverstärker

Ein OP (Operationsverstärker) ist eine elektronische Schaltung, die aus einer Anzahl von Transistoren (nur BJTs, BJTs + JFETs oder nur MOSFETs) und anderen Bauelementen besteht. Sie wird als integrierte Schaltung (integrated circuit, IC) hergestellt, mit einem Gehäuse versehen und daher als Bauelement behandelt und bezeichnet. Bild 10-10a zeigt das aktuell genormte und Bild 10-10b das ältere, aber in MC und daher auch in diesem Buch verwendete Schalt- und Modell-Symbol.

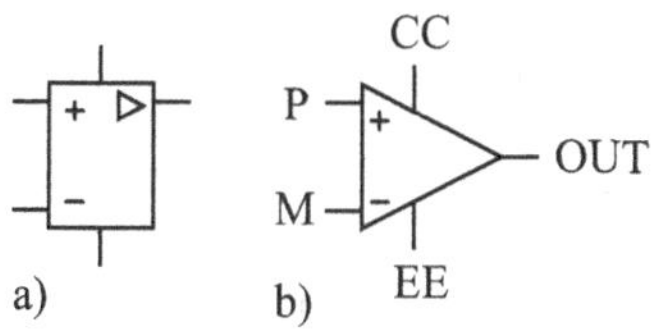

Bild 10-10
Schaltsymbole eines OP:
a) gemäß DIN 60617 Teil 13
b) älteres Symbol mit Anschlusskürzeln, wie sie in MC bzw. in diesem Buch verwendet werden

Um zu leichter les- und aussprechbaren Begriffen zu kommen, wird wie in MC der nicht-invertierende Eingangsanschluss als P-Eingang (plus, positive) und der invertierende Eingangsanschluss als M-Eingang (minus) bezeichnet. Häufig in der Literatur ist auch der Buchstabe N (negative) für den M-Eingang anzutreffen.

Der Ausgangsanschluss wird mit OUT (output) bezeichnet. Sehr oft werden bereits die Versorgungsspannungsanschlüsse: mit V_{CC} und V_{EE} bezeichnet. Da dies aber Spannungsgrößen darstellen, wird in diesem Buch der Anschluss für das höhere Versorgungspotenzial mit CC, der Anschluss für die niedrigere Versorgungspotenzial mit EE bezeichnet. Die Größen U_{CC}, U_{EE} (alternativ V_{CC}, V_{EE}) sind dann folgerichtig die Spannungen dieser Anschlüsse/Knoten gegenüber Ground.

ⓘ Die Indizierung mit CC und EE rührt vermutlich daher, dass in den ersten ICs die meisten Kollektor-Anschlüsse der BJTs in Richtung des höheren Versorgungspotenzials gingen, die Emitter-Anschlüsse in Richtung des niedrigeren Versorgungspotenzials.

Bei modernen ICs mit MOSFETs (CMOS-Technologie) sollte analog dazu DD (drain-drain) als Kürzel für den Anschluss des höhere Versorgungspotenzials, SS (source-source) als Kürzel für den Anschluss des niedrigeren Versorgungspotenzials verwendet werden.

ⓘ Vorsicht: Wenn die Versorgungsspannungen eines ICs mit V_{CC} und V_{EE} bezeichnet sind, ist das kein sicherer Hinweis darauf, dass die Schaltung des ICs aus BJTs besteht, da gelegentlich und irreführenderweise auch noch bei CMOS-ICs für die Versorgungsanschlüsse die Indizes CC, EE aus der älteren Bipolartechnik verwendet werden.

ⓘ Ein Pluspunkt von MC besteht darin, dass als Modell-Element für einen OP der Modell-Typ OPA (operational amplifier) mit drei Modell-Typ-Level programmiert ist. Hierbei entspricht der Level der Modelltiefe und damit der Realitätsnähe. Ist in einem anderen SPICE-basierenden Simulationsprogramm kein programmierter Modell-Typ für einen OP vorhanden, muss die Modellbeschreibung für einen OP als Subcircuit eingebunden werden. Dies geht in MC selbstverständlich auch und wird in Kap. 11 behandelt.

Der Modell-Typ OPA von MC hat zudem den großen Vorteil, dass alle seine Parameter „sprechend" sind, d. h. Sie können diesen Modell-Typ ausgehend von Datenblattwerten selbst parametrieren.

✍ Die Bezeichnung „OPA (LEVEL=x)" wird mit „OPA-Lx" abgekürzt.

Falls Sie • mit OPs und deren Kennlinien und Kennwerten vertraut sind,
• oder durch Simulation einer Schaltung mit BJTs nur wenig dazulernen würden,
• oder ein Beispiel für AKO *(a kind of)* im .MODEL-Statement nicht brauchen,
können Sie den folgenden Abschnitt 10.2.1 überspringen und gleich mit der Beschreibung des Modell-Typs OPA und seinen drei Modell-Typ-Level ab Abschn. 10.2.2 fortfahren.

10.2.1 Simulation eines einfachen Operationsverstärkers mit BJTs

Falls Sie mit OPs und deren Kennlinien und Kennwerten nicht sehr vertraut sind, sollen Ihnen die in diesem Abschnitt angebotenen Simulationen helfen, das Verhalten eines OPs an seinen fünf Anschlüssen besser zu verstehen. Zudem wird Ihr Wissen um einige Kennlinien und Kennwerte realer OPs insoweit wiederholt, wie es für das Verständnis von 13 der 19 Parameter des Modell-Typs OPA nötig ist.

ⓘ *Dieser Abschnitt kann auch als Beispiel dafür dienen, wie Sie sich ggf. mittels Simulation ein besseres Verständnis für komplexere elektronische Schaltungen erarbeiten können.*

Starten Sie MC. Öffnen Sie die Übungsdatei UE_10-14_BJT-OP_DC-ANALYSE.CIR, deren Schaltung in Bild 10-11 gezeigt ist.

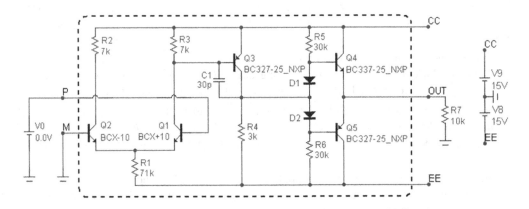

Bild 10-11 Schaltung zur Simulation der Eigenschaften eines einfachen, mit BJTs realisierten OPs

Die Schaltung entspricht dem *prinzipiellen* Schaltplan eines integrierten (normalen) OPs und gibt eingeschränkt, aber mit für obiges Ziel ausreichender Tiefe die Eigenschaften realer OPs wieder. In Abschn. 10.2.4 wird mit Ü 10-23 abschließend die Simulation des kommerziellen OPs μA741 auf „Transistorebene" (23 BJTs, 12 Widerstände, 1 Kondensator) behandelt.

Die Schaltung in Bild 10-11 beinhaltet die typischen Stufen eines OPs: Q_1, Q_2 bilden den Eingangs-Differenzverstärker, Q_3 eine Zwischenstufe und Q_4, Q_5 als komplementäre Emitterfolger die Gegentakt-Endstufe. Die Spannungsabfälle an D_1 und D_2 stellen für Q_4 und Q_5 den Arbeitspunkt ein, sodass die Endstufe im Gegentakt-AB-Betrieb arbeitet und die Übernahmeverzerrung dadurch nur in geringem Maße auftritt.

Beachten Sie, dass die Schaltung des OPs neben den fünf Anschlüssen P, M, OUT, CC und EE keinen expliziten *Ground*-Anschluss hat und benötigt. Daher ist nur eine Versorgungsspannung ($U_{CCEE} = U_{CC} - U_{EE}$) zwischen den Anschlüssen CC und EE nötig. Der Bezug zum *Ground* einer Schaltung wird über die Art hergestellt, wie diese Spannung U_{CCEE} erzeugt wird.

Werden zwei Spannungsquellen verwendet, die meistens symmetrisch mit $U_{CC} = -U_{EE}$ sind, gilt $U_{CCEE} = 2 \cdot U_{CC}$. Diese Art der Versorgung wird als *dual supply* bezeichnet und hier mit $U_{CC} = +15$ V bzw. $U_{EE} = -15$ V (kurz +15 V/–15 V) angewendet. Die Ausgangsspannung U_{OUT} kann dann sowohl positive als auch negative Werte annehmen (bipolarer Betrieb).

Wird nur eine Spannungsquelle verwendet und ist z. B. $U_{EE} \equiv 0$ V *(Ground)*, gilt $U_{CCEE} = U_{CC}$. Diese Art der Versorgung wird als *single supply* bezeichnet und kommt z. B. bei Batterieversorgung mit +9 V/0 V vor. Die Ausgangsspannung U_{OUT} kann damit bei diesem Beispiel nur positive Werte annehmen (unipolarer Betrieb).

Um für Kennwerte und Kennlinien ein Bezugspotenzial für die innere Schaltung eines OPs zu haben, wird die Mitte des Versorgungsspannungsbereichs genommen. Dieser bei realen OPs fiktive und nur in Ersatzschaltungen vorhandene Knoten bekommt in diesem Buch die Bezeichnung OP-GND.

Bei *symmetrischer Dual-supply*-Versorgung hat OP-GND das Potenzial 0 V, ist damit identisch zum *Ground* der Schaltung und man kann braucht sich über unterschiedliche Bezugspotenziale keine Gedanken zu machen.

Im Fall von *unsymmetrischer Dual-supply*-Versorgung wie z. B. +15 V/–5V oder *Single-supply*-Versorgung wie z. B. +9 V/0 V hat OP-GND das Potenzial $(U_{CC} + U_{EE})/2$ gegenüber dem *Ground* der Schaltung und muss bei *Messungen, Angaben von Kennwerten **und** Simulationen* ggf. entsprechend geeignet berücksichtigt werden.

Als Parameterwertesätze für die npn-BJTs wird BC337-25_NXP, für die pnp-BJTs BC327-25_NXP zugrunde gelegt. Obwohl bei ICs gleichartige Transistoren wie die npn-BJTs Q_1, Q_2, Q_5 sehr ähnliches Verhalten haben (dies wird als *matching* bezeichnet), soll eine gewisse Exemplarstreuung in der Weise berücksichtigt werden, dass der Parameter B_F und damit die simulierte Stromverstärkung bei Q_1 um ca. 10 % größer, bei Q_2 um ca. 10 % kleiner sein soll als beim BC337-25_NXP. Anstelle komplett neue Parameterwertesätze zu erstellen, kann mittels **AKO: (*a kind of*, dt. eine Art von)** auf einen Parameterwertesatz Bezug genommen werden, wie das folgende Beispiel zeigt:

Das .MODEL-Statement „.MODEL BCX+10 AKO:BC337-25_NXP (BF=320)" bedeutet, dass der Parameterwertesatz mit dem Modell-Namen BCX+10 übereinstimmt mit dem Parameterwertesatz BC337-25_NXP mit Ausnahme des Parameters B_F, der beim BCX+10 den Parameterwert 320 bekommt. In Prosa ausgedrückt: *„BCX+10 is a kind of BC337-25_NXP. Its parameter B_F, however, has the value 320."* Analog ist eine Modellbeschreibung für Q_2 mit dem Modell-Namen BCX-10 vorhanden.

Ü 10-14 Übertragungskennlinie eines OPs (UE_10-14_BJT-OP_DC-ANALYSE.CIR)

Die der Simulation zugrunde liegende Schaltung ist in Bild 10-11 gezeigt. Der OP ist nicht rückgekoppelt, wird also *open loop* betrieben. Der M-Eingang liegt auf *Ground*, am P-Eingang liegt die Gleichspannungsquelle V_0.

a) Starten Sie eine DC-Analyse. Die Spannung von V_0 soll als *Variable 1* linear im Bereich von +20 mV bis –20 mV mit der Schrittweite 0,1 mV variiert werden. Es soll die **Übertragungskennlinie** $u_{OUT} = f(u_D)$ dargestellt werden. Die **Differenz-Eingangsspannung** u_D ergibt sich definitionsgemäß aus $u_D = u_P - u_M$ und kann mit dem Eintrag „V(P,M)" angezeigt werden. Zur besseren Orientierung soll durch die Anzeige der „Kurven" $V_{(CC)}$ und $V_{(EE)}$ auch der **Versorgungsspannungsbereich** optisch hervorgehoben werden. Starten Sie einen Simulationslauf. Das Simulationsergebnis (Seite „open loop") ist in Bild 10-12 dargestellt.

Aus der Kennlinie lassen sich einige Kennwerte ablesen bzw. bestimmen, die auch in Datenblättern meistens angegeben sind und für die es im Modell-Typ OPA Parameter gibt:

Die Ausgangsspannung $V_{(OUT)}$ überstreicht nicht vollständig den **Versorgungsspannungsbereich** (hier von –15 V bis +15 V), der beim Modell-Typ OPA-L3 über die **Parameter** V_{CC} **und** V_{EE} eingegeben wird.

Bestimmen Sie den **Ausgangs-Aussteuerbereich** *(output voltage swing)*, indem Sie U_{OUTmax} und U_{OUTmin} mit dem *Cursor* messen (Lösung: $U_{OUTmax} = +14{,}2$ V, $U_{OUTmin} = -12{,}3$ V). Diese Werte werden beim Modell-Typ OPA-L3 als **Parameter** V_{PS} *(maximum positive voltage swing)* und V_{NS} *(maximum negative voltage swing)* eingegeben.

Für kleine Differenzspannungswerte (–10 mV < u_D < +10 mV) folgt die Ausgangsspannung $V_{(OUT)}$ einigermaßen linear der Differenzspannung. Dieser Bereich wird daher als **linearer Bereich** bezeichnet und ist der Arbeitsbereich, in dem ein OP betrieben werden sollte.

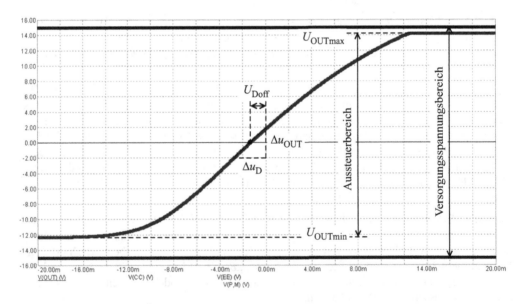

Bild 10-12 Simulation der Übertragungskennlinie $u_{OUT} = f(u_D)$ eines einfachen OPs mit BJTs

ⓘ Soll der Differenzeingang nur zum Vergleich der Spannungen u_P und u_M dienen und der Ausgang nur eine binäre, d. h. zweiwertige Information liefern ($u_P \geq u_M$ ergibt $u_{OUT} = U_{OUTmax}$, $u_P < u_M$ ergibt $u_{OUT} = U_{OUTmin}$), dann ist hierfür ein Bauelement, das *Komparator* genannt wird, das richtige. Ein Komparator ist als Schaltung ähnlich wie ein OP, als Schaltsymbol sind beide leider gleich, sodass auch OPs in der Funktion als Komparatoren eingesetzt werden, obwohl im Datenblatt eines OPs meistens kein Hinweis bzgl. des Schaltverhaltens bzw. des Übersteuerungszustands vorhanden ist!

Komparatoren haben den Vorteil, dass sie für den Schaltbetrieb ausgelegt sind. Die Ausgangsstufe ist oft eine *Open-collector*-Stufe, ggf. auch erweitert durch einen *„open-emitter"* (bei Komparatoren aus MOSFETs *open-drain/open-source*), die die Einstellung eines *definierten High-* bzw. *Low*-Wertes der Ausgangsspannung ermöglicht.

Daher: Im *Verstärkerbetrieb* ist ein *OP*, im *Schalt-/Komparatorbetrieb* ein *Komparator* das geeignete Bauelement.

Die Steigung im linearen Bereich ergibt gemäß $A_{D0} = \Delta u_{OUT}/\Delta u_D$ die (**Differenz-)Spannungsverstärkung** A_{D0}. Der Index 0 soll kenntlich machen, dass dieser Wert bei $f = 0$ Hz gilt. Der Begriffsteil „Differenz-" wird dann wichtig, wenn der Gegensatz zur Gleichtakt-Spannungsverstärkung $\underline{A}_{CM}$ *(common mode voltage gain)* betont werden soll oder muss.

Bestimmen Sie mit den *Cursorn* den Wert dieser Steigung bei $u_{OUT} \approx 0$ mV (Lösung: $A_{D0} \approx 1380$). Rechnen Sie den Wert in dB um (Lösung: $a_{AD0} = +62{,}8$ dB). Kommerzielle OPs haben deutlich größere Werte von 10^4 (+80 dB) bis 10^6 (+120 dB) und mehr. Der Wert von A_{D0} wird bei den Modell-Typen OPA-L1/L2/L3 als **Parameter** A *(amplification, DC open-loop gain)* eingegeben.

Bei $u_D = 0$ V ist $u_{OUT} \neq 0$ V. Dies wird als *Offset* bezeichnet. Messen Sie mit dem *Cursor* den Spannungswert für u_D, bei dem $u_{OUT} = 0$ V ist. Dieser Wert wird als **Offsetspannung** U_{Doff} *(offset voltage)* bezeichnet (Lösung: $U_{Doff} = -1{,}337$ mV). Da diese Offsetspannung nur störenden Charakter hat, ist die Assoziation der Indizes mit einem umgangssprachlichen Ausdruck für „dumm, einfältig" durchaus passend. Wie lautet der umgangssprachliche Ausdruck? (Lösung: d _ _ f). Der Wert von U_{Doff} wird beim Modell-Typ OPA-L3 als **Parameter** V_{OFF} *(input offset voltage)* eingegeben.

b) Geben Sie in der Schaltung der Gleichspannungsquelle V_0 den Wert von U_{Doff}. Starten Sie eine Dynamic-DC-Analyse. Ist u_{OUT} nicht annähernd 0 V polen Sie die Quelle um. Dies geht z. B., indem Sie der Quelle V_0 den negativen Spannungswert geben. Da das Modell-Symbol *Battery* eine eindeutige Polung symbolisiert, empfiehlt der Autor, den Spannungswert stets positiv zu lassen und zum „Umpolen" das Modell-Symbol um 180° drehen.

Der Eingang des OPs wird durch die Quelle V_0 so angesteuert, dass u_{OUT} nun den Wert 0 V hat. Dies wird **Offsetspannungskompensation** genannt. In der Realität kann die Spannung der Quelle V_0 durch ein Widerstandsnetzwerk erzeugt werden. Manche OPs haben zusätzlich zu den fünf Anschlüssen zwei weitere, die gemäß Datenblattangabe mit einen Trimmpotenziometer beschaltet werden können. Die Einstellung dieses Trimmpotenziometers wird Offsetspannungsabgleich genannt.

c) Starten Sie eine Dynamic-DC-Analyse. Lassen Sie sich nur die Ströme anzeigen. Geben Sie als I_P den Basisstrom von Q_1 und als I_M den Basisstrom von Q_2 an (Lösung: $I_P = 310$ nA, $I_M = 397$ nA).

Der Betrag des arithmetischen Mittelwerts wird als **Biasstrom** I_B in Datenblättern angegeben. Berechnen Sie mit $I_B = \left| \dfrac{I_P + I_M}{2} \right|$ diesen Kennwert (Lösung: I_B = 353 nA). Der Wert von I_B wird beim Modell-Typ OPA-L3 als **Parameter I_{BIAS}** eingegeben.

Der Betrag der Differenz wird als **Offsetstrom** I_{off} in Datenblättern angegeben. Berechnen Sie mit $I_{off} = \left| I_P - I_M \right|$ diesen Kennwert (Lösung: I_{off} = 87 nA). Der Wert von I_{off} wird beim Modell-Typ OPA-L3 als **Parameter I_{OFF}** eingegeben.   ❑ Ü 10-14

Ü 10-15 Frequenzgang der Verstärkung eines OP (UE_10-15_BJT-OP_AC-ANALYSE.CIR)

Zur sinnvollen Simulation des komplexen *Kleinsignal*-Frequenzgangs der Spannungsverstärkung $\underline{A}_D = \underline{U}_{OUT}/\underline{U}_D$ muss der OP in einem Arbeitspunkt im linearen Bereich sein. Starten Sie MC. Öffnen Sie die Übungsdatei UE_10-15_BJT-OP_AC-ANALYSE.CIR. Die Quelle V_0 bewirkt eine Offsetspannungskompensation, sodass u_{OUT} = 0 V und der OP damit sicher im linearen Bereich ist.

Da die AC-Analyse mindestens eine zeitabhängige Quelle benötigt, ist die Sinus-Spannungsquelle V_1 (Modell-Element *Sine Source*) dazu in Reihe geschaltet. Die Werte ihrer Parameter *A* (*Amplitude*), *F* (*Frequency*) und P_H (*Phase Shift*) sind nur bei der TR-Analyse wirksam. Bei der komplexen Wechselstromrechnung hat sie die fest eingestellte komplexe Amplitude 1 V∠0°. Damit die Quelle V_1 bei der Arbeitspunktberechnung, die der komplexen Wechselstromrechnung vorgeschaltet ist, keinen unbeabsichtigten *Offset* und damit eine Verschiebung des Arbeitspunktes bewirkt, ist es wichtig, dass die Parameter D_C = 0 und P_H = 0 sind. Dies sind sinnvollerweise die Defaultwerte dieser Parameter.

a) Starten Sie eine Dynamic-DC-Analyse. Kontrollieren Sie, dass die Offsetspannung kompensiert wird und u_{OUT} in diesem Arbeitspunkt ca. 0 V beträgt.

b) Kontrollieren Sie, dass die Kapazität C_1 den Wert 0 pF hat und damit wirkungslos ist. Starten Sie eine AC-Analyse. Die Frequenz soll im Bereich zwischen 1 GHz und 1 Hz logarithmisch variiert werden. Es sollen 501 Datenpunkte berechnet werden. Als Ausgabe sollen der Amplitudengang (*Y Expression* „DB(V(OUT))") und der Phasengang (*Y Expression* „PH(V(OUT))") dargestellt werden. Starten Sie einen Simulationslauf.

Amplituden- und Phasengang, die hier nicht als Bild dargestellt sind, werden nur durch das Frequenzverhalten der BJTs bestimmt. Für Erklärungen zu diesen Verläufen wird auf die angegebene Literatur verwiesen. In [TIET12] wird diese Thematik unter dem Stichwort „Frequenzgangkorrektur" ausführlich behandelt. In der Literatur und in MC wird dies auch als „Frequenzgangkompensation" bezeichnet. Dieser Begriff ist irreführend, da der Frequenzgang nicht „kompensiert", sondern nur beeinflusst/korrigiert wird.

Bestimmen Sie die Verstärkung bei der niedrigen Frequenz f = 10 Hz (Lösung: a_{AD} = +62,8 dB, $|\underline{A}_D|$ = 1380). Falls es Ihnen nicht aufgefallen ist: Es ist der Wert von A_{D0} und das sollte auch so sein.

Bestimmen Sie die 3-dB-Grenzfrequenz von $\underline{A}_D$ (Lösung: f_{g3A} = 35,5 kHz).

Bestimmen Sie die Transitfrequenz f_T (Hinweis: $|\underline{A}_D(f_T)|$ = 1) (Lösung: f_T = 38,6 MHz).

Bestimmen Sie für $f = f_T$ den Phasenwinkel φ_{AD} (Lösung: φ_{AD} = −194°).

c) Die Kapazität C_1 wirkt als **Miller-Kapazität** und reduziert in starkem Maße die Bandbreite und ergibt damit eine **Frequenzgangkorrektur**. Der Vorteil ist, dass gegengekoppelte Standard-OPs auch als Einsverstärker (*buffer*, Impedanzwandler) stabil, d. h. ohne Schwingneigung arbeiten. Weitere Einzelheiten sind in der Literatur zu finden.

Geben Sie der Kapazität C_1 den Wert 30 pF. Der Wert von C_1 wird beim Modell-Typ OPA-L3 als **Parameter C** eingegeben. Starten Sie eine AC-Analyse. Die Einstellungen aus b) bleiben unverändert. Starten Sie einen Simulationslauf.

Bild 10-13 zeigt Amplituden- und Phasengang von $V_{(OUT)}$ des nun frequenzgangkorrigierten OPs. Da MC bei der komplexen Wechselstromrechnung als Amplitude der Sinus-Spannungsquelle 1 V und als Nullphasenwinkel 0° verwendet, sind diese Kurven identisch mit dem Amplituden- und Phasengang von $\underline{A}_D$.

Bestimmen Sie die Verstärkung bei einer niedrigen Frequenz (Lösung: $a_{AD0} = +62,8$ dB, $|\underline{A}_D| = A_{D0} = 1380$). $C_1 = 30$ pF hat an diesem Wert nichts geändert.

Bestimmen Sie die 3-dB-Grenzfrequenz von $\underline{A}_D$ (Lösung: $f_{g3A} = 6,2$ kHz). Dieser Wert ist gegenüber der unkorrigierten Schaltung deutlich geringer.

Bestimmen Sie die **Transitfrequenz f_T** (Hinweis: $|\underline{A}_D(f_T)| = 1$) (Lösung: $f_T = 8,1$ MHz). Dieser Wert ist gegenüber der unkorrigierten Schaltung ebenfalls deutlich geringer. Der Wert von f_T wird bei den Modell-Typen OPA-L2/L3 als **Parameter G_{BW} (*gain-bandwidth-product*)** eingegeben.

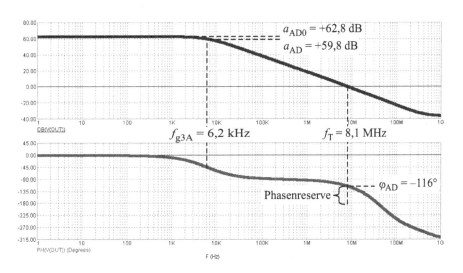

Bild 10-13 Simulation von Amplituden- und Phasengang der Differenzverstärkung $\underline{A}_D$ eines einfachen *frequenzgangkorrigierten* OPs mit BJTs

Bestimmen Sie für $f = f_T$ den Phasenwinkel $\varphi_{AD}(f_T)$ (Lösung: $\varphi_D = -116°$). Aus diesem Ergebnis lässt sich ableiten, dass die Differenz bis zum Wert $-180°$ hier 64° beträgt. Diese Differenz wird als **Phasenreserve** bezeichnet. Der simulierte Wert ist ein praxisnaher Richtwert für OPs, die eine universelle Frequenzgangkorrektur haben. Bei den Modell-Typen OPA-L2/L3 wird die Phasenreserve als **Parameter P_M (*phase margin*)** eingegeben.

❑ Ü 10-15

Ü 10-16 Sprungantwort eines OPs (UE_10-16_BJT-OP_TR-ANALYSE.CIR)

Eine Frequenzgangkorrektur ergibt den Vorteil, dass der OP in der Beschaltung als Einsverstärker stabil ist. Ein Nachteil ist die dadurch deutlich reduzierte Bandbreite des OPs. Ein weiterer Nachteil besteht darin, dass die Änderungsgeschwindigkeit der Ausgangsspannung auf einen kleineren Wert reduziert wird. Deren *maximaler* Wert wird als Kennwert **Slew Rate** $S_R = \Delta u_{OUT}/\Delta t$ in Datenblättern angegeben.

Starten Sie MC. Öffnen Sie die Übungsdatei UE_10-16_BJT-OP_TR-ANALYSE.CIR. Mit $C_1 = 30$ pF soll der frequenzgangkorrigierte OP untersucht werden.

Durch den Text „OUT" am Anschluss M wird die gegenkoppelnde Beschaltung als **Einsverstärker** *(unity gain amplifier)* erreicht. Anders formuliert: Dies ist die nichtinvertierende Verstärkerschaltung mit der Spannungsverstärkung 1, die auch als *buffer* bezeichnet wird. Die Quelle V_2 simuliert eine rechteckförmig verlaufende Spannung zwischen −6 V und +6 V.

a) Starten Sie eine TR-Analyse. Es wird ein Zeitbereich von 25 µs simuliert. Es sollen die Zeitverläufe der Spannungen $V_{(V2)}$, V_{OUT} und die Differenzspannung $V_{(P,M)}$ gezeigt werden. Starten Sie einen Simulationslauf. Bild 10-14 zeigt die realitätsnahen Zeitverläufe.

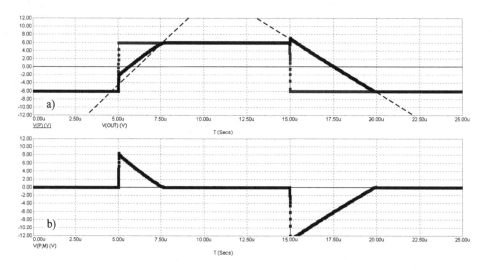

Bild 10-14 Simulierte Sprungantworten eines als Einsverstärker beschalteten frequenzgangkorrigierten OPs: a) Quellenspannung $V_{(V2)}$ und Ausgangsspannung $V_{(OUT)}$ mit *Slew Rate* , b) Differenz-Eingangsspannung $V_{(P,M)}$

Neben sekundären Effekten ist vor allem die begrenzte Änderungsgeschwindigkeit der Ausgangsspannung $V_{(OUT)}$ in Bild 10-14a sichtbar. In Bild 10-14b wird deutlich, dass die Annahme $u_D \approx 0$ V trotz Gegenkopplung für bestimmte Zeitabschnitte nicht zutrifft, im Gegenteil, u_D nimmt erheblich große Werte an.

b) Bestimmen Sie anhand der in Bild 10-14a eingezeichneten Näherungsgeraden die *Slew Rate* für die ansteigende Flanke (S_{Rr}, *rise*) und für die abfallende Flanke (S_{Rf}, *fall*) (Lösung: $S_{Rr} = +4$ V/µs, $S_{Rf} = −2{,}7$ V/µs). Diese Werte werden bei den Modell-Typen OPA-L2/L3 als **Parameter** S_{RP} (*slew rate positive*, entspricht S_{Rr}) und S_{RN} (*slew rate negative*, entspricht $|S_{Rf}|$) eingegeben.   ❑ Ü 10-16

Weitere Eigenschaften wie Ausgangswiderstand (Parameter R_{OUTAC}, R_{OUTDC}), Gleichtakt-Unterdrückung (Parameter C_{MRR}), Kurzschluss-Ausgangsstrom (Parameter I_{OSC}) und Verlustleistung (Parameter P_D) sollen anhand dieser Schaltung nicht simuliert werden.

10.2.2 Modell-Typ OPA (LEVEL=1)

Dieser Modell-Typ-Level wird abkürzend mit OPA-L1 bezeichnet. Die Ersatzschaltung dieses einfachsten MC-Modell-Typs eines OPs ist mit den Anschluss-Bezeichnungen P, M und OUT in Bild 10-15a dargestellt. Sie besteht aus einer spannungsgesteuerten Stromquelle und einem parallel geschalteten Widerstand R_{OUT} und hat damit die geringste Modelltiefe.

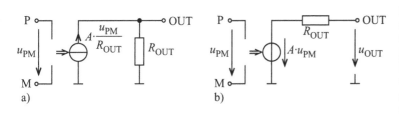

Bild 10-15
a) Ersatzschaltung für OPA-L1 gemäß [MC-REF]
b) alternative Ersatzschaltung mit spannungsgesteuerter Spannungsquelle

ⓘ Die Ausgangsspannung u_{OUT} bezieht sich auf *Ground*! Der Modell-Typ OPA-L1 modelliert keinen Einfluss die Versorgungsspannung!

Für eine spannungsorientierte Darstellung kann die „spannungsgesteuerte Stromquelle mit Parallelwiderstand" in eine „Spannungsquelle mit Serienwiderstand" umgewandelt werden. Bild 10-15b zeigt diese alternative Ersatzschaltung. Die Parameterliste des Modell-Typs OPA-L1 ist in Tabelle 10.3 aufgeführt. In der Spalte DB-Wert steht die Datenblatt-Größe, aus deren Wert (sofern angegeben) der Parameterwert bestimmt werden kann.

Tabelle 10.3 Parameterliste des Modell-Typs OPA-L1 mit Defaultwerten (Dflt.) und Einheiten (E.). In der Spalte DB-Wert steht die Größe, aus deren Datenblattwert der Parameterwert bestimmt werden kann.

Nr.	Parameter in MC	Parameterbezeichnung	DB-Wert	Dflt.	E.
0	LEVEL, L_{EVEL}	*Model level*		1	-
1	A, A	*DC open-loop gain, amplification*	A_{D0}	$2 \cdot 10^{+5}$	-
2	ROUTAC, R_{OUTAC}	*AC output resistance ($R_{OUTAC} > 0$)*	$R_{OUT}/2$	75	Ω
3	ROUTDC, R_{OUTDC}	*DC output resistance*	$R_{OUT}/2$	125	Ω

Die Bedeutung des Parameters A (Nr. 1) ergibt sich direkt aus Bild 10-15b.

Aus den Parametern R_{OUTAC} und R_{OUTDC} (Nr. 2 und 3) wird der in der Ersatzschaltung wirksame Wert R_{OUT} berechnet mit $R_{OUT} = R_{OUTAC} + R_{OUTDC}$. Die Aufsplittung von R_{OUT} in die zwei Parameter R_{OUTAC} und R_{OUTDC} ist nur aufgrund der Analogie zum Modell-Typ OPA-L3 gemacht worden und bei den Modell-Typen OPA-L1/L2 ohne Wirkung. Zu beachten ist nur, dass $R_{OUTAC} > 0$ sein muss.

Der Modell-Typ OPA-L1 modelliert eine frequenz-*unabhängige* Spannungsverstärkung und einen Ausgangswiderstand. *Für viele Simulationen von **gegengekoppelten** Schaltungen mit OPs ist dieser einfachste Modell-Typ-Level bereits ausreichend*, wenn das Schaltungsverhalten weniger vom OP, sondern weitgehend von den passiven Bauelementen bestimmt wird.

ⓘ Für entsprechende Parameterwerte wie z. B. $A = 10^{+9}$ und $R_{\text{OUTAC}} = R_{\text{OUTDC}} = 1$ mΩ nähert sich das Modellverhalten dem eines **idealen OPs** ($A \to \infty$, $R_{\text{OUT}} = 0$). Da dieser Modell-Typ-Level übersichtlich und problemlos ist, wird auf Übungen verzichtet.

10.2.3 Modell-Typ OPA (LEVEL=2)

Die Ersatzschaltung des aufwendigeren Modell-Typ OPA-L2 ($L_{\text{EVEL}} = 2$) ist mit den Anschluss-Bezeichnungen P, M und OUT in Bild 10-16 dargestellt.

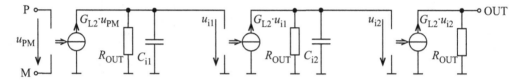

Bild 10-16 Ersatzschaltung für den Modell-Typ OPA-L2 mit $R_{\text{OUT}} = R_{\text{OUTAC}} + R_{\text{OUTDC}}$

Sie besteht aus drei Stufen *(stages)*, mit denen gegenüber dem Modell-Typ OPA-L1 für die Spannungsverstärkung ein *Frequenzgang zweiter Ordnung* mit zwei Polstellen modelliert wird. Auf die Darstellung als „gesteuerte Spannungsquellen mit komplexen Serienwiderständen" wird verzichtet. Auch beim Modell-Typ OPA-L2 gilt $R_{\text{OUT}} = R_{\text{OUTAC}} + R_{\text{OUTDC}}$. Die durch den Parameter A vorgegebene Spannungsverstärkung wird gleichwertig auf die drei Stufen verteilt, indem MC den Übertragungsleitwert G_{L2} der spannungsgesteuerten Stromquellen gemäß $G_{\text{L2}} = A^{1/3} / R_{\text{OUT}}$ berechnet. Die restlichen Gleichungen, mit denen MC aus den in Tabelle 10.4 aufgeführten Parametern die Werte C_{i1}, C_{i2} der Ersatzschaltung berechnet, sind in der Übungsdatei UE_10-17_OPA-L2_DCAC.CIR enthalten.

ⓘ Die Ausgangsspannung u_{OUT} bezieht sich wie bei OPA-L1 auf *Ground*! Auch der Modell-Typ OPA-L2 modelliert keinen Einfluss die Versorgungsspannung!

Tabelle 10.4 Parameterliste des Modell-Typs OPA-L2 mit Defaultwerten (Dflt.) und Einheiten (E.). In der Spalte DB-Wert steht die Größe, aus deren Datenblattwert der Parameterwert bestimmt werden kann.

Nr.	Parameter in MC	Parameterbezeichnung	DB-Wert	Dflt.	E.
0	LEVEL, $L_{\text{EVEL}} = 2$	*Model level*		1	-
1	A, A	*DC open-loop gain, amplification*	A_{D0}	$2 \cdot 10^{+5}$	-
2	ROUTAC, R_{OUTAC}	*AC output resistance* ($R_{\text{OUTAC}} > 0$)	$R_{\text{OUT}}/2$	75	Ω
3	ROUTDC, R_{OUTDC}	*DC output resistance*	$R_{\text{OUT}}/2$	125	Ω
4	GBW, G_{BW}	*Gain-bandwidth-product*	$\approx f_{\text{T}}$	1 Meg	Hz
5	PM, P_{M}	*Phase margin* ($P_{\text{M}} > 0$)	φ_{M}	60	°
6	SRP, S_{RP}	*Maximum positive slew rate*	S_{Rr}	$0{,}5 \cdot 10^{+6}$	V/s
7	SRN, S_{RN}	*Maximum negative slew rate*	$|S_{\text{Rf}}|$	$0{,}5 \cdot 10^{+6}$	V/s

Die Parameter Nr. 1 bis Nr. 3 haben die gleiche Bedeutung wie beim Modell-Typ OPA-L1. Die Bedeutung der Parameter G_{BW} und P_M (Nr. 4 und 5) wird anhand von Ü 10-17 erarbeitet, die der Parameter S_{RP} und S_{RN} (Nr. 6 und 7) anhand von Ü 10-18.

Ü 10-17 DC- und AC-Analysen bei OPA-L2 (UE_10-17_OPA-L2_DCAC.CIR)

Starten Sie MC. Öffnen Sie die Übungsdatei UE_10-17_OPA-L2_DCAC.CIR. Sie enthält einen OP mit dem Modell-Bezeichner X_1. Da als Modell-Symbol ein Symbol mit fünf Anschlüssen verwendet wird, müssen die zwei „Versorgungsanschlüsse" (obwohl sie im Modell keine Wirkung haben) ein Potenzial haben, ansonsten erfolgt die Fehlermeldung „*Node X has no DC path to ground.*" Der Autor empfiehlt *Ground*, da durch diese ungewöhnliche Wahl sichtbar wird, dass diese Anschlüsse des Modell-Symbols ohne Wirkung sein müssen.

Zusätzlich ist die Ersatzschaltung mit spannungsgesteuerten Stromquellen (Modell-Element *IofV*) diskret eingegeben, um noch einmal deutlich zu machen, dass sich die Ausgangsspannung auf *Ground* bezieht. Damit diese diskrete Ersatzschaltung vergleichbar funktioniert, werden mit fünf .DEFINE-Statements als Variablen die gleichen Parameter wie beim Modell-Typ OPA-L2 (ausgenommen S_{RP} und S_{RN}) definiert und parametriert. In sechs weiteren .DEFINE-Statements sind die Modell-Gleichungen gemäß [MC-REF] eingegeben, mit denen aus diesen „Parameterwerten" die Werte der Modell-Elemente der Ersatzschaltung berechnet werden.

Bei X_1 und der Ersatzschaltung liegt der jeweilige M-Eingang auf *Ground*. Die Gleichspannungsquelle V_0 wird zur Simulation der DC-Übertragungskennlinie benutzt. Die Sinus-Spannungsquelle V_1 liefert bei einer AC-Analyse die komplexe Eingangsspannung 1 V∠0°. Ihre Parameter D_C und P_H müssen 0 sein, da der Arbeitspunkt nur durch V_0 festgelegt sein soll. Für eine TR-Analyse liefert sie $\hat{u}_{(V1)} = 1$ mV bei 10 Hz.

a) Stellen Sie sicher, dass die Ausgänge unbelastet sind, ggf. R_{98} und R_{99} deaktivieren, indem Sie das Attributfenster *Resistor* mit <DKL> auf das Modell-Symbol öffnen und die CB ☐ Enabled deaktivieren.

Starten Sie eine DC-Analyse. Die Gleichspannungsquelle V_0 soll ihren Wert zwischen +20 mV und –20 mV mit der Schrittweite 0,1 mV linear verändern. Die Ausgangsspannung des OPs X_1 kann mit dem Eintrag „VOUT(X1)" ausgegeben werden. Starten Sie einen Simulationslauf.

Die simulierten Übertragungskennlinien von X_1 und der Ersatzschaltung sind gleich. Bestimmen Sie die Steigung und damit die Verstärkung (Lösung: $A_{D0} = 1380$). Dies verwundert nicht, da dieser Wert durch den Parameter A eingestellt wurde. Da ein Versorgungsspannungseinfluss nicht modelliert ist, würde die Ausgangsspannung dieses Modell-Typ-Levels ohne den geringsten Übersteuerungseffekt Werte im kV-Bereich erreichen.

b) Aktivieren Sie die 150-Ω-Belastungswiderstände R_{98} bzw. R_{99}. Starten Sie eine DC-Analyse und gleich den Simulationslauf.

Bestimmen Sie die Steigung und damit die Verstärkung (Lösung: 690). Die Steigung beträgt jetzt 690. Die Halbierung ist auf den 2:1-Spannungsteiler zurückzuführen, den der Ausgangswiderstand $R_{OUT} = 150$ Ω mit dem jeweiligen Belastungswiderstand bildet.

c) Deaktivieren Sie die Widerstände R_{98} und R_{99}, damit die Ausgänge wieder unbelastet sind. Starten Sie eine AC-Analyse. Der zu simulierende Frequenzbereich soll von 1 Hz bis 1 GHz mit 501 Datenpunkten und logarithmischer Schrittweite eingestellt werden. Es soll von X_1 der Amplitudengang „DB(VOUT(X1))" und der Phasengang „PH(VOUT(X1))" simuliert werden. Starten Sie einen Simulationslauf.

Bestimmen Sie die Verstärkung bei der niedrigen Frequenz $f = 10$ Hz (Lösung: $a_{AD0} = +62,8$ dB, $|\underline{A}_D| = A_{D0} = 1380$). Dies ist der durch A parametrierte Wert.

Bestimmen Sie die Transitfrequenz f_T (Hinweis: $|\underline{A}_D(f_T)| = 1$) (Lösung: $f_T = 1,57$ MHz).

Bestimmen Sie die Verstärkung und den Phasenwinkel bei $f = G_{BW} = 2$ MHz (Lösung: $a_{AD} = -3,01$ dB, $|\underline{A}_D| = 0,707$ und $\varphi_{AD} = -135°$).

Die Parameter G_{BW} und P_M werden so ausgewertet, dass die Tangente, die den Amplitudengang zwischen f_{g3A} und f_T annähert, die 0-dB-Linie genau bei $f = G_{BW}$ schneidet. Prüfen Sie das optisch nach. Der Phasenwinkel ist so, dass sich als Phasenreserve $\varphi_M = \varphi_{AD} - (-180°) = \varphi_{AD} + 180°$ der Wert von P_M ergibt. Für die konkrete Verstärkung ergibt sich aufgrund der Tangentennäherung bei $f = G_{BW}$ der Wert $-3,01$ dB.

ⓘ   Bei kapazitiver Last kann der Frequenzgang der Spannungsverstärkung $\underline{A}_D$ zusammen mit dem Tiefpass bestehend aus Ausgangswiderstand des OPs (im Modell-Typ OPA mit R_{OUTAC}, R_{OUTDC} modelliert) und der Lastkapazität zu einem Phasenwinkel führen, der eine Schaltung zum Schwingen bringt. Mehr dazu finden Sie in [TIET12].

d) Vergleichen Sie mit dem Simulationsergebnis der diskreten Ersatzschaltung. Die Ergebnisse sind identisch.   ❑ Ü 10-17

Ü 10-18 TR-Analyse bei OPA-L2 (UE_10-18_OPA-L2_SR.CIR)

Starten Sie MC. Öffnen Sie die Übungsdatei UE_10-18_OPA-L2_SR.CIR. Sie enthält einen OP mit dem Modell-Bezeichner X_1 und die Ersatzschaltung. Bei beiden „OPs" ist der Ausgang auf den M-Eingang über die elegante Verbindungsart „*text connects*" **rückgekoppelt**.

Der Name „Einsverstärker" *(unity gain amplifier)* für diese Schaltung macht die Eigenschaft deutlich, dass die *Spannungsverstärkung der Schaltung* den Wert 1 hat. Der Name „Impedanzwandler" oder „*buffer*" rückt dagegen sprachlich in den Vordergrund, dass die Eingangsspannungsquelle (hier V_2) strommäßig nicht belastet wird, der Ausgang dagegen strommäßig „belastbar" ist.

Die Puls-Spannungsquelle V_2 prägt einen Rechteckverlauf der Eingangsspannung ein.

a) Stellen Sie sicher, dass die Ausgänge unbelastet sind, ggf. R_{98} und R_{99} deaktivieren. Starten Sie eine TR-Analyse. Von X_1 wird mit „VOUT(X1)" die Ausgangsspannung und mit „VPM(X1)" die Differenzspannung angezeigt. Von der Ersatzschaltung werden die vergleichbaren Größen mittels „V(OUT2)" und „V(P,M2)" gezeigt. Starten Sie einen Simulationslauf.

Die simulierten zeitlichen Verläufe der Ausgangsspannungen unterscheiden sich. Die Ausgangsspannung von X_1 hat realitätsnah endliche Änderungsgeschwindigkeiten. Bestimmen Sie diese (Lösung: $S_{Rf} = +2,03$ MV/s = $+2,03$ V/µs, $S_{Rf} = -1,02$ MV/s = $-1,02$ V/µs). Dies verwundert nicht, da gerade diese Werte über die Parameter S_{RP} und S_{RN} eingestellt wurden.

Die *Slew-Rate*-Begrenzung bei X_1 erfolgt nicht durch die Ersatzschaltung, sondern nummerisch. Vereinfacht ausgedrückt: Hat MC einen neuen Datenpunkt für $V_{(OUT)}$ berechnet, wird die Steigung zum vorherigen mit den Werten von S_{RP} und S_{RN} verglichen. Ist die Steigung kleiner, gilt der Datenpunkt. Ist sie größer, wird der Datenpunkt verworfen und ersatzweise einer neuer mittels der Steigung S_{RP} bzw. S_{RN} berechnet. Da dies für die diskrete Ersatz-schaltung nicht programmiert ist, liefert diese „nur" die Sprungantwort des zweipoligen Frequenzgangs unter Berücksichtigung der Gegenkopplung.

Das realitätsnahe Simulationsergebnis für die Differenzspannungen zeigt, dass die Annah-me $u_D \approx 0$ V trotz Gegenkopplung für bestimmte Zeitabschnitte nicht zutrifft, im Gegenteil, u_D nimmt erheblich große Werte an.

b) Aktivieren Sie die 150-Ω-Belastungswiderstände R_{98} bzw. R_{99}. Starten Sie eine TR-Analyse und gleich den Simulationslauf. Bestimmen Sie S_{Rr} und S_{Rf} für $V_{OUT(X1)}$ (Lösung: $S_{Rr} = +1$ V/µs, $S_{Rf} = -0{,}52$ V/µs). Die Ursache dieser Halbierung gegenüber a) liegt darin, dass die nummerische *Slew-rate*-Begrenzung auf die Werte der Spannung „vor dem Aus-gangswiderstand R_{OUT}" angewendet wird und nicht auf die Spannung am Anschluss OUT. Allerdings ist der Belastungswiderstand mit 150 Ω für einen OP auch sehr niedrig gewählt.

❑ Ü 10-18

Der Modell-Typ OPA-L2 modelliert eine frequenz-*abhängige* Spannungsverstärkung mit zwei Polfrequenzen, *Slew Rate* und Ausgangswiderstand. *Für viele Simulationen von **gegengekop-pelten** Schaltungen mit OPs, insbesondere auch für Schaltungen, in denen Frequenzen deut-lich größer als die 3-dB-Grenzfrequenz f_{g3A} vorkommen, ist dieser Modell-Typ-Level oftmals in seiner Modelltiefe bereits ausreichend.*

10.2.4 Modell-Typ OPA (LEVEL=3)

Die Ersatzschaltung des aufwendigsten Modell-Typs OPA-L3 ($L_{EVEL} = 3$, $T_{YPE} = 1$) ist mit den Anschluss-Bezeichnungen P, M, OUT, sowie CC und EE in Bild 10-17 dargestellt.

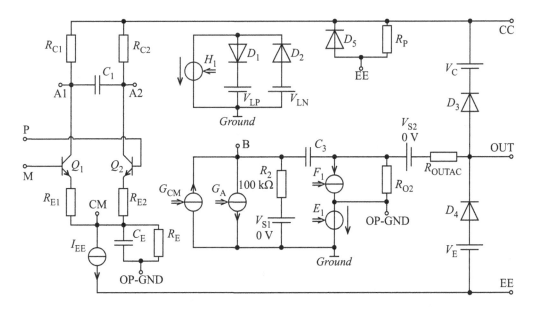

Bild 10-17 Ersatzschaltung des Modell-Typs OPA-L3 ($T_{YPE} = 1$)

Diesem Modell-Typ-Level liegt das Boyle-Modell eines OPs zugrunde. Auch viele Hersteller-Modelle von OPs, die als *Subcircuits* verfügbar sind, basieren auf dieser Ersatzschaltung, zu der Sie weitere Erläuterungen in [REI2] finden.

Da in den nachfolgenden Erläuterungen zu Bild 10-17 auch die Parameter behandelt werden, folgt an dieser Stelle als Tabelle 10.5 die Parameterliste des Modell-Typs OPA-L3.

Tabelle 10.5 Parameterliste des Modell-Typs OPA-L3 mit Defaultwerten (Dflt.) und Einheiten (E.). In der Spalte DB-Wert steht die Größe, aus deren Datenblattwert der Parameterwert bestimmt werden kann.

Nr. Parameter in MC	Parameterbezeichnung	DB-Wert	Dflt.	E.
0 LEVEL, $L_{\mathrm{EVEL}} = 3$	*Model level*		1	-
0 TYPE, T_{YPE}	*Input stage:* 1 = npn-, 2 = pnp-BJT 3 = p-Kanal-JFET	[1]	1	-
1 A, A	*DC open-loop gain, amplification*	A_{D0}	$2 \cdot 10^{+5}$	-
2 ROUTAC, R_{OUTAC}	*AC output resistance ($R_{\mathrm{OUTAC}} > 0$)*	R_{OUTAC}	75	Ω
3 ROUTDC, R_{OUTDC}	*DC output resistance ($R_{\mathrm{OUTDC}} > R_{\mathrm{OUTAC}}$!)*	R_{OUTDC}	125	Ω
4 GBW, G_{BW}	*Gain-bandwidth-product*	$\approx f_{\mathrm{T}}$	1 Meg	Hz
5 PM, P_{M}	*Phase margin*	φ_{M}	60	°
6 SRP, S_{RP}	*Maximum positive slew rate*	S_{Rr}	$0{,}5 \cdot 10^{+6}$	V/s
7 SRN, S_{RN}	*Maximum negative slew rate*	$|S_{\mathrm{Rf}}|$	$0{,}5 \cdot 10^{+6}$	V/s
8 VOFF, V_{OFF}	*Input offset voltage*	U_{Doff}	1 m	V
9 IBIAS, I_{BIAS}	*Input bias current*	I_{B}	100 n	A
10 IOFF, I_{OFF}	*Input offset current*	I_{off}	1 n	A
11 CMRR, C_{MRR}	*Common-mode rejection ratio*	C_{MRR}	10^{+5}	-
12 C, C	*Compensation capacitance*	C_{K} [1]	30 p	F
13 VCC, V_{CC}	*Positive power supply*	[1]	+15	V
14 VEE, V_{EE}	*Negative power supply*	[1]	−15	V
15 VPS, V_{PS}	*Maximum positive voltage swing*	[1]	+13	V
16 VNS, V_{NS}	*Maximum negative voltage swing*	[1]	−13	V
17 IOSC, I_{OSC}	*Short circuit output current*	I_{OSC}	20 m	A
18 PD, P_{D}	*Constant power dissipation*	[1]	25 m	W
19 T_MEASURED	*Parameter measurement temperature*	T_{JM}	TNOM	°C

Mit einer der drei T_x-Größen T_{ABS}, $T_{\mathrm{REL\_GLOBAL}}$, $T_{\mathrm{REL\_LOCAL}}$ kann die Sperrschichttemperatur T_{J} für einen Simulationslauf eingestellt/angepasst werden.

[1] Hinweise dazu finden Sie im Text.

Gleichungen zum Modell-Typ OPA-L3 werden nur dann angegeben, wenn Sie nach Meinung des Autors unmittelbar daraus eine Erkenntnis über Eigenschaften und Grenzen dieses Modell-Typ-Levels gewinnen. Die vollständige mathematische Beschreibung finden Sie in [MC-REF].

Bild 10-17 zeigt als Besonderheit dieses Modell-Typ-Levels den mit zwei Transistor-Modell-Elementen realitätsnah nachgebildeten Eingangs-Differenzverstärker. Über den Parameter T_{YPE} kann ausgewählt werden: 1 = npn-BJT (wie in Bild 10-17 gezeigt), 2 = pnp-BJT, 3 = p-Kanal-JFET. Abhängig vom Parameter T_{YPE} berechnet MC aus den Parametern Nr. 8 bis 10 und einigen anderen die Parameterwerte dieser Transistor-Modell-Elemente.

(i) Simulationen für verschiedene Sperrschichttemperaturen wirken sich nur auf die Modelle dieser Transistoren und die in der Ersatzschaltung verwendeten Dioden aus. Hierbei werden als Parameterwerte die Defaultwerte verwendet, da die Parameterliste des Modell-Typs OPA-L3 keine Parameter enthält, die ein Temperaturverhalten beschreiben. Daher ist bei Simulationen zum Temperaturverhalten unbedingt vorher die Realitätsnähe dieses Modell-Typ-Levels zu prüfen, bzw. gleich eine komplexere Modellbeschreibung zu suchen, die explizit auch für realitätsnahe Temperatursimulationen konzipiert wurde.

Eine weitere Besonderheit besteht darin, dass die Spannungsversorgung berücksichtigt wird. Die Spannung an den Knoten CC und EE ist die, die durch die äußeren Quellen an den Versorgungsanschlüssen des Modell-Symbols eingestellt wird. Den Wert der spannungsgesteuerten SPICE-Spannungsquelle E_1 berechnet MC aus diesen Werten mit $V_{(E1)} = 1/2 \cdot [V_{(CC)} + V_{(EE)}]$. E_1 erzeugt auf diese Weise das interne Bezugspotenzial des Knotens OP-GND gegenüber dem Bezugspotenzial *Ground* der Simulationsschaltung. Damit können einige Wirkungen einer unsymmetrischen Spannungsversorgung oder einer Gleichtaktspannung (*common mode voltage*) an P- und M-Eingang simuliert werden. Hierzu wird das Potenzial am Knoten CM zusammen mit der stromgesteuerten SPICE-Stromquelle G_{CM} und dem Parameter C_{MRR} (Nr. 11) ausgewertet. Nähere Erläuterungen zu OP-GND finden Sie in Abschn. 10.2.1.

Die Dioden D_3 und D_4 bewirken zusammen mit den Gleichspannungsquellen V_C und V_E durch „Klemmung", dass der Aussteuerbereich der Ausgangsspannung u_{OUT} im Gegensatz zu den Modell-Typen OPA-L1/L2 beschränkt ist. Die Werte für V_C und V_E berechnet MC aus *den Parametern Nr. 13 bis 16* über $V_C = V_{CC} - V_{PS}$ bzw. $V_E = -(V_{EE} - V_{NS})$. Im Fall einer positiven Übersteuerung wird D_3 leitend und die Ausgangsspannung u_{OUT} wird auf den Wert $u_{OUTmax} \approx V_{(CC)} + u_{FD3} - V_C$ „geklemmt". Hierbei ist die unterschiedliche Bedeutung zwischen dem Parameter V_{CC} und der Spannung des Knotens CC $V_{(CC)}$ zu beachten!

Ein Zahlenbeispiel dazu: In der Simulationsschaltung sei $V_{(CC)} = +15$ V. Die Parameter V_{CC} und V_{PS} haben die Werte: $V_{CC} = +12$ V, $V_{PS} = +10$ V. Daraus ergibt sich $V_C = 2$ V. Im Fall der positiven Übersteuerung bleibt damit u_{OUT} auf $u_{OUTmax} \approx +15$ V $+ 0{,}6$ V $- 2$ V $= +13{,}6$ V geklemmt. Daraus folgt, dass der Parameterwert von V_{CC} nicht zwingend identisch mit dem Wert von $V_{(CC)}$ sein muss.

Der Parameter V_{CC} wird außer für diese Klemmung nur noch für eine relativ realitätsferne Modellierung der Verlustleistung, die durch den Parameter P_D (*power dissipation*) (Nr. 18) vorgegeben wird, benötigt. Aus den Parameterwerten für V_{CC}, V_{EE} und P_D berechnet MC den Wert des Widerstandes R_P zu $R_P = (|V_{CC}| + |V_{EE}|)^2/P_D$. Dieser Widerstand bewirkt in der Simulation einen *konstanten* Strom von Knoten CC nach Knoten EE, unabhängig vom Strom, der über den Knoten OUT in eine angeschlossene Last fließt! Stimmen die Potenziale $V_{(CC)}$, $V_{(EE)}$ des simulierten OPs mit den Parameterwerten von V_{CC} und V_{EE} überein, wird ein Strom von Knoten CC nach EE durch R_P simuliert, der zusammen mit $V_{(CC)}$ und $V_{(EE)}$ als Verlustleistung den Parameterwert von P_D ergibt. Stimmen die Werte nicht überein (was für die Funktion der Begrenzung des Ausgangs-Aussteuerbereichs wie zuvor erläutert nicht nötig wäre), ergeben sich unterschiedliche Werte. Zusammen mit der Modell-Typ-Eigenschaft, dass ein Strom aus Knoten OUT von der stromgesteuerten SPICE-Stromquelle F_1 rechnerisch „geliefert" wird und nicht über die Anschlüsse CC, EE „fließt", ergibt sich:

(i) Die Modelltiefe des Modell-Typs OPA-L3 hinsichtlich der Verlustleistung und der Strombilanz (Knotenregel des Modell-Elements) ist so gering, dass von einer Auswertung dieser Größen abzuraten ist. Die Simulation einer Schaltung wie die „Bipolare Fet-Stromquelle für große Ausgangsströme" [TIET12, Abb. 12.17, S. 803], die interessanterweise die Versorgungsströme als Ausgangsgrößen eines OPs nutzt, führt zu unbrauchbaren Ergebnissen.

Da Schaltungen dieser Art selten sind und die Verlustleistung eines OPs gegenüber der von Transistoren/Dioden bei vielen praktischen Anwendungen eher unproblematisch ist, ist die geringe Modelltiefe des Modell-Typs OPA-L3 hinsichtlich dieser Eigenschaften nur eine geringe Einschränkung, wenn Ihnen dies bekannt und bewusst ist.

Tipp: Mit einer in der Simulation hinzugefügten „diskreten Gegentakt-Endstufe" als „Modell-Erweiterung" kann auch eine Schaltung wie die „Bipolare Fet-Stromquelle für große Ausgangsströme" realitätsnah simuliert werden.

Die Diode D_5 bewirkt eine Art „Verpolungsschutz", indem sie zu simulierten Stromwerten von astronomischer Größe führt, wenn die Spannung U_{CCEE} falsch gepolt ist.

Die stromgesteuerte SPICE-Spannungsquelle H_1 zusammen mit D_1, D_2 und den Gleichspannungsquellen V_{LP}, V_{LN} bewirkt über einen mathematischen Zusammenhang mit der stromgesteuerten SPICE-Stromquelle F_1, dass der Ausgangsstrom betragsmäßig den Wert des Parameters I_{OSC} *(output short circuit)* (Nr. 17) nicht überschreiten kann. Damit wird die Strombegrenzung eines realen OPs im *Sink-* und *Source*-Betrieb nachgebildet.

Die Gleichspannungsquellen V_{S1} und V_{S2} mit dem auffälligen Wert 0 V (Kurzschluss) sind dazu da, um über die Variablen $I_{(VS1)}$ bzw. $I_{(VS2)}$ den Strom in dem jeweiligen Zweig zu erfassen. Diese Werte werden in den *strom*gesteuerten SPICE-Quellen F_1 und H_1 z. B. zur Strombegrenzung von F_1 auf den Wert I_{OSC} verwendet. Der Buchstabe S *(shunt)* in V_{S1}, V_{S2} soll diese ungewöhliche Anwendung assoziieren. Der Grund dafür ist, dass die *strom*gesteuerten SPICE-Quellen F und H als Modell-Elemente nur die Ströme durch andere *Quellen* als Steuergrößen verarbeiten. Daher wird hier als *Shunt* das Modell-Element *Battery* mit dem Wert 0 V verwendet und kein Widerstand mit dem Wert 0 Ω.

Die Kapazität C_3 hat den Wert des Parameters C (Nr. 12), da sie an dieser Stelle der Ersatzschaltung wie eine Miller-Kapazität wirkt. Häufig wird in Datenblättern von OPs die innere Schaltung gezeigt, aus der der Wert dieser Kapazität abzulesen ist. Falls die Angabe fehlt, muss für den Parameter C ein brauchbarer Wert z. B. mittels *Stepping* bestimmt werden.

Die Knoten A1, A2, CM und B sind neben OP-GND weitere Knoten, deren Potenziale über mathematische Beziehungen mit anderen gesteuerten Quellen wie z. B. den spannungsgesteuerten SPICE-Stromquellen G_A und G_{CM} das Verhalten dieses Modell-Typ-Levels bestimmen.

<u>Ü 10-19</u> Gesteuerte SPICE-Quellen

Wie lauten die Modell-Bezeichner der folgenden gesteuerten SPICE-Quellen:
- spannungsgesteuerte Spannungsquelle? (Lösung: E)
- stromgesteuerte Stromquelle? (Lösung: F)
- spannungsgesteuerte Stromquelle? (Lösung: G)
- stromgesteuerte Spannungsquelle? (Lösung: H)

Diese gesteuerten SPICE-Quellen verarbeiten auch direkt mathematische Ausdrücke als Übertragungsfaktoren. Sie sind in MC verfügbar, werden in [MC-REF] *Dependent sources (SPICE devices)* genannt. und sind in Tabelle 8.1 daher unter dem Buchstaben D aufgeführt. Die einfacheren gesteuerten MC-Modell-Elemente *VofV*, *IofI*, *IofV* und *VofI* verarbeiten nur einen Zahlenwert, der über ein .DEFINE-Statement allerdings auch aus einem mathematischen Ausdruck berechnet werden kann. Dies wird z. B. bei der Simulation eines idealen Übertragers in Abschn. 10.3.2 angewendet.   ❏ Ü 10-19

Ü 10-20 DC- und AC-Analysen bei OPA-L3 (UE_10-20_OPA-L3_DCAC.CIR)

Starten Sie MC. Öffnen Sie die Übungsdatei UE_10-20_OPA-L3_DCAC.CIR, deren Schaltung in Bild 10-18 gezeigt ist.

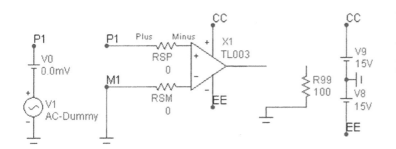

Bild 10-18
Schaltung zur Simulation verschiedener Eigenschaften des Modell-Typs OPA-L3

Das OP-Modell-Element X_1 ist nicht rückgekoppelt *(open loop)*. Vor dem P-Eingang des Modell-Symbols liegt als *Shunt* der Widerstand R_{SP} mit dem eingestellten Wert 0 Ω. Über die Variable $I_{(RSP)}$ kann damit für Analysen der Strom I_P „gemessen" und ausgegeben werden. Beim M-Eingang dient dazu R_{SM}. Der M-Eingang liegt über M1 auf *Ground*, am P-Eingang liegen über P1 die Gleichspannungsquelle $V_0 = 0$ V und die Sinus-Spannungsquelle V_1 für eine AC-Analyse. *Beim Modell-Typ OPA-L3 ist eine sinnvolle Spannungsversorgung in der Simulation nötig.* Die beiden Gleichspannungquellen V_8 und V_9 modellieren dazu eine symmetrische Spannungsversorgung mit $V_{(CC)} = +15$ V und $V_{(EE)} = -15$ V. Das interne Potenzial am Knoten OP-GND hat damit den Wert 0 V.

ⓘ Falls MC bzgl. der Versorgungsspannungen etwas eigenständig macht, liegt es wahrscheinlich daran, dass Sie die CB ☐ Automatically Add Opamp Power Supplies nicht wie in Abschn 1.2.4 empfohlen deaktiviert haben.

ⓘ Denken Sie daran, dass MC für die *Shunts* R_{SP} und R_{SM} den Wert des GS-Parameters R_{MIN} (Defaultwert 1 μΩ) verwendet. *In dieser Anwendung* wirkt sich das nicht nennenswert aus. In der Ersatzschaltung für den Modell-Typ OPA-L3 haben Sie eine alternative und „ideale Strommessmöglichkeit" über das Modell-Element *Battery* mit dem Spannungswert „0 V" kennengelernt. Falls Sie sich daran gewöhnen können, das Modell-Element *Battery* als *Shunt* zu gebrauchen und daran denken, dass auch bei Quellen das Verbraucherbezugspfeilsystem verwendet wird, brauchen Sie sich über einen Einfluss von R_{MIN} in dieser Anwendung keine Gedanken mehr machen. Zudem ist die Bezugspfeilrichtung am Modell-Symbol *Battery* erkennbar und Sie ersparen sich die Kontrolle und Anzeige der *Pin Names*.

a) Schauen Sie sich den Parameterwertesatz mit dem Modell-Namen TL003 an. Versuchen Sie, anhand der Parameterwerte eine Vorstellung von dem zu erwartenden Verhalten in der Simulation zu bekommen. Beachten Sie, dass für die Parameter V_{EE} und V_{NS} ausnahmsweise für den betrachteten Fall negative Parameterwerte einzugeben sind. Dieser Hinweis ist nötig, da in den allermeisten Fällen Parameter so gewählt sind, dass ein sinnvoller einzugebender Wert positiv ist.

b) Starten Sie eine DC-Analyse. Die Spannung der Gleichspannungsquelle V_0 soll als *Variable 1* linear im Bereich von +20 mV bis –20 mV mit der Schrittweite 0,1 mV variiert werden. Es soll die Übertragungskennlinie $u_{OUT} = f(u_D)$ dargestellt werden. Die **Differenz-**

Eingangsspannung u_D ergibt sich definitionsgemäß aus $u_D = u_P - u_M$ und kann mit dem Eintrag „V(PM)" angezeigt werden. Zur besseren Orientierung soll durch die Anzeige der „Kurven" $V_{(CC)}$ und $V_{(EE)}$ der Versorgungsspannungsbereich sichtbar werden. Starten Sie einen Simulationslauf. Das Simulationsergebnis ist in Bild 10-19 dargestellt.

Vergleichen Sie Bild 10-19 auch mit Bild 10-12. Aus der Kennlinie lassen sich einige Kennwerte ablesen/bestimmen, die auch in Datenblättern meistens angegeben sind:

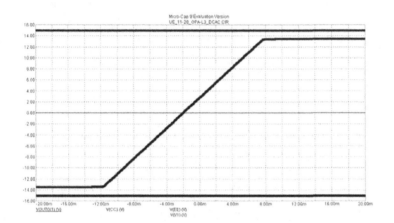

Bild 10-19
Simulation der Übertragungskennlinie $u_{OUT} = f(u_D)$ eines OPs, modelliert mit Modell-Typ OPA-L3

Bestimmen Sie den **Ausgangs-Aussteuerbereich** *(output voltage swing)*, indem Sie u_{OUTmax} und u_{OUTmin} mit dem *Cursor* messen (Lösung: $u_{OUTmax} = +13,5$ V, $u_{OUTmin} = -13,5$ V). Die 1,5 V Differenz zur Versorgungsspannung ergeben sich wie zuvor erläutert aus den **Parametern V_{CC} und V_{PS} bzw. V_{EE} und V_{NS}** und dem Spannungsabfall von ca. 0,5 V bis 0,6 V an der jeweils leitenden Klemmdiode.

Für kleine Differenzspannungswerte (hier $-11,5$ mV $< u_D < +7,5$ mV) folgt die Ausgangsspannung u_{OUT} sehr linear der Differenzspannung. Dieser Bereich wird als *linearer Bereich* bezeichnet.

Die Steigung im linearen Bereich ergibt die **Leerlauf-Spannungsverstärkung** *(open loop gain)* gemäß $A_{D0} = \Delta u_{OUT}/\Delta u_D$. Bestimmen Sie mit den *Cursorn* den Wert dieser Steigung bei $u_D \approx 0$ mV (Lösung: $A_{D0} = 1380$). Dies wurde durch den **Parameter A** *(amplification)* eingestellt.

Messen Sie mit dem *Cursor* den Wert der **Offsetspannung** U_{Doff} *(differential input offset voltage)* (Lösung: $U_{Doff} = -2,017$ mV). Dies wurde durch den **Parameter V_{OFF}** eingestellt.

c) Schließen Sie den 100-Ω-Belastungswiderstand R_{99} an. Starten Sie eine DC-Analyse und gleich den Simulationslauf.

Bestimmen Sie die Steigung und damit die Verstärkung (Lösung: 690). Die Halbierung ist auf den 2:1-Spannungsteiler zurückzuführen, den der Ausgangswiderstand $R_{OUT} = R_{OUTDC}$ mit dem Belastungswiderstand bildet. In Ü 10-22 wird die beim Modell-Typ OPA-L3 unterschiedliche Bedeutung der Parameter R_{OUTDC} und R_{OUTAC} erläutert.

Die Begrenzung des Aussteuerbereichs auf ± 3 V wird durch die modellierte *Strombegrenzung* verursacht. Mit dem **Parameter I_{OSC}** *(output short circuit current)* wurde der maximale Ausgangsstromwert auf 30 mA eingestellt ist. Daher ist bei einem Lastwiderstand von 100 Ω keine größere Spannung als 3 V möglich.

d) Kompensieren Sie den Einfluss der Offsetspannung, indem Sie in der Schaltung der Gleichspannungsquelle V_0 den Wert von U_{Doff} geben. Starten Sie eine Dynamic-DC-Analyse. Ist u_{OUT} nicht annähernd 0 V, polen Sie die Gleichspannung V_0 um, indem Sie das Modell-Symbol um 180° drehen. Einfacher wäre es, den Parameter $V_{\text{OFF}} = 0$ zu setzen. Damit ändern Sie aber den Parameterwertesatz und damit strenggenommen die gesamte Modellbeschreibung!

e) Starten Sie eine Dynamic-DC-Analyse. Lassen Sie sich nur die Ströme anzeigen. Geben Sie I_P und I_M an (Lösung: $I_P = 24{,}9$ nA, $I_M = 34{,}9$ nA).

Berechnen Sie daraus den **Biasstrom** mit $I_B = \left| \dfrac{I_P + I_M}{2} \right|$ (Lösung: $I_B = 29{,}9$ nA). Dies ist (nicht ganz exakt) der durch den **Parameter I_{BIAS}** eingestellte Wert.

Berechnen Sie den **Offsetstrom** mit $I_{\text{off}} = \left| I_P - I_M \right|$ (Lösung: $I_{\text{off}} = 10$ nA). Dies ist der durch den **Parameter I_{OFF}** eingestellte Wert.

f) Stellen Sie sicher, dass der Ausgang unbelastet ist, ggf. R_{99} verschieben oder deaktivieren. Starten Sie eine Dynamic-DC-Analyse. Kontrollieren Sie, dass in diesem Arbeitspunkt $u_{\text{OUT}} \approx 0$ V ist und die Offsetspannung somit richtig kompensiert wird.

Starten Sie eine AC-Analyse. Die Frequenz soll im Bereich zwischen 1 GHz und 1 Hz logarithmisch variiert werden. Es sollen 501 Datenpunkte berechnet werden. Als Ausgabe sollen der Amplitudengang durch *Y Expression* „DB(V(OUT))" und der Phasengang durch *Y Expression* „PH(V(OUT))" dargestellt werden. Starten Sie einen Simulationslauf. Bild 10-20 zeigt das Ergebnis.

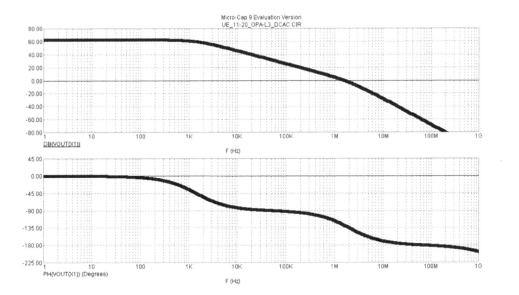

Bild 10-20 Simulation von Amplituden- und Phasengang der Differenzverstärkung $\underline{A}_D$ eines OPs, modelliert mit Modell-Typ OPA-L3

Amplitudengang und Phasengang werden im Wesentlichen durch C_1, C_E und die Miller-Kapazität C_3 im Zusammenspiel mit R_{C1} und weiteren Widerständen bestimmt.

Vergleichen Sie Bild 10-20 auch mit Bild 10-13. Aus diesen Kennlinien lassen sich einige Kennwerte ablesen/bestimmen, die auch in Datenblättern meistens angegeben sind:

Bestimmen Sie die Verstärkung bei der niedrigen Frequenz $f = 10$ Hz (Lösung: $a_{AD} = +62{,}8$ dB, $|\underline{A}_D| = 1380$). Dies ist der für A eingegebene und erwartete Wert.

Bestimmen Sie die **Transitfrequenz** f_T (Lösung: $f_T = 1{,}54$ MHz).

Bestimmen Sie die **Phasenreserve** $\varphi_{AD}(f_T)$ (Lösung: $\varphi_{AD} = 52{,}5°$).

Bestimmen Sie die Verstärkung und deren Phasenwinkel bei $f = G_{BW} = 2$ MHz (Lösung: $a_{AD} = -3{,}28$ dB, $\varphi_{AD} = -135°$). Der geringfügige und vernachlässigbare Unterschied zu den Ergebnissen, die mit dem Modell-Typ OPA-L2 berechnet wurden, besteht darin, dass der Modell-Typ OPA-L3 komplexer ist und daher die Parameterwerte für G_{BW} und P_M nicht exakt im Simulationsergebnis wiederzufinden sind. ❑ Ü 10-20

Ü 10-21 TR-Analyse bei OPA-L3 (UE_10-21_OPA-L3_SR.CIR)

Starten Sie MC. Öffnen Sie die Übungsdatei UE_10-21_OPA-L3_SR.CIR. Der OP X_1 mit dem Modell-Namen TL003 ist als „Einsverstärker" beschaltet. Die Puls-Spannungsquelle V_2 prägt einen zeitlichen Rechteckverlauf der Eingangsspannung ein.

a) Stellen Sie sicher, dass der Ausgang des OP unbelastet ist, ggf. R_{99} deaktivieren. Starten Sie eine TR-Analyse. Von X_1 werden die Ausgangsspannung mit „VOUT(X1)" und die Differenzspannung mit „VPM(X1)" angezeigt. Starten Sie einen Simulationslauf. Der simulierte zeitliche Verlauf ist in Bild 10-21 gezeigt.

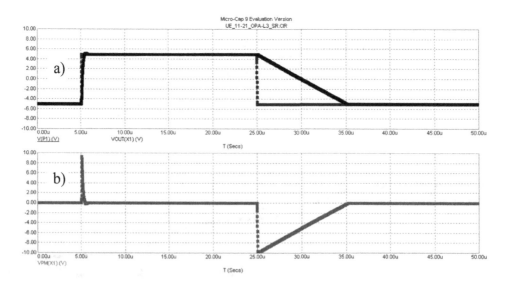

Bild 10-21 Simulierte Sprungantworten eines als Einsverstärker beschalteten Modell-Typs OPA-L3:
a) Quellenspannung $V_{(V2)}$ und Ausgangsspannung $V_{OUT(X1)}$ mit *Slew Rate*
b) Differenz-Eingangsspannung $V_{PM(X1)}$

Vergleichen Sie Bild 10-21 auch mit Bild 10-14. Messen Sie S_{Rf} (Lösung: $S_{Rf} = -1$ V/μs). Dies entspricht dem parametriertem Wert von S_{RN}. Der Parameter $S_{RP} = +2$ V/μs wird dagegen offensichtlich nicht in der Simulation umgesetzt. Dies lässt sich damit erklären, dass beim Modell-Typ OPA-L3 die *Slew-Rate*-Begrenzung nicht wie beim Modell-Typ OPA-L2 durch nummerische Überprüfung der Datenwerte, sondern durch die Ersatzschaltung realisiert wird.

b) Reduzieren Sie den Parameterwert auf $S_{RP} = +1,5$ V/μs. Starten Sie eine TR-Analyse und gleich einen Simulationslauf.

Der zeitliche Verlauf von $V_{OUT(X1)}$ entspricht jetzt näherungsweise dem Verlauf, der mit der prinzipiellen Schaltung eines OPs aus BJTs simuliert wurde (Ü 10-16). Der flachere Teil des Anstiegs von $u_{OUT}(t)$ hat die Steigung $+1,5$ V/μs. Für eine Erklärung müsste die Ersatzschaltung des Modell-Typs OPA-L3 ausführlicher behandelt werden, was den Rahmen dieses Buches sprengen würde.   ❏ Ü 10-21

Ü 10-22 Komplexer Ausgangswiderstand bei OPA-L3 (UE_10-22_OPA-L3_ZOUT.CIR)

Diese Simulation soll die Bedeutung der Parameter R_{OUTAC} und R_{OUTDC} verdeutlichen. Beim Modell-Typ OPA-L3 ist der Ausgangswiderstand frequenzabhängig und kann mit der komplexen Größe $\underline{Z}_{OUT}$ beschrieben werden. Bei niedrigen Frequenzen gilt $|\underline{Z}_{OUT}| = R_{OUTDC}$, bei hohen Frequenzen $|\underline{Z}_{OUT}| = R_{OUTAC}$, wobei in [MC-REF] leider kein Hinweis zu finden ist, was „niedrig" bzw. „hoch" ist. Im Originalaufsatz zum Boyle-Modell (Boyle, G. R.; Cohn, B. M.; Pederson, D. O.: Macromodeling of integrated Circuit Operational Amplifiers. IEEE Journal of Solid-State Circuits, Vol. SC-9, No. 6, December 1974, p. 353-364) wird dieses ausgeführt.

Da zusätzlich zum komplexen Ausgangswiderstand $\underline{Z}_{OUT}$ auch der Amplitudengang frequenzabhängig ist, soll hier $\underline{Z}_{OUT}$ durch eine vergleichende Leerlauf-/Last-Simulation bestimmt werden. Bild 10-22a zeigt eine Ersatzschaltung der Ausgangsstufe im Leerlauf, Bild 10-22b mit dem ohmschen Widerstand R_L belastet.

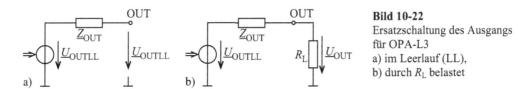

Bild 10-22
Ersatzschaltung des Ausgangs für OPA-L3
a) im Leerlauf (LL),
b) durch R_L belastet

a) Berechnen Sie eine Gleichung, mit der aus den Größen $\underline{U}_{OUTLL}$, $\underline{U}_{OUT}$ und R_L der Wert des komplexen Ausgangswiderstands $\underline{Z}_{OUT}$ berechnet werden kann (Lösung: $\underline{Z}_{OUT} = R_L \cdot (\underline{U}_{OUTLL}/\underline{U}_{OUT} - 1)$).

b) Starten Sie MC. Öffnen Sie die Übungsdatei UE_10-22_OPA-L3_ZOUT.CIR. Die Quelle V_0 bewirkt eine Offsetspannungskompensation, sodass $u_{OUT} \approx 0$ V und die OPs X1 und X2 damit sicher im linearen Bereich sind. Die Sinus-Spannungsquelle liefert die komplexe Eingangsspannung 1 V∠0° bei der komplexen Wechselstromrechnung. Starten Sie eine Dynamic-DC-Analyse. Kontrollieren Sie damit, dass in diesem Arbeitspunkt die Ausgangsspannungen beider OPs ca. 0 V ist.

c) Starten Sie eine AC-Analyse. Die Frequenz soll im Bereich zwischen 1 GHz und 1 Hz logarithmisch variiert werden. Es sollen 501 Datenpunkte berechnet werden. Als Ausgabe sollen von der Ausgangsspannung Amplitudengang mit *Y Expression* „DB(VOUT(X1))" und Phasengang mit *Y Expression* „PH(VOUT(X1))" des unbelasteten Modell-Elements X_1 dargestellt werden.

Die Eingabe „MAG(RL*(VOUT(X1)/VOUT(X2)-1))" als *Y Expression* in einem dritten Diagramm ergibt den Wert des Betrags *(magnitude)* der komplexen Größe $\underline{Z}_{OUT}$. Die Eingabe der Funktion MAG( ) macht deutlich und stellt sicher, dass der Betrag berechnet und dargestellt wird. Starten Sie einen Simulationslauf.

Neben Amplituden- und Phasengang des unbelasteten Modell-Elements X_1 wird als Ergebnis die Frequenzabhängigkeit von $|\underline{Z}_{OUT}|$ simuliert. Als Ergebnis zeigt sich, dass für $f < 100$ Hz der Wert $|\underline{Z}_{OUT}| = 100\ \Omega$ ist. Dies ist der durch den **Parameter R_{OUTDC}** eingestellte Wert. Für $f > 10$ kHz wird der Wert $|\underline{Z}_{OUT}| = 50\ \Omega$. Dies ist der durch den **Parameter R_{OUTAC}** eingestellte Wert.

Falls $|\underline{Z}_{OUT}|$ nahezu konstant sein soll, kann z. B. $R_{OUTDC} = R_{OUTAC} + 1\ \Omega$ gewählt werden, da für die Parameterwerte gelten muss: $R_{OUTDC} > R_{OUTAC}$.   ❑ Ü 10-22

ⓘ Da die Parameter der Modell-Typen OPA-L1/L2/L3 „sprechend" sind, wird auf Musterdateien zur Simulation der einzelnen Eigenschaften verzichtet, da die Eigenschaften des Modells aufgrund der Parameterwerte einfach und zutreffend vorhersagbar sind.

Wenn eine OP-Modellbeschreibung als *Subcircuit* z. B. von einem Hersteller vorliegt, sollten Sie diese im Sinne eines MUT *(model under test)* hinsichtlich der für Sie wichtigen Eigenschaften testen. Die vorangegangenen Simulationen bieten Anregungen und Vorlagen, um DC-Eigenschaften wie A_{D0}, U_{Doff}, I_{Bias}, I_{off}, Aussteuerbereich, Übertragungskennlinie, Strombegrenzung usw. und dynamische Eigenschaften wie Frequenzgang von $\underline{A}_D$ bzw. die Kenngrößen A_{D0}, f_{g3A}, f_T oder G_{BW}, Phasenreserve, S_R, $\underline{Z}_{OUT}$ usw. durch geeignete Simulationen zu bestimmen. Durch Vergleich von Simulationsergebnis mit anderen Daten, die z. B. aus einem Datenblatt stammen, können Sie dann die Realitätsnähe und Modelltiefe des *Subcircuit* hinsichtlich Ihrer Anforderungen bewerten.

Eine Alternative zur Modell-Beschreibung eines OPs mit einer mehr oder weniger aufwendigen Ersatzschaltung kann die *Simulation der integrierten Schaltung des OPs auf Transistorebene* sein. Hierbei müssen die Modellbeschreibungen/Parameterwerte/Eigenschaften der integrierten Transistoren vorliegen, die nicht so ohne weiteres von den Herstellern zugänglich gemacht werden. Durch Messungen an den äußeren Anschlüssen sind diese kaum sinnvoll herauszubekommen.

Falls Sie ausprobieren möchten, wie sich so eine Modellbeschreibung in der Simulation verhält und inwieweit sie noch realitätsnähere Ergebnisse liefert als der Modell-Typ OPA-L3 sei Ihnen abschließend die folgende Übungsaufgabe angeboten.

Ü 10-23 Simulation eines OPs auf Transistorebene (UE_10-23_OPA-L3_UA741.CIR)

Starten Sie MC. Öffnen Sie die Übungsdatei UE_10-23_OPA-L3_UA741.CIR. Scrollen Sie soweit, bis Sie den in Bild 10-23 gezeigten Schaltplan des realen OPs mit dem kommerziellen Bauelement-Namen µA741 sehen. Dieser Schaltplan ist eine optisch überarbeitete Kopie der MC-Musterdatei UA741.CIR.

Ein paar Informationen zur Schaltung und zum Chip: Wie bei einfachen Schaltung aus Bild 10-11 ist der Eingangs-Differenzverstärker zu erkennen, den die npn-BJTs Q_1 und Q_2 bilden. Q_{22} und Q_{23} bilden die Gegentakt-Endstufe. Q_{17} im Zusammenspiel mit Q_{18} und R_{10} (40 kΩ) stellen für Q_{22} und Q_{23} den Arbeitspunkt ein. Q_{15} und Q_{16} sind als Darlington-Schaltung verschaltet und bilden einen Zwischenverstärker. Als einziger Kondensator wirkt C_1 (30 pF) als Miller-Kapazität. Er benötigt ca. 10 % der Gesamtfläche des Siliziumchips. Der flächenmäßig größte Widerstand ist R_{10} (40 kΩ) mit ca. 5 % Flächenanteil. Der größte BJT ist Q_{22} mit weniger als 4 % Flächenanteil.

Bei der Modellierung der BJTs werden alle npn-BJTs durch ein Modell mit dem Modell-Namen QNL und alle pnp-BJTs durch ein Modell mit dem Modell-Namen QPL beschrieben.

Vorschläge zu einigen Simulationen sind in der Übungsdatei formuliert. Diese sind den vorherigen Simulationen ähnlich, sodass Sie Ihre erworbenen Kenntnisse üben und anwenden können, um aus der Simulation dieser komplexen Schaltung mit 23 BJTs, 12 Widerständen und einem Kondensator Erkenntnisse ziehen zu können. Mit dieser Simulationsschaltung nähern Sie sich der Beschränkung der Demoversion von MC auf maximal 50 Modell-Elemente.

❑ Ü 10-23

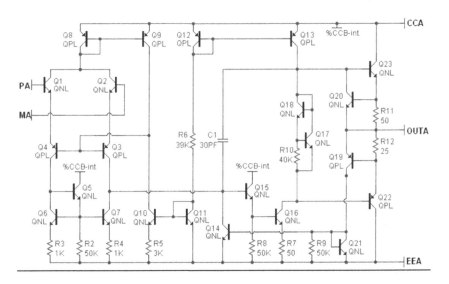

Bild 10-23 Schaltplan des kommerziellen OPs µA741 zur Simulation dieses OPs auf Transistorebene

11 Hersteller-Modelle in MC einbinden und verwenden

Für jede Simulation bestimmen die verwendeten Modelle die Realitätsnähe der Ergebnisse. Diese beinhalten die in diesem Buch als *Modell-Typ* bezeichnete mathematische Beschreibung eines Modells und die *Parameterwerte*, die den *Parameterwertesatz* bilden. Einem Parameterwertesatz wird ein *Modell-Name* zugeordnet, der leider häufig identisch zum *kommerziellen Namen des Bauelements* gewählt wird. Zur grafischen Darstellung dient ein *Modell-Symbol*, zur eindeutigen Identifizierung innerhalb eines Schaltplans der *Modell-Bezeichner*. Diese Ansammlung von Informationen zum Zwecke der Simulation wird in diesem Buch als *Modell-Element* bezeichnet. Der reale Gegenstand, dessen Verhalten damit simuliert werden soll, wird *Bauelement* genannt.

Praktisch alle SPICE-Modell-Typen sind in MC programmiert. Die mit der Vollversion von MC mitgelieferten Bibliothekdateien umfassen Modellbeschreibungen von mehr als 20 000 kommerziellen Bauelementen. Viele Hersteller von elektronischen Bauelementen unterstützen Simulationen mit einem SPICE-Simulationsprogramm wie z. B. MICRO-CAP, SPICE 3F5, PSPICE, HSPICE, ICAP u. a., indem sie von vielen ihrer Bauelemente für die SPICE-Modell-Typen Parameterwertesätze bzw. als *Subcircuit* komplette Modelle mit individuellen Ersatzschaltungen bereitstellen.

ⓘ Oft verwenden Hersteller als Schlagwort den Begriff „PSPICE", auch wenn Sie nur ausdrücken wollen, dass die Modellbeschreibung aus SPICE-Modell-Typen besteht. Daher können auch die unter dem Begriff „PSPICE" aufgeführten Modellbeschreibungen mit anderen SPICE-basierenden Simulationsprogrammen wie MC i. Allg. verwendet werden.

ⓘ Auch für andere Simulationsprogramme und deren Modellbeschreibungen wird von Bauelement-Herstellern Unterstützung angeboten:

IBIS *(Input Output Buffer Information Specification)* ist eine Modellbeschreibung, die lediglich das elektrische Verhalten eines Bauelements an seinen Ein- und Ausgängen beschreibt und nicht wie bei SPICE-Modell-Typen auch das interne Verhalten. Aus einem IBIS-Modell-Typ kann man daher nicht auf die interne Struktur eines Bauelements schließen. Bei komplexeren Bauelementen wie z. B. Prozessoren sind IBIS-Modelle deutlich rechenzeit-effizienter als eine Modellierung mit SPICE-Modell-Typen. IBIS-Modelle sind auch mit MC verwendbar. Details hierzu siehe [MC-REF].

BSDL *(Boundary Scan Description Language)* ist eine Sprache, mit der *Boundary-Scan-Test*-Fähigkeiten von JTAG-kompatiblen Bauelementen beschrieben werden. Der *Boundary-Scan-Test* ist ein Testverfahren, mit dem defekte Bauelementanschlüsse oder defekte Verbindungen auf einer Leiterplatte festgestellt werden können. BSDL ist mit MC nicht direkt nutzbar.

SABER ist ein Simulationsprogramm der Firma Synopsis, das neben elektronischen Systemen auch hydraulische, mechanische, thermische und andere Systeme simulieren kann. SABER-Modelle sind mit MC nicht direkt nutzbar.

SIMULINK ist ein Programmzusatz zum Simulationsprogramm MATLAB der Firma *The MathWorks* und ermöglicht eine hierarchische Modellierung mittels grafischer Blöcke. MATLAB/SIMULINK-Modelle sind mit MC nicht direkt nutzbar.

ⓘ Im Zeitalter des Internets ist es kein Problem, an eine oder mehrere Modellbeschreibungen für ein Bauelement zu gelangen wie das Beispiel der Diode 1N4001 in Kap. 3 zeigt. Die Hersteller übernehmen i. Allg. allerdings eine Garantie, wie „gut" ihre Modellbeschreibungen sind und mit welcher Sorgfalt und ggf. welchem Schwerpunkt die Parameterwerte extrahiert wurden. Mit Schwerpunkt ist gemeint, dass bestimmte Aspekte eines Bauelementverhaltens wie Kennlinienbereiche, Frequenzverhalten, Schaltverhalten, thermisches Verhalten usw. realitätsnäher modelliert wurden zum Preis dafür, dass andere Bereiche realitätsferner oder gar nicht modelliert wurden.

Daher empfiehlt der Autor vor der Anwendung eines neuen Modells, sei es aus der Bibliothek eines Simulationsprogramms oder von einem Hersteller, einige Simulationen durchzuführen, mit denen charakteristische Eigenschaften des Modells simuliert werden. In Kap. 3 wird dies für verschiedene Modell-Beschreibungen der kommerziellen Diode 1N4001 durchgeführt. In Kap. 9 und 10 wird dies für andere Modelle ebenfalls durchgeführt. Durch Vergleich mit Datenblattwerten und -kennlinien oder eigenen Messwerten für das simulierte Bauelement erhalten Sie einen Eindruck von den Stärken und Schwächen dieser Modellierung und können dann entscheiden, ob die für Sie wichtigen Verhaltensweisen „hinreichend gut" simuliert werden, sodass eine Simulation mit dieser Modellierung auch realitätsnahe Ergebnisse bringt.

Im Rahmen dieses Buches wird nicht näher auf den **Shape Editor** von MC (Start aus der Menüleiste mit **W**indows → **S**hape Editor...) eingegangen, außer mit diesem Hinweis, dass damit Modell-Symbole erzeugt oder verändert werden können. Alle Standard-Modell-Symbole sind in der Datei STANDARD.SHP gespeichert. Da diese mit MC mitgelieferte Datei bereits eine große Anzahl von Modell-Symbolen beinhaltet, findet man i. Allg. ein geeignetes und spart sich dann die Einarbeitung in den *Shape Editor*, der in [MC-REF] beschrieben ist.

Ebenso wird nicht näher auf den **Package Editor** von MC (Start aus der Menüleiste mit **W**indows → **P**ackage Editor...) eingegangen außer mit diesem Hinweis, dass damit einem Modell-Element über das Attribut PACKAGE die Information eines Bauelement-Gehäuses zugeordnet werden kann. Somit könnte die SPICE-Netzliste eines eingegebenen Schaltplans als Grundinformation für ein PCB-Layoutprogramm (*printed circuit board*, Leiterplatte) genutzt werden. Alle Informationen zu Gehäusen sind in Dateien vom Typ *.PKG gespeichert.

Nach Meinung des Autors wird es i. Allg. fehlerärmer und damit zeitsparender sein, den Schaltplan der Schaltung, für die ein Leiterplattenlayout erstellt werden soll, in das verwendete PCB-Layoutprogramm neu und vollständig einzugeben und dabei dessen *gepflegte und damit fehlerreduzierte* Gehäuse-Bibliotheken zu verwenden. Der Schaltplan einer simulierten Schaltung unterscheidet sich zudem von einer tatsächlich auf einer Leiterplatte realisierten i. Allg. auch dadurch, dass viele Bauelemente wie Stützkondensatoren, Steckkontakte, Fassungen, Jumper, Schalter, Transformatoren usw. im Schaltplan der simulierten Schaltung nicht enthalten sind oder Baugruppen wie eine Stromquellenschaltung oder Spannungsversorgungsschaltung für die Simulation ggf. idealisiert wurden. Falls Sie sich dennoch mit dem *Package Editor* beschäftigen möchten, finden Sie ihn in [MC-REF] beschrieben.

Wichtig für das Einbinden neuer Modelle ist der **Component Editor** von MC. Mit diesem wird die komplette Modell-Elemente-Sammlung, die in MC für eine Simulation zur Verfügung steht, verwaltet. Diese reicht vom einfachsten Widerstandsmodell bis zum *Macro* und SPICE-*Subcircuit*. Die Informationen sind in einer Binärdatei vom Typ *.CMP (*component*) gespeichert. Vom *Component Editor* werden in den folgenden Abschnitten die zum Einbinden von *Subcircuits* benötigten Funktionen behandelt. Weitere Funktionen sind in [MC-REF] erklärt.

11.1 Hersteller-Modell suchen und finden

Sie kennen den kommerziellen Namen eines Bauelements und suchen eine SPICE-Modellbe-schreibung, weil dieses Bauelement trotz der zahlreichen und umfangreichen Bibliotheken von MC nicht vorhanden ist oder weil Sie eine von einem bestimmten Hersteller zur Verfügung gestellte Modellbeschreibung verwenden möchten. Bei den Modellen zur Simulation mit ei-nem SPICE-Simulationsprogramm kommen zwei Formen vor:

- Als .MODEL-Statement, wenn ein einzelner SPICE-Modell-Typ zur Modellierung eines Bauelements verwendet wird. Dies ist z. B. bei den Modell-Typen D-L1/L2 für eine Diode oder Modell-Typ NPN-L1 für einen npn-BJT der Fall.

- Als *Subcircuit*, wenn ein einzelner SPICE-Modell-Typ für eine realitätsnahe Simulation nicht ausreicht. Dies ist z. B. der Fall, wenn es keinen passenden SPICE-Modell-Typ wie bei Darlington-BJTs, Thyristoren oder komplexeren Bauelementen wie Operationsverstär-kern gibt. Ein anderer Fall liegt vor, wenn ein vorhandener Modell-Typ zu einfach ist. Dies kann z. B. vorkommen, wenn bei einem schnell schaltenden Bauelement wie einem MOSFET Zuleitungsinduktivitäten und -kapazitäten berücksichtigt werden sollen.

Ein *Subcircuit* ist eine individuelle Ersatzschaltung, die aus den SPICE-Modell-Typen besteht und in Form einer SPICE-Netzliste beschrieben ist, sowie den dazugehörigen Parameterwerten bzw. .MODEL-Statements. In MC kann diese Modellbeschreibung mit einem Modell-Symbol zu einem Modell-Element zusammengefasst werden. Manchmal wird ein *Subcircuit* auch als „*Makromodell*" oder mit einem ähnlichen Begriff bezeichnet. Vorsicht, mit dem Begriff *Macro* wird in diesem Buch etwas anderes bezeichnet, nämlich *eine mit MC grafisch erstellte indivi-duelle Ersatzschaltung*, die aber ähnlich wie ein *Subcircuit* als Modell-Element verwendet werden kann.

Die Modellbeschreibung eines Subcircuits ist in einer **Textdatei** *enthalten*, die mit einem Text-editor wie z. B. dem EDITOR von WINDOWS oder dem *Text Editor* von MC geöffnet und als ASCII-Code unkompliziert gelesen, kopiert und passend eingefügt werden kann. Häufigster Dateityp ist ***.LIB** (*library*, **SPICE-Bibliothekdatei**), aber auch *.CIR (*circuit, leider mit einer MC-Schaltplandatei verwechselbar*), *.MOD (*model*), *.PRM (*parameter*), *.TXT (*ASCII-text*), *.SPC (*Spice*), *.SPI (*Spice*) oder abstrakte wie *.042 werden gelegentlich ver-wendet. Größere oder mehrere Dateien werden auch z. B. zum Dateityp *.ZIP komprimiert und müssen vor der Verwendung erst einmal geeignet dekomprimiert (entpackt) werden.

ⓘ   Lassen Sie sich daher von einem anderen als den Dateityp *.LIB nicht davon abhalten, zu probieren, diese Datei mittels eines Texteditors oder MC zu öffnen. Erscheinen die Mo-dell-Informationen als Klartext und mit den in diesem Kapitel beschriebenen Statements, sind sie für Sie und MC brauchbar. *Sie sollten dann eine Kopie der Datei mit der Datei-endung* *.*LIB erstellen*, um kenntlich zu machen, dass diese Datei eine SPICE-Bibliothekdatei ist und ein oder mehrere Modellbeschreibungen als .MODEL-Statement oder als SPICE-Netzliste/-n in Form eines *Subcircuit* enthält. **In den folgenden Beispie-len wird für diese Bibliothekdateien ausschließlich der Dateityp *.LIB verwendet.**

Achten Sie beim Öffnen mit dem EDITOR oder MC darauf, dass Sie das Eingabefeld *Dateityp* auf „Alle Dateitypen" bzw. „All Files (*.*)" einstellen, ansonsten wird die von Ihnen gewünschte Datei ggf. nicht zum Öffnen angeboten. Das Öffnen mit MC hat den Vorteil, dass die Dateiinhalte farblich strukturiert am Bildschirm angezeigt werden.

ⓘ Der ähnlich wie *.LIB wirkende Bibliothek-Dateityp *.LBR (*library binary format*) ist MC-spezifisch und enthält ausschließlich .MODEL-Statements in Binärform. Diese können daher nur mit dem *Model Editor* von MC gelesen werden. Eine *.LBR-Datei kann im *Model Editor* leicht in eine *.LIB-Datei konvertiert werden.

ⓘ Manchmal stellen Hersteller eine zu *.LIB gleichnamige Datei vom Typ *.OLB und/oder *.SLB zur Verfügung. *.OLB steht für *OrCAD Library* und beinhaltet passende Modell-Symbole in einem Format für den neueren Schaltplan-Editor CAPTURE von PSPICE. *.SLB steht für *Schematics Library* und beinhaltet passende Modell-Symbole in einem Format für den älteren Schaltplan-Editor SCHEMATICS von PSPICE. Beide Dateitypen sind mit MC nicht nutzbar.

ⓘ Das *Macro* von MC ist einem *Subcircuit* von der Idee, Erscheinung und Anwendung her sehr ähnlich. Es fasst eine komplexere individuelle Ersatzschaltung zu einem Modell-Element zusammen. Der Unterschied zu einem *Subcircuit* besteht darin, dass die Ersatzschaltung eines *Macros* grafisch mit dem *Schematic Editor* von MC erstellt wurde und der Dateityp *.MAC ist. So eine Datei kann daher nur mit MC verwendet werden. Eine Liste der mit MC mitgelieferten 55 Macros finden Sie in [MC-ERG]. In der Musterdatei M_11-1_MAC_SCR-PHASENANSCHNITT.CIR finden Sie als Beispiel für die Anwendung der *Macros* SCR.MAC (Thyristor) und DIAC.MAC (5-Schicht-Diode) die Simulation einer Phasenanschnitt-Steuerung mit einer ohmschen Last. Weitere Einzelheiten zur Erstellung und/oder Anwendung von *Macros* siehe [MC-USE].

Es kommt vor, dass für ein einzelnes Modell-Element *eine* Bibliothekdatei wie z. B. OP27.LIB für den Operationsverstärker OP27 erstellt wird. Das ist sehr „offensichtlich", ergibt aber viele Bibliothekdateien und der Begriff „Bibliothek" ist etwas verwirrend, da niemand in einer Bibliothek nur ein Buch erwarten würde.

Andere Hersteller fassen in einer Bibliothekdatei die Modellbeschreibungen gleichartiger Bauelemente zusammen. So enthält z. B. die Datei SIOV.LIB Modellbeschreibungen für SiC-Varistoren. Andere Hersteller wiederum fassen in einer Bibliothekdatei alle Modellbeschreibungen ihrer Bauelemente zusammen wie z. B. LTC.LIB der Firma Linear Technology.

ⓘ Wenn Sie Hersteller-Modelle, sei es als .MODEL-Statement oder als *Subcircuit* oder oder eigene Modelle als *Macro* verwenden, sollten Sie **diese Modellbeschreibungen nicht in eine der vorhandenen Bibliotheken von MC einbinden, sondern eine eigene Bibliothek erstellen**. Der Grund ist einfach: Wenn Sie MC erneut oder einen *Upgrade* installieren, sind Ihre Modelle so vor Überschreiben geschützt und die Zeit zum Testen der Modelle muss nicht erneut aufgewendet werden. Siehe hierzu Abschn. 11.4.

Ü 11-1 Hersteller-Modell finden 1   (..\MC-LIBS\UE_11-1A_HERST_BC817-MC9.LIB)
                                                (..\MC-LIBS\UE_11-1B_HERST_BC817-NXP.LIB)

a) Starten Sie MC. Falls es länger her ist: Wiederholen Sie den kurzen Abschn. 3.5 mit dem Titel „Kleiner Rundgang durch Bibliotheken".

b) Öffnen Sie *mit MC* im Unterordner **..\MC-LIBS** die Bibliothekdatei ..\MC-LIBS\UE_11-1A_HERST_BC817-MC9.LIB. Hierzu muss im Dialogfenster *Open* der Dateityp auf „All Files (*.*)" eingestellt werden. MC verwendet automatisch seinen *Text Editor*. Sie sehen die vier inzwischen vertrauten Elemente eines .MODEL-Statements:

- Befehlsausdruck „.MODEL"
- vom Autor in „BC817-MC9" geänderter *Modell-Name*

- SPICE-*Modell-Typ* „NPN"
- *Parameterwertesatz* „(BF= …)".

Von den 52 Parametern des Modell-Typs NPN-L1 sind für 22 explizit Parameterwerte angegeben, für die anderen werden die Defaultwerte genommen.

ⓘ Gegenüber dem EDITOR von WINDOWS hat das Öffnen mit MC den Vorteil, dass MC die Strukturelemente so einer Modellbeschreibung erkennt und farblich hervorhebt.

Schließen Sie die Datei.

c) Öffnen Sie mit MC im Unterordner **..\MC-LIBS** die Bibliothekdatei ..\MC-LIBS\UE_11-1B_HERST_BC817-NXP.LIB. Diese Datei ist eine Kopie der Originaldatei BC817.PRM von der Firma NXP (<www.nxp.com>, 21.07.2008). Von den 52 Parametern sind 38 explizit angegeben, einige davon sind aber nur die Defaultwerte. Diese Parameterwerte unterscheiden sich von denen aus der Datei UE_11-1A_HERST_BC817-MC9.LIB und damit auch die simulierten Eigenschaften! Schließen Sie die Datei.

d) Gehen Sie auf die Homepage eines Herstellers von diskreten Dioden oder BJTs. Klicken Sie sich durch, bis Sie in eine Rubrik wie „Simulationsmodelle" oder ähnlich kommen. Oft gelangen Sie über ein Stichwort wie „Spice", „Pspice", „Models", „Simulation", „Design Tools" oder „Design Support" in die passende Rubrik.

Laden Sie sich die SPICE-Modellbeschreibung einer Ihnen bekannten Diode oder eines BJTs herunter. Öffnen Sie diese mit MC (oder alternativ mit dem EDITOR von WINDOWS). Schauen Sie sich an, was die Datei beinhaltet und ob Sie hoffentlich Bekanntes wiederfinden.

Vielleicht finden Sie eine weitere Modellbeschreibung eines BC817 bei einem anderen Hersteller. Vergleichen Sie dann die Parameterwertesätze.   ❑ Ü 11-1

Ü 11-2 Hersteller-Modell finden 2   (..\MC-LIBS\UE_11-2A_HERST_OP27-MC9.LIB)
                                            (..\MC-LIBS\UE_11-2B_HERST_OP27-AD.LIB)

a) Starten Sie MC. Öffnen Sie *mit MC* im Unterordner **..\MC-LIBS** die Bibliothekdatei ..\MC-LIBS\UE_11-2A_HERST_OP27-MC9.LIB. Diese Datei ist eine Kopie der Datei ..\MC9DEMO\LIBRARY\OP27.LIB. Sie sehen das typische Erscheinungsbild eines Hersteller-Modells als *Subcircuit*. Einleitend werden ggf. Informationen gegeben zum Bauelement, zum Modell, zum Hersteller, zum Haftungsausschluss und wann, wie, womit und von wem das Modell erstellt wurde usw.

Zu Beginn dieses Modell-Typs steht das wichtige .SUBCKT-Statement mit der Syntax
        „.SUBCKT   *Subcircuit*-Name   *Subcircuit*-Verbindungsknoten-Namen"
hier: „.SUBCKT   OP27-MC9   1   2 99 50 39"

Der *Subcircuit*-Name hat die gleiche Funktion wie ein Modell-Name. Die Liste der *Subcircuit*-Verbindungsknoten-Namen wird für die Verbindung dieser Ersatzschaltung mit einem Modell-Symbol benötigt. Üblich sind Zahlen, aber auch Buchstaben sind zulässig. Entscheidend ist die *Reihenfolge* und die *Anzahl*.

Ausgehend von diesen *Subcircuit*-Verbindungsknoten-Namen erfolgt die Beschreibung der Ersatzschaltung in Form einer Netzliste. Sie können an der Eingangsstufe *(Input Stage Pole at 80 MHz)* z. B. erkennen, dass auch der Bezugknoten Nr. 0 *(Ground)* beim Modell-

Element G_{N1} verwendet wird. Die beiden Dioden D_1 und D_2 sind antiparallel zwischen die Eingänge (Knoten 1 und 2) geschaltet. Der Modell-Name dieser Dioden ist DX. Das .MODEL-Statement zu DX befindet sich am Ende der Datei, scrollen Sie dahin. Es gibt auch noch drei weitere Modell-Beschreibungen für Dioden mit den Modell-Namen DY, DEN und DIN. Die Eingangstransistoren Q_1 und Q_2 werden als npn-BJTs modelliert. Ihre Modellbeschreibung ist unter dem Modell-Namen QX enthalten. Als Parameterwert wird nur B_F mit dem unglaublich großen Wert von $50 \cdot 10^6$ parametriert, für alle anderen 51 Parameter des Modell-Typs NPN gelten die Defaultwerte.

Das .ENDS-Statement *(end of subcircuit)* beendet die Beschreibung/Netzliste des Modell-Typs *Subcircuit*. Wegen größerer Klarheit empfiehlt der Autor die Variante „.ENDS OP27-MC9". Schließen Sie die Datei.

b) Öffnen Sie *mit MC* die Datei ..\MC-LIBS\UE_11-2B_HERST_OP27-AD.LIB. Diese Datei ist eine Kopie der Originaldatei OP27.CIR (man missachte den Dateityp) von der Firma Analog Devices (<www.analog.com>, 21.07.2008). Auch hier finden Sie den großen Wert von $50 \cdot 10^6$ für den Parameter B_F von QX. Dieser Wert wäre als Wert der Stromverstärkung eines realen BJTs sehr fragwürdig. Schließen Sie die Datei.

c) Gehen Sie auf die Homepage eines Herstellers von OPs. Laden Sie sich eine Modellbeschreibung eines Ihnen bekannten OPs herunter. Öffnen Sie diese mit MC (oder alternativ mit dem EDITOR von WINDOWS). Schauen Sie sich an, was die Datei beinhaltet und ob Sie hoffentlich Bekanntes wiederfinden.

• Vielleicht finden Sie eine weitere Modellbeschreibung eines OP27 bei einem anderen Hersteller. Vergleichen Sie dann die Netzlisten der *Subcircuits*.   ❑ Ü 11-2

ⓘ Die Bedeutung von *Subcircuits* ist in [MC-USE] gut beschrieben und hier frei übersetzt wiedergegeben:
„Ein … Hauptvorteil von *Subcircuits* besteht darin, dass die meisten Hersteller SPICE *Subcircuits* als Hauptmethode nutzen, um ihre Bauelemente zu modellieren. Der Zugriff zu diesen Modellen ist der Hauptgrund, um *Subcircuits* zu verwenden".

ⓘ Auch die Bibliothekdateien anderer SPICE-Simulationsprogramme sind eine unerschöpfliche Quelle von Modellbeschreibungen. *Die zu lösende Aufgabe ist daher meistens nicht, zu einem Bauelement eine Modellbeschreibung zu finden, sondern aus der Vielzahl der verfügbaren eine zu finden, bei der die für Ihre Simulation wichtigen Eigenschaften gut modelliert sind. Dies bekommt man durch einige gezielte Simulationen heraus, bei der gerade diese Eigenschaften simuliert werden. Beispiele und Anregungen dazu finden Sie vor allem in Kap. 3, 7, 9 und 10. Die in diese Arbeit investierte Zeit zahlt sich aus!*

11.2 Hersteller-Modell ist ein .MODEL-Statement

Falls die Modellbeschreibung ein .MODEL-Statement ist, geht die einfachste Einbindung in MC, indem das .MODEL-Statement als Textfeld auf eine grafische Schaltplanseite oder auf eine Textseite von MC kopiert wird. Der Autor empfiehlt, den Modell-Namen ggf. so zu ändern, dass erkennbar ist, woher diese Modellbeschreibung stammt.

Ü 11-3 .MODEL-Statement einbinden 1 (UE_11-3_HERST_BC817.CIR)

a) Starten Sie MC.

   1. Öffnen Sie *mit MC* die Datei ..**MC-LIBS**\\UE_11-1A_HERST_BC817-MC9.LIB.
   2. Markieren Sie das vollständige .MODEL-Statement des BC817-MC9.
   3. Kopieren Sie es mit **<Strg>** + **<C>** in den Zwischenspeicher.
   4. Schließen Sie die Bibliothekdatei UE_11-1A_HERST_BC817-MC9.LIB.
   5. Öffnen Sie die Eingabe eines neuen Schaltplans.
   6. Bleiben Sie auf der grafischen Schaltplanseite oder gehen Sie auf eine Textseite.
   7. Fügen Sie mit **<Strg>** + **<V>** das .MODEL-Statement ein.
   8. Ändern Sie ggf. den Modell-Namen. In diesem Fall bleibt er BC817-MC9.
   9. Holen Sie sich einen npn-BJT in den Schaltplan.
 10. Wählen Sie im sich öffnenden Attributfenster das Attribut MODEL aus.
 11. Geben Sie im Eingabefeld *Value* diesem Attribut den Wert „BC817-MC9".
 12. Aktivieren Sie die **CB** ☑ **Show**!
 13. Bestätigen Sie die Eingabe mit der **SF OK**.

Der npn-BJT mit dem Modell-Namen BC817-MC9 ist jetzt **in dieser MC-Schaltplandatei** verwendbar. Speichern Sie die Datei und damit auch das .MODEL-Statement.

ⓘ *Textseiten* sind zeilenorientiert. Geht eine Textinformation über mehrere Zeilen, wird mit dem Steuersymbol Plus (+) markiert, dass diese Zeile zur vorhergehenden gehört und inhaltlich eine Zeile bildet. Das Steuersymbol Stern (*) markiert eine ganze Zeile, das Steuersymbol Semikolon (;) den Rest einer Zeile als Kommentarzeile.

In einem *Textfeld einer grafischen Schaltplanseite* müssen diese Steuersymbole entfernt werden, was MC durch das Einfügen des Zwischenspeicherinhalts direkt in die Schaltplanseite automatisch gemacht hat. Ein Textfeld ist nicht zeilenorientiert. Daher würden diese Steuersymbole als Text interpretiert werden, der in einem .MODEL-Statement nichts zu suchen hat. Beispiele für richtige und falsche Schreibweisen sind in der Musterdatei M_11-2_HERST_SCHREIBWEISEN.CIR enthalten.

b) Führen Sie die gleichen Schritte wie in a) mit der Bibliothekdatei ..\\MC-LIBS\\UE_11-1B_HERST_BC817-NXP.LIB durch.

c) Um einen ersten Eindruck von einigen Eigenschaften dieser Modellbeschreibungen zu bekommen, können Sie mit Doppelklick auf das Modell-Symbol das Attributfenster des jeweiligen Modell-Elements öffnen. Aus einer Auswahlliste kann beim Modell-Typ NPN eine von vier Datenblatt-typischen Kennlinien ausgewählt werden, die dann mit der **SF Plot...** berechnet und angezeigt wird. Im Ausgabefenster stehen die unter *Scope* beschriebenen Auswertefunktionen zur Verfügung. Skalierung und Simulationsbereich können geändert werden.

Vergleichen Sie auf diese Weise die Modellbeschreibungen in ihrem simulierten Verhalten. Laden Sie sich ggf. als Referenz das Datenblatt des BC817 von der Homepage der Firma NXP herunter, um die Modellbeschreibungen dahin gehend zu bewerten, wie genau diese die Datenblatt-Kennlinien oder Kennwerte wiedergeben.   ❑ Ü 11-3

Bei der beschriebenen Vorgehensweise wurde in den Schritten 1. bis 8. das .MODEL-Statement lokal in die Schaltplandatei kopiert. Dies empfiehlt sich, wenn Sie die Modellbeschreibung nur wenige Male und gezielt verwenden, da Sie sich um Einrichtung, Pflege und

Pfadverwaltung von Bibliothekdateien keine Gedanken machen müssen und eine Simulation mit dieser Datei auch auf einer anderen MC-Installation identisch laufen wird.

Falls die Modellbeschreibung sehr häufig verwendet wird oder die lokale Speicherung Ihnen zu unübersichtlich wird und Sie meistens mit einer, nämlich Ihrer MC-Installation arbeiten und der Pflegeaufwand für die Bibliothekdateien den Nutzen rechtfertigt, kann die Modellbeschreibung zentraler verwaltet werden. Dies wird in Abschn. 11.4 erläutert.

11.3 Hersteller-Modell ist der Modell-Typ .SUBCKT *(Subcircuit)*

Falls die Modellbeschreibung ein *Subcircuit* ist, ist etwas mehr Einbindungsaufwand erforderlich. Die in Ü 11-2 betrachteten *Subcircuits* eines OP27 sind dem Autor für ein Übungsbeispiel zu unübersichtlich. Daher wird ein einfacheres Modell für einen OP27 verwendet, das nur die Spannungsverstärkung $A_{D0} = \Delta u_{OUT}/\Delta u_D = 2 \cdot 10^{+6}$ ($a_{AD0} = +126$ dB) und einen Frequenzgang erster Ordnung mit der Transitfrequenz $f_{TA} = G_{BW} = 8$ MHz nachbildet.

Folgende Aktionen waren nötig, um mit MC aus einer Ersatzschaltung einen *Subcircuit* zu erstellen, der auch in einem anderen SPICE-Simulationsprogramm verwendet werden kann:

Die Ersatzschaltung wurde in MC eingegeben und ist in der **Schaltplandatei OP27-ES1-VE.CIR** gespeichert. Über die **Menüfolge File → Translate ▶ → Schematic to SPICE Text File...** wurde diese MC-Schaltung in eine SPICE-Netzliste zu einem *Subcircuit* übersetzt. Hierzu wurde im Dialogfenster *Translate to SPICE* in der Rubrik *Options* die **CB ☑ Make SUBCKT** aktiviert. In das Eingabefeld *SUBCKT Name* wurde der *Subcircuit-Name* **OP27-ES1** (Ersatzschaltung 1. Ordnung) eingegeben. In das Eingabefeld *SUBCKT Pins* sind, durch Leerzeichen getrennt, die *Subcircuit-Verbindungsknoten-Namen* (hier 2 3 5) eingetragen worden. Die so erzeugte Datei vom Typ *.LIB ist mit weiteren Hinweisen und Kommentaren als **Bibliothekdatei ..\MC-LIBS\OP27-ES1-VE.LIB** gespeichert.

Diese Bibliothekdatei dient hier als eine irgendwo gefundene Modellbeschreibung für einen OP27. Dateiname und *Subcircuit*-Name sind bewusst durch den Zusatz „-VE" unterschieden. Ebenso ist der *Subcircuit*-Name so individuell gewählt, dass Sie „spüren", dass Sie sich dieses Modell genauer ansehen müssen, bevor Sie es als Modell für einen realen OP27 einsetzen.

ⓘ Die beschriebene Vorgehensweise ist ein Beispiel dafür, wie Sie mit MC eine eigene Ersatzschaltung/ein eigenes Modell erstellen und als *Subcircuit* abspeichern können. Mit der Datei OP27-ES1-VE.LIB ist damit *eine eigene Bibliothekdatei* erzeugt worden, die in diesem Fall nur eine Modellbeschreibung beinhaltet.

ⓘ **Es wird noch einmal sehr deutlich, dass es zu *einem* Bauelement mit *einem* kommerziellen Bauelement-Namen mehrere durchaus stark unterschiedliche Modellbeschreibungen geben kann. Daher wird empfohlen, dass ein Modell-Name / *Subcircuit*-Name eine Information beinhalten sollte, woher das Modell ist oder um was für ein Modell es sich handelt.**

Starten Sie MC.

1.1   Öffnen Sie mit MC die Bibliothekdatei ..**MC-LIBS**\OP27-ES1-VE**.LIB**.
1.2   Markieren Sie alle Zeilen von „.SUBCKT OP27-ES1   2 3 5 ..." bis „.ENDS ...".
1.3   Kopieren Sie diese mit <Strg> + <C> in den Zwischenspeicher.
1.4   Schließen Sie die Bibliothekdatei OP27-ES1-VE.LIB.

1.5   Öffnen Sie die Eingabe eines neuen Schaltplans.

1.6   Wählen Sie eine *Textseite* aus („Text" oder „Models").

1.7   Fügen Sie mit <Strg> + <V> den Inhalt des Zwischenspeichers ein.

1.8   Speichern Sie diese Datei z. B. unter Z_UE_11-4_HERST_OP27-ES1_MUT.CIR *(model under test* in Anlehnung an DUT für *device under test)*. Dieser *Subcircuit* ist jetzt **lokal in dieser Schaltplandatei** gespeichert.

Um diesen *Subcircuit* in dieser Datei *mit anderen Modell-Elementen zu einer Schaltung verbinden* zu können, muss zuvor mit dem *Component Editor* von MC aus diesem *Subcircuit* und einer „Hülle" aus Modell-Symbol und Verbindungspins ein neues *Modell-Element* erzeugt werden. Dazu werden aus der Zeile .SUBCKT die Informationen *Subcircuit*-Name und *Subcircuit*-Verbindungsknoten-Namen und deren Bedeutung benötigt.

2.1   Die benötigten Informationen sind:

Subcircuit-Name:	OP27-ES1
1. *Subcircuit*-Verbindungsknoten-Name:	2 (P, +, nicht-invertierender Eingang)
2. *Subcircuit*-Verbindungsknoten-Name:	3 (M, –, invertierender Eingang)
3. *Subcircuit*-Verbindungsknoten-Name:	5 (OUT, Ausgang)

2.2   Starten Sie den Component Editor über **Windows → Component Editor…** . Es öffnet sich das Dialogfenster *Component Editor* mit einem beliebigen Inhalt. Wie es nach der Eingabe der richtigen Inhalte aussieht ist in Bild 11-1 gezeigt.

2.3   Im rechten Fenster (1) ist die Baumstruktur des Dialogfensters *Component Panel* gezeigt (siehe auch Bild 2-11). Dies sind alle in Ihrer MC-Installation für eine Simulation zur Verfügung stehenden Modell-Elemente! Die Informationen dafür legt MC in der Datei DEMO.CMP bzw. STANDARD.CMP *(component)* ab.

Mit <RM> öffnet sich ein Kontextmenü zum Verwalten der Einträge. Mit *Delete* wird nur der jeweilige Eintrag (die „Hülle") gelöscht, nicht die Bibliothekdatei mit der Modellbeschreibung.

Sie könnten durch Anklicken mit <LM> eine sinnvolle vorhandene Gruppe wie z. B. „Subckts (12)" auswählen, in die das neue Modell-Element einsortiert werden soll. Hier soll stattdessen eine neue Gruppe erstellt werden. Markieren Sie dazu mit <LM> die Zeile mit dem Dateipfad und -namen „ ..\MC9DEMO\DEMO.CMP" (2), damit die neue Gruppe direkt in dieser obersten Hierarchieebene liegt. Klicken Sie danach mit <LM> auf die **SF Add Group** (3). Geben Sie in das sich öffnende Eingabefenster einen passenden Gruppennamen z. B. „Meine Modelle" ein.

2.4   Um die Angaben für das neue Modell-Element eingeben zu können, müssen Sie auf die **SF Add Part** (4) klicken. Es öffnet sich wieder das Dialogfenster *Component Editor*, wie es in Bild 11-1 nach Eingabe der richtigen Inhalte gezeigt ist.

2.5.1 In das Eingabefeld *Name* (5) ist **exakt der *Subcircuit*-Name einzutragen**, geben Sie daher „OP27-ES1" ein.

2.5.2 Mit den beiden Auswahlfeldern *Shape* (6) ist ein **Modell-Symbol auszuwählen**. Da das Modell nur drei *Subcircuit*-Verbindungsknoten hat, weil die Versorgungsspannungsanschlüsse fehlen, soll aus der Gruppe „Main" das Modell-Symbol „Opamp" ausgewählt werden. Im Vorschaufenster (7) wird das Modell-Symbol gezeigt.

2.5.3 Im Auswahlfeld *Definition* (8) ist der **Modell-Typ auszuwählen**. Da kein in MC programmierter Modell-Typ verwendet wird, sondern der Modell-Typ in diesem Fall ein

Subcircuit ist, **muss „Subckt" ausgewählt werden**. Bei „Opamp" würde fälschlicherweise der programmierte Modell-Typ OPA ausgewählt werden!.

2.5.4   Aktivieren Sie die **CB ☑ Assign Component Name to NAME** (9). Damit bekommt das Attribut NAME denselben „Wert" wie der Eintrag im Eingabefeld *Name*. *Das Attribut NAME muss identisch zum Subcircuit-Namen sein* (siehe Schritt 2.5.1).

2.5.5   Aktivieren Sie die **CB ☑ Display NAME Attribute** (10), damit im Schaltplan das Attribut NAME standardmäßig angezeigt wird.

2.5.6   Aktivieren Sie die **CB ☑ Display PART Attribute** (11), damit im Schaltplan das Attribut PART (Modell-Bezeichner) standardmäßig angezeigt wird.

2.5.7   Im Vorschaufenster müssen jetzt die Anschlüsse des Modell-Symbols mit den passenden *Subcircuit*-Verbindungsknoten-Namen verknüpft werden. Dazu muss in der Rubrik *View* (12) die Option ⊙ **Pins** ausgewählt sein. Klicken Sie auf den Ausgangsanschluss des Modell-Symbols. Geben Sie im sich öffnenden Dialogfenster *Pin Name* im Eingabefeld *Name* **den passenden Subcircuit-Verbindungsknoten-Namen**, hier „5", ein. Kennzeichnen Sie den Pin als ⊙ **Analog** und bestätigen Sie die Eingaben mit der **SF OK**. MC platziert einen Pin (Punkt mit Pinname) (13). Dieses wiederholen Sie beim P-Eingang („2") und beim M-Eingang („3"). Mit Doppelklick **<LM>** auf einen Pin können Sie diesen bearbeiten oder löschen.

2.5.8   Wählen Sie in der Rubrik *View* (12) die Option ⊙ **Attribute Text Orientation 1**. Im Vorschaufenster wird angezeigt, wo Textinformation der Attribute platziert wird. Verschieben Sie diesen Block an eine Position, wo er vermutlich keine Verbindungen oder das Modell-Symbol verdecken wird. Führen Sie dieses auch für die Option ⊙ **Attribute Text Orientation 2** durch.

2.6   Bild 11-1 zeigt das Dialogfenster *Component Editor* mit den gemachten Eingaben.

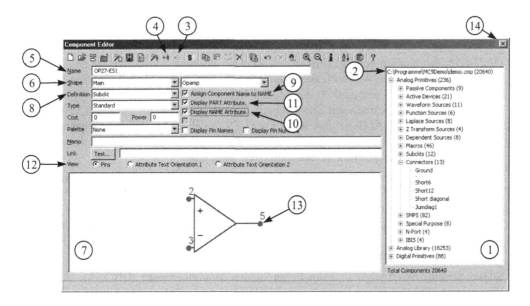

Bild 11-1 Dialogfenster *Component Editor* nach Eingabe der richtigen Inhalte

Schließen Sie es mit der **WINDOWS-SF Schließen** (14). Dadurch öffnet sich das Dialogfenster *Micro-Cap* mit der Frage „*Save changes?*" Bestätigen Sie mit der **SF Yes** und die Datei *.CMP Ihrer MC-Installation wird aktualisiert. Die „Hülle" des neuen Modell-Elements steht für die Eingabe in einen Schaltplan zur Verfügung. „Hülle" und „Inhalt" sind über den *Subcircuit*-Namen (siehe Schritt 2.5.1) verknüpft, der „Inhalt" ist auf der Textseite der Datei gespeichert (siehe Schritte 1.1 bis 1.8).

Um zu prüfen, ob der *Subcircuit* OP27-ES1 in MC fehlerfrei eingebunden und verfügbar ist, soll der komplexe Frequenzgang der Differenz-Spannungsverstärkung $\underline{A}_D$ simuliert werden.

Ü 11-4 Hersteller-Modell prüfen   (UE_11-4_HERST_OP27-ES1-MUT.CIR)

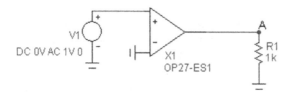

Bild 11-2
Schaltung zur Simulation des Frequenzgangs der Differenz-Verstärkung für das OP-Modell OP27-ES1

a) Geben Sie in Ihrer Datei den in Bild 11-2 gezeigten Schaltplan ein.

Für V_1 wird die Universalspannungsquelle *Voltage Source V* verwendet. Da hier keine spezielle Zeitfunktion erforderlich ist, soll die Registerkarte *None* gewählt werden. Sowohl bei einer DC-Analyse wie auch bei einer TR-Analyse und bei Arbeitspunktberechnungen prägt diese Quelle die Spannung 0 V ($D_C = 0$) ein. Bei der komplexen Wechselstromrechnung im Rahmen einer AC-Analyse liefert dieses Modell-Element aufgrund der Einstellung „…AC 1V 0" die komplexe Amplitude $\hat{u}_{V1} = 1$ V$\angle 0°$.

Wenn Sie das **Menü Component** öffnen, finden Sie als *neues Untermenü* **Meine Modelle ▶** und darunter das Modell-Element mit dem Modell-Namen OP27-ES1. Wählen Sie es aus und es erscheint das zuvor gewählte 3-polige Modell-Symbol. Platzieren Sie es irgendwo. Mit Doppelklick auf das Modell-Symbol öffnet sich das Attributfenster *OP27-ES1*, das ähnlich aufgebaut ist das in Bild 3-6 gezeigte Attributfenster *Diode* oder das in Bild 9-1 gezeigte Attributfenster *Resistor*. MC gibt einem Modell-Element *Subcircuit* als Attribut PART automatisch den Modell-Bezeichner-Buchstaben X, hier X_1. Dieser wird aufgrund der zweckmäßigen Einstellung in Schritt 2.5.6 standardmäßig im Schaltplan gezeigt. Das Attribut NAME hat den Wert „OP27-ES1". Dieses Attribut muss identisch mit dem *Subcircuit*-Namen sein (siehe Schritt 2.5.1) und wird ebenfalls aufgrund der zweckmäßigen Einstellung in Schritt 2.5.5 standardmäßig angezeigt.

Anstelle einer Tabelle mit Parametern und Eingabefeldern für Werte enthält das Attributfenster ein Fenster mit der *Subcircuit*-Neztliste. Darüber ist Pfad und Name der Bibliothekdatei angegeben, in der die Modellbeschreibung steht. Erinnert sei an dieser Stelle an die praktische *SF Localize*, mit der eine Modellbeschreibung lokal in eine Schaltplandatei gespeichert werden kann. Wenn Sie in der Rubrik *Display* die **CB ☑ Pin Names** aktivieren, werden Ihnen die verwendeten *Subcircuit*-Verbindungsknoten-Namen angezeigt.

b) Starten Sie eine AC-Analyse und simulieren Sie den Amplitudengang „DB(V(A))" und den Phasengang „PH(V(A))" im Bereich von 1 GHz bis 1 mHz. Prüfen Sie anhand markanter Kennwerte wie $a_{AD0} = +126$ dB, $f_{g3A} = 4$ Hz, $f_T = 8$ MHz, da_{AD}/d$f = -20$ dB/Dekade, dass MC die erwarteten Verläufe berechnet.   ❑ Ü 11-4

Ü 11-5 Hersteller-Modell einbinden und prüfen (UE_11-5_HERST_OP27-AD_MUT.CIR)

a) Führen Sie die Schritte 1.1 bis 2.6 für die Bibliothekdatei ..\MC-LIBS\ UE_11-2B_HERST_OP27-AD.LIB durch. Diese Datei enthält ein *Subcircuit*-Modell des OP27 der Firma Analog Devices. Dieser *Subcircuit* soll der bestehenden Gruppe „Meine Modelle" hinzugefügt werden. Folgende Informationen brauchen Sie dazu:

Subcircuit-Name: OP27-AD
Shape: Opamp5
Definition: Subckt
1. *Subcircuit*-Verbindungsknoten-Name: 1   (P, +, nicht-invertierender Eingang)
2. *Subcircuit*-Verbindungsknoten-Name: 2   (M, –, invertierender Eingang)
3. *Subcircuit*-Verbindungsknoten-Name: 99 (CC, positiver Versorgungsanschluss)
4. *Subcircuit*-Verbindungsknoten-Name: 50 (EE, negativer Versorgungsanschluss)
5. *Subcircuit*-Verbindungsknoten-Name: 39 (OUT, Ausgang)

b) Während die Eigenschaften des Modells OP27-ES1 noch leicht nachvollziehbar waren, ist die umfangreiche Netzlisten-Modellbeschreibung des Modells OP27-AD mit vertretbarem Aufwand kaum noch zu analysieren. Gerade die benötigten Versorgungsspannungen sollten Sie veranlassen, vor einer AC-Analyse den Arbeitspunkt zu kontrollieren, die vor der komplexen Wechselstromrechnung im Rahmen der AC-Analyse immer berechnet wird.

Ersetzen Sie in der Schaltung von Bild 11-2 das Modell-Element X_1 durch den *Subcircuit* OP27-AD. Ergänzen Sie die Schaltung mit einer symmetrischen Spannungsversorgung von +15 V und –15 V. Starten Sie eine Dynamic-DC-Analyse.

Obwohl die Quelle V_1 den Wert 0 V einspeist, ist der Ausgang mit 13,24 V vermutlich übersteuert. Die Ursache liegt darin, dass die bei einem realen OP vorhandene Offsetspannung U_{Doff} auch modelliert ist.

c) Simulieren Sie mit einer DC-Analyse die Kennlinie $u_{OUT} = f(u_D)$ und bestimmen Sie den Wert von $|U_{Doff}|$ und A_{D0} (Lösung: $|U_{Doff}| = 10$ μV, $A_{D0} = 1,64 \cdot 10^{+6}$, $a_{AD0} = 124,3$ dB).

d) Die *Offsetspannung* soll kompensiert werden, indem in Reihe zu V_1 eine Gleichspannungsquelle (*Battery*) mit diesem Wert geschaltet wird. Die richtige Polung bekommen Sie durch Analyse der DC-Kennlinie oder durch Probieren heraus. Prüfen Sie mit der Dynamic-DC-Analyse, dass die Ausgangsspannung jetzt praktisch zu 0 V (–4,1 μV) berechnet wird. Der Arbeitspunkt liegt jetzt im linearen Bereich, sodass eine komplexe Wechselstromrechnung sinnvolle Ergebnisse liefert. Diese Art der Offsetspannungskompensation funktioniert nur in der Theorie und in einem Simulationsprogramm und nicht in der Praxis, da eine Gegenkopplung fehlt. Dies ist hier kein Problem, da in dieser Übung „nur" die Modelleigenschaften simuliert werden sollen und keine in der Praxis funktionierende Schaltung.

e) Starten Sie jetzt eine AC-Analyse und simulieren Sie den Amplitudengang „DB(V(A))" und den Phasengang „PH(V(A))" im Bereich von 1 GHz bis 1 mHz. Messen Sie markante Kennwerte. Es sollten sich ergeben: $a_{AD0} = +124,3$ dB, $f_{g3A} = 3,84$ Hz, $f_T = 5,49$ MHz, $da_{AD}/df = –20$ dB/Dekade im Bereich $f_{g3A} < f < f_T$. Im Bereich $f > f_T$ ist erkennbar, dass dem Frequenzgang der Verstärkung eine höhere Ordnung zugrunde liegt. Vielleicht erinnern Sie sich noch daran, dass in der *Subcircuit*-Beschreibung u. a. eine Polstelle bei 80 MHz erwähnt wurde, ansonsten schauen Sie noch einmal nach.

f) *Fazit:* Weitere Vergleiche mit einem Datenblatt eines OP27 zeigen, dass das MUT OP27-AD (*model under test*) den Frequenzgang der Verstärkung realitätsnah nachbildet. Diesbezüglich war das Modell OP27-ES1 für viele Anwendungen auch schon brauchbar und erheblich einfacher. Verstärkung, Offsetspannung und Aussteuerungsgrenzen werden vom Modell OP27-AD auch realitätsnah nachgebildet.

Je nachdem, in welchen weiteren Eigenschaften eine Simulation mit diesem Modell realitätsnah sein soll, können weitere Eingangseigenschaften wie I_B, I_{off}, R_d, R_{cm}, C_{MRR}, P_{SRR}, Rauschen usw., Ausgangseigenschaften wie S_R, I_{OSC}, R_{OUT} usw. und weitere Eigenschaften wie P_D, Temperaturabhängigkeiten usw. simuliert und mit Daten aus einem Datenblatt verglichen werden. Anregungen dazu finden Sie in Abschn. 10.2.4.

Rückblick: Der unglaublich hohe Wert von $50 \cdot 10^6$ für den Parameter B_F von QX (siehe Ü 11-2a und b) scheint in diesem Modell zu sinnvollen Gesamtergebnissen zu führen.

Erkenntnis: Wenn Sie ein für Sie neues Bauelement oder neues Modell einsetzen, sollten Sie einige Eigenschaften prüfen. Bei einem Bauelement dienen dazu die Informationen aus dem Datenblatt. Ein „Datenblatt für ein Modell" ist denkbar, aber zurzeit noch nicht üblich. Falls gesuchte Informationen im Datenblatt eines Bauelements nicht enthalten sind oder, was häufig der Fall ist, nicht für die Situation, in der das Bauelement eingesetzt werden soll, wird man eigene Messungen mit dem neuen Bauelement als DUT durchführen. Die Analogie dazu sind Simulationen mit dem neuen Modell als MUT. Mit den Ergebnissen erhalten Sie die Informationen für ein „Datenblatt des Modells" und prüfen gleichzeitig nach, ob das neue Modell richtig eingebunden wurde. ❑ Ü 11-5

Wenn Sie mit dem *Component Editor* wie in den Schritten 2.1 bis 2.6 beschrieben, die „Hülle" für ein neues Modell-Element definiert haben, kann damit nur simuliert werden, wenn eine Verknüpfung zum „Inhalt" da ist.

MC sucht daher nach dem „Inhalt" in der *Reihenfolge* von A bis D an den genannten *Stellen*, bis es die erste Modellbeschreibung mit dem *Subcircuit*-Namen gefunden hat:

A Auf einer der Text- oder Schaltplanseiten der Schaltplandatei:
   Diese Variante wurde hier verwendet, indem in den Schritten 1.1 bis 1.8 die Modellbeschreibung der *Subcircuits* lokal auf eine Textseite der Schaltplandatei kopiert wurde. Dies empfiehlt sich, wenn Sie die Modellbeschreibung nur wenige Male und gezielt verwenden, da Sie sich um Einrichtung, Pflege, Pfadverwaltung von Bibliothekdateien oder Verlust bei Neuinstallation oder Upgrade von MC keine Gedanken machen müssen und zudem eine Simulation mit dieser Schaltplandatei auch auf einer anderen MC-Installation laufen wird.

B In der Datei, die als Attribut FILE im Attributfenster eingetragen ist.

C In einer Datei, die durch ein .LIB-Statement in der Form „.LIB Pfad\NAME.TYP" auf einer Schaltplan- oder Textseite in der Schaltplandatei festgelegt wurde. Dies ist eine praktische Alternative zu A, wenn die Modellbeschreibungen zu umfangreich sind. Soll die Schaltung auf einer anderen MC-Installation simuliert werden, müssen die benötigten Bibliothekdateien auch kopiert werden. Um gegen Datenverlust bei einer Neuinstallation oder einem Upgrade geschützt zu sein, sollten die Bibliothekdateien nicht im Unterordner ..\MC9DEMO\LIBRARY abgelegt werden, sondern in einem Extraordner wie z. B. ..\EIGENE MC-DATEIEN\MC-LIBS (siehe Abschn. 1.2.2).

D Letztendlich: Ein .LIB-Statement in der Form „.LIB NOM.LIB" ist implizit in jeder Schaltplandatei enthalten und wird dann angewendet, wenn MC in keiner der unter A bis C angegebenen Stellen eine passende Modellbeschreibung fand. Die Bibliothekdatei NOM.LIB steht daher immer zur Verfügung und wird deshalb auch als Default-Library bezeichnet. NOM.LIB enthält als *master list* aller Bibliothekdateien i. Allg. keine konkreten

Modellbeschreibungen, sondern nur Verweise auf Bibliothekdateien mit konkreten Modellbeschreibungen in Form von .LIB-Statements. Findet MC auch über diese Variante keine Modellbeschreibung erfolgt die Fehlermeldung *„Missing Model Statement '...' "*.

Die Variante D über NOM.LIB ist der Hauptzugang zu den Modellbeschreibungen, die in den mitgelieferten Bibliothekdateien im Unterordner ..\MC9DEMO\LIBRARY abgelegt sind. Für den Zugang zur Modellbeschreibung über NOM.LIB wären nach Schritt 2.6 noch die folgenden Schritte nötig (werden ausführlich in Abschn. 11.4 erläutert):

3.1 *Kopieren* der Bibliothekdatei, welche die Modellbeschreibung/-en enthält (hier OP27-ES1-VE.LIB) in den Ordner ..\MC-LIBS. Wichtig: Die Pfadangabe für *Libraries...* muss auch diesen Ordner enthalten, siehe hierzu Abschn. 1.2.3.

3.2 Öffnen der *master list* aller Bibliothekdateien ..\MC9DEMO\LIBRARY\NOM.LIB. Einfügen einer neuen Zeile mit dem Namen der Bibliothekdatei, welche die Modell-Beschreibung/-en enthält in der Form: .LIB "OP27-ES1-VE.LIB".

3.3 Speichern und schließen der Datei NOM.LIB. Bei Neuinstallation oder Upgrade könnte Ihre „alte" NOM.LIB überschrieben werden. Sichern Sie sich daher deren Inhalte und ergänzen Sie entsprechend die „neue" NOM.LIB.

Falls Sie das Thema „Einbinden eines *Subcircuit*-Modells" wiederholen und damit vertiefen möchten, ist es jetzt sinnvoll, sich die ca. 8-minütige *Adding New Parts Demo...* anzusehen. Da MC für diese Demo auf die Bibliothekdatei ..\MC9DEMO\LIBRARY\OP27.LIB zugreift, muss zuvor über die Menüfolge **File → Paths...** auf die Pfadsammlung „MC9" (anklicken und mit SF OK bestätigen) gewechselt werden. Nach ca. 4 min ist die Vorführung der zuvor geschilderten Vorgehensweise beendet. Sie wird fortgesetzt mit der Vorführung des *Add Part Wizard* von MC, der eine alternative, durch Dialogfenster unterstützte Vorgehensweis ist.

Falls Sie den *Add Part Wizard* ausprobieren möchten: Anstelle der Schritte 1.1 bis 1.8 geht MC davon aus, dass sich die Bibliothekdsdatei, in der die Modellbeschreibung enthalten ist, im Ordner ..\MC9DEMO\LIBRARY ist. Die Schritte 2.1 bis 2.3 erfolgen wie oben beschrieben. Bei Schritt 2.4 ist die **SF Add Part Wizard** anstelle der *SF Add Part* zu aktivieren. Es werden im Wesentlichen die gleichen Festlegungen wie zuvor erläutert, in aufeinander folgenden Dialogfenstern abgefragt. Weitere Einzelheiten zum *Add Part Wizard* siehe [MC-USE] und [MC-REF].

Starten Sie jetzt aus der Menüleiste **Help → Demos → Adding New Parts Demo...** .

11.4 Eine eigene Modell-Bibliothek einrichten

Für den Fall, dass Sie sich eine eigene Modell-Bibliothek einrichten möchten, die nicht im Ordner ..\MC9DEMO\LIBRARY gespeichert sein sollte und damit bei Neuinstallation oder Upgrade von MC ggf. gelöscht würde, kann die hier vorgestellte Variante hilfreich sein.

In Abschn. 1.2.2 wurde vorgeschlagen, dass Sie sich für alle Ihre *selbsterstellten MC-Dateien* einen Ordner C:\...\EIGENE MC-DATEIEN anlegen. Analog zur MC-Installation sollten zwei Unterordner ..\MC-CIRS und ..\MC-LIBS angelegt werden. Der Unterordner ..\MC-CIRS ist für Ihre Schaltplandateien vom Dateityp *.CIR, der Unterordner ..\MC-LIBS für Ihre Bibliothekdateien vom Dateityp *.LIB oder *.MAC vorgesehen.

Öffnen Sie mit MC die Musterbibliothekdatei M_11-3_HERST_MUSTERBIB.LIB. In dieser Bibliothekdatei sind die Modellbeschreibungen von sechs Fantasie-Modell-Elementen enthalten. Die Modellbeschreibungen sind einfach als Text in diese Datei eingefügt worden, genau so, wie Sie es mit SPICE-Modellbeschreibungen von Herstellern auch tun können.

Die sechs Fantasie-Modell-Elemente in dieser Bibliothekdatei heißen:
- BC001-VE, npn-BJT mit $B_F = 1$ • BC002-VE, pnp-BJT mit $B_F = 2$
- 1N003-VE, Diode mit $B_V = 3$ V   • LED04-VE, Diode mit $B_V = 4$ V
- OP005-VE, *Subcircuit* eines OPs ohne Versorgungsspannungsanschlüsse
- OP006-VE, *Subcircuit* eines OPs mit Versorgungsspannungsanschlüssen für Klemmdioden

Notieren Sie sich die *Subcircuit*-Verbindungsknoten-Namen der OPs und deren Bedeutung. Die Simulationsdateien, aus denen diese *Subcircuit*-Netzlisten erzeugt wurden, sind namensgleich im Ordner ..\MC-CIRS\MC-BUCH_Kap_11 vorhanden.

Um zu diesen „Inhalten" passende „Hüllen" zu erzeugen, müssen Sie die Schritte 2.1 bis 2.6 aus Abschn. 11.3 ausführen, die hier in Kurzform noch einmal für das Modell BC001-VE wiedergegeben sind. Die Angaben in ( ) beziehen sich auf Bild 11-1:

2.1   Die *Subcircuit*-Verbindungsknoten-Namen und deren Bedeutung haben Sie für die OPs bereits notiert. Für Modellbeschreibungen, die auf ein .MODEL-Statement zugreifen, ist das nicht nötig, da die Anschlüsse durch den Modell-Typ bereits festgelegt sind.

2.2   Starten Sie den *Component Editor* über **Windows → Component Editor…** .

2.3   Wählen Sie durch Anklicken mit **<LM>** die Gruppe „Meine Modelle".

2.4   Klicken Sie auf die **SF Add Part** (4).

2.5.1   In das Eingabefeld *Name* (5) **den Modell-/*Subcircuit*-Namen eingeben**: „BC001-VE".

2.5.2   In den beiden Auswahlfeldern *Shape* (6) ein **Modell-Symbol** auswählen, hier „NPN".

2.5.3   Im Auswahlfeld *Definition* (8) **Modell-Typ** festlegen, hier „NPN".

2.5.4   **CB ☑ Assign Component Name to MODEL** (9) aktivieren falls deaktiviert.

2.5.5   **CB ☑ Display MODEL Attribut** (10) aktivieren falls deaktiviert.

2.5.6   **CB ☑ Display PART Attribut** (11) aktivieren falls deaktiviert.

2.5.7   Im Vorschaufenster (7) müssen die bereits vorhandenen Pins (Punkt mit Pinnamen) auf die jeweiligen Anschlüsse des Modell-Symbols verschoben werden (12) und (13).

2.5.8   ⊙ **Attribute Text Orientation 1** und ⊙ **Attribute Text Orientation 2** prüfen und ggf. ändern, sodass sich Text und Modell-Symbol bzw. gedachte Verbindungen möglichst nicht überschneiden.

2.6   Dialogfenster *Component Editor* (14) schließen. Bestätigen Sie die Frage „*Save changes?*" mit der **SF Yes**.

Ü 11-6 Eigene Bibliothek installieren

a) Führen Sie die Schritte 2.2 bis 2.6 für das Modell BC002-VE durch.
    (*Shape* = „PNP", *Definition* = „PNP").

b) Führen Sie die Schritte 2.2 bis 2.6 für das Modell 1N003-VE durch.
    (*Shape* = „Diode", *Definition* = „Diode").

c) Führen Sie die Schritte 2.2 bis 2.6 für das Modell LED04-VE durch.
    (*Shape* = „Diode" da kein LED-Symbol vorhanden ist, oder mit dem *Shape Editor* selbst ein LED-Symbol erzeugen, *Definition* = „Diode").

d) Führen Sie die Schritte 2.1 bis 2.6 für das Modell OP005-VE durch.
    (*Shape* = „Opamp", *Definition* = „Subckt", P = 2, M = 3, OUT = 5).

e) Führen Sie die Schritte 2.1 bis 2.6 für das Modell OP006-VE durch.
    (*Shape* = „Opamp5", *Definition* = „Subckt", P = 2, M = 3, OUT = 5, CC = 7, EE = 8).

Die Datei vom Typ *.CMP Ihrer MC-Installation ist jetzt um diese „Hüllen" erweitert. Um die Verknüpfung zu den „Inhalten" über die Modell-/*Subcircuit*-Namen herzustellen, muss MC noch wissen, in welcher Datei diese stehen. Dies geht über die Schritte 3.1 bis 3.3, die hier in Kurzform noch einmal für M_11-3_HERST_MUSTERBIB.LIB wiedergegeben sind:

3.1   Stellen Sie sicher, dass die **Bibliothekdsdatei im Ordner ..\MC-LIBS** ist.
      Die **Pfadangabe für *Libraries*... muss Pfad zu ..\MC-LIBS enthalten.**
      Für dies Übung gilt: M_11-3_HERST_MUSTERBIB.LIB ist bereits im Ordner ..\MC-LIBS. Die Pfadsammlung „Meine Pfade" enthält bereits gemäß Abschn. 1.2.3 den Pfad zu ..\MC-LIBS.

3.2   Die *master list* aller Bibliothekdateien **..\MC9DEMO\LIBRARY\NOM.LIB öffnen.**
      Das .LIB-Statement „**.LIB M_11-3_HERST_MUSTERBIB.LIB" hinzufügen.**

3.3   Die Bibliothekdatei **NOM.LIB speichern und schließen** (ggf. Sicherheitskopie).

Wenn MC beim nächsten Mal auf NOM.LIB zugreift, wird es feststellen, dass diese Datei geändert wurde. Es wird dann die Indexdatei NOM_LIB.INX mit allen Modell-, *Subcircuit*- und *Macro*-Namen aktualisiert. Dies kann ggf. einige Sekunden dauern. Die Indexdatei NOM_LIB.INX ermöglicht einen schnellen Zugriff auf die Modellbeschreibungen, da MC über diese Indexdatei „weiß", wo die zum Modell-Namen passende Modellbeschreibung steht.

Öffnen Sie MC, um zu prüfen, ob diese Bibliothekdatei („Inhalte") und die daraus mit dem *Component Editor* installierten Modell-Elemente („Hüllen") verfügbar sind. Holen Sie sich z. B. über die **Menüfolge <u>C</u>omponent → Meine Modelle ▶ → 1N003-VE** in den Schaltplan. Dies ist die „Hülle". Wechseln Sie in den *Select Mode*. Mit Doppelklick auf das Modell-Symbol sollte sich das Attributfenster *1N003-VE* öffnen. Am Parameterwert $B_V = 3$ können Sie erkennen, dass die richtigen Parameterwerte zugeordnet werden.

Ein alternativer Weg für häufig verwendete Modell-Elemente geht über die Symbolleiste. Holen Sie sich über diese einen npn-BJT. Es öffnet sich das Attributfenster *NPN: NPN-Transistor*. Wählen Sie aus der Auswahlliste den BC001-VE aus. Am Parameterwert $B_F = 1$ können Sie erkennen, dass die richtigen Parameterwerte zugeordnet werden. Kontrollieren Sie auch den Zugang zu BC002-VE, LED04-VE, OP005-VE und OP006-VE.   ❑ Ü 11-6

Falls die Modelle nicht zugänglich sind, prüfen Sie folgende mögliche Ursachen:
• Modell-/ *Subcircuit*-Name in *Component Editor* und Modellbeschreibung nicht identisch.
• fehlende oder fehlerhafte Pfadangabe für *Libraries*... (siehe Abschn. 1.2.3).
• Bibliothekdatei, die Modellbeschreibung/-en enthält, fehlerhaft in NOM.LIB eingetragen.

Auf weitere kunstvolle Anordnungen von Bibliothekdateien wird nicht weiter eingegangen außer mit dem Hinweis, dass über das .LIB-Statement auch verschachtelte Dateistrukturen möglich sind, wie es z. B. in NOM.LIB angewendet wird. Falls Sie Hersteller-Bibliothekdateien mit vielen Modellbeschreibungen auf einmal einbinden wollen, ist die hier beschriebene Vorgehensweise sehr zeitaufwendig. MC hat dafür den *Import Wizard*, für dessen Beschreibung auf [MC-REF] verwiesen wird.

Literaturverzeichnis

[BÖH15] [1]   *Böhmer, E.:* Elemente der angewandten Elektronik. 15. Aufl. Wiesbaden: Vieweg+Teubner, 2007.

[FHN1] [1]   *Führer, A.; Heidemann; K.; Nerreter, W.:* Grundgebiete der Elektrotechnik 1. 8. Aufl. Müchnen: Carl Hanser Verlag, 2006.

[FHN2] [1]   *Führer, A.; Heidemann; K.; Nerreter, W.:* Grundgebiete der Elektrotechnik 2. 8. Aufl. Müchnen: Carl Hanser Verlag, 2007.

[MC-ERG]   *Vester, J.:* Ergänzungen zum Buch: Simulation elektronischer Schaltungen mit MICRO-CAP. Dieses Dokument ist nur elektronisch verfügbar als Datei: MC-BUCH_ERGAENZUNGEN.PDF. Quelle siehe Abschn. 1.2.

[MC-USE]   *Spectrum Software:* Micro-Cap 9.0 Electronic Circuit Analysis Program User's Manual. 9th Edition, 2007. Quelle siehe Abschn. 1.2.

[MC-REF]   *Spectrum Software:* Micro-Cap 9.0 Electronic Circuit Analysis Program Reference Manual. 9th Edition, 2007. Quelle siehe Abschn. 1.2.

[NERR] [2]   *Nerreter, W.:* Grundlagen der Elektrotechnik. Müchnen: Carl Hanser Verlag, 2006.

[REI2]   *Reisch, M.:* Elektronische Bauelemente. 2. Aufl. Berlin: Springer, 2007.

[TIET12] [3]   *Tietze, U.; Schenk, Ch.:* Halbleiter-Schaltungstechnik. 12. Aufl. Berlin: Springer, 2002.

[1] Auch die vorherigen Auflagen sind ausreichend informativ.
[2] Ist ein einbändiges Lehrbuch, in dem [FHN1] und [FHN2] konzentriert wurden.
[3] Auch in der 11. Auflage wurden Simulationsmodelle behandelt.

Sachwortverzeichnis

Elektronik

Borgeest, Kai
Elektronik in der Fahrzeugtechnik
Hardware, Software, Systeme und Projektmanagement
2008. X, 346 S. mit 155 Abb. u. 25 Tab. Geb. EUR 36,90
ISBN 978-3-8348-0207-1

Heuermann, Holger
Hochfrequenztechnik
Komponenten für High-Speed- und Hochfrequenzschaltungen
2., durchges. u. erw. Aufl. 2009. XII, 383 S. mit 394 Abb. u. 17 Tab. Br. EUR 24,90
ISBN 978-3-8348-0769-4

Meroth, Ansgar / Tolg, Boris
Infotainmentsysteme im Kraftfahrzeug
Grundlagen, Komponenten, Systeme und Anwendungen
2008. XVI, 364 S. mit 219 Abb. u. 15 Tab. Geb. EUR 41,90
ISBN 978-3-8348-0285-9

Specovius, Joachim
Grundkurs Leistungselektronik
Bauelemente, Schaltungen und Systeme
3., akt. und erw. Aufl. 2009. XII, 355 S. mit 487 Abb. u. 34 Tab. und Online-Service
Br. EUR 26,90
ISBN 978-3-8348-0557-7

Vester, Joachim
Simulation elektronischer Schaltungen mit Micro-Cap
Eine Einführung für Studierende und Ingenieure in der Praxis
2010. X, 316 S. mit 123 Abb. u. 17 Tab. Br. EUR 29,90
ISBN 978-3-8348-0402-0

Zimmermann, Werner / Schmidgall, Ralf
Bussysteme in der Fahrzeugtechnik
Protokolle und Standards
3., akt. u. erw. Aufl. 2008. XIV, 405 S. mit 224 Abb. u. 96 Tab. Geb. EUR 39,90
ISBN 978-3-8348-0447-1

VIEWEG+ TEUBNER

Abraham-Lincoln-Straße 46
65189 Wiesbaden
Fax 0611.7878-400
www.viewegteubner.de

Stand Juli 2009.
Änderungen vorbehalten.
Erhältlich im Buchhandel oder im Verlag.

Elektronik

Baumann, Peter
Sensorschaltungen
Simulation mit PSPICE
2006. XIV, 171 S.
mit 191 Abb. u. 14 Tab.
(Studium Technik) Br. EUR 21,90
ISBN 978-3-8348-0059-6

Böhmer, Erwin / Ehrhardt, Dietmar /
Oberschelp, Wolfgang
Elemente der angewandten Elektronik
Kompendium für Ausbildung und Beruf
16., akt. Aufl. 2009. ca. 520 S. mit 600
Abb. u. einem umfangr. Bauteilekatalog
Br. mit CD ca. EUR 34,90
ISBN 978-3-8348-0543-0

Federau, Joachim
Operationsverstärker
Lehr- und Arbeitsbuch zu angewandten Grundschaltungen
4., aktual. u. erw. Aufl. 2006. XII,
320 S. mit 532 Abb.
Br. EUR 26,90
ISBN 978-3-8348-0183-8

Specovius, Joachim
Grundkurs Leistungselektronik
Bauelemente, Schaltungen
und Systeme
3., akt. und erw. Aufl. 2009. XII, 355 S.
mit 487 Abb. u. 34 Tab. und Online-
Service Br. EUR 26,90
ISBN 978-3-8348-0557-7

Schlienz, Ulrich
Schaltnetzteile und ihre Peripherie
Dimensionierung, Einsatz, EMV
4., korr. Aufl. 2009. ca. XIV, 294 S. mit
346 Abb. Geb. ca. EUR 39,90
ISBN 978-3-8348-0613-0

Zastrow, Dieter
Elektronik
Lehr- und Übungsbuch für
Grundschaltungen der Elektronik,
Leistungselektronik, Digitaltechnik /
Digitalisierung mit einem
Repetitorium Elektrotechnik
8., korr. Aufl. 2008. XIV, 369 S. mit
425 Abb., 77 Lehrbeisp. u.
143 Übungen mit ausführl. Lös.
Br. EUR 29,90
ISBN 978-3-8348-0493-8

**VIEWEG+
TEUBNER**

Abraham-Lincoln-Straße 46
65189 Wiesbaden
Fax 0611.7878-400
www.viewegteubner.de

Stand Juli 2009.
Änderungen vorbehalten.
Erhältlich im Buchhandel oder im Verlag.

Printed in the United States
By Bookmasters